Asphalt im Straßenbau

Dr.-Ing. Jürgen Hutschenreuther

Dr.-Ing. Thomas Wörner

3. Auflage

KIRSCHBAUM VERLAG BONN

ISBN 978-3-7812-1950-2
© Kirschbaum Verlag GmbH, Fachverlag für Verkehr und Technik
Siegfriedstraße 28, 53179 Bonn
Telefon 02 28/9 54 53-0 · Internet www.kirschbaum.de

Satz und Lithographie: www.mom-digital.de
Druck: johnen-druck GmbH & Co. KG, Industriegebiet Bornwiese, 54470 Bernkastel-Kues
März 2017 · Best.-Nr. 1950

Alle in diesem Werk enthaltenen Angaben, Daten, Ergebnisse etc. wurden von den Autoren nach bestem Wissen erstellt und von ihnen und dem Verlag mit größtmöglicher Sorgfalt überprüft. Gleichwohl sind inhaltliche Fehler nicht vollständig auszuschließen. Autoren und Verlag können deshalb für etwaige inhaltliche Unrichtigkeiten keine Haftung übernehmen.

Asphalt
im Straßenbau

Vorwort

Asphalt ist der wichtigste Baustoff im Straßenbau, der durch die stetig wachsende Verkehrsbelastung und den beginnenden Klimawandel zunehmend höhere Anforderungen erfüllen muss. Darüber hinaus findet Asphalt auch im Eisenbahn-, Flugplatz-, Deponie- und Wasserbau sowie beim Bau von Industrie- und Gewerbeanlagen Anwendung. Asphalt ist auch unter komplizierten räumlichen und klimatischen Bedingungen für die verschiedensten Einsatzgebiete hervorragend geeignet. Asphalt ist ökologisch und kann auch als „grüner Baustoff" bezeichnet werden, er ist zu 100 % wiederverwendbar.

Das vorliegende Werk erläutert die Grundlagen und Voraussetzungen für die Herstellung von Asphalt, die verschiedenen Bauweisen sowie die praktische Ausführung des qualitativ hochwertigen Bauwerks „Straße". Durch die Kombination von theoretischen Grundlagen, Beispielen aus der Praxis und Hinweisen zur Bauausführung ist es für Planer und bauausführende Firmen gleichermaßen ein wichtiges Nachschlagewerk und Lehrbuch. Neu entwickelte Bauweisen, neue Technologien und Geräteentwicklungen werden ebenso behandelt wie der sparsame Umgang mit Ressourcen, ökologische und arbeitsschutztechnische Methoden und Verfahrensweisen (z. B. Temperaturabgesenkter Asphalt).

In diese aktualisierte und grundlegend überarbeitete 3. Auflage neu aufgenommen wurden außerdem folgende Themen:

- Fugenfüllstoffe,
- Gesteinsprüfungen,
- Prozessoptimierung, Lean Management,
- Reparaturasphalt,
- Asphalt für extreme klimatische Bedingungen,
- Asphalteinlagen,
- neue Technologien in den Bereichen Bitumenlogistik, Griffigkeit, Landwegebau sowie
- praktische Hinweise zum InLine Pave- und Patch-Verfahren.

Das Buch wendet sich sowohl an bauausführende Firmen, Ingenieurbüros, Prüfstellen und Institute als auch an öffentliche Dienststellen, die sich mit der Planung und Überwachung der Bauausführung befassen, wie Straßenbauverwaltungen und Verkehrsbehörden, Kreisbauämter (Landratsämter) und Stadtverwaltungen mit Straßenbauaufgaben, sowie an sonstige ausschreibende Stellen. Aber auch Studenten im Fach Bauingenieurwesen, Architektur und Baumanagement sowie in der Weiterbildung, die sich mit dem Verkehrs-, Wasser-, Tief- und Hochbau befassen, werden dieses Buch bei entsprechenden Aufgabenstellungen als praxisnahe Informationsquelle nutzen.

Bedanken möchten wir uns für wichtige Zuarbeiten und die freundliche Bereitstellung von Bildmaterial und Hinweisen bei folgenden Personen, Firmen, Verbänden und Institutionen:

Bernd Benninghoven, Klaus Büdenbender, Bernhard Diesmann, Michael van Geldern, Dieter Großhanns, Martin Haberl, Franz Heinrichs, Udo Hinterwäller, Frank Höhne, Jürgen Hothan, Jennifer Hutschenreuther, Pedro Jaime Iglesias, Bernd Jannicke, Nikolai Kapitonenko, Peter Kober, Karl Heinz Kolb, Gunther Mai, João Merighi, Peter Rode, Reinhold Rühl, Siegfried Sadzulewsky, Gabriele Sauerhering, Volker Schäfer, Stefan Schulz, Anja Sörensen, Bernd Stiffel, Hans und Martin Wölfle, den Firmen AMMANN, Basalt AG, Benninghoven, Bickhardt Bau, BP, Dynapac, Ed. Züblin AG, Egli Kaltverfahren, Esso, EUROVIA, Fliegl, GMS Fahrbahnsanierungen, HAMM, IAB Weimar, InfraTest, Joos, KEMNA, NYNAS, Rubitron, Shell, STB Prüfinstitut, Stutz, STRABAG, STREICHER, TOTAL, VÖGELE, WIRTGEN, der FGSV und dem FGSV Verlag, der Arbeitsgemeinschaft der Bitumen-Industrie (ARBIT) bzw. jetzt EUROBITUME, Brüssel und dem Deutschen Asphaltverband (DAV) e. V., dem Gussasphalt Verband bga e. V., dem Mineralöl Wirtschaftsverband e. V., der Autobahndirektion Südbayern, der Bundesanstalt für Materialforschung und -prüfung (BAM), der Bundesanstalt für Straßenwesen (BASt), der Deutschen Vereinigung für Wasserwirtschaft, Abwasser und Abfall e. V. (DWA), dem Bundesministerium für Verkehr und digitale Infrastruktur, den Mitarbeitern der Dr. Hutschenreuther Ingenieurgesellschaft und Institut mbH und bei allen anderen, die uns mit Material oder ihrem Wissen unterstützt haben.

Für die stete Unterstützung, die hilfreichen redaktionellen Hinweise und das freundliche Erinnern an anstehende Termine bedanken wir uns bei den Mitarbeitern des Kirschbaum Verlags. Ganz besonderer Dank gilt unseren lieben Frauen und Familien, die uns mit viel Geduld und Verständnis zur Seite standen und uns die Zeit eingeräumt haben, durch welche diese umfangreiche Arbeit erst möglich wurde.

Konstruktive Kritik und Anregungen im Hinblick auf künftige Auflagen nehmen wir unter info@kirschbaum.de gerne entgegen.

Weimar und München, im März 2017

Jürgen Hutschenreuther
und Thomas Wörner

Inhaltsverzeichnis

3 Grundlagen des Asphaltstraßenbaus

4 Einbau des Asphaltmischgutes

8 Herstellung von Asphalt

9 Bauweisen

10 Asphalttragschichten

11 Asphaltbinder

12 Deckschichten

14 Asphalt auf Ingenieurbauwerken

15 Asphalt auf Flugplätzen

16 Asphalt im Eisenbahnbau

17 Asphalt im Wasserbau

18 Asphalt im Deponiebau

19 Asphalt im Hochbau

20 Bushaltestellen unter besonderen Beanspruchungen 433

21 Asphalt im ländlichen Wegebau

22 Reparaturasphalt – Asphalt zum Schließen von Fehlstellen

23 Asphalt für extreme klimatische Bedingungen

24 Asphalteinlagen

1 Bitumen

1.1 Geschichtliches

Bitumen ist sehr eng mit der Entwicklungsgeschichte unseres Planeten verbunden.

Die Erde hat in ihrer Historie verschiedene Formen ihrer Hülle hervorgebracht, so dass auf ihr eine Atmosphäre und eine Oberfläche entstanden, die die Möglichkeit der Entwicklung primitiven Lebens, sozusagen des „Urlebens", eröffneten. In der Evolution bzw. in ihren verschiedenen Zeitabschnitten, die Jahrmillionen umfassten, gab es große Fortschritte, aber auch Rückschläge.

Ausgangspunkt für alle Arten von Erdölen, Naturasphalten und somit auch Bitumina sind die Ablagerungen von abgestorbenem organischem Leben auf Meeresgründen.

Ein sehr interessanter Fundort, die Springs of Pitch, befindet sich in der Nähe von Los Angeles und wurde 1769 von Gaspar de Portola entdeckt. Die erste geographische Erfassung der „Bitumenquellen" fand durch O. C. Ord statt. Unter dem Namen Rancho La Brea wurden Asphaltlagerstätten registriert, die Fossilien enthalten. Hier wurden Knochen und fast vollständige Skelette von Tieren der Urzeit gefunden, z. B. von Mastodons. Diese Tiere versanken dort während der Eiszeit.

Durch die Einwirkung von hohen Drücken, Temperaturen und günstigen Randbedingungen auf die Ablagerungen konnten im Verlauf von Millionen von Jahren Erdöle entstehen. Dabei haben die unterschiedlichen Randbedingungen die Öle so geprägt, dass charakteristische Eigenschaften entstanden, die heutzutage entscheidend für die Rohölauswahl zur Bitumenproduktion sind.

Eine zweite – unter heutigem Kenntnisstand jedoch als unwahrscheinlich anzusehende – Hypothese zur Entstehung von Erdöl besagt, dass dieses auf anorganischem Weg entstanden ist. Das würde bedeuten, dass ein Degasierungsprozess auf unserem Planeten stattgefunden hat.

Die vorhandenen Öle lagern in den unterschiedlichsten geographischen Lagen und Tiefenlagen. Öle, bei denen die Möglichkeit des Entweichens der leicht flüchtigen Bestandteile

Tabelle 1.1
Zeugnisse über Verwendungen von Bitumen

Jahr	Ort	Ereignis
10 000 v. Chr.	Mesopotamien	Verwendung als Kitt für Waffen und Geräte sowie als Farbe für Schmuck und Skulpturen
6 000 v. Chr.	Mesopotamien	Herstellung von Gefäßen, Booten und Hauswänden mit Asphalt als Dichtmaterial und Mörtel für Lehmziegel
700 v. Chr.	Assyrien und Babylon	Deck- und Tragschichten von Prachtstraßen werden mit Asphalt vergossen
100 v. Chr.	Pompeji	Asphalt als Fugenmaterial für Straßen
50 n. Chr.	Rom/Palästina	Plinius der Ältere gibt dem Asphalt den Namen „Bitumen ludaicum" (Judenpech)
1400	Peru	Verwendung in der Medizin
22. März 1595	Trinidad	Sir Walter Raleigh entdeckt den Asphaltsee
1722	Rheinland-Pfalz	Asphalt wird zum Schiffbau und zur Abdichtung von Dächern verwendet
1729	Preußen und Dublin	Die ersten Schlosszufahrten werden mit Asphalt befestigt
1851	Potsdam	Erste Straßen mit Gussasphaltbelag
1873	Baku	Die Destillation von Bitumen aus Erdöl wird industriell betrieben
1906	Deutschland	Die Bitumenemulsion wird patentiert
1914	Berlin	Die AVUS bekommt einen Asphaltbelag
1937	Berlin	Der Brechpunkt nach Fraaß wird definiert
1989	Deutschland	Die ersten Versuche mit temperaturreduziertem Asphalt auf Fettsäureamidbasis werden durchgeführt

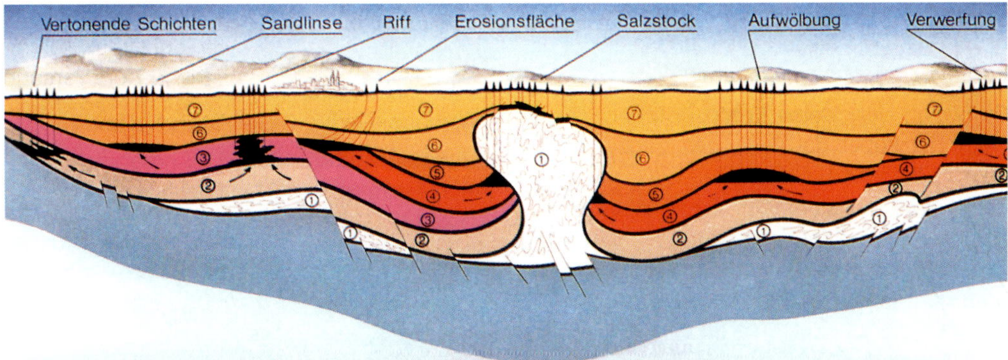

Bild 1.1 Anreicherung von Kohlenwasserstoffen in verschiedenen Strukturformen der Erdkruste (Fallen)

gegeben war, haben diese dann zum Teil verloren und konnten auch durch chemische Veränderungen selbst zu bitumenähnlichen Stoffen werden.

Derartige Umwandlungsprodukte werden als Asphalt (Erdpech) und Ozokerit (Erdwachs) bezeichnet.

In der Geschichte der Menschheit haben die Asphalte seit über 5000 Jahren eine wechselnd große Rolle gespielt. Schon 3200 v. Chr. berichtete Cassius Dio:

„Dort in Babylon sah Trajan den Asphalt, mit dem man die Mauern gebaut hat, denn zusammen mit Ziegeln oder Kies gibt er ein so festes Material, dass man Mauern damit errichten kann, die stärker sind als Felsen und alle Art Eisen."

Diese Art des Mörtelersatzes in Mesopotamien wurde im Verlauf der Zeit noch verfeinert. So berichtet die Bibel, dass selbst der Turm zu Babel unter Zuhilfenahme von Asphalt gemauert wurde. Weitere Dokumente belegen, dass es in Indien schon 3000 v.Chr. Hofbefestigungen aus Asphalt gab.

Einen wesentlichen Beitrag zum Asphaltstraßenbau leistete König Nebukadnezar von Babylon:

„Die Straßen von Babylon, die mein Vater Nabopolassar mit Asphalt und Ziegeln glatt gemacht hatte, habe ich mit Asphalt und Ziegeln zu einer Hochstraße verstärkt."

Zeugnisse über Verwendungen von Bitumen in der Menschheitsgeschichte sind in der *Tabelle 1.1* wiedergegeben.

Anhand dieser Beispiele kann man erkennen, dass es vor 5000 bis 3000 Jahren einen Höhepunkt in der Anwendung von Bitumen bzw. Naturasphalt im Bauwesen, mit dem Schwerpunkt Wasserbau, gab.

Auch über die jetzt aktuellen Prüfverfahren schrieb bereits Plinus, dass „das Bitumen, das bildsam und träge ist, nicht zerrissen werden kann, denn es klebt an allem, was mit ihm in Berührung kommt. Es bleibt ein langer Faden, der in klebrige Masse getaucht ist, daran hängen".

Hier wird auf die heute in verschiedenen Normen enthaltenen Prüfungen hingewiesen.

1.1.1 Entstehung des Erdöls/Lagerstätten

Die Entstehung des Erdöls wurde im vorhergehenden Abschnitt schon angedeutet. Durch die Existenz von tierischem Leben auf der Erde konnte es zu dem Kreislauf des Lebens, also von Geburt, Leben, Sterben und dann zur Ablagerung von organischem Material kommen. Seit dem Präkambrium gibt es die verschiedensten Lebensformen, die sich zunächst auf das Wasser beschränkten und später das Land bevölkerten. Damit war die Voraussetzung dafür geschaffen, dass sich organische Ablagerungen auf dem Meeresboden bilden konnten. Diese sogenannte Sedimentation zog sich über geologische Zeiträume hinweg. Sind zudem noch andere Randbedingungen erfüllt, z.B. die Voraussetzungen zum Wirken bestimmter Bakterien, die es vermögen, diese organische Materie umzuwandeln, dann kann Erdöl entstehen. Die weitere Sedimentation sorgt dann dafür, dass sich auf den Ablagerungen Sande, Tone und Kalke verdichten und die entsprechenden Gesteine, die Erdölmuttergesteine, entstehen.

Es bilden sich kleine Erdöltröpfchen. Diese Tröpfchen haben das Verlangen, bedingt durch Druckdifferenzen, sich zu bewegen und sich somit auch zu sammeln. Diese Wanderung findet ein Ende, wenn die Tröpfchen entweder den Weg zur Erdoberfläche gefunden haben, oder durch den Auftrieb in einer sogenannten Falle angelangt sind, also an einer Stelle, die ein weiteres Aufsteigen verhindert.

1.1.2 Exploration, Förderung und Transport des Erdöls

„Das Steinöl sprudelte, wie sie wussten, im Gebiet rund um den Oil Creek in den einsamen, bewaldeten Bergen Nordwestpennsylvanias in Quellen aus dem Boden oder sickerte aus Salzsohlen. Und dort, am Ende der Welt, wurden mit primitiven Mitteln einige Fässer dieser dunklen, stark riechenden Substanz gewonnen – entweder, indem man sie von der Oberfläche der Quellen und Bäche abschöpfte, oder indem man Lappen oder Decken mit dem öligen Wasser tränkte und sie dann auswrang. Ein Großteil der auf diese Weise gewonnenen winzigen Menge wurde zur Herstellung von Medikamenten verwendet."

Die Ölindustrie entstand. In dieser Zeit wurde der Grundstein für die Exploration nach Erdöl und Erdgas gelegt.

Die Mengen, die auf diese Weise der Verwendung und Verarbeitung zugeführt werden konnten, waren sehr begrenzt. Eine Suche nach Erdöl setzte ein, zunächst auf dem Festland, später im Meeresbereich.

1.1.2.1 Exploration

Die bekannten Erdöllagerstätten sind marinen Ursprungs. Zur Erforschung werden Gebiete ausgewählt, von denen bekannt ist, dass sie einmal einen Meeresgrund bildeten. Die voraussichtlichen Lagerstätten sind somit meist in Verbindung mit Meerwasser zu sehen. Die geringere spezifische Dichte von Erdöl bedingt, dass dieses die „oberste Flüssigkeit" in der Erdölfalle ist. Fallen sind zum Beispiel:

■ **Haupttypen**

Strukturelle Fallen	Antiklinale (Sattel)
Tektonische Falle (Störungsfallen)	Monoklinalen Störungsfallen
Stratigraphische Falle (Ausbiss)	Diskordanzfallen Faziesfallen
Salzstock	

■ **Antiklinalen**

Lagerstätten, bestehend aus Aufwölbungen mit allseits abfallenden Flanken.

■ **Monoklinalen**

Halbe Antiklinalen, wobei eine Hälfte durch eine Verwerfung oder Verschiebung gestört ist.

■ **Störungsfalle**

Die Gesteinsschicht, die das Öl speichert, ist nach „oben hin" mit einer undurchlässigen Schicht umgeben, die ein weiteres Aufsteigen des Öls verhindert.

■ **Diskordanzfalle**

Durch einen Lagerungswechsel wird die poröse Schicht durch eine undurchlässige Schicht gekappt.

■ **Faziesfalle**

Öldurchlässiges Gestein „verdünnt sich nach oben hin" und wird durch undurchlässiges Material abgelöst.

Die Grundlage für die Exploration ist eine möglichst genaue *Kenntnis der Lage* der verschiedenen Formationen in dem zu erforschenden Gebiet. Durch die Luftbildfotografie lassen sich zunächst Aussagen über die Oberflächenbeschaffenheit machen. Durch tiefergreifende Verfahren, z. B. durch Betrachtung der bearbeiteten Bilder unter dem Stereoskop bzw. durch Bearbeitung des Kartenmaterials am Computer können Rückschlüsse auf die vorhandenen Schichtungen, Schichtgrenzen und eventuelle Störungen gezogen werden.

Auf dieser Grundlage werden erste Bodenuntersuchungen durchgeführt.

Weiterführende Untersuchungen:

■ **Gravimetrische Messungen**

geben Auskunft über unterschiedliche Stärken der Erdanziehungskraft und somit über die Lage unterschiedlicher Gesteine und Sedimente.

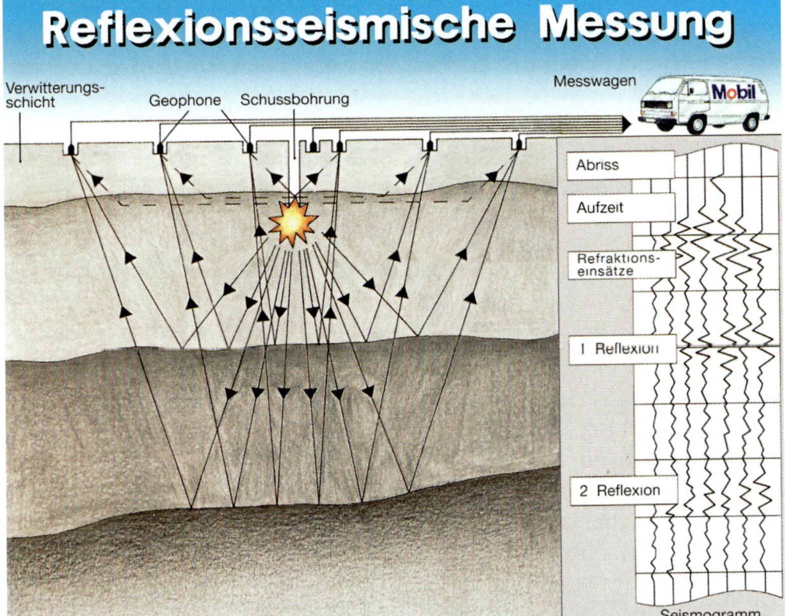

Bild 1.2
Seismische Untersuchungen der oberen Schicht der Erdkruste

■ Magnetische Messungen

lokalisieren wie gravimetrische Messungen unterschiedliche Intensitäten des Magnetfeldes, können aber von größerer Höhe aus, z.B. vom Flugzeug, durchgeführt werden (Aeromagnetik).

■ Seismische Untersuchungen auf dem Lande

ermöglichen die exaktesten großräumigen Aussagen über die geologischen Verhältnisse. Ähnlich einem kleinen Erdbeben wird eine Stelle des zu untersuchenden Territoriums durch eine

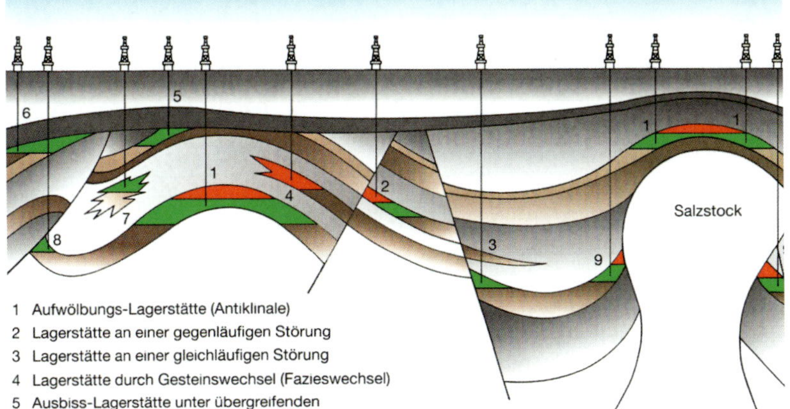

Bild 1.3
Lagerstätten

künstlich erzeugte Explosion erregt. Dadurch werden Druckwellen in den Boden eingeleitet. Durch an verschiedenen Stellen stationierten Geophonen werden die entweder reflektierten oder gebeugten/gebrochenen Wellen registriert. Anhand der gemessenen Laufzeit der Wellen bis zur Ankunft an den Geophonen können Rückschlüsse auf Änderungen in den Gesteinsschichten gezogen werden.

Seismische Untersuchungen auf dem Wasser

Ähnlich wie bei den Verfahren auf der Erdoberfläche wird auf künstlichem Weg eine Schwingung explosionsartig in das Wasser über dem zu untersuchenden Meeresboden eingetragen. Die Erzeugung des Impulses erfolgt durch sprengstofflose Verfahren, z. B. Luft- oder Gaspulser. Die Geräte hängen an einem Schiff, das das zu untersuchende Gebiet in einem vorgegebenen Raster durchfährt und neben dem Impulserzeuger auch Hydrophone (ähnlich den Geophonen) hinter sich herzieht. Die Hydrophone registrieren die Wellenlaufzeiten der in kurzen Intervallen durch den Pulsator ausgesandten und reflektierten Wellen.

Durch die Auswertung der durch die Rasteruntersuchungen gefundenen Ergebnisse können zunächst genaue Karten des Meeresbodens erstellt und die unterschiedlichen Gesteine von der Dichte her unterschieden werden.

In der Geschichte der Erforschung sind die o. g. Untersuchungsmethoden immer genauer geworden. Auch der Einsatz der Computertechnik konnte die Ergebnisse immer mehr präzisieren. Während die gut zugänglichen Gebiete intensiv erforscht sind, werden die geologischen Gegebenheiten der noch unentdeckten Lagerstätten immer komplizierter und erfordern einen immer größeren technischen Aufwand sowie ein komplexeres Zusammenwirken der vorhandenen Untersuchungsmethoden.

1.1.2.2 Bohrungen

Sind die Oberflächenuntersuchungen abgeschlossen, müssen geologische Tiefenuntersuchungen in Form von Bohrungen durchgeführt werden.

Durch die Aufschluss- oder Explorationsbohrungen bzw. anhand eines abgetäuften Bohrloches wird an der in Betracht gezogenen Stelle der Nachweis erbracht, ob diese Stelle „fündig“ ist. Trotz umfangreicher Erfahrungen auf diesem Gebiet beträgt die Erfolgsrate weltweit nur ca. 10 %.

Festlandbohrung

Der Beginn der Bohrungen zur Erkundung von Erdöllagerstätten kann auf das Jahr 1859 datiert werden. In der kleinen, in den nordwestlichen Bergen Pennsylvanias versteckten, Stadt Titusville baute Edwin L. Drake gemeinsam mit einem Hufschmied namens William A. Smith, der etwas von den Geräten der Salzsohlebohrer verstand, einen Bohrturm und errichtete die Apparaturen, um mehrere hundert Meter bohren zu können. Am 27. August 1859 sank der Bohrer in einer Tiefe von 21 Metern plötzlich in einen Spalt und rutschte kurz darauf 15 cm nach. Bei einer Überprüfung der Flüssigkeit, die Drake antraf, stellte er fest, dass es sich um Erdöl handelte.

Das Bohrgerüst bzw. der Bohrturm besteht aus einer Stahlkonstruktion, die pyramidenförmig

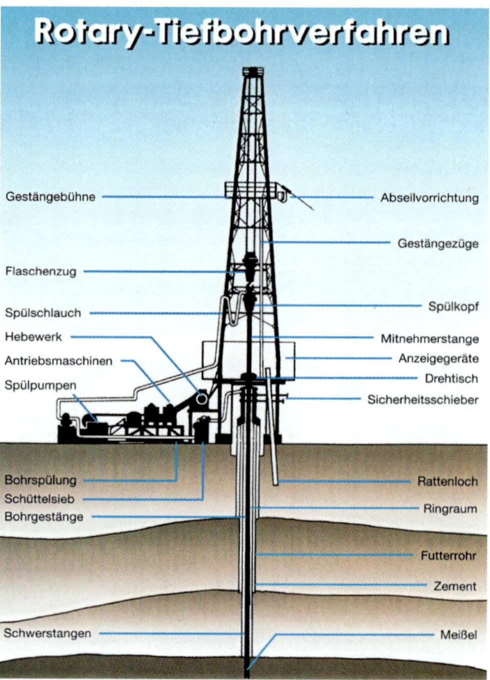

Bild 1.4 Prinzipskizze Bohrturm

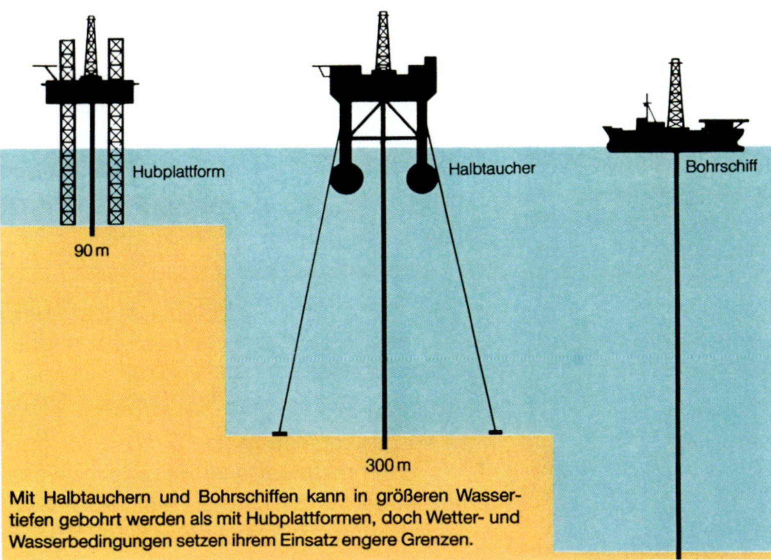

Bild 1.5
Ölförder- und Bohranlagen im Offshore-Bereich

ausgebildet ist. Die Höhe beträgt zwischen 20 und 40 Metern. Innerhalb dieser Konstruktion sind alle Hilfsmittel angeordnet, die es ermöglichen, die Bohrgestänge zu führen, zu verlängern, auszubauen und somit jegliche Manipulationen durchzuführen. Die einzelnen Bohrstangen, die im Bohrturm zum gesamten Bohrstrang zusammengebaut werden, sind bis zu 9 m lang. Das Gerüst ist auf einer ca. 10 m hohen Konstruktion montiert, das als Arbeitsplattform ausgebildet ist und das Hebewerk und den Bohrtisch in sich vereinigt.

Während einer Bohrung sind gleichzeitig drei Ziele zu verfolgen:

- ständiges Vordringen in die unter dem Bohrmeisel befindlichen Gesteine,
- laufende Entsorgung des im Bohrloch gelösten Gesteins,
- Erhaltung des so entstandenen Hohlraumes gegen Verbruch.

Heutzutage werden diese Probleme durch das Rotary-Bohrverfahren gelöst. Das Bohrgestänge wird in Drehbewegung versetzt. Gleichzeitig wird die Spülflüssigkeit zum Bohrwerkzeug befördert. Die Spülflüssigkeit wird zur Einhaltung bestimmter rheologischer Eigenschaften laufend – und entsprechend ihrer tatsächlichen Zusammensetzung – mit Zusätzen versehen. Die Hauptaufgaben der Spülung sind:

- Verhinderung des Überhitzens der Bohrwerkzeuge,
- Stabilisation der statischen (Druck-)Verhältnisse im Bohrloch,
- Entsorgung des durch den Bohrvorgang angefallenen Materials.

Meeresbohrung

In geringen Tiefen und bei konstantem Abstand der Bohrplattform vom Meeresboden gibt es prinzipiell keine Unterschiede zur Festlandbohrung.

Wassertiefen bis 90 m

Die Hubplattform (Jack-up-Barge) ist eine Stahlinsel, die zum Bohrort geschleppt wird. Dort setzen ihre Stahlbeine auf dem Meeresgrund auf und heben sie in ihre Arbeitsstellung. Die Plattform ist mindestens 20 m über dem normalen Meeresspiegel erhöht, um problemlos die Witterungsunbilden überstehen zu können.

Wassertiefen 50–200 m

Für diese Tiefen wurden die Halbtaucher (Semi-Submersibles) entwickelt. Sie werden am zukünftigen Bohrloch mit schweren Ankern vertäut, ohne dass die Plattform selbst mit dem Meeresboden Kontakt hat. Die Stahlbeine schweben über dem Boden. Sie sind mit flutbaren Tanks versehen, die entsprechend den Erfordernissen mit Meerwasser geflutet werden und somit den Schwerpunkt so festlegen können, dass die Meeresströmungen und die Wettereinflüsse gering sind.

■ **Wassertiefen ab 200 m**

Für diese Tiefenverhältnisse werden Bohrschiffe eingesetzt. Mit einer ausgeklügelten Elektronik wird das Schiff so gesteuert, dass es seine Position konstant beibehält. Falls es die Wetterbedingungen verlangen, kann das Schiff umgehend vom Bohrgestänge abgekoppelt werden und den Ort verlassen, wobei es gleichzeitig das Bohrloch verschließt.

1.1.2.3 Förderung und Transport

Das Erdöl befindet sich in geologischen Strukturen bzw. in Speichergesteinen. Dort tritt es meist gemeinsam mit Erdgas auf, das aufgrund der geringeren Dichte oberhalb des Erdöls lagert. Die Lagerstätten stehen unter einem natürlichen Druck. In diesem Fall können das Erdgas und das Erdöl ohne künstliche Hilfsmittel gefördert werden. Der Druck in der Lagerstätte kann eine Fließbewegung des Erdöls hervorrufen. Dafür gibt es folgende Ursachen:

- Expansion des Erdöls,
- Expansion des im Erdöl gelösten Erdgases,
- Expansion einer Gaskappe,
- Nachströmen des Randwassers.

Sind diese Randbedingungen erfüllt, handelt es sich um eine „eruptive Förderung“. Um optimale Förderungsbedingungen so lange wie möglich aufrechterhalten zu können, muss versucht werden, den Druck in der Lagerstätte möglichst lange auf hohem Niveau zu halten. Dabei unterscheidet man verschiedene Fördermethoden:

- Druckerhaltung durch Einpressen (Rückpressen) von Erdgas in die Gaskappe,
- Einpressen von Wasser in die Randzone der Lagerstätte (Nachströmen des Randwassers).

Sind diese Methoden nicht mehr anwendbar, müssen Tiefen- oder Tauchpumpen eingesetzt werden.

Das so gewonnene Material muss vor dem Transport in seine Bestandteile zerlegt werden. Meist ist neben dem Erdgas auch noch Salzwasser vorhanden. Das Erdgas wird in Seperatoren der verschiedensten Konstruktionen abgeschieden. Das Salzwasser ist besonders für die Transportmedien gefährlich, da es starke Korrosionserscheinungen hervorrufen kann. Ebenso kann es in der Raffinerie zu starken Korrosionen und Verschleiß führen. Deshalb wird der Salzgehalt so gering wie möglich gehalten. Das Erdöl wird im Salzwasser ähnlich einer Emulsion in der Schwebe gehalten und kann in einigen Fällen durch Hitze gewonnen werden. Weiterhin kann man Chemikalien zusetzen, um die Grenzflächenspannung herabzusetzen. Das Medium mit der höheren Dichte setzt sich dann am Grund der Anlage ab und kann abgezogen werden. Ähnlich funktioniert es, wenn man die Emulsion unter den

Bild 1.6 Rohölförderung in Aserbaidschan

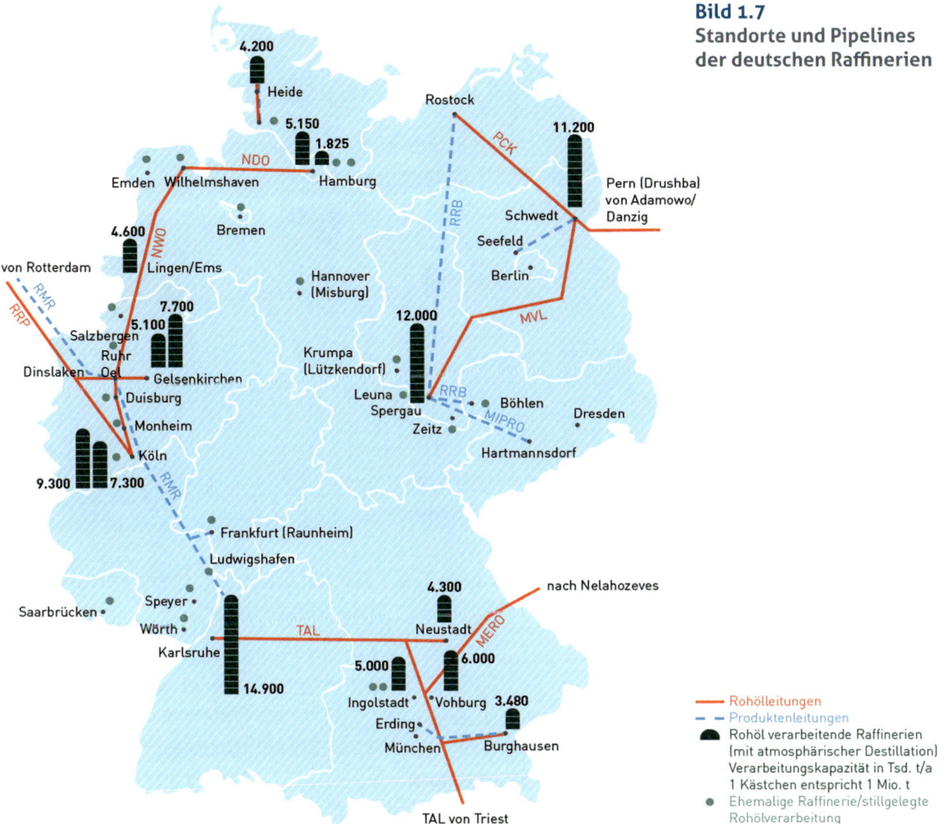

Bild 1.7
Standorte und Pipelines der deutschen Raffinerien

Einfluss eines starken elektromagnetischen Feldes bringt.

Transport

Um aus dem Rohöl u. a. Bitumen herstellen zu können, muss es zu dem Verarbeitungsort, der Raffinerie, transportiert werden. Je nach Standort der Raffinerie kommen zwei Transportsysteme, häufig kombiniert, zur Anwendung:

Transport mit dem Tankschiff

Die Geschichte des Schiffstransportes begann, als im Jahre 1865 ein britischer Segler eine Partie von 224 t Erdöl in Fässern aus den USA in Europa anlandete. Der Transport war aber sehr aufwendig und so kam man bald von dieser Variante des Schiffstransportes ab. Es wurden Tankschiffe immer größerer Tonnage gebaut. Mitte der achtziger Jahre wurde die Maximaltonnage mit 540 000 Tonnen erreicht. Allerdings konnten diese Schiffe nur noch wenige Häfen anlaufen und waren somit nur für bestimmte Transportrouten einsetzbar.

Die Tanker sind so konstruiert, dass sie aus mehreren Tanks bestehen. Gründe sind:

- Stabilität des Schiffes bei bewegter See,
- Trennung verschiedener Ölsorten,
- Transport von verschiedenen Produkten (hierbei werden Tanker mit bis zu 36 Einzeltanks eingesetzt).

Die Ladung des Öls geschieht zumeist an Übergabestationen (Ladepiers oder Ladungsübergabebojen), die dem Festland weit vorgelagert sind. Die Anlandung erfolgt entweder an Pipeline-Kopfstationen oder in Raffinerien, die direkt mit Tankern versorgt werden können.

Transport in der Pipeline

Der Überlandtransport des Erdöls findet fast ausschließlich in Pipelines statt. Deutschland wird durch Pipelines versorgt, die ihren Einspeisungsort in der Nordsee, dem Mittelmeer und der Ostsee haben. Außerdem gibt es einen Anschluss an die „Drushba"-Pipeline, die

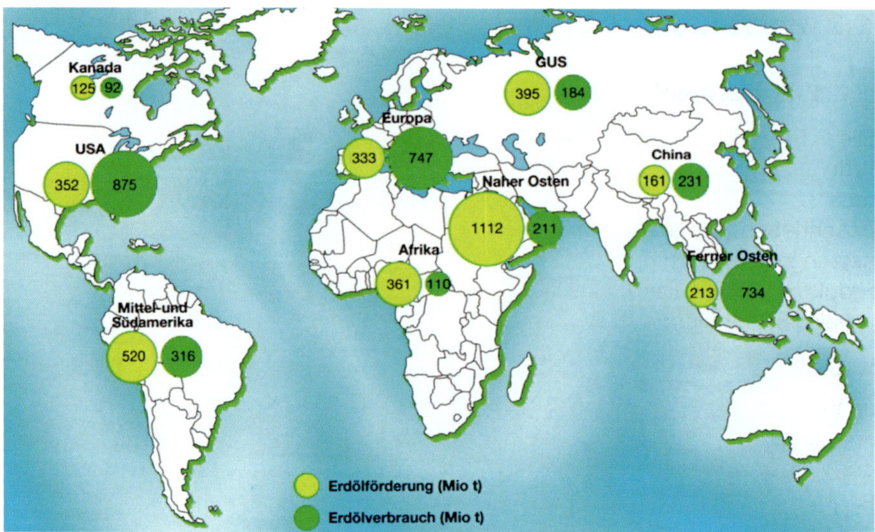

Bild 1.8 Geografische Verteilung der Ölreserven

aus verschiedenen Ölfeldern Asiens und Osteuropas gespeist wird.

Am Einspeisungsort befinden sich Tanklager, von denen die Rohölpartien (Batches) in die Pipelines eingepumpt werden. Von einem Einspeisungsort aus werden mehrere Raffinerien versorgt. Die von den verschiedenen Empfängern bestellten Rohöle der verschiedensten Provenienzen werden direkt hintereinander in verschiedenen Batchgrößen transportiert. Die Vermischung zwischen den verschiedenen Batches ist sehr gering, sie liegt bei Batchgrößen von etwa 30 000 m^3 bei weniger als 1 %. Die Trennung der verschiedenen Partien erfolgt in der Mischzone. Die Erkennung erfolgt zunächst durch eine Mengenmessung (z. B. Turbinenmesser). Zur Konkretisierung des Trennungszeitpunktes werden Dichtemessungen durchgeführt. Die Parameter Viskosität, Stockpunkt und Wachsgehalt haben eine große Bedeutung für den Transport des Öls (Fließverhalten) in der Pipeline. Bei sinkenden Temperaturen erhöht sich die Viskosität und somit auch der Energieverbrauch. Sind die Temperaturen zu niedrig, kann es bei Überschreitung des Stockpunktes des transportierten Öls zum Verstopfen der Pipeline kommen.

Am Empfangsort angekommen, wird das Erdöl zur Verarbeitung in Tanklagern gelagert. Die Rohöle werden ihrer Provenienz entsprechend in getrennten Tanks gelagert.

1.1.2.4 Ölvorkommen, Verbrauch und Reserven

Rohöl wird in den verschiedensten Regionen der Erde gefördert. Die wichtigsten Vorkommen lagern im Nahen Osten und in Russland. Ungefähr zwei Drittel der bestätigten Rohölreserven lagern in Saudi-Arabien. Das Land verfügt über 35 Milliarden Tonnen Rohöl. Das bedeutet, dass hier ungefähr ein Viertel der Weltrohölreserven beheimatet ist. Obwohl die weltweite Ölförderung ansteigt, ist bis heute eine Zunahme der bestätigten Erdölreserven zu erkennen.

Bild 1.9 Oil Barrel

Rohöl wird auf dem Weltmarkt auf der Basis des Barrels gehandelt. Ein Barrel entspricht 158,97 Litern.

1.2 Herstellung des Bitumens

1.2.1 Erdölchemie

Die Grundlage zur Bitumenherstellung ist das Erdöl. Die Entstehung und der Weg zur Raffinerie sind in den vorangegangenen Abschnitten beschrieben. Die jeweilige Rohölzusammensetzung richtet sich nach der Entstehung des Erdöls, d.h. die Zusammensetzung ist von der jeweiligen Rohölprovenienz abhängig.

Die Kohlenwasserstoffe

Im Wesentlichen enthalten Erdöle Kohlenwasserstoffe. Daneben sind je nach Provenienz auch unterschiedliche Mengen an Schwefel, Stickstoff und Sauerstoff, sowie Spuren anderer Elemente, wie Vanadium, Nickel und Natrium enthalten. Die ungefähre Zusammensetzung der im Normalfall verwendeten Rohöle ist in der *Tabelle 1.2* dargestellt.

Der Grundbaustein ist der Kohlenstoff C. Er tritt immer vierwertig auf, d.h. er kann nur maximal vier einwertige Wasserstoffatome an sich binden, z.B. CH_4. Diese Beziehungen bilden die Grundlage der Kohlenwasserstoffmoleküle. Die Kohlenstoffatome können sich entweder kettenförmig, verzweigt oder ringförmig aneinander reihen. Bei einer Einfachverbindung der Kohlenwasserstoffatome untereinander handelt es sich um gesättigte Kohlenwasserstoffe. Sind zwei Kohlenstoffatome aber zwei- oder dreifach aneinander gebunden, handelt es sich um ungesättigte Kohlenwasserstoffe. Entsprechend der Bindung der Kohlenstoffatome untereinander bezeichnet man in der Mineralölindustrie folgende vier Hauptgruppen von Kohlenwasserstoffverbindungen: Paraffine, Olefine, Naphthene und Aromaten.

1.2.2 Erdölprovenienzen (Klassifizierung der Rohöle)

Die Erdöle verschiedener Provenienzen unterscheiden sich in ihrer Qualität, ihrem spezifischen Gewicht und Aussehen voneinander. Die Farbenskala des Rohöls kann von tiefschwarz über dunkelbraun bis hin zu strohgelb reichen. Ebenso kann die Konsistenz den Bereich von dünnflüssig bis fast fest und der Schwefelgehalt den Bereich von nahezu schwefelfrei bis stark schwefelhaltig überstreichen.

Tabelle 1.2 Rohölzusammensetzung

Erdölbestandteile	Gewichtsprozent
Kohlenstoff	85–90
Wasserstoff	10–14
Schwefel	0,1–3,0 max. bis zu 7
Stickstoff	0,1–0,5 max. bis zu 2
Sauerstoff	0–1,5

Die Rohöle werden nach den Hauptstrukturgruppen in paraffinische, naphthaparaffinische und gemischt paraffinisch-naphthenische unterschieden. Ca. 85 % der heute bekannten Rohöle lassen sich in diese drei Gruppen einordnen. Eine Übersicht der wichtigsten Rohöltypen ist entsprechend der Zusammenhänge zwischen Dichten und mittleren Siedepunkten möglich.

Gruppe	Aufbau	Chemisches Verhalten
Paraffine	Kettenförmige gesättigte Kohlenwasserstoffe z.B. Formel: H–C–C–C–C–H (je C mit zwei H) **Butan** $= CH_3 - (CH_2)_2 - CH_3$	Reaktionsträge
Olefine	Kettenförmige ungesättigte Kohlenwasserstoffe z.B. Formel: H–C–C–C=C–H **Buten** $= CH_3 - CH_2 - CH = CH_2$	Reaktionsfreudig
Naphthene	Ringförmige gesättigte Kohlenwasserstoffe z.B. Formel: Ring aus sechs C mit je zwei H **Cyclohexan**	Reaktionsträge
Aromaten	Ringförmige ungesättigte Kohlenwasserstoffe z.B. Formel: Ring aus sechs C mit je einem H und abwechselnden Doppelbindungen **Benzol**	Reaktionsfreudig

Bild 1.10 Hauptgruppen der Kohlenwasserstoffe

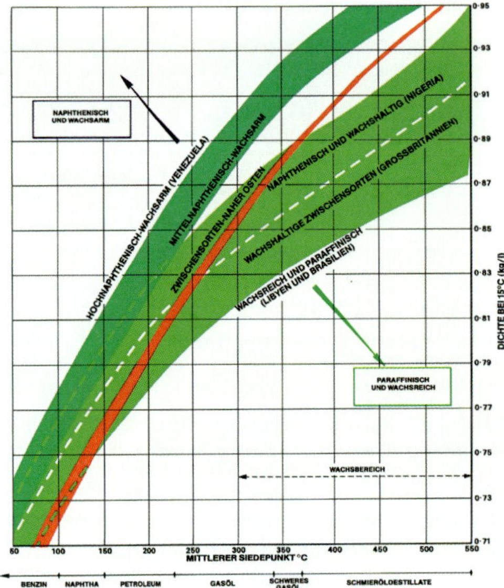

Bild 1.11 **Zusammenhänge zwischen Dichten und mittleren Siedepunkten**

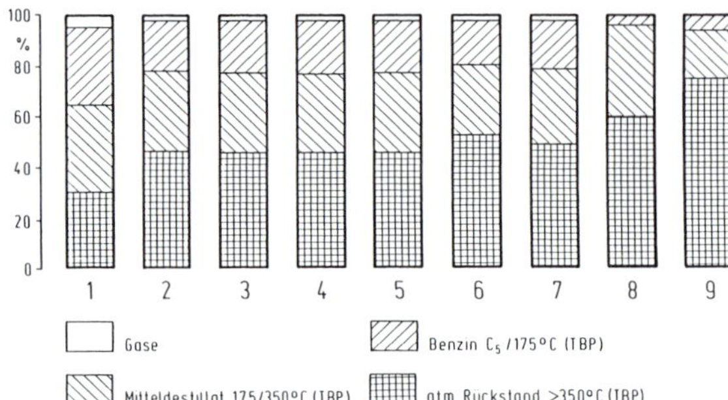

Bild 1.12 **Produktausbeute einiger Rohölsorten** (Zuordnung der Provenienzen s. *Tabelle 1.3*)

Die *Tabelle 1.3* zeigt eine Übersicht zur Bitumenfähigkeit und dient als Zusammenstellung wichtiger Eigenschaften verschiedener Rohöle.

Auf ähnliche Art und Weise sind alle vorkommenden Rohölprovenienzen in Handbüchern aufgelistet und mit detaillierten Angaben zu den verschiedensten Kennwerten versehen, die dann die Grundlage für den Einsatz in der Raffinerie bilden. Dadurch können die Rohöle gezielt für ihren Einsatzzweck ausgewählt und entsprechend in der Raffinerie zusammengestellt werden.

Die üblichen Mineralölprodukte wie z. B. Gase, Benzine und Mitteldestillate (Heizöl El) lassen sich aus allen Rohölsorten herstellen. Die Ausbeute ist dabei sehr unterschiedlich, wie das *Bild 1.12* deutlich zeigt. Die Dichte ist dabei nur ein Indikator für eine eventuelle Bitumenfähigkeit, der aber durch andere Kennwerte noch gestützt werden muss.

Tabelle 1.3 **Rohöleigenschaften bzgl. der Bitumenherstellung**

	Rohölsorte	Provenienz	Dichte 15 °C [g/cm³]	Gesamt-schwefel [%]	Vanadium [%]	Normal-paraffine	Bitumen-fähigkeit
1	Sahara Blend	Algerien	0,804	0,30	2	mittel	nein
	Brega	Libyen	0,827	0,40	4	viel	nein
2	Ekofisk	Norwegen	0,843	0,20	5	viel	nein
	Kirkuk Blend	Irak	0,850	2,00	28	mittel	ja
3	Isthmus Cactus	Mexiko	0,858	1,50	22	mittel	nein
4	Ural	Russland	0,863	1,30	35	mittel	ja
5	Arabian Light	Saudi Arabien	0,651	1,60	10	mittel	nein
6	Arabian Heavy	Saudi Arabien	0,887	2,70	55	mittel	ja
	Iran Light	Iran	0,857	1,40	35	mittel	ja
7	Iran Heavy	Iran	0,870	1,70	105	mittel	ja
	Kuwait	Kuwait	0,868	2,40	27	mittel	nein
	Forcados	Nigeria	0,872	0,30	2	wenig	nein
8	Matzen	Österreich	0,917	0,20	1	keine	ja
9	Bachaquero schwer	Venezuela	0,954	2,40		wenig	ja

1.2.3 Herstellung in der Raffinerie

Rohöle sind Gemische aus verschiedenen Kohlenwasserstoffen. In der ersten Verarbeitungsstufe werden die Rohöle mittels Destillation – Trennung nach verschiedenen Siedepunkten (Temperaturbereich 0 °C bis 370 °C) – in Primärprodukte aufgespalten (fraktioniert). Ein mögliches Fraktionsschema ist im *Bild 1.14* veranschaulicht.

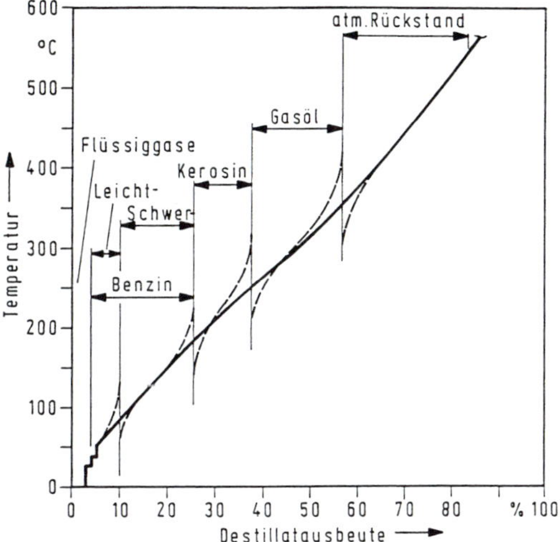

Bild 1.14 Fraktionsschema (Siedekurve)

1.2.3.1 Rohöldestillation

Bevor jedoch der Destillationsprozess beginnt, werden die Rohöle entsalzen und entwässert. Dann findet eine Vorwärmung in Wärmetauschern statt. In dem darauf folgenden Röhrenofen erfolgt eine Aufheizung auf 350–400 °C. Die Rohöle liegen nun als Dampf-Flüssigkeitsgemisch vor. In diesem Zustand werden sie in den ersten Fraktionierturm mit atmosphärischem Druck geleitet. Die Dämpfe steigen in dem bis zu 50 m hohen Turm hinauf. Je nach dem spezifischen Gewicht verflüssigen sie sich wieder. Da aber ein intensiver Austausch zwischen den neu aufsteigenden Dämpfen und den sich schon wieder verflüssigenden Bestandteilen stattfindet, werden die schweren Bestandteile auf den Destillationsböden zurückgehalten und die leichteren, die noch in der flüssigen Schicht sind, werden von den aufsteigenden Dämpfen mitgerissen und steigen weiter auf.

Der Destillationsturm (Destillationskolonne) besteht aus einer größeren Anzahl von Böden, von denen einige als Trennböden mit der gleichzeitigen Funktion der Fraktionsableitung dienen.

Die leichtesten Produkte wie Methan, Ethan, Butan und Propan durchströmen den Fraktionierturm und werden am oberen Ende des Turmes aufgefangen. Je nach Siedebereich werden die Produkte (von oben nach unten) am Fraktionierturm abgezogen: Flüssiggas und Benzin, Kerosin bzw. Petroleum, leichtes und schweres Mitteldestillat. Am Boden der Kolonne wird der sogenannte atmosphärische Rückstand aufgefangen. Die prozentuale Zusammensetzung der Produkte ist immer von den eingesetzten Rohölen und deren Provenienzen abhängig.

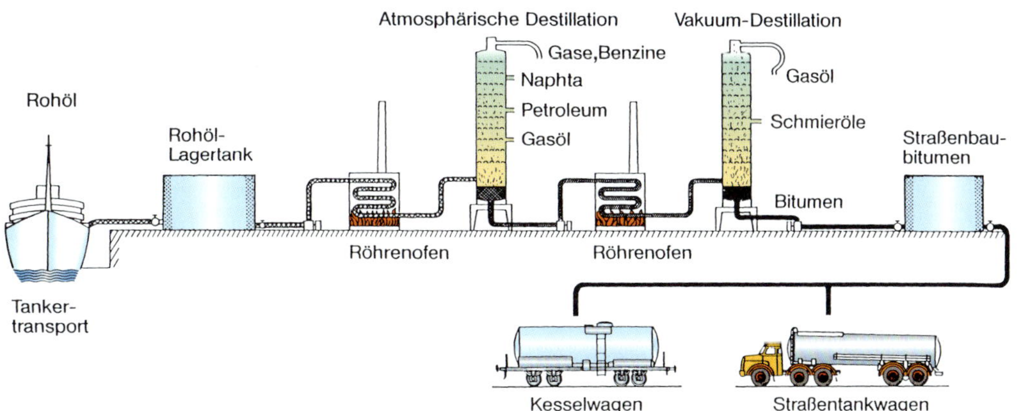

Bild 1.13 Destillation

1.2.3.2 Vakuumdestillation

Der atmosphärische Rückstand aus der Rohöldestillation wird wieder in einem Röhrenofen erhitzt und in einen Fraktionierturm mit vermindertem Druck geleitet. In der Vakuumdestillationsanlage wird bei einem Druck von ca. 50 Millibar der Rückstand nochmals destilliert. Produkte hierbei sind: Vakuumgasöl (wird dem Mitteldestillat zugemischt), verschiedene Destillate für verschiedene andere Verwendungszwecke, z. B. für Schmieröle, und Vakuumrückstand zur Verarbeitung zu Heizöl oder Bitumen. Bei entsprechender Einstellung der Vakuumkolonne und Rohölauswahl kann auch direkt Destillationsbitumen für den Straßenbau gebrauchsfertig hergestellt werden.

Voraussetzung dafür ist, dass die Vakuumrückstände im Wesentlichen aus ausgewählten naphtenischen und gemischt naphthenisch-paraffinischen Rohölen entstanden sind. Der geringe Anteil an kristallisationsfähigen Makroparaffinen im Vakuumrückstand über 500 °C oder 550 °C sowie der Gehalt an Harzen und Asphaltenen sind für die Bitumenfähigkeit entscheidend.

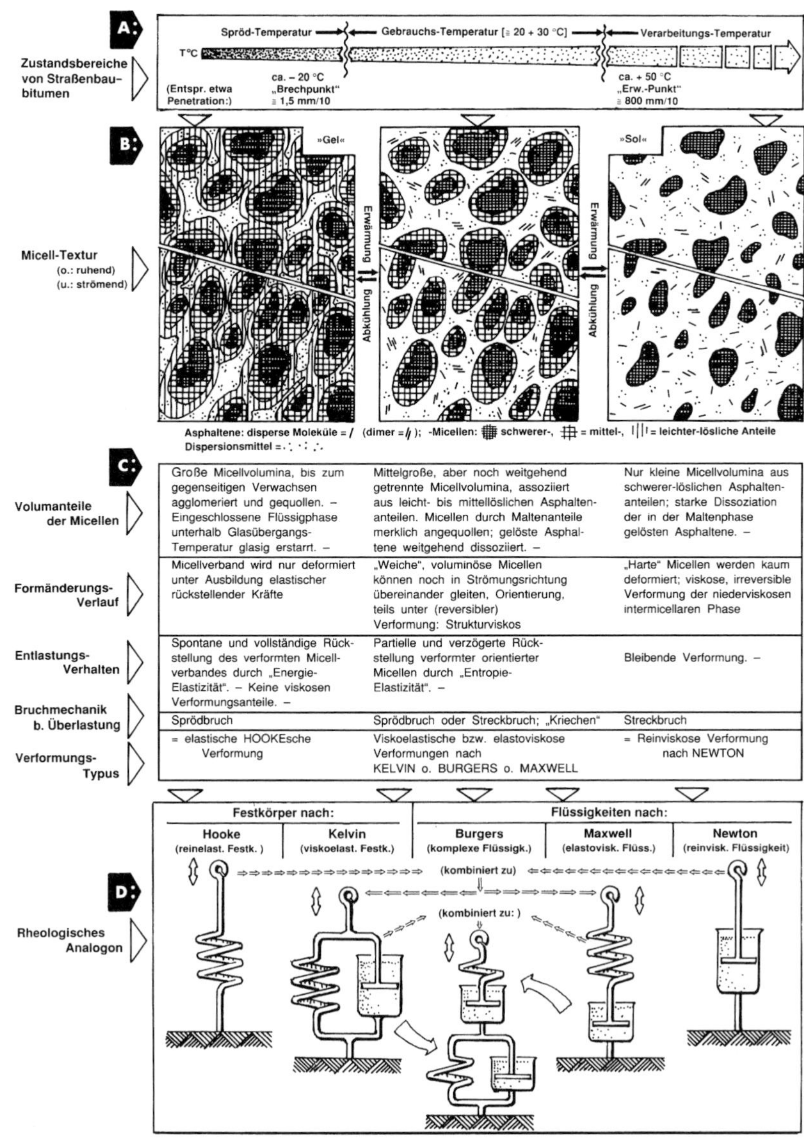

Bild 1.15 Zustandsbereich der Straßenbaubitumen, Micellen, rheologisches Verhalten

Zur Herstellung sehr harter Bitumensorten wird eine besondere Hochvakuum-Destillationstechnik benötigt. Hierbei werden weitere schwere Schmieröldestillate bei besonders geringem Druck abdestilliert. Dazu wird eine der normalen Vakuumdestillation nachgeschaltete, separate Anlage benötigt.

1.2.4 Eigenschaften des Bitumens

Bitumen sind schwer-flüchtige dunkelfarbige Vielstoffgemische, die aus Kohlenwasserstoffen und Kohlenwasserstoffderivaten bestehen, außerdem noch Schwefel, Sauerstoff, Stickstoff und im Wesentlichen Spuren von Vanadium, Nickel und Chrom enthalten können. Bitumen wird bei der Aufarbeitung geeigneter Rohöle (s. *Tabelle 1.3*) gewonnen.

Die Zusammensetzung hängt von den jeweils verwendeten Rohölprovenienzen und der Art der Herstellung ab. Das bedeutet, dass z. B. in einem Bitumen 70/100 (den TL Bitumen-StB entsprechend) unterschiedliche Molekularstrukturen, Elementebestände und unterschiedliche Massen der Moleküle enthalten sein können.

Asphaltene
Aromaten mit hohem Molekulargewicht
Aromaten mit niederem Molekulargewicht

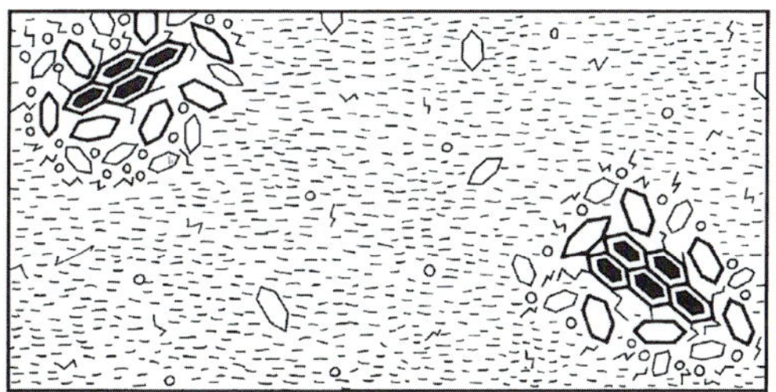

Bild 1.16 Sol-Typ Bitumen

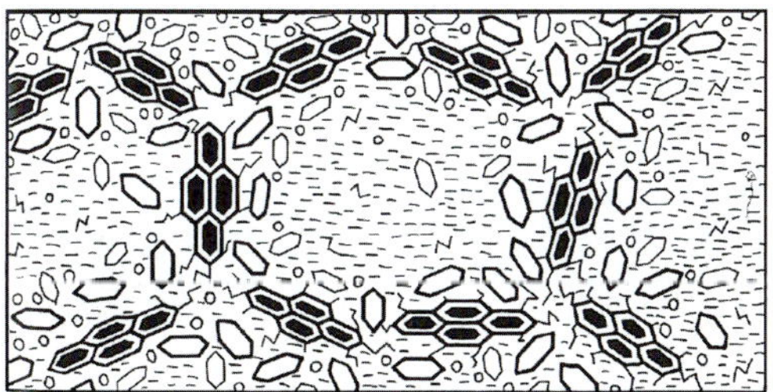

Bild 1.17 Gel-Typ Bitumen

Im Bitumen besteht eine kolloidale Textur, die in eine disperse Phase *(Asphalten-Micellen)* und eine kohärente, dispergierende Phase *(intercellare Maltenphase)*, die die Micellen allseits einbettet, eingeteilt wird. Die Anteile dieser Phasen im Vielstoffgemisch sind temperaturabhängig.

Bitumen überstreicht in den für den Straßenbau wichtigen Bereichen die Aggregatzustände fest bis flüssig. Die Temperaturbereiche dieser Zustände sind abhängig von den jeweiligen Bitumensorten. Bei hoher Temperatur (flüssiger Aggregatzustand) bilden sich kugelförmige, „globuläre" Micellen, die durch die intercellare Maltenphase voneinander getrennt sind. Dieser Zustand kann als *„Sol"*-Zustand bezeichnet werden. Bei einer Temperaturabnahme nehmen die Micellen nach Anzahl und Größe zu. Die Micellen liegen schließlich im Micellverbund vor und schließen die Maltenphase mechanisch ein. Wenn eine entsprechende gequollene Textur aus diesen Agglomeraten vorliegt, ist der sogenannte *„Gel"*-Zustand erreicht. Diese Phase (der miteinander verwachsenen Asphalten-Micellen) bestimmt das rheologische Verhalten des Straßenbaubitumens in seiner Gebrauchsphase, also im festen Aggregatzustand.

Die Bezeichnung „Sol" und „Gel" soll in diesem Fall die unterschiedlichen Temperaturzustände beschreiben. Ansonsten können Bitumina als „Gel", in der Übergangsform als „Sol-Gel" oder als „Sol" vorliegen. Ein Bitumen in „Gel"-Form ist z. B. ein geblasenes Bitumen, das aber im Asphaltstraßenbau keine Bedeutung hat. Diese Bitumensorten (Oxidationsbitumen) kommen vorwiegend in der Dachbahnindustrie und für spezielle Anwendungen in der bitumenverarbeitenden Industrie zum Einsatz.

Die Zustandsbereiche von Straßenbaubitumen reichen von der „Spröd-Temperatur" (z. B. Kaltlagerungszustand im Winter) über die Gebrauchstemperatur (Einsatz als Bindemittel in der Asphaltbefestigung) bis hin zur Verarbeitungstemperatur (Verarbeitung in der Asphaltmischanlage). Dementsprechend kann man das rheologische Verhalten vom reinen Festkörperverhalten bis zum reinviskosen Festkörper (Newton'sches Modell) betrachten.

Dieses rheologische Verhalten ist u.a. eine Grundlage zur Auswahl der den klimatischen Anforderungen entsprechenden Bitumensorte.

1.2.4.1 Alterung des Bitumens

Die Alterung des Bitumens lässt sich in drei Gruppen, die miteinander kommunizieren, einteilen:

- Verdunstungsalterung (destillative Alterung),
- Oxidative Alterung,
- Strukturalterung.

Die *Verdunstungsalterung* beruht auf physikalischen Vorgängen. Es werden leichtflüchtige Ölanteile durch thermisch-destillative Vorgänge abgedämpft. Mit zunehmender Bitumenhärte nimmt dabei die Neigung zu diesem Vorgang ab. Eine Temperaturerhöhung, Vergrößerung der Oberfläche und die Verlängerung der Verweilzeit während der Heißlagerung, z.B. in einem Tank, haben eine Steigerung der Verhärtungsneigung zur Folge. Diese Art der Alterung hat besondere Bedeutung für das Heißlagerungsverhalten von Bitumen in Tankanlagen.

Die *oxidative Alterung* ist eine chemische Alterung. Der wesentliche Auslöser dieser Alterungsform ist der Luftsauerstoff. Die Alterung erfolgt hauptsächlich photochemisch. Durch Licht im sichtbaren Wellenlängenbereich werden die Sauerstoffbindungen (O-O) aufgespalten und durch UV-Strahlung werden die Kohlen-Wasserstoff-Bindungen (C-H) sowie die Kohlenstoff-Kohlenstoff-Bindungen gebrochen. Durch diese Oxidations- und Dehydrierungsreaktionen entstehen Asphaltene aus den Erdölharzen. Ebenso werden aus dem Dispersionsmittel Erdölharze (in geringerem Umfang) wieder neu gebildet. Durch die im Gegensatz zur Asphaltenbildung langsamer verlaufende Bildung der Erdölharze kommt es zu einem Ungleichgewicht in dem zuvor vorhandenen System. Die stabilisierende Wirkung der Harze wird verringert.

Werden die Asphaltene und die Erdöl-Harze vergrößert, kommt es zu einer Strukturveränderung und zu einer *Strukturalterung*. Es liegt, wie auch bei den anderen Alterungsformen, ein irreversibler Prozess vor. Straßenbaubitumen liegt in der Regel in der „Sol"-Form vor. Der Alterungsprozess verläuft folgendermaßen:

Sol > strukturiertes Sol > Koagel > Gel.

Die Alterung führt immer über den „Gel"-Typ. Im Verlauf dieser Prozesse gewinnt das Bitumen immer mehr an Härte und innerer Festigkeit. Dies ist gepaart mit gleichzeitigem Verlust an Elastizität und Plastizität. Es kann auch zu einer geringfügigen Volumenabnahme kommen. Bei weitfortgeschrittener Alterung kann es zu einem Verspröden kommen.

Da gealterte Bitumen irreversibel verändert sind, können diese nicht unbegrenzt als Recycling-Bindemittel eingesetzt werden.

Polymermodifizierte Bindemittel unterliegen ebenfalls einem Alterungsprozess.

Alterung bei Heißlagerung

Die Bitumina werden nach Herstellung in der Raffinerie bis zur Auslieferung zum Verbraucher in Heißlagertanks mit einem Volumen von 50 bis 4000 m³ gelagert. Die Verweilzeit kann in Tagen gerechnet werden. Die verschiedenen Straßenbaubitumensorten werden entsprechend TL Bitumen-StB ausgeliefert. Auf dem Lieferschein werden in der Regel bei Verladung des Heißbitumens in das Transportmedium (TKW) die aktuellen Analysedaten (Nadelpenetration bei 25 °C, nach DIN EN 1426 und Erweichungspunkt Ring und Kugel nach DIN EN 1427) vermerkt. Diese Analysedaten sind als Ausgangsdaten für die nachfolgenden Alterungsvorgänge zu betrachten.

An den Asphaltmischanlagen befinden sich zum großen Teil Bitumenlagertanks mit einem Fassungsvermögen zwischen 25 und 60 m³. Die Lagerbehälter sind in horizontaler und vertikaler Ausführung üblich. Die Beheizung der Tanks

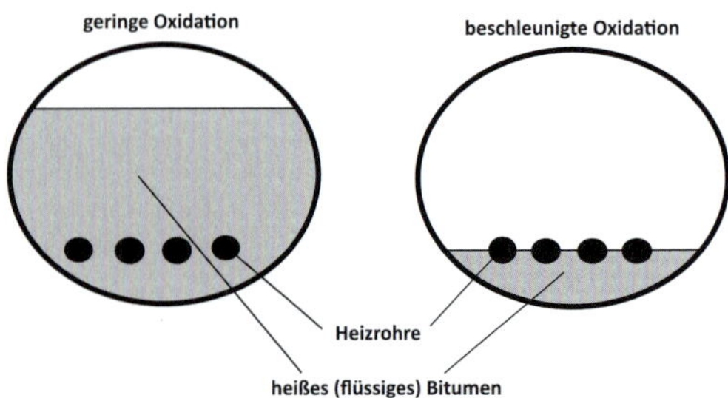

Bild 1.18 Oxidation im horizontalen Lagertank

erfolgt entweder indirekt mittels innenliegender Rohrheizregister oder von außen durch auf der Behälterwand und dem Boden aufgeschweißte Heizkanalsysteme. Dabei kommen Thermalölheizungen oder neuerdings auch Elektroheizungen zum Einsatz. Die direkte Beheizung kann durch ein innenliegendes, u-förmiges Flammrohr mit Öl- oder Gasbrenner erfolgen.

Bezüglich der Alterung des Bitumens ist die Lagerung in einem vertikalen Lagerbehälter günstiger, da die Oberfläche des Bitumens, die mit der Luft in Berührung kommen kann, geringer ist und diese Oberfläche unabhängig vom Füllstand konstant bleibt.

Alterung während der Mischgutherstellung, Lagerung und Transport zum Einbauort

Bitumen wird im flüssigen Zustand, d.h. bei Temperaturen zwischen 170 °C und 200 °C, in den Mischer der Asphaltmischanlage eingedüst. Dort trifft es auf die getrockneten und heißen Gesteinskörnungen. Diese beiden Bestandteile des Asphaltes werden ca. 15 Sekunden intensiv durchgemischt. Die Temperaturen beim Mischvorgang betragen, je nach Mischgutart, zwischen 170 und 190 °C.

Werden dem Mischgut zusätzlich Additive wie Bindemittelträger, Polymere o.ä. zugegeben, wird eine Verlängerung der Mischzeit, d.h. eine Nachmischzeit, erforderlich. Während dieser Zeit wird das Bitumen durch die laufende Veränderung der Oberfläche des Mischgutes stark dem Luftsauerstoff ausgesetzt. Dabei beeinflusst auch der Mischertyp die Neigung zur Oxidation. Die Bindemittelverhärtung in einem Trommelmischer ist meist geringer als in einem Chargenmischer. Die tatsächliche Bitumenverhärtung hängt dabei von verschiedenen Randbedingungen ab. In einer Studie in Großbritannien wurde festgestellt, dass in einem Trommelmischer die Reduktion der Penetration um 5 bis 15 % und der Anstieg des Erweichungspunktes Ring und Kugel um 4 °C geringer ist als in einem Chargenmischer. Um das Bindemittel nicht thermisch zu schädigen und die Alterung nicht zu sehr zu beschleunigen, muss unbedingt gewährleistet sein, dass die vom Bindemittelhersteller angegebenen maximalen Temperaturen eingehalten werden.

Tabelle 1.4 Maximale Temperaturen des Bindemittels während des Mischvorganges

Bindemittel	Höchsttemperatur beim Mischen [°C]
30/45	190
50/70	180
70/100	180
160/220	170

Besonders nach langen Regenperioden oder nach der Winterpause ist die Gefahr sehr groß, die Gesteinskörnungen zu scharf zu trocknen. Die Gesteinskörnungen, die dem Mischer zugeführt werden, dürfen aber keinesfalls überhitzt sein, da der dünne Bindemittelfilm, der sich auf dem Gestein bildet, sehr schnell verhärtet.

Das Mischgut wird häufig vor dem Transport zum Einbauort in den Heißsilotaschen der Asphaltmischanlage zwischengelagert. Die Oxidation im Heißsilo hängt von der Verweildauer des Mischgutes, der Dicke des Bindemittelfilmes auf der Gesteinskörnung, der Luftzutrittsmöglichkeit und der Lagertemperatur ab. Vor allem: Wenn die Verschlussklappe zum Befüllen der Lkw nicht luftdicht schließt, kann von der Unterseite Sauerstoff in das Heißlagersilo eintreten, der dann durch das Mischgut erwärmt wird und sich seinen Weg nach oben durch das Mischgut sucht. Dieser Vorgang ist mit einem Kamin zu vergleichen. Es wird fortwährend neuer Sauerstoff durch den Kamin gezogen, der dann mit dem heißen Bindemittel reagiert. Dieser Vorgang lässt sich durch eine kurze Verweilzeit des Mischgutes im Silo und durch ein gut gefülltes Silo in seinen negativen Auswirkungen verringern.

Die Alterung des Bitumens kann sehr drastisch beschleunigt werden, wenn der Mischguttransport mit Fahrzeugen durchgeführt wird, die nicht geschlossen bzw. abgedeckt werden. Neben dem Schutz des Mischgutes gegen Nässe bei Niederschlägen hat das Abdecken im Wesentlichen die Aufgabe, das Mischgut vor dem Sauerstoffzutritt, hervorgerufen vom Fahrtwind, zu schützen. Dabei muss darauf geachtet werden, dass der Lkw, der das Mischgut abtransportiert, in dem Augenblick abgedeckt ist, wenn er seinen (auch noch so kurzen) Transport von der Mischanlage aus beginnt.

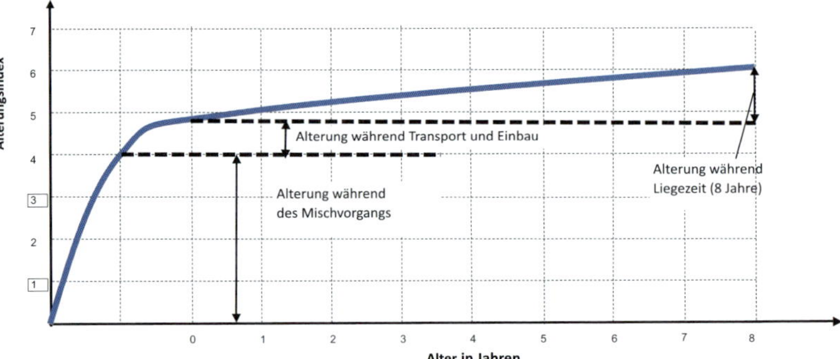

Bild 1.19
Bitumenalterung während der Asphaltmischgutherstellung, der Lagerung, des Transports und Einbaus des Mischgutes sowie unter Verkehr

Während einer längeren Transportfahrt ohne Abdeckung ist es möglich, dass das Bindemittel so stark verhärtet, dass es mindestens der nächst härteren Sorte entspricht. Da dies aber nicht über die gesamte Schichtdicke des Mischgutes auf der Ladefläche gleichmäßig erfolgt, kann es zum Schalenaufbau auf der Ladefläche des Lkw kommen. In diesem Fall wird dem Straßenfertiger inhomogenes Mischgut zum Einbau geliefert.

Im Wesentlichen erfährt das Bindemittel eine Alterung während der Mischgutherstellung, der Lagerung und des Transportes zum Einbauort. Den Alterungsfortschritt kann man auch als Alterungsindex (Verhältnis der Viskosität des ursprünglichen Bitumens zur Viskosität des gealterten Bitumens) ausdrücken. Im *Bild 1.19* ist der Alterungsindex in Abhängigkeit von der Liegezeit der Asphaltbefestigung dargestellt.

Der Zeitbereich vom Mischbeginn bis zum Beginn der Liegezeit (Alter = 0) ist als Stundenbereich zu sehen.

Während des Gebrauchszustandes des Asphaltmischgutes (im Straßenaufbau, unter Verkehr) sind die Einflüsse im Wesentlichen auf die Fahrbahnoberfläche begrenzt. Die Oxidation über Jahre hängt vom Hohlraumgehalt der Asphaltschicht ab. Je größer die Möglichkeit des Luftzutrittes ist, desto stärker ist die Neigung zur Oxidation innerhalb der Asphaltschicht. Das Resultat der Alterung ist ein Verlust an Flexibilität und ein Gewinn an Standfestigkeit in der Schicht.

Im Jahr 1977 wurden Asphalttragschichten nach einer ca. zwanzigjährigen Liegezeit untersucht. In diesem Zeitraum veränderte sich das ursprüngliche Bindemittel B 80 (neu: 70/100) zu einem B 15 (neu: 20/30). Die starken Veränderungen

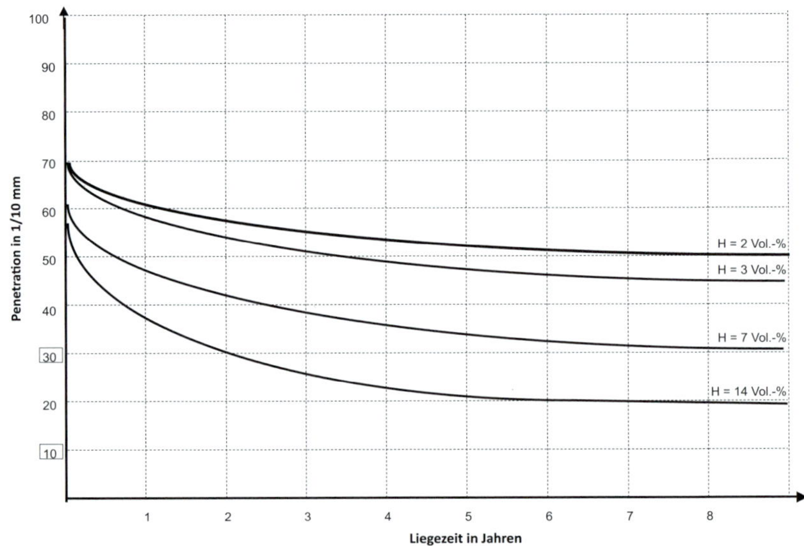

Bild 1.20
Bitumenverhärtung in Asphaltbefestigungen in Abhängigkeit von Liegezeit und Hohlraumgehalt

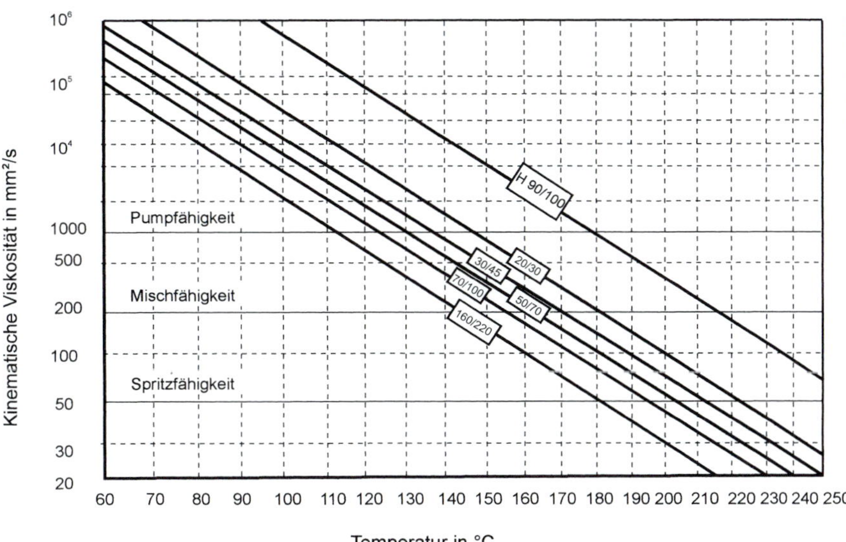

Bild 1.21 Viskositäten und Gebrauchstemperaturen von Bitumen

sind durch den hohen Hohlraumgehalt (im Mittel 17,7 %) und durch Luftzutrittsmöglichkeiten aus der ungebundenen Frostschutzschicht begründet. Die Bindemittelverhärtung in Asphaltbefestigungen ist im *Bild 1.20* dargestellt.

Die Einwirkung der UV-Strahlung und somit die Beschleunigung der Oxidation ist auf die Oberfläche der Asphaltschicht beschränkt. Die UV-Strahlen dringen nur ca. 4 bis 5 µm in die Fahrbahnoberfläche ein. Einen positiven Einfluss auf das Alterungsverhalten haben dichte Oberflächen mit dicken Bindemittelfilmen.

1.2.4.2 Temperaturverhalten/ Viskositäten

Bitumen ist ein Thermoplast. Im Nutzungszustand, z.B. in der Asphaltbefestigung einer Straße, ist das Bindemittel von fester Konsistenz. In diesem Bereich des harten Bitumens wird die Bestimmung der Nadelpenetration (DIN EN 1426) (s.a. *Bild 1.23*) durchgeführt. Im Zeitraum der Verarbeitung, etwa des Pumpens, Mischens und Einbaus des Asphaltes, ist das Bitumen flüssig. Die jeweiligen Eigenschaften und die dementsprechenden Temperaturen werden durch die Prüfung der Viskosität ermittelt (DIN EN 12595 und DIN EN 12596).

„Viskosität (Zähigkeit) ist die Eigenschaft einer Flüssigkeit, der gegenseitigen laminaren Verschiebung zweier benachbarter Schichten infolge innerer Reibung einen Widerstand entgegenzusetzen" (DIN 13342). Zur Messung der Viskosität werden unterschiedlichste Kapillaren oder Viskosimeter verwendet. Die Verarbeitung eines flüssigen Mediums (Bitumen) erfordert die Einhaltung bestimmter Viskositäten.

Für den Asphaltstraßenbau werden folgende Äquiviskositätsspannen (Bereiche gleicher Viskositäten) als zweckmäßig angesehen:

Tabelle 1.5 Mittlere Bindemittelviskositäten bei der Herstellung und Verarbeitung von Asphalten

Verarbeitungsform des Bitumens	Äquiviskositätsspanne in mm²/s
Spritzen (Eindüsen beim Mischvorgang, Verspritzen)	50–70
Mischen (abhänging von Mischgutart)	200–300
Pumpen	1000–1800
Einbau und Verdichtung	2000–10000

Mit Hilfe dieser Äquiviskositätsspannen werden die Temperaturbereiche zum Pumpen und Verarbeiten der verschiedenen Bindemittelsorten festgelegt. Im *Bild 1.21* sind die Viskositäten und Gebrauchstemperaturen verschiedener Bitumensorten dargestellt. Diese Werte können nur als Näherungswerte betrachtet werden, da es durch die Verwendung von Rohölen verschiedener Provenienzen und durch Unterschiede in der Herstellungstechnologie

Tabelle 1.6
Mittlere Viskositäten in mm^2/s gebräuchlicher Straßenbaubitumen

Bitumen	100 °C	125 °C	150 °C	175 °C
160/220	2100	480	150	58
70/100	4000	800	230	85
50/70	6000	1100	310	110
30/45	11000	1900	490	160
20/30	30000	4000	830	220

Tabelle 1.7
Die wichtigsten Gebrauchstemperaturen für Straßenbaubitumen

Bitumen	Pumpfähigkeit [°C]	Mischfähigkeit [°C]	Spritzfähigkeit [°C]
160/220	113	143	180
70/100	122	154	192
50/70	127	160	201
30/45	147	180	222

Tabelle 1.8
Mischguttemperaturen

Bitumen	Mindesttemperatur beim Einbau [°C]	Höchsttemperatur beim Mischen [°C]	Erfahrungswerte aus der Praxis [°C]
160/220	120	170	130–150
70/100	130	180	140–160
50/70	130	180	140–160
30/45	140	190	160–180

zu geringfügigen Verschiebungen der Viskositätslinien kommen kann.

Die im *Bild 1.21* dargestellten Kennlinien der mittleren Viskositäten für die gebräuchlichen Bindemittel sind in der *Tabelle 1.6* tabellarisch aufbereitet.

Wie durch die Bilder ersichtlich ist, haben die unterschiedlichen Bitumensorten entsprechend ihrer Härte unterschiedliche Grenzen für die Spannen ihrer Gebrauchstemperaturen.

Für die Praxis bedeutet das, dass härtere Bitumina höheren Temperaturen ausgesetzt werden können als weiche Bitumina. Der Einbau des Asphaltmischgutes unter Verwendung harter Bitumina muss bei höheren Temperaturen erfolgen als bei weichen Bindemitteln (hohe Penetration). Das Gleiche trifft auf das Verdichten zu.

In der *Tabelle 1.7* sind die Temperaturen der verschiedenen Bitumensorten für die in der Praxis relevanten Verarbeitungsformen dargestellt.

Aus der *Tabelle 1.8* lassen sich auch die Grenzwerte für das Mischen und den Einbau von Asphalt ableiten. Dabei gibt es Abweichungen bei bestimmten Mischgutarten bzw. durch die Zugabe von Additiven.

In den Abschnitten 1.4 und 1.5 wird auf die speziellen Anforderungen eingegangen, die sich aus dem thermoplastischen Verhalten des Bindemittels ergeben.

1.2.4.3 Verhalten gegenüber Chemikalien

Bitumen ist gegen die Einwirkung der meisten anorganischen Säuren, Salze aggressiver Gewässer, Kohlensäure und Alkalien widerstandsfähig. Allerdings gibt es bei der Widerstandsfähigkeit gegenüber starken Säuren neben einer Temperaturabhängigkeit (bei Temperaturerhöhung vermindert sich die Resistenz von Bitumen) eine Abhängigkeit von der oxidierenden Wirkung von Säuren.

Man kann sagen, dass in der Regel mit zunehmender Bitumenhärte die Widerstandsfähigkeit gegenüber Chemikalien wächst. Diese sind in flüssiger Konsistenz aggressiver gegen Bitumen als in fester oder gasförmiger Form. Gegen Kraftstoffe (Benzin, Diesel), Öle, Fette und viele organische Substanzen oder Lösemittel ist Bitumen nicht beständig. Die *Tabelle 1.9* gibt einen Überblick über das Verhalten gegenüber den wichtigsten Chemikalien.

Tabelle 1.9 Verhalten von Bitumen gegenüber Chemikalien

Medium	Konzentration [%]	Temperatur	
		bis ca. 30 °C	bis ca. 65 °C
Anorganische Säuren			
Schwefelsäure	< 25 > 25 > 95	+ + –	+ o –
Rauchende Schwefelsäure (Oleum)		–	–
Salpetersäure	< 10 > 10 65	+ o –	o o –
Salzsäure	< 25 > 25 36	+ + o	+ o –
Organische Säuren			
Milchsäure		+	+
Zitronensäure		+	+
Gerbsäure	< 25 > 25	+ +	+
Weinsäure	< 25 > 25	+ +	+
Ameisensäure	40	+	–
Essigsäure	25	+	+
Buttersäure		–	–
Ölsäure		–	–
Oxalsäure		+	+
Benzoesäure		+	
Phthalsäure		+	
Phenole		–	–
Anorganische Basen			
Kalilauge		+	o
Natronlauge		+	o
Ammoniakwasser		+	+
Organische Basen			
Triäthanolamin		+	
Anilin		–	–
Pyridin und Homologe		–	–
Salzlösungen			
Sulfate		+	+
Chloride		+	+
Nitrate		+	+
Verschiedenes			
Trinkwasser		+	
Seifenlösung		+	+
Perhydol	30	o	–
Formalin		+	+
Glycerin		+	+
Glykol		+	+
Melasse		+	+
Zucker		+	+
Bier		+	
Jauche		+	
Abwässer		o	o

\+ beständig
– unbeständig
o nicht in jedem Fall beständig; muss geprüft werden

1.2.4.4 Weitere Eigenschaften

Dichte und Wärme – Ausdehnungskoeffizient

Die Dichte von Straßenbaubitumen ist in den TL Bitumen-StB mit min. 1,0 g/cm³ bei 25 °C festgelegt. Die Prüfung erfolgt nach DIN EN ISO 3838 mit einem Pyknometer. Die Dichte nimmt mit steigender Härte zu. Einen gewissen Einfluss haben die eingesetzten Rohölprovenienzen. Die *Tabelle 1.10* kann zur Dimensionierung von Tanks zur Heißlagerung und zur volumetrischen Dosierung von Bitumen genutzt werden.

Der kubische Wärmeausdehnungskoeffizient für Bitumen liegt zwischen 15 und 200 °C bei 0,0006 bis 0,00062. Die Wärmeausdehnung von Bitumen ist ca. zwanzig- bis dreißigmal größer als bei Gesteinskörnungen.

Spezifische Wärme und Wärmeleitfähigkeit

Die Wärmeleitfähigkeit von Bitumen ist, ähnlich einem Isolierstoff, gering. Die Wärmeleitzahl beträgt für alle Bitumensorten:

0,16 W/mK (= 0,14 kcal/mh °C).

Die spezifische Wärme beträgt:

bei 0 °C 1,7 J/gK (= 0,4 cal/g °C),
bei 100 °C 1,9 J/gK (= 0,45 cal/g °C),
bei 200 °C 2,1 J/gK (= 0,5 cal/g °C).

Elektrische Eigenschaften

Bitumen hat eine geringe elektrische Leitfähigkeit und eine hohe Durchschlagfestigkeit.

Spezifische Leitfähigkeit:

bei 35 °C
0,1 bis $1 \cdot 10^{-13}$ S/cm bzw. $\Omega^{-1} \cdot cm^{-1}$,

bei 80 °C
5 bis $10 \cdot 10^{-13}$ S/cm bzw. $\Omega^{-1} \cdot cm^{-1}$.

Dielektrizitätskonstante:

bei 5 °C 2,6 bis 2,7
bei 20 °C 2,7 bis 2,9
bei 80 °C 2,9 bis 3,0.

Tangens des Verlustwinkels · 100 (Hysteresisverluste + Leitungsverluste):

bei 20 °C 1,3 bis 2,1
bei 80 °C 2,0 bis 5,0.

Durchschlagsspannung (Plattenelektroden):*)

bei 20 °C 20 bis 35 kV_{eff}/mm,
bei 50 °C 10 bis 15 kV_{eff}/mm.

Oberflächenspannung

Im Temperaturbereich zwischen 100 °C und 150 °C wurden Werte in einer linearen Abhängigkeit zwischen 30 und 25 mN/m ermittelt. Da die Oberflächenspannung nahezu unabhängig ist von eingesetzten Rohölen, Herstellungsart und Härte, ist es zulässig, diese Werte auf Raumtemperatur zu extrapolieren. Es ergibt sich eine Oberflächenspannung von 33 ± 1 mN/m.

1.2.5 Umweltrelevante Daten

Bitumen wird durch „schonende“ Destillation aus Erdöl gewonnen. Es handelt sich um eine reine physikalische Herstellungsmethode, bei der nur die Auswirkungen von Temperatur- und Druckveränderungen während des Produktionsprozesses ausgenutzt werden. Keinesfalls darf Bitumen, wie es landläufig oft geschehen mag, mit dem in der Vergangenheit verwendeten Bindemittel Teer (heute Pech) verwechselt werden. Der Grundstoff zur Teerproduktion ist meist Steinkohle, seltener Braunkohle. Teer wird durch thermische Zersetzung von Kohle

*) Spannung, die das Material nach jeder Spannungserhöhung um 5 kV mindestens 1 min aushalten kann.

Tabelle 1.10 Spezifisches Gewicht von Bitumen

Penetration bei 25 °C	Erweichungspunkt Ring und Kugel etwa bei [°C]	Spezifisches Gewicht bei 25 °C
300	34	1,01 ± 0,02
200	39	1,02 ± 0,02
100	46	1,02 ± 0,02
50	53	1,03 ± 0,02
25	63	1,04 ± 0,02
15	72	1,07 ± 0,03

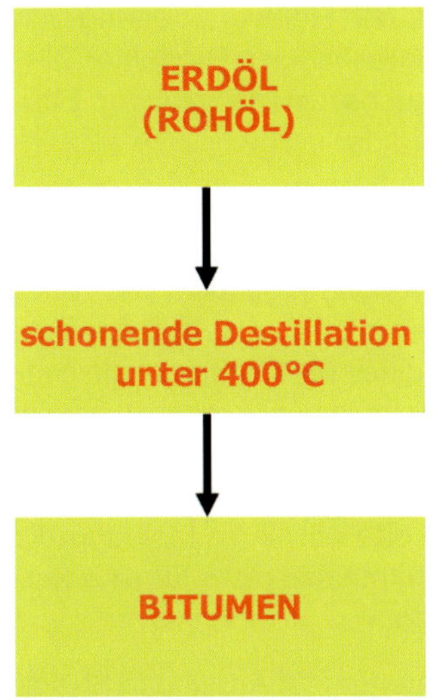

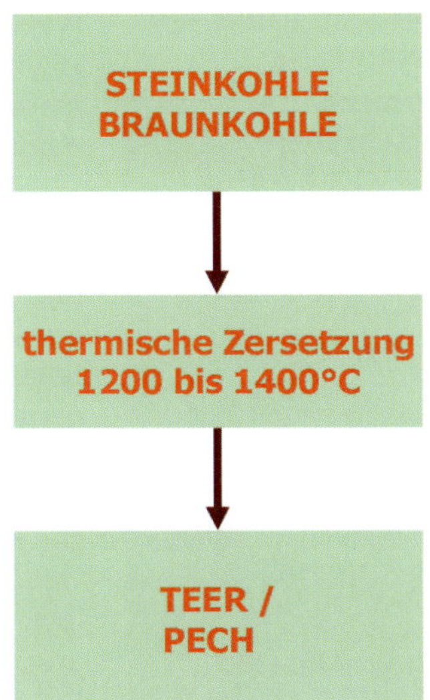

Bild 1.22 Unterschied Bitumen- und Teer-/ Pech-Herstellung

bei 1200 bis 1300 °C gewonnen. Bei dieser Zersetzung entstehen Pyrolyseprodukte, deren Bestandteile (u. a. polyzyklische aromatische Kohlenwasserstoffe – PAK) größtenteils krebserregend beim Menschen sind.

Das Benzo(a)pyren wird als Leitsubstanz für die PAK angesehen. Peche können zwischen 5000 und 10000 ppm (= parts per million) enthalten. Bei verschiedenen Untersuchungen wurden im Bitumen 1 bis 5 ppm gefunden. Das bedeutet, dass der Benzo(a)pyrengehalt im Bitumen um einen Faktor von 1000 bis 10000 geringer ist. Neben dem PAK-Benzo(a)pyren, welches als Leitsubstanz zur Krebserregung erkannt wurde, enthält Pech eine Reihe weiterer PAKs. Pech wird schon seit rund 30 Jahren, regional schon länger, nicht mehr im Asphaltstraßenbau eingesetzt. Durch die Fragen des Recyclings von Straßenbaustoffen werden die Probleme der Behandlung pechhaltigen Straßenaufbruchs wieder akut.

Um die Frage, ob ein Medium gesundheitsschädlich oder arbeitsmedizinisch bedenklich ist, zu beantworten, muss man die auftretenden Konzentrationen ansehen und dann entscheiden. Schon Paracelsus prägte den Ausspruch:

„Alle Dinge sind Gift und nichts ist ohne Gift. Die Menge allein macht, dass ein Ding ohne Gift ist.“

Tabelle 1.11 Unterschiede Pech/Bitumen

Pech/Teer	Bitumen
• Chemische Herstellungsmethode	• Physikalische Herstellungsmethode
• Zersetzungsprodukte, polyzyklische aromatische Kohlenwasserstoffe (PAK) entstehen	
• Benzo(a)pyren als krebserregende Leitsubstanz in Konzentrationen von 5000–10000 ppm enthalten	• Benzo(a)pyrengehalt 1–5 ppm • Um Faktor 1000–10000 geringer als in Pech
• Keine Heißverarbeitung zugelassen	• Emissionen im Asphaltmischwerk sind bei konventionellem Betrieb nicht umweltbeeinträchtigend
• Bei Wiederverwendung Eluierbarkeit kritischer Stoffe beachten	• Bei Recycling ist Heißzugabe möglich
	• Kein Gefahrenstoff • Nicht Kennzeichnungspflichtig • Keine sekundären Arbeitsschutzmaßnahmen nötig

Tabelle 1.12 Benzo(a)pyrengehalte von Nahrungsmitteln und Böden in µg/kg

	Benzo(a)pyrengehalt [µg/kg]
Sonnenblumenöl	10,6
Salat	12,8
Grünkohl	12,6 bis 24,5
Tee-Extrakt	21,3
Kokosfett	43,7
Knochensteak am Rost	bis 50,4
Bratwurst am Rost	bis 86,4
Schweinerücken am Rost	bis 140
Gartenboden	90
Ackerboden	900
Waldboden	40 bis 1 300
Grundwasser	10 bis 50

Viele Dinge, die uns umgeben oder die wir zu uns nehmen, enthalten PAK. In der *Tabelle 1.12* sind die Gehalte an Benzo(a)pyren verschiedener Nahrungsmittel und Böden aufgeführt.

In der Vergangenheit wurden immer wieder Untersuchungen über die gesundschädigende Gefahr beim Umgang mit Bitumen durchgeführt. Noch 1963 wurde festgestellt, dass in Bitumendämpfen keinerlei cancerogene (krebserregende) Bestandteile enthalten sind. Später, im Jahre 1977, wurden PAKs gefunden. Das lag aber nicht an Veränderungen in der Zusammensetzung des Bitumens, sondern in den immer präziser gewordenen Nachweismethoden. Neumann und Kaschni haben zwei handelsübliche Bitumen untersucht und die Ergebnisse 1977 veröffentlicht. Sie ermittelten PAK-Konzentrationen zwischen 0,02 und 6,56 ppm. Zusätzlich wurde noch ein Destillationsrückstand untersucht. Hier betrug die maximale PAK-Konzentration 18,95 ppm.

In die *MAK-Liste* wurden die Bitumen(dämpfe) in die Gruppe III B als „Stoff mit begründetem Verdacht auf ein krebserzeugendes Potenzial" eingestuft. In der jährlich veröffentlichten Liste der Senatskommission zur Prüfung gesundheitsschädlicher Arbeitsstoffe (MAK-Kommission) ist Bitumen seit 2001 den Stoffen der Kategorie 2 zugeordnet. Diese Einstufungsempfehlung bezieht sich auf die Dämpfe und Aerosole, die bei der Heißverarbeitung von Bitumen und bitumenhaltigen Produkten entstehen. Im Gebrauchszustand geht von Bitumen keine Gefahr aus.

Auch die MAK-Kommission kommt in ihrer Begründung zu der Ansicht, dass Bitumen (Dämpfe und Aerosole) eigentlich der Kategorie 5 zuzuordnen ist, also als Stoff, bei dem unter Einhaltung eines MAK-Wertes kein nennenswerter Beitrag zu einem Krebsrisiko beim Menschen zu erwarten ist. Aus Vorsorge empfiehlt die Kommission jedoch eine Zuordnung zur Kategorie 2, da nach ihrer Meinung die vorliegenden Erkenntnisse nicht für eine Entlastung ausreichen.

Das Bundesministerium für Arbeit und Sozialordnung (BMA) hat vor einigen Jahren die Abklärung noch offener Fragen zu eventuellen Gesundheitsgefahren durch Bitumen angeregt und dazu den Gesprächskreis BITUMEN initiiert. Auf Betreiben des Gesprächskreises sind eine Reihe von wissenschaftlichen Studien eingeleitet worden, deren Ergebnisse oder

Tabelle 1.13 Polyzyklische aromatische Kohlenwasserstoffe in Bitumen in ppm

PAK	Handelsübliche Bitumen	
	A (70/100)	B (70/100)
Fluoranthen	0,10	0,18
Pyren	0,17	0,80
Benzo(a)fluoren	0,02	0,10
Benzo(b)fluoren	0,02	0,09
Benzonaphtothiophen	0,52	1,91
Benzo(ghi)fluoranthen	0,11	0,43
Chrysen*	1,64	5,14
Benzo(a)anthracen**	0,13	0,86
Benzo(b)fluoranthen**	0,40	1,60
Benzo(c)fluoranthen*	0,34	1,41
Benzo(e)pyren*	1,62	6,56
Benzo(a)pyren**	0,30	1,14
Perylen	0,11	2,29
Anthanthren	0,04	0,30
Benzo(ghi)perylen	1,37	5,50
Summe	6,89	28,31

* Verdacht auf Cancerogenität
** Wahrscheinlich cancerogen

Zwischenergebnisse in einem Sachstandsbericht dokumentiert sind.

Bereits seit einigen Jahren läuft die wesentliche Studie, die Aufschluss darüber liefern soll, ob von den Dämpfen und Aerosolen aus Bitumen eine krebserzeugende Wirkung auf die Beschäftigten am Arbeitsplatz ausgeht. Bei der Studie wird in einem Langzeitversuch die toxikologische Wirkung untersucht.

Ab 2018 sollen teerhaltige Ausbaustoffe ausschließlich einer thermischen Verwertung zugeführt werden. Ein erneuter Einsatz im Straßenbau ist dann nicht mehr zulässig.

Epidemiologische Untersuchungen

Die Europäische Kommission wird eine Entscheidung über die Einstufung von Bitumen auf Grundlage einer Europa weiten epidemiologischen Untersuchung treffen. Unter Koordination der IARC wurde in mehreren europäischen Ländern, auch in Deutschland, eine epidemiologische Untersuchung bei Beschäftigten im Straßenbau durchgeführt, die Aufschluss darüber bringen sollte, ob bei Beschäftigten im Asphaltstraßenbau ein erhöhtes Krebsrisiko besteht.

Das Ergebnis der Studie wurde von der IARC im Jahre 2002 vorgelegt. Die Ergebnisse in einigen Ländern zeigten zwar eine – gegenüber dem Bevölkerungsdurchschnitt – erhöhte Sterblichkeitsrate durch Lungenkrebs, aber die Ursache dafür wurde nicht geklärt. Es wird davon ausgegangen, dass der Einfluss von nicht erfassten Bedingungen an den untersuchten Arbeitsplätzen und das spezifische Verhalten der Beschäftigten zu einem erhöhten Gesundheitsrisiko beitragen. Die IARC schlägt deshalb die Durchführung einer Fall-Kontroll-Studie vor, um diese Einflüsse zu erfassen.

Toxikologische Untersuchungen

In Deutschland wird eine Entscheidung über die gesetzliche Einstufung von Gefahrstoffen im Allgemeinen nach den Ergebnissen von toxikologischen Untersuchungen im Tierversuch getroffen.

Im Auftrag der ARBIT und von Eurobitume führt das Fraunhofer Institut für Toxikologie und Experimentelle Medizin – ITEM in Hannover einen mehrjährigen Inhalationsversuch mit Dämpfen und Aerosolen aus Bitumen durch.

Klassifizierung

Einordnung gemäß CAS und EINECS

CAS Chemical Abstract Services,
EINECS European Inventory of Existing Commercial Chemical Substances.

Die bei der Erdölverarbeitung gewonnenen Produkte, darunter auch Bitumen, sind komplex zusammengesetzte Kohlenwasserstoff-Gemische, die aber im Sinne des Chemikalienrechts als Stoffe betrachtet werden. Den Produkten wurde deshalb eine CAS-Nummer zugeordnet, und sie sind im Altstoffverzeichnis der Europäischen Gemeinschaft (EINECS) aufgeführt.

Mit der REACH-Verordnung der europäischen Gemeinschaft, mit der chemische Stoffe

Tabelle 1.14 CAS-Nummern

Produkt	EINECS-Nr.	CAS-Nr.	C-Zahl	Siedebereich [°C]
Bitumen	232-490-9	8052-42-4	> C25	
Oxidationsbitumen	265-196-4	64742-93-4		
Asphaltene	295-284-8	91995-23-2		
Erdöldestill. Rückstände				
Vakuum	265-057-8	64741-56-6	> C34	> 495
Vakuum entschwefelt	265-188-0	64742-85-4	> C34	> 495
Vakuum therm. gecrackt	295-518-9	92062-05-0	> C34	> 495
Vakuum entparaffiniert	302-656-6	94114-22-4	> C80	> 450
Vakuum hydriert	309-712-9	100684-39-7	> C50	> 360
Vakuum hydriert	309-713-4	100684-40-0	> C50	> 500

registriert, bewertet, zugelassen und ihre Verwendung beschränkt werden, hat sich eine neuerliche Diskussion um Bitumen und den Umgang mit Bitumen ergeben. Denn seitdem geben die Hersteller die höchste zulässige Verarbeitungstemperatur an, bei der keine Schädigungen für die Verarbeiter auftreten. Diskutiert werden derzeit Temperaturen um 200 °C. Eine Reduzierung auf unter 200 °C hätte erhebliche Auswirkungen auf den Einsatz von Bitumen, z. B. bei der Verwendung von Gussasphalt.

In der *Gefahrenstoffverordnung (GefStoffV)*, die derzeit noch die Einstufung und Kennzeichnung von Gefahrenstoffen in Deutschland regelt, werden Stoffe als krebserzeugend betrachtet, die mehr als 50 ppm Benzo(a)-pyren enthalten. Bitumen unterschreitet diesen Wert mit einem Wert von 1–5 ppm deutlich. Auch die IACR (International Agency for Research of Cancer) schätzt Bitumen für den Menschen als nicht krebserregend ein. Deshalb ist Bitumen weder in der Liste für gefährliche Stoffe im Anhang VI noch im Anhang II als krebserzeugender Gefahrenstoff genannt. Bitumen ist nicht kennzeichnungspflichtig, da es weder ein Gefahrenstoff, noch krebserregend ist.

Die Emissionen an der Asphaltmischanlage bezüglich des Bundes-Immissionsschutzgesetzes (BImSchG) und der TA Luft werden im Kapitel 8 „Herstellen von Asphalt“ besprochen. Bitumen wird im Rahmen der *Wasserschutzverordnung* als ein allgemein nicht wassergefährdender Stoff in die Wassergefährdungsklasse 0 (WGK 0) eingeordnet.

Die Verwendung von Asphalt in Wassergewinnungsgebieten (RiST-Wag) ist ausdrücklich erlaubt. Werden in diesen Gebieten Baustoffe verwendet, die Bestandteile enthalten, die ausgewaschen werden können, so sind diese mit Heißbitumen zu ummanteln.

Zusammenfassend kann man sagen, dass Bitumen ein umweltfreundlicher Baustoff ist. Bei der Herstellung in der Raffinerie, bei der Herstellung des Asphaltmischgutes und dem Einbau auf der Straße sowie im Gebrauchzustand als Straßenbefestigung ist Bitumen nicht umweltbelastend. Besonders wichtig ist auch, dass Asphalt ohne Probleme dem Recyclingprozess zugeführt werden kann.

1.3 Prüfverfahren

1.3.1 „Allgemeine" Prüfverfahren zur Klassifizierung von Bitumen

In den vorhergehenden Abschnitten wurde u. a. von verschiedener Bitumenhärte und den daraus resultierenden Temperaturen für den Umgang mit Bitumen gesprochen. Zur Einteilung (Klassifikation) der Bitumensorten wurden drei Prüfungen definiert. In diesen Prüfungen werden die einfach bestimmbaren Eigenschaften der Bitumina untersucht.

1.3.1.1 Nadelpenetration (DIN EN 1426)

Durch die Nadelpenetration werden die Bitumensorten auf ihre „Härte" untersucht. Das Maß der Bitumenhärte wird mittels Penetrometer bestimmt.

Eine Nadel (Gewicht und Form sind definiert) dringt innerhalb einer bestimmten Zeit und unter bestimmten Temperaturbedingungen in einen Bitumenkörper ein. Der dabei zurückgelegte Weg wird registriert. Der Messwert, ausgedrückt in 1/10 mm, ist eine Grundlage zur Einordnung des Bindemittels in die im Straßenbau verwendeten Bitumensorten. Das Prüfverfahren kann bis zu einer Nadelpenetration von 350 1/10 mm angewendet werden.

Bei der Prüfungsdurchführung ist zu beachten:

- Die Bitumenprobe soll nur einmal, wie es grundsätzlich für alle Bindemittel nach Eingang im Laboratorium gilt, zum Einfüllen in den Penetrationsbecher schonend erwärmt werden.
- Die Oberfläche des Prüfkörpers ist blasenfrei zu halten. Dazu wird die Probe ca. 30 Minuten im Wärmeschrank bei einer Temperatur von 80 °C über dem erwartetem Erweichungspunkt Ring und Kugel gelagert.
- Zum Erreichen der Zimmertemperatur wird die Bindemittelprobe abgedeckt und im Zeitraum von 1 bis 2 Stunden im Labor gelagert.
- Zum Erreichen der Prüftemperatur von 25 °C wird der mit Bitumen gefüllte Penetrationsbecher mindestens eine Stunde im großen Wasserbad temperiert (Wasserüberdeckung 10 bis 20 mm, auf einem Lochblech stehend, mindestens 50 mm vom Boden des Wasserbades entfernt).
- Die fettfreie Penetrationsnadel muss auf die Prüfkörperfläche so aufgesetzt werden, dass sie weder über der Grenzfläche Bitumen/Wasser schwebt, noch in das Bindemittel eingedrungen ist. Das heißt, die Nadel muss die Bitumenfläche gerade berühren, ohne in sie einzudringen.
- Die Prüfung (Eindringen der Nadel innerhalb von fünf Sekunden) wird dreimal wiederholt. Dabei müssen die Einstichpunkte jeweils 10 mm voneinander und vom Messbecherrand entfernt sein.
- Der Zeitraum zwischen Entnahme der Probe aus dem Wasserbad und dem letzten Einstich darf fünf Minuten nicht überschreiten. Zwischen dem Einfüllen des Bitumens in den Penetrationsbecher und dem Abschluss der Prüfung dürfen maximal 4 Stunden liegen.

Die Kennzeichnung der Straßenbaubitumen nach DIN EN 12591 erfolgt ausschließlich nach den Grenzen der Nadelpenetration.

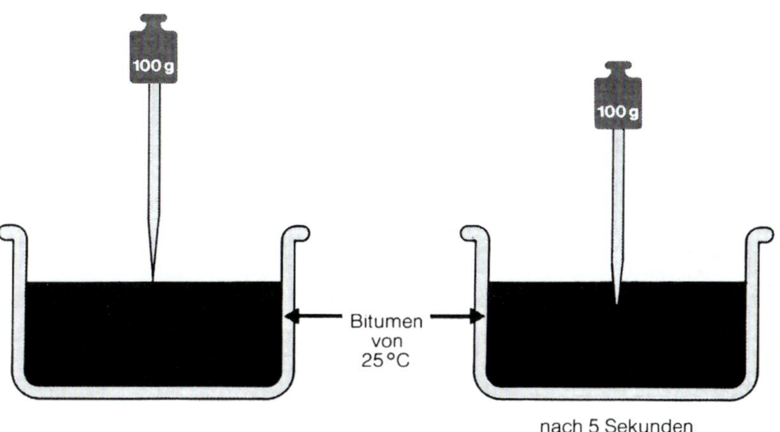

Bild 1.23 Nadelpenetration nach DIN EN 1426

1.3.1.2 Erweichungspunkt Ring und Kugel (DIN EN 1427)

Durch die Bestimmung des Erweichungspunktes Ring und Kugel (EP RuK) nach DIN EN 1427 ist eine zweite Möglichkeit gegeben, das zu untersuchende Bindemittel zu klassifizieren. Das Prüfverfahren ist auch sehr gut geeignet, die thermische Beanspruchung des Bitumens beim Mischprozess in der Asphaltmischanlage zu kontrollieren.

Durch das Prüfverfahren EP RuK wird ein definierter Temperaturpunkt ermittelt, der im fließenden Übergangsbereich vom festen zum flüssigen Aggregatzustand des Bitumens liegt.

Der EP RuK ist der Temperaturwert, der erreicht ist, wenn eine in einem Messingring befindliche Bitumenschicht durch das Gewicht einer Kugel eine bestimmte Verformung erfährt.

Je höher der Erweichungspunkt liegt, umso härter ist das Bitumen. Dieses Prüfverfahren ist für Straßenbaubitumen anwendbar, deren Erweichungspunkte Ring und Kugel zwischen 25 und 160 °C liegen.

Bei der Prüfungsdurchführung ist zu beachten:

- Das zu untersuchende Bindemittel wird um ca. 80 °C über dem zu erwartenden EP RuK erwärmt und ohne Schaumbildung in die auf ca. 120 °C erwärmten Messingringe gegossen.
- Die Ringe sind zum Befüllen auf einer mit einem Trennmittel, z. B. Glycerin/Dextrin im Verhältnis 1:1, benetzten Glasscheibe gelagert.
- Nach mindestens 30 Minuten Abkühlungsdauer wird von der erkalteten Probe der Überschuss, der über den oberen Rand hinausragt, mit einem auf ca. 80–90 °C erwärmten Messer mit gerader Schneide so abgeschnitten, dass die Probenoberfläche eben ist.
- Die Ringe mit dem Bindemittel werden 15 Minuten in der Prüfflüssigkeit bei Anfangstemperatur (s. *Tabelle 1.15*) temperiert. Danach werden die Kugeln auf die Proben mittels Zentriereinrichtung aufgesetzt.
- Der Temperaturanstieg muss 5 °C pro Minute betragen. Während der ersten drei Minuten darf die Abweichung maximal ± 0,5 °C pro Minute betragen. Im Gesamtverlauf der Messung muss die Temperaturabweichung geringer als ± 1 °C sein.
- Bei Nichteinhalten dieser Vorgaben sind die Ergebnisse zu verwerfen.
- Wenn das Ergebnis der zwei parallel geprüften Proben um mehr als 1 °C abweicht, ist die Prüfung zu wiederholen.
- Während der Prüfung wird die Prüfflüssigkeit gerührt.

Bild 1.24
Erweichungspunkt Ring und Kugel nach DIN EN 1427

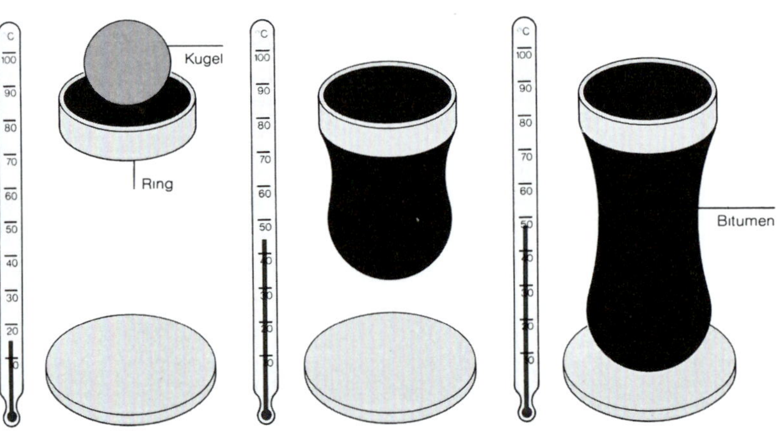

Tabelle 1.15
Anfangstemperaturen zur Durchführung EP RuK

EP RuK [°C]	Prüfflüssigkeit	Anfangstemperatur [°C]
25–80	Destilliertes oder vollentsalztes Wasser	5 ± 1
über 80–150	Glycerin	30 ± 1

Brechpunktautomat

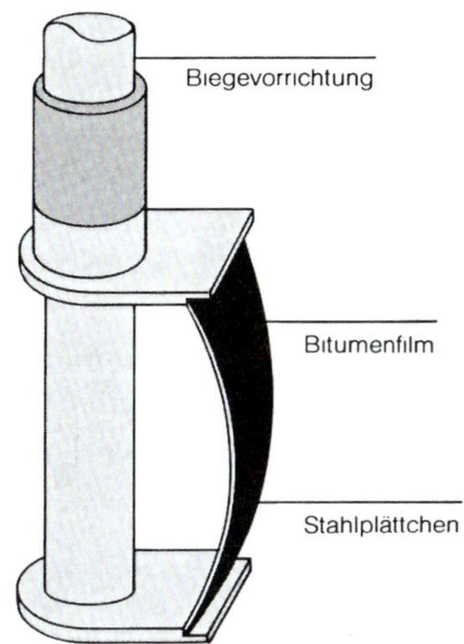

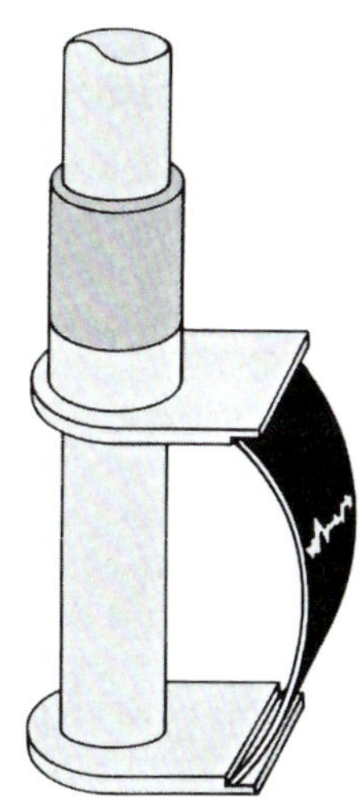

Schematische Darstellung der Bestimmung des Brechpunktes

Bild 1.25 Brechpunkt nach Fraaß (DIN EN 12593)

Der Zusammenhang zwischen der Nadelpenetration und dem Erweichungspunkt Ring und Kugel ist im *Bild 1.43* dargestellt.

1.3.1.3 Brechpunkt nach Fraaß (DIN EN 12593)

Der Übergang des Bitumens vom zähplastischen zum festen Zustand lässt sich nach dem Brechpunkt ermitteln.

Ein dünner Bitumenfilm wird auf Metallplättchen aufgeschmolzen oder aufgepresst. Im Gegensatz zur Ermittlung des Erweichungspunktes Ring und Kugel wird die Probe (Metallplättchen mit Bitumenüberzug) von einer bestimmten Ausgangstemperatur her allmählich abgekühlt und dabei dynamisch (Biegen der Plättchen) belastet. Der Temperaturwert wird bestimmt, bei der der Bitumenfilm reißt bzw. bricht.

Durch die Differenzenbildung aus dem Erweichungspunkt Ring und Kugel und dem Brechpunkt nach Fraaß ermittelt man die Plastizitätsspanne von Bitumen.

Bei der Prüfungsdurchführung ist zu beachten:

- Die Prüfbleche müssen aus poliertem Kaltbandstahl nach DIN 17222 bestehen und dürfen keinesfalls Rostanflug haben!
- Die Prüfplättchen müssen vor dem Beschichten mit einem fettentfernenden Lösemittel gereinigt, anschließend getrocknet und auf 0,01 g gewogen werden.
- Wenn das Bindemittel aufgeschmolzen wird, müssen die Prüfbleche unbedingt auf einen plangeschliffenen Magnetblock, der eine satte Auflage absichert, aufgelegt werden.
- Es ist unbedingt sicherzustellen, dass der Bindemittelfilm, zu Zwecken der Vergleichbarkeit, bei allen Proben gleich dick ist.
- Zu Beginn der Prüfung muss die Probe eine Temperatur haben, die mindestens 15 °C über dem erwartetem Brechpunkt liegt.
- Beim Einsetzen des Prüfplättchens ist darauf zu achten, dass es nicht zu stark gebogen wird, und somit der Bindemittelfilm schon in diesem Zustand reißt.
- Während der Prüfungsdurchführung ist die Temperatur jeweils um 1 °C je 60 Sekunden abzusenken.
- Die Temperatur beim Reißen des Bindemittelfilms ist auf 0,5 °C genau abzulesen.

Die o. g. Prüfverfahren, vor allem EP RuK und die Nadelpenetration sind relevant für den täglichen Umgang mit Straßenbaubitumen.

1.3.1.4 Bestimmung der Duktilität (DIN 52013)

In der DIN 1995-1 war u.a. als Anforderung an Straßenbaubitumen die Duktilität bei 7, 13, oder 25 °C mit einem Mindestwert gefordert. Die Duktilität oder Streckbarkeit ist ein Maß über die Fadenziehbarkeit des Bitumens. Ein Probekörper wird in einem Wasserbad bei der vorgeschriebenen Prüftemperatur unter einer konstanten Ziehgeschwindigkeit gedehnt, bis der Probekörper reißt. Die in dem Augenblick des Reißens gemessene Entfernung zwischen den Probekörpern ist die Duktilität. Der Wert wird in cm angegeben. Reißt der Bitumenfaden bei dem Strecken bis 100 cm nicht, ist anzugeben: Duktilität > 100 cm. Weiche Bitumen besitzen eine Duktilität über 100 cm.

Da die Aussagefähigkeit dieses Prüfverfahrens für die Praxis umstritten war, wurde das Prüfverfahren in den europäischen Normen nicht mehr berücksichtigt.

1.3.1.5 Bestimmung des Gehaltes an Paraffinen (DIN 52015)

Die Bestimmung des Paraffingehaltes ist nicht mehr gemäß TL Bitumen-StB gefordert. Dennoch ist es ratsam bei einigen Import-Bitumina dieses Prüfverfahren anzuwenden, um eventuelle Problemfälle in Verbindung mit haftkritischen Gesteinen zu vermeiden.

Die Rohöle, die in den Raffinerien verarbeitet werden, unterscheiden sich entsprechend ihrer Provenienz. Dabei ist ein Merkmal der Paraffingehalt. Werden aus Erdölen mit einem hohen Normalparaffingehalt Bitumina hergestellt, ist davon auszugehen, dass der Paraffingehalt im Bitumen auch hoch ist. In den DIN 1995 für Straßenbaubitumen war ein maximaler Paraffingehalt von 2 M.-% festgelegt. Um diesen Paraffingehalt unterschreiten zu können, werden die Rohöle in der Regel entsprechend zur Bitumenproduktion ausgewählt. Die Einhaltung des Paraffingehaltes ist nötig, um u.a. eine gute Haftung des Bindemittels an den Gesteinskörnungen im Asphalt zu gewährleisten.

Zur Bestimmung des Paraffingehaltes wird ein Zweischrittverfahren angewendet:

Zuerst wird aus der Bindemittelprobe ein Destillat hergestellt. Dabei wird eine Deasphaltierung durchgeführt (Trennung von störenden hochmolekularen Substanzen). Nach Abkühlen wird die Destillatmenge ausgewogen.

In der zweiten Phase werden zunächst die Proben entsprechend des zu erwartenden Paraffingehaltes eingewogen, die Rohparaffine durch Kristallisation bei tiefen Temperaturen isoliert und herausgelöst. Nach dem zweiten Lösen und nochmaligen Kristallisieren der Paraffine werden sie eingedampft, getrocknet und ausgewogen. Entsprechend diesem Ergebnis wird der Paraffingehalt angegeben.

Dieses Prüfverfahren ist sehr kompliziert und mit einigen Problemen behaftet (Abschätzung des Paraffingehaltes bei Probeneinwaage). Die Wiederholbarkeit ist gewährleistet, wenn von einem Laboranten zwei Ergebnisse unter Vergleichsbedingungen ermittelt werden, die sich nicht mehr als 0,3 M.-% unterscheiden. Die Vergleichbarkeit zwischen zwei Laboratorien ist gegeben, bzw. die Ergebnisse werden als annehmbar und normgerecht betrachtet, wenn sich die Ergebnisse nicht mehr als 1,0 M.-% voneinander unterscheiden.

Als Einflüsse des Paraffins im Bitumen auf die Gebrauchseigenschaften im Asphaltstraßenbau sind anzuführen:

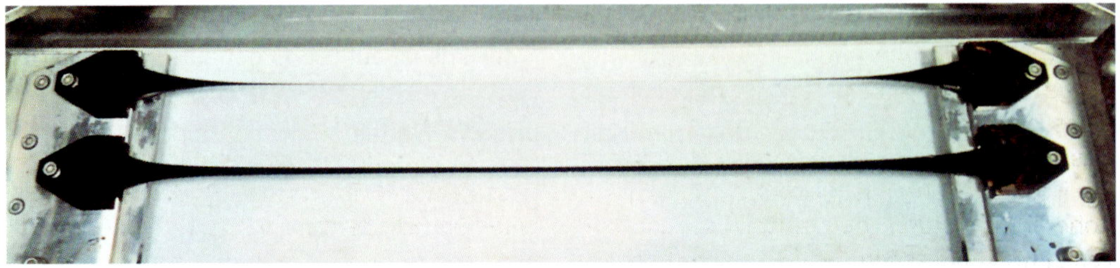

Bild 1.26 Bestimmung der Duktilität

Tabelle 1.16 Übersicht über verbreitete Laboralterungsverfahren

Kurzzeitalterung			Langzeitalterung		
Kurzbezeichnung	Bezeichnung	Norm	Kurzbezeichnung	Bezeichnung	Norm
RTFOT	Rolling Thin Film Oven Test	DIN EN 12607-1	PAV	Pressure Ageing Vessel	DIN EN 14769
TFOT	Thin Film Oven Test	DIN EN 12607-2	RCAT	Rotating Cylinder Ageing Test	
RFT	Rotating Flask Test	DIN EN 12607-3	LTRFT	Long Term Rotating Flask Test	

- Verschlechterung der Haftung zwischen Bindemittel und Gesteinskörnung,
- schlechtere Benetzung der Gesteinskörnungen,
- schlechtere Verdichtbarkeit der Asphaltgemische durch eine geringere Viskosität bei höheren Temperaturen als vergleichbare, mit geringerem Paraffingehalt versehene Bitumina,
- erhöhte Sprödigkeit bei tiefen Temperaturen und somit höheres Risiko zur Rissbildung,
- Verminderung der Duktilität durch die vorhandenen Inhomogenitäten, verursacht durch die Anwesenheit von Paraffinkristallen.

1.3.1.6 Alterungsverfahren für Bitumen und polymermodifizierte Bitumen

Zur Nachahmung der Kurz- und Langzeitalterung an Destillationsbitumen und PmB existieren verschiedene Laborverfahren. Diese versuchen jeweils eine der beiden Alterungsstufen, Kurz- bzw. Langzeitalterung, zeitgerafft zu simulieren. Die Verfahren sind also keine Prüfverfahren im eigentlichen Sinne, sondern Probenkonditionierungsverfahren, welche (bis auf die Masseänderung) keine Prüfwerte ergeben.

Die *Kurzzeitalterung* umfasst sämtliche Alterungsvorgänge während der Verarbeitung eines Bitumens im Mischwerk sowie während des Transports und des Einbaus von Asphalt. Die Kurzzeitalterung ist gekennzeichnet durch hohe Temperaturen bei vergleichsweise kurzen Einwirkungszeiten. Während des Mischens bzw. vor der Verdichtung des Mischgutes sind sowohl die Angriffsfläche als auch das Sauerstoffangebot für die Alterung sehr hoch.

Unter *Langzeitalterung* wird die Veränderung der Eigenschaften eines Bitumens während der Liegedauer einer Straßenbefestigung verstanden. Sie ist gekennzeichnet durch Alterungsvorgänge bei niedrigen Temperaturen mit langen Einwirkungszeiten. Die Angriffsfläche ist durch den Verdichtungszustand des Mischgutes deutlich reduziert. Hauptaspekte der Langzeitalterung sind jahreszeitliche Schwankungen der Umweltbedingungen, UV-Licht-Beanspruchung an der Oberseite der Deckschichten und der vorhandene Luftsauerstoff.

Die *Tabelle 1.16* zeigt die genormten bzw. verbreiteten Laboralterungsverfahren, gegliedert nach der damit zu erreichenden Alterungsstufe.

1.3.1.6.1 Rolling Thin Film Oven Test (RTFOT)

Der RTFOT ist nach DIN EN 12607-1 ein Verfahren zur Bestimmung der Auswirkungen des Einflusses von Hitze und Luft auf einen rollierenden dünnen Film bitumenhaltigen Bindemittels, mit dem die Verhärtung eines bitumenhaltigen Bindemittels während des Mischvorgangs in einer Asphaltmischanlage simuliert werden soll *(Bild 1.27)*. Die Bezeichnung „bitumenhaltiges Bindemittel“ schließt nach DIN EN 12597 auch Bitumenemulsionen ein. Diese können jedoch mit dem RTFOT nicht gealtert werden. Die DIN EN 12607-1 erwähnt im Abschnitt 1, dass der RTFOT für einige modifizierte Bindemittel und Bindemittel mit zu hoher Viskosität nicht anwendbar ist. Entsprechende Anwendungsgrenzen sind jedoch nicht angegeben.

Bild 1.27
Prinzipskizze des RTFOT

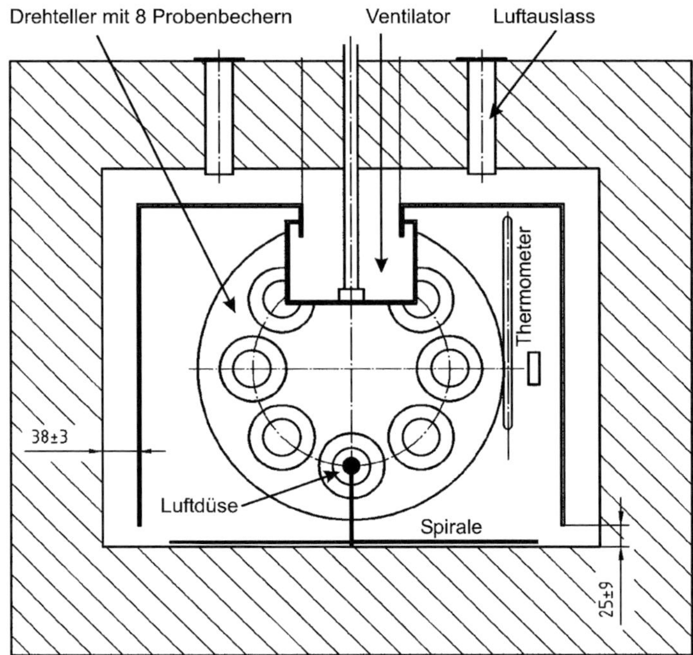

1.3.1.6.2 Rotating Flask Test (RFT)

Der RFT ist nach DIN EN 12607-3 ein Verfahren zur Messung der kombinierten Wirkung von Wärme und Luft auf eine bewegte dünne Schicht eines bitumenhaltigen Bindemittels, mit dem dessen Verhärtung während des Mischvorgangs in einer Asphaltmischanlage simuliert werden soll.

Das *Bild 1.28* zeigt eine schematische Darstellung des RFT. Die sich bewegende dünne Schicht des bitumenhaltigen Bindemittels wird während einer Zeitspanne von 160 min bei einer Temperatur von 165 °C in dem rotierenden Kolben eines Rotationsverdampfers erwärmt.

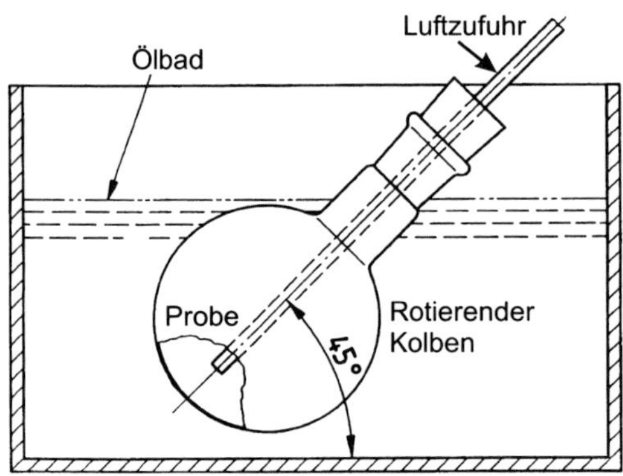

Bild 1.28 Prinzipskizze des RFT

Die Rotation bewirkt, dass die Substanz in der Probenoberfläche ständig ausgetauscht und eine Hautbildung verhindert wird.

Über einen Zeitraum von 150 min wird über das Luftzuleitungsrohr ein konstanter Luftstrom von 0,5 l/min in den Kolben eingeblasen. Der Luftstrom hat beim Eintritt in das Zuleitungsrohr Raumtemperatur.

1.3.1.6.3 Long Term Rotating Flask Test (LTRFT)

Der LTRFT ist nach dem vorliegenden Normentwurf ein Verfahren zur beschleunigten Langzeitalterung eines sich bewegenden Films bitumenhaltigen Bindemittels bei erhöhter Temperatur und unter der Einwirkung von Sauerstoff. Das *Bild 1.29* zeigt eine schematische Darstellung des LTRFT. Das Verfahren soll die Alterung des Bindemittels während seiner Gebrauchsdauer simulieren und kann auf originale, kurzzeitgealterte und zurückgewonnene Proben eines bitumenhaltigen Bindemittels angewendet werden.

Eine bewegte dünne Schicht eines bitumenhaltigen Bindemittels wird in einem rotierenden Kolben eines Rotationsverdampfers für 48 h der kombinierten Wirkung von Hitze und Sauerstoff

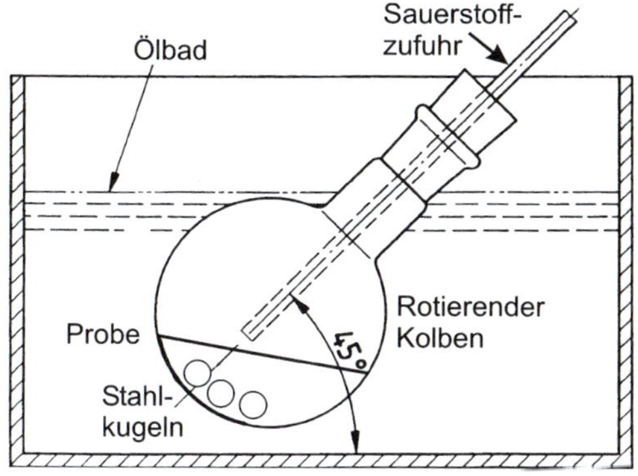

Bild 1.29 Prinzipskizze des LTRFT

ausgesetzt. Die Temperatur beträgt dabei je nach Bindemittel 95 °C oder 103 °C. Die Rotation des Kolbens bewirkt, dass die Substanz in der Probenoberfläche ständig ausgetauscht und eine Hautbildung verhindert wird.

Um diesen Effekt zu verstärken werden Stahlkugeln hinzugegeben. Während der Versuchsdauer wird über das Zuleitungsrohr ein konstanter Sauerstoffstrom von 7,0 l/h in den Kolben eingeblasen. Der Sauerstoffstrom hat beim Eintritt in das Zuleitungsrohr Raumtemperatur.

1.3.1.6.4 Pressure Aging Vessel (PAV)

Das Langzeit-Alterungsverfahren mit dem PAV ist in den DIN EN 14769:2012-08 „Bitumen und bitumenhaltige Bindemittel – Beschleunigte Langzeit-Alterung mit einem Druckalterungsbehälter (PAV)“ beschrieben und wird in Deutschland entsprechend den Vorgaben der TL Bitumen-StB angewendet. Bei diesem Alterungsverfahren wird das zuvor stabilisierte Bindemittel unter einem festgelegten Druck für eine vorgegebene Zeitspanne auf eine festgelegte Temperatur erwärmt.

1.3.2 Zusätzliche Prüfverfahren (rheologische Prüfverfahren)

Die rheologischen Prüfverfahren dienen im Wesentlichen der Untersuchung des Fließverhaltens von Bitumen und PmB unter „performance-orientierten“ Gesichtspunkten. Mit diesen Prüfverfahren wird versucht, das Gebrauchsverhalten bitumenhaltiger Bindemittel besser zu beurteilen als mit den konventionellen Bindemittelprüfungen. Obwohl sie grundsätzlich auf sämtliche bitumenhaltigen Bindemittel anwendbar wären, sind sie im aktuellen Regelwerk vorwiegend nur zur Erfahrungssammlung bei heiß zu verarbeitenden Bindemitteln vorgesehen.

Das *Bild 1.31* zeigt eine Zuordnung zwischen einigen ausgewählten Gebrauchseigenschaften und den entsprechenden Prüfgrößen. Die zugehörigen Prüfverfahren werden im Anschluss kurz erläutert.

1.3.2.1 Formänderungsarbeit, Kraftduktilität (DIN EN 13589 und 13703)

Bei diesem Versuch wird analog zur Duktilitätsprüfung ein Probekörper bei bestimmten Prüftemperaturen mit einer konstanten Geschwindigkeit von 50 mm/min bis zum Fadenriss oder bis zu einem festgelegten Punkt ausgezogen. Dabei werden der Ausziehweg und die aufgewendete Kraft kontinuierlich gemessen und

Bild 1.30 Druckalterungsbehälter (PAV)

	Gebrauchseigenschaft						
	Tieftemperaturverhalten			Ermüdungs-	Verformungs-		Verarbeitbarkeit
				verhalten			
Prüfverfahren/-gerät	Direkter Zugversuch	Biegebalken-rheometer		Dynamisches Scherrheometer Ø 8 mm	Ø 25 mm		Rotations-viskosimeter
Prüfwert	Bruchdehnung	Kriechfestigkeit		Komplexer Schermodul			Viskosität
Bindemittel	PAV-RTFOT-Bindemittel			PAV-RTFOT-Bindemittel	RTFOT-Bindemittel	PAV-Bindemittel	Original-Bindemittel
Prüftemperatur	–35 °C bis 0 °C			5 °C bis 40 °C	40 °C bis 100 °C		135 °C
Anforderung	ε	S	m	G* • sin δ	G* / sin δ		≤ 3 Pa • s
	≥ 1 %	≤ 300 MPa	≥ 0,3	≤ 5000 kPa	≥ 2,20 kPa	≥ 1,00 kPA	
Prüfprinzip							

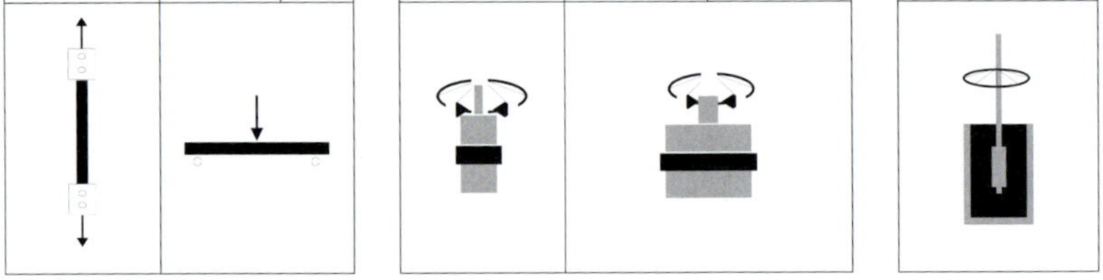

Bild 1.31 Zusammenhang zwischen ausgewählten Gebrauchseigenschaften und Prüfgrößen von PmB

aufgezeichnet. In der sich daraus ergebenden Kraft-Weg-Kurve wird die Kraft über einen festgelegten Bereich des Ausziehweges numerisch integriert und somit die für diesen Teil der Probenverformung notwendige Arbeit, die sogenannte Formänderungsarbeit, berechnet.

In der Regel ist die geleistete Arbeit während des Kraft-Duktilität-Versuches bei polymermodifizierten Bitumen größer als bei Destillationsbitumen. Deutlich wird diese Tatsache an der Ausbildung eines Plateaus in der Kraft-Weg-Kurve von polymermodifizierten Bitumen. Das 40/100-65 im *Bild 1.32* zeigt sogar ein Anstieg der Kraft nach dem Plateau.

1.3.2.2 Dynamisches Scherrheometer – DSR (DIN EN 14770)

Das rheologische Gebrauchsverhalten eines Bindemittels kann elegant unter sinusförmiger Belastung bei verschiedenen Temperaturen geprüft werden. Mithilfe der Prüfergebnisse werden Werte errechnet, die die „Weichheit“ eines Asphaltes beim Einbau sowie den

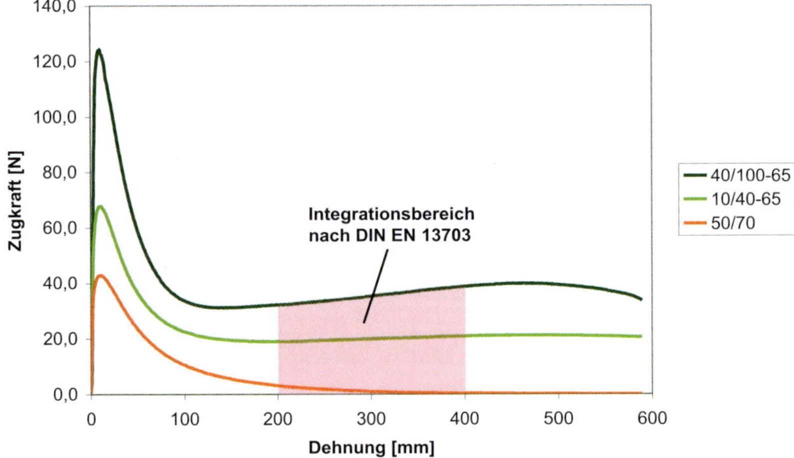

Bild 1.32 Beispiele für Kraft-Weg-Kurven unterschiedlicher Bitumenproben

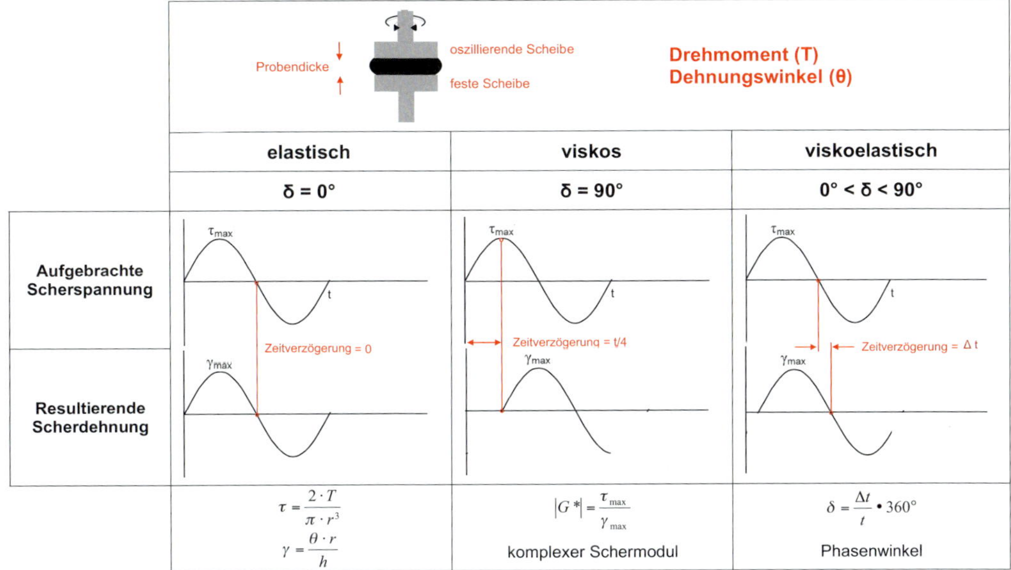

Bild 1.33 Messvorgang und Darstellung der Ergebnisse des dynamischen Scherrheometers

Widerstand gegen bleibende Verformungen bei Sommertemperaturen und gegen Ermüdungsrisse bei mittleren Temperaturen kennzeichnen. Diese Eigenschaften können u. a. durch die folgenden, temperaturabhängigen Kennwerte quantifiziert werden:

- *Komplexer Schermodul* G*: Gesamtwiderstand des Bindemittels gegen Verformung, vektoriell zusammengesetzt aus Speichermodul G' (elastische Komponente) und Verlustmodul G" (viskose Komponente). Der Betrag des komplexen Schubmoduls ergibt sich als Quotient aus maximaler Scherspannung und maximaler Scherdehnung.
- *Phasenwinkel* δ: Phasenverschiebung zwischen der oszillierenden, aufgebrachten sinusförmigen Spannung und der resultierenden sinusförmigen Dehnung. Der Phasenwinkel δ kennzeichnet die Verzögerung der resultierenden Dehnung gegenüber der aufgebrachten Spannung und ist ein Maß für die elastischen und viskosen Anteile. Bei hohen Temperaturen überwiegt der viskose Anteil und der Phasenwinkel strebt in Richtung 90°. Bei tiefen Temperaturen dagegen

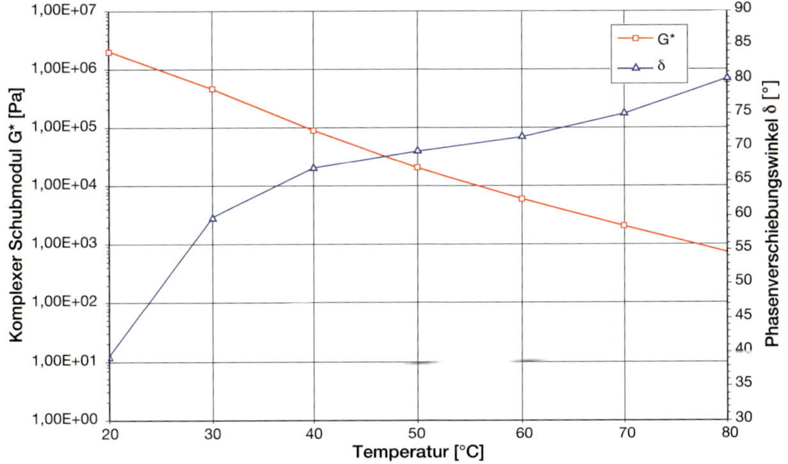

Bild 1.34 Temperatursweep an einem PmB

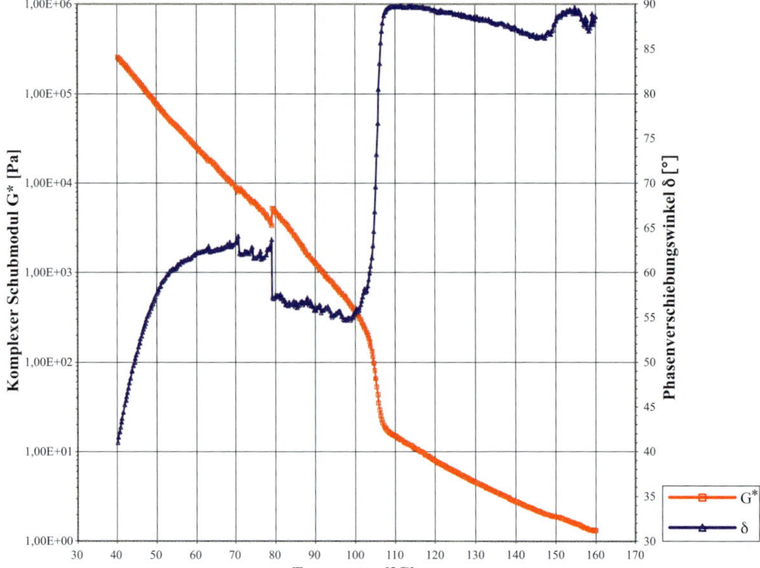

Bild 1.35
Beispiel eines wachsmodifizierten Bindemittels

überwiegt der elastische Anteil, so dass das Bindemittel bei Belastungen spontan reagiert, und der Winkel δ nach 0° strebt. Daher ist neben dem Betrag des komplexen Schermoduls der Phasenwinkel δ zur Beschreibung des komplexen Schermoduls wichtig. Nur dieser gibt Auskunft über das Verhältnis von elastischer zu viskoser Komponente und damit über das elastische und viskose Verhalten eines Bindemittels, d. h. über den sich rückstellenden elastischen und den sich nicht rückstellenden viskosen Teil einer Verformung.

- *Dynamische Viskosität* η: Der Widerstand einer Flüssigkeit gegenüber einer Scherung hängt nicht von der Dehnung sondern von der Dehnungsrate (Scherrate) ab. Der Quotient aus Scherspannung τ und Scherrate dγ/dt ist die dynamische Viskosität η. Ist die Viskosität unabhängig von der Scherrate (konstanter Proportionalitätsfaktor), handelt es sich um eine Newton'sche Flüssigkeit (lineares Verhalten). Bei vielen PmB und einigen Destillationsbitumen tritt zusätzlich ein Effekt auf, der als Strukturviskosität bezeichnet wird. Hierbei nimmt die Viskosität mit steigender Scherrate ab, das Verhalten ist somit kein Newton'sches mehr. Das Auftreten von strukturviskosem Verhalten wird mit Strukturumwandlungen und der Ausbildung von fließfreundlicheren Strukturen begründet. Das ist typisch für viele Polymere und insbesondere disperse Systeme.
- *Nullscherviskosität:* Viskosität des Bindemittels bei extrem niedrigen Scherraten. Die Viskosität wird dabei unabhängig von Scherraten (Ausschluss strukturviskoser Effekte).

Das *Bild 1.33* gibt die prinzipielle Darstellung der Messung und der Messergebnisse des komplexen Schubmoduls G* und des Phasenwinkels δ mit dem dynamischen Scherrheometer wieder.

Die polymermodifizierten Bitumen zeigen im Vergleich zu den Destillationsbitumen im Gebrauchstemperaturbereich zwischen 35 °C und 60 °C eine geringere Zunahme des viskosen Anteils. Dieser Aspekt ist im *Bild 1.36* am Beispiel der Phasenwinkel-Temperatur-Kurven unterschiedlicher Bindemittelproben dargestellt.

Neben dem beschriebenen Temperatursweep werden auch Versuche zum Rückbildungsvermögen des Bindemittels durchgeführt, die als *Multiple Stress Creep Recovery-Tests* (MSCR-Tests) bezeichnet werden.

Das Verformungsverhalten von Asphalten wird neben der Zusammensetzung (Gesteinsgemisch – Bitumen – Modifikation – Additive) maßgeblich durch das thermo-elasto-viskose Verhalten des Bindemittels beeinflusst. Bleibende Verformungen, meistens in Form von

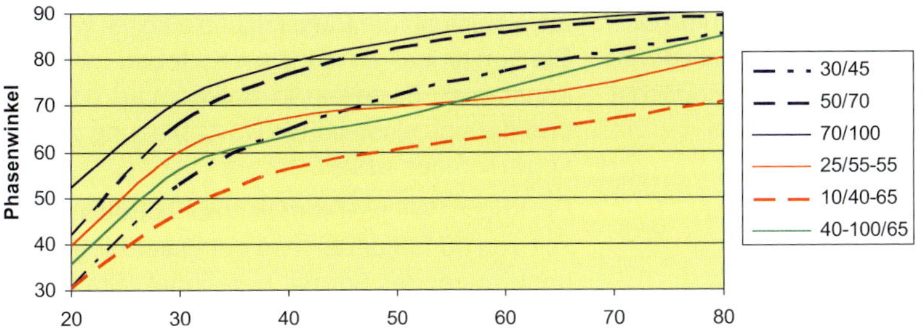

Bild 1.36 Phasenwinkel bei unterschiedlichen Bindemitteln

Spurrinnen, sind auf nicht-reversible Verformungsanteile des Asphalts zurückzuführen.

Bei den MSCR-Tests wird die Bitumenprobe eine Sekunde lang mit einer vorgegebenen Spannung beaufschlagt, daraufhin folgt eine Entspannungsphase von neun Sekunden (*Bild 1.37*), innerhalb derer sich die Probe rückformen kann. Die Beanspruchung wird zehn Mal wiederholt (*Bild 1.38*). Daraufhin wird die Spannung in zwei Stufen erhöht und bei jeder Stufe wird die Probe mit zehn Belastungen beaufschlagt.

Durch signifikante Unterschiede im Materialverhalten von Bitumen der gleichen Sorte, die aber von unterschiedlichen Herstellern stammen, und die daraus resultierenden Einflüsse auf das Verformungsverhalten von Asphalten bei Wärme wird die Ermittlung rheologischer Bitumeneigenschaften in der Straßenbaupraxis im Vergleich zu den herkömmlichen Bitumenkenngrößen zukünftig immer wichtiger.

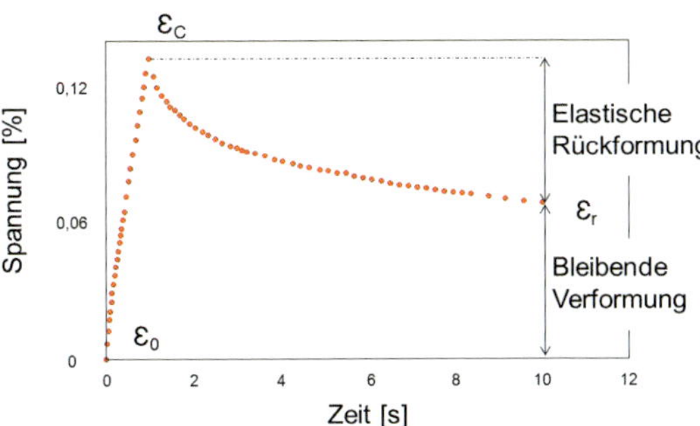

Bild 1.37 Be- und Entlastungszyklus der Bitumenprobe mit elastischer Rückformung und bleibender Verformung

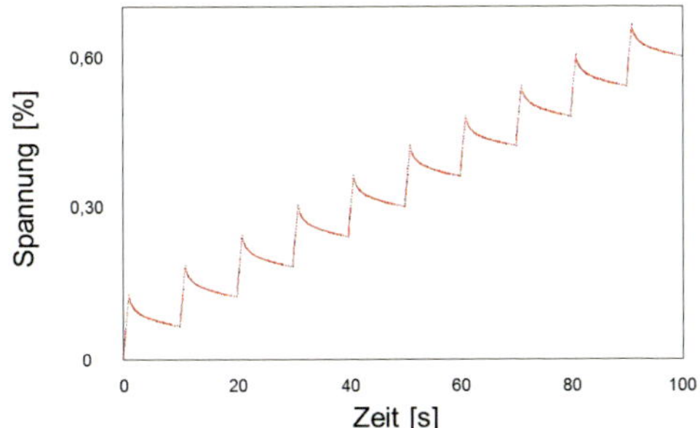

Bild 1.38 Zehn Be- und Entlastungszyklen in einer Spannungsstufe der Bitumenprobe mit elastischer Rückformung und bleibender Verformung

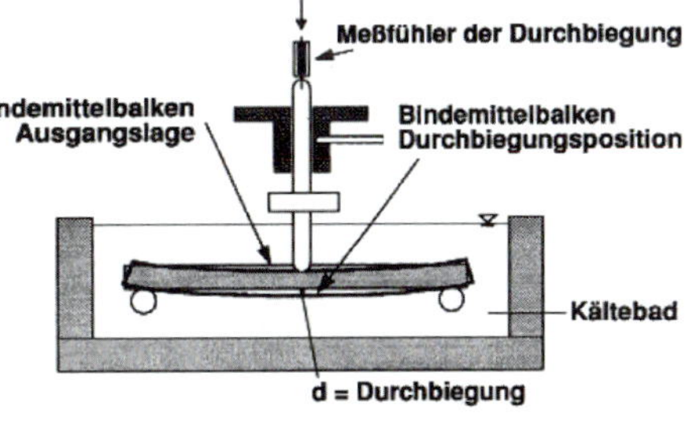

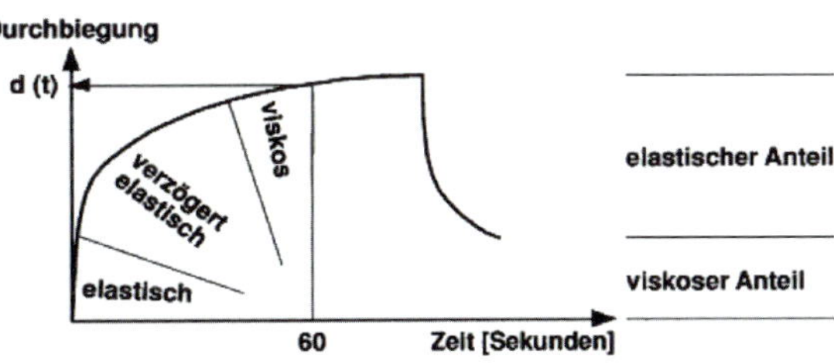

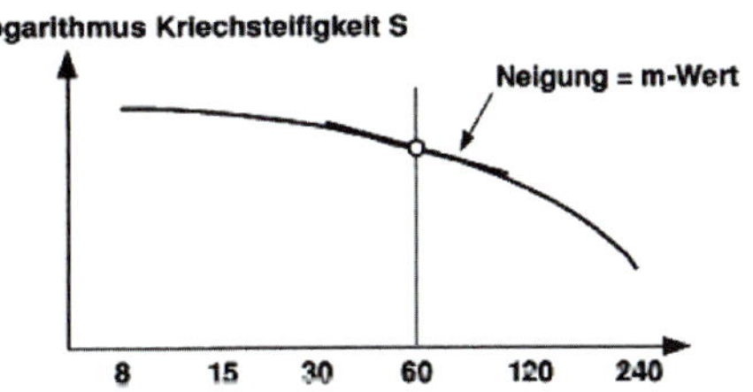

Bild 1.39 Prinzipielle Darstellung des Versuchs mit dem Biegebalken-Rheometer (BBR) und des viskoelastischen Verhaltens des Probekörpers

Diese rheologischen Eigenschaften wirken sich u. a. auf ein wesentliches Qualitätsmerkmal der Fahrbahnkonstruktion, nämlich möglichst geringe Spurrinnentiefen, aus.

1.3.2.3 Biegebalken-Rheometer (DIN EN 14771)

Wenn bei tiefen Temperaturen die Zugspannung größer als die Zugfestigkeit ist, schrumpft ein Bindemittel und reißt. Je größer die Kriechsteifigkeit, d. h. je spröder das Bindemittel und stärker der Kriechsteifigkeitsabfall sind, umso wahrscheinlicher ist das Entstehen eines Risses. Mit dem Biegebalken-Rheometer (BBR) werden das Kriechverhalten eines Bindemittels unter einer konstanten Last gemessen und daraus die Kriechsteifigkeit und der Abfall der Kriechsteifigkeit bei tiefen Temperaturen errechnet.

Zur Ermittlung der Biegekriechsteifigkeit wird ein Bindemittelbalken in einem Kältebad mit einer konstanten Einzellast in Balkenmitte belastet und die sich einstellende Durchbiegung d kontinuierlich gemessen.

Die Kriechsteifigkeit wird nach einer Belastungszeit von 60 Sekunden aus der Durchbiegung d nach folgender Formel berechnet (Steifigkeit als Quotient aus Biegenspannung und relativer Dehnung):

$$S\,(60\,\text{s}) = \frac{P \cdot L^3}{4 \cdot B \cdot H^3 \cdot d\,(60\,\text{s})}$$

S (60 s) = Kriechsteifigkeit nach 60 Sekunden
B = Probekörperbreite = 12,5 mm
P = konstante Einzellast = 980 mN
H = Probekörperhöhe = 6,25 mm
L = Spannweite des Biegebalkens =102 mm
d (60 s) = Durchbiegung nach 60 Sekunden

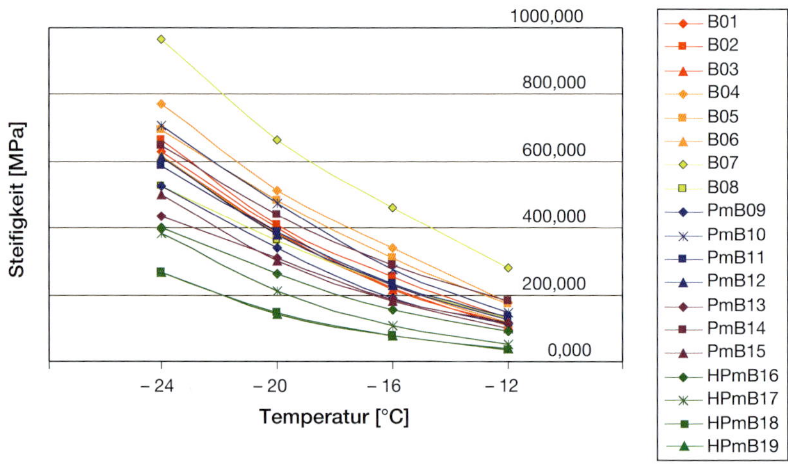

Bild 1.40 a Steifigkeit an mehreren Bindemitteln bei unterschiedlichen Temperaturen

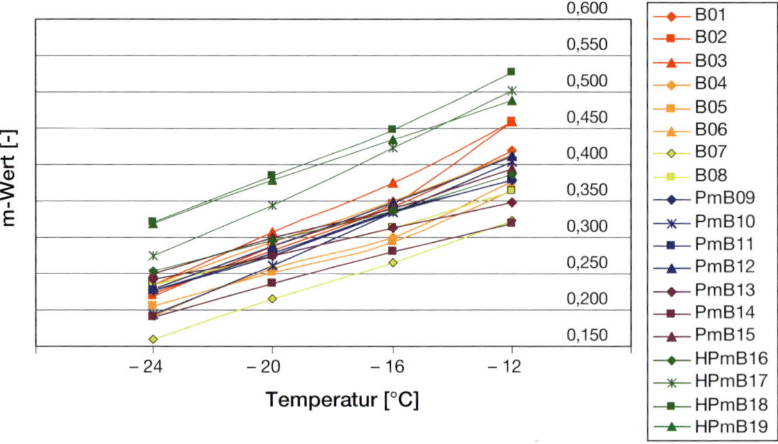

Bild 1.40 b m-Wert an mehreren Bindemitteln bei unterschiedlichen Temperaturen

Der m-Wert ist der Logarithmus der Steifigkeit über dem Logarithmus der Zeit. Wenn die Temperatur sinkt und das Bindemittel schrumpft, sinken dessen Steifigkeit und die aufnehmbaren Zugkräfte. Ein möglichst hoher m-Wert wird als ein Kriterium für ein ausreichendes Tieftemperaturverhalten angesehen.

$$m = \frac{\log \text{Steifigkeit}}{\log \text{Zeit}}$$

In den *Bildern 1.40 a* und *b* sind die bei unterschiedlichen Temperaturen ermittelten Steifigkeitswerte [MPa] und m-Werte unterschiedlicher Bindemittelproben zusammengestellt. Höher modifizierte Bitumen zeigen die geringsten Steifigkeitswerte, die Bereiche von Straßenbaubitumen und PmB überlappen sich.

1.3.3 Zusätzliche Prüfverfahren für polymermodifiziertes Bitumen (PmB)

Für die polymermodifizierten Bindemittel gelten neben den Prüfverfahren, die für Anforderungen an Straßenbaubitumen nach DIN EN 12591 maßgeblich sind, zusätzliche, weiterführende Prüfverfahren. Diese bzw. die Prüfung der Homogenität nach Heißlagerung, der elastischen Rückstellung sowie der Kraftduktilität sind in den DIN EN 14023 festgehalten.

Polymermodifiziertes Bindemittel wird heiß angeliefert und mit einer Temperatur von 150 bis 170 °C in den Bitumentanks beim Verbraucher (Asphaltmischanlage) gelagert. In der Regel wird das Bitumen kurz nach der Anlieferung seinem Verwendungszweck zugeführt. Bleibt aber das PmB längere Zeit im Vorratstank, ohne dass es bewegt (z. B. umgepumpt) wird, besteht die Gefahr der Entmischung des gebrauchsfertigen PmB.

Um nachzuweisen, dass das PmB eine Stabilität gegen die Entmischung bei Heißlagerung besitzt, wurde als zusätzliches Prüfverfahren der sogenannte „Tubentest" (Tubenverfahren) eingeführt. Mit diesem Test wird das Verhalten des PmB im Lagertank simuliert. Bei dieser Prüfung wird das PmB in eine Tube gefüllt und diese senkrecht im Wärmeschrank gelagert. Nach der Lagerung wird je eine Probe aus dem oberen und dem unteren Drittel der Tuben

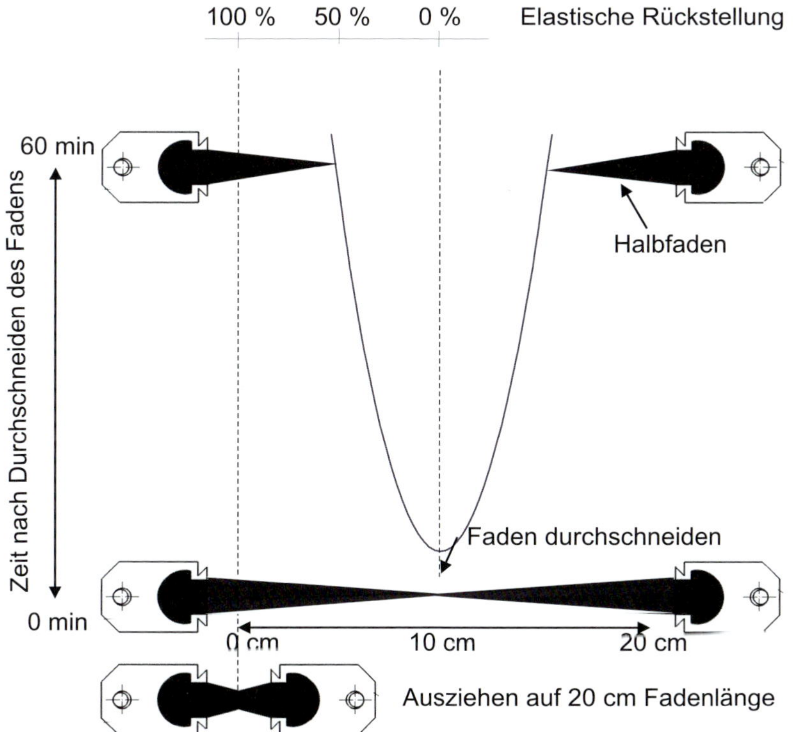

Bild 1.41 Elastische Rückstellung nach der „Halbfadenmethode" (DIN EN 13398)

entnommen und daran der Erweichungspunkt Ring und Kugel bestimmt. Wenn der Unterschied der Erweichungspunkte mehr als 5 K beträgt, wird von einer Entmischung und somit einer nicht ausreichenden Stabilität ausgegangen.

Die Prüfung der elastischen Rückstellung des polymermodifizierten Bitumens ist eine Ergänzung der Duktilitätsprüfung nach DIN 52013 und wurde ursprünglich eingeführt, um Straßenbaubitumen und polymermodifizierte Bitumen zu unterscheiden. Die Probenvorbereitung erfolgt wie in DIN EN 12594 beschrieben. Die Prüfung der elastischen Rückstellung nach dem Halbfadenverfahren erfolgt im Duktilometer und wird bei 25 °C gemäß DIN EN 13398 durchgeführt.

Zur Ermittlung der elastischen Rückstellung werden die Probekörper bis zu einer Fadenlänge von 20 cm ausgezogen, dann der Vorschub ausgestellt und die Probe in der Mitte des Fadens (10 cm Länge) mit einer Schere innerhalb von 10 Sekunden getrennt. Nach 30 Minuten wird der Abstand gemessen, der sich zwischen den beiden Fadenenden gebildet hat. Der Verhältniswert der Fadenlängen in %, bezogen auf die ursprünglich gezogene Fadenlänge von 20 cm, stellt das Ergebnis dar.

Die Anwendung des Prüfverfahrens bei aus Asphalt zurückgewonnenen Bindemitteln kann die Ausziehlänge reduziert sein bzw. werden.

1.4 Verarbeitungsformen

Bitumen und bitumenhaltige Bindemittel sind im *Bild 1.42* nach ihrer Darreichungsform entsprechend DIN EN 12597 dargestellt.

1.4.1 Straßenbaubitumen

1.4.1.1 Straßenbaubitumen nach TL Bitumen-StB

Im Asphaltstraßenbau werden gegenwärtig vorzugsweise Bitumen, die destillativ und gegebenenfalls durch anschließende Oxidation hergestellt wurden, verwendet. Die Anforderungen sind in den TL Bitumen-StB festgelegt. Die Klassifizierung und Bezeichnung der Straßenbaubitumen erfolgt nach der Nadelpenetration. Zum Beispiel muss ein Bitumen der Sorte 160/220 eine Nadelpenetration (100 g, 5 s, 25 °C) zwischen 160 und 210 in 0,1 mm besitzen. In den TL Bitumen-StB sind noch andere Eigenschaften und ihre Prüfverfahren festgelegt (s. *Tabelle 1.17*).

Die Zusammenhänge zwischen der Nadelpenetration und dem Erweichungspunkt Ring und Kugel sind im *Bild 1.43* dargestellt. Die Funktion, die in dieser Darstellung zu erkennen ist, kann mit dem Destillationsverlauf in der Raffinerie bei der Herstellung des Bitumens in der Vakuumdestillation verglichen werden.

Entsprechend dem Kurvenverlauf wird im Herstellungsprozess zunächst das weichste Bitumen (höchste Penetrationszahl) hergestellt. Die maximal zu erreichende Härte des Bindemittels im Destillationsprozess ist von der jeweiligen technischen Ausrüstung der Raffinerie abhängig.

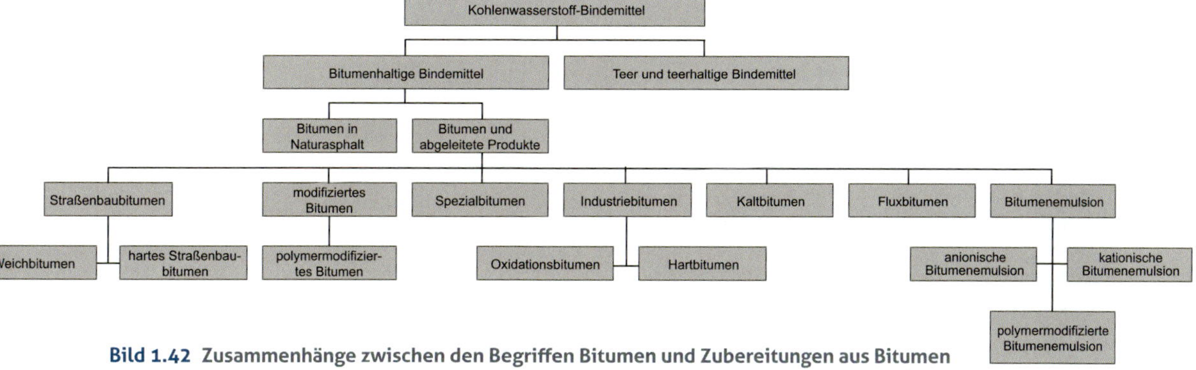

Bild 1.42 Zusammenhänge zwischen den Begriffen Bitumen und Zubereitungen aus Bitumen

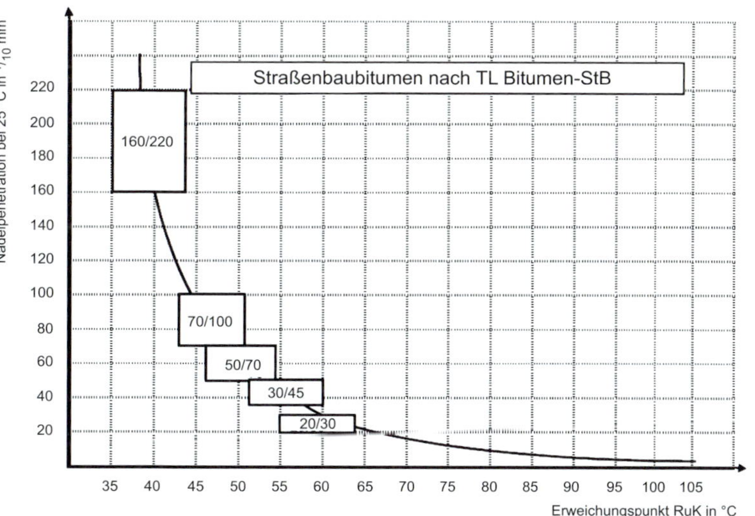

Bild 1.43 Zusammenhang zwischen Erweichungspunkt Ring und Kugel und Nadelpenetration bei Straßenbaubitumen nach TL Bitumen-StB

Tabelle 1.17 Anforderungen an Straßenbaubitumen nach TL Bitumen-StB

Merkmal oder Eigenschaft	Einheit	Prüfmethode	Sorten				
			20/30	30/45	50/70	70/100	160/220
Penetration bei 25 °C	0,1 mm	DIN EN 1426	20–30	30–45	50–70	70–100	160–220
Erweichungspunkt Ring und Kugel	°C	DIN EN 1427	55–63	52–60	46–54	43–51	35–43
Flammpunkt	°C	DIN EN ISO 2592	≥ 240	≥ 240	≥ 230	≥ 230	≥ 220
Löslichkeit	%	DIN EN 12592	≥ 99,0	≥ 99,0	≥ 99,0	≥ 99,0	≥ 99,0
Penetrationsindex		DIN EN 12591 Annex A	NR	NR	NR	NR	NR
Kinematische Viskosität bei 135 °C	mm^2/s	DIN EN 12595	NR	NR	NR	NR	NR
Dynamische Viskosität bei 60 °C	Pa · s	DIN EN 12596	NR	NR	NR	NR	NR
Brechpunkt nach Fraaß	°C	DIN EN 12593	–	≤ −5	≤ −8	≤ −10	≤ −15
Beständigkeit gegen Verhärtung unter Einfluss von Wärme und Luft nach DIN EN 12607-1 bei 163 °C							
Verbleibende Penetration	%	DIN EN 1426	≥ 55	≥ 53	≥ 50	≥ 46	≥ 37
Zunahme des Erweichungspunktes Ring und Kugel	°C	DIN EN 1427	≤ 8	≤ 8	≤ 9	≤ 9	≤ 11
Massenänderung*)	%	DIN EN 12607-1	≤ 0,5	≤ 0,5	≤ 0,5	≤ 0,8	≤ 1,0
Zusätzliche Prüfverfahren zur Erfahrungssammlung							
Kraftduktilität bzw. Formänderungsarbeit	–	Abschnitt 5.2 TL Bitumen	IA	IA	IA	IA	IA
Verformungsverhalten im dynamischen Scherrheometer (DSR)	–	Abschnitt 5.3 TL Bitumen	IA	IA	IA	IA	IA
Verhalten bei tiefen Temperaturen Biegebalkenrheometer (BBR)	–	Abschnitt 5.4 TL Bitumen	IA	IA	IA	IA	IA

NR = keine Anforderung
IA = ist anzugeben
*) Die Massenänderung kann positiv oder negativ sein

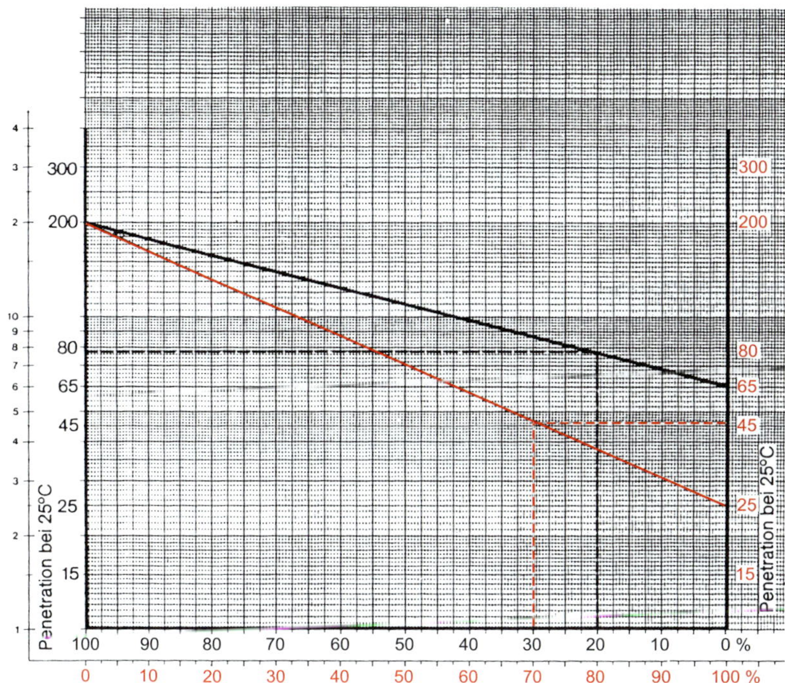

Bild 1.44
Mischdiagramm für Straßenbaubitumen

In den Regelwerken zur Herstellung von Straßenbefestigungen in Asphaltbauweise (ZTV Asphalt-StB u. ä.) werden ausschließlich Bitumensorten gefordert, die in den TL Bitumen-StB beschrieben sind. Werden in Ausnahmefällen oder für Sonderbaumaßnahmen besondere Anforderungen an die Penetration des Bindemittels gestellt, besteht die Möglichkeit, verschiedene Bitumensorten miteinander zu mischen. Im *Bild 1.44* ist ein Diagramm dargestellt, in dem man entweder das Mischungsverhältnis zweier Bitumensorten bestimmen kann, um eine bestimmte Penetration zu erreichen, oder die resultierende Penetration ablesen kann, die erreicht wird, wenn man zwei Bitumensorten in einem bestimmten Verhältnis mischt.

Die grundsätzlichen Anwendungsbereiche für Straßenbaubitumen und PmB sind im *Bild 1.45* dargestellt.

	Straßenbaubitumen nach TL Bitumen-StB					Polymermodifiziertes Bitumen nach TL Bitumen-StB				
	160/220	70/100	50/70	30/45	20/30	40/100-65A	10/40-65A	25/55-55A	40/80-50A	120/200-40A
Asphalttragschichten AC T		■	■	▒						
Asphaltbinder AC B			■	■		▒		■		
Asphaltbeton AC D		■	■					■		
Splittmastixasphalt SMA		■	■					■		
Offenporiger Asphalt PA						■				
Gußasphalt MA				■	■		▒	■	■	■
Tragdeckschichten AC TD		■								
Fugenvergußmassen	■	■	■	■	■					
Wasserbau	▒	■	■	▒					▒	

■ Anwendung im Regelfall ▒ Anwendung in Sonderfällen

Bild 1.45
Anwendungsbereiche der Bitumensorten

1.4.1.2 Polymermodifizierte Bitumen (PmB)

Polymermodifizierte Bitumen bestehen in der Regel aus Straßenbaubitumen, in das 3 bis 5 M.-% Polymere eingearbeitet worden sind. Die wichtigsten Polymergruppen, die heute zur PmB-Herstellung genutzt werden, sind:

- PE Polyethylen,
- SBR/SBS Styrol-Butadien-Copolymere/ -Blockcopolymere,
- EPDM Ethylen-Propylen-Dien-Terpolymer,
- EVA Ethylen-Venylacetat-Copolymer,
- ACM Ethylen-Acrylester-Copolymer.

Das *Bild 1.46* zeigt schematisch die räumliche Vernetzung von Styrol-Butadien-Blockpolymeren. Im *Bild 1.47* ist die Vernetzung von Polystyren und Polybutadien dargestellt.

Bild 1.46 Räumliche Vernetzung (SBS)

1.4.1.2.1 Herstellung

Herstellung gebrauchsfertiger PmB

Die zurzeit gebräuchlichste Methode, eine Polymermodifizierung des Bindemittels zu erreichen, ist es, das Polymer in der Raffinerie einzuarbeiten. Man spricht dann von einem gebrauchsfertigen polymermodifizierten Bitumen, den TL Bitumen-StB entsprechend. In Deutschland finden folgende Sorten Anwendung:

- 120/200-40 A,
- 45/80-50 A,
- 25/55-55 A,
- 10/40-65 A,
- 40/100-65.

Je nach der Art des verwendeten Polymers wird auch eine entsprechende Rezeptur zu dessen Einarbeitung angewandt. Als Komponenten werden Bitumina, hochpolymere Werkstoffe und eventuell Additivs eingesetzt.

Die Polymere in den gebrauchsfertigen PmB sind gut vernetzt. Durch diese Vernetzung kann man von einer „inneren Armierung" sprechen.

Bei der Herstellung von polymermodifizierten Bindemitteln werden als Basis für die Modifizierung i. d. R. Straßenbaubitumen nach DIN EN 12591 verwendet. Durch die Modifikation wird die Plastizitätsspanne (Differenz von Erweichungspunkt Ring und Kugel bis zum Brechpunkt nach Fraaß) von polymermodifiziertem Bitumen im Vergleich zu normalem Straßenbaubitumen verbessert. Der Erweichungspunkt Ring und Kugel und der Brechpunkt nach Fraaß beschreiben die oberen und unteren Gebrauchstemperaturbereiche. Durch

Bild 1.47 Vernetzung Polystyren und Polybutadien

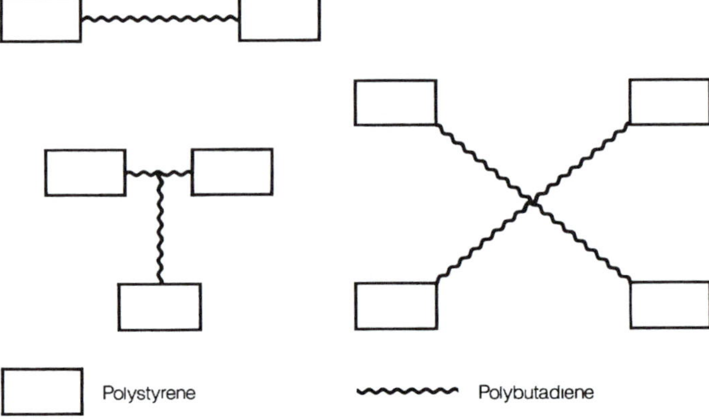

die Zugabe von geeigneten Polymeren wird die Plastizitätsspanne nach beiden Seiten hin, vor allem jedoch in Richtung hoher Temperaturen erweitert. Das Verhalten sowohl bei Wärme als auch bei Kälte kann durch eine Modifizierung mit Polymeren deutlich verbessert werden.

Höher polymermodifizierte Bitumen (PmB H)

Für die Herstellung höher polymermodifizierter Bitumen (PmB H) werden, wie bei „normalen" elastomermodifizierten Bitumen, handelsübliche Straßenbaubitumen für die Modifizierung eingesetzt. Die Eigenschaften des verwendeten Bitumens unterliegen nicht den Anforderungen der TL Bitumen-StB 07. Für die Modifikation werden dennoch meist asphaltenarme Basisbitumen verwendet, um die höheren Zugabemengen an Polymeren im Bitumen zu realisieren. Die rheologischen Eigenschaften des verwendeten Basisbitumens werden für diese spezielle Modifikation von jedem Hersteller gesondert definiert.

Zwecks Bestimmung der rheologischen Eigenschaften soll am Basisbitumen festgestellt werden, welche genaue Zugabemenge an Elastomeren die gewünschten Ergebnisse bringt (*Polymerkompatibilität*).

Polymerbitumen mit einem höheren Modifikationsgrad sind mehr als 15 Jahre in Gebrauch. Durch einen höheren Modifikationsgrad werden diesen PmB H zusätzliche Qualitätseigenschaften mitgegeben.

Einsatzgebiete für PmB 40/100-65 A

Typische Einsatzmöglichkeiten für PmB 40/100-65 A bieten sich in folgenden Bereichen:

- Splittmastixasphalte für sehr hohe Beanspruchungen
- Asphaltbinderschichten (speziell auch bei Asphalten für hohe Belastungsklassen sowie für Verkehrsflächen mit besonderen Beanspruchungen)
- offenporige Asphaltdeckschichten (OPA/ZWOPA)
- SAM/SAMI (*Stress Absorbing Membrane/ Stress Absorbing Membrane Interlayer*): Spannungsmindernde Schichten über schadhaften Unterlagen (auch Betonüberbauung).

Neben PmB H werden seit einigen Jahren verstärkt PmB RC angeboten, deren Polymergehalte zwischen denen der normalen PmB und der PmB H liegen. Sie werden vor allem bei Straßenbelägen angewendet, die unter Verwendung von Ausbauasphalt (durch Aufbrechen oder Fräsen gewonnener, bituminös gebundener Asphalt) hergestellt werden. Sie müssen die Anforderungen der TL Bitumen an elastomermodifizierte Bitumen erfüllen.

Eigenschaften höher polymermodifizierter Bitumen

Im Vergleich zu den üblichen Straßenbaubitumen nach DIN EN 12591 weisen PmB H folgende Eigenschaften auf:

- ausgeprägtes viskoelastisches Verhalten
- erweiterte Plastizitätsspanne (Differenz zwischen Erweichungspunkt Ring und Kugel und Brechpunkt nach Fraaß)
- gute Wärmestandfestigkeit
- hoher Widerstand gegen Rissbildung bei Kälte (Brechpunkt max. –19 °C)
- verbessertes Haftverhalten am Gestein
- höhere Kohäsion.

Hergestellt werden PmB H nur bei Bitumenlieferanten, in raffinerieeigenen oder in Modifizieranlagen und von dort aus gebrauchsfertig an den Endverbraucher ausgeliefert. Bei der Herstellung gebrauchsfertiger PmB H werden dem Basisbitumen deutliche höhere Anteile an Polymeren (bevorzugt SBS) zugegeben. Diese Homogenität wird erreicht, indem das Polymersystem (Kombination aus Elastomeren und Plastomeren) nicht nur rein mechanisch in das Grundbitumen eingearbeitet, sondern in aufwendig kontrollierten weiteren Verarbeitungsschritten mit der Bitumenmatrix vernetzt wird. Die Polymere werden dem Basisbitumen homogen zugesetzt und bilden durch lange Kohlenstoffketten innerhalb des Bitumens eine „innere Armierung" oder „Mikrobewehrung", die bei der höheren Modifizierung noch besser ausfällt.

Lagerung und Verarbeitung von PmB H am Mischwerk

Aufgrund der besonderen Produkteigenschaften (z. B. hohe Viskosität und Lagerungsstabilität, d. h. es erfolgt keine Sedimentation oder

Entmischen der eingesetzten Polymere) ist bei diesen Bindemitteln vor Gebrauch eine verhältnismäßig hohe Lagertanktemperatur dringend erforderlich. Bei der Belieferung muss der aufnehmende Lagertank auf ca. 180 °C vortemperiert sein und die gekennzeichneten PmB H sollten auch nahe der maximalen Lagertemperatur von 190 °C vorgehalten werden. Temperaturabsenkungen sollten nur bei längerer Lagerzeit durchgeführt werden!

Bei längerer Lagerung empfiehlt es sich, die Bindemitteltemperatur im Lagertank auf unter 150 °C abzusenken. Die dann erfolgende Temperaturerhöhung sollte langsam und schonend erfolgen. Zum Aufheizen empfiehlt es sich, den Tankinhalt zu verrühren und somit wieder zu homogenisieren. Dadurch können lokale Überhitzungen vermieden und der Aufheizvorgang deutlich beschleunigt werden.

Bei der Asphaltproduktion und dem anschließenden Transport zur Baustelle sollten folgende Rahmenbedingungen unbedingt erfüllt sein:

- gleichmäßige und konstante Temperaturführung an der Asphaltmischanlage (maximale Gesteinstemperaturen beachten)
- Optimierung der Trockenmischzeiten, um die stabilisierenden Zusätze (Cellulosefasern) homogen im Asphaltmischgut zu verteilen
- Mischguthöchsttemperatur exakt (z. B. bei Splittmastixasphalt max. 165 °C) einhalten
- keine oder nur kurzzeitige Zwischenlagerung im Verladesilo
- sorgfältige Behandlung aller Transportfahrzeuge mit einem Trennmittel (aus dem Handel), um kein oder nur ein leichtes Anhaften von Mischgut auf den Lkw-Ladeflächen zu gewährleisten
- während des Transportes sorgfältige Abdeckung des Mischgutes mit Planen, um den oxidativen Einfluss des Luftsauerstoffs zu minimieren.

■ Einsatzgebiete und Wirkungsweisen von PmB H

Das PmB H eignet sich für den Einsatz in folgenden Bereichen:

- wasserdichte Versiegelung der Binderschicht unter offenporigen Asphaltbelägen
- Straßen in Industriegebieten mit extrem hoher Belastung
- Kriechspuren für Lkw in besonders exponierten Lagen (Südhanglagen, Steigungsstrecken bzw. Strecken mit großem Gefälle)
- Containerabstell- und Verladeflächen
- Stauräume wie z. B. Abstellflächen für Schwerverkehr
- Flugplatzbau (Run- und Taxiways sowie Standflächen)
- Brückenbeläge (Gussasphalte).

■ Plastomermodifizierte Bitumen (PmB C)

Plastomermodifizierte Bitumen werden sehr selten im klassifizierten Straßenbau eingesetzt. Es besitzt keine CE-Kennzeichnung für Deutschland. Normalerweise werden im klassifizierten Straßenbau keine Baumaßnahmen mit diesem Bindemittel ausgeschrieben. Es werden nur Kleinflächen zugelassen, bei denen die Beschaffung eines ganzen Tankzuges mit plastomermodifiziertem Bitumen wirtschaftlich nicht sinnvoll ist.

Plastomere sind Thermoplaste, das heißt, dass sie nach der Produktion des Asphaltes ihre Eigenschaften nur ein einziges Mal im Asphalt einbringen und entwickeln (nicht wie bei elastomermodifizierten Bindemitteln, deren Eigenschaften nach der Rückgewinnung reproduzierbar sind). Ob und wie sich die gewünschten Eigenschaften im Bitumen/Asphalt homogen dar- und einstellen, ist aufgrund der Verarbeitungsweise des Plastomers an der Mischanlage fraglich.

Die *Tabelle 1.18a* gibt die Anforderungen der TL Bitumen-StB an die elastomermodifizierten Bitumen wieder.

■ Herstellung von modifiziertem Asphalt (PmA) an der Mischanlage

Dem Straßenbaubitumen wird an der Asphaltmischanlage das Polymer zugegeben. Die Zugabe kann vor der Mischgutherstellung im Bitumentank oder während des Mischvorganges erfolgen. Das Polymer kann fest, flüssig oder als „Masterbatch“ (hochkonzentriertes, in der Raffinerie vorgefertigtes PmB, das mit Straßenbaubitumen „verdünnt“ wird) zugegeben werden.

Tabelle 1.18a Anforderungen an Elastomermodifizierte Bitumen (PmB A)

Merkmal oder Eigenschaft	Einheit	Prüfmethode	Sorten									
			KL	120/200-40 A	KL	45/80-50 A	KL	25/55-55 A	KL	10/40-65 A	KL	40/100-65 A
Penetration bei 25 °C	0,1 mm	DIN EN 1426	9	120–200	4	45–80	3	25–55	2	10–40	5	40–100
Erweichungspunkt Ring und Kugel	°C	DIN EN 1427	10	≥ 40	8	≥ 50	7	≥ 55	5	≥ 65	5	≥ 65
Kraft-Duktilität: Formänderungsarbeit bei der angegebenen Temperatur *)	J/cm²	DIN EN 13589 DIN EN 13703	5	≥ 2 (bei 0 °C)	3	≥ 2 (bei 5 °C)	2	≥ 2 (bei 10 °C)	6	≥ 2 (bei 10 °C)	2	≥ 3 (bei 5 °C)
Flammpunkt	°C	DIN EN ISO 2592	4	≥ 220	3	≥ 235	3	≥ 235	3	≥ 235	3	≥ 235
Brechpunkt nach Fraaß	°C	DIN EN 12593	9	≤ –20	7	≤ –15	5	≤ –10	3	≤ –5	7	≤ –15
Elastische Rückstellung bei 25 °C	%	DIN EN 13398	5	≥ 50	5	≥ 50	5	≥ 50	5	≥ 50	3	≥ 70
Elastische Rückstellung bei 10 °C	%	DIN EN 13398	0	NR	0	NR	0	NR	0	NR	0	NR
Plastizitätsbereich	°C	DIN EN 14023 Abschnitt 5.1.9 TL Bitumen-StB	0	NR	0	NR	0	NR	0	NR	0	NR
Lagerbeständigkeit, Differenz der Erweichungspunkte	°C	DIN EN 13399 DIN EN 1426	2	≤ 5	2	≤ 5	2	≤ 5	2	≤ 5	2	≤ 5
Lagerbeständigkeit, Differenz der Penetrationen	0,1 mm	DIN EN 133 DIN EN 1426	0	NR	0	NR	0	NR	0	NR	0	NR
Beständigkeit gegen Verhärtung unter Einfluss von Wärme und Luft nach DIN EN 12607-1 bei 163 °C												
Massenänderung*)	%	DIN EN 12607-1	3	≤ 0,5	3	≤ 0,5	3	≤ 0,5	3	≤ 0,5	2	≤ 0,3
Verbleibende Penetration	%	DIN EN 1426	7	≥ 60	7	≥ 60	7	≥ 60	7	≥ 60	7	≥ 60
Zunahme des Erweichungspunktes Ring und Kugel	°C	DIN EN 1427	2	≤ 8	2	≤ 8	2	≤ 8	2	≤ 8	2	≤ 8
Abfall des Erweichungspunktes Ring und Kugel	°C	DIN EN 1427	2	≤ 2	2	≤ 2	2	≤ 2	2	≤ 2	3	≤ 5
Elastische Rückstellung bei 25 °C	%	DIN EN 13398	4	≥ 50	4	≥ 50	4	≥ 50	4	≥ 50	4	≥ 50
Elastische Rückstellung bei 10 °C	%	DIN EN 13398	0	NR	0	NR	0	NR	0	NR	0	NR
Zusätzliche Prüfverfahren zur Erfahrungssammlung												
Verformungsverhalten im dynamischen Scherrheometer (DSR)	–	Abschnitt 5.3 TL Bitumen-StB	1	IA	1	IA	1	IA	1	IA	1	IA
Verhalten bei tiefen Temperaturen Biegebalkenrheometer (BBR)	–	Abschnitt 5.4 TL Bitumen-StB	1	IA	1	IA	1	IA	1	IA	1	IA

*) siehe Abschnitt 5.2 der TL Bitumen-StB NR = keine Anforderung IA = ist anzugeben

Tabelle 1.18b Anforderungen an Plastomermodifizierte Bitumen (PmB C)

Merkmal oder Eigenschaft	Einheit	Prüfmethode	Sorten					
			KL	45/80-50 C	KL	25/55-55 C	KL	10/40-65 C
Penetration bei 25 °C	0,1 mm	DIN EN 1426	4	45–80	3	25–55	2	10–40
Erweichungspunkt Ring und Kugel	°C	DIN EN 1427	8	≥ 50	7	≥ 55	5	≥ 65
Kraft-Duktilität: Formänderungsarbeit bei der angegebenen Temperatur*)	J/cm^2	DIN EN 13589 DIN EN 13703	3	≥ 2 (bei 5 °C)	2	≥ 3 (bei 5 °C)	6	≥ 2 (bei 10 °C)
Flammpunkt	°C	DIN EN ISO 2592	3	≥ 235	3	≥ 235	3	≥ 235
Brechpunkt nach Fraaß	°C	DIN EN 12593	7	≤ −15	5	≤ −10	3	≤ −5
Elastische Rückstellung bei 25 °C	%	DIN EN 13398	0	NR	0	NR	0	NR
Elastische Rückstellung bei 10 °C	%	DIN EN 13398	0	NR	0	NR	0	NR
Plastizitätsbereich	°C	DIN EN 14023 Abschnitt 5.1.9 TL Bitumen-StB	0	NR	0	NR	0	NR
Lagerbeständigkeit, Differenz der Erweichungspunkte	°C	DIN EN 13399 DIN EN 1426	2	≤ 5	2	≤ 5	2	≤ 5
Lagerbeständigkeit, Differenz der Penetrationen	0,1 mm	DIN EN 133 DIN EN 1426	0	NR	0	NR	0	NR
Beständigkeit gegen Verhärtung unter Einfluss von Wärme und Luft nach DIN EN 12607-1 bei 163 °C								
Massenänderung*)	%	DIN EN 12607-1	3	≤ 0,5	3	≤ 0,5	3	≤ 0,5
Verbleibende Penetration	%	DIN EN 1426	7	≥ 60	7	≥ 60	7	≥ 60
Zunahme des Erweichungspunktes Ring und Kugel	°C	DIN EN 1427	2	≤ 8	2	≤ 8	2	≤ 8
Abfall des Erweichungspunktes Ring und Kugel	°C	DIN EN 1427	2	≤ 2	2	≤ 2	2	≤ 2
Elastische Rückstellung bei 25 °C	%	DIN EN 13398	0	NR	0	NR	0	NR
Elastische Rückstellung bei 10 °C	%	DIN EN 13398	0	NR	0	NR	0	NR
Zusätzliche Prüfverfahren zur Erfahrungssammlung								
Verformungsverhalten im dynamischen Scherrheometer (DSR)	–	Abschnitt 5.3 TL Bitumen-StB	1	IA	1	IA	1	IA
Verhalten bei tiefen Temperaturen Biegebalkenrheometer (BBR)	–	Abschnitt 5.4 TL Bitumen-StB	1	IA	1	IA	1	IA

*) siehe Abschnitt 5.2 der TL Bitumen-StB NR = keine Anforderung IA = ist anzugeben

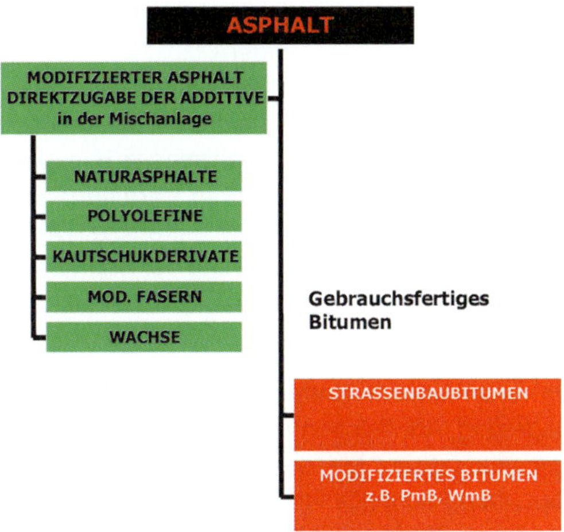

Bild 1.48 Modifikation mit Additiven, direkt an der Asphaltmischanlage

- Zugabe in fester Form: Granulat, Pulver, Blöcke, Sheets.
- Zugabe in flüssiger Form: Emulsion, Schmelze, Lösung.
- Zugabe voraufgeschlossen: Masterbatch.

Neben den gebräuchlichsten Additiven (SBS) können diverse andere zur Veränderung der Asphalteigenschaften direkt an der Asphaltmischanlage zugegeben werden. Dazu zählen u. a. Naturasphalte, Polyolefine, Kautschukderivate, modifizierte Fasern und Wachse sowie Kombinationen aus diesen Stoffen.

Günstig ist eine automatisierte Zugabe (Faserpelletzugabe) zur Gewährleistung einer konstanten Qualität des Mischguts. Bei größeren Mischgutquantitäten ist der Vorzug der Belieferung mit gebrauchsfertigem polymermodifiziertem Bitumen zu geben, das einer Überwachung unterliegt.

1.4.1.2.2 Eigenschaften

Gebrauchsfertige PmB haben entsprechend ihrer Bezeichnung vergleichbare Eigenschaften bezüglich Verarbeitbarkeit, Nadelpenetration und Erweichungspunkt Ring und Kugel wie Straßenbaubitumen nach den TL Bitumen-StB.

In den TL Bitumen-StB wird zwischen homogen aufbereitetem Bitumen aus heißlagerbeständigen, bitumenverträglichen Elastomeren (Tabelle A) und aus Thermoplasten (Tabelle C) unterschieden (s. *Tabellen 1.18a* und *1.18b*). In der Straßenbaupraxis sind die PmB nach Tabelle A am weitesten verbreitet.

Elastische Rückstellung

Ein wesentlicher Unterschied zum normalen Straßenbaubitumen nach den TL Bitumen-StB besteht in der elastischen Rückstellung. Diese elastische Eigenschaft des PmB wird durch die Prüfverfahren, die im Abschnitt 1.3.2 beschrieben wurden, nachgewiesen.

Der elastische Effekt des PmB äußert sich vor allem durch den Aufbau elastischer Gegenkräfte während einer vorgegebenen Zwangsverformung. Diese Gegenkräfte lassen sich durch viele Prüfverfahren meist nur indirekt nachweisen. Ergebnisse sind zum Beispiel: Minderung der resultierenden Eindringtiefe bei Stempeleindruckversuchen, Zugwiderstandserhöhung bei Zugdehnungsversuchen und Erhöhung der Dehngrenze.

Die elastische Rückformung hat für die Straßenbaupraxis vor allem in Bereichen Bedeutung, in denen PmB eingesetzt wird für Asphaltbefestigungen, die besonderen dynamischen Beanspruchungen ausgesetzt sind. Das trifft vor allem auf Brückenbauwerke zu.

Der Nachweis der elastischen Eigenschaften (elastische Rückstellung, Kraftduktilität nach den TL Bitumen-StB) eignet sich sehr gut, um nachträgliche Verfälschungen oder Minderungen des Polymeranteils im PmB nachzuweisen.

Haftverhalten

Zur Beurteilung der Hafteigenschaften des Bitumens in der Praxis muss immer das System Bindemittel-Gesteinskörnung betrachtet werden. Beide Partner müssen Ihren Beitrag zur Haftung leisten. Dabei ist der Beitrag der Gesteine mindestens ebenso hoch wie der des Bindemittels. Dieser Anteil wurde u. a. durch Variationsuntersuchungen von Straßenbaubitumen und straßenbauüblichen Gesteinen nachgewiesen.

Grundlage für die Haftung des Bindemittels am Gestein ist der physikalische Effekt der Adhäsion. Die Moleküle an der Phasengrenze haben die Aufgabe, eine Verbindung (Haftung) zwischen dem Bitumen und dem Mineralstoff herzustellen.

In der Praxis der Asphaltherstellung und Nutzung liegen zwei Phasen der Haftung vor.

- **Erste Phase Asphaltherstellung – Mischen**

Das heiße Bindemittel hat die Aufgabe während des Mischvorganges das heiße und somit trockene Gestein vollständig zu benetzen und zu umhüllen (Zweiphasensystem: Bitumen und Gesteinskörnung).

- **Zweite Phase – Nutzung des Asphaltes im Straßenaufbau**

Das Bitumen hat die Aufgabe, die Gesteinskörnungen zu verkleben und den Kontakt des Einzelkorns mit dem Wasser nur an den Stellen zuzulassen, wo es aus konstruktiven und technischen Gründen notwendig ist (Dreiphasensystem: Bitumen, Gesteinskörnung und Wasser).

In der zweiten Phase besteht ein Wettbewerb zwischen Gesteinskörnung-Bitumen und Gesteinskörnung-Wasser. Ist die Benetzungsenergie zwischen Gesteinskörnung-Wasser kleiner als die zwischen Gesteinskörnung-Bitumen, so wird durch Wassereinwirkung der Bindemittelfilm allmählich vom Mineralstoff verdrängt und abgelöst. Dieser Effekt kann verzögert werden durch:

- dicke Bindemittelfilme auf der Gesteinsoberfläche (ggf. durch den Einsatz von stabilisierenden Zusätzen bzw. Bindemittelträgern im Asphaltmischgut),
- hohe Dichtigkeit des Asphaltes (hoher Verdichtungsgrad, niedriger Hohlraumgehalt),
- hohe Viskosität des Bindemittels (hartes Bindemittel) bzw. hoher Verdrängungswiderstand,
- hohe Aromatizität und hohe Alterungsbeständigkeit des Bitumens.

Einen beschleunigenden Einfluss auf die Bindemittelablösung haben:

- poröse, undichte Oberfläche, die Wasserzutritt in die Asphaltbefestigung gestattet,
- unzureichende Trocknung der Gesteinskörnungen vor dem Mischprozess in der Trockentrommel der Asphaltmischanlage,
- starke Temperaturschwankungen, Frost-Tau-Wechsel,
- starke dynamische Belastung der Asphaltbefestigung bei ungünstigen Randbedingungen (Vorhandensein von Kapillarwasser, extreme klimatische Bedingungen),
- Gesteinseinfluss bzw. geringe Oberflächenrauigkeit, Vorherrschen extremer elektrischer Ladungen, extremer Chemismus (z. B. sauer),
- Bitumeneinfluss bzw. hoher Paraffingehalt, geringer Asphaltengehalt, Alterung, Stoffumwandlungen (z. B. Anstieg der Säurezahl),
- Wassereinfluss bzw. hoher Salzgehalt, pH-Wert (saurer Regen).

In verschiedenen Untersuchungen wie Wasserlagerung, Adhäsionsmessungen ohne Wassereinwirkung und Messungen der Oberflächenspannung dünnflüssiger Bindemittelschmelzen gegen Luft wurde nachgewiesen, dass das Haftverhalten sehr stark von dem eingesetzten Bitumen abhängig ist. Allgemein ist festzustellen, dass eine Haftverbesserung durch die Zugabe von Haftverbesserern zum Bitumen erreicht wird.

Auf die Problematik Affinität Bitumen/Gestein wird im Abschnitt 2.6.2 näher eingegangen.

1.4.1.3 Spezialbitumen

An den Asphalt werden vielfältige Anforderungen gestellt. Die wesentlichen Ansprüche wie Standfestigkeit, Erhaltung der Gebrauchsfähigkeit über große Temperaturspannen hinweg (extreme Sommer, extreme Winter), Aufnahme und Weiterleitung hoher Verkehrsbeanspruchungen können mit den handelsüblichen Straßenbaubitumen nach den TL Bitumen-StB bzw. mit polymermodifizierten Bindemitteln nach den TL Bitumen-StB erfüllt werden. Für bestimmte Aufgaben, z. B. farbliche Gestaltung von Verkehrsflächen, wurden Sonderbindemittel entwickelt.

Im *Bild 1.49* sind die wichtigsten Bitumenmodifikationen systematisiert.

1.4.1.3.1 Bitumen zur Temperaturabsenkung

Zu diesen Bitumina zählen wachsmodifizierte Bitumen. Klassisch sind organische Additive zu verstehen, z. B. Fettsäureamide, Fischer-Tropsch-Wachse, Montanwachse und Kombinationen mit SBS. Weiterhin gibt es

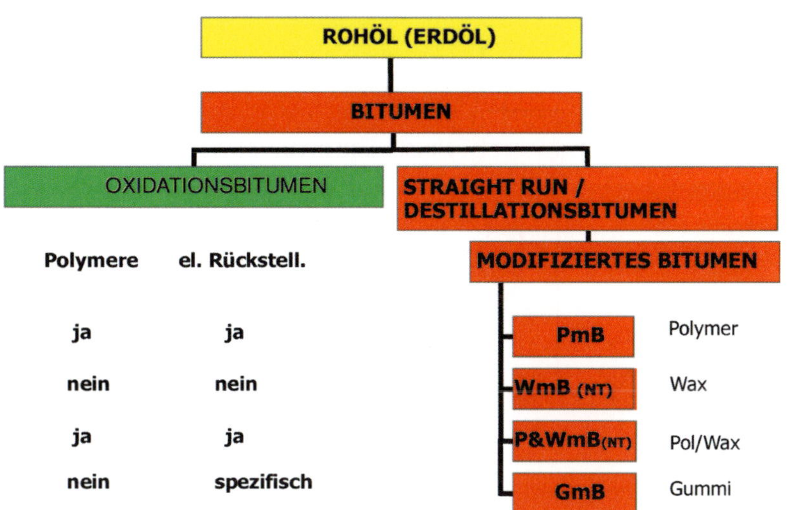

Bild 1.49 Systematisierung der wichtigsten Bitumenmodifikationen (Fertigbitumen)

Kombinationen mit Naturasphalt, EVA, Polyolefinen und Gummi.

Die genaue Wirkweise ist im Kapitel 9.3 beschrieben.

WmB – Modifikationen mit organischen Additiven

Das WmB ist die „Urform" der Modifikation zur Temperaturabsenkung gebrauchsfertigen Bitumens. Folgende Eigenschaften können damit erreicht werden:

- Temperaturabsenkung und Reduzierung der Emissionen (s. *Bild 1.50*),
- Veränderung der Bitumenkenndaten (Erweichungspunkt Ring und Kugel, Penetration, Viskosität),
- Verarbeitbarkeit,
- Erhöhung der Wärmestandfestigkeit,
- Verbesserung der Affinität Bitumen/Gestein (nur Additive der Form FS AmidAD),
- Reduzierung des Energieverbrauchs.

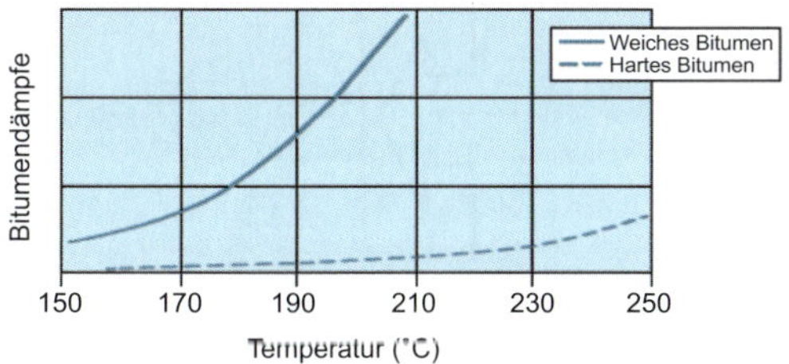

Bild 1.50 Emissionsentwicklung als Funktion der Gebrauchstemperatur (Normalbitumen)

PmB NT oder NV

PmB NT oder NV ist eine spezielle Form von PmB mit den Eigenschaften eines Bitumens zur Herstellung von temperaturabgesenkten Asphalten. Die Herstellung erfolgt in speziellen Modifizieranlagen unter Verwendung von speziellen Formulierungen zur Herstellung und Grundstoffauswahl.

Die Eigenschaften sind ähnlich denen von WmB, aber nicht so ausgeprägt. Zusätzlich haben sie noch die Eigenschaften von PmB (elastische Rückstellung etc.).

Herstellung von modifiziertem Bitumen

In der Regel wird modifiziertes Bitumen als Fertigprodukt in einer Raffinerie hergestellt. Doch in den letzten Jahren werden Spezialmodifikationen zunehmend in separate Modifizieranlagen oder direkt an den Standort der Asphaltherstellung ausgelagert. Günstig ist es, in den Produktionsprozess einen Hochschermischer einzubinden. Dieser Spezialmischer gewährleistet eine sehr gute und homogene Einarbeitung des Additivs in das Bitumen. Falls SBS oder EVA verwendet wird, sollte der Hochschermischer unbedingt in den Modifizierungsprozess integriert werden.

1.4.1.3.2 Rubberized Asphalt – GmB

Elastomermodifizierte Bitumen sind eine Untergruppe der polymermodifizierten Bitumen, die

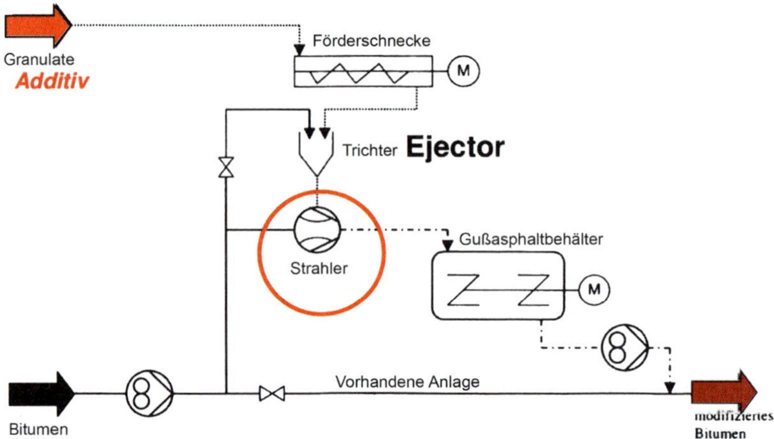

Bild 1.51
System Ejector (Inline Blending)

unter Verwendung von Elastomeren hergestellt werden.

Eine weitere Möglichkeit der Modifizierung ist die Verwendung von ambient hergestellten Gummimehlen und -granulaten, die bei der Zerkleinerung von Reifen gezielt produziert werden.

Zur Erreichung einer gleichbleibenden Qualität von gummimodifizierten Bitumen und Asphalten ist eine hohe Verfügbarkeit und große Gleichmäßigkeit der eingesetzten Gummimehle erforderlich.

Bei Verwendung von Gummimehlen und -granulaten können die Eigenschaften, z. B. hohe Standfestigkeiten bei Wärmeeinfluss, sowie elastisches Verhalten im Tieftemperaturbereich deutlich verbessert werden. Diese so hergestellten Bitumen weisen gegenüber anderen polymermodifizierten Bitumen einige zusätzliche Eigenschaften auf:

- verbesserte Standfestigkeit (Verformungswiderstand),
- verbessertes Ermüdungsverhalten,
- verbessertes Tieftemperaturverhalten,
- verbesserte Alterungsbeständigkeit.

Ein weiterer Aspekt zur Verwendung von gummimodifizierten Bitumen ist die sinkende Verfügbarkeit der für den Straßenbau eingesetzten thermoplastischen Kunststoffe.

Der Hauptgrund der Verwendung gummimodifizierter Bitumen ist jedoch deren Weiterentwicklung und – unter Berücksichtigung des Arbeits- und Umweltschutzes – die Verbesserung der Eigenschaften bei Herstellung und Verarbeitung gegenüber früheren Gummimodifizierungen.

Herstellung gummimodifizierter Asphalte

Gummimodifizierte Asphalte sollten überwiegend unter Verwendung von gebrauchsfertigen,

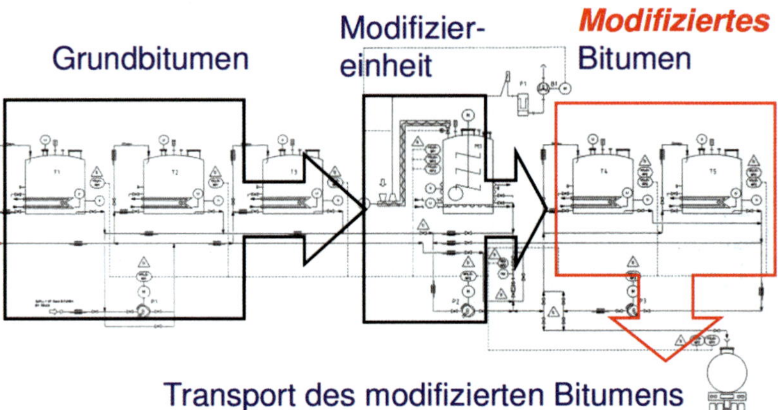

Bild 1.52
Systemskizze eines Modifizierwerks

Bild 1.53 Variabelste Variante – Modifizierung am Asphaltmischwerk

gummimodifizierten Bitumen hergestellt werden. Die Herstellung erfolgt analog zu normalen Mischabläufen mit polymermodifizierten Bitumen.

Es gibt allerdings auch die Möglichkeit, diese Asphalte im sogenannten „Trockenverfahren" herzustellen. Hierzu werden modifizierte Gummimehle direkt in den Asphaltmischer auf das heiße Gestein gegeben und nach einer kurzen Trockenmischphase wird unter Zuführung von Straßenbaubitumen der Asphalt fertigproduziert. Diese im Trockenverfahren hergestellten Asphalte benötigen eine Lagerzeit von 45–60 Minuten, damit die Reaktion zwischen Gummipartikeln und Bitumen (Quellprozess) abgeschlossen ist. Erst dann können diese Asphalte ohne Probleme eingebaut werden.

Bild 1.54 Herstellung von GmB

Einsatzmöglichkeiten

Gummimodifizierungen haben viele Einsatzmöglichkeiten. Sie werden meist dort eingesetzt, wo besondere Anforderungen an Bitumen und Asphalt oder artverwandte Produkte gestellt werden.

Anwendungen sind:

- vom Verwendungszweck abhängiger Einsatz von Fertigbindemittel mit unterschiedlichen Gummianteilen,
- offenporiger Asphalt zur Lärmminderung – je nach Einsatzgebiet – um 3 bis 10 dB(A).
- offenporiger Asphalt zur Wasserableitung in der Asphaltdeckschicht bzw. Dränasphalt,
- SAM (Spannungen absorbierende Membran) zum Spannungsabbau auf Straßenoberflächen in schlechtem Zustand und somit

zur Vorbereitung von Oberflächenbehandlungen,
- als ein spezieller Anwendungsfall von hochmodifizierten Gummibitumen der Einsatz in sogenannten SAMI-Schichten, die in der Lage sind, horizontale Spannungen im Asphaltoberbau abzubauen. Diese gummimodifizierten SAMI-Schichten verfügen über sehr gute Haftzugeigenschaften an der Unterlage und können daher höhere Belastungen aufnehmen als vergleichbare Bitumenschichten.

Die produktbezogenen Vorgaben zum Einbau von Gummiasphalt sind genau zu beachten und ggf. zu prüfen, damit es beim Einbau nicht zu Problemen kommt, deren stoffliche Ursachen nicht bekannt sind. Ansonsten müssen entsprechend § 6 Abs. 12 GefStoffV bestimmte Eigenschaften dieser unbekannten Stoffe angenommen und die notwendigen Schutzmaßnahmen ergriffen werden. Dies würde letztlich bedeuten, dass beim Einbau von Gummiasphalt immer ein Atemschutz getragen werden muss.

In Deutschland soll eine maximale Mischtemperatur von 170 bis 180 °C eingehalten werden. Entsprechend der fachlichen Kompetenz und Einschätzung des Gesprächskreises Bitumen der BG BAU in Frankfurt a. M. ist diese Temperatur allerdings noch zu hoch.

Dabei wird auch auf Benzothiazole hingewiesen, die als Ursache für gesundheitliche Probleme beim Einsatz von Gummiasphalt in Frage kommen könnten. Diese Stoffe könnten vor allem bei „Fehlchargen“ des Gummizusatzes (andere als Pkw-Altreifen) eine verstärkte Rolle spielen.

Nachweislich ist somit der Gummiasphalt grundsätzlich mit abgesenkter Temperatur einzubauen. In diesem Zusammenhang muss vor allem auf das in Skandinavien häufig angewendete „Arizona-Verfahren“ verzichtet werden, das mit viel höheren Temperaturen (über 200 °C) arbeitet als in Deutschland üblich, um das Auftreten problematischer Substanzen zu verhindern. Dieses Verfahren befindet sich zurzeit im Biomonitoring bzw. bei Arbeitsplatzmessungen unter Beobachtung, wobei man sich entsprechend den üblichen deutschen Verfahren an den Untersuchungen der Humanstudie Bitumen orientiert.

1.4.1.3.3 Naturasphalte

Große Naturasphaltvorkommen sind der Asphaltsee in Trinidad und der Lago de Guanoco in Venezuela. Auch in den Schweizer Gemeinden Buttes und Travers sowie im Elsass gibt es Vorkommen. Natürliche Asphalte findet man auch auf Kuba, am Toten Meer, in Albanien, Kalifornien, Colorado, Argentinien, Syrien, Alberta und Kanada (Ölsande); eine deutsche Lagerstätte befindet sich u.a. in Vorwohle bei Hannover.

Der *Trinidad-Naturasphalt* ist ein natürlich vorkommender Rohstoff, der aus Naturbitumen und Gesteinskörnung besteht. Er wird in geringen Mengen dem aus Erdöl gewonnenen Bitumen beigemischt, um dessen Eigenschaften zu verbessern.

Der Naturasphalt setzt sich zu je einem Drittel aus Wasser, Bitumen und Gesteinskörnungen zusammen, und verbessert Eigenschaften des Straßenbaubitumens.

Abgebaut wird der Naturasphalt am Pitch Lake, einem Asphaltsee der Insel Trinidad. Der See wurde 1595 von Sir Walter Raleigh entdeckt und ist mit geschätzten 10 Millionen Tonnen das größte natürliche Asphaltvorkommen der Welt. Während des Pliozän vor 70 Millionen Jahren enstand es – infolge komplexer geologischer Vorgänge – durch Vermischung von Öl und Asphalt mit Gesteinskörnungen, und trat in einer Senke an der Südspitze der Insel an die Oberfläche.

Bild 1.55 Naturasphalt, Pitch Lake, Trinidad

Tabelle 1.19 Zusammensetzung Naturasphalt

Bitumengehalt	53–55 M.-%	i. M. 54,0 M.-%
Gesteinskörnung	36–37 M.-%	i. M. 36,5 M.-%
Restliche Bestandteile	9–10 M.-%	i. M. 9,5 M.-%

Vor Ort bzw. auf dem See wird der Naturasphalt mit Planierraupen zusammengeschoben, um anschließend in einer Anlage, die direkt neben dem See steht, gereinigt zu werden (Wasser wird abgeschieden). Danach wird der Naturasphalt in Fässer verpackt und in alle Welt verkauft. Nach mehreren Tagen ist durch die geologische Aktivität unter dem See wieder so viel Naturasphalt an die Oberfläche getreten, dass an derselben Stelle erneut Material abgebaut werden kann.

Das gereinigte und verpackte Naturprodukt „Trinidad Epuré (TE)" weist die in der *Tabelle 1.19* wiedergegebene, stets gleichbleibende Zusammensetzung auf.

Unter den „restlichen Bestandteilen" versteht man Bestandteile, die weder dem Bitumen noch den Gesteinskörnungen zugeordnet werden können. Sie sind durch Veraschung bestimmbar. Die Gesteinskörnung zuzüglich der „restlichen Bestandteile" setzten sich aus ca. 82 M.-% der Kornklasse unter 0,063 mm und ca. 18 M.-% der Kornklasse 0,063/0,125 mm zusammen.

Da Trinidad Epuré nur in Mengen bis höchstens 3 M.-% dem Asphalt zugegeben wird, sind in der Asphaltmischung maximal 0,3 M.-% „restliche Bestandteile" bzw. 0,5 M.-% der Kornklasse < 0,063 mm enthalten. Wegen dieser geringen Mengen ist es zulässig und technisch vertretbar, die „restlichen Bestandteile" als Füller anzusehen.

Darüber hinaus enthält Trinidad Epuré Anteile von kristallingebundenem Wasser. Dieses ist bei der Extraktion nicht zu entfernen. Es wird erst bei Temperaturen über 150 °C partiell freigesetzt und bewirkt zum Teil die bekannte gute Verarbeitbarkeit des Asphaltes mit TE. Bei der rechnerischen Behandlung von TE-Produkten bleibt dieser Wasseranteil unberücksichtigt.

1.4.1.3.4 Transparentes (farbloses) Bindemittel

Transparentes oder farbloses Bindemittel ist den Gebrauchseigenschaften – wie sie bei Transport, Lagerung, Asphaltherstellung und Einbau gefordert werden – von Straßenbaubitumen vergleichbar. Das Produkt wird von verschiedenen Bindemittelproduzenten angeboten. Die Spezifikationen richten sich dabei nach denen von Straßenbaubitumen.

Das transparente Bindemittel wird für spezielle Bauvorhaben eingesetzt. Durch die Zugabe von Farbpigmenten kann der Asphalt in den verschiedenen Farben (rot, gelb, braun, blau und grün) hergestellt werden.

Transparente Bindemittel finden Anwendung:

- bei Maßnahmen zur Erhöhung der Verkehrssicherheit bzw. Einfärbung von Radwegen, Busspuren, Fußgängerüberwegen, gefährlichen Kreuzungen u.s.w.,
- zur Reduktion der nötigen Beleuchtungsenergie in Tunneln durch weiße Einfärbung der Fahrbahn,
- zur architektonischen Gestaltung von Parkwegen, Ausstellungsflächen, Parkplätzen, Spiel- und Sportplätzen, Dorfplätzen u.s.w.,
- zum Hervorheben von natürlichen und historischen Baustoffen durch Nichteinfärben des Bindemittels.

■ Handhabung

- Transparentes Bindemittel wird in speziellen, beheizbaren Containern oder Tanklastwagen angeliefert.
- Die Lagerung erfolgt in den beheizbaren Containern oder in separaten Bindemitteltanks an der Mischanlage. Transparentes Bindemittel darf keinesfalls in verunreinigten Tanks gelagert werden.
- Zur Asphaltmischanlage müssen separate Zuleitungen geschaffen werden.
- In Sonderfällen wird das Bitumen in kleinen Gebinden angeliefert, die dann als „Säckchen" direkt dem Mischvorgang an der Mischanlage zugegeben werden können. Die Farbpigmente zur gewünschten Einfärbung sind schon darin enthalten, d.h. das Bitumen ist eingefärbt (s.a. Kapitel 12).
- Vor dem Herstellen der ersten Mischung muss die Mischanlage mehrmals „trocken"

gefahren werden, um eventuelle Verschmutzungen und somit Verunreinigungen in der Mischtrommel zu beseitigen.

- Zum Einbau des Asphalts mit transparentem Bitumen empfiehlt es sich, einen neuen Fertiger zu verwenden, da es fast unmöglich ist, einen Fertiger, der im normalen Einsatz befindlich ist, so zu reinigen, dass wirklich alle Reste des „normalen" Bitumens beseitigt sind. Kleinste Restmengen können sich beim Einbau erhitzen und so in das Mischgut mit transparentem Bindemittel gelangen und beim Einbau Schlieren und Streifen in der farbigen Gestaltung hinterlassen.

Gegenwärtig ist transparentes Bindemittel um ein vielfaches teurer als gebräuchliches Straßenbaubitumen.

Nach den zuvor genannten Fakten ist genau zu prüfen, für welchen Anwendungszweck es tatsächlich ratsam ist, transparentes Bindemittel einzusetzen.

Auch darf man nicht außer Acht lassen, dass Reparaturen an den Belägen, die durch Aufgrabungen o. ä. hervorgerufen werden, vergleichsweise nur sehr geringe Mengen an Mischgut erfordern.

Siehe auch Kapitel 12.12 „Gestalten mit Asphalt".

1.5 Bitumenemulsionen

1.5.1 Einsatzmöglichkeiten, Herstellung und Eigenschaften

Bitumenemulsionen finden im Straßenbau Verwendung bei Bauweisen im Spritz- und im Mischverfahren. Bitumenemulsionen sind Dispersionen von Bitumen in Wasser.

Das aufgeteilte Bitumen bildet die sogenannte „innere Phase" der Emulsion. Die „äußere Phase" besteht aus Wasser. Sie bestimmt den „wässrigen Charakter" der Bitumenemulsion, da sie zusammenhängend ausgebildet ist und die innere Phase einschließt.

Der Emulsionszustand wird aufrechterhalten durch eine Emulgatorhülle um die Bitumenteilchen.

1.5.2 Emulgatoren

Das entstehende flüssig/flüssig-System ist aber häufig nicht sehr stabil, da die kleinen Tröpfchen dazu neigen, sich zu größeren zusammenzulagern. Deshalb fügt man Emulsionen zu ihrer Stabilisierung die sogenannten Emulgatoren zu.

Emulgatoren sind grenzflächenaktive Stoffe, die eine polare, wasserlösliche (hydrophile) und eine unpolare, fettlösliche (lipophile) Seite besitzen. Die Emulgatormoleküle lagern sich an der Oberfläche an – der wasserfreundliche Teil in der Wasserphase, der fettfreundliche Teil in der Bitumenphase – und bewirken ein Absinken der Grenzflächenspannung (Oberflächenspannung) und damit die Stabilisierung der Emulsion.

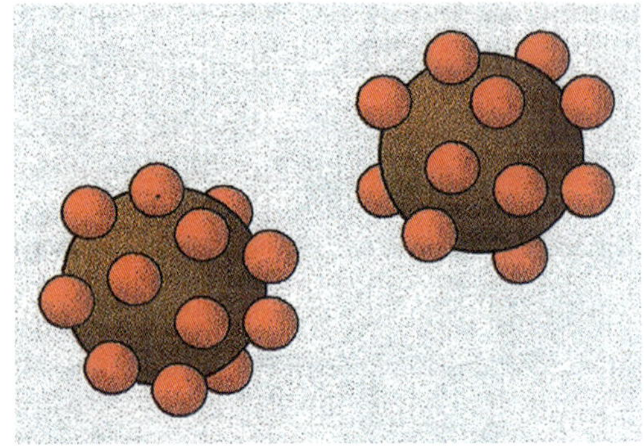

Bild 1.57 Schematische Darstellung von zwei Bitumenemulsionströpfchen (braune Kugel) mit Emulgatormolekül (rote Kugel)

Die Emulgatorhüllen um die Bitumenkügelchen verhindern, dass diese schnell zusammenfließen.

Ladungsart der Bitumenkügelchen

Je nach Charakter der elektrischen Ladung unterscheidet man zwischen kationischen, anionischen und nicht-ionischen Bitumenemulsionen.

Bei anionischen Bitumenemulsionen tragen die Emulsionströpfchen negative Ladung. In einem elektrischen Feld wandern die Partikel daher zur positiv geladenen Anode.

Bei kationischen Bitumenemulsionen tragen die Emulsionströpfchen positive Ladung. In einem elektrischen Feld wandern die Partikel daher zur negativ geladenen Kathode *(Bild 1.58)*.

Anionische Emulsionen mit negativ geladenen Tröpfchen werden stets in einer alkalischen wässrigen Phase (Laugen, pH-Wert 7–14), kationische Emulsionen mit positiv geladenen

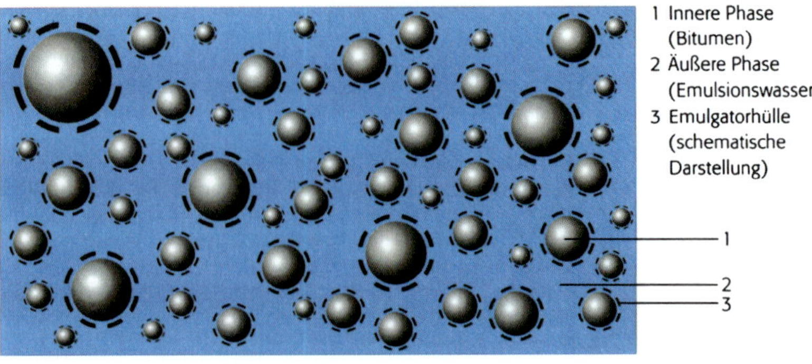

Bild 1.56 Bitumenemulsion (schematische Darstellung)

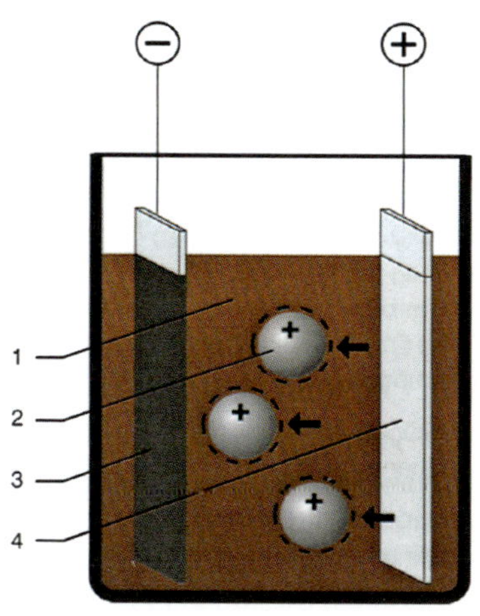

1 Bitumenemulsion
2 Wanderndes Bitumenkügelchen
3 Kathode (Minus-Pol) mit Bitumenniederschlag
4 Anode (Plus-Pol) kein Bitumenniederschlag

Bild 1.58
Bestimmung der Ladungsart durch Elektrophorese (Modellvorstellung, kationische Bitumenemulsion)

Tröpfchen hingegen in einer sauren wässrigen Phase (Säuren, pH-Wert 1–7) emulgiert.

Als Emulgatoren für die *kationischen Emulsionen (Bild 1.59)* haben sich Fettammoniumsalze bewährt, die durch Neutralisation aus aliphatischen Fettaminen und Salzsäure gebildet werden. Diese lagern sich mit ihren Anteilen in die Oberflächen der Bitumenpartikel ein. Ihre wasserlöslichen, polaren Anteile spalten sich in der wässrigen Phase in Ionen:

$$R - NH_2 + HCl \rightarrow R - NH_3^+ + Cl^-$$

R steht hierbei für den Stamm einer beliebigen Kohlenwasserstoffkette, dem wasserunlöslichen Teil des Emulgatormoleküls, welches sich im Bitumen verankert. NH_3Cl ist der wasserlösliche Teil des Emulgatormoleküls, der in wässriger Lösung in das positiv geladene Kation NH_3^+ und in das Anion Cl^- dissoziert.

Unter Verwendung anderer Emulgatoren können *anionische Emulsionen* hergestellt werden.

Für die Emulgierung werden Seifen, z. B. Kaliseife R-COOK aus Fettsäure und Kalilauge, eingesetzt.

$$R - COOH + KOH \rightarrow R - COO^- + K^+$$

■ Teilchengröße

Die Feinheit der Bitumenaufteilung in der „äußeren Phase" ist außerordentlich hoch. Die im Straßenbau eingesetzten Bitumenemulsionen besitzen Partikelverteilungen im Bereich von 1 µm bis 10 µm. Mittlere Aufteilungsgrade mit Schwerpunkt um oder etwas unter 5 µm haben sich für die praktische Anwendung im mitteleuropäischen Raum bewährt *(Bild 1.60)*.

Die Teilchengröße ist bestimmend für die Emulsionsstabilität, das Brech- und Abbindeverhalten und die Gesteinsumhüllung. Die Tröpfchengröße und die Tröpfchengrößenverteilung sind wichtige Variable und durch Zusammensetzung, Rohstoffe und Einrichtungen zur Herstellung der Emulsionen kontrollierbar.

Die einzelnen Tröpfchen sind in ihrer Größe recht unterschiedlich. Die Ursachen dafür

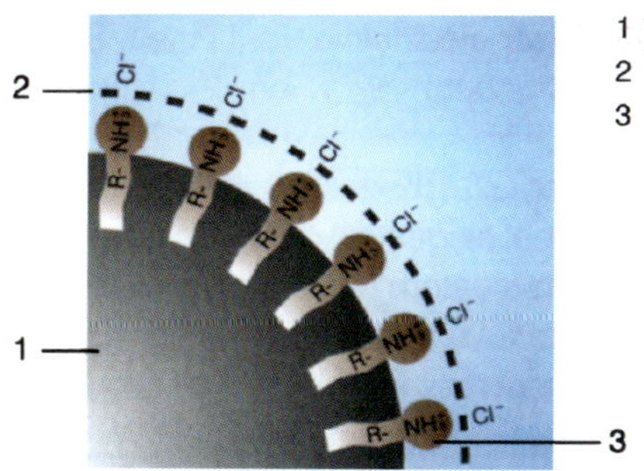

1 Bitumenkügelchen
2 Emulgatorhülle (Ionendoppelschicht)
3 Emulgatormoleküle

Bild 1.59
Kationische Bitumenemulsion

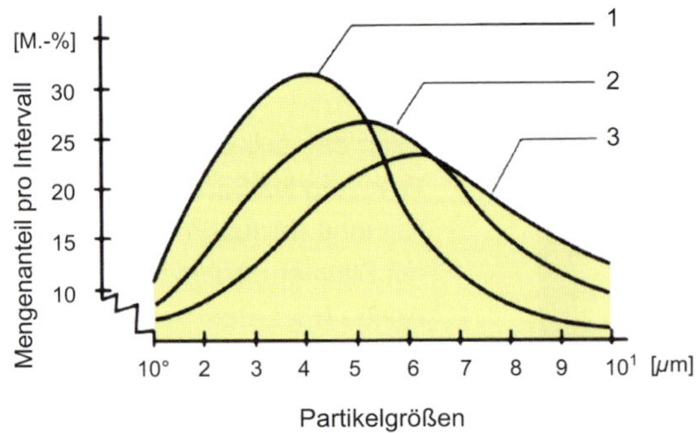

Bild 1.60
Größenverteilungen von Bitumenpartikeln in Bitumenemulsionen

liegen im Erzeugungsverfahren sowie in der Chemie der Emulsionsinhaltsstoffe, also in den Bitumen- und Emulgatorqualitäten sowie in deren Mengenverhältnissen.

■ Brechvorgang

Die Größe der Partikelteilchen der im Straßenbau eingesetzten Bitumenemulsionen liegt zwischen 1 µm und 10 µm, was zu dem homogenen Erscheinungsbild der Emulsion und der bräunlichen Färbung beiträgt.

■ Brechen der Emulsion

Der Ausscheidevorgang des Bindemittelanteils aus der Emulsion bei Kontakt mit dem Gestein wird als Brechen bezeichnet.

Der Ablauf des Brechvorganges ist eine fundamentale Emulsionseigenschaft und bestimmt in erster Linie die Einsetzbarkeit einer Sorte für einen bestimmten Einsatzzweck.

Der anwendungstechnische Zweck der Bitumenemulsion ist erfüllt, wenn das Bitumen aus der Emulsion ausgefällt ist und einen fest haftenden und zusammenhängenden Film auf der Gesteinsoberfläche bildet. Dieser Vorgang spielt sich in mehreren Schritten ab, nämlich im Brechen der Bitumenemulsion und im Verfilmen des Bitumens am Gestein.

Der Brechvorgang unterscheidet sich bei kationischen und anionischen Bitumenemulsionen.

Bei *kationischen Bitumenemulsionen* erfolgt der Brechvorgang durch Ladungsaustausch der elektropositiv geladenen Bitumenkügelchen mit elektronegativen Ladungen an der Gesteinsoberfläche. Dies führt zu einer unmittelbaren Adhäsion (Haftung) des Bitumens am Gestein unter gleichzeitiger Verdrängung des Wassers von der Gesteinsoberfläche. Da jedes Gestein elektronegative Ladungen trägt, erfolgt bei kationischen Bitumenemulsionen immer, selbst in Gegenwart von Wasser, eine Bitumenausscheidung am Gestein. Dieses Verhalten erklärt die große Bedeutung kationischer Bitumenemulsionen für den Straßenbau.

Mit dicker werdendem Bitumenfilm verlangsamt sich das spontan ausgelöste Brechen der Emulsion zunehmend, da der Ladungsausgleich immer schwieriger wird. Diese Verlangsamung des Anlagerungsprozesses bietet aber andererseits Gewähr, dass die ausflockenden Bitumenteilchen richtig verfilmen können *(Bild 1.61)*.

Anschließend erfolgt die Hauptmasse der Bitumenausscheidung, die mit der Abscheidung eines Großteils des Emulsionswassers verbunden ist. Diese Vorstellung ist idealisiert. In Wirklichkeit laufen verschiedene Vorgänge gleichzeitig ab:

- Ladungsaustausch läuft (wenn auch verlangsamt) weiter,

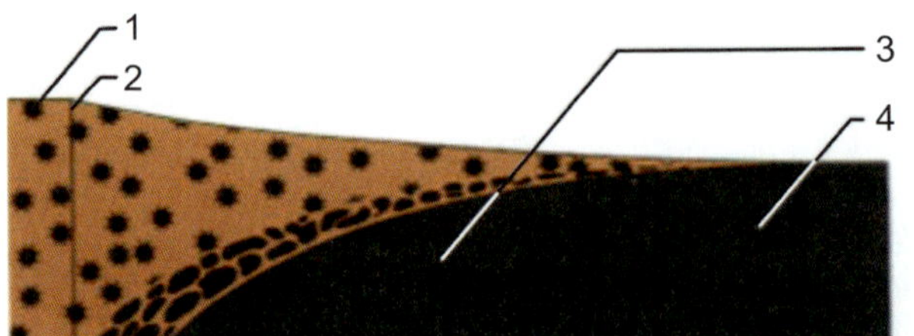

Bild 1.61
Brechverhalten von kationischen Bitumenemulsionen

A: Sedimentation

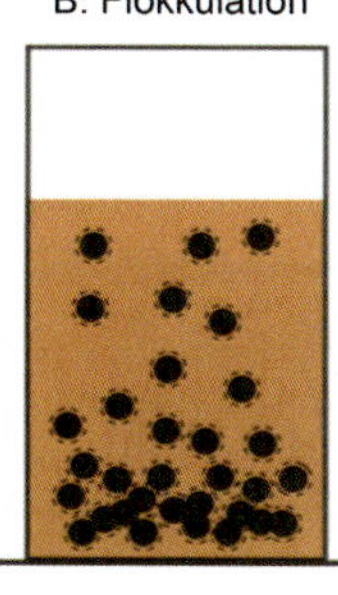

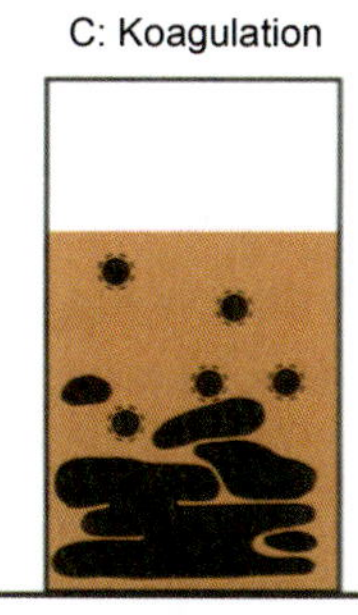

Bild 1.62 Lagerungsverhalten von Bitumenemulsionen

- Kapillarkräfte führen zur Absorption von Emulsionswasser,
- Verdunstung von Emulsionswasser,
- Auspressen von Emulsionswasser durch mechanischen Druck (Abwalzen, moderater Verkehr) bringt Bitumenpartikel in eine molekulare Nachbarschaft.

Unter Verfestigung versteht man das Ausbilden eines massiven, völlig wasser- und verschnittmittelfreien Bitumenfilms. Bei reinen Bitumenemulsionen liegt am Ende der Verfestigung das eingesetzte Bitumen in seiner ursprünglichen Form vor. Das Verfestigen beschränkt sich in diesem Fall somit auf ein Abdunsten eingeschlossener geringfügiger Restwasseranteile, die allerdings fein verteilt vorliegen.

Bei *anionischen Bitumenemulsionen* wird der Brechvorgang durch Adsorption von Emulsionswasser an der Gesteinsoberfläche eingeleitet und nicht durch Ladungsausgleich.

Im Gegensatz zu den kationischen Bitumenemulsionen, bei denen das ausgefällte Bitumen das Emulsionswasser von der Gesteinsoberfläche verdrängt, verbleibt beim Brechen anionischer Bitumenemulsionen zunächst ein Wasserfilm um die Gesteinsoberfläche erhalten, der den Anlagerungsprozess des Bitumens am Gestein bis zum völligen Verdunsten des Wassers hinauszögert. Der Anlagerungsvorgang ist erst nach völligem Verdunsten bzw. Verdrängen des Emulsionswassers beendet.

Anionische Emulsionen spielen in Ländern mit warmem Klima und/oder mit großen karbonatischen Gesteinsvorkommen noch eine Rolle. Der Brechvorgang z. B. an Kalkgestein kann bei diesen Gegebenheiten durch Mitverwendung bestimmter Haftmittel in der Emulsion ebenfalls zügig eingestellt werden.

Lagerbeständigkeit

Bitumenemulsionen müssen eine ausreichende Lagerbeständigkeit besitzen, um technisch brauchbar zu sein.

Der ursprüngliche, homogene Emulsionszustand unmittelbar nach der Herstellung bleibt nicht auf Dauer erhalten. Unter Einfluss von verschiedenen Kräften finden langsam (über Wochen) ablaufende innere Vorgänge statt, die den ursprünglichen Emulsionszustand verändern. Die dabei ablaufenden langsamen inneren Vorgänge wie Absetzen (Sedimentation), Zusammenballung (Flokkulation) und Zusammenfließen (Koagulation) von Bitumenteilchen können modellhaft dargestellt werden *(Bild 1.62)*.

Sedimentation (Absetzen)

Die Sedimentation erfolgt unter dem Einfluss der Schwerkraft. Wasser besitzt die Dichte 1,0 g/cm^3, die Bitumendichte liegt im Allgemeinen etwas über 1,0 g/cm^3. Damit verfügt die Bitumenemulsion über eine Tendenz zum Absetzen des Bitumenanteils. Die Sedimentationsgeschwindigkeit hängt aber nach dem STOKE'schen Gesetz noch von weiteren Faktoren ab. Sie wird größer:

- bei höherer spezifischer Dichte der Bitumenpartikel,
- bei größeren Bitumenpartikeln,
- bei geringer Viskosität der Bitumenemulsion.

Flokkulation (Zusammenballung)

Die Zusammenballung von Bitumenteilchen erfolgt durch „Verhakung“ während innerer Bewegungsvorgänge. Bei der Sedimentationsbewegung kommen die einzelnen Partikel zu immer größerer Annäherung, wobei sich dann Flocken, größere Aggregate, bilden

(Flokkulation). Diese bewegen sich mit erhöhter Sedimentationsgeschwindigkeit und bilden schließlich ein lockeres aber noch aufrührbares Sediment, wobei das eine oder andere Kügelchen schon mit Nachbarn koaguliert sein mag, ohne das es jedoch bei der technischen Anwendung stört.

Koagulation (Zusammenfließen)

Schließlich findet eine Koagulation statt, da die in molekulare Nachbarschaft gebrachten Partikel der Tendenz zur Verkleinerung der Oberflächen unterliegen und verschmelzen. Das ergibt dann ein festes, nicht mehr aufrührbares Sediment.

Das Zusammenfließen von Bitumenteilchen erfolgt bei langzeitlicher, engster Annäherung unter dem Einfluss zwischenmolekularer Kräfte.

Eine normgerechte Emulsion lässt sich innerhalb der zugesicherten Lagerungszeit durch einfaches Aufrühren/Umpumpen wieder in einen technisch brauchbaren Zustand bringen, da die Bitumenpartikel noch nicht zusammengeflossen sind.

Prüfung der Lagerbeständigkeit

Bestimmungsprüfung für die Lagerbeständigkeit ist der Siebversuch, nur wird er unter Lagerungsbedingungen durchgeführt. Man siebt zunächst eine Emulsionsprobe und lässt sie dann über die geforderte Lagerungsdauer ruhig stehen.

Anschließend wird sie wieder dem Siebversuch unterworfen und der Siebrückstand ermittelt. Somit werden nur die während der Lagerungszeit neu gebildeten Vergröberungen erfasst.

■ Herstellung

In Kolloidmühlen wird Bitumen und Wasser zusammengeführt und intensiv vermischt. Bei dieser Vermischung tragen die Emulgatoren dazu bei, dass einerseits eine ausreichende Dispersion (feine Verteilung der Bitumenteilchen) auftritt, und andererseits die Koagulation (Zusammenfließen) der Bitumenteilchen durch die Emulgatorhülle um die Bitumenteilchen verhindert wird.

Wie bei den Straßenbaubitumen ist es auch bei Bitumenemulsionen möglich, eine Polymermodifizierung vorzunehmen. Es bieten sich hierbei zwei Möglichkeiten der Modifizierung an:

- Emulgieren eines polymermodifizierten Bitumens,
- Modifizierung einer Bitumenemulsion.

Die Modifizierung einer fertigen Bitumenemulsion erfolgt in der Regel durch Zugabe von Polymeren in Latexform (wässrige Dispersion von Natur- oder Kunstkautschuk).

Polymermodifizierte Bitumenemulsionen werden häufig für den Schichtenverbund, bei Oberflächenbehandlungen und bei dünnen Schichten in Kaltbauweise eingesetzt.

Bitumenemulsionen und polymermodifizierte Bitumenemulsionen können durch Fluxen weiter verändert werden, wodurch das Fließverhalten und die anfängliche Klebekraft am Gestein beeinflusst werden. Die zum Fluxen eingesetzten Lösemittel dunsten relativ kurzfristig ab.

1.5.3 Anforderungen

In den „Technischen Lieferbedingungen für Bitumenemulsionen“ (TL BE-StB 15) sind sieben verschiedene Produktgruppen festgelegt:

- S Herstellung des Schichtenverbundes
- DSH-V Dünne Asphaltdeckschichten in Heißbauweise auf Versiegelung
- REP Anspritzen und Abstreuen
- OB Oberflächenbehandlung
- DSK Dünne Asphaltdeckschichten in Kaltbauweise
- BEM Bitumenemulsionsgebundenes Mischgut
- N Nachbehandlung hydraulisch gebundener Schichten.

Die Nomenklatur für Bitumenemulsionen ist in der *Tabelle 1.20* wiedergegeben, die Anforderungen an Bitumenemulsionen gemäß TL BE-StB sind in den *Tabellen 1.21* bis *1.24* wiedergegeben.

Tabelle 1.20 Erläuterungen und Kurzbezeichnungen

Position	Zeichen	Benennung	Unterstützende Europäische Norm
1	**C**	Kationische Bitumenemulsion	EN 1430 (Teilchenpolarität)
2 und 3	**Zweistellige Zahl**	Nenngehalt an Bindemittel in M.-%	EN 1428 (Wassergehalt) oder EN 1431 (rückgewonnenes Bindemittel und Öldestillat)
4 oder 4 und 5 oder 4, 5 und 6	 **B** **P** **F**	Angabe der Bindemittelart Straßenbaubitumen Zugabe von Polymeren Zugabe von mehr als 3 M.-% Fluxmittel	 EN 12591 (Spezifikation für Straßenbaubitumen) EN 14023 (Spezifikation für Polymermodifiziertes Straßenbaubitumen) vor, während oder nach dem Emulgieren kann Polymer zugegeben werden
5 oder 6 oder 7 (wie zutreffend)	**1 bis 7**	Klasse des Brechwertes	EN 13075-1 (Brechwert)
Nationale Ergänzung	**S** **DSH-V** **REP** **OB** **DSK** **BEM** **N**	Herstellung des Schichtenverbundes Dünne Asphaltdeckschichten in Heißbauweise auf Versiegelung Anspritzen und Abstreuen Oberflächenbehandlung Dünne Asphaltdeckschichten in Kaltbauweise Bitumenemulsionsgebundenes Mischgut Nachbehandlung hydraulisch gebundener Schichten	

Tabelle 1.21 Anforderungen an Bitumenemulsionen zur Herstellung des Schichtenverbundes

Merkmal		DIN EN	Einheit	C60BP4-S		C40B5-S		C60B4-S	
				Kl.	Anforderung	Kl.	Anforderung	Kl.	Anforderung
Bestimmungen an der Bitumenemulsion									
Brechverhalten: Brechwert (Forshammer Füller)*		13075-1	keine	4	110 bis 195	5	> 170	4	110 bis 195
Eindringfähigkeit		12849	min	0	KA	1	DS	0	KA
Bindemittelgehalt		1428	M.-%	6	58 bis 62	3	38 bis 42	6	58 bis 62
Ausflusszeit, 2 mm bei 40 °C*		12846-1	s	3	15 bis 70	2	≤ 20	3	15 bis 70
Siebrückstand	0,5 mm-Sieb	1429	M.-%	4	≤ 0,5	4	≤ 0,5	4	≤ 0,5
Siebrückstand nach 7 Tagen	0,5 mm-Sieb			4	≤ 0,5	4	≤ 0,5	4	≤ 0,5
Haftverhalten mit Referenzgesteinskörnung*		13614	%	3	≥ 90	2	≥ 75	2	≥ 75
Bestimmungen am rückgewonnenen Bindemittel (Rückgewinnung nach DIN EN 13074-1)									
Penetration bei 25 °C*		1426	0,1 mm	3	≤ 100	5	≤ 220	5	≤ 220
Erweichungspunkt Ring und Kugel*		1427	°C	4	≥ 50	8	≥ 35	8	≥ 35
Kohäsion (nur Typ BP)									
Kraftduktilität*		13589 13703	J/cm²	4	≥ 1 (bei 5 °C)		–		–
Brechpunkt nach Fraaß		12593	°C	5	≤ −10		–		–
Elastische Rückstellung bei 10 °C		13398	%	3	≥ 50		–		–
Bestimmungen am rückgewonnenen und stabilisierten Bindemittel (Bindemittelstabilisierung nach DIN EN 13074-2)									
Penetration bei 25 °C*		1426	0,1 mm	1	DS	1	DS	1	DS
Erweichungspunkt Ring und Kugel*		1427	°C	1	DS	1	DS	1	DS
Kohäsion (nur Typ BP)									
Kraftduktilität*		13589 13703	J/cm²	1	DS		–		–
Elastische Rückstellung bei 10 °C		13398	%	1	DS		–		–

* Wesentliche Merkmale nach DIN EN 13808:2013

Tabelle 1.22 Anforderungen an Bitumenemulsionen zur Herstellung von DSH-V

Merkmal		DIN EN	Einheit	C67BP4-DSH-V	
				Kl.	Anforderung
Bestimmungen an der Bitumenemulsion					
Brechverhalten: Brechwert (Forshammer Füller)*		13075-1	keine	4	110 bis 195
Bindemittelgehalt		1428	M.-%	8	65 bis 69
Ausflusszeit, bei 4 mm bei 40 °C*		12846-1	s	5	5 bis 70
Siebrückstand	0,5 mm-Sieb	1429	M.-%	4	≤ 0,5
Siebrückstand nach 7 Tagen	0,5 mm-Sieb			4	≤ 0,5
Haftverhalten mit Referenzgesteinskörnung*		13614	%	3	≥ 90
Bestimmungen am rückgewonnenen Bindemittel (Rückgewinnung nach DIN EN 13074-1)					
Penetration bei 25 °C*		1426	0,1 mm	3	≤ 100
Erweichungspunkt Ring und Kugel*		1427	°C	4	≥ 50
Kohäsion					
Kraftduktilität*		13589 13703	J/cm²	4	≥ 1 (bei 5 °C)
Brechpunkt nach Fraaß		12593	°C	5	≤ −10
Elastische Rückstellung bei 10 °C		13398	%	3	≥ 50
Bestimmungen am rückgewonnenen und stabilisierten Bindemittel (Bindemittelstabilisierung nach DIN EN 13074-2)					
Penetration bei 25 °C*		1426	0,1 mm	1	DS
Erweichungspunkt Ring und Kugel*		1427	°C	1	DS
Kohäsion					
Kraftduktilität*		13589 13703	J/cm²	1	DS
Elastische Rückstellung bei 10°C		13398	%	1	DS

* Wesentliche Merkmale nach DIN EN 13808:2013

Tabelle 1.23 Anforderungen an Bitumenemulsionen zur Herstellung von DSK

Merkmal		DIN EN	Einheit	C65BP6-DSK	
				Kl.	Anforderung
Bestimmungen an der Bitumenemulsion					
Brechverhalten: Mischzeit der Feinanteile*		13075-2	s	6	≥ 90
Bindemittelgehalt		1428	M.-%	7	63 bis 67
Ausflusszeit, 4 mm bei 40 °C*		12846-1	s	5	5 bis 70
Siebrückstand	0,5 mm-Sieb	1429	M.-%	4	≤ 0,5
Siebrückstand nach 7 Tagen	0,5 mm-Sieb			4	≤ 0,5
Haftverhalten mit Referenzgesteinskörnung*		13614	%	3	≥ 90
Bestimmungen am rückgewonnenen Bindemittel (Rückgewinnung nach DIN EN 13074-1)					
Penetration bei 25 °C*		1426	0,1 mm	4	≤ 150
Erweichungspunkt Ring und Kugel*		1427	°C	4	≥ 50
Kohäsion					
Kraftduktilität*		13589 13703	J/cm²	4	≥ 1 (bei 5 °C)
Brechpunkt nach Fraaß		12593	°C	4	≤ –15
Elastische Rückstellung bei 25 °C		13398	%	5	≥ 50
Bestimmungen am rückgewonnenen und stabilisierten Bindemittel (Bindemittelstabilisierung nach DIN EN 13074-2)					
Penetration bei 25 °C*		1426	0,1 mm	1	DS
Erweichungspunkt Ring und Kugel		1427	°C	1	DS
Kohäsion					
Kraftduktilität*		13589 13703	J/cm²	1	DS
Elastische Rückstellung bei 25°C		13398	%	1	DS

* Wesentliche Merkmale nach DIN EN 13808:2013

Tabelle 1.24 Anforderungen an Bitumenemulsionen zur Herstellung von Oberflächenbehandlungen

Merkmal oder Eigenschaft		DIN EN	Einheit	C67B3-OB		C69BP3-OB-1		C70BP3-OB-1		C69BP3-OB-2		C70BP3-OB-2	
				Kl.	Anforderung	Kl.	Anforderung	Kl.	Anforderung	Kl.	Anforderung	Kl.	Anforderung
Bestimmungen an der Bitumenemulsion													
Brechverhalten: Brechwert (Forshammer Füller)*		13075-1	keine	3	70 bis 155	3	70 bis 155	3	70 bis 155	3	70 bis 155	3	70 bis 155
Bindemittelgehalt		1428	M.-%	8	65 bis 69	9	67 bis 71	10	≥ 69	9	67 bis 71	10	≥ 69
Ausflusszeit, 4 mm bei 40 °C*		12846-1	s	5	5 bis 70	5	5 bis 70	5	5 bis 70	5	5 bis 70	5	5 bis 70
Siebrückstand	0,5 mm-Sieb	1429	M.-%	4	≤ 0,5	4	≤ 0,5	4	≤ 0,5	4	≤ 0,5	4	≤ 0,5
Siebrückstand nach 7 Tagen	0,5 mm-Sieb			4	≤ 0,5	4	≤ 0,5	4	≤ 0,5	4	≤ 0,5	4	≤ 0,5
Haftverhalten mit Referenzgesteinskörnung*		13614	%	2	≥ 75	3	≥ 90	3	≥ 90	3	≥ 90	3	≥ 90
Bestimmungen am rückgewonnenen Bindemittel (Rückgewinnung nach DIN EN 13074-1)													
Penetration bei 25 °C*		1426	0,1 mm	5	≤ 220	5	≤ 220	5	≤ 220	4	≤ 150	4	≤ 150
Erweichungspunkt Ring und Kugel*		1427	°C	8	≥ 35	7	≥ 39	7	≥ 39	4	≥ 50	4	≥ 50
Kohäsion (nur Typ BP)													
Pendelprüfung*		13588	J/cm²		–	5	≥ 0,7	5	≥ 0,7	5	≥ 0,7	5	≥ 0,7
Brechpunkt nach Fraaß		12593	°C		–	4	≤ −15	4	≤ −15	5	≤ −10	5	≤ −10
Elastische Rückstellung bei 10 °C		13398	%		–	3	≥ 50	3	≥ 50	3	≥ 50	3	≥ 50
Bestimmungen am rückgewonnenen und stabilisierten Bindemittel (Bindemittelstabilisierung nach DIN EN 13074-2)													
Penetration bei 25 °C*		1426	0,1 mm	1	DS	1	DS	1	DS	1	DS	1	DS
Erweichungspunkt Ring und Kugel*		1427	°C	1	DS	1	DS	1	DS	1	DS	1	DS
Kohäsion (nur Typ BP)													
Pendelprüfung*		13588	J/cm²		–	1	DS	1	DS	1	DS	1	DS
Elastische Rückstellung bei 10 °C		13398	%		–	1	DS	1	DS	1	DS	1	DS

* Wesentliche Merkmale nach DIN EN 13808:2013

1.6 Lieferformen

Wie im Abschnitt 1.1.3 beschrieben, wird Bitumen im Regelfall in größeren Chargen in der Raffinerie hergestellt. Der Verbraucher (Asphaltmischanlage) verarbeitet das Bitumen heißflüssig. Das bedeutet, dass die Verarbeitungstemperatur, je nach Bitumensorte, zwischen 110 und 160 °C liegt. Die Temperatur bei der Herstellung (Raffinerieabgabetemperatur) liegt zwischen 160 und 210 °C (wiederum entsprechend der Bitumensorte). Das Gebot der Ökologie und der Ökonomie besagt, dass das Bindemittel mit dem geringstmöglichen Energieverlust vom Herstellungs- zum Verarbeitungsprozess gelangen muss. Für spezielle Anwendungen kann es aber auch nötig sein, das Bitumen im kalten Zustand, d. h. als Blockware, dem Verbraucher zur Verfügung zu stellen.

1.6.1 Trommel- oder Blockware

In der Vergangenheit (vor ca. 70 Jahren) gab es eine Vielzahl Kleinabnehmer. So war ein Logistiksystem notwendig, das gestattete, Kleinmengen in kurzer Zeit zum Verbraucher zu bringen. In großem Umfang wurden die Verbraucher mit Trommelware beliefert. Diese leichten Eisenblechtrommeln waren ausgetont, um ein Ankleben des Bitumens zu verhindern.

Heutzutage wird nur auf Anfrage Bitumen erkaltet abgepackt und als Blockware zu ca. 30 kg, mit Schrumpffolie verpackt, oder in Eisenblechtrommeln zu ca. 200 kg ausgeliefert. Zum Transport kann jeder Lkw, der sonst zum Stückguttransport Verwendung findet, genutzt werden.

■ Verpackung, Lagerung und Logistik von Kaltbitumen (inkl. PmB), Schmelz- und Erwärmungsanlagen

Die Belieferung abgelegenener Regionen und der Im- und Export von Bitumen in heißer und flüssiger Form stoßen häufig auf Probleme durch die Transportentfernung und die komplizierten Umschlagsmöglichkeiten wie der Wechsel der Transportmedien (Lkw, Schiff, Eisenbahn mit unterschiedlichen Spurweiten). In der Regel benötigt der Verbraucher das Bitumen bzw. PmB vor Ort heiß und qualitativ hochwertig, gemäß den vereinbarten Lieferbedingungen.

Die üblicherweise zur Verfügung stehenden Verpackungssortimente reichen von Tanks, Flexitanks, Big Bags und gewickelten Trommeln über Sperrholzkisten und Metallfässer bis hin zu Pappschachteln und Papiersäcken. Im Prinzip ermöglichen die auf dem Markt erhältlichen Lösungen zwar die Lieferung, verursachen aber, im Besonderen bei der Entsorgung der Verpackung, hohe Kosten, einen Eigenschaften- und Qualitätsverlust sowie ein hohes Gewicht.

Der Big Bag stellt eine mögliche Lösung dar, aber sein Hauptproblem ist ein Polyethylenbeutel

Bild 1.63
Bitumen als Trommelware 1934

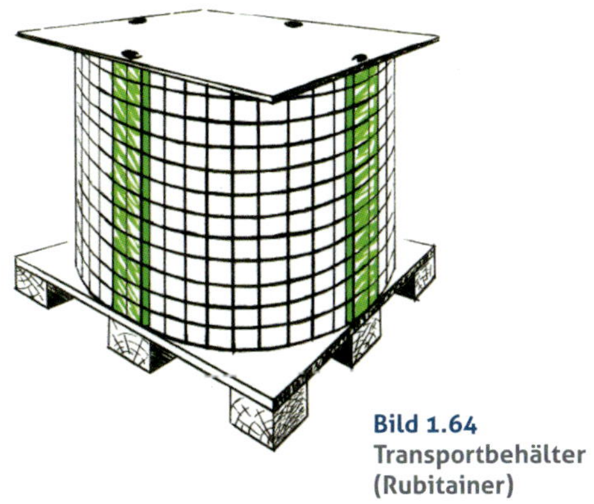

Bild 1.64
Transportbehälter (Rubitainer)

in seinem Inneren. Der Schmelzpunkt von Polyethylen liegt bei etwa 110 °C, daher erfolgt die Bitumenfüllung bei einer Temperatur etwas unterhalb des Schmelzpunktes des Polyethylens, so dass es am Bitumen haftet und eine Schutzschicht auf seiner Fläche bildet. Die Temperatur beim Befüllen mit PmB soll jedoch aufgrund dessen höherer Viskosität nicht weniger als 130 °C betragen. Unter diesen Bedingungen aber schmilzt das Polyethylen. Das führt dann dazu, dass das PmB an dem Polyethylenbeutel des Big Bags klebt und ein weiteres Abtrennen nicht mehr möglich ist. Ein weiterer Nachteil besteht darin, dass sich das Polyethylen selbst bei den teuersten und hochwertigsten Big Bags während des Schmelzvorgangs im Bitumen nicht vollständig auflöst.

Die Bitumen-Beheizungssysteme, die bisher in Deutschland gebräuchlich sind, haben den Nachteil, dass Sie sehr schwerfällig und durch das Handling auch sehr teuer sind. In der Regel ist die Aufschmelzungskapazität für den Umschlag von Bitumen für mehrere Asphaltmischanlagen zu gering.

Es wurden spezielle Transportbehälter (*Rubitainer*) (*Bild 1.64*) entwickelt, die ebenso in einem neuen Aufschmelzsystem integriert sind. Das System besteht aus einem Behälter in Form eines Zylinders mit einem Durchmesser von 115 cm und einer Höhe von 100 cm, aufgestellt auf einer Standardpalette von 114 × 114 cm. Die Außenseite des Zylinders ist eine steif zusammengeklammerte Armierungsstahlmatte, in der sich vier Vertikalständer, ein Polypropylenpaket und ein mehrlagiges Papierpaket mit einer inneren Antihaftschicht befinden. Als Abdeckung dient eine Sperrholzplatte. Das Nutzvolumen von Bitumen im Rubitainer beträgt etwas mehr als 1 000 Liter.

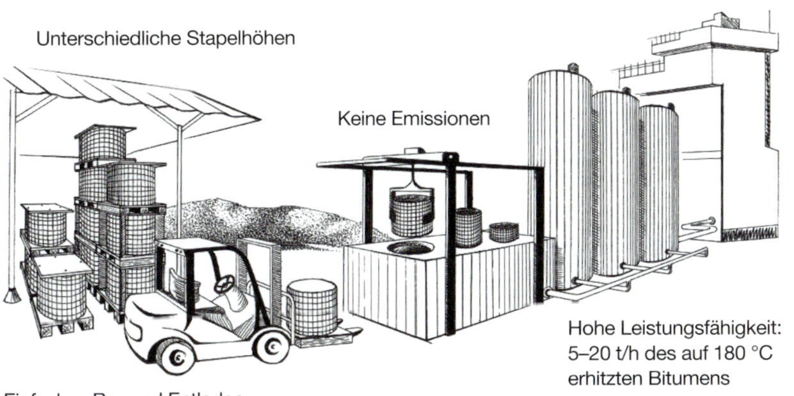

Bild 1.65
System, Transport, Lagerung und Aufschmelzen des Bitumens mittels Spezialtransportbehälter und neuer Aufschmelzanlage

Die in ein Papierpaket abgefüllte Bitumenmenge drängt den Inhalt von innen aus und drückt damit die Vertikalständer an die Armierungsmatte. Die Zylinderform sorgt für eine gleichmäßige Verteilung der Horizontallast, was Formbeständigkeit gewährleistet und die Ständer aufrecht hält. Die Ständer sind aus Sperrholz und werden genau an den Palettenklötzen befestigt.

Eine steife Ständerkonstruktion sichert die 2-fache Stapelhöhe, beim Stapeln in 3–5-facher Stapelhöhe werden die unteren Transportbehälter durch zusätzliche Ständer aus Holzklötzen oder Metallfüßen an den Ecken des Transportbehälters befestigt.

Das Leergewicht des Transportbehälters beträgt etwa 35 kg (und ist damit zweimal leichter als der 1 000-Liter-Behälter). Das Bitumengewicht beträgt 1 000 kg (und nicht 870–930 kg). Der Preis ist günstiger als bei den alternativen Varianten.

Der Entsorgung unterliegen nur Polypropylen- und Papierpakete, die insgesamt 5 kg wiegen und nicht 70–90 kg wie die 1 000-Liter-Behälter. Andere Elemente der Konstruktion können wiederverwendet oder als Baumaterial genutzt werden: die Standardpalette, die gebraucht weiterverkauft werden kann; ein typisches Armierungsnetz, das beim Bewehren im Betonbau gebraucht wird; die Abdeckung als gutes Stück quadratische Sperrholzplatte.

Eine neu entwickelte, gleichzeitige Schmelz- und Erwärmungsanlage (Rubitherm) mit den Maßen eines 20- oder 40-Fuß-Containers (*Bild 1.65*) hat eine Kapazität von 5–20 t Bitumen pro Stunde und erhitzt von 20 °C auf 180 °C. Das Innenvolumen umfasst 20–40 m³, demnach dient die Anlage (Rubitherm) auch als Zwischenbehälter, dessen Volumen zum Befüllen mit Bitumen für mindestens einen Straßentankwagen (Tkw) ausreicht.

Der Spezialbehälter (Rubitainer) wird von einem speziellen Mechanismus aufgenommen, auf den Kopf gestellt und im Trichter aufgesetzt. Innerhalb weniger Minuten wird der Bitumen-Behälter entleert und im Trichter ein weiterer Rubitainer aufgesetzt. Die Anlage ist mit einem leistungsfähigen System für das Auffangen und die Plasmareinigung von Dämpfen ausgestattet – entweichende Luft ist gründlich gereinigt.

In Vollausstattung findet das Be- und Entladen voll automatisiert statt.

Diese Anlage kann direkt an die Asphaltmischanlage angeschlossen und zugleich für die Versorgung dieser Asphaltmischanlage mit dem Bitumen als auch als Distributionszentrum von Heißbitumen verwendet werden. Sie kann, je nach Modell, ohne zusätzliche Tanks eine Schmelz- und Erwärmungskapazität von bis zu 240 t pro Tag leisten und somit einen großen Terminal ersetzen (4–5 Standardschmelzanlagen und bis zu 500 m³ pro Behälter).

1.6.2 Bitumen heißflüssig im Tanklastzug oder Kesselwagen

Asphaltmischanlagen werden an dem Standort errichtet, der strategisch wichtig ist für die Auslieferung des Produktes, also für das Asphaltmischgut. Das bedeutet, dass selten eine Asphaltmischanlage über das Schienennetz der Eisenbahn beliefert werden kann. Der Transport im Kesselwagen hat eine größere Bedeutung für die bitumenverarbeitende Industrie, also für Dachbahnen-, Emulsions- oder Bautenschutzhersteller. Asphaltmischanlagen werden mit dem Straßentanklastzug (Tkw) über das Straßennetz beliefert. Die Tkw können 20 bis 25 t Bitumen in isolierten Tanks transportieren.

Da das Bitumen in einem heißflüssigen Zustand transportiert wird, muss bei der Logistik folgendes beachtet werden:

- Der Bitumentransport erfolgt (vor allem in den Jahreszeiten mit den höchsten Asphaltproduktionsleistungen) just in time. Das bedeutet für den *Verbraucher und Besteller*, dass er genau abschätzen muss, wann in seinen Tankanlagen genug Tankraum zur Verfügung steht, um die bestellte Menge tatsächlich abnehmen zu können und ob genügend Sicherheitsreserve vorhanden ist, um eventuelle, verkehrsbedingte Verspätungen überbrücken zu können.
- Der *Spediteur* muss sich zeitlich auf den Transportweg einstellen. Da Bitumen ein thermoplastisches Medium ist, können zu große Transportweiten und Verzögerungen dazu führen, dass die Temperatur des Bitumens im Tkw so weit gesunken ist (als Überschlagswert

Beladung von Tank- und Kesselwagen und Tankschiffen mit Bitumen UN 3257 (Klasse 9, III)

Empfehlungen beim Sortenwechsel

Der Tank muss vor der Beladung mit heissem Bitumen in jedem Fall wasserfrei sein!

letztes Ladegut (Vorladung) / neues Ladegut	Bitumen 10/20 bis 40/60	Bitumen 50/70 bis 100/150	Bitumen 160/220 bis 250/330	Weiche Bitumen: Pen ≥ 330	Polymer-modifizierte Bitumen 1)	Gummi-modifizierte Bitumen	Penetrations-bitumen für besondere Anwendungen 2)	Oxidations-bitumen	Hart-/Industrie-bitumen	Andere Produkte 3)
Bitumen										
10/20 bis 40/60	✓	✓	✓	✓	✓		✓	✓	✓	SC
50/70 bis 100/150	✓	✓	✓	✓	✓		✓	✓	✓	SC
160/220 bis 250/330	✓	✓	✓	✓	✓		✓	✓	✓	SC
Weiche Bitumen: Penetration ≥ 330	✓	✓	✓	✓	✓		✓			SC
Polymermodifizierte Bitumen	✓	✓	✓	✓	✓		✓			SC
Gummimodifizierte Bitumen	✓	✓	✓		✓		✓			SC
Penetrationsbitumen für besondere Anwendungen 2)		✓	✓	✓	1)		✓			SC
Oxidationsbitumen	✓	✓	✓		1)		✓	✓	1)	SC
Hart-/Industriebitumen	✓	1)	1)		1)		✓	✓	✓	SC
Andere Produkte	Es ist zu beachten, dass die Restmengen an Bitumen und das Tankinnere heiss sein können!									

1) Anweisungen des Herstellers beachten, ggfs. Rücksprache mit dem Hersteller erforderlich.

2) Einschliesslich Bitumen, die zur Herstellung anderer Produkte verwendet werden, z.B. Emulsionen, Dachprodukte, ...

3) Beispiele: Produkte, die klassifiziert sind als R 45 (Steinkohlenteerpech,...)
Wasserhaltige Produkte (Emulsionen, ...)
Produkte mit einem Flammpunkt unter 150 °C (Fluxöl, gefluxte Bitumen, Schweröl, ...)

✓ (grün)	Bei Entladung sind Restmengen zu entleeren und der Auslaufstutzen ist zu säubern. Geringe Restmengen, z.B. an den Wänden, sind als unschädlich anzusehen. Als Grenzen werden 1 bis 2 Massen % genannt.
(rot)	Das Fahrzeug muss inspiziert und falls erforderlich gereinigt werden, oder zunächst mit einem zulässigen Produkt gespült werden. Die Anweisungen des Herstellers sind zu beachten.
SC	Vollständige oder spezielle Reinigung durch Fachfirma erforderlich.

Bild 1.66 Beladung von Tank- und Kesselwagen und Tankschiffen mit Bitumen nach ARBIT
Quelle: Eurobitume, Brüssel, www.eurobitume.eu

wird eine Temperaturabnahme von ca. 1 K/h angenommen), dass es nicht mehr pumpfähig ist (s. Abschnitt 1.1.4.2).

1.6.2.1 Beladeregelung von Tank- und Kesselwagen

Tkw und Kesselwagen werden in der Regel nur zum Transport von bestimmten Produkten eingesetzt. Vor allem im Winterhalbjahr fallen weniger Bitumentransporte an. In dieser Jahreszeit, aber natürlich auch über das gesamte Jahr, kann es zu Sortenwechseln kommen. Ein willkürlicher Wechsel von einem zum anderen Produkt ist, ohne entsprechende Prüfung und gegebenenfalls ohne Reinigung des Tkw durch eine Fachfirma, nicht zulässig.

Bild 1.67 Kennzeichnung eines Tkw für Bitumentransport

Grundsätze:

- Vermeidung von Restmengen aus der Vorladung bzw. keine Veränderung des Transportgutes durch Restmengen.
- Falls Restmengen unvermeidbar sind, genaue Dokumentation über Art und Menge.
- Prüfung, ob trotz Restmengen eine Zuladung möglich ist (sicherheitstechnisch und qualitätstechnisch).
- Falls Zuladung nicht möglich ist, muss der Tkw durch eine Fachfirma gereinigt werden.
- Unbedingt das Vorhandensein von Wasser zuverlässig ausschließen! Wasser ist der größte Feind des Heißbitumens! Überschäumen und Verspritzen sind die Folge.
- Der Frachtführer ist in jedem Fall für die Beschaffenheit des Tkw verantwortlich.
- Die Sicherheitsmaßnahmen hinsichtlich des Umganges mit heißem Bitumen sind unbedingt zu beachten!

Die Vorschriften beim Sortenwechsel sind im *Bild 1.66* zusammengefasst, die Kennzeichnung der Tkw ist im *Bild 1.67* dargestellt.

1.7 Warmlagerung von Bitumen

Bitumen ist im Gebrauchszustand und in der Zeit der Lagerung an der Mischanlage (ausgenommen die Langzeitlagerung) flüssig. Der flüssige Aggregatzustand bedeutet, dass Bitumen eine Temperatur zwischen 120 und 180 °C hat. Kommen Flüssigkeiten dieser Temperatur mit der menschlichen Haut in Berührung, kann es zu Verbrennungen (bis dritten Grades) kommen. Falls heißes Bitumen mit Wasser in Verbindung kommt, hat es Schäumen, Spritzen und heißen Dampf zu Folge.

Wird die maximale Lagertemperatur überschritten, kann sich Bitumen entzünden. Bitumenbrände sind keinesfalls mit Wasser zu löschen.

Anlieferung:

- Lagertanks nur über die vorhandenen und vorgesehenen Anschlüsse befüllen.
- Vor und während des Befüllens ist die Dichtigkeit von Armaturen und Zuleitungen zu beachten.
- Die Füllstandsanzeige ist regelmäßig auf Funktionstüchtigkeit zu prüfen und während des Befüllungsvorganges zu beobachten.
- Beim Umgang mit heißem Bitumen ist grundsätzlich Schutzkleidung, bestehend aus:
  - geschlossenem Arbeitsanzug,

Bild 1.68 Schutzkleidung beim Umgang mit heißem Bitumen

  - Schutzhandschuhen mit Stulpen,
  - und vollem Gesichtsschutz

zu tragen (*Bilder 1.68* und *1.69*).

Bild 1.69 Unsachgemäße Anlieferung von Heißbitumen

Tabelle 1.25 Überblick über häufige Unfälle in der Bitumenindustrie

Ursache	Effekt	Vorbeugung
Überfüllungen, Leckage	Todesfälle aufgrund von Verbrennungen. In anderen Fällen ist das Bitumen in das Isoliermaterial eingedrungen und hat durch Selbstentzündung einen Brand ausgelöst.	Regelmäßige Tankwartung. Defekte unverzüglich melden und reparieren lassen.
Überlauf beim Beladen	Möglicher Tod und schwere Verletzungen aufgrund schwerer Verbrennungen. Umweltschäden.	Anbringen eines Überfüllschutzes am zu beladenden Fahrzeug. Lagertanks mit einem unabhängigen Hochleistungsarm versehen. Gutes Inventarmanagement.
Defekte Schläuche	Fahrer haben Verbrennungen aufgrund geplatzter Schläuche erlitten.	Schläuche in regelmäßigen Abständen überprüfen. Defekte umgehend melden.
Verstopfte Schläuche	Explodierte Schläuche haben zu Personenverletzungen geführt.	Schläuche vor dem Gebrauch überprüfen.
Unzureichende Kennzeichnung von Arbeitsmaterialien	Inkorrektes Einfüllen und Überfüllen haben zu Personenverletzungen geführt.	Empfohlene Nummerierung und Kennzeichnung aller Lagertanks. Alle Einflussöffnungen bei Nichtgebrauch verschließen.
Unachtsames, wechselndes Beladen mit unterschiedlichen Produkten, d. h. Emulsionen und Bitumen	Veränderung des Flammpunkts – in einigen Fällen Explosionen aufgrund von Wasserrückständen. Qualitätseinbußen.	Tanks müssen sauber und trocken sein. Vor dem Einfüllen inspizieren und abnehmen.
Thermostatversagen	Überhitzen und Explosionen	Im Rahmen des Wartungsprogramms Thermostatprüfungen vornehmen.
Verstopfte Entlüftung im Auffangbehälter des Empfängers	Platzen des Tanks	Wöchentliche Überprüfung der Tankentlüfter. Programm zur Tankwartung.
Zu schnelles Einfüllen in einen kalten Tank	Heftige Wärmeausdehnung. Tankschäden.	Einfüllverfahren. Zunächst eine kleine Menge einfüllen, dies nach einer gewissen Zeit wiederholen, sodass der Tank seine Betriebstemperatur erreichen kann.
Heizrohre, Heizschlangen oder Siedestab oberhalb der Bitumenoberfläche	Explosionen. In weniger schwerwiegenden Fällen Kracken und Koksbildung.	Überprüfen der Tanksysteme. Kontrolle der Anzeige plus visuelle Prüfung des Füllstands. Tank mit Überhitzungsschutz versehen.
Einblasen von Druckluft in Rohre und Schläuche über einen langen Zeitraum hinweg	Zerstörung stark überhitzter Rohre und Schläuche. In einigen Fällen Brandbildung.	Ausfüllvorgang überwachen. Bei nachlassendem Luftdruck Kompressor abschalten.

Lagerung:

- Das Eindringen von größeren Luftmengen in den Bitumentank verhindern.
- Überhitzung vermeiden.
- Das Auftreten brennbarer Gase und Dämpfe minimieren.
- Zündquellen vermeiden, nie rauchen.
- Schutzmaßnahmen bei Durchführung von Arbeiten an Bitumenlagertanks beachten.
- Schutzmaßnahmen bei Außerbetriebnahme von Bitumenlagertanks beachten.

Falls es zu einem Unfall mit heißem Bitumen kommt, sind folgende Sofortmaßnahmen einzuleiten:

1. Ausmaß des Unfalls und Ausmaß des Personenschadens feststellen – ggf. Feuerwehr und Notarzt rufen.
2. Erste Hilfe leisten.
   - Betroffene Person(en) aus dem Gefahrenbereich bringen.
   - Die mit heißem Bitumen in Berührung gekommenen Körperpartien möglichst mindestens 10 bis 15 Minuten unter fließendem Wasser kühlen.
   - Nicht versuchen, das Bitumen von der Haut zu entfernen.
   - Bei Bitumenspritzern im Auge: Auge mit Wasser kühlen und umgehend einen Arzt aufsuchen.
3. Unglücksursache feststellen.
4. Unglücksursache beseitigen/Brände bekämpfen.
   - Weiteres Ausfließen von heißem Bitumen verhindern, z. B. Schieber, Ventile schließen, Pumpen außer Betrieb setzen.
   - Falls Brand selbst gelöscht werden kann, Sand oder andere Feuerlöschmittel verwenden, niemals Wasser.
   - Unfallstelle möglichst großräumig absichern bzw. absperren.

Häufig auftretende Unfallarten sind in der *Tabelle 1.25* aufgelistet.

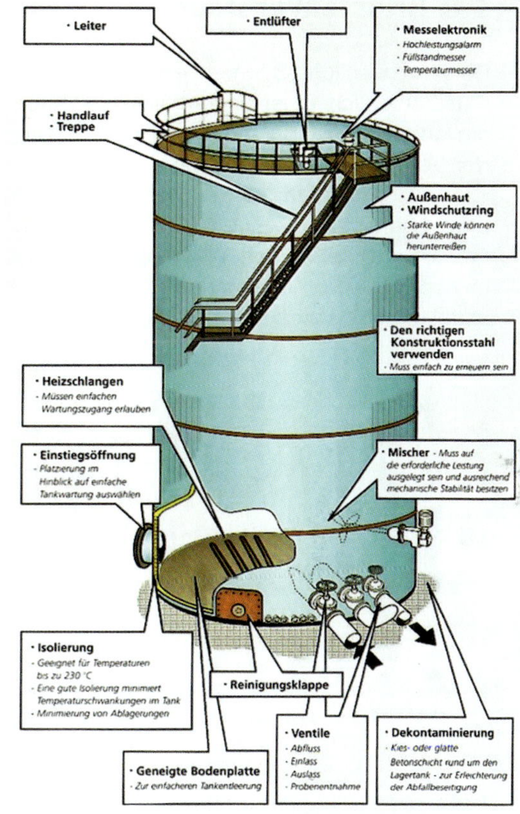

Bild 1.70 Stehender Bitumentank

1.8 Bitumenverbrauch

Der jahreszeitliche Bitumenverbrauch ist sehr unterschiedlich. Er ist einerseits wetterabhängig, andererseits aber auch vom Fortschreiten der Vergaben der öffentlichen Hand. Leider kann, über das Jahr hinweg betrachtet, nicht die gesamte Zeit, die für den Asphaltbau günstig wäre, genutzt werden. Die Hauptbautätigkeit im Asphaltbereich konzentriert sich auf die Zeit vom Herbst bis zum Beginn des Winters.

Im *Bild 1.71* ist der Verbrauch von Straßenbaubitumen in der Bundesrepublik Deutschland dargestellt. Wesentliche Höhepunkte im Bitumenverbrauch gab es bis 1975 (Fertigstellung großer Verkehrsvorhaben – Autobahnen) und ab 1990, nach der Wiedervereinigung Deutschlands.

Sehr gut ist auch der Trend zum Verbrauch von PmB zu erkennen. Im Jahr 2009 wurden ca. 30 % der im Straßenbau verwandten Bitumina als PmB ausgeliefert. Besonders zu erwähnen ist der Trend in Österreich. Hier waren es 2006 sogar ca. 50 %.

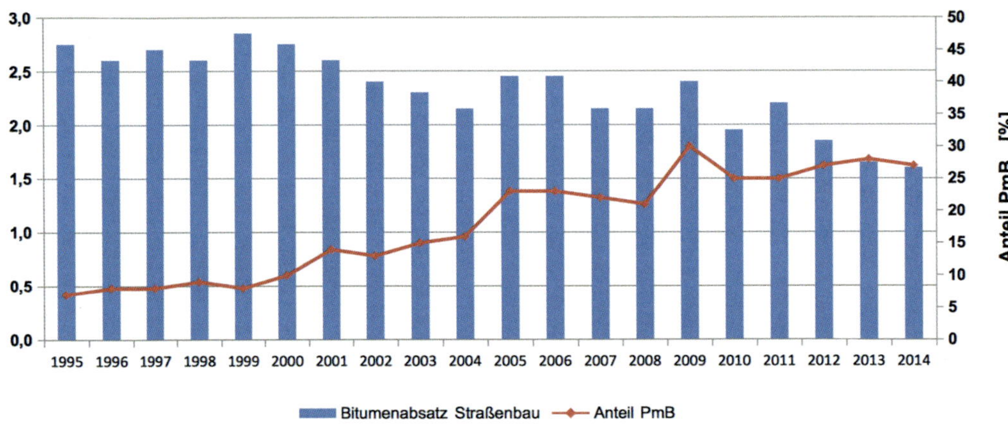

Bild 1.71 Bitumenverbrauch für den Straßenbau in Deutschland, 1995 bis 2014

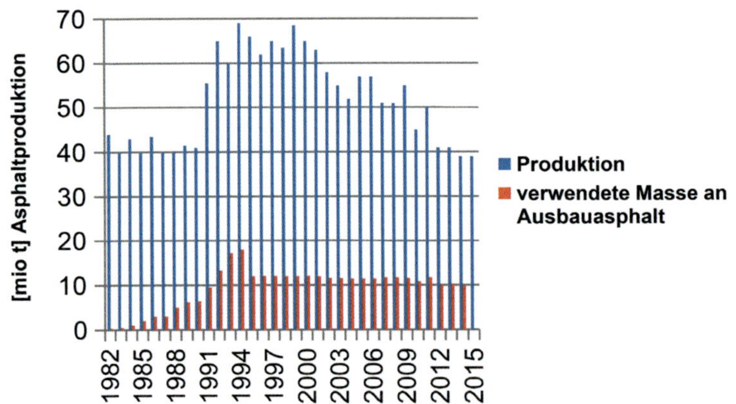

Bild 1.72 Asphaltproduktion in Deutschland 1982 bis 2015

1.9 Fugenfüllstoffe

1.9.1 Allgemeines

Die Fugenfüllstoffe haben die Aufgabe, die dauerhafte Funktionsfähigkeit von Fugen zu gewährleisten. Durch ordnungsgemäß verarbeitete Fugenfüllstoffe wird sichergestellt, dass keine Feststoffe, welche die erforderliche Beweglichkeit der Bauteile im Fugenbereich behindern würden, in die Fugen gelangen können. Zudem schützen die Fugenfüllstoffe die jeweilige Konstruktion vor eindringendem Wasser sowie das Grundwasser in speziellen Bereichen vor eindringenden Schadstoffen. Um dies zu gewährleisten, müssen Fugenfüllstoffe eine hohe Flexibilität, eine gute Standfestigkeit, eine gute Flankenhaftung, eine hohe Witterungsbeständigkeit sowie gute Alterungseigenschaften besitzen.

Im Technischen Regelwerk sind die Anforderungen an Fugenfüllstoffe, die Prüfvorschriften sowie die Vertragsbedingungen in den

- Technischen Lieferbedingungen für Fugenfüllstoffe in Verkehrsflächen (TL Fug-StB),
- Technischen Prüfvorschriften für Fugenfüllstoffe in Verkehrsflächen (TP Fug-StB),
- Zusätzlichen Technischen Vertragsbedingungen und Richtlinien für Fugen in Verkehrsflächen (ZTV Fug-StB)

enthalten.

Die in der *Tabelle 1.26* aufgeführten Fugenfüllstoffe können in Verkehrsflächen unter den genannten Rahmenbedingungen zum Einsatz kommen.

Bei der Anwendung der Fugenfüllstoffe sind in jedem Fall die Herstellerhinweise zu beachten. Besondere Bedeutung hat dies beim Zusammenwirken von Fugenfüllstoff und Voranstrich, da immer eine Systemwirkung gegeben ist. In den Eignungsprüfungen werden daher sowohl Untersuchungen an den Einzelkomponenten als auch am System durchgeführt.

Vor dem Einbau der *heiß oder kalt verarbeitbaren* Fugenmassen ist ggf. der Unterfüllstoff so einzubringen, dass die erforderliche Vergusstiefe der Fugenmasse erreicht wird. Die Fugenflanken und die Unterfüllung müssen beim Einbau der Fugenmasse trocken und sauber sein. Zur Vermeidung von Rissen infolge Dreiflächenhaftung muss die Unterfüllung elastisch und gleitfähig sein. Bei fester Haftung an der Grundfläche kann der aufgehende Riss Keilspannungen auslösen und die Fugenmasse spalten. Die Vergusstiefe muss mindestens das 1,5-fache der Fugenspaltbreite betragen, um ein Überquellen zu vermeiden, soll sie jedoch – bei Querfugen – das 2,5-fache der Fugenspaltbreite nicht überschreiten.

Bild 1.73 zeigt beispielhaft die Ausbildungen von Querscheinfugen in Betondecken sowie

Tabelle 1.26 Fugenfüllstoffe und Randbedingungen beim Einsatz in Verkehrsflächen

Art des Fugenfüllstoffes	Einsatzbedingungen
Heiß verarbeitbare Fugenmassen	Fugenmassen (N1) für Änderungen der Fugenspaltbreite bis zu 35 %, die nicht mit dem rollenden Rad in Kontakt kommen sollen Fugenmassen (N2) für Änderungen der Fugenspaltbreite bis zu 25 % Schienenvergussmassen* Pflastervergussmassen* Rissmassen*
Kalt verarbeitbare Fugenmassen	Fugenmassen für Änderungen der Fugenspaltbreite bis zu 25 % Fugenmassen für Änderungen der Fugenspaltbreite bis zu 35 % vorwiegend für Flugbetriebsflächen*
Fugenprofile	Für Änderungen der Fugenspaltbreite bis zu 30 % nur bei Verkehrsflächen aus Beton
Bitumenfugenbänder	Für Änderungen der Fugenspaltbreite bis zu 10 % in Fahrbahnflächen aus Asphalt, bei Einbauten und Anschlüssen zwischen Beton und Asphalt*

* Keine Verankerung in europäischen Normen

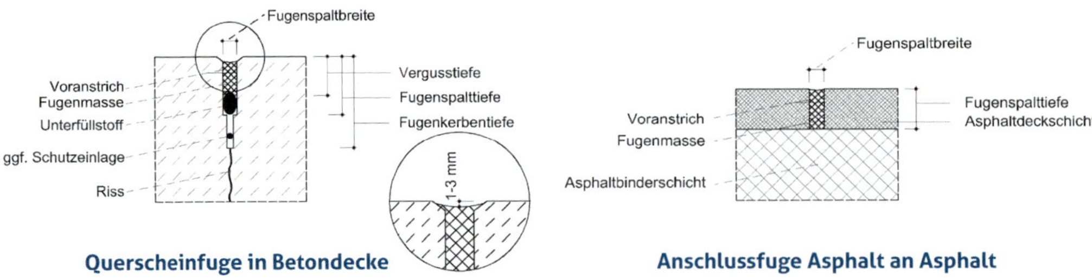

Bild 1.73 Beispiel für die Ausbildung von Fugen für heiß und kalt verarbeitbare Fugenmassen

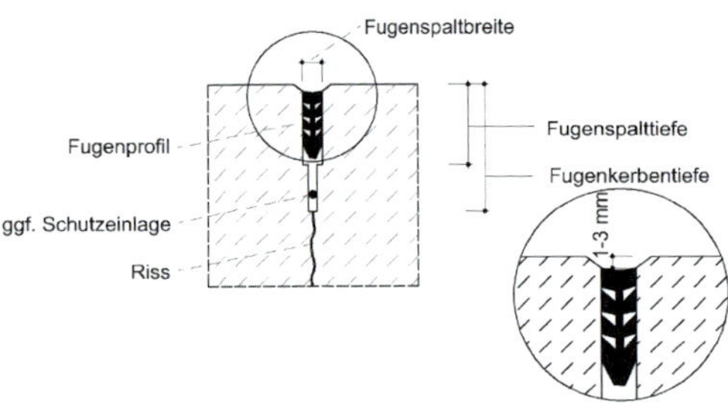

Bild 1.74 Beispiel für die Ausbildung einer Querscheinfuge mit Fugenprofil in einer Betondecke

einer Anschlussfuge von „Asphalt an Asphalt", *Bild 1.74* die Ausbildung einer Querscheinfuge mit Fugenprofil in einer Betondecke.

1.9.2 Eigenschaften

Heiß verarbeitbare Fugenmassen sind in der Regel thermoplastische Massen mit Bitumen als Bindemittel und müssen, um verarbeitet werden zu können, auf der Baustelle aufgeschmolzen werden. Neben Bitumen können die heiß verarbeitbaren Fugenmassen noch Anteile mineralischer Füllstoffe, Weichmacher und Kunststoffe enthalten. Die meisten heiß verarbeitbaren Fugenmassen weisen Kombinationen aus plastischen und elastischen Eigenschaften auf und können auf allen Verkehrsflächen aus Asphalt und Beton ohne besondere chemische Beanspruchung für Änderungen der Fugenspaltbreite um bis zu 25 % vorgesehen werden. Je nach Verwendungszweck wird eine der beiden Eigenschaften stärker betont. So sorgt die elastische Komponente des Vergussmaterials für eine ausreichende Flexibilität und dafür, dass die auftretenden Dehnungen aufgenommen werden können. Der plastische Anteil verhindert eine zu hohe Kraftaufnahme und sorgt so für die Schonung der Fugenflanken.

Plastische Fugenmassen verformen sich bei einer Beanspruchung in Form von Dehnung oder Stauchung dauerhaft und gehen nicht mehr in ihren Ausgangszustand zurück (*Kaugummieffekt*). Die aufgezwungenen Spannungen werden hierbei von der Fugenmasse aufgenommen und abgebaut. Im Gegensatz dazu können *elastische* Massen die Spannungen nicht in sich abbauen. Diese Massen bleiben so lange unter Spannung, bis die Belastung nachlässt und gehen dann in ihre Ausgangslage zurück (*Gummibandeffekt*). *Bild 1.75* zeigt dieses Verhalten beispielhaft.

Elastische Vergussmassen sind in nicht oder nur wenig befahrenen Bereichen einzusetzen. Diese Fugenmassen sind besonders für den Einsatz an Schrammborden auf Brücken geeignet, da sie die hier auftretenden kurzfristigen, aber starken Bewegungen dauerhaft verarbeiten können.

Folgende besondere Anwendungsbereiche für heiß verarbeitbare Fugenmassen sind zudem möglich:

- Als *Pflasterfugenmassen* können sie im Bereich aller Pflasterbeläge für den rollenden

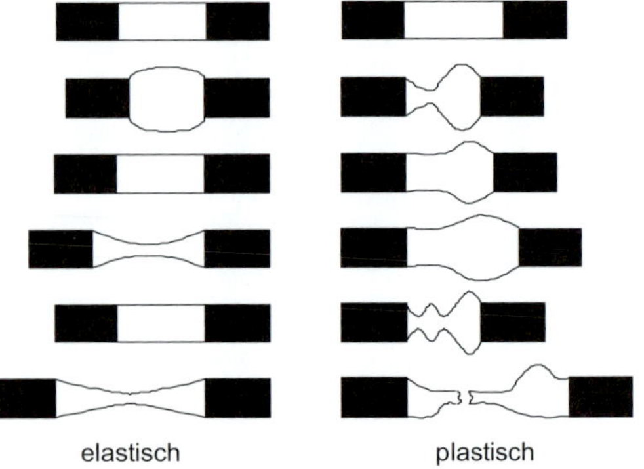

Bild 1.75 Elastisches und plastisches Verhalten von heiß verarbeitbaren Fugenmassen

Bild 1.76 Einbringen einer Pflastervergussmasse

und ruhenden Verkehr eingesetzt werden. Sie sind meist standfester und weniger elastisch eingestellt, um ein gutes Stützgerüst für die einzelnen Pflastersteine zu bieten.

- Als *Schienenfugenmassen* gleichen sie die unterschiedlichen Bewegungen zwischen Verkehrsflächen und Schienen aus und schließen die Anbaufuge. Im Bereich des Gleisbaus müssen in der Regel Fugen zwischen Gleis und angrenzendem Fahrbahnbelag geschlossen werden. Diese Fugen weisen häufig eine große Breite von bis zu 6 cm auf. Diese Massen weisen in Verbindung mit einem auf den Anwendungsfall abgestimmten Voranstrich eine hervorragende Haftung zur Schiene sowie zu Asphalt-, Beton- und Pflasterflächen auf. Zudem sind die Materialien ausreichend standfest, so dass auch bei hohen Temperaturen eine Beanspruchung durch Fußgänger, Fahrradfahrer und Autoverkehr ohne Probleme möglich ist. Straßenbahnschienen werden außerdem in der Regel untergossen, um Unebenheiten des Gleiskörpers auszugleichen. Dazu können Materialien auf Bitumen- oder Kunststoffbasis verwendet werden.

Bild 1.77 Schienenverguss

- Als *Rissmassen* dienen sie der Verfüllung von Rissen in Verkehrsflächen aus Asphalt; sie können direkt befahren werden. Diese Massen sind überwiegend plastisch eingestellt, besitzen eine hervorragende Standfestigkeit und können somit auch direkt im Anschluss befahren werden. Sie weisen zudem eine gute Haftung zu Asphalt und Beton auf.

Bild 1.78 Rissverfüllung

Fugenbänder sind bitumenhaltige, maschinell vorgeformte thermoplatische Bandprofile, die unter Wärmezufuhr angeschmolzen werden. Sie können Zusätze von Kunststoffen, Weichmachern und mineralischen Füllstoffen enthalten und sind für Änderungen in der Fugenspaltbreite um bis zu 10 % ausgelegt. Die Höhe des Fugenbandes (i. d. R. 25–50 mm) muss bei senkrechten und bis 20° geneigten Flächen die Oberfläche der Asphaltdeckschicht um 5 mm überragen.

Die kalt verarbeitbaren Fugenmassen sind häufig zweikomponentige Produkte, die chemisch aushärten und sich durch eine hohe Beständigkeit gegenüber Chemikalien auszeichnen. Sie eignen sich besonders in Bereichen, in denen ein Eindringen von Schadstoffen in die Konstruktion oder den Untergrund (Grundwasserschutz) verhindert werden muss.

Kalt verarbeitbare Fugenmassen und Fugenprofile sind nur für eine Anwendung in Betonflächen vorgesehen.

1.9.3 Anforderungen an Fugenfüllstoffe

Für heiß und kalt verarbeitbare Fugenmassen sowie Fugenprofile sind Anforderungswerte in den Teilen 1–3 der DIN EN 14188 „Fugeneinlagen und Fugenmassen, Teil 1: Anforderungen an heiß verarbeitbare Fugenmassen, Teil 2: Anforderungen an kalt verarbeitbare Fugenmassen, Teil 3: Anforderungen an elastomere Fugenprofile“ verankert. Die *Tabellen 1.27–1.32* enthalten die für die unterschiedlichen Produkte zu bestimmenden Prüfgegenstände.

Tabelle 1.27
Prüfgegenstände für heiß zu verarbeitende Fugenmassen

Prüfgegenstand	Prüfung nach
Erweichungspunkt Ring und Kugel	DIN EN 1427:2015-09
Dichte bei +25 °C	DIN EN 13880-1:2003-11
Konuspenetration bei +25 °C	DIN EN 13880-2:2003-11
Kugelpenetration und elastisches Rückstellvermögen	DIN EN 13880-3:2003-09
Wärmebeständigkeit Konuspenetration bei +25 °C Kugelpenetration und elastisches Rückstellvermögen	DIN EN 13880-4:2003-09
Fließlänge	DIN EN 13880-5:2004-10
Verträglichkeit mit Asphalten	DIN EN 13880-9:2003-09
Dehn- und Haftvermögen bei –20 °C Maximalspannung	DIN EN 13880-13:2003-11
Dehn- und Haftvermögen bei –20 °C Spannung nach Versuchsende	
Dehn- und Haftvermögen nach Wasserlagerung Maximalspannung	
Dehn- und Haftvermögen nach Wasserlagerung Spannung nach Versuchsende	

Tabelle 1.28
Prüfgegenstände für kalt zu verarbeitende Fugenmassen

Prüfgegenstand	Prüfung nach
Haftvermögen	DIN EN 13880-10:2003-11
Verarbeitungseigenschaften Extrudierbarkeit Aushärtungsgrad Klebfreie Zeit Selbstverlaufende Eigenschaften (Typ sl) Standvermögen (Typ ns)	 DIN EN 28394 DIN EN 14187-1 DIN EN 14187-2 DIN EN 14187-3 DIN EN ISO 7390:2004-04
Materialeigenschaften Volumenänderung Massen- und Volumenänderung nach Lagerung in flüssigen Chemikalien Beständigkeit gegen Hydrolyse Widerstand gegen Flammen	 DIN EN ISO 10563 DIN EN 14187-4 DIN EN 14187-5 DIN EN 14187-7
Funktionseigenschaften Dehn- und Haftverhalten bei unterschiedlichen Temperaturen Zugfestigkeit unter Vorspannung Zugfestigkeit E100 bei +23 °C/–20 °C Rückstellvermögen, Dehnung 100 % Künstliche Bewitterung durch UV-Bestrahlung, E100 Haft- und Dehneigenschaften nach Lagerung in flüssigen Chemikalien, Dehnung um 100 %	 DIN EN ISO 9047:2016-02 DIN EN ISO 8340:2005-09 DIN EN ISO 8339:2005-09 DIN EN ISO 7389:2004-04 DIN EN 14187-8 DIN EN 14187-6

Tabelle 1.29
Prüfgegenstände für Fugenprofile

Prüfgegenstand	Prüfung nach
Grenzabmaße	DIN ISO 3302-1:1999-10
Härte	DIN ISO 48
Reißfestigkeit	DIN ISO 37
Reißdehnung	DIN ISO 37
Druckverformungsrest an der Luft bei +70 °C/–25 °C Beschleunigte Alterung an der Luft Veränderung der Härte Veränderung der Reißfestigkeit Veränderung der Reißdehnung	DIN ISO 815 DIN ISO 188 DIN ISO 48 DIN ISO 37 DIN ISO 37
Spannungsrelaxation unter Druckbeanspruchung	DIN ISO 3384:2015-12
Rückstellvermögen bei –25 °C/+70 °C	DIN ISO 5893
Ozonbeständigkeit	DIN ISO 1431-1:2011-05
Überdehnungsschutz	TP Fug-StB

Tabelle 1.30
Prüfgegenstände für Pflasterfugen-, Schienenfugen- und Rissmassen

Prüfgegenstand	Prüfung nach
Äußere Beschaffenheit	DIN EN 1425:2012-07
Sicherheitsspanne gegen Überhitzung	DIN EN 13880-5:2004-10
Erweichungspunkt Ring und Kugel	DIN EN 1427:2015-09
Dichte bei +25 °C	DIN EN 13880-1:2003-11
Konuspenetration bei +25 °C	DIN EN 13880-2:2003-11
Kugelpenetration und elastisches Rückstellvermögen	DIN EN 13880-3:2003-09
Wärmebeständigkeit Erweichungspunkt Ring und Kugel Kugelpenetration und elastisches Rückstellvermögen	DIN EN 13880-4:2003-09
Fließlänge	DIN EN 13880-5:2004-10
Entmischungsneigung	DIN 1996-16:1975-12
Kugelfallversuch nach Herrmann	DIN 1996-18:1989-01
Formbeständigkeit (Verformungswert nach Nüssel)	DIN 1996-17:1990-11
Dehn- und Haftvermögen	DIN EN 13880-13:2003-11

Tabelle 1.31
Prüfgegenstände für Bitumenfugenbänder

Prüfgegenstand	Prüfung nach
Aschegehalt	DIN 52005:2015-10
Erweichungspunkt Ring und Kugel	DIN EN 1427:2015-09
Dichte bei +25 °C	DIN EN 13880-1:2003-11
Konuspenetration bei +25 °C	DIN EN 13880-2:2003-11
Elastisches Rückstellvermögen	DIN EN 13880-3:2003-09
Kaltbiegeverhalten	TP Fug-StB
Dehn- und Haftvermögen	DIN EN 13880-13:2003-11

Tabelle 1.32
Prüfgegenstände für Voranstriche

Prüfgegenstand	Prüfung nach
Homogenität	DIN EN 15466-1:2009-10
Dichte	DIN EN ISO 2811-2:2011-06
Viskosität	DIN EN ISO 2431:2012-03
Alkalibeständigkeit	DIN EN 15466-2:2009-10
Verdunstungsverhalten der flüchtigen Anteile	DIN EN 15466-3:2009-10
Bindemittel- oder Feststoffgehalt	DIN EN 15466-3:2009-10
Erweichungspunkt Ring und Kugel (nur bei Voranstrichen für heiß verarbeitbare Fugenmassen)	DIN EN 1427:2015-09
Flammpunkt	DIN EN ISO 2719

Gesteinskörnungen

2.1 Entstehung von natürlichen Gesteinen

Natürliche Bildungen der Erdkruste, die aus Mineralien, Bruchstücken von Mineralien oder Gesteinen, Organismenresten oder ähnlichem aufgebaut wurden und in größerer Verbreitung vorkommen, bezeichnet man als Gesteine. Zu den Gesteinen gehören sowohl loses Haufwerk, das „Lockergestein", als auch fester Fels, das „Festgestein". Nach genetischen Gesichtspunkten können Felsgesteine in drei Gruppen eingeteilt werden: magmatische Gesteine, metamorphe Gesteine und Sedimentgesteine.

Die *magmatischen Gesteine* sind durch Erstarrung von Schmelzen aus dem Erdinneren entstanden. Hier können grundsätzlich die Tiefengesteine (Plutonite), die in tieferen Stockwerken der Erdkruste entstanden und wegen der langsamen Abkühlung relativ grobkörnig kristallisierten, z. B. Granit und Gabbro, von den Ergussgesteinen (Vulkanite) unterschieden werden. Die Ergussgesteine entstanden durch Austritt des entgasten Magmas (Lava) an oder nahe an der Oberfläche der Erde. Infolge der raschen Abkühlung herrscht wie beim Basalt ein feinkörniges Gefüge vor. Zum Teil können in der feinkörnigen Grundmasse auch größere Mineralien als Einsprenglinge auftreten wie beim Rhyolith, der früher auch als Quarzporphyr bezeichnet wurde.

Die *Sedimentgesteine* entstanden aus der Verfestigung von lockeren Verwitterungsprodukten durch tonige, kalkige, kieselige oder eisenschüssige Bindemittel. Hier sind als Vertreter Konglomerat, Sandstein, Grauwacke und Arkosen anzuführen. Sie können aber auch wie z. B. beim Kalkstein, durch Ablagerung und Verdichtung von abgestorbenen Organismen entstehen. Konglomerate, wie der in Bayern als Naturwerkstein verbreitete Nagelfluh, sind nichts anderes als durch Kalkausscheidung verfestigter Kiessand. Dem Aussehen nach haben sie sich trotz Festigkeiten von 20–90 N/mm^2 kaum verändert. In manchen Gegenden nennt man sie deshalb auch „Sommergfrier".

Die *metamorphen Gesteine* gingen aus magmatischen Gesteinen oder Sedimentgesteinen durch Umkristallisation im festen Zustand hervor. Dabei bildeten sich je nach Druck- und Temperaturbedingungen bzw. chemischer Zusammensetzung des Ausgangsgesteins unterschiedliche Arten metamorpher Gesteine aus. Häufig vorkommende metamorphe Gesteine sind Gneis, Diabas und Marmor.

Das *Festgestein* ist fast überall mit einem mehr oder weniger dicken Mantel von Lockergestein

Tabelle 2.1 Untergliederung der Festgesteine mit den wichtigen Vertretern der einzelnen Untergruppen

Magmatische Gesteine		Sedimentgesteine			Metamorphe Gesteine
Tiefengesteine	Ergussgesteine	Trümmergesteine	Ausscheidungssedimente	Organische Ablagerungen	
Syenit Granit Granodiorit Diorit Gabbro Rhyodazit	Rhyolit Melaphyr Trachyt Phonolyth Andesit Basalt, Basaltlava	Brekzie Grauwacke Sandstein Tonschiefer	Kalkstein Dolomit Mergel Anhydrit Gips	Braun- und Steinkohle Anthrazit Ölschiefer	Gneis Diabas Serpentinit Granulit Amphibolit Quarzit Marmor

Tabelle 2.2 Untergliederung der Lockergesteine mit den wichtigen Vertretern der einzelnen Untergruppen

Mineralische Ablagerungen			Organische Ablagerungen	
nicht bindig	schwach bindig	stark bindig	Humusboden	faulschlammhaltige Ablagerungen
Stein Kies Sand	Schluff toniger, lehmiger, mergeliger Sand	Ton Lehm Mergel	Anmooriger Sand und Lehm Moor Torf	Mudde faulschlammhaltiger Sand und Ton

überdeckt. Lockergesteine entstehen hauptsächlich durch die Verwitterung von Festgestein. Wie schon das Wort „Verwitterung“ ausdrückt, ist es vor allem das Wetter mit seinem Wechsel von Sonnenschein und Regen, Hitze und Kälte, Tauwetter und Frost, das die Zerkleinerung der Gesteine bewirkt. Zu diesen physikalischen Einwirkungen kommen noch chemische und auch biologische Vorgänge, durch die das feste Gestein allmählich zerstört wird. So entstandenes, nunmehr „lockeres“ Gestein bleibt entweder am Ort der Entstehung als Verwitterungsrückstand liegen und bildet unter Beteiligung von Organismen den Boden, oder es wird durch Wasser, Wind und Gletschereis fortgetragen und an einer anderen Stelle wieder abgelagert. Solche durch Verwitterung, darauffolgende Verfrachtung und schließlich durch Ablagerung entstandenen Gesteine nennt man Sedimente. Erfolgt die Zerkleinerung überwiegend mechanisch, so bezeichnet man die neu gebildeten Gesteine als „klastische Sedimente“. Dazu gehören die Sand- und Kieslagerstätten.

In den *Tabellen 2.1* und *2.2* ist die Untergliederung der Fest- und Lockergesteine mit den wichtigsten Vertretern der einzelnen Untergruppen wiedergegeben.

2.2 Recyclingbaustoffe und industrielle Nebenprodukte

Recyclingbaustoffe sind Materialien, die schon mindestens einmal als Baustoff eingesetzt wurden. Recyclingbaustoffe fallen an bei Rückbauten, Abbrüchen und Abrissen von Bauwerken des Hoch- und Tiefbaus sowie von Verkehrswegen und -flächen. Es handelt sich im Wesentlichen um die folgenden Stoffgruppen:

- Beton aus Fahrbahndecken,
  - Werksteinen und Rohren,
  - Schwellen,
  - Hochbauten,
- Hydraulisch gebundene Tragschichten,
- Ungebundene Mineralstoffgemische,
- Verfestigte und verbesserte Böden,
- Mauerwerk,
- Schotter, Gleisschotter.

Die Recyclingbaustoffe fallen fast immer als Gemisch aus den aufgeführten Stoffgruppen an und weisen wie die industriellen Nebenprodukte keine einheitlichen Eigenschaften auf. Daher sind für die Einzelprodukte wiederholt umfangreiche Prüfungen durchzuführen und es ist eine besondere Aufbereitung vorzusehen. Den industriellen Nebenprodukten zuzurechnen sind beispielsweise:

- Schlacken aus Verhüttungsprozessen,
- Filterrückstände aus Entstaubungsanlagen,
- Hütten- und Strahlsande,
- Kraftwerksgranulat,
- Form- und Kernsande,
- Aschen aus Verbrennungsanlagen,
- Altreifen, Altglas, Kunststoffe,
- Berge, Waschberge,
- Klärschlämme.

Der Einsatz von Recyclingbaustoffen und industriellen Nebenprodukten wird durch die „Technischen Lieferbedingungen für Asphaltmischgut für den Bau von Verkehrsflächenbefestigungen" (TL Asphalt-StB) geregelt. Derzeit sind neben künstlichen Aufhellungsgesteinen nur die in *Tabelle 2.3* wiedergegebenen Produkte für einen Einsatz in Asphalt zugelassen.

Der Vergleich der in *Tabelle 2.3* aufgeführten Recyclingbaustoffe und industriellen Nebenprodukte mit den beispielhaften Aufzählungen zeigt auf, dass ein wesentlich hohes Potential an Materialien für einen Einsatz vorhanden ist, jedoch keine ausreichenden Erfahrungen bei der Verwendung in Asphalt vorliegen. So wurde zum Beispiel schon mehrfach versuchsweise der Einsatz von aufbereitetem Gleisschotter, von Recyclingbaustoffen oder von industriellen Sanden in Asphalt (bis hin zur Deckschicht) mit Erfolg erprobt.

Tabelle 2.3 Für die Verwendung in Asphalt zugelassene industriell hergestellte Gesteinskörnungen

Gesteinskörnungen	Asphaltmischgut für	
	Asphalttragschichten	Asphaltbinderschichten, Asphalttragdeckschichten, Asphaltdeckschichten
Stahlwerksschlacke (SWS)	Verwendung möglich	
Hochofenstückschlacke (HOS)	Verwendung von HOS-A*) und HOS-B*) möglich	Verwendung von HOS-A*) möglich; keine Verwendung bei offenporigem Asphalt
Hüttensand (HS)	nur als feine Gesteinskörnung	
Schlacke aus der Kupfererzeugung (CUS)	Verwendung möglich	
Schlackengranulat aus der Kupfererzeugung (CUG)	nur als feine Gesteinskörnung	
Gießereikupolofenschlacke (GKOS)	Verwendung möglich	keine Verwendung
Gießereirestsand (GRS)	nur als feine Gesteinskörnung	keine Verwendung
Schmelzkammergranulat (SKG)	nur als feine Gesteinskörnung	
Steinkohleflugasche (SFA)	nur als Füller	keine Verwendung

*) gemäß TL Gestein, sofern regionale Erfahrungen vorliegen

2.3 Aufbereitung von Gesteinskörnungen

Die Gewinnung der Gesteine wird in den *Bildern 2.1* bis *2.3* verdeutlicht.

Die wichtigsten Voraussetzungen für eine gleichmäßig hohe Qualität der aufbereiteten Baustoffe sind die gründliche Erkundung der Lagerstätte und eine gut arbeitende Aufbereitung, die anhand der Ergebnisse der werkseigenen Produktionskontrolle gesteuert wird. Bei Lagerstätten mit Bereichen unterschiedlicher Gesteinseigenschaften ist durch geeignete Gewinnung und Aufbereitung die getrennte Lieferung der Materialien mit jeweils gleichbleibenden Eigenschaften zu gewährleisten, oder im Ausnahmefall durch systematische Mischung die Lieferung eines gleichmäßigen Gesteinskörnungsgemisches sicherzustellen.

Bei Kies und Sand wird eine zweigeteilte Aufbereitung vorgenommen, die Aufbereitung der ungebrochenen Gesteinskörnungen und die Aufbereitung mit Brechvorgang. Dies begründet sich darin, dass für Beton keine Anforderungen an die Bruchflächigkeit gestellt wird, d.h. die Gesteinskörnungen nach Wäsche und Absiebung ohne Durchgang durch einen Brecher eingesetzt werden können. Hingegen müssen die Gesteinskörnungen, die in Asphalt Verwendung finden sollen, in Abhängigkeit von der Belastungsklasse und der vorgesehenen Schicht aus gebrochenem Korn bestehen.

Bild 2.2 Nassbaggerung in einem Kieswerk

Bild 2.1 Abbauwand in einem Steinbruch

Bild 2.3 Sprengung in einem Steinbruch

2.4 Definitionen und Begriffe

Die TL Gestein-StB sind das Umsetzungsdokument für folgende Europäischen Normen:

- DIN EN 12620 „Gesteinskörnungen für Beton“,
- DIN EN 13043 „Gesteinskörnungen für Asphalte und Oberflächenbehandlungen für Straßen, Flugplätze und anderer Verkehrsflächen“,
- DIN EN 13242 „Gesteinskörnungen für ungebundene und hydraulisch gebundene Gemische im Ingenieur- und Straßenbau“.

Grundsätzlich ist festzustellen, dass viele Begriffe, die bis zur Umsetzung der Europäischen Normen gebräuchlich waren, nun nicht mehr benutzt werden können. So gibt es begrifflich z.B. keine Edelsplitte, keine Brech- und keine Natursande mehr; vielmehr spricht man von feinen und groben Gesteinskörnungen, die gebrochen oder ungebrochen sein können und entsprechende Eigenschaften haben.

Nachfolgend werden die in den „Technischen Lieferbedingungen für Gesteinskörnungen im Straßenbau“ (TL Gestein-StB) enthaltenen Definitionen und Begriffe wiedergegeben, da diese Begriffe nachfolgend immer wieder aufgegriffen werden.

- *Gesteinskörnung:* körniges Material für die Verwendung im Bauwesen. Gesteinskörnungen können natürlich, industriell hergestellt oder rezykliert sein.
- *Natürliche Gesteinskörnung:* Gesteinskörnung aus mineralischen Vorkommen, die ausschließlich einer mechanischen Aufbereitung unterzogen worden ist. Hierzu zählen Kies, Sand, gebrochener Kies und gebrochenes Festgestein.
- *Industriell hergestellte Gesteinskörnung:* Gesteinskörnung mineralischen Ursprungs, die industriell unter Einfluss thermischer oder sonstiger Prozesse entstanden ist.
- *Recyklierte Gesteinskörnung:* Gesteinskörnung, die durch Aufbereitung anorganischen Materials entstanden ist, das zuvor als Baustoff eingesetzt war.
- *RC-Baustoff (RC):* Recyklierte Gesteinskörnung mit Begrenzung des Anteiles einzelner Stoffgruppen.
- *Kornklasse:* Bezeichnung einer Gesteinskörnung mittels unterer (d) und oberer (D) Siebgröße, ausgedrückt als d/D. Diese Bezeichnung schließt ein, dass keine Körner auf dem oberen Sieb liegen bleiben und keine durch das untere Sieb fallen.
- *Korngruppe/Lieferkörnung:* Bezeichnung einer Gesteinskörnung mittels unterer (d) und oberer (D) Siebgröße, ausgedrückt als d/D. Diese Bezeichnung schließt ein, dass einige Körner auf dem oberen Sieb liegen bleiben (Überkorn) und einige durch das untere Sieb fallen (Unterkorn). Die untere Siebgröße (d) kann 0 sein.
  - Bei den *feinen Gesteinskörnungen* (fGk) für Asphalt ist D kleiner 2 mm.
  - Bei den *groben Gesteinskörnungen* (gGk) für Asphalt ist d mindestens 2 mm und D höchstens 45 mm.
- *Siebgrößen:* Zur Kennzeichnung von Korngruppen/Lieferkörnungen müssen folgende Siebgrößen eingesetzt werden: 0 mm, 1 mm, 2 mm, 4 mm, 5,6 mm (5 mm), 8 mm, 11,2 mm (11 mm), 16 mm, 22,4 mm (22 mm), 31,5 mm (32 mm), 45 mm, 56 mm und 63 mm. Die in Klammern gesetzten gerundeten Siebgrößen werden zur Bezeichnung von Gesteinskörnungen verwendet.
- *Unterkorn:* Anteil einer Gesteinskörnung, der durch das kleinere, die Korngruppe/Lieferkörnung bezeichnende Sieb hindurch geht.
- *Überkorn:* Anteil einer Gesteinskörnung, der auf dem größeren, die Korngruppe/Lieferkörnung bezeichnenden Sieb liegen bleibt.
- *Gesteinskörnungsgemisch:* Gesteinskörnung, bestehend aus einem Gemisch grober und feiner Gesteinskörnungen. Das Gemisch kann ohne vorheriges Trennen in grobe und feine Gesteinskörnungen oder durch Mischen grober und feiner Gesteinskörnungen hergestellt werden.
- *Feinanteil:* Kornklasse einer Gesteinskörnung, die durch das 0,063 mm-Sieb hindurch geht.
- *Füller:* Gesteinskörnung, deren überwiegender Teil durch das 0,063 mm-Sieb hindurchgeht und die Baustoffen zum Erreichen bestimmter Eigenschaften zugegeben werden kann.

- *Mischfüller:* Füller mineralischen Ursprungs, der mit Calciumhydroxid gemischt wurde.
- *Fremdfüller:* Füller mineralischen Ursprungs, der gesondert hergestellt wurde.
- *Eigenfüller:* Füller mineralischen Ursprungs, der aus den groben und feinen Gesteinskörnungen stammt. Der bei der Asphaltproduktion abgezogene Teil des Eigenfüllers wird als *Rückgewinnungsfüller* bezeichnet.
- *Korngrößenverteilung:* Korngrößenzusammensetzung, ausgedrückt durch die Siebdurchgänge in M.-% durch eine festgelegte Anzahl von Sieben.

2.5 Eigenschaften von Gesteinskörnungen

2.5.1 Allgemeines

Die nachprüfbaren Eigenschaften von Gesteinskörnungen, welche die Technischen Lieferbedingungen oder die Zusätzlichen Technischen Vertragsbedingungen und Richtlinien mit Anforderungen verknüpfen, sind in den TL Gestein-StB wiedergegeben. Hierin sind neben der Regelung von Art und Weise der Qualitätssicherung auch die Prüfverfahren entsprechend den jeweiligen DIN EN oder den „Technischen Prüfvorschriften für Gesteinskörnungen im Straßenbau" (TP Gestein-StB) angegeben.

Über diese Eigenschaften hinaus gibt es noch zahlreiche besondere Eigenschaften, die allerdings nur für Sonderbauweisen oder auch Sonderbeläge von Bedeutung sind und daher nicht in den routinemäßigen Prüfzyklus gehören. Wie große Teile des Regelwerkes für den Straßenbau sind die nachzuprüfenden Eigenschaften der Gesteinskörnungen empirisch entstanden und gewachsen. Ein direkter Bezug zum Einsatzort ist häufig nicht gegeben. Die für eine sachgerechte Ansprache wünschenswerten praxis- und gebrauchsorientierten Prüfungen und Anforderungen sind zwar in der Entwicklung, es wird aber noch Jahre dauern bis in die Praxis umsetzbare Verfahren für einen allgemeinen Einsatz zu Verfügung stehen.

Grundsätzlich erhält man die ersten Anhaltswerte für die Eigenschaften einer zu beurteilenden Gesteinskörnung durch die Begutachtung der *Gewinnungsstätte und Aufbereitung* bei den konventionellen Baustoffen Naturstein sowie Kies und Sand. Bei diesen Materialien sollten im Rahmen der Erkundung auch die *gesteinskundlichen Merkmale* Berücksichtigung finden. Bei den industriellen Nebenprodukten ist der Input in die Aufbereitungsanlage von ausschlaggebender Bedeutung für die Eigenschaften des Endproduktes.

Im Hinblick auf die Verwendungsfähigkeit als Gesamtgemisch wie auch als Einzelkörnung kommt der *Korngrößenverteilung* eine große Bedeutung zu. Nur mit entsprechend gut abgestuften Gemischen lassen sich beispielsweise ausreichend tragfähige Asphalttragschichten herstellen. Die Begrenzung der Über- und Unterkornanteile bei Lieferkörnungen tragen zur gezielten Asphaltproduktion ohne Umstellungen in der Dosierung bei.

Von herausragender Bedeutung für die Verwendbarkeit von Gesteinskörnungen im Asphalt ist der *Widerstand gegen Verwitterung*, da nur verwitterungsbeständige Gesteine die Grundlage für eine dauerhafte Straßenbefestigung bieten. Bei bestimmten Gesteinskörnungen ist bereits aus den *allgemeinen Erhebungen* und den gesteinskundlichen Merkmalen bekannt, dass eine Verwitterungsbeständigkeit nicht gegeben ist. Im Zweifelsfalle kann vor der Durchführung der aufwendigen Frost-Tau-Wechsel die *Wasseraufnahme* an Handstücken bestimmt werden. Zeigt die Gesteinskörnung eine hohe Wasseraufnahme, so ist davon auszugehen, dass sie in Frostperioden zum Auffrieren neigt, d. h. in Teile zerfällt. In diesen Fällen ist ein *Frost-Tau-Wechsel-Versuch* durchzuführen. Im Regelfall wird dieser Versuch mit Wasser durchgeführt. Da sich in den vergangenen Jahren jedoch verstärkt Schäden an Straßenoberflächen, die mit Tausalz oder anderen Taumitteln beaufschlagt wurden, gezeigt haben, geht man immer mehr dazu über, die *Frost-Tausalz-Beständigkeit* zu fordern, d. h. die Gesteinskörnungen einer erhöhten Beanspruchung auszusetzen. Bekannt ist diese Vorgehensweise schon seit vielen Jahren aus dem Bereich der Flugplätze, da dort noch mit den aggressiveren Enteisungsmitteln gearbeitet wird und die hier zum Einsatz kommenden Gesteinskörnungen gegen diese Stoffe resistent sein müssen. Der Widerstandsfähigkeit gegen Verwitterung zuzurechnen ist auch die Frage der Raumbeständigkeit, da einige Materialien bei bestimmten Witterungsverhältnissen zu Volumenvergrößerung und/oder Zerfallserscheinungen neigen (z. B. Sonnenbrenner bei Basalten, Zerfall bei Hochofenstückschlacke).

Ein ausreichender *Widerstand gegen Zertrümmerung* wird von den groben Gesteinskörnungen für die unterschiedlichen Asphaltschichten gefordert, vor allem für die Deckschichten. Die Widerstandsfähigkeit ist erforderlich, um Kornzertrümmerungen während des Einbaues und der Verdichtung entgegenzuwirken. Denn zu große Kornverfeinerungen führen zwangsläufig zu einem weniger standfesten Asphaltbelag. Hierbei ist anzumerken, dass der Widerstand gegen Zertrümmerung auch von der Wahl des Brechers bzw. der Brechereinstellung abhängig ist, es sich demnach nicht um eine ausschließlich gesteinsspezifische Eigenschaft handelt. In ähnlicher Weise können auch andere Eigenschaften durch gezielte technische Maßnahmen verbessert werden. Derzeit sind im Regelwerk für den Widerstand gegen Zertrümmerung zwei Prüfverfahren (Schlagversuch und Los-Angeles-Versuch) verankert, wobei in Deutschland auf den Schlagversuch zurückgegriffen wird.

Die Form der Einzelkörner soll möglichst gedrungen sein. Körner mit ungünstiger *Kornform*, d.h. plattige oder spießige Körner verringern die Verdichtungswilligkeit sowie die Schlagfestigkeit und Stabilität der gebundenen wie der ungebundenen Korngemische. Ein Korn gilt als ungünstig geformt, wenn sein Verhältnis Länge zu Dicke größer als 3:1 ist. Dieser Verhältniswert sollte für sehr stark belastete Straßen oder für Sonderbeläge (z. B. offenporiger Asphalt) stärker in Richtung 1:1 eingeengt werden, um ein günstigeres Praxisverhalten zu erzielen.

Die *Bruchflächigkeit* hat in den vergangenen Jahren in Bezug auf stark belastete Asphaltfahrbahndecken eine immer größere Bedeutung erlangt. Die Bruchflächigkeit hat einen großen Einfluss auf die Verformungsbeständigkeit der fertigen Asphaltschicht.

Die *Affinität zum Bitumen* ist für die Herstellung von dauerhaftem Asphalt wichtig. Nur Gesteinskörnungen, von deren Oberfläche sich das Bitumen bei Wasserzutritt nicht ablöst, können Verwendung finden. Bei erhöhtem Anteil an Quarz kann es zu einer mangelhaften Verbindung zwischen Korn und Bitumen kommen (s. auch Abschnitt 2.5.2).

Gesteinskörnungen, die in Asphalt Verwendung finden sollen, müssen einen *ausreichenden Widerstand gegen Hitzebeanspruchung* aufweisen. Sie dürfen während der Verweilzeit in der Trockentrommel der Asphaltmischanlage keine Absplitterungen oder Auflösungen zeigen, wenn der produzierte Asphalt den Festlegungen der Erstprüfung entsprechen soll.

Der *Widerstand gegen Polieren* ist in den Regelwerken direkt verankert und mit Anforderungswerten verknüpft, da er neben anderen Parametern die Griffigkeit der Fahrbahnoberfläche und somit die Verkehrssicherheit stark beeinflusst. Neuere Forschungsergebnisse zeigen, dass bei Asphaltbetonen neben den groben Gesteinskörnungen auch der Grob- und Mittelsand einen Einfluss auf die Griffigkeit von Fahrbahnoberflächen hat.

Für die feinen Gesteinskörnungen wird der *Fließkoeffizient* als Maßzahl zur Unterscheidung von gebrochenen und nicht gebrochenen feinen Gesteinskörnungen verwendet. Je höher der Fließkoeffizient, desto sperriger die Körnungen.

Für Recyclingbaustoffe und industrielle Nebenprodukte sind zusätzlich zu den dargelegten technologischen Prüfungen *wasserwirtschaftliche Gütemerkmale* zu bestimmen, da diese Materialien unter Umständen Inhaltsstoffe in einer Menge enthalten, dass die auslaugbaren Anteile die Qualität von Grundwasser und Boden negativ beeinflussen können.

2.5.2 Affinität zwischen Gesteinskörnung und Bitumen

Die Fragen der Affinität werden immer wieder zum Teil kontrovers diskutiert, da sowohl die Gesteinskörnungen als auch das Bitumen Reaktionspartner sind. Die Affinität soll hier unter den Gesteinskörnungen behandelt werden.

Übersetzt man den Begriff Affinität von lateinisch „affinitas = Schwägerschaft" mit Wesensverwandschaft und schaut sich an, wie dieser Begriff in der Natur, Wissenschaft oder Technik verwendet wird, so findet man Affinität unterschiedlich übersetzt mit dem:

- Bestreben von Atomen oder Molekülen, Wechselwirkungen einzugehen,
- Maß für das Aufnahmevermögen von Textilrohstoffen für Farbstoffe,
- Maß für das Benetzungs- und Haftungsvermögen von Bitumen auf Gesteinskörnungen,

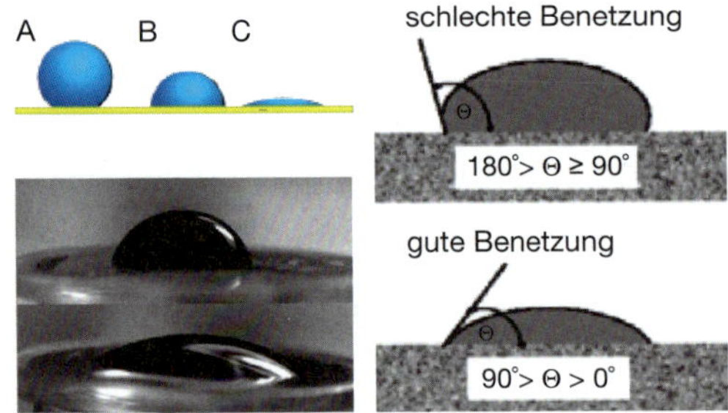

A keine Benetzung
B partielle Benetzung
C vollständige Benetzung

Bild 2.4 Darstellung für das Benetzungsverhalten

- Bestreben der chemischen Strukturen in Bitumen und Gesteinskörnungen in Wechselwirkung zu treten.

Die Benetzung beschreibt das Verhalten von Flüssigkeiten beim Kontakt mit der Oberfläche eines Festkörpers. Bestimmt wird das Verhalten durch die Oberflächenspannung der Flüssigkeit und des Festkörpers. Um zu beurteilen, wie sich ein Tropfen auf einer Oberfläche ausbreitet, vergleicht man die Kohäsionskräfte im Tropfen mit den Adhäsionskräften gegenüber der Oberfläche. Überwiegen die Kohäsionskräfte, bleibt der Tropfen erhalten. Überwiegen die Adhäsionskräfte, breitet sich der Tropfen auf der Oberfläche aus. Als Maß für die Benetzung wird der Kontaktwinkel herangezogen.

Die Haftung beschreibt den Zustand einer Grenzflächenschicht, die sich zwischen zwei in Kontakt tretenden kondensierten Phasen, hier also Bitumen und Gestein, ausbildet. Die Haupteigenschaft dieses Zustandes ist der durch molekulare Wechselwirkungen in der Grenzflächenschicht hervorgerufene mechanische Zusammenhalt der beteiligten Phasen. Es wurden verschiedene theoretische Ansätze zur Beschreibung dieser Eigenschaft gemacht.

In der Polarisationstheorie beschränkte man sich in der Erklärung auf die Wirkung des Dipolcharakters der Moleküle. Bei der elektrostatischen Theorie kommen noch die Wechselwirkungen der Raumladungszonen der Moleküle dazu und bei der Diffusionstheorie die chemischen Wechselwirkungen. Nach der Adsorptions- und Benetzungstheorie wird die thermodynamische Betrachtung für den gesamten Vorgang in den Vordergrund gestellt. Ist die Grenzschicht thermodynamisch stabiler als der Tropfen der Flüssigkeit, so wird die Oberfläche benetzt. Im besten Falle spreitet der Tropfen und die Haftung der Flüssigkeit auf der Oberfläche wird intensiviert.

Um also die Affinität des Bitumens zum Gestein zu verstehen, muss man die chemischen Strukturen von Bitumen und Gestein und deren Wechselwirkung kennen. Ebenso ist es wichtig zu verstehen, dass durch diese Wechselwirkungen z. B. Rohstoffänderungen, Alterung oder Additivierung beeinflusst werden können.

Chemie des Bitumens

Bitumen ist keine reine chemische Substanz. Daher gibt es auch keine spezifische Struktur. Da Bitumen der Rückstand der Erdöldestillation ist, werden die Eigenschaften in starkem

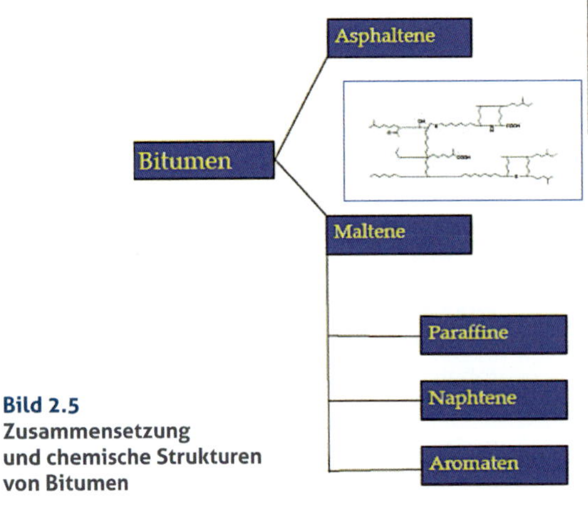

Herkunft	Asphaltene	Harze	Aromaten	KW gesamt
50/70 Arabian Heavy	17,9	21,9	49,6	10,5
70/100 Kuwait	13,5	20,4	52,2	14,1
70/100 REB	11,3	24,5	51,9	12,3

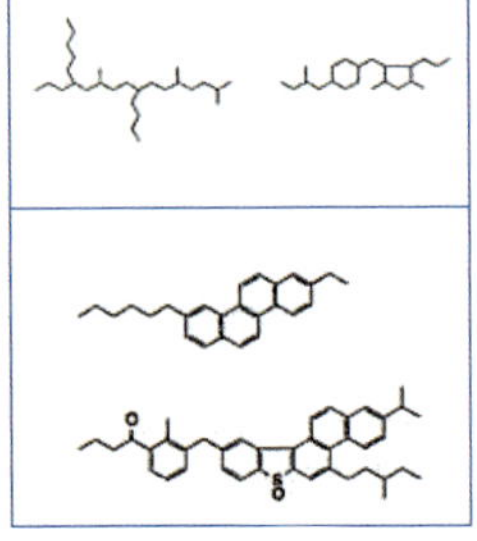

Bild 2.5 Zusammensetzung und chemische Strukturen von Bitumen

Kieselsäure mit freien Protonen, sauer

Neutralisierte Kieselsäure, basisch

Bild 2.6 Chemische Strukturen von sauren (links) und basischen Gesteinen (rechts)

Maße von der Herkunft und der Zusammensetzung des Erdöls und dem Grad der Destillation bestimmt.

Bitumen ist ein komplexes kolloides System aus paraffinischen und naphtenischen Kohlenwasserstoffen, Ringsystemen und aromatischen Kohlenwasserstoffen, verbunden über aliphatische Ketten. In diesem System stellen die hochsiedenden Öle die äußere Phase und wirken als Dispergiermittel für die Harze und Asphaltene, die als disperse Phase in Form von Micellen im Bitumen enthalten sind.

Erdölharze

- Assoziation hochmolekularer Erdölverbindungen,
- enthalten basische kationaktive N-Verbindungen,
- die Mizellen sind wenige Naometer groß,
- wirken in reiner Form sehr stark vernetzend,
- gute Verträglichkeit mit sauren Oberflächen.

Asphaltene

- saure O- und S-Verbindungen,
- anionenaktiv,
- enthalten auch Salze,
- lassen sich durch Bitumenblasen aus Erdölharzen herstellen,
- Mizellen bis etwa 30 nm,
- in reiner Form spröde und hart,
- extrem schlechtes Benetzungsverhalten.

Die polaren Gruppen sind in das Innere der Mizellen gerichtet, die Kohlenwasserstoffgruppen zeigen nach außen.

Durch die Intensität der Destillation wird das Verhältnis von kontinuierlicher Phase zu disperser Phase beeinflusst. Änderungen der chemischen Strukturen sind vor allem auf Oxidationsprozesse zurückzuführen. Diese können sowohl ungewollt, z. B durch Alterung, als auch gewollt, z. B. durch Blasprozesse zur Erhöhung der Härte, sein. In beiden Fällen wird der Gehalt an Harzen reduziert und der Anteil an Asphaltenen erhöht, wodurch sich sowohl das Vernetzungsverhalten als auch das Haftungsverhalten des Bitumens verändert.

Chemie der Gesteine

Gesteine sind wie Bitumen keine reinen chemischen Verbindungen, sondern eine feste Vereinigung von Mineralien, Gläsern und gege-

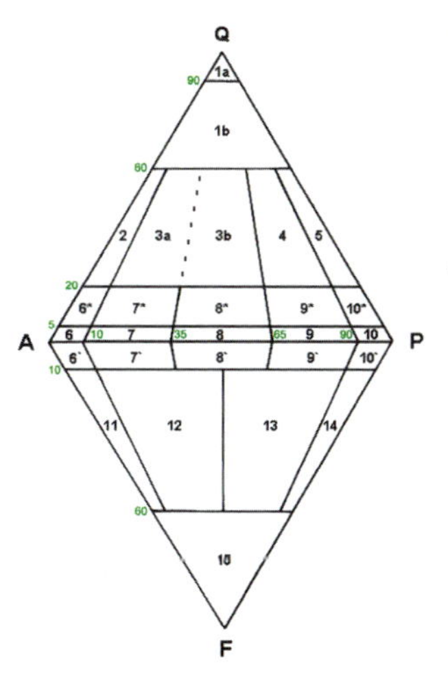

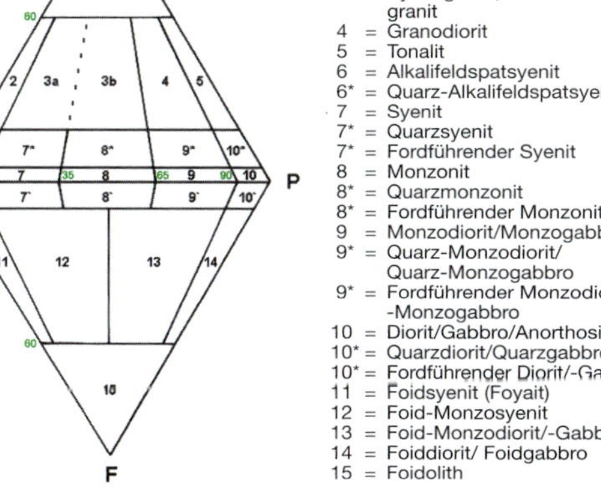

Plutone	Vulkanite
1a = Quarzolith	
1b = Quarzreiche Granitoide	1 = keine Vulkanite
2 = Alkalifeldspatgranit	
3 = Granit	2 = Alkalifeldspatrhyolith
3a = Syenogranit, 3b = Monzogranit	3 = Rhyolith
4 = Granodiorit	4/5 = Dacit
5 = Tonalit	6 = Alkalifeldspattrachyt
6 = Alkalifeldspatsyenit	6* = Quarz- Alkalifeldspattrachyt
6* = Quarz-Alkalifeldspatsyenit	6* = Fordführender Alkalifeldspattrachyt
7 = Syenit	
7* = Quarzsyenit	7* = Quarztrachyt
7* = Fordführender Syenit	7 = Trachyt
8 = Monzonit	7* = Fordführender Trachyt
8* = Quarzmonzonit	8* = Quarzlatit
8* = Fordführender Monzonit	8 = Latit
9 = Monzodiorit/Monzogabbro	8 = Fordführender Latit
9* = Quarz-Monzodiorit/ Quarz-Monzogabbro	9/10 = Andesit, Basalt
9* = Fordführender Monzodiorit/ -Monzogabbro	11 = Phonolith
10 = Diorit/Gabbro/Anorthosit	13 = Phonolithischer Basanit
10* = Quarzdiorit/Quarzgabbro	Phonolitithischer Tephrit
10* = Fordführender Diorit/-Gabbro	14 = Basanit (mehr als 10 % Olivin)
11 = Foidsyenit (Foyait)	Tephrit (weniger als 10 % Olivin)
12 = Foid-Monzosyenit	
13 = Foid-Monzodiorit/-Gabbro	15a = Phonolithischer Foidit
14 = Foiddiorit/ Foidgabbro	15b = Tephritischer Foidit
15 = Foidolith	15c = Foidit

Bild 2.7 Schematisches Diagramm zur Klassifizierung von Gesteinen nach Streckeisen

benenfalls organischen Bestandteilen. Die meisten Gesteine sind Silikatgesteine und enthalten als wichtigste Bestandteile Verbindungen wie Quarz und Feldspat, in geringerem Umfang treten auch Carbonatgesteine auf. Carbonate sind basische Gesteine. Bei den Silikatgesteinen ist der Anteil an SiO_2 für die Charakterisierung wichtig, von sauren Gesteinen spricht man bei hohen Quarzgehalten (> 70 % SiO_2), von basischen Gesteinen spricht man bei niedrigen Quarzgehalten. Saure und basische Gesteine sind im Streckeisendiagramm *(Bild 2.8)* dargestellt.

Der Charakter des Gesteins wird von der Funktionalität bestimmt. Kieselsäure mit freien Protonen ergibt eine saure Reaktion an der Oberfläche; Kieselsäure, teilweise neutralisiert mit basischen Oxiden wie CaO oder K_2O, ergibt eher neutrale bis basische Reaktionen; Kieselsäure, vollständig neutralisiert mit basischen Oxiden, ergibt stark basische Reaktionen.

Saure Mineralanteile haben eine hohe Affinität zu den basischen Bestandteilen des Bitumens, basische Mineralanteile haben eine hohe Affinität zu den sauren Bestandteilen des Bitumens. Da die Zusammensetzung des Gesteins nicht verändert werden kann, wird die Affinität des Gesteins zum Bitumen immer von der Zusammensetzung des Bitumens bestimmt. Passen Gestein und Bitumen in ihrer ursprünglichen Zusammensetzung nicht zueinander, dann muss die Affinität des Bitumens durch Additivierung verbessert werden.

Chemie und Wirkung der Additive

Bei den Additiven gibt es verschiedene Gruppen mit verschiedenen Zielsetzungen.

Polymere erhöhen die Kohäsionskräfte im Bitumen und wirken der Versprödung bei tieferen Temperaturen und der alterungsbedingten Versprödung entgegen. Sie erhöhen die Viskosität und verschlechtern damit die netzende Wirkung. Die Haftung an den benetzten Stellen

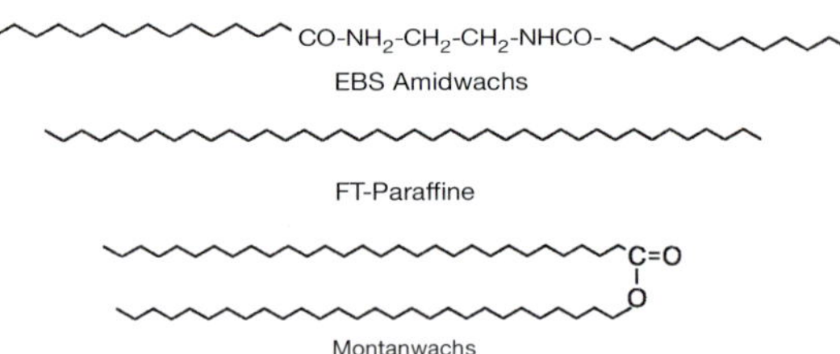

Bild 2.9 Viskositätsmodifizierungsmittel

kann zwar erhöht werden, aber wenn keine vollständige Benetzung erreicht wird, wird das Haftverhalten insgesamt eher schlechter. Chemische Wechselwirkung mit der Gesteinsoberfläche ist wegen der fehlenden chemischen Funktionalität eher gering. Als Polymere zur Einstellung der Elastizität werden SBR, SBS, Polyolefine, PE, PP oder EVA herangezogen.

Bei Wachsen zur Einstellung der Viskosität, der Härte und des Erweichungspunktes handelt es sich um niedermolekulare lineare Moleküle, die in der kontinuierlichen Phase des Bitumens gelöst sind. Sie vergrößern das Volumen der kontinuierlichen Phase, reduzieren die Wechselwirkung zwischen den mizellar verteilten Harzen und Asphaltenen und damit die Viskosität. Dadurch verteilt sich die flüssige Phase wesentlich einfacher auf der Gesteinsoberfläche. Im kalten Zustand kristallisieren diese Verbindungen aus und erhöhen damit den Erweichungspunkt. Eine Veränderung der chemischen Wechselwirkung kann wegen der fehlenden chemischen Funktionaliät nicht erreicht werden.

Haftmittel zur Verbesserung der Verbindung zwischen Gesteinskörnung und Bitumen

Hierbei handelt es sich in der Regel um flüssige oder feste basische Verbindungen, Amine, Amidoamine, Esteramine. Diese Moleküle sind grenzflächenaktiv. Die Aminfunktion reagiert mit den sauren Zentren auf der Mineraloberfläche. Die Alkylkette verändert die

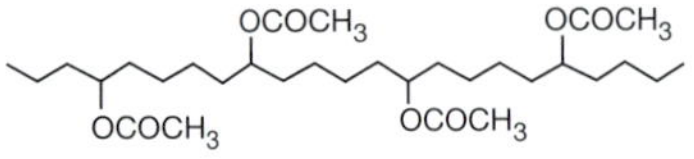

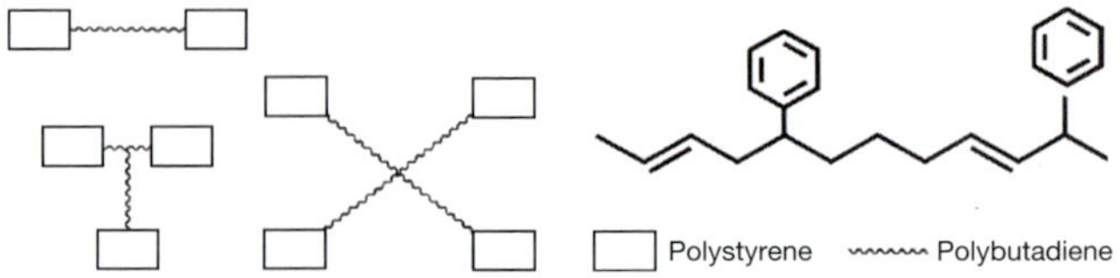

Bild 2.8 Darstellung von polymeren Modifizierungsmitteln

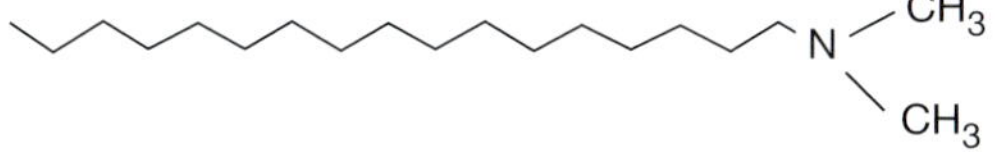

Bild 2.10 Haftungsverbesserungsmittel

Oberflächenspannung, so dass die Benetzung durch das Bitumen einfacher wird. Durch die chemische Fixierung wird auch die Haftung des Bitumens auf sauren Gesteinen verbessert und eine Umnetzung durch Wasser ist nicht mehr möglich. Eine Herabsetzung der Viskosität wird in der Regel wegen der geringen Zusatzmenge nicht erreicht. Es muss also weiter bei hohen Temperaturen gearbeitet werden. Hohe Temperatur in Gegenwart von Sauerstoff führt aber zur Oxidation der Aminfunktion zum Aminoxid. Damit verliert das Molekül seine chemische Fixierung auf der sauren Gesteinsoberfläche. Die Grenzflächenaktivität bleibt aber weiterhin erhalten, so dass eine Umnetzung durch Wasser ermöglicht werden kann. Da die Substanzen oft flüssig sind oder einen niedrigen Schmelzpunkt haben, wirken sie in höheren Dosierungen als Weichmacher und senken den Erweichungspunkt ab.

Übersicht über die Wechselwirkungen

FT-Paraffin, Montanester und Amide reduzieren die Wechselwirkungen innerhalb der Bitumenmatrix und setzen damit die Viskosität herab. Dadurch kann die Verarbeitungstemperatur gesenkt werden.

Netzmittel, Amine und Säuren besetzen die reaktiven Zentren auf der Gesteinsoberfläche, reduzieren durch ihre organischen Anteile die Polarität und machen sie für das jetzt niedriger viskose Bitumen besser benetzbar; der Bedeckungsgrad wird somit erhöht. Die Haftung des Bitumens an der Mineraloberfläche wird wegen der chemischen Fixierung verbessert und damit die Umnetzung durch Wasser reduziert.

FT-Paraffin, Montanester und Amide kristallisieren in der amorphen Bitumenmatrix aus und erhöhen damit die Festigkeit. Der Erweichungspunkt kann erhöht werden.

Entwicklungen

Bei den Additiven geht die Entwicklung hin zu Produkten mit

- höherer Funktionalität,
- Wechselwirkung mit basischen und sauren Zentren,
- optionalen polymeren Anteile zur Verbesserung der Elastizität

unter Beibehaltung der Erweichungspunkterhöhung und der Viskositätserniedrigung.

Diese höhere Funktionalität ist charakterisiert durch kurze bewegliche Ketten hoher

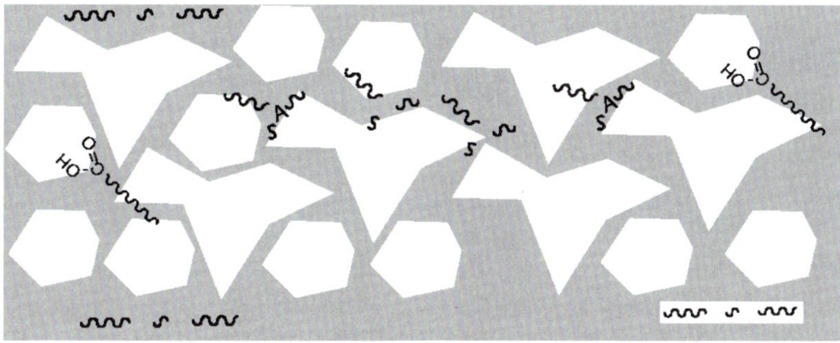

Bild 2.11 Wirkung von monofunktionellen Additiven in der Bitumen-/Gesteins-Matrix

AAACOOH
AEACOOH
COOH

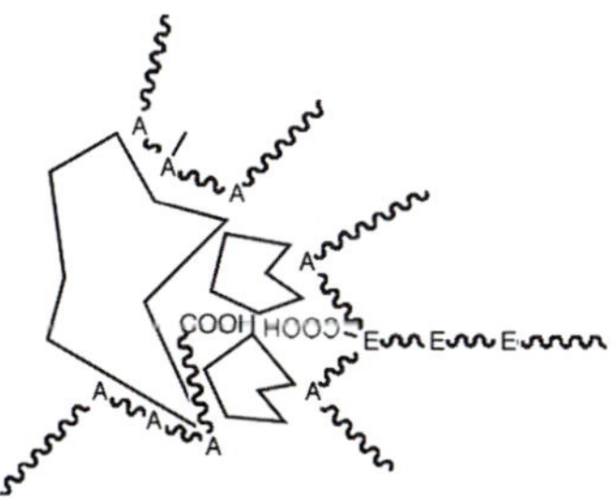

Bild 2.12 Wirkung von multifunktionellen Additiven in der Bitumen-/Gesteins-Matrix

chemischer Aktivität für die Wechselwirkung mit der Gesteinskörnung, bei gleichzeitiger Anwesenheit langer Alkylketten für die Verbesserung der Bitumenverträglichkeit und der Schaffung kristalliner Zentren für die Erhöhung des Erweichungspunktes.

Mit diesen Entwicklungen wird sowohl auf die Forderungen nach Performanceverbesserung des Asphalts als auch auf die Forderung nach niedrigeren Verarbeitungstemperaturen reagiert. Diese Produkte werden mit dem Zusatz AD gekennzeichnet.

Bei Anwendung dieser Additive (FS-Amide AD) oder Fertigbitumina mit dem Zusatz AD wird die Haftung des Bitumens an unkritschen Gesteinen, wie z.B. Basalt, der Haftung an sonst kritischen Gesteinen, wie Granit, Quarzit oder Quarzporphyr gleichgestellt.

2.5.3 Spezifische Eigenschaften von Füllern

Aufgrund des großen Oberflächenanteils des Füllers an der Gesamtoberfläche des Gesteinskörnungsgemisches eines Asphaltes und den sich daraus ableitenden Eigenschaften wurden für Füller eigene Beurteilungskriterien geschaffen. So gibt der am trockenen Füller ermittelte *Hohlraumgehalt nach Rigden* Aufschluss über den Bedarf an Bindemittel im Asphalt. Die Füller beeinflussen wie auch die feinen Gesteinskörnungen die Verdichtbarkeit bzw. Verarbeitbarkeit des Asphaltes wesentlich, indem sie die Mörtelviskosität verändern. Daher werden die *versteifenden Eigenschaften* des Füllers anhand der Erhöhung des Erweichungspunktes Ring und Kugel des Gemisches aus Bitumen und Füller ermittelt.

Aufgrund der großen Oberfläche sind auch die *wasserlöslichen Anteile* des Füllers von Bedeutung. Können zu große Anteile ausgelaugt werden, so ist mit einer frühzeitigen Zerstörung der Gesamtkonstruktion zu rechnen. In diesem Zusammenhang ist auch die *Wasserempfindlichkeit* von Füllern zu nennen, die im Wesentlichen durch im Füller enthaltene Fremdstoffe – wie beispielsweise tonigen Anteilen – bedingt ist. Die Affinität zwischen Gesteinskörnungen und Bitumen lässt sich durch einen erhöhten Anteil an Carbonat, vor allem aber durch Calciumhydroxidanteile im Füller verbessern.

Sollen Füller aus Recyclingbaustoffen oder industriellen Nebenprodukten im Asphalt Verwendung finden, so sind zumindest die aufgeführten und in den TL Gestein-StB verankerten Prüfungen durchzuführen. Je nach Art des Materials sind zusätzliche Prüfungen, z.B. der Glühverlust bei Steinkohleflugaschen, erforderlich.

2.5.4 Besondere Eigenschaften von Gesteinskörnungen

Je nach Einsatzort können zusätzliche Anforderungen an die Gesteinskörnungen gestellt werden. So werden aufgrund architektonischer Erfordernisse häufig Gesteine einer bestimmten Farbe oder Oberflächenbeschaffenheit für die Verwendung im Asphalt gefordert. Diesen Wünschen kann in der Regel aufgrund des vielfältigen Angebotes und der fortgeschrittenen Aufbereitungstechnik weitgehend entsprochen werden.

Aus technischen und wirtschaftlichen Erwägungen heraus besteht vor allem in Tunnelstrecken oder im innerstädtischen Bereich die Forderung nach hellen Gesteinskörnungen. Mit hellen Gesteinen lassen sich erhebliche Kosten bei der Be- bzw. Ausleuchtung einsparen. Zudem tragen sie bei diesen Einsatzfeldern zur Verkehrssicherheit bei. Zu bedenken bleibt aber, dass vor allem künstliche Aufhellungsstoffe eine geringe Festigkeit im Schlagversuch aufweisen und sich somit auch bei der Verdichtung verfeinern. Dies ist bei der Erstellung der Erstprüfung zu berücksichtigen.

2.6 Anforderungen an Gesteinskörnungen

2.6.1 Allgemeines

Die Anforderungen an die Gesteinskörnungen, die in Asphalt Verwendung finden sollen, sind in den „Technischen Lieferbedingungen für Asphaltmischgut für den Bau von Verkehrsflächenbefestigungen" (TL Asphalt-StB) und teils in den „Zusätzlichen Technischen Vertragsbedingungen und Richtlinien für den Bau von Verkehrsflächenbefestigungen aus Asphalt" (ZTV Asphalt-StB) festgeschrieben.

Diese Regelwerke beziehen sich hierbei auf das „Grundangebot", das die „Technischen Lieferbedingungen für Gesteinskörnungen im Straßenbau" (TL Gestein-StB) vorgeben. In den TL Gestein-StB sind die entsprechenden Auswahlmöglichkeiten u. a. für die Anwendungsfälle „Schichten ohne Bindemittel", „Asphalt" und „Beton und hydraulisch gebundene Schichten" enthalten. Aus diesem Gesamtangebot werden die erforderlichen Anforderungswerte entnommen.

Am Beispiel des Widerstandes gegen Zertrümmerung (Schlagversuch und Los-Angeles-Versuch) soll die Umsetzung der in den TL Gestein-StB angegebenen Kategorien in die Anforderungswerte der TL Asphalt-StB veranschaulicht werden. Die Kategorien sind in *Tabelle 2.4* wiedergegeben. Wie bereits ausgeführt, werden in Deutschland derzeit die Schlagzertrümmerungswerte herangezogen, zur Bewertung von Gesteinskörnungen, die im Ausland produziert und nach Deutschland geliefert werden, sind auch Los Angeles-Koeffizienten in den TL Asphalt-StB angegeben.

Schlagversuch		Los-Angeles-Versuch	
Schlagzertrümmerungswert	Kategorie *SZ*	Los Angeles-Koeffizient	Kategorie *LA*
≤ 18	SZ_{18}	≤ 20	LA_{20}
≤ 22	SZ_{22}	≤ 25	LA_{25}
≤ 26	SZ_{26}	≤ 30	LA_{30}
≤ 32	SZ_{32}	≤ 40	LA_{40}
≤ 35	SZ_{35}	≤ 50	LA_{50}
keine Anforderung	SZ_{NR}	keine Anforderung	LA_{NR}

Tabelle 2.4 Auszuwählende Kategorien für den Widerstand gegen Zertrümmerung (Schlagversuch und Los-Angeles-Versuch)

Gestein/ Gesteinsgruppe	Rohdichte ρ_R	Widerstand gegen Zertrümmerung	
		SZ_{SP} (8/12,3)	*LA* (10/14)
	Mg/m³	Kategorie	
Granit, Granodiorit, Syenit	2,60–2,80	SZ_{26}	LA_{30}
Diorit, Gabbro	2,70–3,00	SZ_{22}	LA_{25}
Basalt, Melaphyr	2,85–3,05	SZ_{22} 1)	LA_{25}
Diabas	2,75–2,95	SZ_{22} 1)	LA_{25}
Kalkstein, Dolomitstein	2,65–2,85	SZ_{32} 2)	LA_{30}
Grauwacke, Quarzit	2,60–2,75	SZ_{26}	LA_{30}
Gneis, Amphibolit, Serpentinit	2,65–3,10	SZ_{26}	LA_{30}
Kies, gebrochen	2,60–2,75	SZ_{26}	LA_{30}
Kies, rund	2,55–2,75	SZ_{35}	LA_{40}

1) es sind nur *SZ*-Werte bis maximal 20 M.-% zulässig
2) es sind nur *SZ*-Werte bis maximal 28 M.-% zulässig

Tabelle 2.5 Gesteinsspezifische Rohdichten und Widerstände gegen Zertrümmerung

Die TL Asphalt-StB sehen für die verschiedenen Asphalte die nachfolgend aufgeführten Mindestkategorien als Anforderungswerte vor:

Asphaltbeton für Asphalttragschichten (AC T)	Gesteinsspezifische Anforderung gem. Anhang A der TL Gestein-StB
Asphaltbeton für Tragdeckschichten (AC TD)	SZ_{18}/LA_{20}; SZ_{22}/LA_{25}
Asphaltbeton für Asphaltbinderschichten (AC B)	SZ_{18}/LA_{20}; SZ_{22}/LA_{25}
Asphaltbeton für Asphaltdeckschichten (AC D), Splittmastixasphalte (SMA), Gussasphalte (MA)	SZ_{18}/LA_{20}; SZ_{22}/LA_{25} SZ_{26}/LA_{30}
Offenporige Asphalte	SZ_{18}/LA_{20}
Abstreumaterial	SZ_{18}/LA_{20}

Aus der Tabelle ist ersichtlich, dass für die Verwendung in Asphalt nur einzelne Kategorien aus der Gesamtpalette ausgesucht wurden.

Die gesteinsspezifischen Rohdichten und Widerstände gegen Zertrümmerung einiger Gesteine bzw. Gesteinsgruppen sind in *Tabelle 2.5* zusammengestellt.

Bei einigen Kennwerten, z. B. dem Widerstand gegen Polieren, gibt es zusätzlich die Möglichkeit, einen bestimmten Wert zu fordern, der dann als angegebener Wert gekennzeichnet wird (z. B. $PSV_{angegeben}(53)$). Die in diesem Fall in den TL Gestein-StB enthaltenen Kategorien sind in *Tabelle 2.6* wiedergegeben.

Tabelle 2.6 Auszuwählende Kategorien für den Widerstand gegen Polieren

Widerstand gegen Polieren (*PSV*)	Kategorie *PSV*
≥ 50	PSV_{50}
≥ 44	PSV_{44}
Zwischenwerte und solche < 44	$PSV_{angegeben}$
keine Anforderung	PSV_{NR}

2.6.2 Anforderungen an Gesteinskörnungen

Die Eigenschaften und geforderten Kategorien der Gesteinskörnungen für Asphalt sind in *Tabelle 2.7* wiedergegeben. In dieser Tabelle wird zwischen den verschiedenen Anwendungsbereichen (Asphaltarten) unterschieden. In den TL Asphalt-StB werden die in Abhängigkeit von der Verkehrsbeanspruchung und der Asphaltsorte maßgebenden Kategorien ausgewählt und festgeschrieben. Da in den TL Asphalt-StB teilweise auch noch Auswahlmöglichkeiten bestehen, liegt die letzte Entscheidung beim Ausschreibenden.

2.6.3 Bezeichnung der Gesteinskörnungen

Gesteinskörnungen müssen im Sortenverzeichnis anhand folgender Angaben identifiziert werden können:

- Vorkommen und Hersteller – bei Zwischenlagerung sind sowohl das Vorkommen als auch das Lager anzugeben,
- Art der Gesteinskörnung,
- Korngruppe/Lieferkörnung,
- Anforderungskategorien bzw. angegebene Werte.

Die Notwendigkeit weiterer Angaben hängt von der jeweiligen Situation und dem Verwendungszweck ab, z. B.

- eine Kennziffer in Bezug auf Bezeichnung und Beschreibung,
- alle sonstigen zur Identifizierung einer bestimmten Gesteinskörnung erforderlichen Angaben.

Tabelle 2.7 Eigenschaften und geforderte Kategorien der Gesteinskörnungen für Asphalt

Eigenschaft		Anwendung für					
TL Gestein-StB[*]; Abschnitt Nr.		AC T	AC TD	AC B	AC D, SMA, MA	PA	Abstreumaterial
2.1.1	Stoffliche Kennzeichnung	ist anzugeben					
2.1.2	Rohdichte	ist anzugeben					
2.2	**Grobe und feine Gesteinskörnungen**						
2.2.2	Korngrößenverteilung (KGV)						
	Korngruppen/Lieferkörnungen gem. Tab. 2	G_F85 (Zeile 2); G_A85; $G_C90/20$; $G_C85/20$ (Zeilen 24 und 25)		G_F85 (Zeile 2); $G_C90/10$ (Zeile 3); $G_C90/15$ (Zeilen 4 bis 7)			G_F85 (Zeile 2); $G_C90/10$ (Zeile 3); für Lieferkörnungen 1/3, 2/3 und 2/4 gelten: $G_C90/10$
	Zusammengefasste Korngruppen gem. Tab. 3; Gesteinskörnungsgemische d=0 und D>8mm	$G_C90/15$; G_A85; $G_{20/15}$; $G_{20/17,5}$		-			
	Toleranz für KGV gem. Tab. 4	$G_{TC}NR$					
2.2.3	Gehalt an Feinanteilen gem. Tab 5	für 0/2 und 0/5: ist anzugeben; für 2/5 bis 8/11: f_2; für 8/16 und größer: f_1		für 0/2: ist anzugeben; für 2/5 bis 8/11: f_2; für 11/16 und 16/22: f_1			für 0/2: f_3; für 1/3, 2/3, 2/4 und 2/5: $f_{0,5}$; f_1; f_3
2.2.4	Qualität d. Feinanteile gem. Tab. 6	Zeile 1					-
2.2.5	Kornform von groben Gesteinskörnungen	SI_{50}/FI_{50}		SI_{20}/FI_{20}		SI_{15}/FI_{15}	SI_{NR}/FI_{NR}
2.2.6	Anteil gebrochener Kornoberflächen	C_{NR}; $C_{50/30}$; $C_{90/1}$		$C_{90/1}$; $C_{95/1}$; $C_{100/0}$		$C_{100/0}$	$C_{90/1}$ [a)]
2.2.7	Fließkoeffizient der Korngruppe 0/2	E_{CS} angegeben; E_{CS} NR; E_{CS} 30; E_{CS} 35				E_{CS} 35	E_{CS} NR
2.2.9	Widerstand gegen Zertrümmerung	Anhang A, TL Gestein-StB [*)]		SZ_{10}/LA_{20} SZ_{22}/LA_{25}	SZ_{18}/LA_{20} SZ_{22}/LA_{25} SZ_{26}/LA_{30}	SZ_{18}/LA_{20}	SZ_{18}/LA_{20}
2.2.10	Widerstand gegen Polieren	PSV_{NR}	$PSV_{NR;}$ $PSV_{angegeben;}$ $PSV_{angegeben}(42)$	PSV_{NR}	$PSV_{NR;}$ $PSV_{angegeben}(42)$ $PSV_{angegeben}(48)$ $PSV_{angegeben}(51)$	$PSV_{angegeben}(54)$	$PSV_{angegeben}(42)$ $PSV_{angegeben}(48)$ $PSV_{angegeben}(51)$
2.2.14.1	Wasseraufnahme	$W_{cm}0,5$					
2.2.14.2	Widerstand gegen Frostbeanspruchung	F_4	F_1				
2.2.14.3	Widerstand gegen Frost-Tausalz-Beanspruchung	-	≤ 8 M.-% [b)] Absplitterung	-	≤ 8 M.-% [b)] Absplitterung		
2.2.15	Widerstand gegen Hitzebeanspruchung	ist anzugeben					
2.2.16	Affinität	ist anzugeben					
2.2.17	„Sonnenbrand“ bei Basalt	SB_{SZ}/SB_{LA}					
2.2.18	Organische Verunreinigungen	$m_{LPC}0,10$					
2.2.19.1	Dicalciumsilikat-Zerfall bei HOS oder GKOS	kein Zerfall				-	
2.2.19.2	Eisenzerfall bei HOS oder GKOS	kein Zerfall				-	
2.2.19.3	Raumbeständigkeit bei SWS	$V_{3,5}$					-
2.2.19.4	Raumbeständigkeit bei GRS	Q≤1,3 Vol.-%	-				
2.3	**Füller**						
2.3.1	Korngrößenverteilung Füller	Tabelle 26					
2.3.2	Schädliche Feinanteile	ist anzugeben					
2.3.3	Wassergehalt	≤ 1 M.-%					
2.3.4.1	Hohlraumgehalt (Rigden)	$V_{28/45}$; $V_{44/55}$					
2.3.4.2	Erhöhung EP	$\Delta_{R\&B}8/25$; $\Delta_{R\&B}25$					
2.3.5	Wasserlöslichkeit	WS_{10}					
2.3.6	Wasserempfindlichkeit	ist anzugeben					
2.3.7	Carbonatgehalt Kalksteinfüller	CC_{70}; CC_{80}; CC_{90}					
2.3.8	Calciumhydroxidgehalt	Ka_{10}; Ka_{20}; Ka_{25}					
2.4	**Umweltrelevante Merkmale**	siehe Abschnitt 2.4 und Anhang D der TL Gestein-StB					

[a)] Prüfung an der Lieferkörnung 5/8

[b)] bei Frosteinwirkungszone III (RStO 01) ≤ 5 M.-%

[*)] TL Gestein-StB 04, Ausgabe 2004/Fassung 2007

2.7 Gesteinsprüfungen

Asphaltgemische für den Straßenbau bestehen zu 92–96 M.-% aus Gesteinskörnungen. Je nach Art des Asphaltmischguts ist die Zusammensetzung der Gesteinskörnung sehr unterschiedlich. Sie reicht von sehr standfesten, sehr offenen und extrem grobkörnigen Gemischen bis hin zu sehr dichten und somit meist auch sehr füllerhaltigen Zusammensetzungen.

Die Gesteinskörnungen werden zunächst bei der Herstellung (Trocknung der Gesteine) mit starker Hitze beaufschlagt, dann erfolgt der Einbau mit Schlagbeanspruchung im Fertiger und vor allem beim Verdichten (Walzasphalte). Auf die Straße wirken dann während der Gebrauchsdauer u. a. klimatische Einflüsse, Wasser, Frost, Verkehr (Belastung und Abrieb), Verschmutzungen und Wind ein.

Asphalte können wiederverwendet werden und sind somit immer wieder dem Kreislauf wie Fräsen, Brechen/Granulieren, Trocknen, Mischen, Einbauen und Verdichten ausgesetzt.

Zur Beurteilung der Gesteinskörnungen für die jeweiligen Verwendungszwecke sind in den den Europäischen Prüfnormen entsprechenden TP Gestein-StB die nötigen Prüfverfahren fixiert.

2.7.1 Schlagprüfung

■ **Schlagprüfung an Gesteinskörnungen der Kornklasse 8/12,5 mm**
(DIN EN 1097-2, TP Gestein-StB, Teil 5.1.2)

„Der Wert SZ (Schlagzertrümmerungswert) ist ein Maß für den Widerstand von Gesteinskörnungen gegen Zertrümmerung durch Schlagbeanspruchung und ist gleich der Summe der Siebdurchgänge in Masseanteilen in Prozent, die bei der Prüfung durch 5 festgelegte Siebe durchgehen, geteilt durch 5."

Zur Bestimmung des SZ-Wertes wird eine Gesteinsprobe einer definierten Körnung (8/12,5 mm) in einem Mörser mit einem Stempel abgedeckt und der Beanspruchung eines Fallhammers (10 Schläge) ausgesetzt. Der Fallhammer hat eine Masse von 50 kg. Ermittelt wird die Menge des Feinmaterials, das dabei absplittert. Sie wird als Maß für die Widerstandsfähigkeit des Gesteins herangezogen. Dabei gilt: Je geringer die ermittelten Werte sind, umso widerstandsfähiger ist das geprüfte Gestein.

Probenvorbereitung

Die Probe muss in gewaschenem Zustand vorliegen und vor Prüfbeginn zunächst bei (110 ± 5) °C bis zur Massekonstanz getrocknet und dann auf 15–35 °C abgekühlt worden sein.

Der Schlagversuch besteht aus drei Einzelprüfungen.

Durchführung der Prüfung

Die jeweiligen Einzelproben sind so in den Mörser einzugeben, dass ohne Rütteln eine ebene Oberfläche entsteht. Nach dem Auflegen des Stempels auf die Probe wird der Fallhammer 10-mal aus 370 mm Höhe ungehindert auf die Probe fallengelassen. Danach wird die zertrümmerte Probe inklusive aller anhaftenden (Fein-)Teile aus dem Mörser entfernt und in eine Schale gegeben.

Der Siebrückstand ist auf 0,5 g genau zu bestimmen. Bei einer Abweichung von über 0,5 % von der ursprünglichen Masse ist der Versuch zu wiederholen.

Folgende Kennwerte ergeben sich bei der Prüfung:

Schlagkraft	F_{max}	(830 ± 60) kN
Impuls	P	$\int F \cdot dt = (240 \pm 25)\ N \cdot s$
Impulsdauer	t	(510 ± 20) ms

Der Schlagzertrümmerungswert ist nach der folgenden Formel zu berechnen:

$$SZ = \frac{M}{5}$$

M Summe der Siebdurchgänge als Masseanteil in Prozent durch die 5 Analysensiebe

Das Schlaggerät ist alle zwei Jahre durch ein neutrales Institut zu überprüfen.

2.7.2 Los-Angeles-Prüfverfahren (Prall-Abrieb-Prüfung)

■ **Los-Angeles-Prüfverfahren für die Kornklasse 10/14 mm**
(DIN EN 1097-2, TP Gestein-StB, Teil 5.3.1.1)

Das *Los-Angeles-Prüfverfahren* (kurz: *LA-Verfahren*) ist das Referenzverfahren zur Schlagprüfung. Es wird in Streitfällen herangezogen

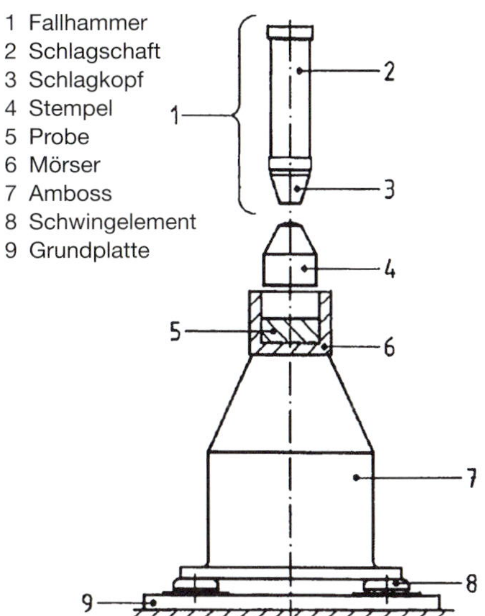

Bild 2.13 Prinzipskizze Schlagzertrümmerungsgerät

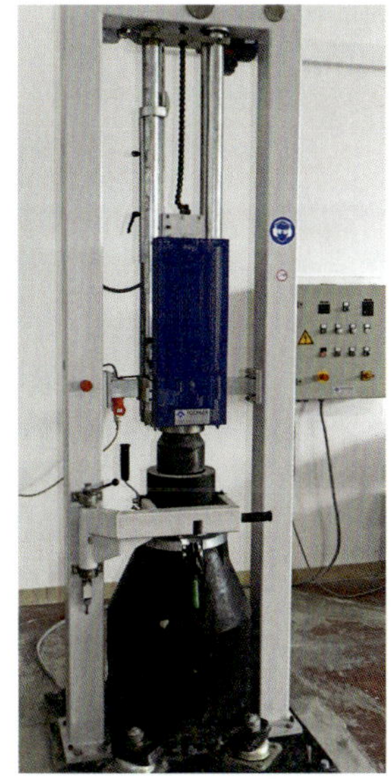

Bild 2.14 Schlagzertrümmerungsgerät

und kann sowohl zur Erstellung von Erstprüfungen als auch zur Werkseigenen Produktionskontrolle verwendet werden.

Als Prüfgerät wird eine Hohltrommel aus Stahl mit dem Innendurchmesser (711 ± 5) mm und einer Innenlänge von (508 ± 5) mm verwendet.

Die Trommel ist an ihren Enden so gelagert, dass sie sich zentrisch um ihre horizontale Achse drehen kann. Innerhalb der Trommel ist eine Mitnehmerleiste von rechteckigem Querschnitt aus Stahl befestigt.

Die Trommel muss kraftschlüssig mit dem Boden, vorzugsweise Betonfundament, verbunden sein.

Zum Prüfen der Körnung 10/14 mm wird eine Kugelladung aus 11 Stahlkugeln, je mit einem Durchmesser von 45 bis 49 mm verwendet. Die Trommel wird mit einer Umdrehungszahl von 31 bis 33 min^{-1} bewegt.

Probenvorbereitung

Die Gesteinsprobe wird in einer sich drehenden Stahltrommel durch aufprallende Stahlkugeln in der Trommel beansprucht.

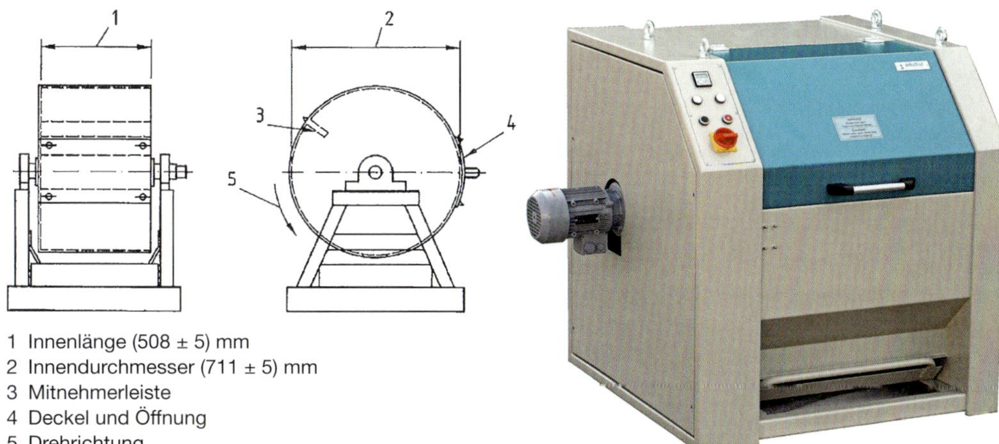

Bild 2.15 Prinzipskizze Los-Angeles-Trommel

Bild 2.16 Los-Angeles-Trommel

Bild 2.17 Los-Angeles-Trommel mit Probenraum

Bild 2.18 Stahlkugeln zur Schlagbeanspruchung in der Los-Angeles-Trommel

Durchführung der Prüfung

Nach dem Einfüllen der Stahlkugeln wird die Gesteinsprobe hinzugegeben. Nach Ablauf der Prüfung ist die Probe auf ein Blech zu schütten.

Alle in der Trommel befindlichen Feinbestandteile sind zu entfernen. Die Stahlkugeln sind vom Gesteinsmaterial zu trennen. Die Gesteinsprobe vom Blech ist auf dem 1,6 mm-Analysensieb zu waschen und abzusieben, der Rückstand ist bei einer Temperatur von (110 ± 5) °C bis zur Massekonstanz zu trocknen.

Der LA-Koeffizient ist gemäß der folgenden Gleichung zu berechnen:

$$LA = \frac{5000 - m}{50}$$

m Masse des Siebrückstandes auf 1,6 mm-Sieb in g

2.7.3 Polierprüfung

Bestimmung des Polierwertes (PSV)
(DIN EN 1097-8, TP-Gestein-StB, Teil 5.4.1)

Der PSV (*polished stone value*) gilt als ein Maß für die Neigung eines Gesteins, im Laufe der Zeit durch die Verkehrsbelastung auf einer Straßenoberfläche durch Fahrzeugreifen abgenutzt, d. h. poliert, zu werden. Dieser Wert wird in einem Labortest gemäß DIN EN 1097-8 ermittelt.

Das Prüfverfahren wird zur Erstprüfung und als Referenzverfahren in Streitfällen sowie zur werkseigenen Produktionskontrolle genutzt.

Ein hoher PSV kennzeichnet eine hohe Polierresistenz, ein geringer PSV eine geringe Polierresistenz des geprüften Gesteins. Das zu prüfende Gestein soll durch das 10 mm-Sieb hindurchgehen, aber vom 7,2 mm-Schlitzsieb zurückgehalten werden.

Es handelt sich um eine zweiteilige Prüfung:

1. Polieren in der Schnellpoliermaschine
2. PSV-Ermittlung durch Griffigkeitsmessung (Polierzustandsermittlung).

Die für diese Prüfung zu verwendende Schnellprüfmaschine, waagerecht auf Beton- oder Steinfundament aufgestellt, besteht aus:

- einem Rad aus Edelstahl („Straßenrad“) mit Einspannvorrichtungen der Probekörper,
- einem Antrieb, der das Rad unter Prüfbedingungen auf eine Drehzahl von (320 ± 5) min^{-1} konstant antreibt,
- zwei vollgummibereiften Rädern (für grobes und feines Schleifmittel mit unterschiedlicher Farbe oder Kennzeichnung), Durchmesser (200 ± 3) mm, Breite (38 ± 2) mm, Härte im Ausgangszustand von (69 ± 3) IRHD nach DIN ISO 7619,
- einer Belastungseinrichtung, die eine freie Gesamtkraft von (725 ± 10) N auf das Voll-

gummirad ausübt, bestehend aus einem Gewichtsstück und einem Hebelarm, und
- Dosiereinrichtungen jeweils für den groben und den feinen Schmirgel (Naturkorund).

Prüfeinrichtung für Griffigkeit (Pendelgerät)

Die Prüfeinrichtung (Pendelgerät) wird gemäß den Konstruktionsplänen des TRL (Transport Research Laboratory), Old Wokingham Road, Crowthorne, Berkshire RG11 6AU, Vereinigtes Königreich, verwendet. Das Gerät besteht aus:

- einem federgespannten Gummigleitkörper, befestigt am Ende des Pendelarms,
- einem freischwingenden Pendelarm,
- einem Zeiger zum Anzeigen der maximalen Auslenkung des Pendels beim Messvorgang auf einer kreisförmigen Messskala,
- einem Gummigleitkörper mit definierten Eigenschaften.

Probenvorbereitung

Die Proben werden der laufenden Produktion des Werkes entnommen.

Proben, die im Labor frisch zerkleinert oder aus Asphaltgemischen zurückgewonnen wurden, dürfen *nicht* zur Konformitätsprüfung herangezogen werden. Die ermittelten Ergebnisse neigen zu Falschaussagen.

Zur Durchführung der Ermittlung des *Polierwertes* (PSV) wird das PSV-Kontrollgestein „Herrenholzer Granit"[1] verwendet. Es handelt sich hier um das alternative PSV-Kontrollgestein zum TRL-Kontrollgestein.[2] Der Griffigkeitsbereich zur Verwendung des Kontrollgesteins reicht von 49 bis 63.

Zunächst werden von jeder Prüfkörnung vier Probekörper aus mit Zweikomponentenharz aufgeklebten Grobkörnern des Gesteines (*Bild 2.22*) und vier Probekörper aus Kontrollgestein hergestellt. Die Probekörper sollen der durchschnittlichen Beschaffenheit der zu untersuchenden Gesteinskörnung entsprechen. Die Gesteinskörner (Anzahl: 36–46) sind so dicht wie möglich anzuordnen und müssen den Boden vollständig bedecken.

Durchführung der Prüfung

Die so auf dem Straßenrad befestigten Gesteinskörner werden (180 ± 5) min lang bei einer Umdrehungsgeschwindigkeit von (320 ± 5) min^{-1} mit einem Naturschmirgel bearbeitet. Dabei wird dem groben Naturkorund mit

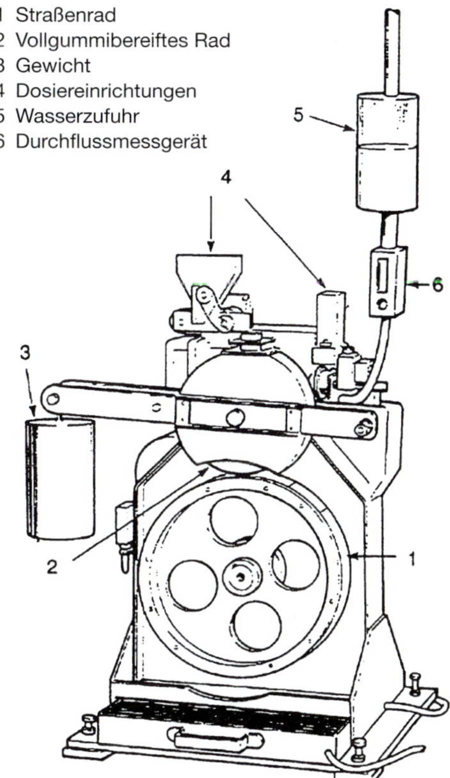

Bild 2.19 Prinzipskizze PSV-Gerät

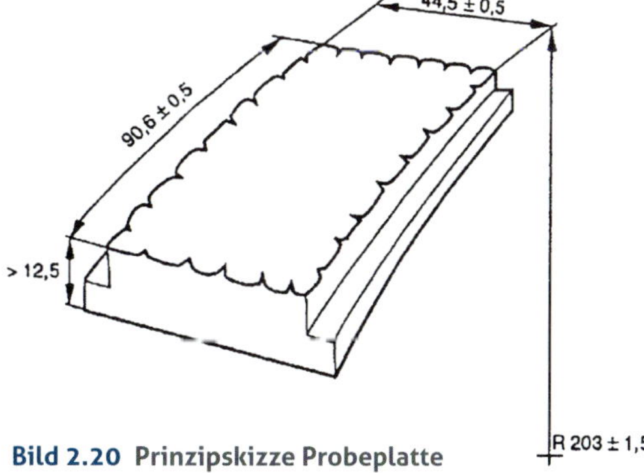

Bild 2.20 Prinzipskizze Probeplatte

1 Der „Herrenholzer Granit" ist über die Technische Universität München (TUM) MPA BAU – Abteilung Baustoffe, Baumbachstr. 7, 81245 München, zu beziehen.

2 Im Streitfall sollte das TRL-Kontrollgestein, Olivinbasalt, ehemals zu beziehen bei dem Transport Research Laboratory (TRL), Old Wokingham Road, Crowthorne, Berkshire RG11 6AU, Vereinigtes Königreich, verwendet werden.

Bild 2.21 PSV-Gerät

Bild 2.22 Probeplatten mit befestigtem Gestein

einer Zufuhrrate von (27 ± 7) g/min kontinuierlich Wasser zugesetzt. Jeweils nach (60 ± 5) min und nach (120 ± 5) min ist der Prüfvorgang zu unterbrechen und der Naturkorund zu entfernen.

Das hellfarbige Rad (fein) wird ebenso mit der Dosiereinrichtung für den feinen Naturkorund eingebaut. Die Poliermaschine läuft dann weitere (180 ± 1) min, dabei wird dem feinen Naturkorund mit einer Zufuhrrate von (3,0 ± 1) g/min kontinuierlich Wasser zugesetzt.

Der ausgebaute und gereinigte, aber noch nasse Probekörper wird anschließend in ein Pendelgerät (*Bild 2.25*) eingespannt und der Reibwiderstand als dimensionslose Zahl im

Bild 2.23 Auf dem Straßenrad befestigte Gesteinskörner

Bild 2.24 Straßenrad, vorbereitet für Beanspruchung mit Gummirad

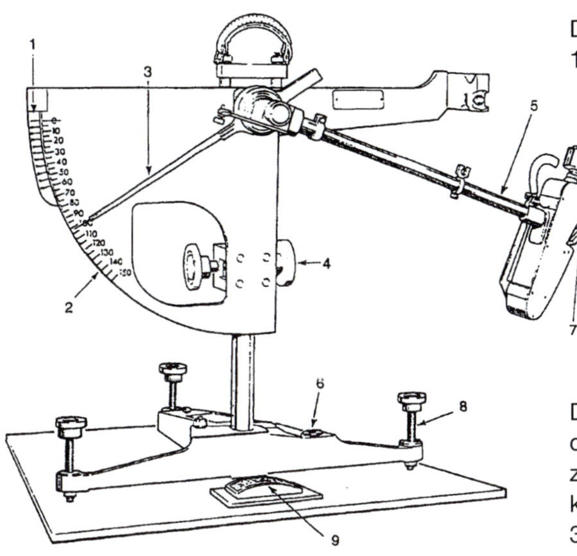

1 F-Skale
2 Messskale
3 Zeiger
4 senkrechte Einstellschraube
5 Pendel
6 Wasserwaage
7 Gummigleitkörper
8 Nivellierschraube
9 Halterung für die Einzelmessprobe

Bild 2.25 Prinzipskizze Pendelgerät

Vergleich zu einem Referenzgestein ermittelt. Die dimensionslose Vergleichszahl ist das Maß für die Griffigkeit des Gesteins.

2.7.4 Abriebprüfung

■ **Bestimmung des Widerstandes gegen Verschleiß (Micro-Deval-Verfahren)**
(DIN EN 1097-1, TP Gestein-StB, Teil 5.5.3)

Das Micro-Deval-Prüfgerät besteht aus 1 bis 4 hohlen Trommeln, Innendurchmesser (200 ± 1) mm, Innenlänge (154 ± 1) mm, aus nichtrostendem Stahl mit einer Mindestdicke von 3 mm, die sich zentrisch um die Mitte der Längsachse drehen. Zur Reibung werden Stahlkugeln nach ISO 3290-1 mit einem Durchmesser von (10 ± 0,5) mm eingesetzt.

Probenvorbereitung

Die Laboratoriumsprobe hat eine Masse von min. 2 kg bei einer Körnung von 10/14 mm. Die Probe muss zunächst aufgeteilt werden, ist dann zu waschen und muss vor Prüfbeginn zunächst bei (110 ± 5) °C bis zur Massekonstanz getrocknet und dann auf 15 °C bis 35 °C abgekühlt werden.

Durchführung der Prüfung

Je Prüfung sind der Trommel Stahlkugeln und Wasser zuzugeben.

Die dann geschlossene Trommel wird einer Drehgeschwindigkeit von (100 ± 5) min^{-1} und einer Gesamtzahl von (12 000 ± 10) Umdrehungen ausgesetzt. Nach Ablauf des Prüfungsganges werden die Gesteine und die Stahlkugeln in einem Behälter sorgfältig aufgesammelt. Die Trommel ist ebenfalls sorgfältig zu reinigen, um auch die mineralischen Bestandteile zurückzugewinnen.

Das Waschwasser mit den zurückgewonnenen mineralischen Bestandteilen und die Gesteinskörnung sind durch ein 8 mm-Schutzsieb auf das 1,6 mm-Sieb zu schütten. Das zurückgebliebene Material wird dann in der Wärmekammer bei (110 ± 5) °C getrocknet. Die anschließend auf dem 1,6 mm-Sieb verbliebene Masse ist mit einer Genauigkeit von 1 g festzuhalten.

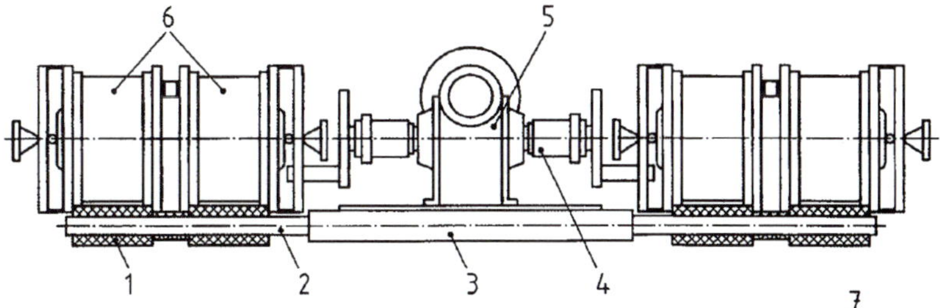

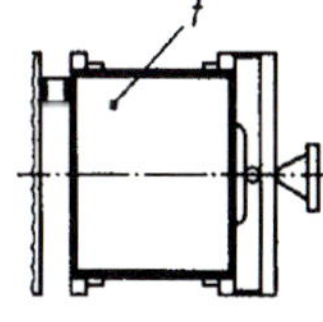

1 Treibrand
2 Feste Welle
3 Rahmen
4 Bewegliche Kupplung
5 Elektrischer Motor und Untersetzunggetriebe
6 Trommeln
7 Querschnitt einer Trommel

Bild 2.26 Prinzipskizze Micro-Deval-Prüfgerät

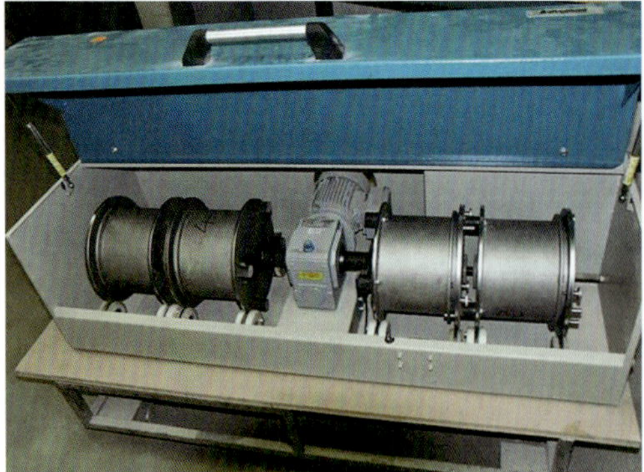

Bild 2.27 Micro-Deval-Prüfgerät

Bild 2.28 Frostkammer

Der Micro-Deval-Koeffizient M_{DE} lässt sich wie folgt berechnen:

$$M_{DE} = \frac{500 - m}{5}$$

M_{DE} Micro-Deval- Koeffizient (in Wasser beanspruchte Probe)

m Masse des Siebrückstandes auf 1,6 mm-Sieb in g

2.7.5 Widerstand gegen Frostbeanspruchung

Widerstand von groben Gesteinskörnungen gegen Frost-Tau-Wechsel

(DIN EN 1367-1, TP Gestein-StB, Teil 6.3.1 und 6.3.2)

Das Prüfverfahren ermöglicht es, Aussagen über das Verhalten von Gesteinskörnungen unter dem Einfluss von zyklischen Frost-Tau-Wechseln zu treffen. Besondere Bedeutung hat die Prüfung u. a. bei der Anwendung von Spezialasphalten auf Flughäfen (besonders wichtig beim Einsatz von Enteisungsmitteln). Es kann auf Gesteinskörnungen mit einer Korngröße von 4 bis 63 mm angewendet werden.

Die Messproben werden bei atmosphärischem Druck mit Wasser getränkt, danach werden sie zehn Frost-Tau-Wechseln ausgesetzt. Die Frosttemperatur beträgt –17,5 °C unter Wasser. Anschließend werden die Proben im Wasserbad bei 20 °C aufgetaut. Nach Beendigung der Prüfprozedur werden die Gesteinskörnungsproben auf Veränderungen wie Risse, Absplitterungen und Festigkeitsveränderungen untersucht.

Frost an einer Gesteinskörnung

Das gewaschene und bei (110 ± 5) °C bis zur Massekonstanz getrocknete Prüfgut ist bei groben Gesteinskörnungen von Überkorn, Unterkorn und anhaftenden Bestandteilen zu befreien. Die vorgesehene Probemenge ist in die genormten Blechdosen einzuwiegen (M_1) und mit entmineralisiertem Wasser so weit aufzufüllen, dass der Wasserspiegel ca. 10 mm über den obersten Körnern steht.

Die Einzelmessproben müssen in den Dosen unter atmosphärischem Luftdruck (24 ± 1) h bei (20 ± 5) °C mit entsprechender Wasserüberdeckung gelagert werden.

Frost mit Tausalzbeanspruchung

Beim Frost-Tau-Wechsel-Versuch mit Taumittel ist statt Wasser eine Prüfflüssigkeit mit einem bestimmten Taumittel-Zusatz zu verwenden (i. d. R. eine einprozentige NaCl-Lösung).

Durchführung der Prüfung

Die vorbereiteten Dosen sind zu verschließen und in die Kästen des Frostschrankes zu stellen. Der Abstand der Behälter untereinander und von den Kastenwänden muss mindestens 50 mm betragen. Sie dürfen sich nicht gegenseitig berühren. Außerdem ist zu gewährleisten, dass keiner der Behälter unter Tauwasserzufluss steht.

In eine in der Mitte eines Kastens stehende Blechdose ist der Temperaturfühler so weit einzutauchen, dass sich der untere Teil des Fühlers in der Gesteinsprobe befindet.

Die Proben werden insgesamt zehn Frost-Tau-Wechseln ausgesetzt.

- Absenkung der Temperatur von (20 ± 5) °C auf 0 bis –1 °C innerhalb von (180 ± 60) min und konstantes Halten der Temperatur für (210 ± 90) min.
- Weitere Absenkung der Temperatur von 0 bis –1 °C auf (–17,5 ± 2,5) °C innerhalb von (180 ± 60) min und konstante Lagerung bei –17,5 °C für mindestens 240 min. Bei manuellem Versuchsablauf ist es auch möglich, eine Unterbrechung von max. 72 h zu realisieren (Wochenende). Die Temperatur sollte dann auch bei –17,5 °C gehalten werden.
- Die Lufttemperatur darf nie unter –22 °C fallen!
- Nach jedem Befrostungsvorgang müssen die Dosen bei ca. 20 °C aufgetaut werden. Dieser Vorgang gilt als abgeschlossen, wenn die Temperatur von (20 ± 3) °C erreicht ist.
- Die einzelnen Frost-Tau-Wechsel müssen jeweils nach 24 h abgeschlossen sein.

Nach Programmende werden die Probebehälter aus dem Frostschrank entnommen, die Proben auf das Analysensieb mit der halben Lochweite der unteren Prüfkorngröße geschüttet und nass abgesiebt.

Der Siebrückstand ist bei (110 ± 5) °C bis zur Massenkonstanz zu trocknen und anschließend zu wägen (M_2).

Bild 2.30 Dose mit gewässertem Prüfgut

Angabe der Ergebnisse

Die Auswertung der Prüfergebnisse erfolgt nach DIN 52104 und DIN EN 1367-1.

Der Frostwert F ist auf 0,1 % Masseanteil gerundet anzugeben.

$$F = (M_1 - M_2) : M_1 \cdot 100$$

M_1 gesamte Ausgangstrockenmasse der drei Einzelproben in g

M_2 gesamte Endtrockenmasse der drei Einzelproben, zurückgeblieben auf festgelegtem Analysensieb, in g

F Prozentualer Masseverlust der drei Einzelproben nach Frost-Tau-Wechsel

Bild 2.29 Dose mit trockenem Prüfgut

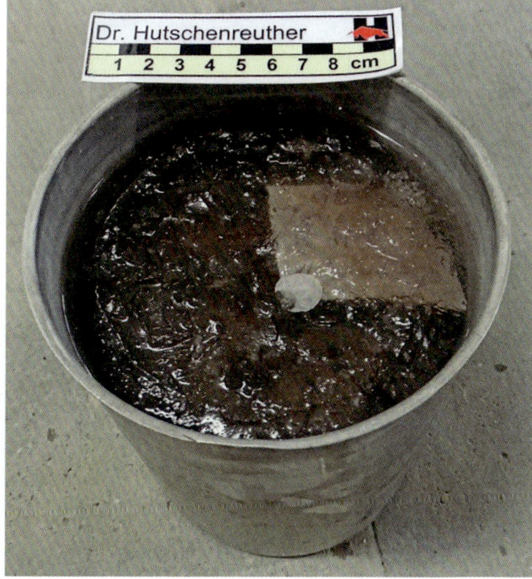

Bild 2.31 Dose mit gefrostetem Prüfgut

2.7.6 Widerstand gegen Hitzebeanspruchung

■ Widerstand von groben Gesteinskörnungen gegen Hitzebeanspruchung (DIN EN 1367-5)

Dieses Prüfverfahren dient als Referenzverfahren für Erstprüfungen und Streitfälle. Es wird für Gesteinskörnungen angewendet, die bei der Asphaltherstellung einer Hitzebeanspruchung ausgesetzt sind.

Bei der Prüfung werden zwei Einzelproben der geforderten Körnung untersucht. Eine der Proben wird gewässert und 3 min lang einer Temperatur von (700 ± 50) °C ausgesetzt. Die durch Hitze beanspruchte Probe wird ebenso wie die zweite Probe, die nicht durch Hitze beansprucht wurde, auf Widerstand gegen Zertrümmerung geprüft. Die Zunahme des Unterkorns bei der Schlagprüfung der mit Hitze beaufschlagten Probe, das durch das 5 mm-Sieb hindurchgeht, wird berechnet.

Die Probenahme erfolgt nach DIN EN 932-1. Die Probenmengen müssen groß genug sein, damit der Widerstand gegen Zertrümmerung (mittels Schlagzertrümmerung oder LA-Verfahren) ordnungsgemäß bestimmt werden kann.

Probenvorbereitung

Die gewaschenen Einzelproben sind bis zur Massekonstanz zu trocknen. Die erste Probe

Bild 2.33 **Prüfblech aus Metall mit erhitztem Gestein, aus dem Ofen genommen**

ist nach dem Wiegen mit M_1 zu bezeichnen und die Masse in g aufzuzeichnen.

Durchführung der Prüfung

Die Probe M_1 ist in einem Behälter mit 20 mm Wasserüberdeckung bei Raumtemperatur für (2 ± 0,5) h zu wässern. Danach ist das Gestein zum Trocknen auf ein wassersaugendes Tuch zu geben und gleichmäßig zu verteilen.

Die Probe ist für (180 ± 5) s bei (700 ± 50) °C zu erhitzen. Danach werden die Proben zum Abkühlen entnommen.

Nach dem Abkühlen auf Raumtemperatur ist die Kornklasse, die durch das 5 mm-Sieb hin-

Bild 2.32 **Ofen zur Realisierung der 700 °C**

Bild 2.34 Nach Hitzebeanspruchung ausgesiebtes Prüfgut

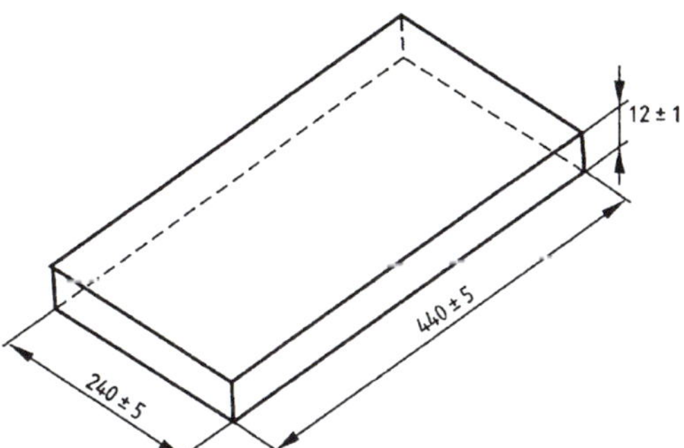

Bild 2.35 Prüfblech aus Metall

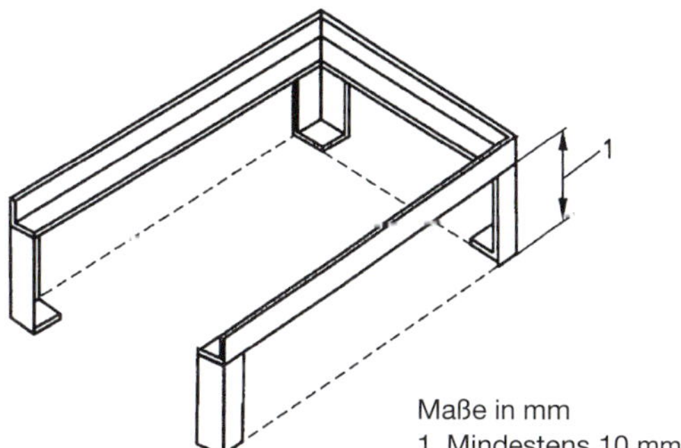

Bild 2.36 Rahmen für Prüfblech

durchgeht, auszusieben und die Masse als M_2 in g aufzuzeichnen.

Bestimmung des Widerstandes gegen Zertrümmerung

Der Widerstand gegen Zertrümmerung ist durch Schlagzertrümmerung oder den LA-Versuch von beiden Proben (mit und ohne Hitzebeanspruchung) zu bestimmen.

2.7.7 Einfluss von Wasser

Wasserempfindlichkeit von Füllern (DIN EN 1744-4)

Das Verfahren bestimmt die Wasserempfindlichkeit von Füllern in bitumenhaltigen Mischungen. Das Maß dafür ist die Volumenzunahme der Mischung aus Bitumen und Füller unter Einfluss von Wasser, z. B. durch Einbau kristallisierten Wassers in Füller.

Eine Mischung aus Bitumen und Gesteinen wird in heißes Wasser gerührt. Falls der Füller aus dem Gemisch austritt, wird er auf Filterpapier wiedergewonnen und gewogen. Das Austreten des Füllers zeigt sich durch eine Trübung des Wassers.

Probenherstellung

Die Probe ist auf 50 g einzuwiegen. Danach ist sie 4 h lang in einer Wärmekammer bei (110 ± 5) °C zu trocknen und für mindestens 90 min im Exsikkator auf Raumtemperatur abzukühlen. Die Probe ist anschließend zu pulverisieren und dann durch das 0,125 mm-Sieb zu geben. Das gesamte Material ist wiederum zu durchmischen und dann die Messprobe m_0 von (10 ± 1) g zu entnehmen.

Durchführung der Prüfung

Eine niedrig viskose Bitumenlösung von (50 ± 0,5) g ist in einen Erlenmeyerkolben zu füllen, die Messprobe ist hinzuzugeben. (100 ± 5) ml entmineralisiertes Wasser sind in einem Messzylinder bereitzustellen

Der Erlenmeyerkolben und der Messzylinder sind zum Temperieren bis zu einer Temperatur von (60 ± 1) °C in einem Wasserbad zu deponieren. Der Inhalt des Erlenmeyerkolbens ist unter der Temperaturkonstanz mit einem mechanischen Rührer (300 ± 5) s zu rühren. Das so bearbeitete Gemisch ist dann für (300 ± 5) s stehen zu lassen.

Aus dem Messzylinder ist das Wasser in den Erlenmeyerkolben abzugießen und wiederum (300 ± 5) s zu rühren.

Zeigt sich eine Füllerabscheidung, so ist der Füller als wasserempfindlich einzustufen, andernfalls ist er als wasserunempfindlich zu betrachten.

Für den Fall der Füllerabscheidung ist der Grad der Wasserempfindlichkeit näher zu bestimmen.

Die Mischung nebst Erlenmeyerkolben ist bis auf die Temperatur, bei der das Gemisch knetbar ist, abzukühlen. Füller und Bitumen sind durch Kneten immer weiter zu separieren. Dieser Vorgang ist so lange zu wiederholen, bis das Wasser beim Waschen klar bleibt.

Der Füller ist durch Filtration und Auswaschen der restlichen Bitumenpartikel mit Lösemittel zurückzugewinnen. Der so gewonnene Füller ist bis zur Massekonstanz bei (110 ± 5) °C zu trocknen.

Die Masse m_2 des restlichen Füllers ist auf 1 mg genau zu bestimmen.

$$W_S = (m_2 - m_1) : m_0 \cdot 100 \qquad [\%]$$

m_0 Masse der Messprobe in g
m_1 Masse des Filtrierpapiers in g
m_2 Masse des Filtrierpapiers und Füllers in g

Wasserempfindlichkeit von feinen Gesteinskörnungen (Schüttel-Abriebverfahren)

(TP Gestein-StB, Teil 6.6.3)

Das *Schüttel-Abriebverfahren* dient der Bestimmung von Haftungsvermögen und Wasseraufnahmefähigkeit/Quellverhalten von feinen Gesteinskörnungen (GK). Die Prüfung besteht aus dem Schütteln der Probekörper unter Wasser. Mit der Bestimmung des Schüttelabriebs ist es möglich, die Eignung von Gesteinskörnungen und Bitumenemulsionen zur Herstellung von dünnen Asphaltdeckschichten in Kaltbauweise und ggf. die Qualität/Einsetzbarkeit von Kaltmischgut für den Einsatz als Reparaturmischgut zu überprüfen. Für die Untersuchung von Kaltmischgütern werden modifizierte Probekörper (*Kornfraktionen*) verwendet. Weiterhin kann die Wirkung einzelner Zusatzstoffe in Abhängigkeit von Art und Menge untersucht werden. Die Probekörper werden aus Gesteinskörnungen der Fraktion 0/2 mm und aus Bitumen hergestellt.

Es werden zwei Prüfreihen (Serie E und F) durchgeführt.

Serie E: Untersuchung von Gesteinskörnung/-körnungsgemisch ausgesiebter Kornklassen

Serie F: Substitution der Kornklasse 0/0,125 mm durch Standard-Kalksteinmehl.[3]

Probenvorbereitung

Die Proben sind bei einer Temperatur von (110 ± 5) °C in einer Wärmekammer zu trocknen. Die Trocknung über offener Flamme oder mittels Infrarot ist unzulässig.

Die Bindemittelmenge B wird entsprechend der Rohdichte ρ_g der Gesteinskörnung wie folgt berechnet:

$$B = 15{,}5 \cdot \frac{2{,}700}{\rho_g}$$

B Bindemittelmenge, gerundet auf 0,1 g
ρ_g Berechnete Rohdichte der Gesteinskörnung

Die Gesteinskörnung ist in einer Stahlschüssel (180 ± 10) min bei einer Temperatur von (150 ± 5) °C zu lagern. Der dazugehörige Bindemittelanteil ist abgedeckt mit Aluminiumfolie oder einem Stahldeckel in einer Porzellankasserolle die letzten (18 ± 2) min in die Wärmekammer zu stellen. Das Bitumen darf nicht mehrmals erhitzt werden.

Das erhitzte Gestein wird dem Bindemittel in der Porzellankasserolle zugegeben und (30 ± 3) s lang vorgemischt. Dann wird die Kasserolle auf eine Hartfaserplatte gestellt und das Mischgut mit einem erhitzten Porzellan-Pistill (150 ± 10) s lang durchgeknetet, anschließend wieder im Luftbad auf (150 ± 5) °C bei ständigem Rühren erhitzt und ein zweites Mal (150 ± 10) s lang durchknetet.

3 Das Standard-Kalksteinmehl ist über die TU München, Centrum für Baustoffe und Materialprüfung, Baumbachstr. 7, D-81245 München, zu beziehen.

Nach dem Abkühlen auf unter 50 °C wird die für jeden Probekörper benötigte Mischgutmenge von (40 ± 0,3) g jeweils in eine 125 ml-Porzellankasserolle eingewogen.

Die auf Raumtemperatur abgekühlten Mischproben werden für (30 ± 2) min in einen mit (150 ± 5) °C temperierten Wärmeschrank gestellt. Das gilt ebenfalls für die Formen und Stempel.

Mithilfe des Trichters wird die Probe in die Verdichtungsform eingefüllt und durch Klopfen leicht vorverdichtet, der Stempel wird aufgesetzt und in die Druckprüfmaschine gestellt. Die Vorschubgeschwindigkeit beträgt (20 ± 3) mm/min bis zum Erreichen einer Kraft von (10 ± 0,5) kN. Danach ist die Probe sofort wieder zu entlasten.

Diese Prozedur erfolgt für den zweiten und dritten Probekörper und muss bis max. 10 min nach Beginn der Verdichtung des ersten Probekörpers abgeschlossen sein.

Nach dem Abkühlen auf 40 bis 80 °C werden die Probekörper (z. B. mit einer Handpresse) ausgeformt und für (24 ± 3) h bei (25 ± 2) °C luftgelagert. Vor den weiteren Prüfungen sind die Probekörper mit feinem Sandpapier zu entgraten.

Durchführung der Prüfung

Wasseraufnahme und Quellung

Die Trockenmasse der drei Probekörper ist zu bestimmen. Danach sind die Probekörper bei (25 ± 2) °C im Wasserbad zu lagern, nach (90 ± 30) min ist eine Unterwasserwägung (m_{WA}) und eine Wägung an der Luft (m_{LA}) durchzuführen (nach DIN EN 12697-6). Das Ausgangsvolumen ($\mathbf{V_A} = m_{LA} - m_{WA}$) ist zu berechnen.

Anschließend sind die Probekörper P1, P2 und P3 in einer Vakuumkammer bei (20 ± 5) °C Wassertemperatur zu lagern. Die Probekörper sind dann weitere (90 ± 30) min bei (25 ± 2) °C unter atmosphärischem Druck im Wasser zu lagern. Danach ist eine Unterwasserwägung (m_{WV}) und eine Wägung an der Luft (m_{LV}) durchzuführen. Das Volumen nach Wasseraufnahme ($\mathbf{V_V} = m_{LV} - m_{WV}$) ist zu berechnen.

Danach werden die Proben P1, P2 und P3 für (72 ± 6) h im Wasserbad bei (25 ± 2) °C gelagert. Im Anschluss ist wiederum eine Unterwasserwägung (m_{WQ}) und eine Wägung an der Luft (m_{LQ}) durchzuführen. Das Volumen nach Quellung ($\mathbf{V_Q} = m_{LQ} - m_{WQ}$) ist zu berechnen.

Die Quellung ist als arithmetisches Mittel aus den drei Einzelwerten P1, P2 und P3, gerundet auf 0,1 Vol.-% anzugeben.

Schüttel-Abrieb

Direkt nach der Bestimmung des V_Q an den Probekörpern P1 bis P3 werden die Probekörper jeweils in einen mit (750 ± 5) ml und

Bild 2.37 Gerät mit Schüttelvorrichtung

Bild 2.38 Form mit Einfülltrichter zur Herstellung der Probekörper

Bild 2.39 Probekörper nach Beanspruchung

Schüttelabrieb in M.-%

100 90 80 70 60 50 40 30 20 10 0

Eigenfüller

Fremdfüller

nicht gewaschen gewaschen

Sandanteil 0/2 aus Vorabsiebung 0/22

Bild 2.40 Resultat nach Verwendung unterschiedlicher Füller

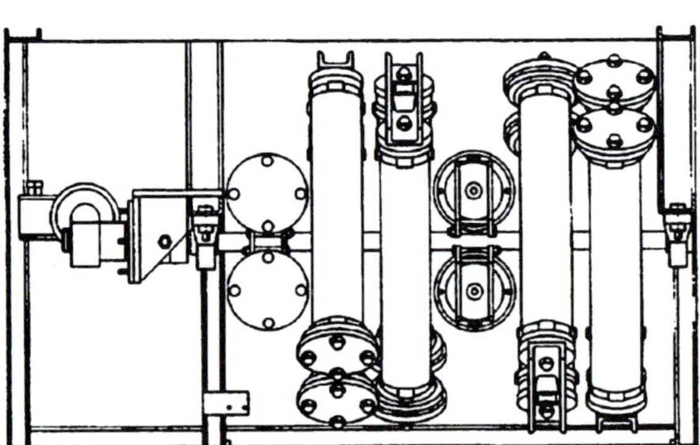

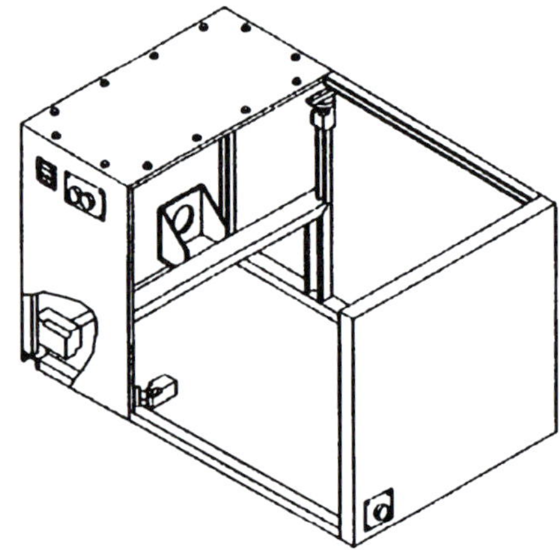

Bild 2.41 Prinzipskizze Schüttelvorrichtung

(25 ± 2) °C warmem Trinkwasser gefüllten Schüttelzylinder gegeben. Die Schüttelvorrichtung wird bei Raumtemperatur mit einer Geschwindigkeit von (20 ± 2) min^{-1} bis zu einer Gesamtzahl von (3600 ± 1) Umdrehungen betrieben. Die Probekörper sind dann sofort aus den Zylindern zu entnehmen und unter fließendem Wasser von losen Teilen zu befreien. Nach dem Abtupfen mit einem feuchten Tuch (Fensterleder) ist die Masse nach Schüttel-Abrieb-Beanspruchung $\mathbf{m_a}$ auf 0,01 g genau zu bestimmen.

Die Rohdichte der zusammengesetzten Gesteinskörnungen mit 0/2 mm und die Wasseraufnahme werden gemäß den TP Gestein-StB, Teil 6.6.3, Abschnitt 6.1 und 6.2 berechnet.

Der Schüttel-Abrieb ist wie folgt zu berechnen:

$$S_A = m_{LQ} - m_S : m_{LQ} \cdot 100 \qquad [M.-\%]$$

S_A Schüttel-Abrieb des Probekörpers, gerundet auf 0,1 M.-%

m_{LQ} Masse des Probekörpers an Luft, nach Wasserlagerung, gerundet auf 0,1 M.-%

m_S Masse des Probekörpers nach Schüttel-Abrieb-Beanspruchung, gerundet auf 0,1 M.-%

Die Präzision des Verfahrens ist nicht bekannt.

2.7.8 Fließkoeffizient

- **Bestimmung des Fließkoeffizienten von feinen Gesteinskörnungen** (DIN EN 933-6)

Die Unterscheidung zwischen *Brechsand* und *Natursand* (Rundkorn) wird gemäß der EN nicht mehr pauschal getroffen (optische Begutachtung). Stattdessen wird die Eignung als versteifendes (Brechsand) oder als verdichtungsförderndes Material (Rundkorn) mithilfe des *Fließkoeffizienten* bestimmt. Dabei wird

	42	
	41	
Brechsande	40	
	39	
	38	≥ 38 s
	37	
	36	
	35	≥ 35 s
	34	
	33	
	32	
	31	
	30	≥ 30 s
	29	
Natursande	28	
	27	≤ 30 s
	26	
	25	

Bild 2.42 Fließkoeffizient, Ergebnisse in [s]

Bild 2.43 Einfüllen des Probesandes

das mit einem Fließkoeffizienten von über 35 s getestete Material als Brechsand bezeichnet, Werte unter 30 s weisen Natursande aus.

Bei der Bestimmung des Fließkoeffizienten nach DIN EN 933-6 handelt es sich um das Referenzverfahren für Erstprüfungen und Streitfälle. Die Referenz-Gesteinskörnung der Kornklasse 0,063/2 mm hat eine Fließzeit von (32 ± 2) s. In Gleichungen zur Berechnung wird die Fließzeit E_{RS} der feinen Referenz-Gesteinskörnung mit 32 s und die Rohdichte (ofentrockene Basis) mit 2,70 Mg/m^3 angegeben.[4]

Durchführung der Prüfung

Bei der ersten Prüfung muss eine Referenzprüfung mit (1 000 ± 2) g Referenzmaterial durchgeführt werden, die danach mindestens einmal jährlich wiederholt werden muss. Die Referenzprobe muss auf einem 0,063 mm-Analysensieb gewaschen und bei (110 ± 5) °C bis zur Massekonstanz getrocknet werden.

Probenvorbereitung

Die Probe muss gewaschen, getrocknet und gesiebt werden. Es werden die Körner verworfen, die auf dem 2 mm-Analysensieb

4 Bezugsquelle der feinen kieselhaltigen Gesteinskörnung aus der Somme-Bucht ist das CERMEMA; Direction territoriale Normandie Centre, Laboratoire Reginal de Rouen.

Bild 2.44 Auslaufen des Probesandes

zurückbleiben, und die Körner, die durch das 0,063 mm-Analysensieb hindurchgehen.

Die Probenmasse M_1 ist zu berechnen und herzustellen gemäß folgender Formel:

$$M_1\ (g) = 1\,000 \cdot \rho_P : 2{,}70$$

ρ_P Rohdichte der ofengetrockneten Probe
2,70 Konstante [Mg/m^3]

Durchführung der Prüfung

Die Probe mit der Masse M_1 wird in den Trichter eingefüllt. Der Verschlusskegel ist zu entfernen und die Messprobe kann in den Aufsatzzylinder fließen.

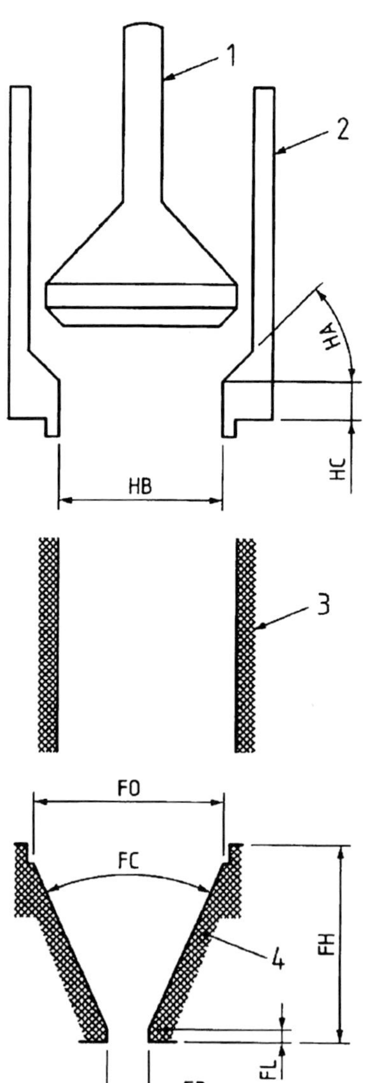

Durch Bewegen der Verschlussplatte wird der Trichter geöffnet, dabei wird gleichzeitig die Stoppuhr gestartet.

Die Durchflusszeit für das gesamte Material E_{CSI} ist auf 0,1 s genau zu bestimmen. Die Prüfungsprozedur ist fünfmal zu wiederholen und aufzuzeichnen. Der ermittelte Mittelwert ist auf die nächste Sekunde aufzurunden und als Fließkoeffizient anzugeben.

Die Bestimmung des Fließkoeffizienten erfolgt auf folgender Berechnungsgrundlage:

$$E_{CS} = E_{csm} + (E_{RS} - E_{cse})$$

E_{csm} Mittelwert der Messproben in s
E_{RS} Fließzeit für Referenzmaterial (LCPC-Referenzmaterial wird mit 32 s angenommen)
E_{cse} Fließzeit für die Referenzmessprobe in s

[Maße in Millimeter]

1 Verschlusskegel
Basisdurchmesser, CSD = (90,0 ± 0,1)
Gesamthöhe = 200

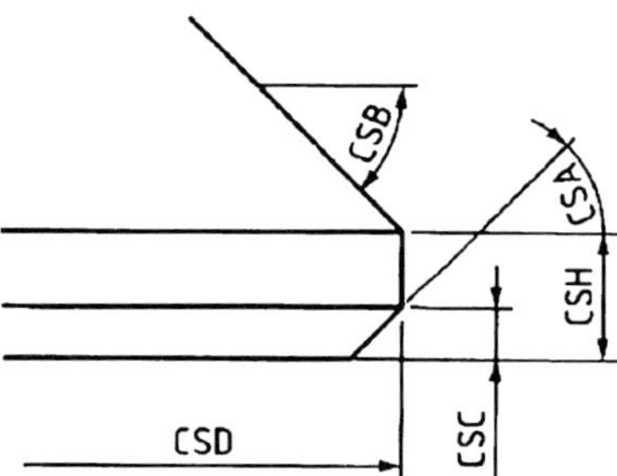

Winkel der Abschrägung, CSA = 45°
Anstiegswinkel der Verschlussseite CSB = 45°
Basishöhe, CSH = 5

Einzelheit der Verschlussbasis

2 Zylindrischer Fülltrichter
Tiefe unter der Abschrägung, HC = (9,0 ± 0,5)
Winkel der Abschrägung, HA = 45°
Innendurchmesser (gesamt), HD = (100 ± 1)
Kleinster Innendurchmesser (Basis), HB = 87,2
Gesamthöhe, HH = 170

3 Aufsatzzylinder
Innendurchmesser, BD = (90,0 ± 0,1)
Innenhöhe, BH = (125 ± 2)

4 Trichter
Oberer Kegeldurchmesser, FO = (90,0 ± 0,1)
Kegelwinkel, FC = (60,0 ± 0,5)°
Unterer Lochdurchmesser, FD = (11,99 ± 0,01)
Randtiefe, FL = (3,0 ± 0,1)
Trichterhöhe, FH = 85

Bild 2.45 Prinzipskizze Gerät zur Bestimmung des Fließkoeffizienten

2.8 Qualitätssicherung bei Gesteinskörnungen

2.8.1 Allgemeines

Mit der Umsetzung der Europäischen Normen hat sich eine wesentliche Änderung in der Qualitätssicherung ergeben. Die bis dahin vorgeschriebene zweimal jährlich durch eine hierfür anerkannte Prüfstelle durchzuführende Güteüberwachung ist entfallen.

An die Stelle der Güteüberwachung ist der Nachweis der Konformität getreten, der gemäß dem System 2+ erfolgt. D. h. der Hersteller muss eine Erstprüfung und eine Werkseigene Produktionskontrolle (WPK), die von einer notifizierten Stelle zertifiziert werden muss, durchführen, um sicherzustellen, dass das Produkt den Anforderungen der Technischen Lieferbedingungen entspricht. Wenn die Anforderungen erfüllt sind, kann das Produkt mit dem CE-Zeichen gekennzeichnet werden. Erst dann darf es in Verkehr gebracht werden.

2.8.2 Erstprüfung

Die Übereinstimmung mit den festgelegten Anforderungen in Form einer Erstprüfung ist festzustellen, wenn:

- aus einem neuen Vorkommen Material für die Herstellung von Gesteinskörnungen verwendet werden soll oder
- erhebliche Veränderungen in der Art der Ausgangsmaterialien oder
- erhebliche Veränderungen in den Aufbereitungsbedingungen eingetreten sind.

Die Ergebnisse der Erstprüfung müssen als Grundlage für die WPK des jeweiligen Produkts aufgezeichnet werden.

2.8.3 Werkseigene Produktionskontrolle

Der Hersteller muss ein entsprechendes System der Werkseigenen Produktionskontrolle (WPK) betreiben. Aus den vom Hersteller geführten Aufzeichnungen muss hervorgehen, welche Verfahren zur Qualitätskontrolle während der Produktion der Gesteinskörnung angewendet wurden. Die WPK muss auf Basis eines Qualitätshandbuches durch eine anerkannte Stelle zertifiziert sein.

2.8.4 Kennzeichnung

Der Lieferschein muss mindestens die folgenden Angaben enthalten:

- Bezeichnung,
- Versanddatum,
- Seriennummer des Lieferscheins,
- Hinweis auf die TL Gestein-StB.

2.8.5 CE-Kennzeichnung

Die CE-Kennzeichnung einschließlich des Begleitdokumentes erfolgt jeweils gemäß Abschnitt ZA.3 im Anhang ZA der DIN EN 13043. *Bild 2.46* zeigt beispielhaft die CE-Kennzeichnung einer Gesteinskörnung für Asphalt.

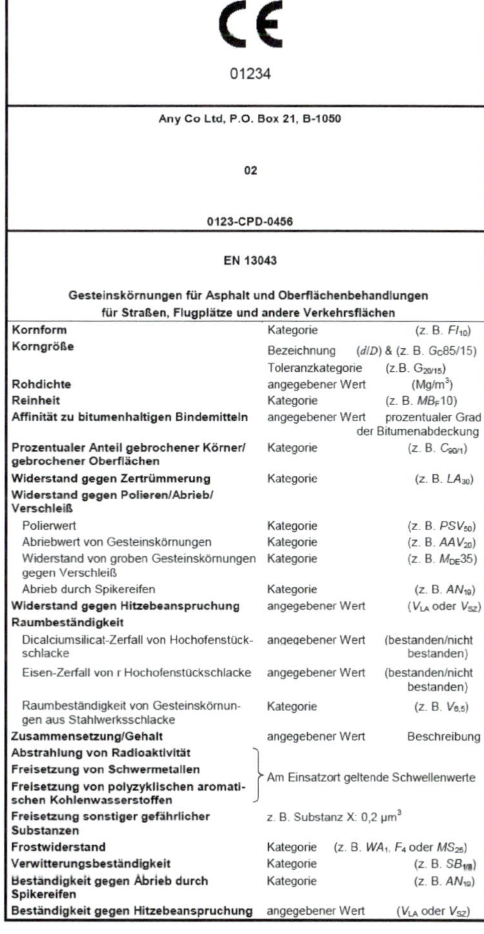

CE

01234

Any Co Ltd, P.O. Box 21, B-1050

02

0123-CPD-0456

EN 13043

Gesteinskörnungen für Asphalt und Oberflächenbehandlungen für Straßen, Flugplätze und andere Verkehrsflächen

Kornform	Kategorie	(z. B. FI_{10})
Korngröße	Bezeichnung	(d/D) & (z. B. $G_C85/15$)
	Toleranzkategorie	(z.B. $G_{20/15}$)
Rohdichte	angegebener Wert	(Mg/m³)
Reinheit	Kategorie	(z. B. MB_F10)
Affinität zu bitumenhaltigen Bindemitteln	angegebener Wert	prozentualer Grad der Bitumenabdeckung
Prozentualer Anteil gebrochener Körner/ gebrochener Oberflächen	Kategorie	(z. B. $C_{90/1}$)
Widerstand gegen Zertrümmerung	Kategorie	(z. B. LA_{30})
Widerstand gegen Polieren/Abrieb/ Verschleiß		
Polierwert	Kategorie	(z. B. PSV_{50})
Abriebwert von Gesteinskörnungen	Kategorie	(z. B. AAV_{20})
Widerstand von groben Gesteinskörnungen gegen Verschleiß	Kategorie	(z. B. $M_{DE}35$)
Abrieb durch Spikereifen	Kategorie	(z. B. AN_{19})
Widerstand gegen Hitzebeanspruchung	angegebener Wert	(V_{LA} oder V_{SZ})
Raumbeständigkeit		
Dicalciumsilicat-Zerfall von Hochofenstückschlacke	angegebener Wert	(bestanden/nicht bestanden)
Eisen-Zerfall von r Hochofenstückschlacke	angegebener Wert	(bestanden/nicht bestanden)
Raumbeständigkeit von Gesteinskörnungen aus Stahlwerksschlacke	Kategorie	(z. B. $V_{6,5}$)
Zusammensetzung/Gehalt	angegebener Wert	Beschreibung
Abstrahlung von Radioaktivität	Am Einsatzort geltende Schwellenwerte	
Freisetzung von Schwermetallen	Am Einsatzort geltende Schwellenwerte	
Freisetzung von polyzyklischen aromatischen Kohlenwasserstoffen	Am Einsatzort geltende Schwellenwerte	
Freisetzung sonstiger gefährlicher Substanzen	z. B. Substanz X: 0,2 μm^3	
Frostwiderstand	Kategorie	(z. B. WA_1, F_4 oder MS_{25})
Verwitterungsbeständigkeit	Kategorie	(z. B. SB_{18})
Beständigkeit gegen Abrieb durch Spikereifen	Kategorie	(z. B. AN_{19})
Beständigkeit gegen Hitzebeanspruchung	angegebener Wert	(V_{LA} oder V_{SZ})

Bild 2.46 CE-Kennzeichnung einer Gesteinskörnung für Asphalt

Grundlagen des Asphaltstraßenbaus

Der Baustoff Asphalt findet im Straßenbau Anwendung in den einzelnen Konstruktionsschichten, wie:

- Asphalttragschicht,
- Binderschicht,
- Deckschicht,
- Tragdeckschicht,
- Sonderkonstruktionen (wasserdurchlässige Konstruktionen u. ä.).

Die Straße wird anhand von statistischen Erhebungen und Prognosen bezüglich der Verkehrsbelastung und Berechnungsannahmen zu Schichteigenschaften und Untergrund bemessen. Die Gesamtkonstruktion wird durch Regelwerke bestimmt. Der standardisierte Oberbau von Straßenverkehrsflächen innerhalb und außerhalb geschlossener Ortschaften wird in den „Richtlinien für die Standardisierung des Oberbaues von Verkehrsflächen (RStO)“ festgelegt. Daneben besteht die Möglichkeit der Dimensionierung von Verkehrsflächenbefestigungen mit rechnerischen Verfahren nach den „Richtlinien zur rechnerischen Dimensionierung des Oberbaus“ (RDO Asphalt), die bei höchsten Beanspruchungen zwingend anzuwenden sind.

3.1 Allgemeine Übersicht/Grundlagen

Der ständig steigende Anteil von Schwerlastverkehr bedingt bei den dafür vorgesehenen Straßen eine besondere Sorgfalt bezüglich der Dimensionierung und der Umsetzung der theoretisch ermittelten Kennwerte in der Bauausführung.

Die Verkehrsentwicklung ist in Verbindung mit der konstruktiven Entwicklung der Nutzfahrzeuge zu sehen.

- *Fahrzeugabmessungen:* Seit 1995 gelten neue europaweite Grenzwerte (neu sind: eine max. Lastzuglänge von 18,75 m, eine max. Breite für Containerfahrzeuge von 2,60 m, und für Kfz im Normalaufbau von 2,55 m; die max. Höhe von 4,00 m bleibt konstant).
- *Gesamtgewichte:* Eine europaweite Regelung konnte noch nicht gefunden werden. Der Trend geht bei 6-achsigen Fahrzeugkombinationen zu 48 t Gesamtgewicht.
- *Achslasten:* Die max. Achslast der getriebenen Einzelachse ist bei 11,5 t bzw. die 13-t-Achse geblieben.
- *Bereifung:* Durch die Reifenindustrie wird die Entwicklungsrichtung vom Normalquerschnitts- zum Niederquerschnittsreifen und vom Zwillings- zum Super-Single-Reifen vorangetrieben und somit auch eine Erhöhung der Reifentragfähigkeit betrieben (bis max. Reifenkontaktdruck von 1,1 N/mm^2).
- *Federungssysteme:* Zum großen Teil sind weniger straßenbeanspruchende Systeme im Einsatz. Die weitere Entwicklung zeigt auch in diese Richtung.

Die verstärkte Beanspruchung der Autobahnen und exponierten Bundesstraßen ist im Wesentlichen zurückzuführen auf:

- Zunahme der Belastungshäufigkeit,
- Zunahme der Belastungshöhe,
- Abnahme der Fahrgeschwindigkeiten bei bestimmten Verkehrssituationen:
  - bei verminderten Straßenquerschnitten,
  - in Baustellenbereichen,
  - an Steigungen.

Schon bei der Ausschreibung von Straßenbaumaßnahmen gilt es, auf die vorgenannten Bedingungen zu achten und eine entsprechende Einordnung der Bauabschnitte zu treffen bzw. auf den Belastungsfall abgestimmte Lösungen zu finden.

3.1.1 Straßenaufbau/Dimensionierung

Die Dimensionierung von Straßenbefestigungen verfolgt das Ziel, dem Verkehr geeignete Fahrbahnen zu bieten, die eine möglichst lange Lebensdauer mit möglichst geringen Bau- und Unterhaltungskosten verbinden.

Die Konkretisierung dieser Maximalforderungen bedarf einer breiten Wissensbasis, um die funktionalen Abhängigkeiten von Konstruktion, Materialeigenschaften, Belastung und Klima in hinreichender Tiefe zu erfassen.

Zur Bewältigung dieser Aufgabe sind modellhafte Bilder des Straßenkörpers notwendig, die eine gewisse Vereinfachung ermöglichen. Schon in frühen Zeiten des ingenieurmäßigen Umgangs mit dem Problemfeld Straße

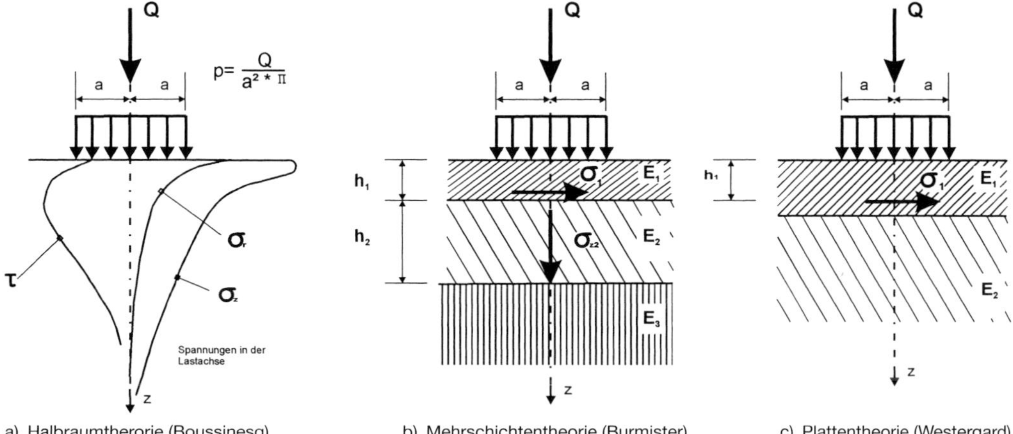

a) Halbraumtherorie (Boussinesq) b) Mehrschichtentheorie (Burmister) c) Plattentheorie (Westergard)

Bild 3.1 Dimensionierungstheorien

hat Boussinesq 1885 den homogenen Halbraum analytisch erfasst. Mit diesem Ansatz sind eigentlich nur Wege aus natürlichem oder hinreichend dick gelagertem künstlichem Material beschreibbar, aber er ist als erster Schritt durchaus brauchbar. Nach den Vorarbeiten von Marguerre (1933) hat Burmister 1943 ein Zweischichtensystem darstellen können, das schließlich 1961 durch Buffler in eine geschlossene Lösung für beliebig viele Schichten überführt wurde. Auf dieser Basis ist eine Vielzahl unterschiedlicher sogenannter Mehrschichtenprogramme wie BISAR (Shell, Niederlande, 1979), CHEVRON (Chevron, USA), ALIZEE (LCPC, Frankreich) entstanden.

Diese gehen von der Annahme einer linear-elastischen, homogenen und isotropen Eigenschaft der einzelnen Schichten aus, die seitlich unbegrenzt sind und gegenüber der darüber oder darunter liegenden Schicht mit variabler Reibung ausgestaltet werden können. Lasten werden als statisch angesehen. Seit der Verfügbarkeit dieser Programme, die sehr schnell arbeiten, werden sie wegen ihrer Einfachheit weltweit eingesetzt. Auch bei dem neuen Ansatz der sogenannten freien Dimensionierung, der vom Bundesministerium für Verkehr und digitale Infrastruktur gefördert wird (RDO Asphalt), ist der Kern ein Mehrschichtenprogramm.

Zur Ermittlung der Reaktionen in der Befestigung durch den Verkehr müssen den einzelnen Schichten mechanische Eigenschaften zugewiesen werden, im Fall der Mehrschichtenprogramme: Elastizitätsmodul und Querkontraktionszahl. Hier deuten sich schon erhebliche Komplikationen an, z. B. die starke Temperaturabhängigkeit des Bitumens und damit des Asphaltes. Die Veränderungen der Materialeigenschaften der Baustoffe sind verbunden mit dem Klima und der Zeit bzw. der Belastungshäufigkeit. Besonders die mechanischen Eigenschaften der Asphalte beinhalten eine Vielzahl dessen, was in rheologische Modelle umgesetzt werden kann: Elastizität, Plastizität und Viskosität, die über Federn, lineare und nichtlineare Dämpfer und Reibungselemente die Beschreibung von Kriechverhalten, Retardation und Relaxation ermöglichen. Darüber hinaus sind die ausgeprägten nichtlinearen Verformungseigenschaften granularer Materialien, die zu ca. 90 % im Asphalt enthalten sind, bedeutsam für die Reaktion des Straßenkörpers auf äußere Belastungen.

Das Bild des Systems Straße in einem Mehrschichtenprogramm stellt somit eine erste, sehr vereinfachte Ebene dar. Zur Einbeziehung aller oben genannten mechanischen Eigenschaften sind wesentlich kompliziertere Modellbildungen erforderlich. Gegenwärtig sind Rechenprogramme in der Entwicklung, die diesen Anforderungen näher kommen. Eine geeignete Basis dazu stellen finite Elemente-Programme dar.

Mit welcher Modellbildung auch gerechnet wird, der Nutzer muss die Entscheidung über

Bild 3.2
Beanspruchung flexibler Straßenkonstruktionen am Beispiel eines 4-Schichtsystems

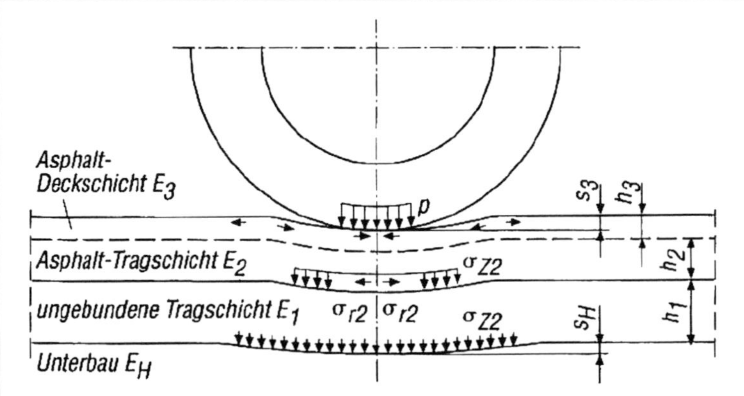

die Sinnfälligkeit der Ergebnisse hinsichtlich der ermittelten Spannungen und Dehnungen eigenständig treffen. Spannungen und Dehnungen bilden die Grundlage für Betrachtungen über die Lebensdauer, seien es die Entwicklungen von Spurrinnen oder das langfristige Ermüdungsverhalten.

Laborversuche wie auch Langzeitbeobachtungen an realen Straßen werden benötigt, um eine Beziehung zwischen der Größe und Häufigkeit einer Beanspruchung und der daraus resultierenden Gebrauchsdauer abzuleiten. Erst die Kombination einer vertrauenswürdigen Ermittlung der Beanspruchung mit zuverlässigen Versagensfunktionen erfüllt den Anspruch einer zuverlässigen Dimensionierung.

Die Mehrschichtentheorie ist für praktische Belange meist ausreichend. Für Dimensionierungen dieser Theorie existieren entsprechend viele und verschiedene Computerprogramme.

Die rechnerische Dimensionierung nach den RDO Asphalt setzt eine ausreichende Frostsicherheit und ein ausreichendes Tragverhalten des Unterbaus voraus. Zur Berechnung sind Eingangswerte hinsichtlich der Verkehrslastkollektive, der klimatischen Bedingungen, der Materialkennwerte und der vorgesehenen Schichtdicken erforderlich. Die Berechnung erfolgt dann über den Nachweis des erforderlichen Widerstands gegen Ermüdung und gegen bleibende Verformung. Zeigt sich bei den Berechnungen kein positives Ergebnis, müssen die Berechnungen mit geänderten Schichtdicken und/oder Materialeigenschaften erneut durchgeführt werden.

Die RStO basiert auf empirischen Annahmen. Die Eigenschaften der Spurrinnenbildung, der Ermüdung der einzelnen Befestigungen und der thermisch induzierten Zugspannungen (kryogene Spannungen) als diskrete und quantifizierte Einflussgrößen sind darin nicht enthalten.

Als Grundlagen für die Ermüdungsberechnungen dienen verschiedene Hypothesen, z. B. die „Mohr'sche" oder „Leon'sche Hypothese" nach Erweiterung von „Hagemann", die unterschiedliche Druck- und Zugfestigkeiten im Asphalt gut beschreiben.

Die unterschiedlichen klimatischen Bedingungen sind durch die Einteilung Deutschlands in Klimazonenen in gewisser Weise berück-

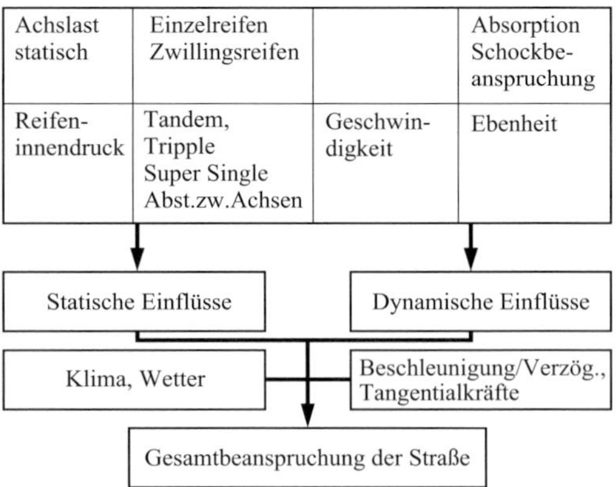

Bild 3.3 Einfluss konstruktiver Parameter der Lastkraftwagen, der Straße und des Klimas auf die Gesamtbeanspruchung der Straße

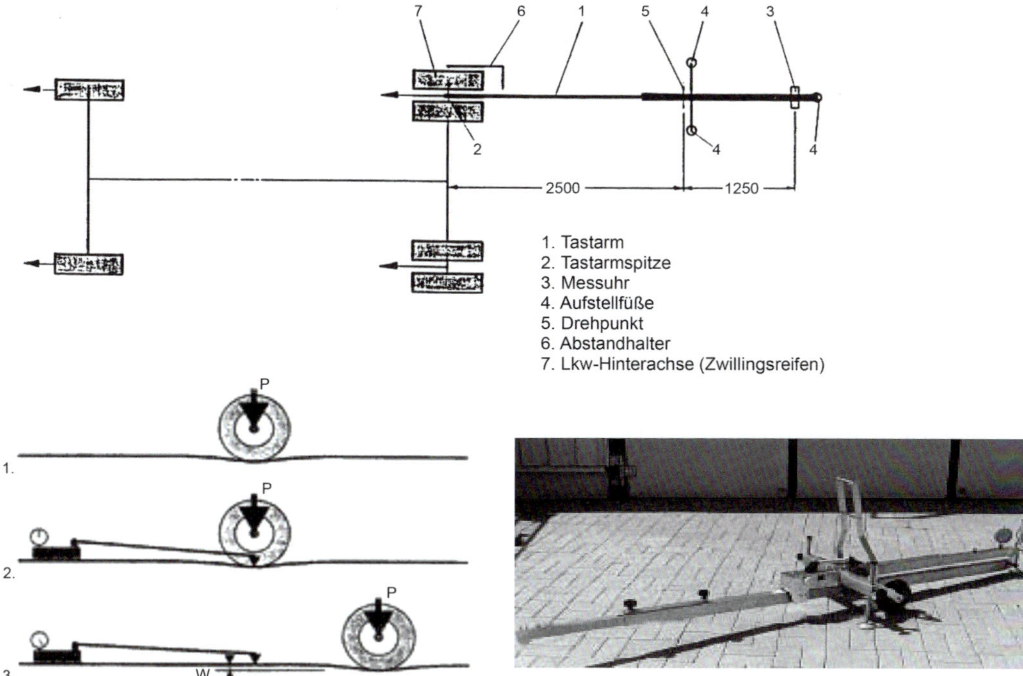

Bild 3.4 Benkelmann-Balken

sichtigt. Zum Aufbau von thermisch induzierten Zugspannungen (kryogenen Spannungen) kann die Abkühlung des Asphaltes führen. Diese erzeugt einen thermischen Schrumpf, der in einigem Abstand vom Fahrbahnrand aufgrund geometrischer Verhältnisse praktisch vollständig behindert wird. Dieser Gefahr der Rissbildung kann durch eine auf Temperaturganglinien basierende Methode der Simulation von Temperaturverteilungen und thermisch induzierten Zugspannungen Rechnung getragen werden.

Die durch die Verkehrsbelastungen erzeugten mechanischen Beanspruchungen sind die Hauptursache für die Änderung der Oberflächeneigenschaften in der Nutzungszeit der Straßenbefestigung.

So treten je nach Art der Befestigung und der Belastung Änderungen in der Mikrotextur (Feinrauheit), Makrotextur (Grobrauheit), Megatextur und der Ebenheit im Längs- bzw. Querprofil auf.

Die Verkehrsbelastung wirkt in der Regel dynamisch (ausgenommen Flächen des ruhenden Verkehrs wie Parkplätze o. ä.).

Möglichkeiten der Tragfähigkeitsmessungen

Die Reaktion einer Straßenbefestigung auf die Einwirkung einer äußeren Belastung wird durch die auftretende Verformungsmulde an der Oberfläche gebildet.

Die Verformungen der Fahrbahnoberfläche infolge definierter Belastungen werden mit statischen bzw. quasi-statischen sowie dynamischen Messverfahren ermittelt.

Der Benkelmann-Balken

Der Benkelmann-Balken besteht aus einem fahrbarem Traggestell und einem Tastarm, der die Vertikalbewegung der Straßenoberfläche auf eine Messeinrichtung überträgt.

Die einzelnen, dazugehörenden Teile sind das fahrbare Traggestell mit drei höhenverstellbaren, gelenkig gelagerten Füßen und vertikal beweglichem, arretierbarem Tastarm, mehreren Messuhren sowie ein regelbarer Vibrator zur Ausschaltung der Lagerreibung des Tastarmes und des Messstiftes. Anstelle der Messuhr kann auch der induktive Wegaufnehmer verwendet werden.

Der Abstand des Tasters vom Tastarmdrehpunkt (240 cm) steht in einem Verhältnis von 2 : 1 zum Abstand der Messuhr vom Drehpunkt (120 cm). Die Entfernung der vorhandenen Aufstandsfüße des Traggestells vom Taster beträgt 240 cm.

Zur Belastung des Messpunktes dient ein Zweiachsfahrzeug, dessen Hinterachse mit Zwillingsreifen versehen ist. Die Versuchsradlast soll 50 KN entsprechen.

Während des Entlastungsvorganges wird, bei stehendem Lastrad, die Tastarmspitze zwischen den Zwillingsreifen positioniert und die Messuhr abgelesen. Danach fährt das Belastungsfahrzeug ca. 5 m vor, damit die von ihm erzeugte Einsenkungsmulde keinen messbaren Einfluss mehr auf die Aufstandpunkte des Messgerätes hat. Sobald das Belastungsfahrzeug zur Ruhe gekommen oder eine vorgegebene Änderungsgeschwindigkeit des angezeigten Wertes erreicht ist, wird die Uhr wieder abgelesen.

Falling Weight Deflectometer (FWD)

Das FWD ist ein dynamisches Messgerät, das die Reaktion der Straßenbefestigung auf einen definierten Kraftstoß punktuell aufzeichnet. Die Kraftmessung erfolgt mit einer über der Lastplatte angeordneten Kraftmessdose.

Die Reaktion der Fahrbahnbefestigung infolge des Kraftimpulses wird im Lastzentrum sowie in verschiedenen Abständen von Geophonen gemessen. Geophone sind Sensoren, mit denen in Abhängigkeit von der Zeit die Schwinggeschwindigkeit gemessen wird, d. h. im Fall des FWD die vertikale Geschwindigkeit an der Oberfläche der Fahrbahnbefestigung.

Aus den mit den Geophonen aufgenommenen Geschwindigkeit-Zeit-Verläufen erhält man durch Integration des Verformung-Zeit-Verlaufs die sogenannte Time-History. Das Messfenster, in dem das Ereignis aufgenommen wird, beträgt 60 ms. Der gesamte Schwingungsvor-

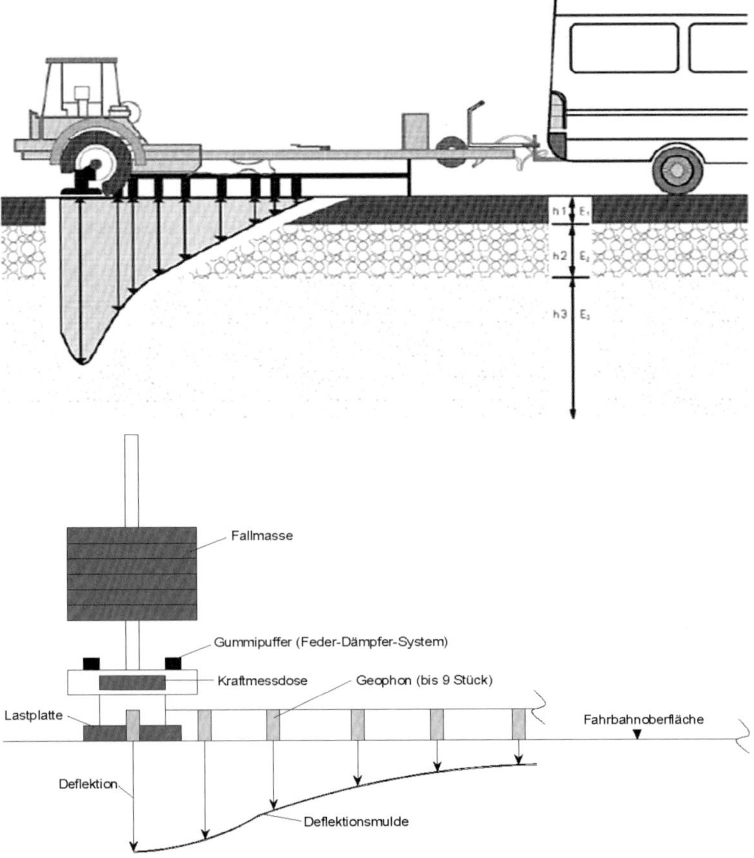

Bild 3.5
Prinzip des Falling Weight Deflectometers

gang der Fahrbahnoberfläche bzw. die gesamte Wellenfortpflanzung wird somit nicht erfasst.

Das Messfenster kann jedoch nicht vergrößert werden, da das zurückprallende Fallgewicht nicht aufgefangen und arretiert werden kann und somit zumindest ein Doppelimpuls entsteht. Neben der Messung des Kraft-Zeit- und Verformung-Zeit-Verlaufs erfolgt an jeder Messstelle automatisch die Messung der Lufttemperatur und der Temperatur der Fahrbahnoberfläche; für die Messung der Temperatur in der Fahrbahnbefestigung ist ein dritter Temperaturfühler mit dem Messsystem gekoppelt.

Die Ergebnisse der Messungen mit dem FWD werden als Streckenbänder der ermittelten bzw. prognostizierten Werte dargestellt. Somit kann eine Unterteilung in homogene Bereiche vorgenommen und aufgezeigt werden, an welchen Stellen bzw. Bereichen und in welchen Schichten des Straßenaufbaues Probleme mit der Tragfähigkeit auftreten.

Wegen des Materials können FWD-Messungen nicht bei Asphalttemperaturen unter 5 °C durchgeführt werden. Die physikalischen Eigenschaften des Asphalts ändern sich bei Temperaturen unter 5 °C drastisch, so dass eine sinnvolle Ermittlung der Steifigkeiten nicht möglich ist. Bei gefrorenem Unterbau/Untergrund sind keine Messungen mit dem FWD-Verfahren möglich.

Neben den dargestellten Verfahren gibt es auch noch weitere Messmethoden, z. B. das Einsenkungsmessgerät Lacroix.

3.1.2 Straßenaufbau

Die Straßenbefestigung ist entsprechend den – von oben nach unten abnehmenden – mechanischen Beanspruchungen schichtweise aufgebaut:

Oberbau:	Decke und Tragschicht(en) einschließlich Frostschutzschicht,
Planum:	Ebene zwischen Untergrund bzw. Unterbau,
Untergrund:	Anstehender, natürlicher Boden nach Abtrag des Mutterbodens,
Unterbau:	Künstlicher Untergrund, angeschüttet und verdichtet (Dammbauweise),
Entwässerung:	Ober- und unterirdisch.

Die RStO lässt für gleiche Belastungsklassen unterschiedliche Bauweisen zu. Die Varianten der Asphaltbefestigungen resultieren aus der Berücksichtigung örtlicher Gegebenheiten, regionaler Erfahrungen, technischer und wirtschaftlicher Gesichtspunkte sowie der Umweltbedingungen, z. B. von:

- örtlich vorhandenen Baustoffen,
- nutzungsbedingten Besonderheiten,
- Verkehrsführung im Bauzustand,
- Ebenheitsanforderungen an die Fahrbahnoberfläche,
- Auswirkung von Erhaltungsmaßnahmen auf Baulastträger und Straßennutzer.

Die RStO unterscheiden sieben von der Verkehrsbelastungszahl abhängige Belastungsklassen.

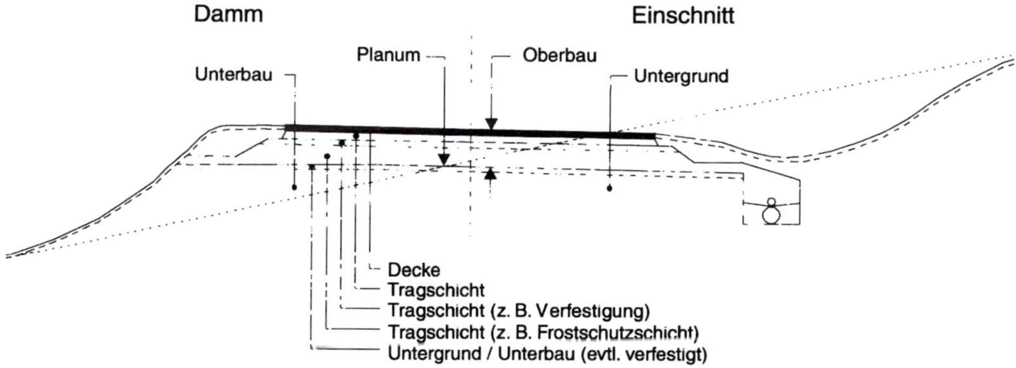

Bild 3.6 Straßenquerschnitt außerhalb geschlossener Ortslage sowie in geschlossener Ortslage mit wasserdurchlässigen Randbereichen – Damm/Einschnitt

Tabelle 3.1 Verkehrsbelastung und zugeordnete Belastungsklassen

Dimensionierungsrelevante Beanspruchung Äquivalente 10-t-Achsübergänge in Mio.				Belastungsklasse
über	32*			Bk100
über	10	bis	32	Bk32
über	3,2	bis	10	Bk10
über	1,8	bis	3,2	Bk3,2
über	1,0	bis	1,8	Bk1,8
über	0,3	bis	1,0	Bk1,0
		bis	0,3	Bk0,3

* Bei einer dimensionierungsrelevanten Beanspruchung größer 100 Mio. sollte der Oberbau mit Hilfe der RDO dimensioniert werden.

Die Verkehrsbelastungszahl wird aus verschiedenen Faktoren berechnet:

- $DTV^{(SV)}$ – durchschnittlicher täglicher Schwerverkehr,
- Faktoren zur Verkehrszunahme während der Prognosezeit (1–3 % jährlich),
- Anzahl der belasteten Fahrstreifen (0,5 bei 2; 0,4 bei 6 und mehr Fahrstreifen),
  - Berücksichtigung der Konzentration des bemessungsrelevanten Schwerverkehrs auf den außen liegenden Fahrstreifen,
- Breite der Fahrstreifen – Fahrbahnstreifenfaktor (1,0 bei 3,75 m; variierend bis 2,0 bei Breiten unter 2,0 m),
  - Berücksichtigung der zunehmenden Konzentration der Überfahrten (N) auf einer Fahrspur mit abnehmender Fahrstreifenbreite,
- Steigungen (z.B. 1,00 bei 2 %, 1,14 bei 6 % und max. 1,45 bei 10 % und größer),
  - Berücksichtigung der Gewichtsverlagerungen bei Steigungsfahrten, zusätzliche Brems- und Antriebskräfte,
- Mehrbeanspruchung infolge der erhöhten Achslasten im Rahmen der EG-Harmonisierung (1,5).

Falls sich die Verkehrsbelastungszahl wegen fehlenden Verkehrsdaten nicht ermitteln lässt, können die Belastungsklassen anhand der Straßentypen ermittelt werden.

Busverkehrsflächen werden den Belastungsklassen nach der *Tabelle 3.3* zugeordnet. Die

Tabelle 3.2 Straßentypen und zugeordnete Belastungsklassen

Typische Entwurfssituation	Straßenkategorie	Belastungsklasse
Anbaufreie Straße	VS II, VS III	Bk10 bis Bk100
Verbindungsstraße	HS III, HS IV	Bk3,2/Bk10
Industriestraße	HS IV, ES IV, ES V	Bk3,2 bis Bk100
Gewerbestraße	HS IV, ES IV, ES V	Bk1,8 bis Bk100
Hauptgeschäftsstraße	HS IV, ES IV	Bk1,8 bis Bk10
Örtliche Geschäftsstraße	HS IV, ES IV	Bk1,8 bis Bk10
Örtliche Einfahrtsstraße	HS III, HS IV	Bk3,2/Bk10
Dörfliche Hauptstraße	HS IV, ES IV	Bk1,0 bis Bk3,2
Quartiersstraße	HS IV, ES IV	Bk1,0 bis Bk 3,2
Sammelstraße	ES IV	Bk1,0 bis Bk 3,2
Wohnstraße	ES V	Bk0,3/Bk1,0
Wohnweg	ES V	Bk0,3

Erfahrung hat gezeigt, dass in den Einzelfällen entsprechend der Verkehrsbelastung geprüft werden muss, ob eine höhere Belastungsklasse, diejenige der angrenzenden Fahrbahn oder entsprechend den Anforderungen an Verkehrsflächen mit besonderen Beanspruchungen gewählt wird, oder ob – im Extremfall – auf Sonderbauweisen zurückgegriffen werden muss.

Man muss damit rechnen, dass in der Apshaltbefestigung die Maximaltemperatur wesentlich höher ist als diejenige, die zur Dimensionierung mittels RStO/Merkblatt Bushaltestellen zugrunde gelegt wurde. Denn es gilt eine Reihe

Tabelle 3.3 Busverkehrsflächen und zugeordnete Belastungsklassen

Verkehrsbelastung	Belastungsklasse
über 1 400 Busse/Tag	Bk100
über 425 Busse/Tag bis 1 400 Busse/Tag	Bk32
über 130 Busse/Tag bis 425 Busse/Tag	Bk10
über 65 Busse/Tag bis 130 Busse/Tag	Bk3,2
bis 65 Busse/Tag*	Bk1,8

* Wenn die Verkehrsbelastung weniger als 15 Busse/Tag beträgt, kann eine niedrigere Belastungsklasse gewählt werden.

von Faktoren zu berücksichtigen, etwa den zunehmenden Einsatz von Niederflurbussen, die den durch verschiedene Systeme (z. B. Klimaanlagen und Katalysatoren) erzeugte Wärme zu einem großen Teil nach unten, auf die Asphaltbefestigung abstrahlen. Zudem ist die Überlagerung mit Klimafaktoren zu beachten, z. B. die Aufeinanderfolge von Sommertagen mit einer maximalen Tagestemperatur von über 35 °C (ohne wesentliche Abkühlung in der Nacht). Hinzu kommt der geringe Luftaustausch durch eingeengte Bauverhältnisse im Haltestellenbereich und eine kurze Taktfrequenz der Buslinien. In den Jahren 2007 und 2008 wurden seitens der EVAG (Erfurter Verkehrsgesellschaft AG) Messungen zur Vorbereitung verschiedener Baumaßnahmen durchgeführt. Hier wurden Temperaturen in der Asphaltbefestigung (Asphaltdeckschicht) von bis zu 80 °C gemessen. Daraus muss man Konsequenzen ziehen und Sonderbauweisen wählen, die nicht mehr durch die RStO, ZTV Asphalt-StB, TL Asphalt-StB und der TL Bitumen-StB abgedeckt werden.

Besondere Beanspruchungen

Unter besonders beanspruchten Verkehrsflächen werden Flächen eingeordnet, die durch Busse und Lkw-Schwerverkehr besonders belastet werden, wie z. B.

- spurfahrender Schwerverkehr,
- Steigungsstrecken,
- langsam fahrender Schwerverkehr,
- häufige Brems- und Beschleunigungsvorgänge (z. B. vor Lichtzeichenanlagen, Verkehrszeichen) in Kreuzungs- und Einmündungsbereichen,
- Standverkehr (z. B. Busverkehrsflächen, Parkflächen),
- extreme klimatische Einflüsse (Südhanglage, hohe Temperaturen über längere Zeiträume).

Die Wettereinflüsse, vornehmlich Temperatureinflüsse, auf die Asphaltoberfläche können in exponierten Lagen ein entscheidender Einflussfaktor für das Entstehen von Spurrinnen oder Rissen sein. In Deutschland wurden schon Oberflächentemperaturen registriert, die den Maximalwert von 65 °C erreichten und damit mehr als 30 °C über der gemessenen Lufttemperatur lagen. Neben starkem Schwerverkehr und ungünstiger Zusammensetzung des Asphaltes liegen hier häufig die Ursachen zur Spurrinnenbildung.

Im Winter haben die Fahrbahnoberflächen, insbesondere bei hohen Windgeschwindigkeiten und bei kleinen relativen Luftfeuchten, geringere Temperaturen als die umgebende Luft. In einigen Regionen Deutschlands können dabei Temperaturen bis zu –25 °C erreicht werden. Unter diesen Temperaturbedingungen ist der Asphalt besonders rissempfindlich.

Die Temperaturschwankungen der Asphaltbefestigung haben ihre Maximalwerte im Bereich der Fahrbahndecke, wo der Temperaturaustausch mit der Luft erfolgt.

Die genannten Bedingungen sind unbedingt zu berücksichtigen bei der Auswahl der Belastungsklasse bzw. bei der Modifizierung der Asphaltbefestigung hinsichtlich der Verstärkung von Schichten, Rezeptierung (Bindemittelmenge, Bindemittelart, Zusammensetzung des Gesteinskörnungsgemisches, Gesteinsart) und der Art der Asphaltschichten.

Dicke des frostsicheren Oberbaus

Für die Gesamtdicke der Straßenbefestigung ist die Beschaffenheit und somit Frostempfindlichkeit des Untergrundes/Unterbaus maßgebend.

Die aus der Frostempfindlichkeit resultierende Mindestdicke des Unterbaus richtet sich nach:

- Frostempfindlichkeitsklassen, festgelegt gemäß der ZTV E-StB,
- Richtwerten für die Dicke des frostsicheren Straßenaufbaus,
- Mehr- oder Minderdicken infolge örtlicher Verhältnisse.

Die Richtwerte für die Dicke des frostsicheren Straßenaufbaus sind abhängig von den örtlichen Verhältnissen wie:

- Art der Frosteinwirkungszonen,
- Lage der Gradiente (Einschnitt, Damm, Anschnitt, geschlossene Ortslage),

Tabelle 3.4 Richtwerte für die Dicke des frostsicheren Straßenaufbaus

Frostempfindlichkeitsklasse	Dicke in cm bei Belastungsklasse		
	Bk100 bis Bk10	Bk 3,2 bis Bk1,0	Bk0,3
F2	55	50	40
F3	65	60	50

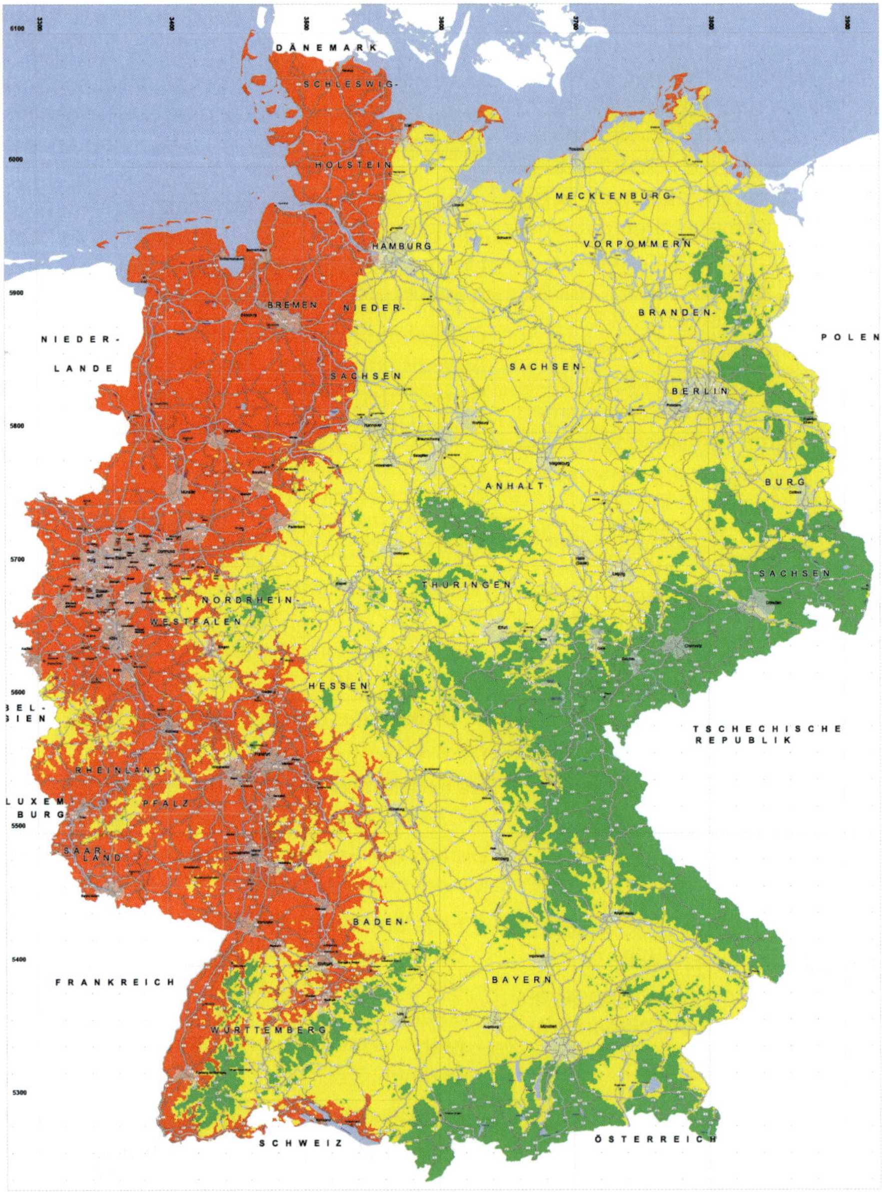

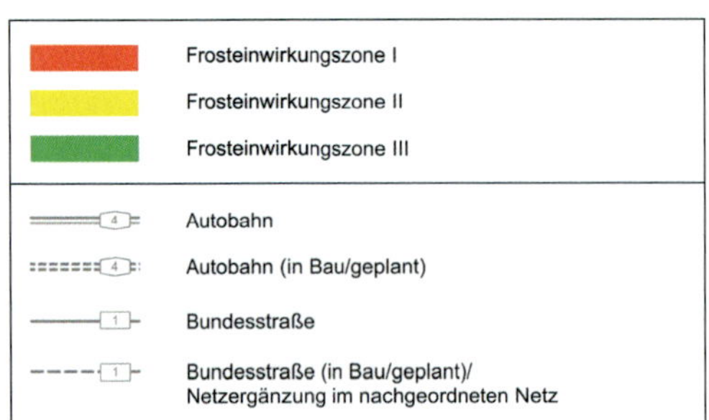

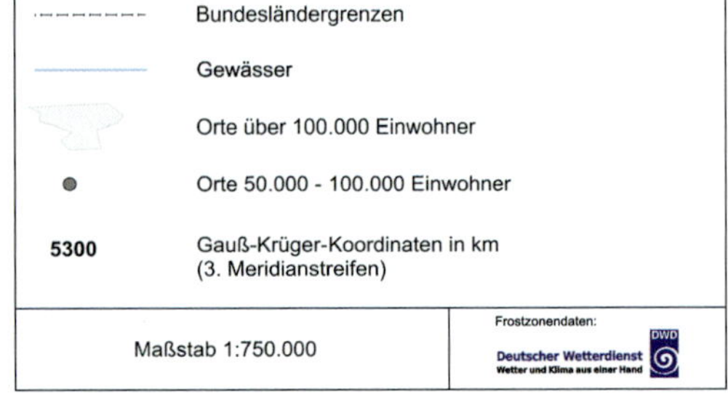

Bild 3.7 Frosteinwirkungszonen

(Dickenangaben in cm; ▼ E_{v2}-Mindestwerte in MPa)

Zeile	Belastungsklasse	Bk100	Bk32	Bk10	Bk3,2	Bk1,8	Bk1,0	Bk0,3
	B [Mio.]	> 32	> 10 - 32	> 3,2 - 10	> 1,8 - 3,2	> 1,0 - 1,8	> 0,3 - 1,0	≤ 0,3
	Dicke des frostsich. Oberbaus[1]	55 65 75 85	55 65 75 85	55 65 75 85	45 55 65 75	45 55 65 75	45 55 65 75	35 45 55 65
	Asphalttragschicht auf Frostschutzschicht							
1	Asphaltdecke / Asphalttragschicht / Frostschutzschicht	12 / 22 / Σ34; ▼120 / ▼45	12 / 18 / Σ30; ▼120 / ▼45	12 / 14 / Σ26; ▼120 / ▼45	10 / 12 / Σ22; ▼120 / ▼45	4 / 16 / Σ20; ▼120 / ▼45	4 / 14 / Σ18; ▼120 / ▼45	4 / 10 }[6] / Σ14; ▼100 / ▼45
	Dicke der Frostschutzschicht	- 31[2] 41 51	25[3] 35 45 55	29[3] 39 49 59	- 33[2] 43 53	25[3] 35 45 55	27 37 47 57	21 31 41 51
	Asphalttragschicht und Tragschicht mit hydraulischen Bindemitteln auf Frostschutzschicht bzw. Schicht aus frostunempfindlichem Material							
2.1	Asphaltdecke / Asphalttragschicht / Hydraulisch gebundene Tragschicht (HGT) / Frostschutzschicht	12 / 14 / 15 / Σ41; ▼120 / ▼45	12 / 10 / 15 / Σ37; ▼120 / ▼45	12 / 8 / 15 / Σ35; ▼120 / ▼45				
	Dicke der Frostschutzschicht	- - 34[2] 44	- 28[3] 38 48	- 30[2] 40 50				
2.2	Asphaltdecke / Asphalttragschicht / Verfestigung / Schicht aus frostunempfindlichem Material -weit- oder intermittierend gestuft gemäß DIN 18196-	12 / 18 / 15 / Σ45; ▼45	12 / 14 / 15 / Σ41; ▼45	12 / 10 / 15 / Σ37; ▼45	10 / 10 / 15 / Σ35; ▼45	4 / 12 / 15 / Σ31; ▼45	4 / 10 / 15 / Σ29; ▼45	4 / 10 / 15 / Σ29; ▼45
	Dicke der Schicht aus frostunempfindlichem Material	10[4] 20[4] 30 40	14[4] 24 34 44	18[4] 28 38 48	10[4] 20 30 40	14[4] 24 34 44	16[4] 26 36 46	6[4] 16[4] 26 36
2.3	Asphaltdecke / Asphalttragschicht / Verfestigung / Schicht aus frostunempfindlichem Material -enggestuft gemäß DIN 18196-	12 / 18 / 20 / Σ50; ▼45	12 / 14 / 20 / Σ46; ▼45	12 / 10 / 20 / Σ42; ▼45	10 / 10 / 20 / Σ40; ▼45	4 / 12 / 15 / Σ31; ▼45	4 / 10 / 15 / Σ29; ▼45	4 / 10 / 15 / Σ29; ▼45
	Dicke der Schicht aus frostunempfindlichem Material	5[4] 15[4] 25 35	9[4] 19[4] 29 39	13[4] 23 33 43	5[4] 15[4] 25 35	14[4] 24 34 44	16[4] 26 36 46	6[4] 16[4] 26 36
	Asphalttragschicht und Schottertragschicht auf Frostschutzschicht							
3	Asphaltdecke / Asphalttragschicht / Schottertragschicht[7] E_{v2} ≥ 150(120) / Frostschutzschicht	12 / 18 / 15 / Σ45; ▼150 / ▼120 / ▼45	12 / 14 / 15 / Σ41; ▼150 / ▼120 / ▼45	12 / 10 / 15 / Σ37; ▼150 / ▼120 / ▼45	10 / 10 / 15 / Σ35; ▼150 / ▼120 / ▼45	4 / 12 / 15 / Σ31; ▼150 / ▼120 / ▼45	4 / 10 / 15 / Σ29; ▼150 / ▼120 / ▼45	4 / 8 }[6] / 15 / Σ27; ▼120 / ▼100 / ▼45
	Dicke der Frostschutzschicht	- - 30[2] 40	- - 34[2] 44	- 28[3] 38 48	- - 30[2] 40	- 24[3] 34 44	16[3] 26 36 46	- 18[3] 28 38
	Asphalttragschicht und Kiestragschicht auf Frostschutzschicht							
4	Asphaltdecke / Asphalttragschicht / Kiestragschicht E_{v2} ≥ 150(120) / Frostschutzschicht	12 / 18 / 20 / Σ50; ▼150 / ▼120 / ▼45	12 / 14 / 20 / Σ46; ▼150 / ▼120 / ▼45	12 / 10 / 20 / Σ42; ▼150 / ▼120 / ▼45	10 / 10 / 20 / Σ40; ▼150 / ▼120 / ▼45	4 / 12 / 20 / Σ36; ▼150 / ▼120 / ▼45	4 / 10 / 20 / Σ34; ▼150 / ▼120 / ▼45	4 / 8 }[6] / 20 / Σ32; ▼120 / ▼100 / ▼45
	Dicke der Frostschutzschicht	- - 25[3] 35	- - 29[3] 39	- 33[2] 43	- - 25[3] 35	- - 29[2] 39	- 31[2] 41 51	- - 23[2] 33
	Asphalttragschicht und Schotter- oder Kiestragschicht auf Schicht aus frostunempfindlichem Material							
5	Asphaltdecke / Asphalttragschicht / Schotter- oder Kiestragschicht / Schicht aus frostunempfindlichem Material	12 / 18 / 30[5] / Σ60; ▼150 / ▼45	12 / 14 / 30[5] / Σ56; ▼150 / ▼45	12 / 10 / 30[5] / Σ52; ▼150 / ▼45	10 / 10 / 30[5] / Σ50; ▼150 / ▼45	4 / 12 / 30[5] / Σ46; ▼150 / ▼45	4 / 10 / 30[5] / Σ44; ▼150 / ▼45	4 / 8 }[6] / 25[5] / Σ37; ▼120 / ▼45
	Dicke der Schicht aus frostunempfindlichem Material	Ab 12 cm aus frostunempfindlichem Material, geringere Restdicke ist mit dem darüber liegenden Material auszugleichen						

1) Bei abweichenden Werten sind die Dicken der Frostschutzschicht bzw. des frostunempfindlichen Materials durch Differenzbildung zu bestimmen
2) Mit rundkörnigen Gesteinskörnungen nur bei örtlicher Bewährung anwendbar
3) Nur mit gebrochenen Gesteinskörnungen und bei örtlicher Bewährung anwendbar
4) Nur auszuführen, wenn das frostunempfindliche Material und das zu verfestigende Material als eine Schicht eingebaut werden
5) Bei Kiestragschicht in Belastungsklassen Bk3,2 bis Bk100 in 40 cm Dicke, in Belastungsklassen Bk0,3 und Bk1,0 in 30 cm Dicke
6) Alternativ: unter Beachtung von Abschnitt 3.3.3 auch Asphalttragdeckschicht anwendbar
7) Alternativ: Abminderung der Asphalttragschicht um 2 cm bei 20 cm dicker Schottertragschicht und E_{v2} ≥ 180 MPa (in Belastungsklassen Bk1,8 bis Bk100) bzw. E_{v2} ≥ 150 MPa

Bild 3.8 Bauweisen mit Asphaltdecke für Fahrbahnen

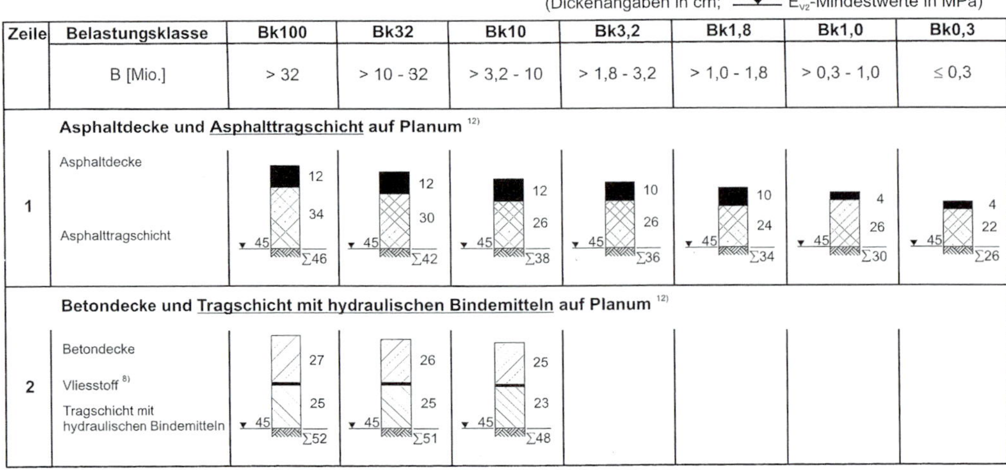

(Dickenangaben in cm; ▼ E_{V2}-Mindestwerte in MPa)

Zeile	Belastungsklasse	Bk100	Bk32	Bk10	Bk3,2	Bk1,8	Bk1,0	Bk0,3
	B [Mio.]	> 32	> 10 - 32	> 3,2 - 10	> 1,8 - 3,2	> 1,0 - 1,8	> 0,3 - 1,0	≤ 0,3
	Asphaltdecke und Asphalttragschicht auf Planum [12]							
1	Asphaltdecke Asphalttragschicht	12 34 ▼45 Σ46	12 30 ▼45 Σ42	12 26 ▼45 Σ38	10 26 ▼45 Σ36	10 24 ▼45 Σ34	4 26 ▼45 Σ30	4 22 ▼45 Σ26
	Betondecke und Tragschicht mit hydraulischen Bindemitteln auf Planum [12]							
2	Betondecke Vliesstoff [8] Tragschicht mit hydraulischen Bindemitteln	27 25 ▼45 Σ52	26 25 ▼45 Σ51	25 23 ▼45 Σ48				

8) Anstelle des Vliesstoffes kann eine Asphaltzwischenschicht gewählt werden
12) Gegebenenfalls Bodenverfestigung

Bild 3.9 Bauweisen mit vollgebundenem Oberbau für Fahrbahnen

(Dickenangaben in cm; ▼ E_{V2}-Mindestwerte in MPa)

Zeile	Bauweisen	Asphalt		Beton		Pflaster (Plattenbelag)		ohne Bindemittel	
	Dicke des frostsich. Oberbaus	30	40	30	40	30	40	30	40
	Schotter- oder Kiestragschicht auf Schicht aus frostunempfindlichem Material								
1	Decke Schotter- oder Kiestragschicht Schicht aus frostunempfindlichem Material	▼80[20] 10[6] 15 Σ25 ▼45		▼80[20] 12[17] 15 Σ27 ▼45		▼80[20] 8[14] 4 15 Σ27 ▼45		▼120 4 25 Σ29 ▼45	
	Dicke der Schicht aus frostunempfindlichem Material[16]	-	15	-	13	-	13	-	11
	ToB auf Planum								
2	Decke Schotter-, Kiestragschicht oder Frostschutzschicht	▼80[20] 10[6] Σ10 ▼45		▼80[20] 12[17] Σ12 ▼45		▼80[20] 8[14] 4 Σ12 ▼45		▼120 4 Σ4 ▼45	
	Dicke der Schotter-, Kiestragschicht oder Frostschutzschicht	20	30	18	28	18	28	26	36

6) Asphalttragdeckschicht oder Asphalttrag- und Asphaltdeckschicht
14) Auch geringe Dicke möglich
16) Ab 12 cm aus frostunempfindlichem Material, geringere Restdicke ist mit dem darüber liegenden Material auszugleichen
17) Bei einer 12 cm dicken Betondecke ist keine Verdübelung bzw. Verankerung möglich
20) Bei Belastung durch Fahrzeuge (Wartung und Unterhaltung) $E_{V2} \geq 100$ MPa

Bild 3.10 Bauweisen für Rad- und Gehwege

- Lage der Trasse (Nordhang, Schattenlage),
- Wasserverhältnisse,
- Ausführung der Randbereiche (Seitenstreifen, Gehwege, Radwege).

Die Frosteinwirkungszonen für Deutschland sind im *Bild 3.7* dargestellt. Bei dieser Einteilung handelt es sich um eine etwas grobe Übersicht. Lokale Abweichungen sind durch örtliche Besonderheiten möglich.

Sind die örtlichen Besonderheiten und Verhältnisse häufigeren Wechseln innerhalb der Baumaßnahme unterlegen, ist es empfehlenswert, die Dicke des frostsicheren Oberbaues über längere Bauabschnitte konstant zu halten.

Die Einhaltung der Mindestdicke des frostsicheren Oberbaues soll gewährleisten, dass der meist unterschiedliche Untergrund auch im schwächsten Zustand nicht überanstrengt wird.

In den *Bildern 3.8, 3.9* und *3.10* sind die verschiedenen Bauweisen des standardisierten Oberbaues für Fahrbahnen dargestellt.

3.2 Decke

Die oberste Schicht einer Asphaltbefestigung ist die Asphaltdeckschicht. Asphaltdeck- und Asphaltbinderschicht bilden die Decke. Ausnahmen sind z. B. Tragdeckschichten. Bei schwachem Verkehr kann eine Asphalttragschicht als einschichtige Befestigung eingebaut werden.

Ebenfalls kann bei geringer Verkehrsbelastung auf die Asphaltbinderschicht verzichtet werden.

In den derzeit geltenden „Richtlinien für die Standardisierung des Oberbaus von Verkehrsflächen“ (RStO) sind die Einbaudicken der Asphaltdeck- und Asphaltbinderschicht nicht mehr explizit angegeben, sondern nur noch allgemein als Einbaudicke der Asphaltdecke ausgewiesen. Seitdem Asphaltdeckschichten zunehmend mit kleinerem Größtkorn oder in geringerer Einbaudicke ausgeführt werden, ist es dringend erforderlich, die Dicke der Asphaltdecke konstant zu halten.

3.2.1 Asphaltdeckschicht

Die Asphaltdeckschicht hat zunächst die Aufgabe, die durch den Verkehr entstehenden Belastungen aufzunehmen und über die Asphaltbinderschicht in die Asphalttragschicht weiterzuleiten und zu verteilen.

3.2.2 Asphaltbinderschicht

Die Bezeichnung „Binder“ hat ihren Ursprung in den Anfängen des Asphaltstraßenbaues. Durch die Anordnung einer „Verbindungsschicht“ zwischen der Schottertrag- und der Deckschicht sollte eine gute Übertragung der Lasten hergestellt werden. Dabei war wichtig, eine gute Verzahnung zwischen den Schichten zu erreichen.

Grundsätzlich hat die Asphaltbinderschicht diese Aufgaben noch heute zu erfüllen. Durch die standig gewachsene und steigende Verkehrsbelastung wird die Asphaltbinderschicht sehr stark beansprucht.

3.3 Asphalttragschichten

Asphalttragschichten werden vor allem bei Neubaumaßnahmen direkt auf den Untergrund/ Unterbau aufgebracht. Sie bestehen aus ein- oder mehrlagig eingebautem Asphaltmischgut.

3.4 Unterbau

Der Unterbau ist der Dammkörper der Straße, der künstlich hergestellt wird, z. B. durch Dammschüttung. Als Material wird vorzugsweise der örtlich anstehende Boden verwendet. Der Bodeneinbau kann durch Schüttung (Tiefkippe, Hochplanum) mittels Schürfwagen oder Bodenschütter erfolgen. Die Verdichtung des eingebauten Bodens erfolgt durch Walzen, Stampfen oder Rütteln. Da der Oberbau der Straße immer eine ausreichende Tragfähigkeit voraussetzt, muss eine entsprechende mechanische Verdichtung durchgeführt werden. Da die natürlichen, geschütteten Böden oft zu geringe Verformungswiderstände aufweisen, sollten sie durch künstliche Maßnahmen in ihrer Zusammensetzung verbessert werden:

- Zugabe von gröberen Körnungen, Einmischen und Verdichten (mechanische Verbesserung),
- Wasserentzug aus bindigen, nassen Böden mittels Branntkalk (CaO) oder Kalkhydrat ($Ca(OH)_2$), gleichzeitige Krümelbildung und latent karbonatische Erhärtung ($CaCo_3$),
- Reduzierung der Wasserempfindlichkeit mittels Zugabe von hydraulischen oder ausnahmsweise bituminösen Bindemitteln.

Die Bodenverfestigungen müssen „frostbeständig“ sein.

Die Oberfläche des Unterbaues ist das Planum. An das Planum werden folgende Anforderungen gestellt:

- Verformungsmodul $E_{v2} \geq 45 MN/m^2$ auf Planum, nach RStO-E,
- Verdichtungsgrad $D_{Pr} \geq 103\,\%$ bzw. $E_{v2}/E_{v1} \leq 2{,}2$,
- Ebenheit und Sollhöhe.

3.5 Untergrund

Der Untergrund ist der anstehende Boden, der vom Mutterboden und eventuell von anderen nicht tragfähigen Schichten befreit wurde.

Besondere Bedeutung hat die Frostsicherheit des Untergrundes gemäß den in der *Tabelle 3.4* angeführten Frostempfindlichkeitsklassen und den örtlich gegebenen Frosteinwirkungszonen.

Kommt es durch unsachgemäße Ausführung des Unterbaus bzw. durch Nichtbeachtung der Eigenschaften des anstehenden Baugrundes zu Frosteinwirkungen bei wasserempfindlichen Böden (Wasseransaugung durch Kapilaren in hohlraumarmen, bindigen Böden), kann die Folge sein:

- Eislinsenbildung, ggf. Hebungen, wenn vorhandene Hohlräume im Boden kleiner als die Wasservolumenzunahme infolge Gefrierens sind (≥ 10 Vol.-%),
- Erhöhung der Plastizität bei bindigen Böden nach Frosteinwirkung, in der Auftauperiode, eine erhebliche Abnahme des Verformungswiderstandes, bis hin zum Extrem-Grundbruch.

Frost- und Tauschäden entstehen dann, wenn folgende Bedingungen gleichzeitig anzutreffen sind:

- Wasserzutritt in empfindliche Bodenschichten,
- Frost bzw. dadurch hervorgerufene Wasseransaugung,
- Frost- bzw. wasserempfindlicher Boden in zu geringer Tiefe unter der Fahrbahnoberfläche,
- zu hohe Verkehrsbelastung, zu hohe Beanspruchung des Untergrundes durch ungenügenden Oberbau.

Auf einem frostigen Untergrund wird der Unterbau aufgebracht. Kann auf den Unterbau verzichtet werden, ist die Oberfläche des Untergrundes das Planum.

Das Planum muss durch Quergefälle und seitliche Entwässerungseinrichtungen entwässert werden.

Einbau des Asphaltmischgutes

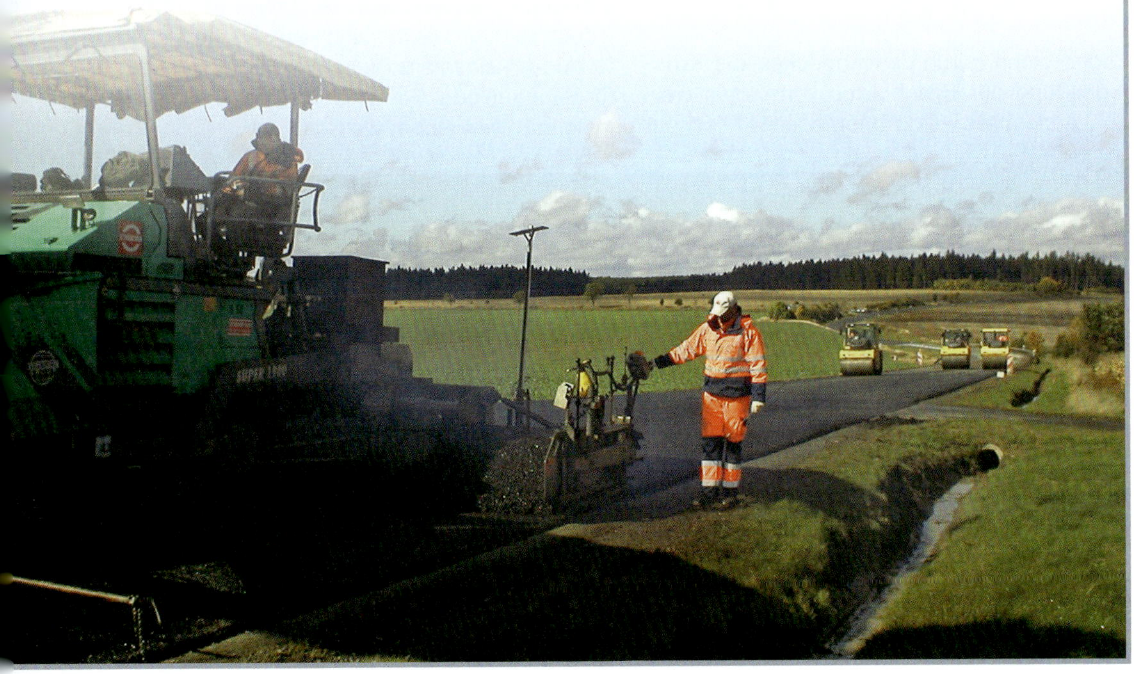

4.1 Transport des Mischgutes zur Einbaustelle

Das Asphaltmischgut wird von der Asphaltmischanlage mit einem Lkw mit Abdeckplanen (Kipper) oder mit einem Thermofahrzeug zur Einbaustelle transportiert. Als Abdeckplanen dienen manuell aufgelegte Planen oder bereits an dem Lkw installierte Vorrichtungen (Rollplanen).

Die Abdeckung des heißen Asphaltmischgutes bewirkt:

- einen Schutz vor Umwelteinflüssen (Fahrtwind, Niederschläge etc.),
- die Vermeidung oxidativer Schädigungen des Bitumens im Asphaltmischgut durch das Durchlüften der obersten Schicht mit dem Fahrtwind. Das Bitumen kann so stark geschädigt werden, dass die Verhärtung einer Differenz von ein bis zwei Bindemittelsorten entspricht. Dieser „Verbrennungseffekt" ist meist verbunden mit einem Klebkraftverlust des Bitumens am Gestein,
- die Verhinderung der starken Abkühlung des Asphaltmischgutes besonders bei ungünstiger Witterung und längeren Transportzeiten,
- den Schutz vor eindringendem Niederschlagswasser in das heiße Asphaltmischgut.

Zudem kann durch das Abdecken die Krustenbildung des Mischgutes vermieden werden. Andernfalls würde inhomogenes Mischgut angeliefert werden, was zu Fehlstellen in der fertigen Asphaltschicht führen kann.

Asphaltmischgut
ist nur
mit Abdeckung
zu transportieren !

Das Einstreuen der Ladefläche
ist generell untersagt.
Bei Zuwiderhandlungen
erfolgt keine Beladung !

Bild 4.2 Hinweistafel an der Mischanlage

Die Abdeckung ist bis zum Abladen des Asphaltes beizubehalten.

Beim Beladen des Kippers mit dem Asphaltmischgut an der Mischanlage ist darauf zu achten, dass die Ladefläche mit einem schonenden und umweltverträglichen Trennmittel eingesprüht wird (die benötigte Menge hängt von den Hinweisen des Herstellers ab, sollte jedoch so dünn wie möglich sein). Als Trennmittel dürfen keinesfalls Diesel, Heizöl (Lösemittel für Bitumen) oder Sand (führt zu Fehlstellen im Mischgut) verwendet werden.

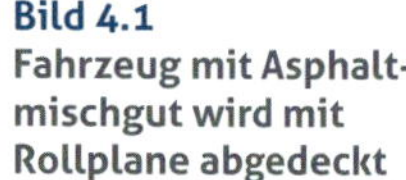

Bild 4.1 Fahrzeug mit Asphaltmischgut wird mit Rollplane abgedeckt

Laufende Durchmischung beim Abladen mit Abschiebefahrzeugen!

Beste Homogenität und Asphaltqualität. Wesentlich reduzierte Entmischung von Temperatur und Korngefüge.

TU Wien, Untersuchung für MA28, Asphaltierungsarbeiten/Straßensanierung in Wien (Auszug)

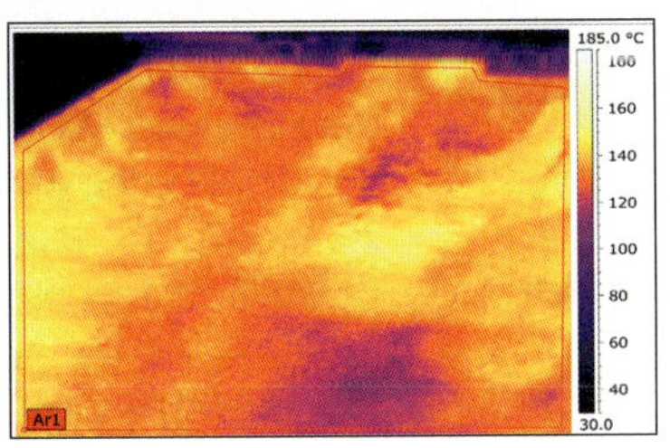

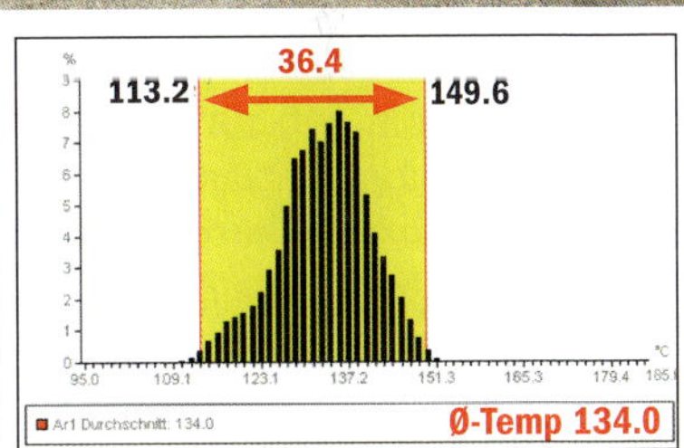

Bei Einbau mit konventionellen Kippern ist das Entstehen von „kalten Nestern" und „Entmischungen" eines der Kernprobleme im Asphaltbau. Frühzeitige Straßenschäden und Rissbildungen sind die Folge.

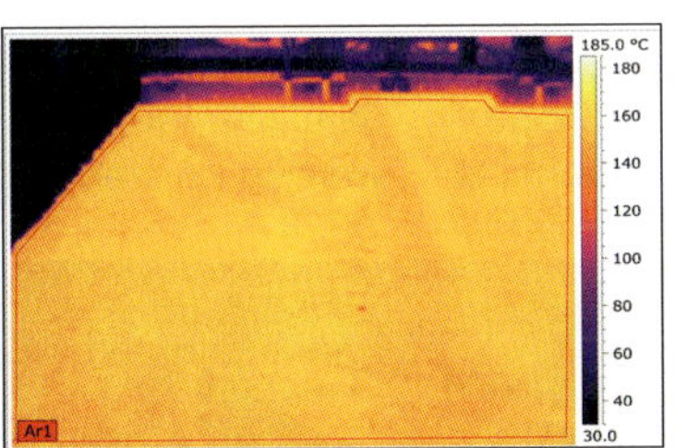

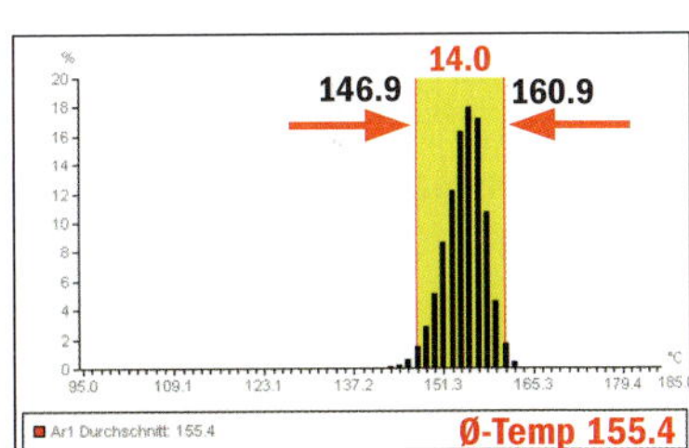

Einbau mit thermoisolierten Abschiebefahrzeug: Homogenität und ideale Materialgegebenheiten für die Verdichtung – Gleichmäßige Temperatur und opt. Korngrößenverteilung ergeben hier eine qualitativ hochwertige und langlebige Asphaltdecke.

Ø-Temp 159.9

Ø-Temp 160.6

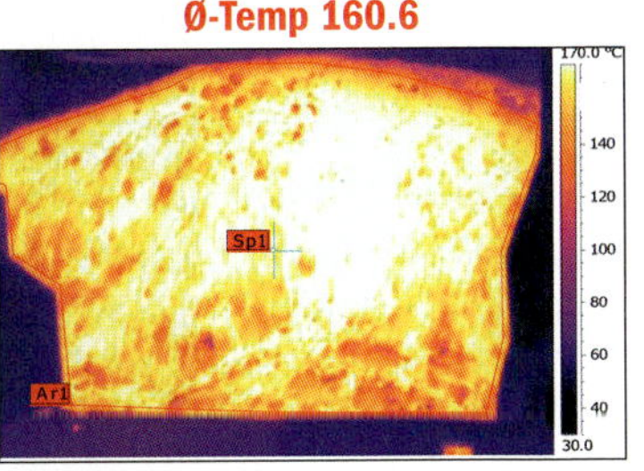

„Scheibchenweise" Übergabe des Mischgutes mit sehr hoher Wärmestabilität – Die laufende Durchmischung während des gesamten Abschiebevorganges ergibt einen sehr konstanten Mittelwert von ca. 160° C.

Fliegl Bau- und Kommunaltechnik GmbH · Bürgermeister-Boch-Str. 1 · D-84453 Mühldorf · Germany
Tel. +49 (0)8631 307 382 · Fax: +49 (0)8631 307-553 · www.fliegl-baukom.de

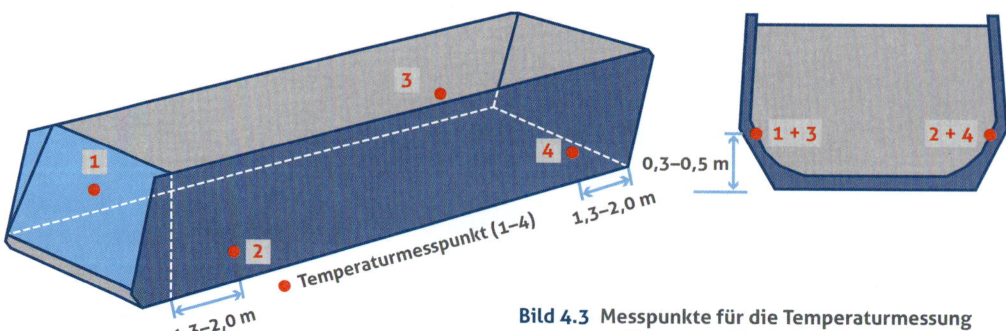

Bild 4.3 Messpunkte für die Temperaturmessung an Thermomulden

Zur Steigerung der Einbauqualität fordert die Straßenbauverwaltung zunehmend den Einsatz von sogenannten Thermomulden, mit denen ein zu starkes Abkühlen des Asphaltmischgutes während des Transportes vermieden werden soll. Ab 2019 sollen alle Asphaltlieferungen mit Thermomulden erfolgen. Im Folgenden werden vorrangig Fahrzeuge mit Sattelkipper betrachtet, die ggf. zur Vermeidung von Entmischungen beim Abladen zusätzlich mit einer Abschiebefunktion ausgestattet sind.

Bei Neufahrzeugen ist seit 2016 eine Thermoisolierung der Seitenflächen (mit Stirn- und Rückwand) sowie des Muldenbodens erforderlich, eine Abdeckung versteht sich von selbst. Bei Bestandsfahrzeugen genügt eine Nachrüstung mit Thermoisolation ohne den Muldenboden. Eine ausreichende Wärmeisolation ist dann gegeben, wenn Wand- und Bodenmaterial zusammen mit den Dämmmaterialien einen Wärmedurchlasswiderstand von mind. 1,65 m^2 K/W bei 20 °C aufweisen, wobei das Dämmmaterial bis 200 °C beständig sein muss. Der Nachweis einer ausreichenden Isolierung erfolgt durch Herstellerzertifikat.

Die Messung der Temperatur des Asphaltmischgutes ist Bestandteil der Eigenüberwachung des Asphalteinbauers. Sie kann entweder mit einer fest installierten Messeinrichtung vor Beginn des Abladens (die einzuhaltenden Temperaturmesspunkte sind in *Bild 4.3* dargestellt), mit einem Einstechthermometer am Transportfahrzeug oder aber während des Abladevorgangs im Fertiger-/Beschickerkübel vorgenommen werden. Die Praxiserfahrungen zeigen bislang, dass sich die Thermosensorik und -dokumentation noch im Versuchsstadium befinden. Es ist noch kein System bekannt, mit dem vertraglich geforderte Werte exakt ermittelt werden können.

Bild 4.4 Abladen des Mischguts aus der Thermomulde in den Beschicker

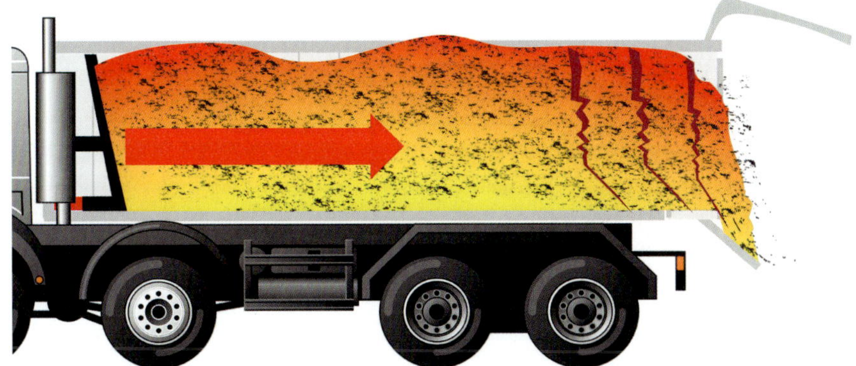

Bild 4.5 Mit der Abschiebetechnik kommt es durch das scheibchenweise Abladen des Asphaltmischguts zu einer optimalen Korngrößenverteilung und zu einer zusätzlichen günstigen Temperaturverteilung

Abschiebetechnik

Ein weiteres Problem neben der Temperaturstabilität ist die Entmischung des Asphalts. Beim Beladen der Transportfahrzeuge setzen sich kleine und feine Körner unten ab, während die obere Schicht aus großen und groben Körnern besteht.

Lösungen bieten beispielsweise thermoisolierte Abschiebewagen: Mithilfe von thermoisolierten Mulden ist die Anforderung der Temperaturstabilität gegeben, denn die Seiten- und Bodenwände der Thermomulde sind mit mindestens 70 mm starken hochwärmeisolierenden und feuchtigkeitsresistenten Dämmstoffen ausgestattet.

Darüber hinaus sorgt das besondere Abschiebesystem durch das scheibchenweise Abladen des Asphaltmischguts für eine optimale Korngrößenverteilung und eine zusätzliche günstige Temperaturverteilung.

Diese laufende Durchmischung bewirkt in der Regel einen sehr konstanten Mittelwert von ca. 160 °C. Das Ergebnis ist eine qualitativ hochwertige und langlebige Asphaltdecke.

4.2 Grundlagen

Dem Auftrag/der Ausschreibung entsprechend wird in der Asphaltmischanlage auf Grundlage der Erstprüfung das benötigte Asphaltmischgut hergestellt (s. a. Kap. 8). Die Herstellung und der Transport müssen zeitlich auf den Baufortschritt abgestimmt sein. Durch eine enge Zusammenarbeit zwischen der Einbaukolonne und der Mischanlage muss gewährleistet werden, dass einerseits keine Einbaupausen (Stillstand des Fertigers) aufgrund fehlendem Asphaltmischgut entstehen, noch dass es zu einem „Mischgutstau" durch zu viele noch beladene Fahrzeuge vor dem Fertiger kommt. Muss das Mischgut über eine lange Zeit im Lkw bis zum Einbau verbleiben, müssen die Mischguttemperaturen regelmäßig überprüft werden. Sinken sie unter die zum Einbau mindestens benötigte Temperatur, ist das Mischgut nicht mehr für den Einbau geeignet und muss abgewiesen werden.

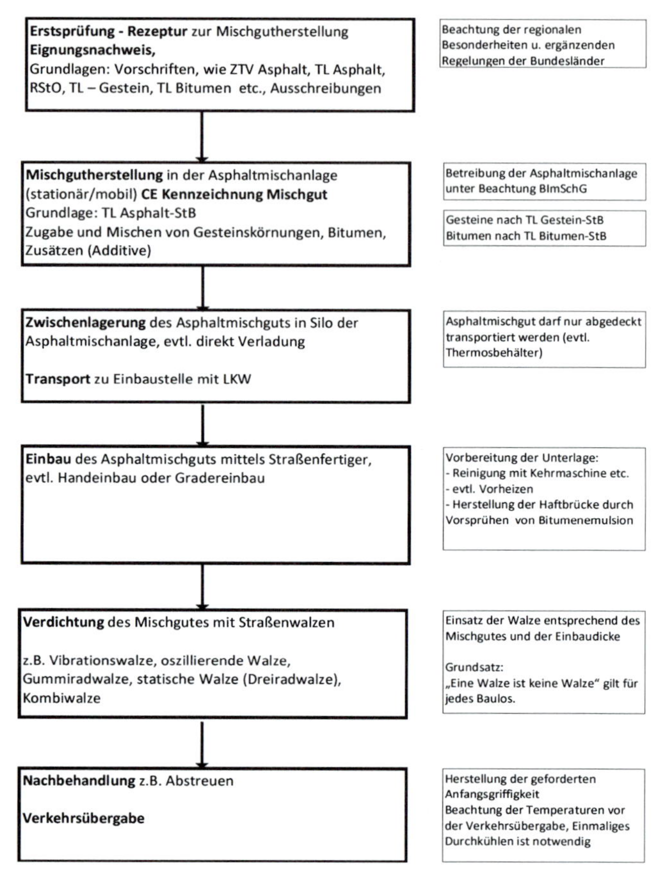

Bild 4.6 Herstellen und Einbau von Asphaltmischgut

Der Asphaltoberbau setzt sich aus einzelnen Schichten bzw. Lagen zusammen. Die grundlegenden Festlegungen hierzu sind in den „Richtlinien für die Standardisierung des Oberbaues von Verkehrsflächen" (RStO) enthalten. Zur Anwendung kommen unterschiedliche Mischgutarten (Asphalttragschichten, -binderschichten und -deckschichten). Asphalttragschichten können aus mehreren Lagen bestehen.

Für den Bauablauf und die Dauerhaftigkeit der Gesamtbefestigung wäre es am zweckmäßigsten, über die gesamte Einbaubreite mit einem Fertiger oder mit gestaffelt fahrenden Fertigern (heiß an heiß) einzubauen. Da dies jedoch aus verkehrstechnischen Gründen meist nicht möglich ist, erfolgt der Einbau des Asphaltmischgutes überwiegend in einzelnen Bahnen. Dabei müssen die Bahnen und die Schichten/Lagen so miteinander verbunden werden, dass ein fugenloser, kompakter Baukörper entsteht; übereinanderliegende Nähte sind versetzt anzuordnen.

Bild 4.7
Fugenloser, kompakter Baukörper mit versetzt angeordneten Nähten

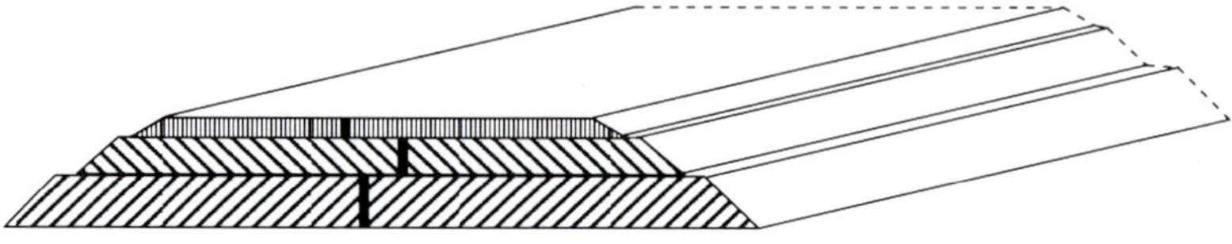

4.3 Vorbereitung der Unterlage

Voraussetzung zum Asphalteinbau ist eine Unterlage, die standfest, tragfähig, profilgerecht und eben ist. Beim Einbau von Asphalttragschichten müssen die ungebundenen Unterlagen die in der ZTV SoB-StB geforderten Tragfähigkeiten (E_{v2}-Werte) aufweisen. Die Einhaltung der Anforderungen ist zu überprüfen, gegebenenfalls sind vor Einbau des Asphaltmischgutes Nachbesserungen zu veranlassen.

Die gebundenen Unterlagen müssen frei von losen Bestandteilen und Verschmutzungen sein. Falls nötig, ist die Unterlage mit einer Kehrmaschine zu reinigen. Verbleibender Schmutz auf der Unterlage wirkt wie eine Trennschicht, die einen Schichtenverbund zwischen den einzelnen Asphaltschichten und -lagen verhindert. In Fällen mit starker Verschmutzung kann die Schmutzschicht mit Hochdruckwasserstrahl entfernt werden; vor Ausführung der weiteren Arbeitsgänge ist das Abtrocknen der Oberfläche sicherzustellen.

Um den erforderlichen Schichtenverbund zwischen den Asphaltschichten herzustellen, wird auf die jeweilige Unterlage eine Bitumenemulsion nach den „Technischen Lieferbedingungen für Bitumenemulsionen" (TL BE-StB) aufgespritzt. Die Richtwerte für die Anspritzmengen in Abhängigkeit von der Beschaffenheit der Unterlage und der zu verbindenden Schichten sind in den Kapiteln zu den einzelnen Asphaltschichten angegeben.

Unter Umständen sind die Vorspritzmittel (bei niedrigen Außentemperaturen) vorzuwärmen.

Bei der Dosierung der Haftmittel/Emulsionen sind zu beachten:

- Rauheit und Porosität der Unterlage,
- Art der Unterlage (Bindemittel, Mörtelmenge).

Eine zu geringe Dosierung der Bitumenemulsion zur Herstellung des Schichtenverbundes hat eine schlechte Verklebung zur Folge. Eine zu hohe Dosierung kann zur Ausbildung einer Gleit- oder Schmierschicht führen. In beiden Fällen ist von einer deutlich reduzierten Gebrauchsdauer der Gesamtbefestigung auszugehen.

Bedingt durch den hohen Bindemittelgehalt, darf die Unterlage beim Einbau von Gussasphalt nicht vorgespritzt werden.

Um ein möglichst gleichmäßiges Vorspritzen zu erreichen, sollte die Aufbringung mit Rampenspritzgeräten erfolgen.

Bei kleinen Einbauflächen und Anschlussstellen ist der Einsatz von handgeführten Spritzgeräten möglich. Ebenso ist darauf zu achten, dass vorhandene Längs- und Quernähte einen Voranstrich erhalten.

Randbereiche sind zu schützen, so dass der Sprühnebel nicht auf andere Flächen, Fahrzeuge oder Passanten trifft.

Die vorgespritzten Flächen dürfen nur noch beim Einbau des Asphaltmischgutes befahren werden. Die Bitumenemulsion muss zu diesem Zeitpunkt bereits gebrochen sein.

Bild 4.8 Hochdruckreinigung der abgefrästen Fläche

Bild 4.9 Unzureichendes Entfernen der abgefrästen Schicht

Tabelle 4.1 Anforderungen an Bitumenemulsion zur Herstellung des Schichtenverbundes (TL BE-StB)

Merkmal	Prüfnorm	Einheit	Sorten					
			C60BP1-S		C40BF1-S		C60BF1-S	
			KL	Anforderung	KL	Anforderung	KL	Anforderung
An der Bitumenemulsion zu bestimmen								
Äußere Beschaffenheit	DIN EN 1425		1	IA	1	IA	1	IA
Teilchenpolarität	DIN EN 1430		2	Positiv	2	Positiv	2	Positiv
Brechverhalten	DIN EN 13075-1		4	IA	1	IA	1	IA
Eindringfähigkeit	DIN EN 12849	Min		NR	1	IA		NR
Bindemittelgehalt	DIN EN 1428	M.-%	5	58 bis 62	2	38 bis 42	5	58 bis 62
Ausflusszeit, 2mm, 40°C	DIN EN 12846	s	3	15 bis 45	2	≤20	2	≤20
Siebrückstand 0,5mmSieb	DIN EN 1429	M.-%	4	≤0,5	4	≤0,5	4	≤0,5
Siebrückstand nach 7 Tagen, 0,5mmSieb			4	≤0,5	4	≤0,5	4	≤0,5
Haftverhalten	DIN EN 13614	%	3	≥90	2	≥75	2	≥75
Am rückgewonnenen Bindemittel zu bestimmen (Rückgewinnung nach DIN EN 13074)								
Nadelpenetration bei 25°C	DIN EN 1426	0,1mm	3	≤100	5	≤220	5	≤220
Erweichungspunkt Ring und Kugel	DIN EN 1427	°C	3	≥50	6	≥35	6	≥35
Kohäsion (nur Typ BP)								
Kraftduktilität	DIN EN 13589 DIN EN 13703	J/cm²	2	≥1				
Elastische Rückstellung bei 10°C	DIN EN 13398	%	4	≥50				
Bindemittelstabilisierung nach DIN EN 14895								
PAV Alterung nach DIN EN 14769 (20 Stunden, 100°C								
Nadelpenetration bei 25°C	DIN EN 1426	0,1mm	1	IA	1	IA	1	IA
Erweichungspunkt Ring und Kugel	DIN EN 1427	°C	1	IA	1	IA	1	IA
Kohäsion (nur Typ BP)								
Kraftduktilität	DIN EN 13589 DIN EN 13703	J/cm²	1	IA				
Elastische Rückstellung bei 10°C	DIN EN 13398	%	1	IA				

Beim Einbau von Asphaltmischgut auf nasser Unterlage wird dem Mischgut sehr viel Wärme entzogen. Die Folge sind ein schlechter Haftverbund zwischen Unterlage und neu eingebauter Asphaltschicht und die Gefahr einer nicht ausreichenden Verdichtung.

Ebenso entsteht durch die Verlegung des heißen Mischgutes auf nasser Oberfläche sofort Wasserdampf. Abgesehen von dem Energieentzug aus dem heißen Mischgut, der bei der Umwandlung des Aggregatzustandes von Wasser in Wasserdampf entsteht, benötigt Wasserdampf ein Vielfaches an Volumen und hat das Verlangen, aus dem Mischgut zu entweichen. Dabei entstehen in dem Mischgut Kapillarsysteme, die unter ungünstigen Bedingungen durch das Walzen nicht mehr geschlossen werden können.

Kann der Wasserdampf nicht mehr entweichen, entstehen Blasen und später gegebenenfalls auch Ringrisse. Blasenbildungen sind vorwiegend bei Gussasphalten zu beobachten.

Bild 4.10
Rampenspritzgerät

4.4 Einbaudicke

Entsprechend der gewählten Einbaudicke und den vorherrschenden Umweltbedingungen ist eine maximale Zeitspanne vorgegeben, die für den Einbau und das Verdichten (Walzen) des Asphaltmischgutes zur Verfügung steht.

Relativ einfach lässt sich z. B. eine dicke Asphalttragschicht, die in dicken Lagen eingebaut werden kann, verarbeiten, da sie vergleichsweise langsam auskühlt, somit lange verdichtbar bleibt und unempfindlicher gegenüber ungünstigen Witterungsbedingungen ist.

Besondere Aufmerksamkeit muss dem Einbau dünner Asphaltdeckschichten bei ungünstigen Witterungsbedingungen gewidmet werden. Wie im *Bild 4.11* zu erkennen, hat die Einbaudicke einen ganz entscheidenden Einfluss auf die verbleibende Einbauzeit bzw. den Zeitraum, in dem verdichtet werden kann unter ungünstigen Umweltbedingungen (Lufttemperatur zwischen +2 und +4 °C, Unterlagentemperatur zwischen –2 und +2 °C, trocken, kein Wind). Umfasst bei einer Einbaudicke von 7,5 cm Asphalt die Zeitspanne vom Einbau des Asphaltmischgutes bis zum Abschluss der Walzverdichtung ca. 36 Minuten, reduziert sich dieser Zeitraum bei einer dünnen Schicht von 2 cm auf nur 5 Minuten.

Für die Praxis bedeutet dies, dass beispielsweise dünne Asphaltschichten in Heißbauweise vorzugsweise bei günstiger Witterung und moderaten Temperaturen verarbeitet werden sollen. Zu berücksichtigen ist zudem, dass Wind das Abkühlen der Schichten deutlich beschleunigen kann.

Zur Erzielung einer ausreichenden Standfestigkeit sollte ein ausgewogenes Verhältnis von Einbaudicke zu Größtkorndurchmesser vorhanden sein; ist dieses Verhältnis zu klein, so kommt es zu Kornzertrümmerungen, Entmischungen und einer Behinderung der Kornumlagerungen (s. a. Kap. 12).

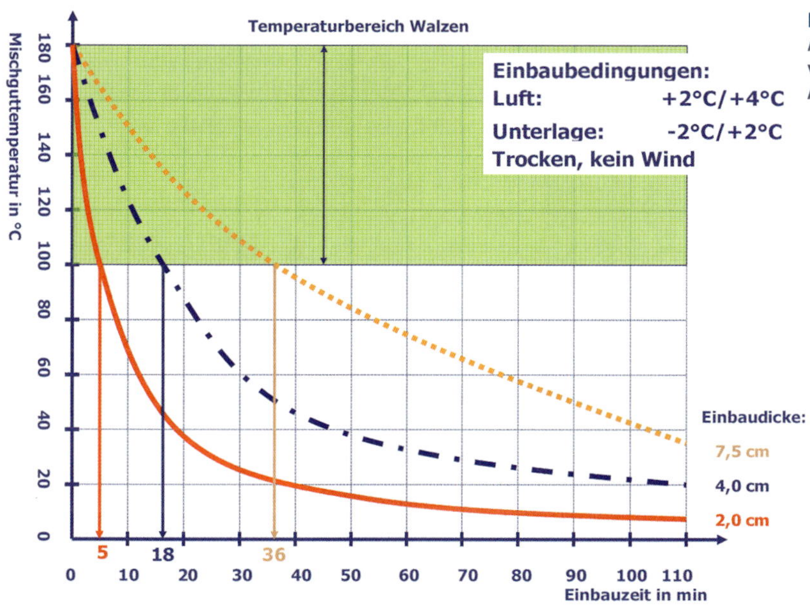

Bild 4.11
Abkühlung von verschieden dicken Asphaltlagen

4.5 Einbau des Asphaltmischgutes

4.5.1 Einbau mit dem Straßenfertiger

Asphaltmischgut kann auf verschiedene Arten eingebaut werden. Die gebräuchlichste Methode, die auch die qualitativ hochwertigste Form des Einbaues darstellt, ist der Einbau mit dem Straßenfertiger.

Bei untergeordneten Baumaßnahmen kann das Asphaltmischgut für die Tragschichten mit dem Grader verteilt werden.

Handeinbau ist auf ein Minimum zu beschränken und soll auf Zwickel sowie andere schlecht zugängliche Stellen beschränkt bleiben.

■ Aufbau eines Straßenfertigers

Ein Straßenfertiger besteht prinzipiell aus zwei Teilen:

- der Antriebsmaschine mit Fahrwerk,
- der Verteiler- und Einbaueinheit.

Der Antrieb erfolgt in der Regel durch einen Dieselmotor, teilweise auch mit Turbolader. Als Fahrwerk wird der Straßenfertiger mit Raupen-/Kettenfahrwerk oder als Radfertiger eingesetzt. Die Fertiger sind meist variabel einsetzbar, für Asphaltmischgut, für hydraulisch gebundene Schichten und für ungebundene Gesteinskörnungsgemische. Für den Asphaltstraßenbau, besonders auf ungebundener oder weicher Unterlage, hat sich das Raupenfahrwerk bestens bewährt.

Fertiger mit Raupenfahrwerk können eine größere max. Einbaubreite (ca. 16,0 m) als Radfertiger (ca. 8,0 m) realisieren.

■ Materialfluss (Verteilung und Einbau)

Das Asphaltmischgut wird in den Materialkübel aufgegeben. Das Kübelvolumen entspricht der Ausführung des Fertigers. Vor dem Materialkübel sind Schubrollen angebracht, die das Abrollen der Lkw-Räder begünstigen.

Das Asphaltmischgut wird dann über Förderbänder oder Förderschnecken zu den Verteilerschnecken transportiert.

Der Kübel soll während des Einbaus möglichst nicht leergefahren werden. Besonders bei Mischgut, das zum Entmischen neigt (z. B. Asphaltbinder AC 22 BS), ist es nötig, die Kübelklappen rechtzeitig vor dem völligen Entleeren (ca. $^{1}/_{4}$ Kübelinhalt) hochzuklappen und somit eine Entmischung zu verhindern.

Die Steuerung der Geschwindigkeit des Vortriebes der Förderbänder ist abhängig von:

- der Einbaugeschwindigkeit,
- der Einbaubreite,
- der Einbaudicke,

Bild 4.12 Schubrollen am Materialkübel

Tabelle 4.2 Einflussgrößen auf den Fertigereinbau

Einflussgröße	Wirkung	Bemerkung
Schichtdicke	Bei zunehmender Schichtdicke Anstellwinkel vergrößern	Keine Änderung der Verdichtungswirkung
Materialzusammensetzung	Je geringer die Tragfähigkeit und je höher der Natursandanteil des einzubauenden Mischgutes, desto größer der Anstellwinkel	Schichtdicke und Einbaugeschwindigkeit bleiben konstant
Einbaugeschwindigkeit	Hat Einfluss auf die Schichtdicke und den Anstellwinkel	Muss beim Einbau konstant bleiben

- dem Einbau im Kurvenbereich und somit von der unterschiedlichen Einbau-/Verteilgeschwindigkeit der Verteilerschnecken.

Das Asphaltmischgut wird durch die Verteilerschnecken vor die Einbaubohle transportiert. Sensoren und Taster messen die jeweilige Mischgutmenge und regeln den jeweiligen Mischgutdurchsatz bzw. unterschiedliche Geschwindigkeiten der Verteilerschnecken. Das ist unumgänglich bei:

- unterschiedlich beschaffenem Untergrund,
- vorgegebener Einbaudicke,
- unterschiedlicher Querneigung und Straßenbreite.

Die erste Verdichtung des Asphaltmischgutes erfolgt durch die Einbaubohle. Im Bereich der Bohle, die normalerweise als „schwimmende" Bohle ausgebildet ist, gibt es drei Verdichtungszonen. Das vor der Bohle liegende, durch die Verteilerschnecken verteilte Asphaltmischgut hat einen Verdichtungsgrad von ca. 70 %. Unter dem Stampfmesser wird das Mischgut bis zu ca. 85 % und unter der Bohle bis zu 90 % verdichtet. Bei Verwendung einer Hochleistungsverdichtungsbohle kann ein Verdichtungsgrad von bis zu 96 % erreicht werden.

Unter „schwimmenden Bohlen" versteht man Verdichtungsbohlen, die beim Einbau frei auf dem Mischgut aufliegen und von diesem getragen werden. Die Bohle ist über Zugarme mit dem Fertiger verbunden. Die Höhenlage der Bohle stellt sich selbständig ein. Um eine konstante Einbaudicke des Asphaltmischgutes zu erreichen, muss die Bohle mit einem entsprechenden Anstellwinkel gefahren werden. Der Anstellwinkel ist abhängig von:

- der einzubauenden Schichtdicke,
- der Asphaltmischgutart,
- der Einbaugeschwindigkeit.

Die beheizten Einbaubohlen sind bei modernen Straßenfertigern im Einbaubreitenbereich von 2,50 bis 6,00 oder 7,50 m stufenlos regelbar. In diesem Fall spricht man von einer „Variobohle". Für größere Einbaubreiten muss entweder die

Zu wenig Mischgut, Bohle senkt sich ab.

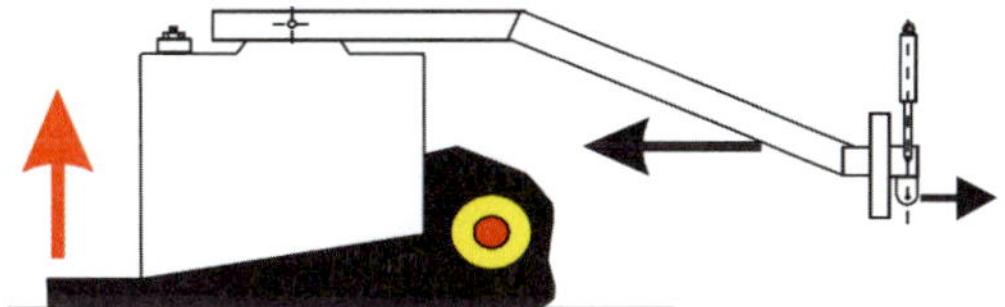

Zu viel Mischgut, Bohle schwimmt auf.

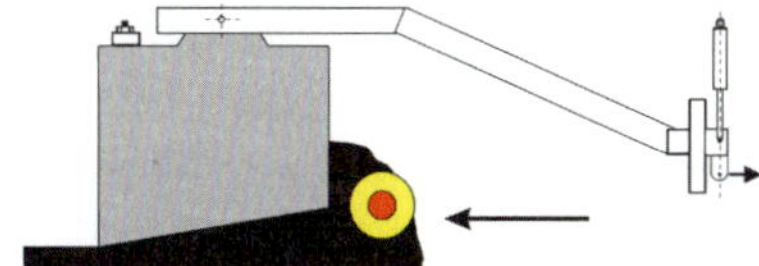

Optimale Mischgutmenge, Bohle kann problemlos auf der gewünschten Höhe gefahren werden.

Bild 4.13 Prinzipskizze „schwimmende Fertigerbohle"

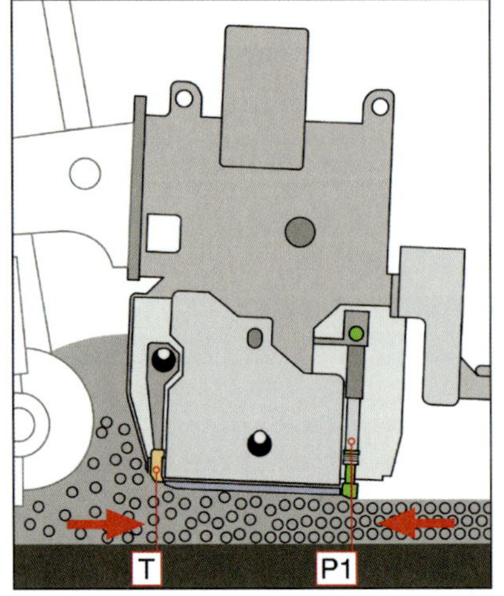

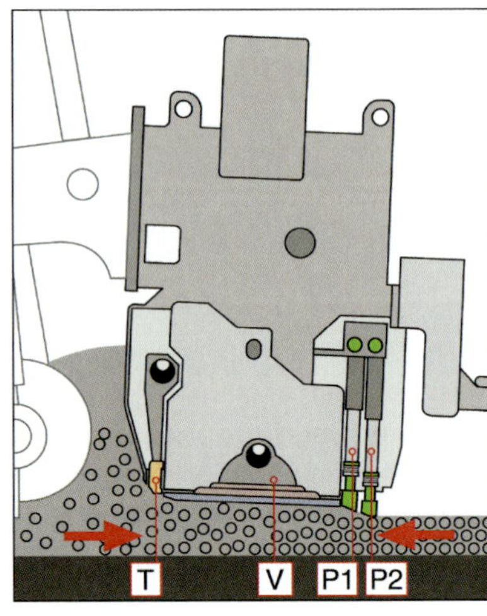

Bild 4.14
Hochverdichtungsbohle
T = mit Tamper (Stampfer)
V = mit Vibration
P1 = erste Pressleiste
P2 = zweite Pressleiste

Einbaubohle manuell durch Anbauteile verbreitert werden oder ein zweiter Fertiger eingesetzt werden (Einbau „heiß an heiß").

Die Vorverdichtung durch die Einbaubohle erfolgt bei „normalen" Fertigern zunächst durch den Stampfrahmen und danach durch die Verdichtungsbohle. Hierbei ist ein Verdichtungsgrad von ca. 90 % erreichbar.

Höherverdichtende (Hochleistungs-)Verdichtungsbohlen gibt es in verschiedenen Ausführungen. Die erhöhte Leistung kann erreicht werden durch:

- zwei hintereinanderfolgende Pressleisten mit Impuls-Hydraulik,
- die Anordnung eines zweiten Tampers vor der Glättbohle,
- die Kombination einer modifizierten Grundbohle mit einer nachfolgenden speziellen Nachverdichtungsbohle.

Der Verdichtungsgrad kann durch den Einsatz dieser Hochverdichtungsbohlen auf ca. 96–98 % gesteigert werden.

Trotz dieses sehr hohen Verdichtungsgrades ist ein Walzeneinsatz zwingend erforderlich, um die Anforderungen des Bauvertrages hinsichtlich Hohlraumgehalt und Verdichtungsgrad zielsicher erfüllen zu können.

Die Steuerung der Ebenheit der Oberfläche und der Einbaudicke kann erfolgen:

- durch Abtasten eines gespannten Drahtes,
- mit Schleppski zum Abtasten des Planums als Referenzlinie,

Bild 4.15
Höhensteuerung durch Schleppski, hier an Gussasphalteinbaubohle montiert

Bild 4.16 Fertigersteuerung mit Nivelliersystem

- mit Messrad mit Impulszähler zur Positionsbestimmung,
- mit lasergesteuerter Nivellierautomatik.

Bisher wurden für den Belageinbau Leitdrähte gespannt. Diese dienen als Referenz für die Einbauhöhe sowie die Einbaulage. Das Spannen von Leitdrähten ist eine sehr zeitintensive Arbeit und verursacht bei Baumaßnahmen häufig hohe Kosten. Moderne Asphaltfertiger können mit einem leitdrahtlosen Positionierungssystem arbeiten, welches neben der Nivellierung die Steuerung der Einbaulage und der Einbaurichtung vollautomatisch und hochpräzise übernimmt. Bei größeren Straßenbauprojekten, wie dem Autobahnbau oder dem Bau größerer Plätze, ist diese Art der Steuerung schon übliche Praxis. Es werden nicht nur die geforderten Toleranzbereiche eingehalten, sondern es kann auch wirtschaftlicher und schneller gearbeitet werden.

Bild 4.17 Einrichtung des Nivelliersystems

Der Einsatz entsprechender Positionierungssysteme vereinfacht auch das Einspielen von Vermessungsdaten aus dem sogenannten Deckenbuch. Vorhandene Daten können für den Asphalteinbau mit dem Fertiger einfach in das Nivellier- und Positioniersystem übernommen werden. Diese Daten, die oft schon für die Herstellung des Unterbaus für Grader und Planierraupen erstellt werden, sind problemlos für den Asphalteinbau weiter verwertbar.

Um höchste Einbaugenauigkeit zu erreichen, wird die Einbaulage präzise über die Bohlenausziehteile geregelt. Wegsensoren auf den Ausziehteilen der Bohle ermitteln die aktuelle Breite der Einbaubohle. Das gesamte Projekt wird vollautomatisch abgearbeitet. Dies ist vor allem dann ein entscheidender Vorteil, wenn sich innerhalb des Projektes Einbauhöhe und Querneigung mehrfach ändern. Das System überwacht Einbauhöhe, Querneigung und Position der Bohle ständig und vergleicht diese mit den Soll-Daten im digitalen Deckenbuch.

Profilausbildung

Bei modernen Fertigern lassen sich Profile und Einbauhöhe auf vielfältige Weise einstellen – und zwar immer über die gesamte Bohlenbreite, also auch bei der Verwendung von Verbreiterungsteilen.

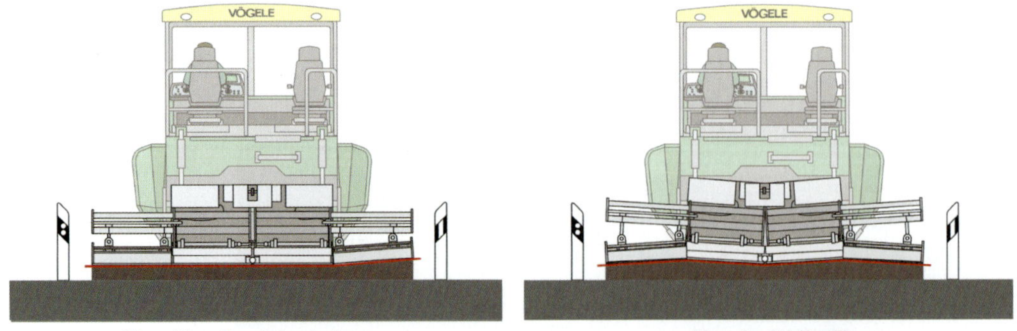

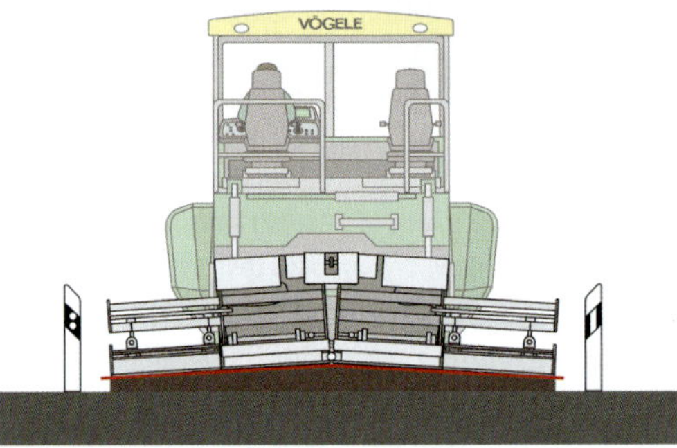

Bild 4.18
Profilausbildungen mit Fertiger

Bei den Ausziehbohlen sind die Ausziehteile einzeln und unabhängig von der Grundbohle höhenverstellbar. Jedes Ausziehteil hat zwei getrennt regulierbare Spindel-Höhenverstelleinrichtungen. Damit lassen sich alle in der Baustellenpraxis vorkommenden Querprofile realisieren.

Kombiniert man dic Höhenverstellung der Ausziehteile mit der Dachprofilverstellung der Grundbohle, können moderne Ausziehbohlen auch Profile in W- und M-Form herstellen.

Straßenfertiger mit integrierter Vorsprüheinrichtung

Wie in Abschnitt 4.2 erwähnt, wird die Unterlage vor dem Asphalteinbau vorbehandelt. Um das Problem des Befahrens der mit Bitumenemulsion vorbehandelten Fläche zu vermeiden,

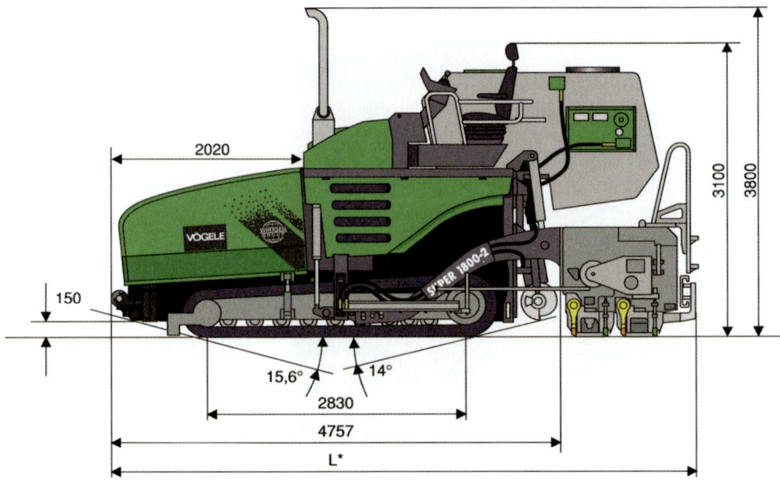

Bild 4.19
Abmessungen eines Straßenfertigers mit integrierter Emulsionssprühanlage (Sprühfertiger)

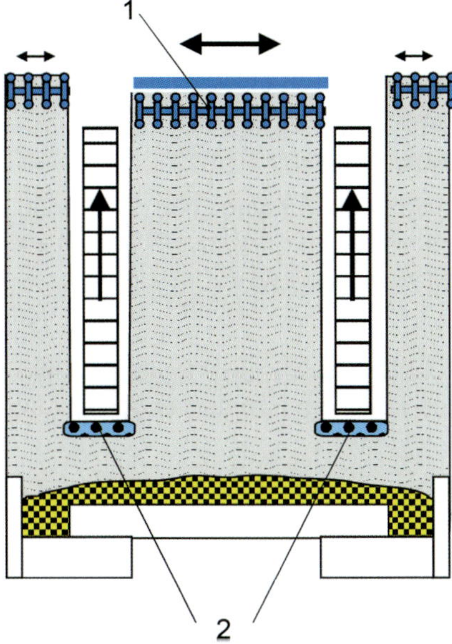

1 Teleskop-Sprührampe
2 Sprühdüsen

Bild 4.20 Funktionsprinzip der Bitumenemulsions-Sprüheinrichtung (Teleskop-Sprührampe)

wurden Fertiger mit integrierter Emulsionssprührampe entwickelt. Auf dem Straßenfertiger ist ein beheizbarer Emulsionstank untergebracht. Die Bitumenemulsion wird in diesem Tank auf ca. 70 °C vorgeheizt.

Zum Vorsprühen sind prinzipiell zwei Systeme im Einsatz.

1. Der Sprühbalken ist direkt hinter dem Raupenfahrwerk, vor den Verteilerschnecken angebracht. Die Sprüheinrichtung überstreicht die gesamte Einbaubreite ohne Unterbrechung. Der Abstand zwischen Sprühbalken und Einbaubohle ist sehr kurz.
2. Eine Teleskop-Sprührampe ist unterhalb der Lkw-Schubrollen angeordnet. Sie deckt den Bereich zwischen sowie links und rechts der Fahrwerksketten ab. Hinter den Kettenfahrwerken befinden sich zusätzliche Sprühdüsen, welche die noch fehlende Fläche mit Bitumenemulsion beaufschlagen.

Das Mischgut kann somit auf eine nicht verschmutzte und mit Bitumenemulsion vorgesprühte Fläche aufgebracht werden. Diese Fläche wurde weder vom Lkw, der Mischgut anliefert, noch vom Fertiger selbst befahren. Mit diesem System wird eine sehr gute Verklebung der Schichten bzw. Versiegelung der Unterlage erreicht. Es ist jedoch zu berücksichtigen, dass die Bitumenemulsion beim Kontakt mit dem heißen Mischgut noch nicht gebrochen ist und das Wasser aus der Bitumenemulsion noch verdrängt werden muss.

4.5.2 Handeinbau

Der Handeinbau wird genutzt, wenn dem Fertiger durch räumliche Gegebenheiten

Bild 4.21 Fertiger mit integrierter Bitumenemulsions-Sprüheinrichtung beim Einbau

Grenzen gesetzt sind, wenn Ausbesserungs- und Flickarbeiten durchgeführt werden, oder wenn auf verschiedenen Ebenen eingebaut wird (Gräben etc.).

Auch manuell eingebautes Asphaltmischgut muss verdichtet werden! An die Zusammensetzung des Asphaltmischgutes und die fertige Schicht werden die Anforderungen gestellt, die auch an maschinell eingebautes Asphaltmischgut gestellt werden. Zu beachten ist, dass grobes und splittreiches Asphaltmischgut oder Asphaltmischgut mit harten PmB vorzugsweise im „oberen" möglichen Temperaturbereich von Hand verarbeitet werden sollte.

Bei der Verteilung des Mischgutes auf der Einbaufläche ist darauf zu achten, dass ein Werfen mit der Schaufel vermieden wird. Entmischungs- und schnelle Abkühlungserscheinungen wären die Folge.

Wird im kommunalen Bereich das Asphaltmischgut in kleinen Mengen über einen langen Zeitraum benötigt, ist die Verwendung von Thermofahrzeugen zu empfehlen, in denen das Asphaltmischgut über einen längeren Zeitraum im verarbeitungsfähigem Temperaturbereich gelagert werden kann.

4.5.3 Flächenleistung beim Einbau

Die Leistung beim Flächeneinbau ist von folgenden Faktoren des Einbaufertigers abhängig:

- Einbaubreite,
- Einbaugeschwindigkeit,
- Nutzleistungsfaktor des Fertigers.

Die Flächenleistung eines Fertigers kann mit folgender Formel berechnet werden:

$$F = B \cdot v \cdot 60 \cdot f_n \text{ [m}^2\text{/h]}$$

Es bedeuten darin:

F = Flächenleistung des Fertigers [m²/h]
B = Einbaubreite [m]
v = Einbaugeschwindigkeit [m/min]
f_n = Nutzleistungsfaktor
0,8 bis 1,0
bei Einbaumengenleistung bis 100 t/h
0,7 bis 0,9
bei Einbaumengenleistung 100 t/h bis 200 t/h
0,6 bis 0,8
bei Einbaumengenleistung über 200 t/h

Da in der Praxis ein Nutzleistungsfaktor von f_n = 0,83 als ausreichend genau angesehen wird, kann die Formel vereinfacht

$$F = B \cdot v \cdot 50 \text{ [m}^2\text{/h]}$$

angenommen werden.

Als Berechnungsgrundlage für die Einbaugeschwindigkeit erhält man durch Umformen:

$$v = \frac{F \cdot 0{,}02}{B} \text{ [m/m}^2\text{]}$$

Anhand der Flächenleistung und des Einbaugewichtes kann die Einbaumengenleistung ermittelt werden:

$$M = \frac{F \cdot g}{1\,000} \text{ [t/h]}$$

Es bedeuten:

M = Mengenleistung [t/h]
F = Flächenleistung [m²/h]
g = Einbaugewicht [kg/m²]

Die Leistung des Fertigers ist jeweils mit der Anlieferung des Asphaltmischgutes und der Flächenleistung der Walzen abzustimmen.

4.5.4 Einbau von Kompaktasphalt

Eine kompakte Asphaltbefestigung, Heiß auf Heiß, besteht aus einer Asphaltdeckschicht und einer Asphaltbinderschicht, die unmittelbar hintereinander eingebaut werden. Die Verdichtung beider Schichten erfolgt dabei in einem Arbeitsgang.

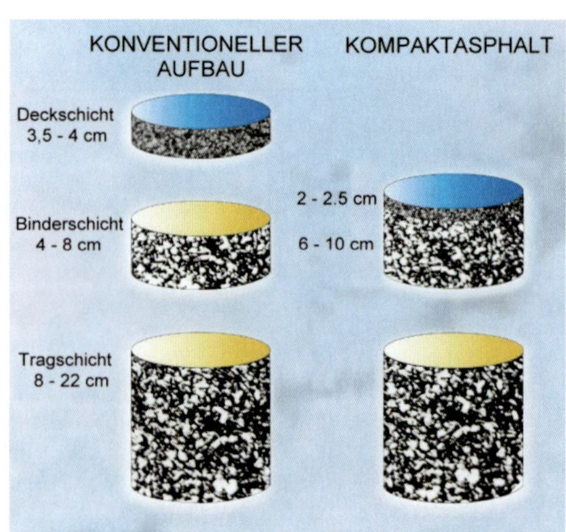

Bild 4.22 Vergleich des Aufbaus der konventionellen Bauweise mit dem Kompaktasphalt

Bild 4.23 Einbauzug „heiß auf warm"

Mit dieser Bauweise, die hauptsächlich in den Belastungsklassen Bk100 bis Bk3,2 zur Ausführung kommt, werden vorwiegend folgende Kombinationen eingebaut:

- SMA 8 S oder SMA 11 S auf AC 16 BS oder AC 22 BS,
- ZWOPA (zweischichtiger offenporiger Asphalt, z.B. PA 8 auf PA 16),
- AC 8 DS oder AC 11 DS auf AC 16 BS oder AC 22 BS.

Im *Bild 4.22* sind die Unterschiede des Aufbaus der konventionellen Bauweise mit dem Kompaktasphalt dargestellt. Durch die Bauweise „Heiß auf Heiß" kommt es zu einem sehr guten Schichtenverbund und einer Verzahnung zwischen Asphaltdeck- und Asphaltbinderschicht (s. Kap. 12).

Die Anfänge der Bauweise lagen in einem Einbau „Heiß auf Warm". Hierbei fuhr der zweite Fertiger auf der noch warmen Asphaltbinderschicht. Bei dieser Bauweise kam es teilweise zu Verdrückungen in der Binderschicht durch die Belastung durch das Befahren des Deckenfertigers auf der unverdichteten Schicht. Durch Weiterentwicklung des Einbauzuges wurden diese Probleme eliminiert.

Im *Bild 4.24* ist der Kompaktasphalteinbauzug dargestellt.

Der Materialfluss ist wie folgt gekennzeichnet:

grün: Asphaltbinderschichtmischgut,
rot: Asphaltdeckschichtmischgut.

Mit dieser Technologie wird das Asphaltbinder- und Asphaltdeckschichtmischgut in einem Schritt eingebaut. Asphaltdeck- und Asphaltbinderschicht werden gemeinsam verdichtet. Beim Einsatz von zwei direkt hintereinander fahrenden Fertigern anstelle eines Fertigers mit zwei Einbaubohlen wird vom „InLine Pave®"-Verfahren gesprochen.

Grundlage für diese Einbautechnologie ist eine perfekt vorbereitete Logistik. Besonders bei größeren Losen, z. B. bei Herstellung von drei Fahrspuren inkl. Standspur, ist die Belieferung von mindestens zwei Asphaltmischanlagen je Einbauschicht notwendig. Eine zusätzliche Asphaltmischanlage sollte sicherheitshalber zu Verfügung stehen. Voraussetzung ist auch, dass die Asphaltmischanlagen, die für die jeweilige Schicht eingesetzt werden, mit absolut identischen Erstprüfungen (Rezepturen), Gesteinskörnungen, Bitumen und Additiven versorgt werden. Ebenso trifft das auf die in Reserve stehende Asphaltmischanlage zu.

Der Transport des Asphaltmischguts muss genauestens auf die Fertigerleistung (Asphaltbinderschicht und Asphaltdeckschicht) abgestimmt sein.

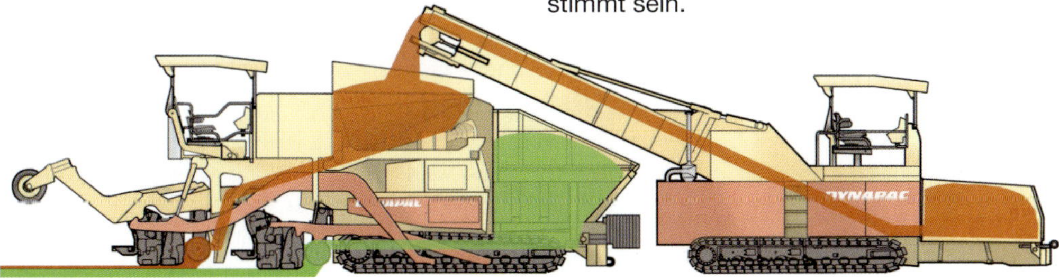

Bild 4.24 Kompakter Einbauzug

Bild 4.25 InLine Pave®-Technologie

Bild 4.26 Genaue Logistik erforderlich – Anlieferung mit dem Lkw für den Kompakteinbau der Asphaltdeck- und -binderschicht

Bild 4.27 Kompaktasphalteinbau Bundesautobahn A 38

Bild 4.28
Sanierung einer Autobahn mit System InLine Pave®

Besonderheiten von InLine Pave®

Mit zwei Fertigern lassen sich höchst effizient zwei hochwertige Asphaltschichten in einem Arbeitsgang herstellen, ähnlich wie beim Einbau von Kompaktasphalt. Nach intensiver Test- und Analysephase wurde dieses Verfahren Anfang 2012 offiziell als Bauweise zugelassen.

Von den verschiedenen technischen Lösungen für den Bau kompakter Asphaltbefestigungen ist InLine Pave® eine der besten Methoden.

Sie bietet organisatorische, wirtschaftliche und technische Vorteile. Ein Vorteil ist die gute Auslastung der Maschinen, denn mit InLine Pave®-Fertigern kann jeder Bauunternehmer auch herkömmlich arbeiten; er muss sich also nicht

Bild 4.29 Einbau unter Brückenbauwerk

Bild 4.30 Intensiver Walzeneinsatz

auf den Bau kompakter Asphaltbefestigungen festlegen. Ein weiterer großer Vorteil ist der einfache Transport der seriennahen Maschinen. Die Transporthöhe beträgt 3,10 m, die Transportbreite 3 m (Standardabmessungen), mit denen sich die Maschinen wie jeder andere Fertiger transportieren lassen, inklusive kurzer Rüstzeiten auf der Baustelle.

Entsprechend der extrem guten Vorverdichtung der unteren Lage (*Hochverdichtung*) muss diese nicht zusätzlich durch die Deckschicht hindurch verdichtet werden. Das minimiert die Gefahr der Durchmischung der Deckschicht mit der unteren Lage, und durch das geringe Walzmaß verringert sich die Gefahr von Unebenheiten.

Durch die *Hochverdichtungsbohle* werden durchgehend Verdichtungsgrade von 97 bis 99 % erreicht, was zu einer sehr hohen Vorverdichtung über die gesamte Schichtdicke führt. Die Hochverdichtung erfolgt in der Binderschicht, die einen relativ geringen Bindemittelgehalt aufweist. Die vergleichsweise dünne Deckschicht mit höherem Bitumenanteil wird danach mit dem Fertiger vor- und mit Walzen endverdichtet. Somit werden nur wenige Walzen für die Endverdichtung der dünnen Deckschicht benötigt.

Sehr gute Ergebnisse erzielt man mit *Oszillationswalzen*. Sie verdichten dynamisch und sind selbst auf dünnen Belägen hocheffizient, ohne das Material zu verschieben. Bei Sanierungsprojekten oder beim Einbau „heiß an kalt“ kommt noch ein weiterer Vorteil hinzu: An den Nähten zur bestehenden Asphaltdecke wird durch die Oszillation eine Beschädigung der kalten Fahrbahn vermieden. So wird stets eine hohe Qualität erzielt, und die Bestandsflächen werden bei der Sanierung geschont. Unterschiedliche Bauweisen können durchgeführt werden, wie die Kombination von Binder- und Deckschicht und Deck- mit Tragschichten.

Auch ZWOPA, der zweilagige offenporige Asphalt, wurde schon mit InLine Pave® gebaut.

Das Überbauen auf Brücken lässt sich hiermit problemlos durchführen, denn Brücken lassen sich sehr gut in den Prozess integrieren. Der *Binderschichtfertiger* setzt einfach vor der Brücke aus, während der *Deckschichtfertiger* weiterarbeitet. Er setzt hinter der Brücke – wie beim konventionellen Einbau – wieder an. Beide Fertiger erreichen durch die Selbstnivellierung eine exzellente Ebenheit. Kleinere Unebenheiten der Tragschicht können vom Binderschichtfertiger bereits weitgehend ausgeglichen werden, das Finish erledigt der Deckschichtfertiger.

Im InLine Pave®-Verfahren sind folgende separate Geräte inbegriffen:

- Beschicker,
- Binderschichtfertiger, versehen mit einer besonders leistungsfähigen Hochverdich-

Bild 4.31
Anlieferung von Mischgut für Asphaltbinder- und -deckschicht

tungsbohle, basierend auf einer speziellen Impulshydraulik und ausgestattet mit zwei Pressleisten,

- Deckenfertiger (Standardmaschine) mit Wassersprüheinrichtung für die Raupen.

Das Asphaltmischgut wird „heiß auf heiß" eingebaut. Die Besonderheit ist hier, dass der Deckenfertiger mit seinem Raupenfahrwerk direkt auf dem Asphaltbindermischgut fährt, ohne dass vorher eine Verdichtung durch Walzeneinsatz stattgefunden hat. Durch den Einsatz einer speziellen Hochverdichtungsbohle, die auch eine *Ausziehbohle* ist, kann eine Vorverdichtung von 98 % realisiert werden. Die Binderschicht ist dadurch so stark verdichtet, dass direkt im Anschluss der – inklusive Material und Zusatzkübel – ca. 40 t schwere Deckenfertiger auf der frisch eingebauten Binderschicht fahren kann, ohne dass dabei wesentliche Verformungen durch das Raupenfahrwerk entstehen.

Der Binderschichtfertiger mit spezieller Hochverdichtungsbohle kann auch separat eingesetzt werden. Ein bevorzugtes Einsatzgebiet ist der Einbau von hochzuverdichtenden Tragschichten. Hier können in einem Arbeitsgang Einbaudicken von bis zu 18 cm realisiert werden.

Dieses InLine Pave®-System kann sowohl im Neubau als auch bei der Sanierung (ein- oder zweispurig) von Autobahnen und Landstraßen genutzt werden.

4.6 Verdichten des Asphaltmischgutes

Die Verdichtbarkeit eines Walzasphaltes lässt sich beschreiben durch:

- den *Verdichtungswiderstand C* (Veränderung der Raumdichte bei Variation der Verdichtungsarbeit am Marshall-Probekörper). Die Anzahl der Verdichtungsschläge, die benötigt werden, um ein bestimmtes Dichteniveau zu erreichen gilt als Maßzahl für die Verdichtungswilligkeit des Asphaltmischgutes;
- den *Verdichtungswiderstand D* (Änderung der Dicken eines Marshall-Probekörpers während des Verdichtungsprozesses). Anstelle der Raumdichtenänderung bei der fortschreitenden Verdichtung wird die Dickenänderung des Marshall-Probekörpers (in reziproker Form) in Ansatz gebracht.

Aus den o.g. Kenngrößen lässt sich die zum Erreichen einer bestimmten Raumdichte erforderliche *Verdichtungsarbeit S (k)* im Labor berechnen. Die erforderliche Verdichtungsarbeit ist im Wesentlichen vom Verdichtungswiderstand D abhängig.

Anhand der Verdichtungsarbeit S kann die äquivalente Walzarbeit abgeschätzt werden.

Durch die Variationen verschiedener Bedingungen wie Verdichtungstemperatur und Mischgutzusammensetzung kann der Verdichtungswiderstand verändert werden.

Folgende Trends bezüglich des Einflusses der Mischgutzusammensetzung auf die Verdichtbarkeit des Asphaltmischgutes kann man erkennen:

- Erhöhung des Anteils an gGk über 2 mm
  ⇨ schwerere Verdichtbarkeit,
- Erhöhung des Anteils an Korn unter 0,063 mm
  ⇨ leichtere Verdichtbarkeit,
- Erhöhung des Bindemittelgehaltes
  ⇨ leichtere Verdichtbarkeit,
- hoher Größtkornanteil
  ⇨ schwerere Verdichtbarkeit,
- Erhöhung des Anteils an fGk mit Ecs (35)
  ⇨ schwerere Verdichtbarkeit.

In der Praxis wird mit einem Temperaturbereich für die Verdichtung von 140 °C (Verdichtungsbeginn) und 100 °C (Verdichtungsende) gerechnet. Bei der Verdichtung von temperaturabgesenktem Asphalt sind die besonderen Hinweise der Bitumen- bzw. Additivhersteller zu beachten und die Ergebnisse der Erstprüfung zu berücksichtigen.

Die obere Temperatur zu Beginn des Verdichtungsvorganges resultiert aus den Anforderungen an die Standfestigkeit des Mischgutes. Diese Temperatur muss in einem Bereich liegen, der es gestattet, dass einerseits das Gewicht des Verdichtungsgerätes getragen werden kann und andererseits eine gute Kornumlagerung und Hohlraumverminderung beim Walzvorgang stattfinden kann. Ein Schieben und Ausquetschen des Asphaltmischgutes ist in jedem Fall zu vermeiden.

Die untere Temperatur ist dann erreicht, wenn die Viskosität des Bitumens so hoch ist, dass ein weiteres (auch intensives) Walzen keinen Zuwachs des Verdichtungsgrades mehr bringt. Wird mit schweren Walzen oder mit Vibrationswalzen versucht, nach dem Erreichen der unteren Grenztemperatur weiter zu verdichten, so sind Kornzertrümmerungen und Walzrisse zu erwarten.

4.6.1 Prinzip der Verdichtung

4.6.1.1 Statisch wirkende Walzen

Die Verdichtungswirkung der statischen Walzen beruht fast ausschließlich auf den Vertikaldruck, den die Walze über die Bandage auf die zu verdichtende Fläche ausübt. Der Walzdruck ist das Gewicht auf dem Walzenrad pro cm Walzenbreite in kg/cm. Er wird als statische Linienlast bezeichnet

$$\text{Statische Linienlast} = \frac{\text{Achslast}}{\text{Bandagenbreite}} \text{ [kg/cm]}.$$

Entsprechend dem Verdichtungsfortschritt ändert sich der spezifische Flächendruck, der über die Bandage auf die zu verdichtende Fläche ausgeübt wird. Durch die zunehmende Verdichtung wird die Berührungsfläche kleiner, der spezifische Flächendruck somit größer.

Erhöht sich die statische Linienlast, hat die Walze eine größere Tiefenwirkung.

Einen weiteren Einfluss auf die Verdichtung übt der Durchmesser des Walzenrades aus. Dabei

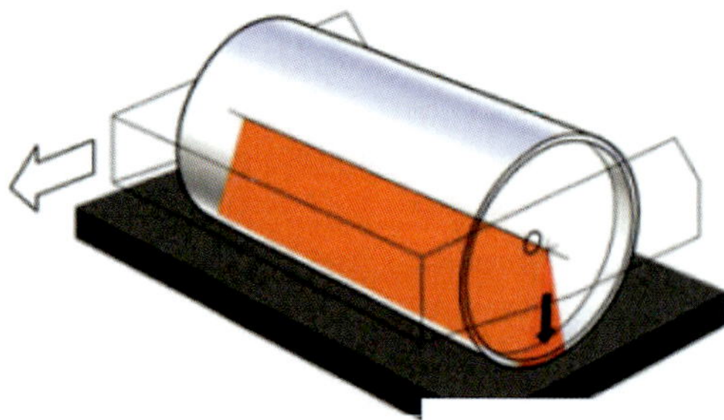

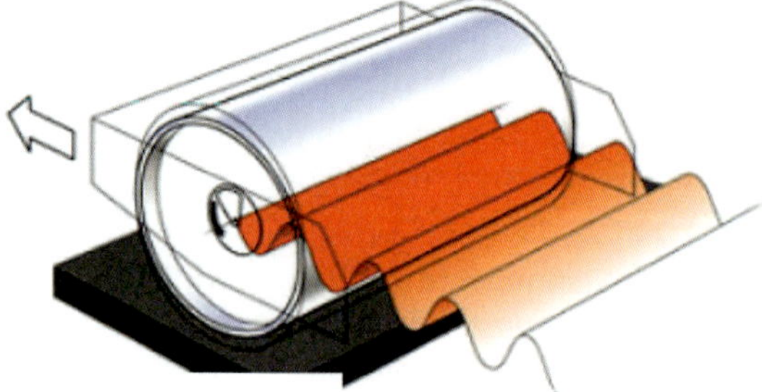

Bild 4.32 Statische Linienlast — Dynamische Verdichtung

ist zu beobachten, dass durch einen großen Durchmesser die vertikalen Verschiebungen minimiert werden können.

Der Walzenantrieb (angetriebene oder nicht angetriebene Bandage) hat Einfluss auf die Größe der horizontalen Bewegungen. Entsprechend den beim Walzvorgang auftretenden Kräften können angetriebene Bandagen höher belastet werden als nicht angetriebene Bandagen.

Die nicht angetriebene Bandage schiebt das heiße, zu verdichtende Asphaltmischgut in Form einer „Bugwelle" vor sich her und überrollt es. Die Größe der „Bugwelle" ist abhängig vom Gewicht der Walze, der Standfestigkeit des Asphaltmischgutes und der Mischguttemperatur.

Um eine ebene Oberfläche und eine gute Vorverdichtung zu erreichen, ist es notwendig, immer zuerst mit der angetriebenen Bandage das frisch eingebaute Asphaltmischgut vorzuverdichten.

In großen Steigungen trifft der entgegengesetzte Fall zu. Die nicht angetriebene Bandage (leichtere Bandage) fährt voraus. Diese Art der Vorverdichtung ist nötig, um ein Durchdrehen der angetriebenen Bandage auf dem noch unverdichteten Mischgut zu verhindern.

4.6.1.2 Dynamisch wirkende Walzen (Vibrationswalzen)

Das Asphaltmischgut wird durch Schwingungen so angeregt, dass eine Umlagerung des Korns in eine dichtere Lagerung stattfindet. Die Schwingungen werden durch die Einleitung schnell aufeinanderfolgender Kraftimpulse in die zu verdichtende Asphaltschicht erzielt. Durch diese dynamischen Kräfte werden die Einzelkörner so angeregt, dass sich die Reibung in der heißen Asphaltschicht vermindert und sich die Körner in ein dichteres Gefüge umlagern können. Auf die Verdichtungswirkung haben Einfluss:

- das Gewicht der Walze,
- die schwingende Masse,
- Frequenz und Amplitude der Schwingungen,
- die Walzgeschwindigkeit.

■ Gewicht

Das Gewicht der Walze wird über die Räder der Walze – die Walzenbandagen – in die zu verdichtende Schicht eingetragen. Die Lasteintragungswirkung basiert auf den im Abschnitt 4.6.1.1 beschriebenen Prinzipien. Bei der Vibrationsverdichtung sind geringere Walzengewichte erforderlich als bei der statischen Verdichtung.

■ Schwingende Masse

Sie ist ein Bestandteil der Masse des Verdichtungsgerätes. Durch Erregung wird diese Masse in Schwingungen versetzt. Durch Ände-

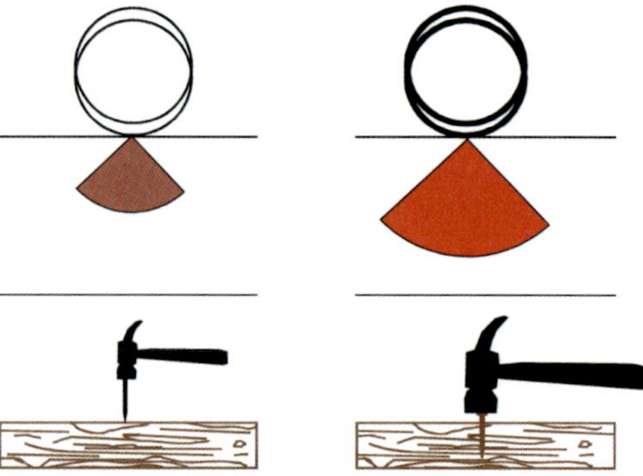

Bild 4.33 Einfluss der schwingenden Masse

rung der Masse, unter Konstanz der anderen Maschinenparameter, kann die Verdichtungswirkung beeinflusst werden. Bei Zunahme der schwingenden Masse erhöht sich die Verdichtungswirkung und somit auch die wirksame Tiefe der Verdichtung.

Frequenz und Amplitude

Die Amplitude ist der Weg, den die vibrierende Bandage aufgrund der Anregung durch die schwingende Masse zurücklegt. Die Größe der Amplitude hat Einfluss auf die erreichte Verdichtungsenergie. Bei gleicher schwingender Masse bedeutet die Vergrößerung der Amplitude eine Erhöhung der Verdichtungswirkung und eine größere Tiefenwirkung. Eine zu starke Erhöhung der Amplitude führt jedoch zu Auflockerungen, Unebenheiten und Kornzertrümmerungen.

Zur Verdichtung von Asphaltdeckschichten und Asphaltbinderschichten ist eine Amplitude zwischen 0,4 bis 0,6 mm zu empfehlen, bei Asphalttragschichten sollte sie 1,0 mm nicht überschreiten.

Große Amplituden in Verbindung mit geringerer Frequenz sind für große Schichtdicken geeignet. Wenn man Auflockerungserscheinungen vermeiden will, sollte man mit einer kleinen Amplitude und großer Frequenz verdichten.

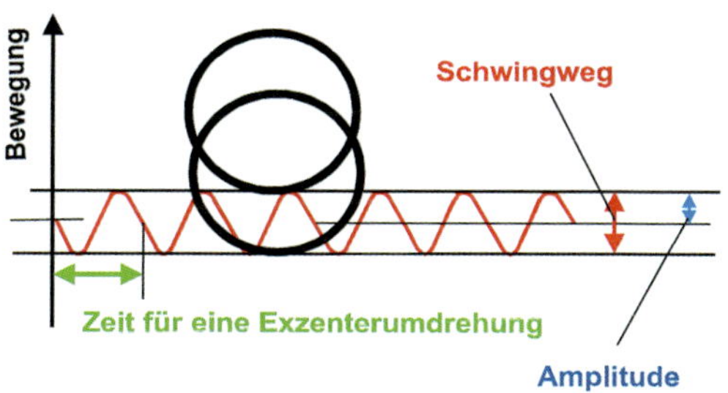

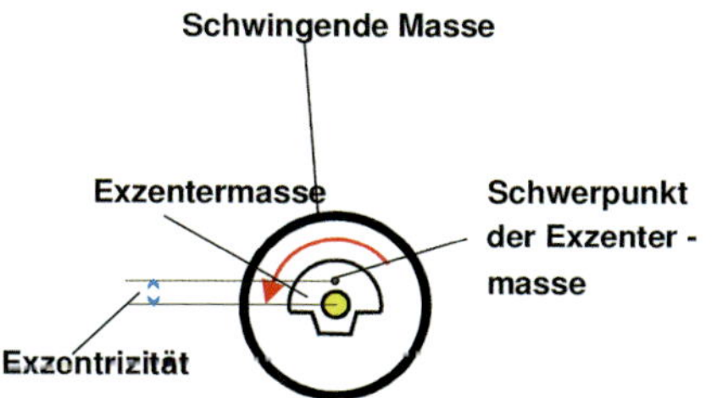

Bild 4.34 Zusammenhang zwischen Amplitude und Exzentrizität

Unter der Frequenz ist die Anzahl Schwingungen der Bandage je Sekunde zu verstehen. Die Frequenz wird in Hz angegeben. Als Richtwert zum Verdichten wird eine Mindestfrequenz von 45 Hz angegeben. Bei geringeren Frequenzen wird der Verdichtungserfolg vermindert.

Oszillation

Das System der Oszillationstechnik ist für jede Asphaltsorte und jede Schichtdicke geeignet. Besonders bei schwer verdichtbaren Belägen hebt sich die Oszillation gegenüber anderen Verdichtungssystemen deutlich hervor. Durch das technisch optimal ausgelegte System kommt die Oszillationsbandage ohne jegliche mechanische oder elektronische Regelung aus. Die Regelung der Amplitude erfolgt stufenlos durch die physikalischen Eigenschaften der Bandage mit extrem kleiner Verstellzeit, die von keinem anderen, derzeit bekanntem, geregeltem Vibrationssystem erreicht wird. Vor allem kommt das System komplett ohne Messtechnik aus. Dieser Regelmechanismus liegt in der Konstruktion des Oszillators begründet. Die Walze liegt mit ihrem Eigengewicht auf, die Bandage erzeugt eine oszillierende Drehbewegung der Bandage, welche an der Tangente des Walzmantels Scher- und Schubkräfte ins Material einleitet. Bei gering verdichtetem Material erfolgt aufgrund der installierten Amplitude eine relativ hohe Drehbewegung, da der relative Verdichtungswiderstand im Material gering ist. Bei zunehmender Verdichtung nimmt der relative Verdichtungswiderstand im Material zu und somit wird automatisch die Amplitude des Oszillators kleiner. Dies bedeutet, dass in Bereichen von weichem oder unverdichtetem Material der Drehwinkel der Bandage maximal ist und in Bereichen mit höheren Steifigkeiten der Drehwinkel der Bandage entsprechend kleiner ist. Die Oszillationsbandage kann somit ohne Regelverzögerung auf veränderte Mischgutbeschaffenheiten reagieren.

Oszillationswalzen sind besonders für Brückenbauarbeiten gefordert. Sie ermöglichen hohe Verdichtungsleistung und erzeugen keine schädigenden Erschütterungen. Gerade auf solchen Bauwerken kühlt der Asphalt schneller ab. Hier hat die Oszillation ihre Vorteile, da bei Oszillation noch bei niedrigeren Asphalttemperaturen gearbeitet werden kann.

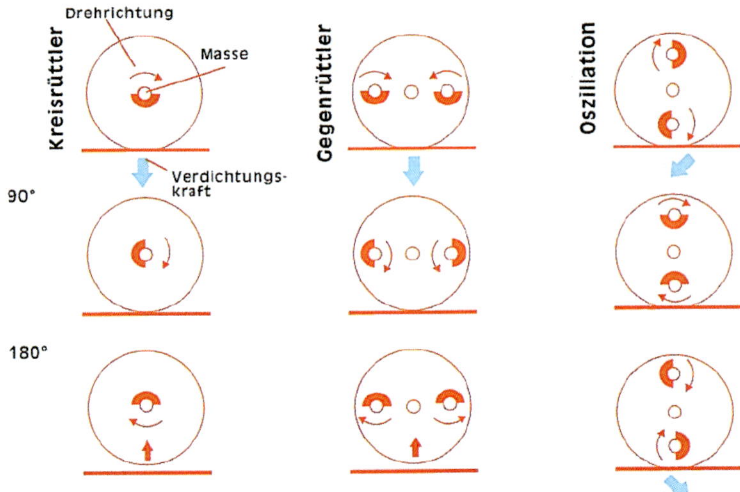

Bild 4.35
Vergleich dynamischer Verdichtungssysteme

Bild 4.36
Vergleich Einfluss Vibration/Oszillation

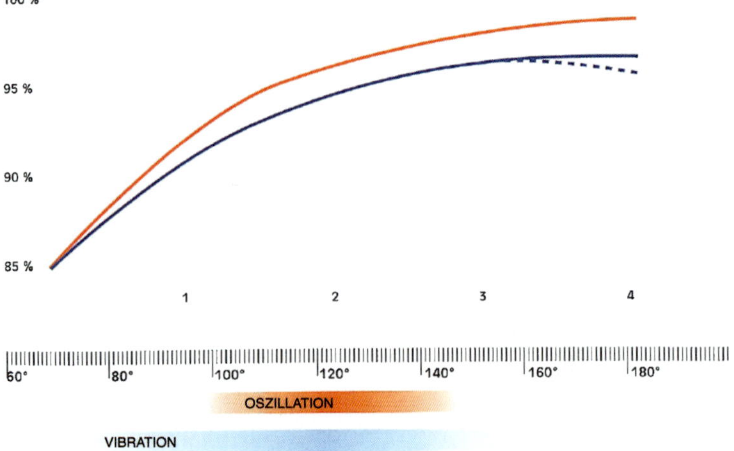

Bild 4.37
Vergleich Intensität der Verdichtung (rot = Oszillation, blau = Vibration), unten optimale Verdichtungstemperaturen

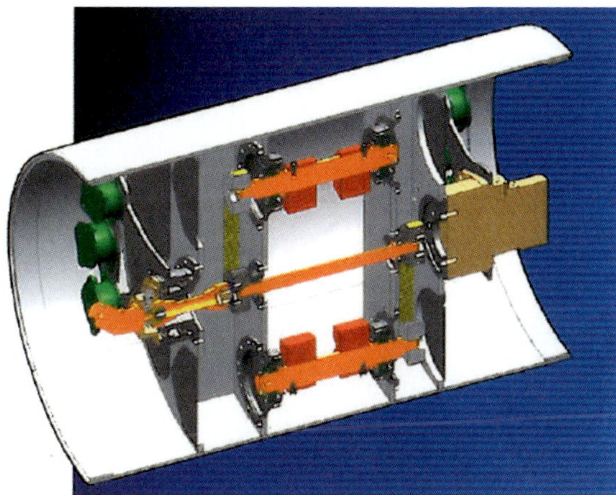

Bild 4.38 Walzkörper mit Oszilliereinrichtung

■ Walzengeschwindigkeit

Die Fahrgeschwindigkeit der Walze beeinflusst die Einwirkungszeit auf das zu verdichtende Asphaltmischgut. Wird die Geschwindigkeit erhöht, vergrößert sich der räumliche Abstand zwischen zwei vertikalen Bewegungen der Bandage.

Wird die Walze zu schnell gefahren und eine geringe Frequenz der Verdichtung eingestellt, vergrößert sich der Vibrationsabstand und die Tiefe der Querwelle. Die Ebenheit der Schicht wird damit geringer.

Eine Vibrationswalze kann schneller als eine rein statisch wirkende Walze gefahren werden.

Die günstigste Fahrgeschwindigkeit bei der Verdichtung liegt je nach Schichtdicke zwischen 2 und 6 km/h.

4.6.2 Zur Asphaltverdichtung verwendete Walzen

Im Asphaltstraßenbau kommen je nach Anwendungsbereich Straßenwalzen mit statischer, dynamischer oder kombinierter Verdichtungswirkung zum Einsatz. Die Baugröße und damit das Dienstgewicht, sind ebenfalls vom Einsatzzweck abhängig.

■ Statische Dreiradwalze (Glattmantelwalze)

Modernere Walzen haben drei gleich große Walzräder bzw. drei Antriebsräder, ältere Ausführungen haben zwei große Antriebsräder und ein kleineres, zum Steuern dienendes, nicht angetriebenes Rad. Die Verdichtungswirkung kann durch das Variieren der Wassermenge in den Ballasttanks gesteuert werden.

Bild 4.40 Statische Dreiradwalze

Bild 4.39 Arbeiten in bebauten Gebieten, auf Brücken, in Parkhäusern oder anderen sensiblen Bereichen werden erst durch Oszillation möglich

Bevorzugte Einsatzgebiete:

- Hauptverdichtung,
- Nahtwalzen,
- Nachwalzen (Bügeln von Deckschichten).

Dienstgewicht: 8–15 t.

Tandemwalze mit Vibration

Gewöhnlich sind beide Walzenräder angetrieben und können vibrieren.

Bevorzugte Einsatzgebiete:

- *ohne Vibration:* Andrücken eines niedrig vorverdichteten Asphaltmischgutes, Bügeln von Deckschichten,
- *mit Vibration:* Hauptverdichtung, vor allem bei dicken Asphalttragschichten und standfest zusammengesetzten Asphaltdeck- und Asphaltbinderschichten.

Dienstgewicht: 2–15 t.

Bild 4.41 Tandemwalze mit Vibration

Knickgelenkte Tandemwalze

Bevorzugte Einsatzgebiete:

- Stadtstraßen,
- Autobahnen,
- Kurvenreiche Strecken mit geringen Kurvenradien,

Dienstgewicht: 2–18 t,

Hundegang zur Erhöhung der Arbeitsbreite,

freie Sicht auf Bandagenoberfläche, deren Außenkante und das Arbeitsumfeld.

Bild 4.43 Knickgelenkte Tandemwalze

Oszillationswalze

Bevorzugte Einsatzgebiete:

- Hauptverdichtung,
- auf Brückenbauwerken, in Altstadtbereichen, in Bereichen, wo sensible Verdichtungstechnik benötigt wird,

Bild 4.42 Asphalteinbau auf einer Brücke, Verdichtung mit Oszillationswalzen

Bild 4.44 Oszillationswalze

- Nachwalzen (Bügeln von Deckschichten),
- Arbeitsnähte.

Dienstgewicht: 6–12 t.

Gummiradwalze

Diese Walze verfügt über 7–11 Gummiräder. Die Verdichtung kann über die Variation der Last mit Wasser bzw. Sand oder über den Luftdruck (gleichmäßig!) der Bereifung gesteuert werden.

Bevorzugte Einsatzgebiete:

- Vorprofilierungen,
- Hauptverdichtung (nicht bei schwer verdichtbarem Mischgut wie SMA),
- Oberflächenschluss.

Dienstgewicht: 10–35 t.

Bild 4.45 Gummiradwalze und Detail

Kombiwalze

Durch die Kombination von drei oder vier Gummirädern mit einem vibrierenden Stahlrad (Kneten und Vibration) ist diese Walze für vielfältige Aufgaben einsetzbar.

Bevorzugte Einsatzgebiete:

- kleine Flächen,
- Steilstrecken.

Je nach Dienstgewicht:

- Radwege,
- ländliche Wege,
- Stadtstraßen,
- Autobahnen.

Dienstgewicht: 2–18 t.

Bild 4.46 Kombiwalze

Platten und Stampfer

Sie können schnell umgesetzt werden.

Bevorzugte Einsatzgebiete:

- kleine und sehr kleine Baustellen, Grabenabdeckungen, Flickstellen etc.

Dienstgewicht: 40–200 kg.

Die Einsatzgebiete der verschiedenen Walzentypen sind in der nachfolgenden *Tabelle 4.3* dargestellt.

4.6.3 Walzvorgänge

Tabelle 4.3 Einsatzgebiete der verschiedenen Walzentypen beim Walzen der Asphaltschichten

Asphalttragschicht AC T	
Walze	Schwere Walzen
Amplitude	Beginn mit größerer Amplitude
Übergänge	Entsprechend viele Übergänge
Verdichtungsart	Vibration und Oszillation
Besonderheiten	Bei geringer Standfestigkeit der Tragschicht werden die ersten 2 Überfahrten statisch durchgeführt, danach normal.
Asphaltbinder AC B	
Walze	Mittelschwere Walzen
Amplitude	Große Amplitude
Übergänge	Mittlere Anzahl von Übergängen
Verdichtungsart	Vibration und Oszillation
Besonderheiten	Zum Teil verschiebeempfindliches Material. Nicht zu geringe Geschwindigkeit! Zu hohe Temperaturen vermeiden. Bei geringer Standfestigkeit der Binderschicht werden die ersten 2 Überfahrten statisch durchgeführt, danach normal.
Tragdeckschichten AC TD	
Walze	Mittelschwere bis schwere Walzen
Amplitude	Beginn mit großer Amplitude
Übergänge	Entsprechend viele Übergänge
Verdichtungsart	Vibration und Oszillation
Besonderheiten	Bei geringer Standfestigkeit der Tragdeckschicht werden die ersten 2 Überfahrten statisch durchgeführt, danach normal.
Asphaltbeton AC D	
Walze	Mittelschwere Walzen
Amplitude	Kleine Amplitude
Übergänge	Mittlere Anzahl von Übergängen
Verdichtungsart	Vibration und Oszillation
Besonderheiten	Nicht zu geringe Geschwindigkeit! Zu hohe Temperaturen vermeiden. Bei geringer Standfestigkeit der Deckschicht werden die ersten 2 Überfahrten statisch durchgeführt, danach normal.
Splittmastixasphalt SMA	
Walze	Mittelschwere Walzen
Amplitude	Kleine Amplitude
Übergänge	Mittlere Anzahl von Übergängen
Verdichtungsart	Vibration und Oszillation
Besonderheiten	Zu hohe Temperaturen vermeiden, kein Pumpen von Bitumen an die Oberfläche! Meist normale Verarbeitung.

Temperaturabgesenkter Asphalt	
Walze	Mittelschwere bis schwere Walzen
Amplitude	Kleine Amplitude bei Deckschicht Große Amplitude bei Binder- und Tragschichten
Übergänge	Mittlere Anzahl von Übergängen
Verdichtungsart	Vibration und Oszillation
Besonderheiten	Erweiterung des Temperaturfensters für die Verdichtung um ca. 10 bis 20 K nach „unten“, nach Herstellerangaben des Bitumens.
Offenporiger Asphalt PA, wasserdurchlässiger Asphalt PA WDA	
Walze	Leichte bis mittelschwere Walzen
Amplitude	Kleine Amplitude
Übergänge	Geringe bis mittlere Anzahl von Übergängen
Verdichtungsart	Statisch oder Vibration
Besonderheiten	Zu hohe Temperaturen vermeiden, kein Pumpen von Bitumen an die Oberfläche! Wenige Übergänge mit Vibration! Ränder nicht mit Kantenandrückgerät verdichten, sonst kann kein Wasserabfluss gewährleistet werden.
Zweilagiger offenporiger Asphalt (ZWOPA)	
Walze	Leichte bis mittelschwere Walzen
Amplitude	Kleine Amplitude
Übergänge	Geringe bis mittlere Anzahl von Übergängen
Verdichtungsart	Statisch oder Vibration
Besonderheiten	Zu hohe Temperaturen vermeiden, kein Pumpen von Bitumen an die Oberfläche! Wenige Übergänge mit Vibration! Ränder nicht mit Kantenandrückgerät verdichten, sonst kann kein Wasserabfluss gewährleistet werden.
Dünne Asphaltschichten in Heißbauweise (DSH)	
Walze	Mittelschwere Walzen
Amplitude	Keine
Übergänge	Geringe Anzahl von Übergängen
Verdichtungsart	Nur Oszillation oder statisch
Besonderheiten	Nur in Richtung zum Fertiger oszillieren. Achtung: Wellenbildung bei Einsatz von Vibration!

Walzen der Asphaltschichten

Beim Walzen werden das Andrücken, die Hauptverdichtung, das Nachwalzen und das Nahtwalzen unterschieden.

Andrücken

Dieser Walzgang mit einer Walze mit niedriger Linienlast ist nötig, wenn:

- das Mischgut in dicken Lagen unter niedriger Vorverdichtung eingebaut wurde sowie leicht verdichtbar ist,
- das Mischgut sehr heiß und mit hoher Schichtdicke eingebaut wurde.

Hauptverdichtung

Zur Hauptverdichtung können Dreirad-, Tandem-, Gummirad- und Kombiwalzen verwendet werden. Die Richtwerte für die Anzahl der Walzübergänge sind in *Tabelle 4.4* dargestellt.

Tabelle 4.4 Anzahl der Walzübergänge für die Hauptverdichtung

Walze und Betriebsart	Anzahl n der Walzübergänge
Dreiradwalze	6 bis 8
Tandemwalze – statisch – einfach vibrierend – doppelt vibrierend	 6 bis 10 2 bis 8 2 bis 6
Gummiradwalze	10 bis 14
Kombiwalze – statisch knetend – vibrierend knetend	 6 bis 12 2 bis 8

Die Maximalwerte der Tabelle gelten für:

- schwer verdichtbares Mischgut, besonders in dünnen Lagen eingebaut,
- sehr dicke Lagen,
- niedrige Mischguttemperaturen,
- hohe Walzgeschwindigkeiten,
- leichte Walzen.

Nachwalzen

Zum Erreichen einer ebenen Oberfläche (Querebenheit) sowie eines Porenschlusses der Deckschicht werden 2–4 Walzübergänge nach der Hauptverdichtung durchgeführt. Man spricht dabei vom „Bügeln“. Im Bereich um und unter 100 °C dürfen nur statische Walzen oder gegebenenfalls auch Gummiradwalzen eingesetzt werden.

Nahtwalzen

Das Nahtwalzen wird in der Regel mit der Hauptverdichtungswalze (aber nicht mit der Gummiradwalze!) durchgeführt. Es sind 2–4 Walzübergänge einzuplanen.

Walzflächenleistung

Die Flächenleistung F einer Walze kann mit folgender Formel berechnet werden:

$$F = \frac{b_{eff} \cdot v \cdot 50}{n} \; [m^2/h]$$

Es bedeuten darin:

b_{eff} = effektive Bandagenbreite
v = mittlere Walzgeschwindigkeit [m/min]
n = Anzahl der Walzübergänge

Beim Andrücken der Nähte, Walzen von Kanten und anderen, aufwändigeren Walzgängen kann die Flächenleistung deutlich geringer sein.

Walzzeiten

Zum Verdichten von Asphaltmischgut stehen, bedingt durch das thermoplastische Verhalten des Bitumens, nur begrenzte Zeiträume zwischen Asphaltmischguteinbau und Abschluss des Verdichtens zur Verfügung. Die erforderliche Walzzeit t, die für das Vorwalzen, die Hauptverdichtung und das Nachwalzen nötig ist, lässt sich folgendermaßen berechnen:

$$t = \frac{L \cdot n \cdot N}{v} \; [min]$$

Es bedeuten darin:

L = Walzbahnlänge [m], meist 40 bis 60 m
n = Anzahl der Walzübergänge
N = Anzahl der Walzbahnen
v = mittlere Walzgeschwindigkeit [m/min]

4.6.3.1 Grundregeln für das Verdichten

- Das Walzen so früh wie möglich beginnen, die Temperatur des Asphaltmischgutes ist vorher zu prüfen (max. 150 °C, von der Mischgutart abhängig).
- Antriebswelle in Fertigerrichtung, um Bugwellen und Walzrisse zu vermieden; Ausnahme: An Steilstrecken wird mit dem Antrieb „hinten“ gefahren.
- Bei geneigtem Querprofil ist immer auf der tieferen Einbauseite zu beginnen und zur höher gelegenen Seite umzusetzen.
- In Kurven ist in der inneren Seite zu beginnen.

Bild 4.47 Stellung der Walze zum Fertiger

- Das Versetzen und Lenken der Walze hat stets auf dem schon verdichteten Abschnitt zu erfolgen.
- Beim Einbau im Dachprofil ist die Krone als letzter Walzgang mittig zu behandeln.
- Die Bandagen sind so mit Wasser/Trennmittel zu berieseln, dass ein Ankleben des Mischgutes verhindert wird. Die Dosierung hat so zu erfolgen, dass nicht zuviel Wasser auf die Fläche gelangt und somit ein zu schnelles Auskühlen erfolgt (evtl. Intervallschalter nutzen).
- Walzen hat immer ruckfrei zu erfolgen (sanft anfahren und reversieren).
- Die Vibration ist immer erst während der Fahrt einzuschalten, niemals im Stand!
- Die Walze nie auf noch heißem, unzureichend verdichtetem Mischgut anhalten – „Dellenbildung".
- Beim Anhalten der Walze ist sie schräg zur Fahrtrichtung abzustellen *(Bild 4.48)*.

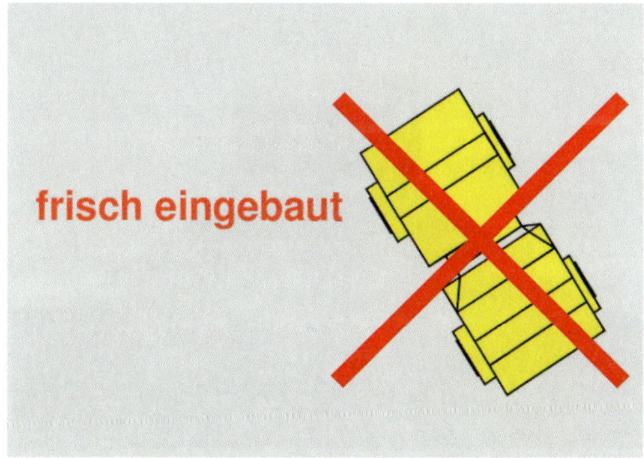

Bild 4.48 Kein Anhalten der Walze auf dem frisch eingebauten, heißen Asphaltmischgut

4.6.3.2 Verdichten von Kompaktasphalt

Nach dem Einbau des Kompaktasphalts sind gleichzeitig die Asphaltbinder- und die Asphaltdeckschicht zu verdichten.

Durch den voluminösen Asphaltkörper (Gesamtdicke ca. 12 cm), der in einem Arbeitsgang eingebaut wurde, steht ein höheres Speichervolumen der Wärmeenergie zur Verfügung. Das bedeutet auch, dass diese Bauweise auch bei niedrigeren Temperaturen (um 0 °C) zum Einsatz kommen kann, da die Auskühlraten kleiner werden.

Das Abstreuen zur Erzielung der Anfangsgriffigkeit kann aufgrund des Wärmespeichervermögens des Kompaktasphalts etwas später als bei konventionellen Asphalten erfolgen. Hier erfolgt zunächst die Hauptverdichtung. Das Abstreumaterial kann dann problemlos mit einem Abstreubalken aufgetragen werden, da der Asphalt schon eine hohe Standfestigkeit besitzt, aber immer noch heiß genug ist, dass ein sicheres Verkleben des Abstreumaterials mit der Deckschicht realisiert werden kann.

Zum Einsatz kommt ein spezielles (empfohlenes) Walzenregime:

- 2 leichte Glattmantelwalzen, Dienstgewicht ca. 4 t, zum Andrücken des Mischguts direkt nach Fertiger,
- 4–5 Tandemwalzen, Dienstgewicht ca. 8 t, zur Hauptverdichtung,
- Balkenstreuer,
- 1 Tandemwalze, Dienstgewicht ca. 12 t, zum Eindrücken des Abstreumaterials.

Bild 4.49 Walzeneinsatz zum Verdichten des Kompaktasphalts

4.6.3.3 Besonderheiten der Walzenarten

■ Vibrationswalzen

- Die Vibrationsfrequenz ist je nach Schichtdicke, Mischgutart und nach Angaben des Herstellers zu wählen:
  - Deckschichten: hohe Frequenzen und kleine Amplituden,
  - dicke Schichten (über 8 cm): niedrigere Frequenzen und höhere Amplituden,
  - dünne Deckschichten (bis 2 cm), Deckschichten auf starrer Unterlage: keine Vibration, um Kornzertrümmerung, Gefügestörungen mit folgender Rissbildung oder Beeinträchtigung des Schichtenverbundes zu verhindern.
- Temperaturminimum des Asphaltmischgutes: 100 °C, darunter keinesfalls mehr vibrieren!
- Hohlraumarme Deckschichten nicht zu intensiv vibrieren, da es zu Mörtelanreicherungen an der Oberfläche kommen kann („Fettflecke").
- Nicht mit zu hoher Geschwindigkeit fahren, „Waschbrettbildung" kann die Folge sein.

■ Gummiradwalzen

- Einsatz in der Regel gemeinsam mit Glattmantelwalze (statisch oder vibrierend).
- Reifendruck ist entsprechend der Mischgutart zu wählen, bei verdichtungsunwilligem Mischgut hohen Luftdruck, ca. 5 bis 6 bar auf allen Reifen gleichmäßig einstellen.
- Zur Verdichtung dicker Schichten hohe Radlasten (schwere Walzen) verwenden.
- Möglichst „Hot and Dry", also mit warmen Reifen, ohne Berieselung direkt hinter dem Fertiger fahren (Ankleben des Mischgutes an den Reifen wird verhindert).
- Zu viele Walzübergänge, besonders bei hohlraumarmen Deckschichten oder bindemittelreichen Mischgutarten vermeiden, eine Mörtelanreicherung an der Oberfläche und somit Überfettung und Glättebildung ist die Folge.
- Bei Splittmastixasphalt sollte auf den Einsatz der Gummiradwalze verzichtet werden.

Bild 4.50 Wirkprinzip einer Gummiradwalze (dynamisch/knetend)

■ **Kombiwalzen**

- Wie bei Gummiradwalzen sollte das Fahren „Hot and Dry“ angestrebt werden.
- Falls eine Berieselung der Reifen nötig ist, sollte eine Emulsion aus Wasser und Trennmittel (Mischungsverhältnis 1 : 50 bis 1 : 100) verwendet werden.
- Eine Erhöhung des Reifeninnendrucks ist wegen des relativ niedrigen Gesamtgewichts der Walze nicht ratsam.

4.6.3.4 Walzschemata

■ **Grundsätze**

- Alle Walzspuren müssen sich überdecken, eine gleichmäßige Verdichtung über die gesamte Breite soll gewährleistet werden.
- Die Rückfahrt vom Fertiger hat auf der gleichen Spur zu erfolgen. Erst auf dem schon abgekühlten und tragfähigen Mischgut kann das Steuern und Versetzen erfolgen.
- Bei Querneigung der Fahrbahn immer an der unteren Seite beginnen und dann in versetzter Fahrweise (ca. 50 %) nach oben hin verdichten. Das heiße Mischgut hat somit an der tiefsten Stelle ein Widerlager und kann nicht mehr ausweichen.

■ **Andrücken und Hauptverdichtung**

1. An der Fahrbahnkante entlang (ggf. auf der tieferen Seite) bis zum Fertiger vorfahren.
2. Zurücksetzen in der gleichen Spur bis zur erkalteten Schicht, um eine Spur versetzen (Überlappung beachten).
3. Fahrt zum Fertiger (um den zwischenzeitlichen Fertigerfortschritt nach vorn versetzt).
4. Rückfahrt in der gewalzten Spur bis zur erkalteten Schicht, versetzen um eine Spur.
5. Weiter wie bei Nr. 3 usw.

...

7. In der letzten Spur wird ebenfalls bis zum erkalteten Mischgut zurückgesetzt, um dort auf die erste Spur umzusetzen.

Die ausreichende Verdichtung des Fahrbahnrandes (ohne Randeinfassung) ist meist nur unter Verwendung einer an der Walze seitlich angebrachten Andrückrolle oder eines Kantenskis möglich.

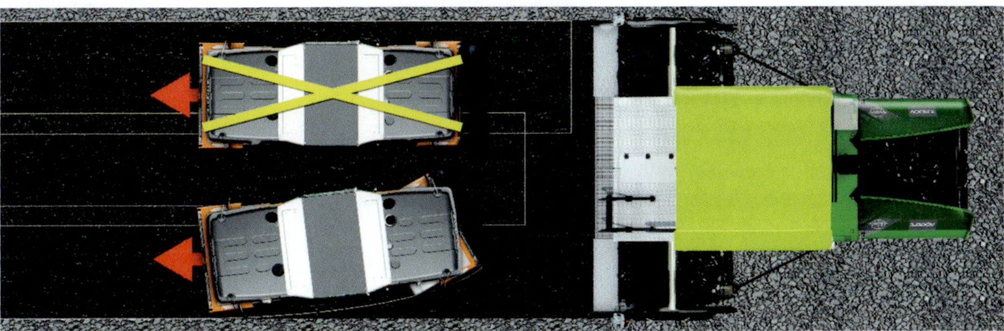

Bild 4.51 Walzschema Andrücken

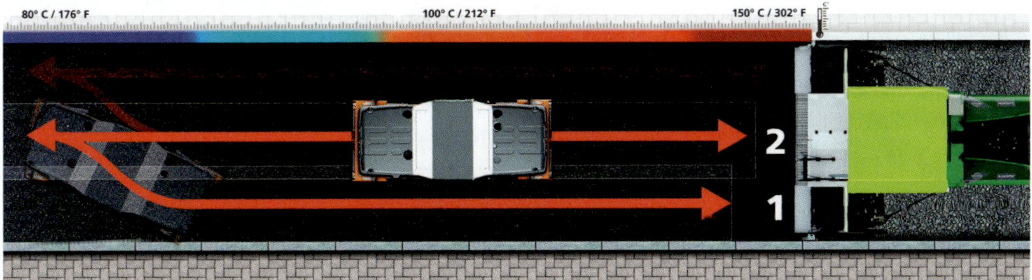

Bild 4.52 Wechsel der Spur auf verdichtetem Asphalt

Bild 4.53 Verdichtung des Fahrbahnrandes mit Kantenrolle

■ Anschlüsse (Quernähte)

Wenn es der Platz (Manövrierraum) zulässt, sollten Anschlüsse quer zur Fahrbahn gewalzt werden.

Die Bandage läuft hauptsächlich auf der fertigen Fahrbahn. Sie fährt nur mit etwa 10 cm auf dem noch heißen Mischgut. Im weiteren Verlauf des Walzens wird der Streifen auf dem

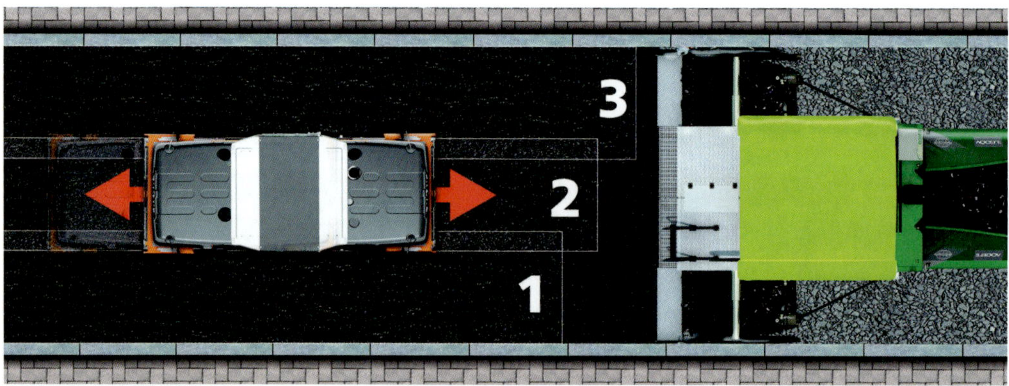

Bild 4.54 Verdichten mit seitlicher Befestigung

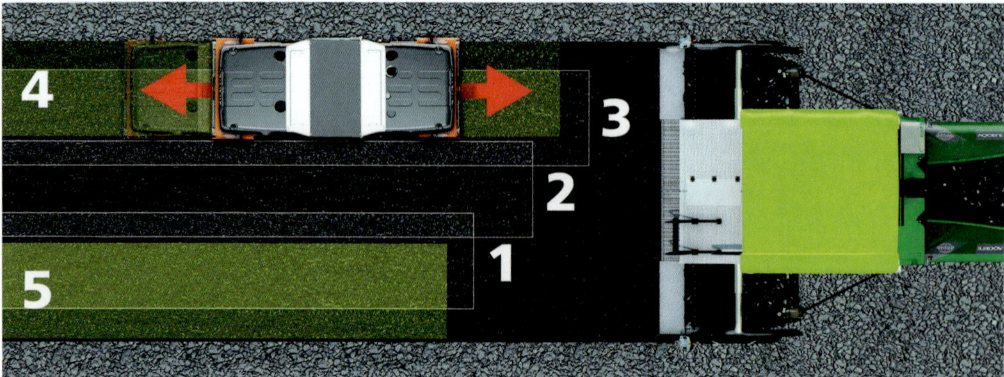

Bild 4.55 Verdichten ohne seitliche Befestigung

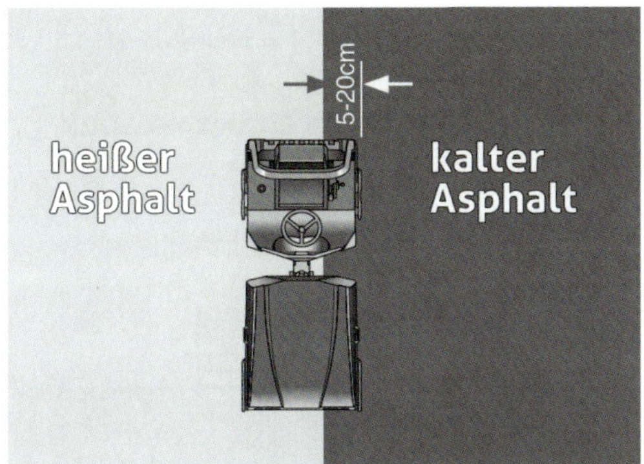

Bild 4.56 Verdichten einer Quernaht (Skizze und Foto)

heißen Mischgut nach und nach vergrößert, bis schließlich die volle Bandagenbreite auf dem „neuen" Mischgut zum Walzen kommt.

Durch diese Vorgehensweise wird ein allmählicher und stoßfreier Übergang geschaffen.

Nur in Ausnahmefällen, wie bei mangelndem Manövrierraum, kann der Anschluss in Längsrichtung gewalzt werden.

Längsnähte

1. Einbau mit dem Fertiger „heiß an kalt"

- Walzbeginn ist an der schon fertigen Schicht. Die Walze fährt zunächst nur in einer Breite von 10 bis 15 cm auf der frisch eingebauten Bahn, an der Längsnaht beginnend.
- Nach dem Zurückfahren auf derselben Spur bis auf schon tragfähiges Mischgut setzt die Walze zum anderen, unverdichteten Rand um.
- Das weitere Walzen erfolgt dann vom Rand her zur Mitte hin.

2. Einbau mit zwei Fertigern „heiß an heiß"

Zwei Fertiger fahren in kurzem Abstand versetzt und bauen das Asphaltmischgut „heiß an heiß" ein.

- Walzbeginn ist jeweils an den Außenkanten. Es wird jeweils ein Widerlager geschaffen, so dass das Mischgut nicht mehr ausweichen kann.
- Die technologische Abfolge bis kurz vor die Mittellängsnaht ist analog zu den vorangegangenen Fällen.
- Von der Mittelnaht werden von jeder Seite her ca. 15 cm unverdichtet stehengelassen.
- Mit dem letzten Walzenübergang wird der ca. 30 cm breite Streifen mittig als Abschluss gewalzt. Der Streifen kann somit nicht mehr

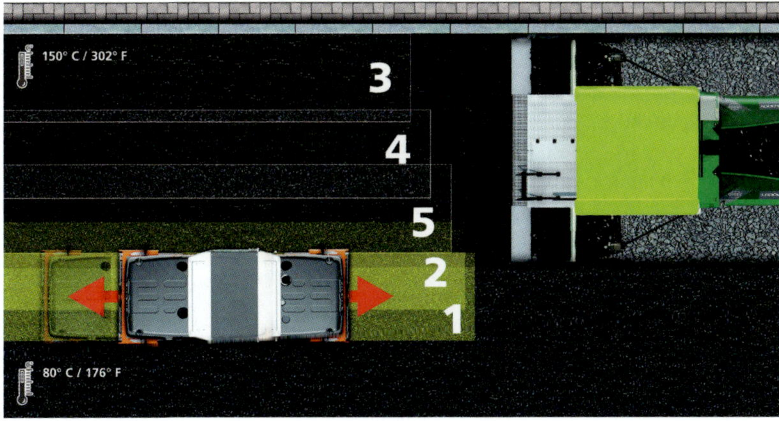

Bild 4.57 Walzschema „heiß an kalt"

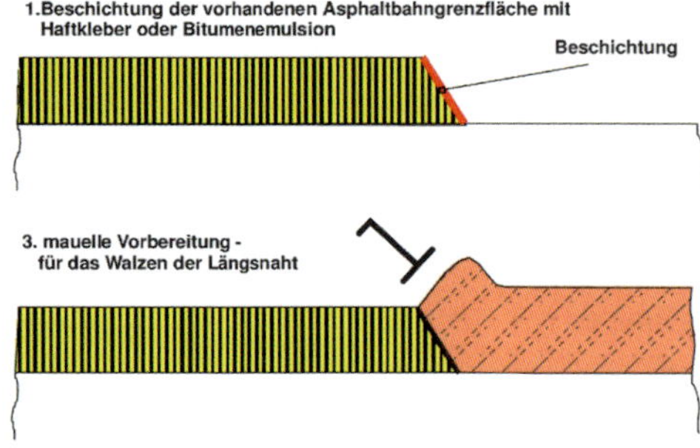

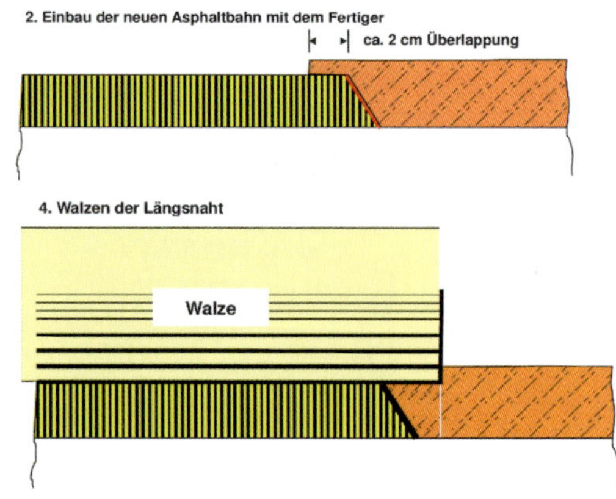

Bild 4.58 Ausführung der Längsnaht

ausweichen. Es wird eine enge Verbindung der zwei aneinanderverlegten, noch heißen Schichten erzwungen.

Verdichten in Kurven

- Mit dem Verdichten immer an der Innenseite beginnen, Widerlager für den darüberliegenden Walzgang (besonders bei überhöhten Kurven) schaffen.
- Bei Kurven mit großem Kurvenradius kann nach dem üblichen Walzschema, von innen nach außen, weiterverdichtet werden.
- Bei kleineren Kurvenradien:
  - möglichst weit geradeaus fahren,
  - Kurve anschneiden und tangential versetzen,
  - Versetzen auf schon tragfähigem Material,
  - Fahrgeschwindigkeit und Lenkgeschwindigkeit aufeinander abstimmen.

4.6.3.5 Fehler und ihre Ursachen beim Walzen

Walzrisse (Querrisse)

Ursachen:

- Durch die Walze wird eine Bugwelle vor sich her geschoben (geringe Vorverdichtung, schwere Walzen zu früh eingesetzt, Walze in falscher Position zum Fertiger).
- Nach dem Einbau dicker Lagen wurde mit dem Beginn des Walzeinsatzes zu lange gewartet (durch Abkühlen der Oberfläche hat sich eine „Kruste" auf dem heißen Mischgut gebildet, die Kernzone ist noch heiß, die Walze zerdrückt die „Kruste").
- Die heiße Oberfläche wird durch Einwirkung von Regen, Wind, eventuell zuviel Berieselungswasser schlagartig abgekühlt („abgeschreckt").

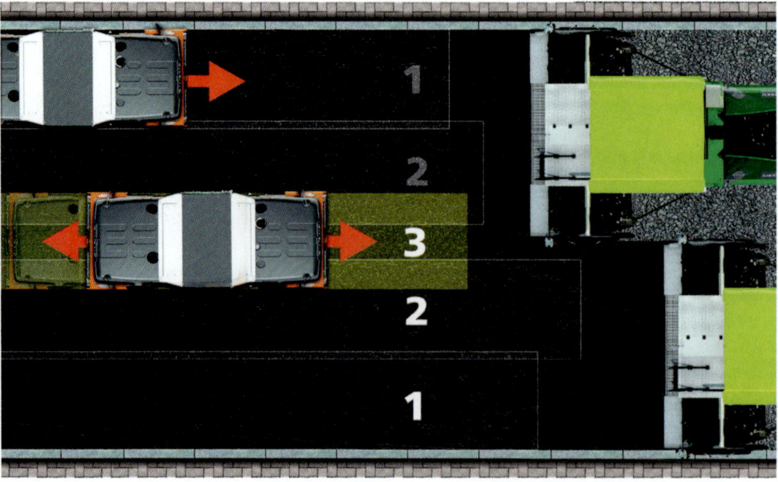

Bild 4.59 Walzschema „heiß an heiß"

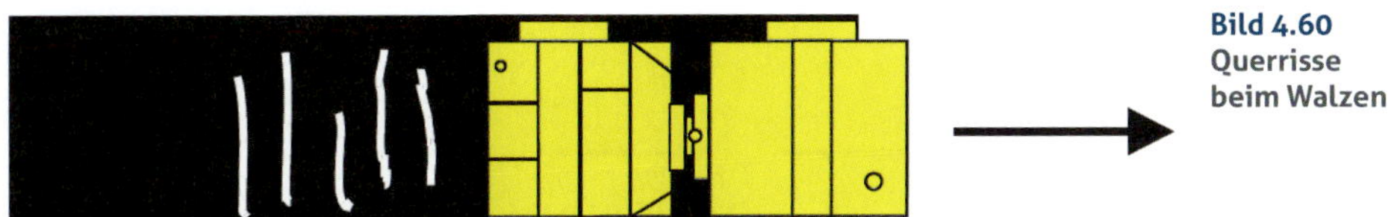

Bild 4.60 Querrisse beim Walzen

- Die Walze verschiebt das eingebaute Mischgut auf der Unterlage (Unterlage ist verunreinigt, nicht vorgespritzt, zuviel Vorspritzmittel u. ä.).
- An Steilstrecken wurden zu dicke Mischgutschichten eingebaut.
- Es wurde „kurzes“ Mischgut verwendet (viel und schlecht abgestufter Natursand, wenig Bitumen).
- Zum Beseitigen der Querrisse im noch heißen Zustand des Asphaltmischgutes werden Gummiradwalzen eingesetzt.
- Treten die Querrisse in Asphalttragschichten bis zu einer Tiefe von 1 cm auf, sind sie unbedenklich, da sie durch das Überbauen mit heißem Mischgut wieder geschlossen werden.
- Treten sie in Deckschichten auf, sind sie sofort mit Bitumenemulsion abzudichten und abzusanden. Ein zusätzlicher Walzgang kann den Reparatureffekt verbessern.

Geschieht die Reparatur nicht, werden die Risse durch den Verkehr verstaubt und können sich nicht mehr schließen.

Längsrisse

Längsrisse gehen meist durch die gesamte Schicht. Sie können schon beim ersten Walzen entstehen.

Ursachen:

- Unterlage ist fehlerhaft.
- Einsatz zu schwerer Walzen, dadurch Abscheren des Mischgutes (Einbau von sehr heißem Mischgut in dicken Lagen, die Walze muss vor Verdichtungsbeginn lange warten, eine „Kruste“ entsteht, die Kernzone bleibt heiß, die Folge ist das Abscheren des Mischgutes am Bandagenrand).
- Häufiges Hin- und Herfahren in einer Spur (besonders kritisch bei eingeschalteter Vibration).
- Ungünstige Mischgutzusammensetzung (hoher Rundkornanteil und viel Natursand), damit ungenügende Scherfestigkeit des Mischgutes.
- Zu hohe Mischguttemperatur (zu früher Walzbeginn).
- Zu hoher oder zu niedriger Bindemittelgehalt.

Verschiebungen

Mischgut verschiebt sich vor der Walzenbandage.

Ursachen:

- Der Verdichtungsbeginn wurde zu lange hinausgezögert. Die ausgekühlte und erhärtete Oberfläche wird von der Walze durchbrochen und schiebt sich über die noch heiße Kernzone („Bretteffekt“).
- Die Walze ist zur Verdichtung des entsprechenden Mischgutes zu schwer.

Verdichten mit Vibration

Bei der Asphaltmischgutverdichtung unter Nutzung der Effekte der Vibrationsverdichtung muss besonders vor dem ersten Walzgang auf die Einhaltung des zur Verdichtung zur Verfügung stehenden Temperaturbereichs geachtet werden (je nach Mischgutart: 120 °C, 150 °C).

Zu hohe Temperaturen erkennt man an:

- Aufwölbungen neben der Bandage *(Bild 4.62)*,

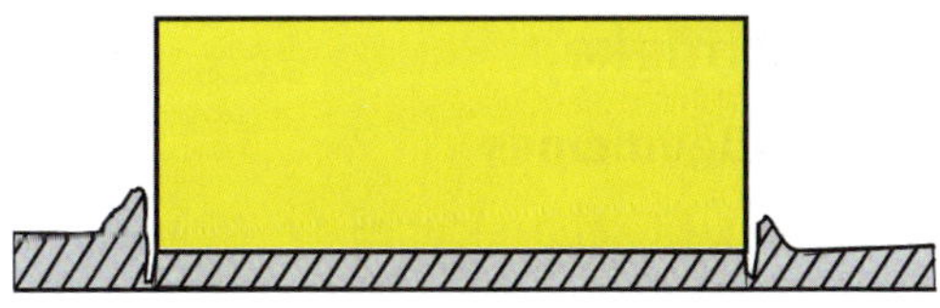

Bild 4.61 Längsrisse

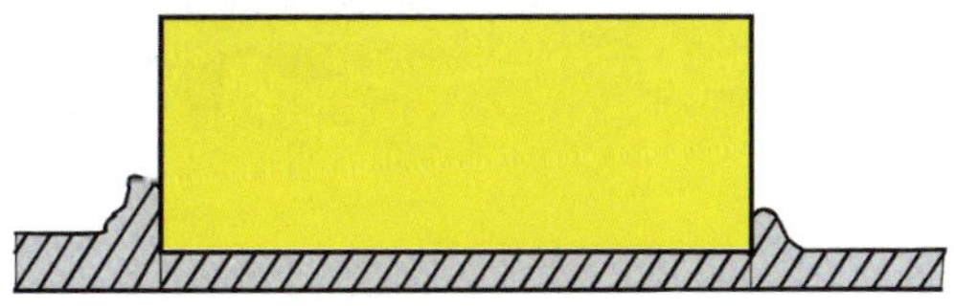

Bild 4.62 Aufwölbungen neben der Bandage

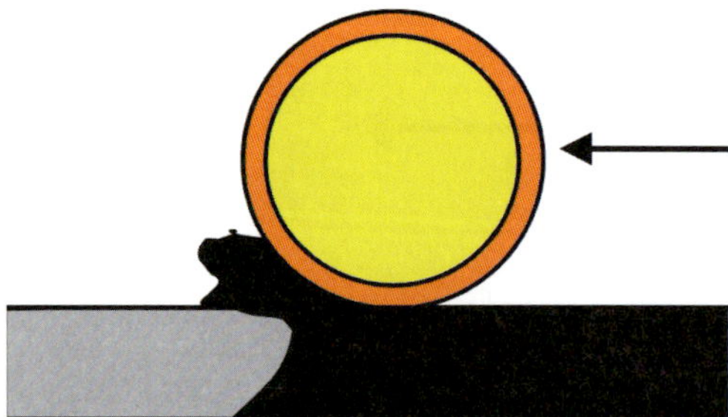

Bild 4.63 Schieben vor der Walze

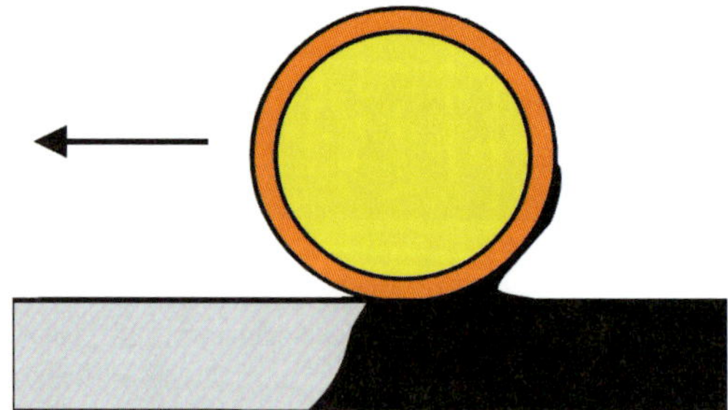

Bild 4.64 Ankleben an der Bandage

- Querrissen hinter der Bandage *(Bild 4.60)*,
- starkem Schieben des Mischgutes vor der Walze *(Bild 4.63)*,
- Ankleben des Mischgutes an der Bandage trotz Berieselung *(Bild 4.64)*.

4.7 Verdichtungskontrolle

Zur Verdichtungskontrolle wird die Wechselwirkung zwischen Asphalt und Bandage bei zunehmendem Verdichtungsfortschritt

Bild 4.65 Prinzip der automatisierten Verdichtungsmessung

messtechnisch erfasst und durch einen schnellen Regelkreis kontrolliert. Die Verdichtungsarbeit einer Walze kann automatisch optimiert werden. Auf Basis einer Kalibrierung des zu verdichtenden Materials lässt sich die Anzahl der erforderlichen Übergänge sowie der als Vergleichswert herangezogene dynamische Steifigkeitswert ermitteln. Die Messung erfolgt über die vibrierende Bandage. Durch die konstante Steifigkeitsberechnung des zu verdichtenden Asphaltmischgutes wird dabei jederzeit die maximal mögliche Leistung bereitgestellt. Der Verdichtungsfortschritt wird kontinuierlich berechnet und auf einem speziellen Display angezeigt. Das Display informiert den Fahrer außerdem über die aktuelle Asphalttemperatur, die Walzgeschwindigkeit und der aktuell wirksamen Amplitude.

Es ergeben sich folgende Vorteile:

- höhere Verdichtungsleistung ohne Gefahr der Kornzertrümmerung,
- gleichmäßige Verdichtung durch kontinuierliche Anpassung der Verdichtungsenergie,
- bessere Ebenheit und gleichmäßigere Oberflächenstrukturen bei Asphaltschichten,
- problemloses Verhalten der Walze bei Rand- und Nahtbearbeitung,
- optimale Eignung für Brückenbeläge und der Verdichtung in der Nähe von erschütterungsempfindlichen Bauwerken (ähnlich der Oszillation).

4.8 Griffigkeit

4.8.1 Allgemeines

Die Griffigkeit kennzeichnet die Wirkung der Rauheit auf den Reibungswiderstand (Kraftschlussvermögen) zwischen dem Fahrzeugreifen und der nassen Fahrbahn. Durch zahlreiche Untersuchungen konnte bewiesen werden, dass sich bei Nässe auf einer Fahrbahn mit niedriger Griffigkeit weitaus mehr Unfälle zutragen als auf einer vergleichbaren Fahrbahn mit hoher Griffigkeit. Bei trockener Fahrbahn resultieren aus mangelnder Griffigkeit kaum Unfälle.

Eine wichtige Voraussetzung für die Verkehrssicherheit ist zunächst die ausreichende Anfangsgriffigkeit nach dem Einbau und dann auch die Griffigkeit während der Nutzungsphase.

Auf die Griffigkeit kann schon bei der Projektierungsphase (Erstprüfung) Einfluss genommen werden:

- Einstellen eines optimalen Füllergehaltes, zu viel Füller verringert die Hohlräume im Gemisch und kann die Griffigkeit verringern.
  Verwendung härterer oder polymermodifizierter Bitumen und Vermeidung eines zu hohen Bitumengehalts, um ein „Überfetten“ des Asphaltbelages zu verhindern.
- Verwendung von Gesteinskörnungen mit einem ausreichend hohen Widerstand gegen Polieren.

Neben der Mischgutherstellung, bei der auf eine optimale Zusammensetzung des Asphaltmischgutes und die Einhaltung der Mischguttemperaturen geachtet werden muss, ist der Einbau und die Verdichtung inklusive des Abstumpfens entscheidend für die Griffigkeit der Oberfläche.

Beim Einbau sind Mörtelanreicherungen an der Oberfläche unbedingt zu vermeiden. Diese Fehlstellen können entstehen durch:

- Verdichtung bei zu hohen Mischguttemperaturen,
- unsachgemäßen Einsatz von Gummiradwalzen (Pumpwirkung durch Knetwirkung der Reifen),
- unverhältnismäßig starkes Vibrieren,
- zu dichte Zusammensetzung des Mischgutes,
- Nichtbeachtung der Viskosität des Bitumens (zu intensives Verdichten bei Bitumen mit viskositätsverändernden Zusätzen).

4.8.2 Maßnahmen zur Sicherung der Anfangsgriffigkeit

Alle Deckschichten, außer PA, PA WDA und PMA, sind durch Abstumpfungsmaßnahmen zu behandeln, so dass eine ausreichende Anfangsgriffigkeit gewährleistet wird.

Die geforderte Anfangsgriffigkeit ist durch möglichst frühes Abstreuen und Einwalzen spätestens nach dem zweiten, besser nach dem ersten Walzenübergang sicherzustellen. Die Abstumpfung kann erreicht werden durch Verwendung von rohem oder bindemittelumhülltem Abstreumaterial der Lieferkörnung 1/3 oder 2/5.

Bild 4.66 Asphaltfertiger mit integriertem Splittstreuer

Empfohlen wird:

- gebrochene Gesteinskörnung der Lieferkörnung 1/3: 0,5 bis 1,0 kg/m^2,
- gebrochene Gesteinskörnung der Lieferkörnung 2/5: 1,0 bis 2,0 kg/m^2.

Bei eventuell lärmtechnischen Vorgaben ist gegebenenfalls die Lieferkörnung 1/3 vorzuziehen.

Das Abstreumaterial ist auf die Oberfläche der noch heißen Asphaltdeckschicht gleichmäßig aufzutragen. Dies hat so frühzeitig zu erfolgen, dass das Abstreumaterial sicher in die Deckschicht eingedrückt werden kann und sich mit der Deckschicht verklebt. Das Einwalzen soll möglichst früh erfolgen.

Das Aufbringen sollte z. B. mit einem Tellerstreuer, angebaut an einer Glattmantelwalze, erfolgen.

Die Verwendung von Lkw oder Abstreubalken ist sehr kritisch, da die Gefahr von Spurrinnenbildung durch die Räder auf dem noch heißen und unzureichend verdichteten Asphalt besteht.

Eine andere Lösung ist der im Asphaltfertiger integrierte Splittstreuer (s. *Bild 4.66*). Hierbei wird eine gleichmäßige Verteilung des Abstreumaterials direkt auf die heiße Asphaltdeckschicht gewährleistet. Das Abstreumaterial darf nur so weit in das heiße Asphaltmischgut eingedrückt werden, dass sich eine optimale Anfangsgriffigkeit ergibt.

4.8.3 Maßnahmen zur Verbesserung der Griffigkeit

Wird bei Griffigkeitsmessungen festgestellt, dass die Rauheit der Verkehrsoberfläche nicht ausreichend ist, sind die Ursachen oft Bindemittel-/Mörtelanreicherungen und/oder polierte Kornoberflächen. In diesem Fall müssen griffigkeitsverbessernde Maßnahmen eingeleitet werden, welche je nach Ursache, Fahrbahnzustand, Wetterlage und Kurz- oder Langzeitwirksamkeit ausgewählt werden müssen. Zu beachten ist, dass die Verfahren nur angewendet werden können, wenn die Asphaltkonzeption keine Mängel aufweist; andernfalls wird sich der mangelhafte Zustand kurzfristig wieder einstellen.

Die Maßnahmen werden unterschieden in:

- *Abtragende Verfahren*
  Entfernen von Material der Asphaltoberfläche. Diese Verfahren haben eine relativ geringe Wirkungsdauer. Der Vorteil besteht jedoch darin, dass diese bei akuten Fällen von Griffigkeitsverlust als Sofortmaßnahme zur schnellen Wiederherstellung der Verkehrssicherheit angewendet werden können. Sie können daher auch die Zeit bis zur Realisierung von weiteren Instandsetzungsmaßnahmen überbrücken. Diese Verfahren sind auch wiederholbar.
- *Auftragende Verfahren*
  Überbauung der vorhandenen Asphaltdeckschicht (s. Kap. 12.6 „Instandhaltung"). Diese haben eine Langzeitwirkung durch den Einsatz neuer, polierresistenter Gesteinskörnungen.
- *Rückformende Verfahren*
  Thermische und mechanische Verarbeitung der Asphaltdeckschicht durch Aufheizen, Aufnahme, Auflockern und Durchmischen der Asphaltdeckschicht (auch durch Zugabe von zusätzlichem Mischgut) und anschließenden Wiedereinbau des bearbeiteten Materials. Es wird in verschiedene Verfahren unterteilt:
  1. Reshape
  2. Remix
  3. Remix compact.
- *Ersatz der Asphaltdeckschicht*

■ Abtragende Verfahren (Sofortmaßnahmen)

1. Feinfräsen

Feinfräsen ist das partielle Abtragen von Asphaltschichten und die Erstellung einer neu definierten Oberflächenstruktur durch rotierende Fräswalzen. Anders als bei einer konventionellen Fräse, ist hier ein reduzierter Schnittlinienabstand vorhanden. Die Meißel sind in einem Abstand von 3–8 mm auf der Frästrommel befestigt, bei einer normalen Fräse sind es ca. 15 mm. Die Minimaltiefe liegt bei ca. 4 mm. Da hier wesentlich mehr Rundschaftmeißel die Oberfläche abtragen, weist diese nach der Bearbeitung mit der Feinfräse eine viel bessere Rautiefe auf.

Falls durch Randeinfassungen und Einbauten wie z. B. Schächten der durchgehende Fräseinsatz behindert wird, können diese Flächen anschließend mit Kleinfräsen oder Ähnlichem bearbeitet werden.

Die Feinfräse kann bei Mörtelanreicherungen und/oder bei polierten Kornoberflächen zum Einsatz kommen. Das Verfahren kann zu jeder Jahreszeit angewendet werden und hat eine Wirkungsdauer von bis zu zwei Jahren.

2. Kugelstrahlen

Eine weitere Möglichkeit zur Griffigkeitsverbesserung ist das *Kugelstrahlverfahren*. Bei dieser Anwendung werden genau definierte Stahlkugeln mit ca. 1,5 mm Durchmesser mittels Turbinen und mit hoher Auftreffgeschwindigkeit auf die zu bearbeitende Oberfläche geschleudert. Durch die gezielte Wahl der Kugeldurchmesser und der Auftreffgeschwindigkeit kann auf die jeweilige Oberfläche direkt eingegangen werden. Durch das Auftreffen der Kugeln auf der Asphaltdecke wird die Kornoberfläche aufgebrochen, wobei sich geringe Mörtelanteile ablösen. Durch die Abplatzungen entstehen neue Kornoberflächen, welche nun wieder die gewünschte Griffigkeit aufweisen können. Die durch den Vorgang abgeplatzten Materialien werden in einen Auffangbehälter gesaugt und separiert. Nach diesem Vorgang kommen die Kugeln erneut zum Einsatz, bis eine richtungslose und feinstrukturierte Oberfläche hervorgeht. Der Materialabtrag ist bei diesem Verfahren sehr gering, somit bleiben die Straßenmarkierungen beinah vollständig erhalten.

Das Kugelstrahlverfahren wird bei polierten Kornoberflächen oder zu hohen Mörtelanreicherungen angewendet. Die Wirkungsdauer beträgt 1–2 Jahre. Zu beachten ist, dass das Verfahren nur bei komplett trockener Oberfläche durchgeführt werden kann.

3. Schlagsternverfahren

Beim *Schlagsternverfahren* drehen sich auf einer Trommel sternförmig angeordnete Stäbe. Auf jedem dieser Stäbe befinden sich 100–500 sternförmige Schlagscheiben, welche mit Hartmetallspitzen bestückt sind. Durch die Rotation der Trommel schlagen die Meißel auf die Oberfläche auf und brechen die Kornoberfläche und/oder können einen zu hohen bituminösem Bindemittelüberschuss abtragen. Die Materialabtragung ist bei diesem Verfahren sehr gering und kann durch die Wahl der Vorschubgeschwindigkeit beeinflusst werden.

Der Einsatz bei Bindemittelanreicherungen sollte jedoch bei niedrigen Temperaturen durchgeführt werden, wenn das Material spröde ist. Die Wirkungsdauer beträgt auch hier 1–2 Jahre. Vor Benutzung der Fahrbahn sollte die Oberfläche von den Materialresten befreit werden.

4. Meißelverfahren

Beim *Meißelverfahren* erfolgt das Aufrauen der Oberfläche durch Trägerelemente, welche aus hartmetallbestückten Meißeln bestehen. Diese Meißel werden durch eine dynamisch hochfrequente, pulsierende Kraft auf die Asphaltoberfläche aufgeschlagen. Die Trägerelemente

Bild 4.67
Mit dem Aqua-Twister werden Fahrbahnen aus Asphalt oder Beton schonend mit Wasserhochdruck bearbeitet

sind hierbei in dem umgebauten Rahmen der Verstellbohle eines Fahrbahndeckenfertigers montiert. Der Querantrieb sorgt für eine oszillierende Bewegung; durch die daraus resultierende statisch-dynamische Krafteinwirkung wird eine fein bis grob strukturierte Oberflächentextur erzeugt.

Die Kraft des Aufschlagens kann auf die Gesteinshärte eingestellt werden.

Dieses Verfahren ist nur bei polierten Kornoberflächen und nicht bei Asphaltschichten mit Bindemittelanreicherungen anzuwenden. Der Ausführungszeitpunkt ist nicht eingeschränkt, die Langzeitwirkung liegt jedoch auch nur bei 1–2 Jahren.

5. Wasserhochdruckverfahren
   am Beispiel des Aqua-Twisters

Der *Aqua-Twister* besteht aus einem rotierenden Kopf, an dem sich Wasserdüsen befinden. Der Wirkungsgrad beim Wasserhochdruckstrahlen kann über den Druck, welcher von 1 600 bis 2 700 bar reicht, und über die Vortriebsgeschwindigkeit gesteuert werden. Durch den Wasserstrahl können Bestandteile aus dem Asphalt abgetragen werden.

Das eingesetzte Wasser wird zusammen mit den Materialpartikeln aufgesaugt und separiert. Der Aqua-Twister kann zudem für die Reinigung von offenporigen Belägen und zur Beseitigung von Gummiabrieb und Markierungen eingesetzt werden.

Bei diesem Verfahren ist besonders die richtige Wahl des Drucks zu beachten. Wenn der Druck für die gegebenen Verhältnisse zu hoch ist, kann es zum Ausbrechen von Splittkörnern kommen. Die Anwendung eignet sich nicht für polierte Kornoberflächen und die Langzeitwirkung liegt bei 1–2 Jahren. Der Aqua-Twister ist einsetzbar ab einer Temperatur von + 5 °C.

4.9 Prozessoptimierung, Lean Management & Co.

Der Asphaltstraßenbau unterliegt heute enormen Anforderungen. Durch die Vorgaben der Bauherren an die Funktion, Dauerhaftigkeit und auch die Gestaltung von Straßenverkehrsflächen aus Asphalt werden die an der Ausführung beteiligten Firmen vor immer neue Herausforderungen gestellt. Zur Erfüllung dieser Zielvorgaben ist es zwingend notwendig, dass eine organisationsübergreifende Projektkoordinierung zwischen allen am Projekt Beteiligten stattfindet. Insbesondere zur Erfüllung der von den Auftraggebern immer enger gefassten Zeitfenster für die Realisierung von Straßenbaumaßnahmen ist eine Optimierung der Bauprozesse unabdingbar. Zusätz-

Entwicklung der Produktionssystematik im Asphaltstraßenbau

	Just in Time	Lean Management	Prozessoptimierung
Alternativer Name	Bedarfssynchrone Produktion	Schlankes Management	Industrie 4.0
Ziel	Optimaler Lieferprozess	Qualitätsmanagement und optimaler Wertschöpfungsprozess	Pannenresistente Qualitäts- und Wertschöpfungsoptimierung
Konzept	Zentrale Steuerung, ausgehend von einem fixen Plan	Dezentrale Steuerung, Pläne werden automatisiert berechnet.	Intelligentes Cloud-Computing Steuerungskonzept, Pläne werden laufend in „Echtzeit" berechnet.
Betrachtet wird	Lieferkette (Supply Chain)	Wertschöpfungskette (Value Chain)	Wertschöpfungskette (Value Chain)
Denkrichtung	Monodirektional entlang der Lieferkette und Fertigerleistung	Monodirektional entlang der Wertschöpfungskette aller Beteiligten	Bidirektional entlang der Wertschöpfungskette. Daten während der Produktion laufen zurück in die Planung und optimieren die Wertschöpfungskette und den Prozess.
Bedingung	Enge Zusammenarbeit von Lieferanten und Fertigung	Zusammenarbeit aller am Prozess Beteiligten (Planung, Produktion, Lieferanten, Fertigung, Prüfung). Einsatzpläne werden häufig koordiniert durch mobile Endgeräte.	Lose Zusammenarbeit der am Prozess Beteiligten in einem möglichst offenen System: Alle erhalten individuell und aktuell berechnete Einsatzpläne, die auf mobilen Endgeräten ausgegeben werden und in Echtzeit angepasst werden können.
Interene und externe Ereignisse bzw. Störungen führen zu	Stehzeiten und praktisch nicht planbarem Einbauende	Stehzeiten und planbarem Einbauende	Optimierung der Produktionsgeschwindigkeit und planbarem Einbauende
Gegensteuerung aufgrund nicht planbarer Ereignisse bzw. Störungen durch	Hohes Maß an Überkapazitäten (zu viele Lkw), zu hohe Materialbestellungen, Umlaufzeiten mit großen Zeitreserven)	Minimales Maß an Mehrkapazitäten (Reserven bei Lkw und Materialbestellungen, Umlaufzeiten mit geringen Zeitreserven)	Anforderungen an die Stabilität und Leistungsfähigkeit des Optimierungssystems (z. B. Neureihung der Lkw-Beladung beim Asphaltmischwerk, veränderte Fahrtrouten, optimale Anpassung der Fertigergeschwindigkeiten)

Bild 4.68 Unterschiedliche Zielrichtungen in den jeweiligen Produktionssystematiken

lich zwingt der vorhandene Kostendruck alle Beteiligten in der Branche, die Effizienz bei der Vorbereitung und Abwicklung der einzelnen Maßnahmen weiter zu steigern.

Die Bundesregierung hat mit *Industrie 4.0* die sogenannte vierte industrielle Revolution als visionäres Zukunftsprojekt für Deutschland gestartet. Erklärtes Ziel ist neben der Individualisierung von Produktionsprozessen die Kopplung von Produktions- und Dienstleistungen sowie die direkte Einbeziehung des Kunden bzw. der unterschiedlichen Geschäftspartner. Als elementare Bedingung wird dabei die Integration von autonom arbeitenden Maschinen, Geräten und Prozesssystemen in den eigentlichen Produktionsprozess verstanden.

Für den Asphaltstraßenbau stellt sich damit die Frage nach den Einsatzmöglichkeiten der in Industrie 4.0 genannten Produktionssysteme, Produktionsverfahren und der hierzu notwendigen Hilfsmittel. Zum Stand heute muss hierzu festgestellt werden, dass eine Vernetzung der zum Teil hochkomplexen Strukturen im Asphaltstraßenbau zumeist nur ansatzweise vorhanden ist. Prozessoptimierungen und Verschlankungen der Produktionsabläufe erfolgen nur punktuell und nur selten organisationsübergreifend. Insbesondere die Teilaspekte Termintreue und Kostensicherheit hängen dadurch stark hinter den gewohnten Niveaus anderer Branchen, insbesondere der Automobilindustrie, her. Ursächlich hierfür sind vor allem die gegenüber anderen Branchen deutlich erschwerten Rahmenbedingungen bei der Erstellung der einzelnen Projekte. Die ausgeprägte Abhängigkeit von Witterungseinflüssen ist neben der überdurchschnittlich hohen Fragmentierung und Segmentierung entlang der Produktionskette sicherlich maßgeblich für den bislang fehlenden Einsatz von unterschiedlichen Managementsystemen. Aber auch die in der Baubranche sehr verbreiteten traditionsverhafteten Verhaltensweisen sind eher funktional und konservativ ausgerichtet und damit von geringer Innovationsbereitschaft für neue Systeme gekennzeichnet.

Dies erklärt auch den im Vergleich zu anderen Industriezweigen weit unterdurchschnittlichen Verwendungsgrad moderner Kommunikationstechnologien, was wiederum eine der Grundvoraussetzungen für eine erfolgreiche vierte industrielle Revolution darstellt.

Die nachfolgenden Abschnitte sollen daher notwendige Wege aufzeigen, um Prozesse bei der Abwicklung von Asphaltstraßenbauprojekten zu optimieren und dadurch eine höhere Termintreue, eine höhere Produktqualität und damit auch eine höhere Wertschöpfung bei der Realisierung der einzelnen Projekte und den damit tangierten Nebenbetrieben zu erreichen.

4.9.1 Das Managen von Bauprozessen

Um Bauprozesse optimieren zu können, muss zunächst der eigentliche Bauprozess definiert werden. Grundsätzlich sind Bauprozesse einzelne Bautätigkeiten, die zueinander in einer Wechselbeziehung stehen. Am Ende eines jeden einzelnen Bauprozesses steht ein Ergebnis, das dem vorab definierten Ziel möglichst nahe kommen sollte. Dies bedeutet zum Beispiel, dass der in der Kalkulation festgelegte Output innerhalb eines definierten Zeitfensters mit vorgegebenem Beginn und Ende erbracht werden muss.

Auch der Mischguttransport von der Mischanlage zur Baustelle ist somit als Prozess anzusehen und steht in Wechselwirkung zum Mischguteinbau auf der Baustelle. Das Erkennen der gegenseitigen Beeinflussungsgrade ist Grundvoraussetzung für eine zielgerichtete Optimierung des Gesamtprozesses. Dies setzt eine vollkommen neue Betrachtungsweise des Gesamtprojektes durch die einzelnen Projektbeteiligten voraus. Ist es der Bauleiter heute noch gewohnt, seine Baustelle vollkommen autark zu planen und abzuwickeln, muss er zukünftig das Zusammenspiel mit vielen anderen Beteiligten suchen und seine Baustelle ganzheitlich betrachten. Dabei kommt noch hinzu, dass getroffene Entscheidungen teils erhebliche Auswirkungen auf andere Baumaßnahmen und Nebenbetriebe wie z. B. die Asphaltmischanlage oder die Logistik haben. Größte Herausforderung dabei ist es, den Informationsstand über die unterschiedlichen, zumeist parallel laufenden Projekte bei allen Beteiligten auf demselben Niveau zu halten. Das Problem des Schnittstel-

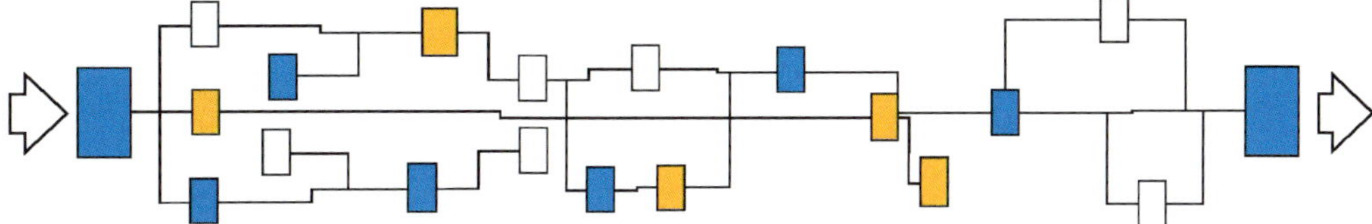

Bild 4.69 Bauprozess mit den unterschiedlichen Prozessbeteiligten

lenmanagements wird daher im nachfolgenden Abschnitt behandelt.

4.9.2 Hauptproblem Schnittstellenmanagement

Die in einer Vielzahl von Baubetrieben latent vorhandene Schnittstellenproblematik zwischen den einzelnen Organisationseinheiten ist ein seit Langem bekanntes Problem. Ursächlich ist hier die im Vergleich zu anderen Industrien noch viel zu geringe Durchdringungstiefe bei der Nutzung moderner Informations- und Kommunikationstechnologien. Damit ist auch zu erklären, warum Informationen zumeist innerhalb einzelner Personengruppen oder Abteilungen verbleiben und damit nicht allen Mitarbeitern im Betrieb und den betroffenen Nebenbetrieben zur Verfügung stehen. Eine abteilungsübergreifende Zusammenarbeit wird so erheblich behindert. Um die einzelnen Arbeitsprozesse wie z. B. Arbeitsvorbereitung, Lkw-Dispositionen, Mischgutherstellung, Mischguttransport, Baumaschinentransport und letztlich Mischguteinbau aufeinander abstimmen zu können, ist es also zwingend notwendig, die abteilungsspezifischen Informationen allen Beteiligten in den entsprechenden Unternehmensbereichen zugänglich zu machen.

Eine wirtschaftliche Erfüllung der im Bauvertrag definierten Sollleistung ist nur bei vollumfänglicher Beherrschung der Schnittstellenproblematik möglich.

4.9.3 Produktionssystem und nachgelagerte Subsysteme

Eine Baustelle als Produktionssystem besteht aus verschiedenen Elementen. Sie wird üblicherweise durch das Zusammenwirken mehrerer Projektbeteiligter realisiert. Dabei müssen als festgelegtes Ziel die durch den Bauherrn an das Bauwerk gestellten Anforderungen innerhalb eines vorgegebenen Rahmens erfüllt werden. Als Störfaktoren sind sowohl externe Einflüsse, wie z. B. die örtlichen Untergrundverhältnisse oder die Witterung, als auch interne Einflüsse, wie z. B. Maschinentransporte oder Wartezeiten durch verzögerte Mischgutlieferungen, zu berücksichtigen. Damit kann das Produktionssystem Baustelle in viele einzelne Subsysteme unterteilt werden, die wiederum von unterschiedlichen Faktoren beeinflusst werden. Als beherrschende Faktoren sind hier die folgenden zu nennen:

- das zur Verfügung stehende Personal
- die vorhandenen Maschinen und Geräte
- die zu verarbeitenden Mischgutarten
- die gegebenen Einbaubedingungen
- der vorhandene Organisationsaufbau
- der betriebliche Informationsfluss.

Die einzelnen Einflussfaktoren sind sowohl zeit- als auch ortsabhängig, und jede Veränderung wirkt sich auf das zu erbringende Leistungssoll aus, wodurch wiederum die einzelnen Subsysteme beeinflusst werden können. Eine Störung an der Mischanlage führt z. B. zu Verzögerungen bei der Belieferung der Baustelle mit Mischgut. Aufgrund dieser Verzögerung kann das geplante Tagesziel nicht erreicht werden. Damit wird ein weiterer Arbeitstag für diese Baustelle benötigt. Geplante Baumaschinentransporte können nicht mehr am Abend durchgeführt werden und müssen so nach Fertigstellung der Maßnahme am nächsten Tag durchgeführt werden, was wiederum zu Standzeiten bei der Einbaukolonne während des Maschinentransports führt. Maschinentransporte für andere Baustellen müssen verschoben werden.

Damit werden durch die Abweichungen innerhalb eines Subsystems viele weitere Subsysteme beeinflusst, was wiederum Auswirkungen auf das nachfolgende Produktionssystem hat.

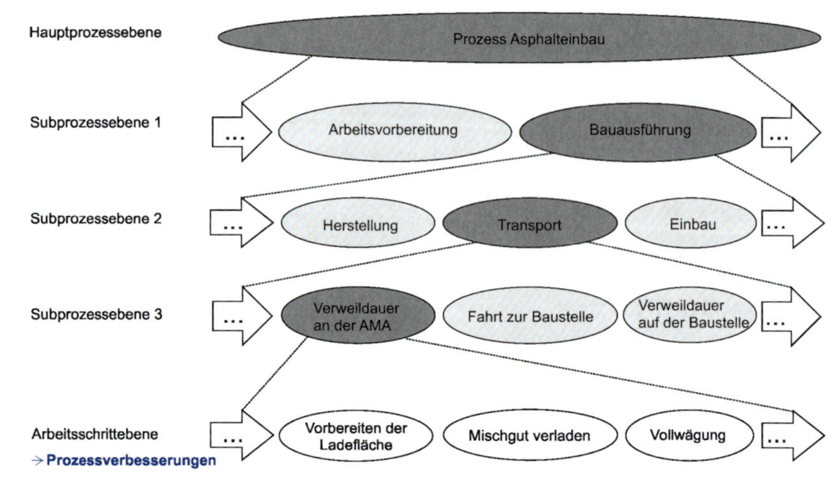

Bild 4.70 **Produktionssystem/ Subsysteme**

Das *Bild 4.70* zeigt die Abhängigkeiten der einzelnen Subsysteme untereinander. Weiterhin zu erkennen ist, wie sich Veränderungen bei der Erbringung der Leistungsziele einzelner Subsysteme auf die verbundenen Subsysteme auswirken.

Damit wird auch deutlich, dass sowohl Qualität als auch Quantität des Informationsflusses innerhalb der einzelnen Organisationseinheiten direkten Einfluss auf die wirtschaftliche Erfüllung der Leistungsziele haben. Eine Optimierung der einzelnen Bauprozesse ist daher nur mit hochwertigem Datenmaterial in ausreichender Menge möglich. Die Gründe für bestehende Informationslücken und zu geringe Datenmengen sind vielschichtig und individuell. Die nachfolgende Aufzählung erhebt daher keinen Anspruch auf Vollständigkeit, zeigt aber doch die Hauptursachen auf:

- Bauleiter treffen ihre Entscheidung zumeist intuitiv und nicht auf der Grundlage einer Auswahlmatrix, die wiederum aus zuvor erhobenen Baustellendaten erstellt wurde.
- Bauprozesse werden von vielen internen und externen Faktoren beeinflusst, um deren Kontrolle sich die Unternehmen in der Regel zu wenig bemühen. Unternehmen sammeln vielfach keine verwertbaren Daten. Und wenn doch, sind es oft zu wenige Daten, die lediglich Detailaspekte beleuchten. Eine Aussage über Prozesse von Standardbaustellen ist damit nicht möglich.
- Die Erhebung der Daten erfolgt zumeist manuell. Damit wird die Datenermittlung verlangsamt und ungenau. Gleichzeitig wird die Datenmenge reglementiert.

Aus den so gesammelten Daten lassen sich daher in aller Regel nur einzelne markante Details betrachten und analysieren. Eine ganzheitliche Auswertung, die die Ursachen möglicher Abweichungen ermittelt, ist nicht möglich. Prozessdaten in der erforderlichen Menge und Qualität liefert einzig eine Datenerhebung auf elektronischem Weg.

4.9.3.1 Prozessoptimierung im Asphaltstraßenbau

Die drei wesentlichen Herausforderungen, denen sich ein Straßenbauunternehmen bei der Realisierung eines Projektes stellen muss, sind:

- Einhaltung des Kostenbudgets
- Einhaltung der vorgegebenen Fertigstellungstermine
- Einhaltung der definierten Qualitätsstandards.

Die gegenseitige Beeinflussung dieser drei Zielgrößen ist erheblich. Die einseitige Optimierung einer Zielgröße führt daher immer zu einer deutlichen Benachteiligung der andern Zielgrößen. Gleiches gilt nicht automatisch für den umgekehrten Fall. Eine Unterschreitung des Kostenbudgets muss nicht zwingend eine positive Auswirkung auf die Produktqualität haben und eine vorzeitige Fertigstellung muss sich nicht zwingend positiv auf das vorgegebene Kostenbudget auswirken. Eine gezielte Prozesssteuerung mit Darstellung der Auswirkungen auf die einzelnen Subsysteme ist somit zwingend notwendig, was wiederum die bereits beschriebene Notwendigkeit zur Erhebung der hierzu erforderlichen Prozessinformationen bedingt. Gerade im Asphaltstraßenbau ist es weiterhin von immanenter Wichtigkeit, diese Informationen in Echtzeit zu erhalten. Dies rührt aus der Tatsache, dass sich im Asphaltstraßenbau die Rahmenbedingungen vor Ort in sehr kurzer Zeit ändern können. Beispiele hierzu sind:

- Störungen an der Asphaltmischanlage
- Ausfall eines oder mehrerer Lkw durch Pannen oder verkehrsbedingte Behinderungen
- Zwangspausen der Lkw-Fahrer nach Erreichen der maximal zulässigen Lenkzeiten
- Ausfall von Walzen oder Straßenfertigern
- Änderung der Wettersituation.

Nur wenn diese den Bauprozess beeinflussenden Informationen unmittelbar zur Verfügung gestellt werden, ist es dem Bauleiter möglich, Entscheidungen nicht nur aus seinem Bauchgefühl heraus, sondern aufgrund der tatsächlichen Situation und mit dem Wissen um die Ursachen zu treffen.

Um nun den vorgenannten drei Zielgrößen gerecht zu werden, bietet der Softwaremarkt bereits einige unterschiedliche Werkzeuge zur Prozessoptimierung an. Dabei ist der Fokus dieser Produkte hinsichtlich der Möglichkeiten für eine Optimierung der Baustellenplanung, der Reaktionsmöglichkeiten beim Auftreten interner und externer Einflüsse sowie der Generierung von allgemeinen Prozessinformationen sehr unterschiedlich.

Oberstes Ziel aller Prozessoptimierungswerkzeuge muss aber sein, die vorhandenen Prozessunsicherheiten auf ein Minimum zu reduzieren, um so möglichst konstante Bauabläufe zu gewährleisten. Dadurch wird es für den Bauleiter erst möglich, eine Baustelle optimal zu planen und danach auch wirtschaftlich abzuwickeln.

Bei den derzeit auf dem Markt verfügbaren Softwareprodukten wird der Fokus im Moment im Wesentlichen auf monetäre Einsparpotenziale durch die verbesserte Baustellenlogistik gesetzt. Aber auch die Steigerung der Produktqualität durch einen optimierten Bauablauf und damit verbunden mit einer Reduktion der Kosten für zukünftige Mängelbeseitigungen aus Gewährleistungsansprüchen wird durch einzelne Anbieter dieser Prozesswerkzeuge hervorgehoben. Weitere Vorteile, die durch den Einsatz dieser Werkzeuge generiert werden können, sind:

- frühzeitiges Erkennen von Fehlern und damit ein frühzeitiges Gegensteuern
- konsistente Erfassung von Daten für die (Nach-)Kalkulation, Planung, Durchführung und Abrechnung
- Dokumentation der Einhaltung von Qualitätsstandards

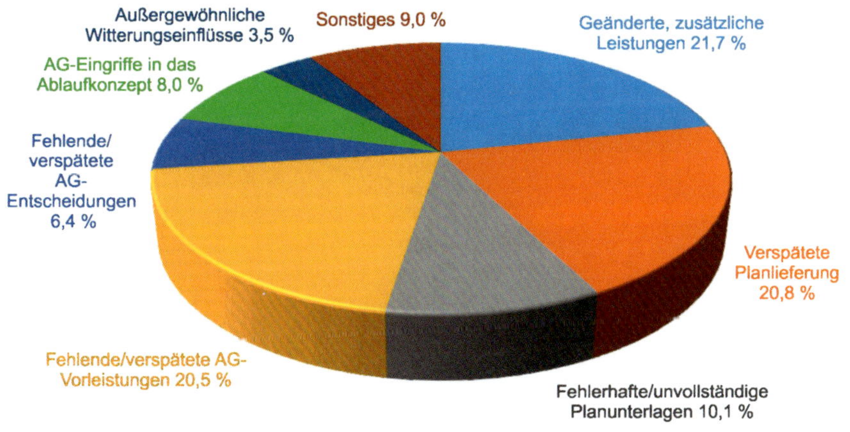

Bild 4.71 Anteilige Störungsursachen auf der Baustelle

- Reduktion von Einbaufehlern und den damit verbundenen Folgekosten.

Damit kann dem Einsatz dieser Werkzeuge auch aus volkswirtschaftlicher Sicht eine gewisse Notwendigkeit unterstellt werden. Denn eine qualitativ hochwertige Ausführung unserer Straßen durch einen optimierten Einbauprozess führt letztendlich zu dauerhaften Straßenbelägen mit deutlich höheren Standzeiten und dadurch zu einer deutlichen Reduzierung des Unterhaltungsaufwandes. Somit ein nicht unwesentlicher Aspekt, wenn es um Einsparungen und Kostenreduzierungen auf der Auftraggeberseite geht.

4.9.3.2 Steigerung der Wirtschaftlichkeit durch Harmonisierung der Prozesskette

Die Produktivität in der Bauindustrie ist im Vergleich zu anderen Industriezweigen in den vergangenen Jahrzehnten nur sehr geringfügig gestiegen. Insbesondere die stationäre Industrie verbuchte durch die Einführung neuer Managementmethoden und Optimierung der Produktionsprozesse erhebliche Verbesserungen. Im Vergleich der Einnahmen je geleisteter Arbeitsstunde werden die Unterschiede zwischen Baugewerbe und produzierendem Gewerbe noch deutlicher. Das Statistische Bundesamt veröffentlicht hierzu regelmäßig neue Zahlen, die im *Bild 4.72* dargestellt sind.

Da alle an einem Bauprojekt Beteiligten sowie die einzelnen zur Ausführung notwendigen Bauprozesse als Subsysteme in dem eigentlichen Produktionssystem betrachtet werden können, ist es notwendig, die organisationsübergreifenden Schnittstellen vorab zu definieren. Damit können auch die gegenseitigen Wechselwirkungen und Prozessabhängigkeiten herausgearbeitet werden. Im Ergebnis ist so der Grad der Komplexität des Produktionssystems erkennbar, den die Projektverantwortlichen beherrschen müssen.

Um die Produktivität bei der Abwicklung einzelner Prozesse zu steigern und damit das Gesamtprojekt rentabler zu machen, muss ein Prozessoptimierungswerkzeug folgende Anforderungen erfüllen:

- Verknüpfung der Subsysteme Mischanlage, Mischguttransport und Einbaukolonne. Mit einbezogen werden müssen aber auch die vor- und nachgelagerten Subsysteme wie Maschinentransporte, Fräsarbeiten, Reinigen der Fahrbahn und Aufspritzen von Bitumenemulsion, um den Einflussgrad auf nachfolgende Produktionssysteme darstellen zu können.
- Lkw-Einsatzplanung unter Berücksichtigung der gesetzlich vorgeschriebenen Lenkzeiten zur Optimierung des Bedarfs und zur Reduktion von Standzeiten auf der Baustelle
- Möglichkeit zur Planung des Baustellenablaufs, um die Einsatzzeiten der Einbaukolonnen zu optimieren

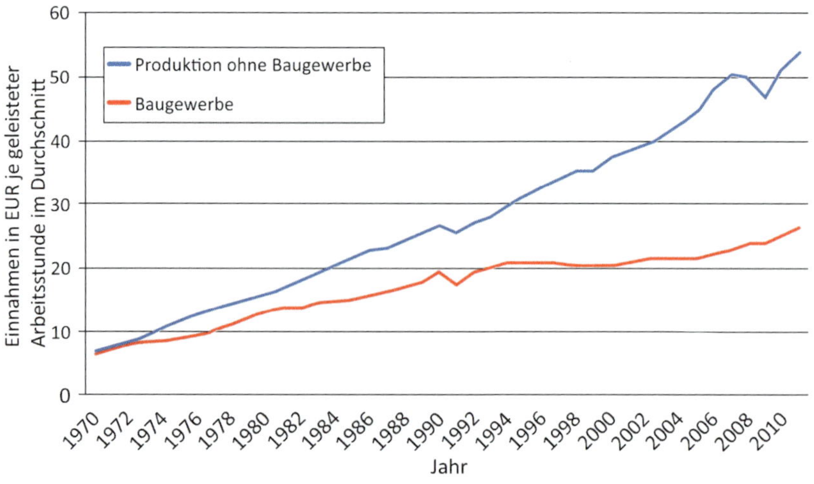

Bild 4.72 Entwicklung der durchschnittlichen Einnahmen des Baugewerbes im Vergleich zum sonstigen produzierenden Gewerbe (DESTATIS, 2012)

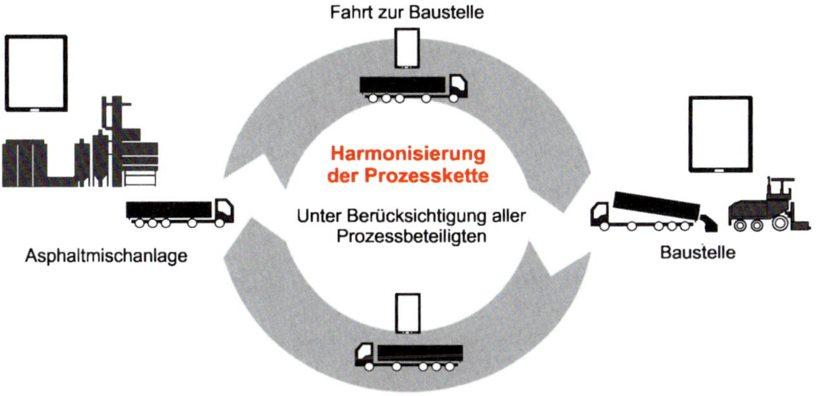

Bild 4.73 In Einklang zu bringende Prozessbeteiligte

- Möglichkeit zur Optimierung der Mischanlagenauslastung
- Verbesserung der Transparenz innerhalb der einzelnen Organisationseinheiten
- Kommunikationsverbesserung aller Beteiligten, dadurch einheitlicher Informationsstand.

Damit ist es möglich, alle Bauprozesse abzubilden, gegenseitige Abhängigkeiten offenzulegen und die einzelnen Prozesse innerhalb des Produktionsprozesses passgenau aufeinander abzustimmen.

4.9.3.3 Qualitätssteigerung durch Prozessoptimierung

Qualitätsmanagement tangiert vordergründig zunächst nur den Auftragnehmer, während der Auftraggeber letztendlich nur die durch ihn im Bauvertrag festgeschriebenen Qualitätsziele hinsichtlich ihrer Erfüllung zu kontrollieren hat. Damit können die originären Qualitätsziele des Auftragnehmers mit der Erfüllung der unterschiedlichen Forderungen aus den einschlägigen Regelwerken definiert werden. Zur Erfüllung dieser Forderungen muss der Unternehmer die richtigen Bauprozesse wählen und diese aufeinander abstimmen. Erst wenn das aus diesen Prozessen resultierende Produkt den definierten Anforderungen entspricht, ist die geforderte Bauqualität erreicht. Somit haben der gewählte Bauprozess und die Prozessqualität erheblichen Einfluss auf die daraus resultierende Produktqualität.

Der Begriff *Prozessqualität* definiert dabei den Anspruch an eine möglichst fehlerfreie und damit auch wirtschaftliche Bauausführung. Um das geforderte Qualitätsziel zu erreichen, müssen die einzelnen Prozesse sinnvoll miteinander verknüpft werden. Prozessoptimierungswerkzeuge müssen hier insoweit unterstützen, als das durch den Menschen bedingte Risiko von Fehlentscheidungen möglichst minimiert wird. Durch den Deutschen Asphaltverband (www.asphalt.de, 2007) wird angeführt, dass Schäden an Straßen im Wesentlichen auf Planungs- und Ausschreibungsfehler zurückzuführen sind. Weiterhin auf mangelhafte Ausführung, Nichtbeachtung von Ausführungsrichtlinien und der Technischen Regelwerke.

Prozessoptimierung steht damit im direkten Kontext zu Qualitätsmanagement und unterstützt den allgemeinen Trend zur Einführung von Qualitätsmanagementsystemen. Welche finanziellen Auswirkungen wiederum eine frühzeitige Prozessoptimierung zur Vermeidung von Fehlern hat, zeigt *Bild 4.74*.

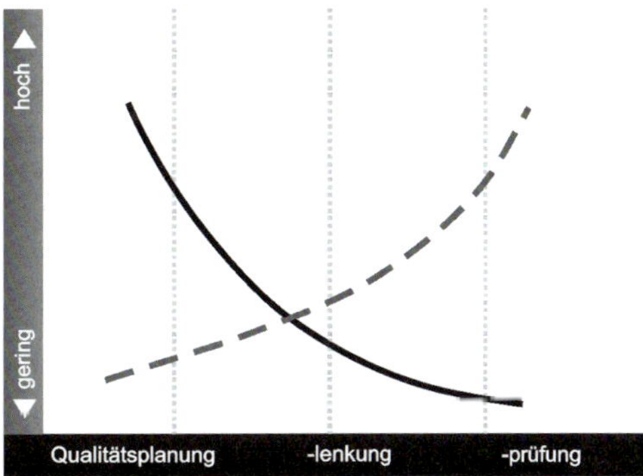

Bild 4.74 Beeinflussungsmöglichkeiten bei der Fehlerentstehung und Fehlerbehebung

4.9.4 Asphaltstraßenbau nach Lean-Management-Prinzipien

Bisher wurden auftretende Probleme bei der Herstellung von Asphaltbefestigungen isoliert betrachtet und sukzessive abgearbeitet. Trotz der analytischen Betrachtung und Ausarbeitung eines Lösungsansatzes für die einzelnen Problemstellungen fehlt bei dieser Vorgehensweise die Betrachtung des Gesamtsystems. Da die Verantwortlichen für das jeweilige Arbeitspaket somit immer nur die Optimierung ihres Verantwortungsbereiches anstreben, ist es nahezu ausgeschlossen, eine für das Gesamtprojekt optimale Problemlösung zu erarbeiten. Dies führt zwangsläufig zu Abweichungen gegenüber der Ursprungsplanung und damit zu Abweichungen gegenüber den Zielen für Fristen, Kosten und Qualität.

Bei der Durchführung von Asphaltstraßenbaumaßnahmen nach den Prinzipien des *Lean Managements* wird ein bestimmter Grad an Ungenauigkeit in der Planung zu Beginn des Produktionsprozesses hingenommen. Durch die Integration aller Projektbeteiligten kann auf Prozessstörungen wesentlich flexibler reagiert werden. Gleichzeitig wird eine kontinuierliche Verbesserung des Planungsprozesses angestrebt und somit die Planung immer weiter verfeinert und optimiert.

Grundsätzlich wird nach dem Prinzip vorgegangen, endgültige Entscheidungen so spät wie möglich und so früh wie notwendig zu treffen. Dadurch wird den Projektverantwortlichen ein größtmögliches Maß an Flexibilität verschafft.

Da Straßenbauprojekte sehr komplexe Systeme mit vielen Abhängigkeiten sind, ist grundsätzlich eine sinnvolle Optimierungsgröße zu wählen. Dabei ist zu beachten, dass die gewählten Kennzahlen sowohl prognosefähig als auch konsistent zu den zukünftig durchzuführenden Verbesserungsmaßnahmen sind. Um dies zu erreichen, muss durch die Bauleitung versucht werden, die Vielschichtigkeit und damit die Variabilität innerhalb des Produktionsprozesses zu minimieren. Erst mit der Minimierung der Variabilität ist es möglich, den eigentlichen Bauprozess zu steuern und damit Qualitäts-, Kosten- und Terminabweichungen zu vermeiden.

4.9.4.1 Reduzierung von Verschwendung und Variabilität

Als elementar innerhalb des Lean Managements sind die Grundsätze der Reduzierung von Verschwendung sowie der Reduzierung der Variabilität anzusehen.

Bei der Sachleistungsproduktion werden im Allgemeinen acht Formen der Verschwendung aufgelistet, die für den Asphaltstraßenbau wie folgt definiert werden können:

1. Überproduktion

Grundsätzlich alle Leistungen, die durch den Auftraggeber nicht gefordert und damit auch nicht bezahlt werden. Dies kann neben einer falschen Fahrbahnbreite auch eine falsche Einbauhöhe oder der letzte Sattelzug am Bauende sein, der nicht mehr benötigt wird.

2. Zu hohe Lagerbestände

Stellen Produktionspuffer dar, die als Überproduktion Kapital binden und unnötigen Handlungsaufwand erzeugen. Hierunter kann aufgrund von falscher Mengenermittlung vorproduziertes Mischgut im Heißsilo verstanden werden, das nicht mehr abgerufen wird.

3. Transportzeiten durch stockenden Arbeitsfluss

Baumaschinen- und Materialtransporte bringen dem eigentlichen Bauprodukt keinen direkten Kundennutzen. Material- und Maschinentransporte sind daher so zu organisieren, dass sie den eigentlichen Produktionsprozess optimal unterstützen.

4. Wartezeiten durch ineffiziente Arbeitsabläufe

Durch inhomogene oder sogar zum Stillstand kommende Produktionsprozesse wird der Grad der Wertschöpfung reduziert. Im Asphaltstraßenbau entstehen Wartezeiten insbesondere durch fehlendes Mischgut infolge von Lieferengpässen an der Mischanlage oder einer ungenügenden Zahl an Lkw.

5. Aufwendige Prozesse

Ungeeignete Betriebsmittel und ungeeignete Steuerungssysteme wirken sich negativ auf die Steuerung der Abläufe aus. Hieraus resultieren

Einbaufehler, die wiederum zu Nacharbeiten oder Abzügen führen.

6. Bewegungen, die nicht unmittelbar zum Arbeitsvorgang gehören

Alle Bewegungsabläufe, die nicht direkt für die Produktion benötigt werden, sind zu vermeiden. Die Arbeitsabläufe sind daher so präzise wie möglich zu planen, um z. B. unnötige Spazierfahrten mit Baumaschinen zu vermeiden.

7. Fehler

Mangelhafte Produkte bedingen immer einen Aufwand zur Korrektur des Fehlers. Damit werden sogenannte Blindprozesse erzeugt, da der gestörte Prozess wiederholt werden muss. Hierunter fallen vor allem Reklamationen oder die Behebung von Gewährleistungsmängeln.

8. Ungenutztes Potential

Das vorhandene Wissen und Können der Mitarbeiter, das für den Produktionsprozess nicht abgerufen wird, gilt als Verschwendung.

Ein direkter Zusammenhang zwischen auftretenden Prozessschwankungen während des Bauablaufs und den daraus resultierenden Verschwendungen lässt sich aus dem *Bild 4.75* leicht erkennen.

Hinsichtlich der Reduktion der Variabilität ist eine Verstetigung des Einbauprozesses anzustreben. Dies führt im Umkehrschluss wieder zu einer besseren Auslastung sowohl der Einbaukolonne als auch der Asphaltmischanlage. Um dies zu erreichen, müssen vorab die Ursachen der Variabilität erkannt und anschließend beseitigt werden. Grundsätzlich muss mit steigendem Variationsgrad auch mit steigenden Leistungsschwankungen gerechnet werden. Im Asphaltstraßenbau werden zur Erreichung des geplanten Leistungssolls bestimmte Produktionsfaktoren ausgewählt. Das heißt, die Personalstärke, die Größe des Straßenfertigers und die Anzahl der Walzen werden bestimmt. Da nun bestimmte Randbedingungen auf den Produktionsprozess einwirken, sind die ausgewählten Produktionsfaktoren dahingehend zu dimensionieren. Dabei ist darauf zu achten, dass alle Faktoren gleichmäßig stark dimensioniert werden, da das schwächste Glied in der Kette letztendlich den Gesamterfolg bestimmt.

4.9.4.2 Prozessoptimierung nach dem Last Planner System

Als weitere Methode, Bauprojekte im Verkehrswegebau nach den Prinzipien des Lean Managements zu planen und zu steuern, hat sich das *Last Planner System (LPS)* herausgestellt, welches derzeit aber hauptsächlich im Hochbau Anwendung findet. An dieser Stelle muss hinzugefügt werden, dass dieses System vor allem die Vernetzung einzelner Gewerke in den Fokus stellt. Im Verkehrswegebau muss das System hinsichtlich der einzelnen straßenbauspezifischen Subsysteme weiter optimiert werden. Es stellt daher nur einen Zwischenschritt in der eigentlichen Prozessoptimierung des Asphaltstraßenbaus dar.

Dennoch wird innerhalb des LPS insbesondere auf die vorab beschriebene Reduktion von Verschwendung und Variabilität abgehoben sowie eine Verstetigung der Produktionsprozesse angestrebt. Dies wird erreicht durch eine kontinuierliche Verbesserung der Ablauf-

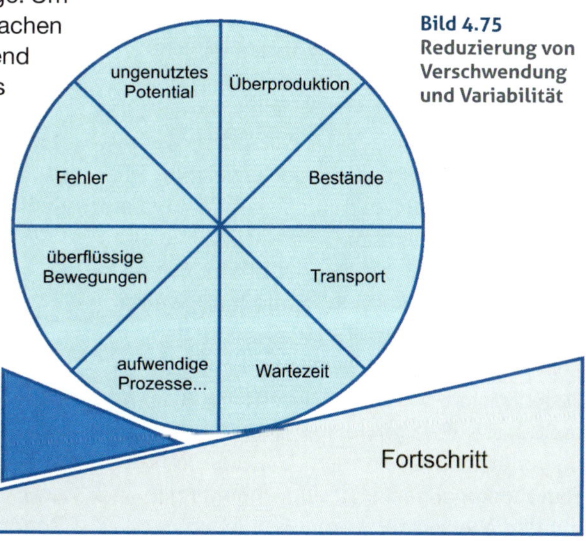

Bild 4.75 Reduzierung von Verschwendung und Variabilität

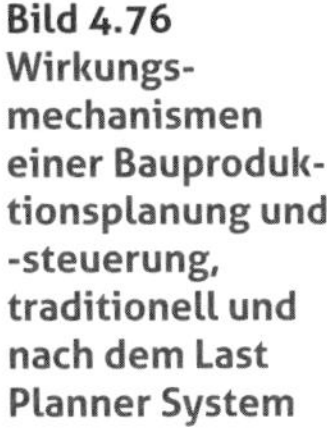

Bild 4.76 **Wirkungsmechanismen einer Bauproduktionsplanung und -steuerung, traditionell und nach dem Last Planner System**

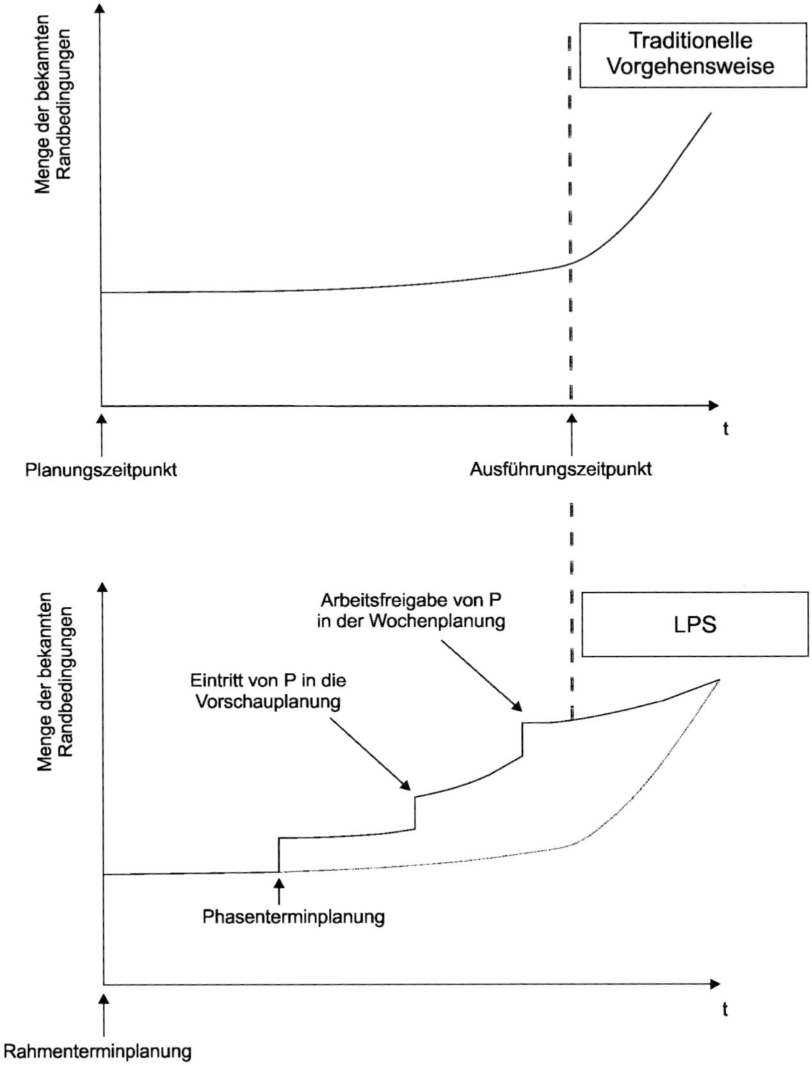

planung sowie eine ganzheitliche Betrachtung des Produktionsprozesses. Dazu ist es wichtig, die Interessen und Ziele der jeweiligen Prozessbeteiligten (P) zu berücksichtigen und auf das Gesamtsystem abzustimmen. Um dies zu ermöglichen, müssen bei der Erarbeitung des LPS alle Verantwortlichen integriert werden. Dies hat den großen Vorteil, dass die den Produktionsprozess tangierenden Faktoren weit über den Horizont des Einzelnen hinaus gesammelt und auf gegenseitige Beeinflussung hin bewertet werden können. Dadurch kann auf Randbedingungen frühzeitig eingegangen und durch die jeweiligen Verantwortlichen reagiert werden. Da die Einflussfaktoren im LPS dargestellt werden, bleiben die einzelnen Bauprozesse überschaubar und notwendige Maßnahmen werden erst dann ergriffen, wenn sie notwendig sind.

4.9.4.3 Arbeitshilfe für die Umsetzung einer Prozessoptimierung im Asphaltstraßenbau

Um die unter Abschnitt 4.9.4.1 beschriebenen Ziele – die Reduzierung von Verschwendung und Variabilität – zu erreichen, müssen fünf Schritte befolgt werden (*Bild 4.77*).

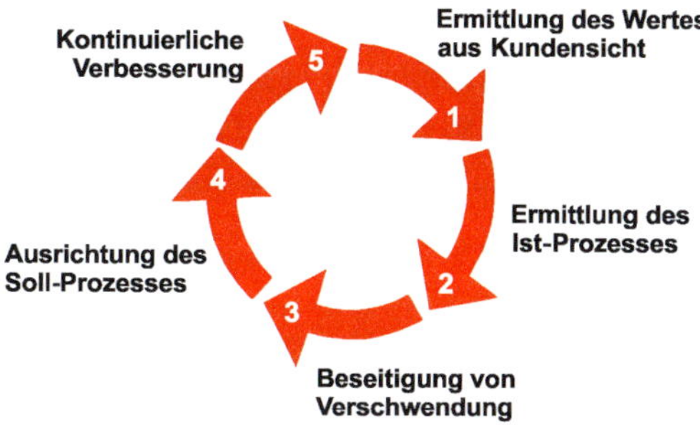

Bild 4.77 Fünf Schritte zur Prozessverbesserung

Zur Ermittlung der zu erreichenden Werte aus Sicht des Kunden muss zunächst der Kunde selbst definiert werden. Beim Asphaltstraßenbau können mehrere Beteiligte innerhalb der Prozesskette als Kunden definiert werden.

Zunächst ist dies der verantwortliche Polier auf der Baustelle, der von seinem Bauleiter mit Unterlagen und Informationen versorgt werden muss. Ein weiterer Kunde ist die Asphaltmischanlage. Erst wenn der Bauleiter Informationen liefert, kann die Mischanlage in der Prozesskette vom Kunden zum Lieferanten werden. Ihre nachfolgenden Kunden sind die Lkw, die ebenfalls einen Rollenwechsel durchlaufen: Treten sie an der Mischanlage noch als Kunden auf, fungieren sie bei Ankunft auf der Baustelle als Mischgutlieferanten. Kunde ist nun die Asphaltkolonne, die am Ende des Fertigungsprozesses wiederum als Lieferant der fertigen Leistung gegenüber dem Bauherrn auftritt. So lässt sich der Fertigungsprozess in einzelne Subprozesse unterteilen, um dann den *Wertstrom* für die Beteiligten in der jeweiligen Prozessphase zu ermitteln.

Ist die Wertigkeit innerhalb der Prozesskette allen Beteiligten bekannt, gilt es, diese Prozesskette zu harmonisieren. Durch die wechselseitige Vernetzung der einzelnen Akteure in Echtzeit können die einzelnen Prozessbeteiligten und die nachfolgend ablaufenden Prozesse zuverlässig aufeinander abgestimmt werden. Dafür stehen auf dem Markt unterschiedliche Systeme mit verschiedenen Ansätzen zur Verfügung, die es den Prozessverantwortlichen ermöglichen, diese Feinjustierung vorzunehmen.

Bei dieser Harmonisierung gilt es, drei elementare Punkte zu beachten:

1. Werterhöhende Tätigkeiten optimieren

Alle für den Fertigungsprozess notwendigen Informationen und Materialien sind so zu optimieren, dass sie den Anforderungen des jeweiligen Kunden am besten entsprechen.

2. Notwendige Tätigkeiten reduzieren

Alle Tätigkeiten, die keinen werterhöhenden Beitrag für das Produkt oder den Kundennutzen liefern, sind zu vermeiden.

3. Verschwendungen eliminieren

Alle überflüssigen Tätigkeiten, Prozesse, Zeiten, Materialien usw., die den vergüteten Wert

Bild 4.78 Vernetzung der Prozessbeteiligten

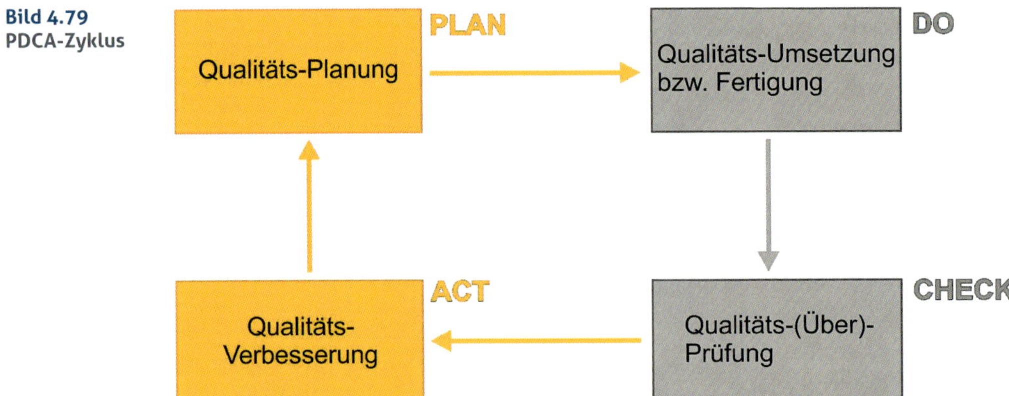

Bild 4.79
PDCA-Zyklus

des herzustellenden Produktes nicht erhöhen, sind zu vermeiden.

Im nächsten Schritt wird der Soll-Wertstrom der einzelnen Subprozesse hinsichtlich der Wertschöpfung komprimiert. Durch die vorstehend beschriebene Optimierung der werterhöhenden Tätigkeiten, die Reduktion der notwendigen Tätigkeiten und die Vermeidung von Verschwendung kommt es innerhalb des Fertigungsprozesses zu einer Leistungsverdichtung, die sich positiv auf den Ertrag auswirkt.

Der letzte Schritt beschreibt das ständige Lernen aus abgewickelten Projekten mit dem Begriff „Kontinuierlicher Verbesserungsprozess (KVP)". KVP basiert dabei auf dem PDCA-Zyklus (PDCA steht für *Plan – Do – Check – Act*).

Alle Prozesse haben wiederkehrend diesen Zyklus zu durchlaufen. Festgestellte Verbesserungspotentiale sind in neuen Standards festzuschreiben, alte Standards entsprechend zu revidieren.

Wiederverwendung von Asphalt

5.1 Allgemeines

Der ehemalige Präsident des Umweltbundesamtes, Dr. von Lersner, sagte: „Noch nie wurden in der Geschichte der Menschheit in so kurzer Zeit so große Mengen an Rohstoffen zu Abfall verwandelt. Wegen der Endlichkeit aller irdischen Vorkommen war es deshalb sowohl ökonomisch als auch ethisch geboten, der Akzeleration dieser Rohstoffverschwendung Einhalt zu gebieten."

Die Straßenbauverwaltung und die Straßenbauwirtschaft sind sich seit vielen Jahren der großen Aufgabe der Umweltschonung bewusst und haben daher schon während der achtziger Jahre mit umfangreichen Versuchen zur Wiederverwendung von Asphalt begonnen. Inzwischen beträgt der Anteil an Ausbauasphalt, der einer Wiederverwendung zugeführt wird, ca. 90 %. Diese Quote lässt sich nur mit wenigen anderen Wirtschaftsbereichen vergleichen, denn ein ähnlich hohes Wiederverwertungsmaß zeigen nur sehr wenige Produkte.

Die Begriffe „Verwertung", „Verwendung" und „Wiederverwendung" werden sehr uneinheitlich eingesetzt. Der Deutsche Asphaltverband definiert die Begriffe wie folgt:

- Der Begriff *Verwertung* beschreibt die Forderung des Kreislaufwirtschafts- und Abfallgesetzes (KrW-/AbfG), ausgebauten Asphalt (Ausbauasphalt) als neuen Stoff in den Stoffkreislauf zurückzuführen. Ein Beispiel hierfür ist die Zugabe von Asphaltgranulat bei der Produktion von Baustoffgemischen für Tragschichten mit hydraulischen Bindemitteln.
- Der Begriff *Wiederverwendung* wird als die wiederholte Benutzung eines Stoffes/Produktes für den gleichen Verwendungszweck definiert, wie es beim Einsatz von Ausbauasphalt bei der Herstellung von Asphaltmischgut der Fall ist. Der Begriff *Wiederverwendung von Asphalt* spiegelt damit die höchste Stufe des Recycling wieder, also die Verarbeitung von Asphalt zu Asphalt. Er zeigt somit einerseits die Erfüllung der Forderungen des KrW-/AbfG nach höchstwertiger Verwertung und andererseits die technische und qualitative Gleichwertigkeit des so entstandenen Produktes. Sobald Ausbauasphalt auf der Anlage angekommen ist, hört er auf, Abfall zu sein. An der Asphaltmischanlage wird der Ausbauasphalt gelagert, behandelt und verarbeitet, also *verwertet* wie die anderen (frischen) Baustoffe, z.B. Gesteinskörnungen und Bitumen.

Asphalt kann infolge der thermoplastischen Eigenschaften des Bindemittels Bitumen durch schonende Erwärmung replastifiziert werden, d.h. der Vorgang von Erweichung und Erhärtung infolge von Abkühlung ist umkehrbar und wiederholbar. Die im Verlauf der Liegezeit eingetretene oder bei der Wiedererwärmung mögliche Verhärtung des Bitumens lässt sich bei der Konzeption des frischen Asphaltes bis zu einem gewissen Grad ausgleichen. Ebenso wie Asphaltschichten in nahezu jeder beliebigen Dicke dauerhaft auf bestehende Straßenbefestigungen aufgebracht werden können, ist es umgekehrt auch möglich, Asphalt in beliebigen Dicken durch ein- oder mehrmaliges Fräsen, durch Schälen oder Aufbrechen kontrolliert zurückzugewinnen und der Wiederverwendung zuzuführen. Grundsätzlich muss es immer das Ziel sein, den anfallenden Ausbauasphalt möglichst hochwertig der Wiederverwendung zuzuführen, d.h. die Verwendung in Asphalt ist möglichst anzustreben. Dabei ist es allerdings auch erforderlich, die alte Asphaltbefestigung lagenweise abzufräsen, um die unterschiedlichen Qualitäten entsprechend wiederverwenden zu können.

Grundsätzlich gibt es bei der Wiederverwendung von Asphalt die Möglichkeit der Wiederverwendung an Ort und Stelle (Rückformverfahren), d.h. des direkten Aus- und Wiedereinbaus ohne Transport zur Mischanlage, und die Möglichkeit der Wiederverwendung an anderen Orten, i.d.R. bei der Mischgutproduktion in einer Asphaltmischanlage (*Tabelle 5.1*).

Die für die Wiederverwendung von Asphalt häufig benutzten Begriffe werden im „Merkblatt für die Wiederverwendung von Asphalt" wie folgt definiert:

- *Ausbauasphalt* ist Fräsasphalt oder Aufbruchasphalt.
- *Fräsasphalt* ist durch Fräsen (ggf. auch lagen- oder schichtenweise) kleinstückig gewonnener Ausbauasphalt.
- *Aufbruchasphalt* ist durch Aufbrechen/Aufnehmen eines Schichtenpaketes in Schollen gewonnener Ausbauasphalt.

Tabelle 5.1 Möglichkeiten der Wiederverwendung von Asphalt

Wiederverwendung an				
Ort und Stelle				**anderen Orten**
nach Aufheizung bitumenhaltiger Schichten			nach Kaltfräsen	nach Kaltfräsen oder Aufbruch mit Bagger
ohne Zugabe von Zusatzmischgut (Reshape)	mit Zugabe von Zusatzmischgut (Repave)	mit Einmischen von Ergänzungsmischgut (Remix)	mit Zugabe von Bitumenemulsion und/oder Zement (Kaltrecycling)	mit Zugabe von frischem Bitumen und ungebrauchten Gesteinskörnungen (Heißrecycling)
Aufheizen Auflockern Verteilen Verdichten	Aufheizen Auflockern Mischgutzugabe Verteilen Verdichten	Aufheizen Auflockern Mischgutzugabe Mischen Verteilen Verdichten	Kaltfräsen Auflockern Zugabe von Ergänzungskörnungen, Bitumenemulsion und/oder Zement Mischen Verteilen Verdichten	Aufnehmen, Zwischenlagern auf Deponie und ggf. Zerkleinern in Brechanlagen Heißaufbereitung in Asphaltmischanlage Dosieren Aufheizen Zugabe neuer Baustoffe Mischen Transport zur Einbaustelle Verteilen Verdichten
Verwendung als - Asphaltdeckschicht	Verwendung als - Asphaltdeckschicht	Verwendung als - Asphaltdeckschicht - Asphaltbinderschicht	Verwendung als - Asphalttragschicht - Asphaltfundationsschicht	Verwendung in - Asphaltdeckschichten - Asphaltbinderschichten - Asphalttragschichten

- *Asphaltgranulat* ist Ausbauasphalt, der durch Fräsen (ggf. mit anschließender, zusätzlicher Zerkleinerung) oder durch Aufbrechen/Aufnehmen von Schollen mit anschließender Zerkleinerung in Stücke gewonnen wurde. Asphaltgranulat wird mit RA (Reclaimed Asphalt) bezeichnet, wobei die maximale Stückgröße U des Asphaltgranulates vorangestellt und die Bezeichnung der Kornklasse der Gesteinskörnung im Asphaltgranulat d/D angehängt wird (U RA d/D).
- Die *Stückgrößenverteilung* ist die nach Kornklassen aufgegliederte Zusammensetzung des Asphaltgranulates. Sie beschreibt nicht die Korngrößenverteilung des im Asphaltgranulat enthaltenen Gesteinskörnungsgemisches.
- Die *maximale Stückgröße* U des Asphaltgranulates entspricht der Nennweite der Prüfsieböffnung, durch die die größten Stücke gerade noch hindurchgehen.
- Die *Kornklasse* von Gesteinskörnungen im Asphaltgranulat wird durch die untere (d) und die obere (D) Siebgröße als d/D gekennzeichnet.

Neben den in *Tabelle 5.1* angegebenen Möglichkeiten der Wiederverwendung kann Ausbauasphalt auch in ungebundenen Schichten oder in hydraulisch gebundenen Schichten einer erneuten Verwendung zugeführt werden. Die geforderten Eigenschaften von Asphaltgranulat in Abhängigkeit vom Verwendungszweck sind in *Tabelle 5.2* zusammenfassend dargestellt. In den TL Asphaltgranulat werden die Einzelanforderungen wiedergegeben.

Die Tabelle zeigt deutlich, dass der Prüfungs- und Untersuchungsaufwand drastisch ansteigt, je höherwertig die Schichten, in der die Verwendung vorgesehen ist, im Straßenoberbau angesiedelt sind. Dieser Untersuchungsaufwand begründet sich in der Forderung, dass Asphalte mit Ausbauasphalt die gleichen Anforderungen erfüllen müssen wie Asphalte, die ausschließlich aus neuen Baustoffen bestehen.

Tabelle 5.2 Eigenschaften von Asphaltgranulat und seiner Bestandteile in Abhängigkeit vom Verwendungszweck

		Erforderlicher Nachweis									
		Baustoffgemische nach					Asphaltgemisch nach				
		TL SoB[1)]			TL Beton	M VB-K	M AFS-H	TL Asphalt-StB			
		Anwendung für									
		Frostschutz-schichten	Kies- und Schottertrag-schichten	Deckschich-ten ohne Bindemittel	Tragschich-ten mit hydrauli-schen Bin-demitteln	Bitumenge-bundene Tragschich-ten (Kaltaufbe-reitung)	Asphaltfun-dations-schichten	Asphalttrag-schichten	Asphalttrag-deckschich-ten	Asphaltbin-derschichten	Asphalt-deckschich-ten
		ZTV SoB		ZTV SoB, ZTV LW	ZTV Beton			ZTV Asphalt, ZTV LW		ZTV Asphalt	
Asphaltgranulat	Umweltverträglichkeit	[+]			[+]	[+]	[+]	[+]	[+]	[+]	[+]
	Stückgrößenverteilung/Überkornanteil	+			+	+	–	–	–	–	–
	Maximale Stückgröße	+			+	+	+	+	+	+	+
	Gehalt an Feinanteilen	+			+	+	–	–	–	–	–
	Löslicher Bindemittelgehalt	–			–	+	+	+	+	+	+
	Rohdichte	+			+	+	+	+	+	+	+
	Gleichmäßigkeit	+			+	+	+	+	+	+	+
Gesteinskörnungen	Fremdstoffgehalt	+			+	+	+	+	+	+	+
	Stoffliche Kennzeichnung	Δ			Δ	Δ	Δ	Δ	Δ	Δ	Δ
	Korngrößenverteilung	Δ			Δ	+	+	+	+	+	+
	Kornform von groben Gesteinskörnungen	Δ			Δ	Δ	Δ	Δ	Δ	Δ	Δ
	Anteil gebrochener Oberflächen	Δ			–	Δ	Δ	Δ [2)]	Δ [3)]	Δ	Δ
	Widerstand gegen Zertrümmerung	–	Δ	Δ	Δ	Δ	–	Δ	Δ	Δ	Δ
	Widerstand gegen Polieren	–			–	–	–	-	Δ	–	Δ
	Wasseraufnahme	Δ			Δ	Δ	Δ	Δ	Δ	Δ	Δ
	Widerstand gegen Frostbanspruchung [4)]	Δ			Δ	Δ	Δ	Δ	Δ	Δ	Δ
	Widerstand gegen Frost-Tausalz-Beanspruchung	–			–	–	–	–	Δ	–	Δ
	Widerstand gegen Hitzebeanspruchung	–			–	–	–	–	–	–	–
Bindemittel	Bindemittelart	–			–	–	(Δ)	(Δ)	(Δ)	(Δ)	(Δ)
	Erweichungspunkt Ring und Kugel	–			–	(Δ) [3)]	+	+	+	+	+
	Nadelpenetration [3)]	–			–	–	+	+	+	+	+

\+ Nachweis durch Prüfung erforderlich
Δ Nachweis durch Vorinformation, wenn diese fehlt durch Prüfung
(Δ) Nachweis durch Vorinformation, soweit möglich
[+] Nachweis der Verwertungsklasse
– Nachweis nicht erforderlich
[1)] nicht in Trink- und Heilquellenschutzgebieten (Zone I bzw. II)
[2)] nur bei mit S gekennzeichneten Asphaltmischgutsorten
[3)] nur in besonderen Fällen
[4)] kann entfallen, sofern Kriterium Wasseraufnahme erfüllt ist

5.2 Wiederverwendung an Ort und Stelle

Die Wiederverwendung von Asphalt an Ort und Stelle wurde in Deutschland im Jahr 1975 erstmals angewandt. Durch die extrem gestiegenen Möglichkeiten der Wiederverwendung in Asphaltmischanlagen wurden die In-Situ-Verfahren zwar in den Hintergrund gerückt, stehen aber nach wie vor zur Anwendung zur Verfügung.

Der wiederzuverwendende Asphalt wird bei den Verfahren an Ort und Stelle durch *Warmfräsen* aus bestehenden Asphaltbefestigungen gewonnen. Hierbei können die Teile der Asphaltbefestigung gezielt rückgebaut werden, ein Abtrag einzelner Schichten ist möglich. Warmfräsen arbeiten, nachdem die Asphaltoberfläche bis in die vorgesehene Frästiefe erwärmt ist, mit rotierenden Werkzeugen in unterschiedlichen Breiten entsprechend der zu bearbeitenden Fahrstreifenbreite. Das zu fräsende Material wird durch Infrarotstrahler oder andere indirekt wirkende Heizgeräte erwärmt, wobei darauf zu achten ist, dass das Bindemittel im Asphalt durch zu starkes Aufheizen nicht geschädigt wird. Bei ungünstiger Witterung, Wind, Nässe oder Kälte sind zusätzliche Heizgeräte zweckmäßig. Die Veränderung der Kornzusammensetzung ist im Vergleich zu den Kaltfräsen erheblich geringer. Warmfräsen finden heute nahezu keinen Einsatz mehr.

Kaltfräsen tragen inzwischen Asphaltschichten mit Stärken bis zu 30 cm in einem Arbeitsgang ab. Durch die Wahl der Fräsköpfe und deren Anordnung auf der Fräswalze kann das Fräsbild gesteuert werden. Durch Feinfräsen lässt

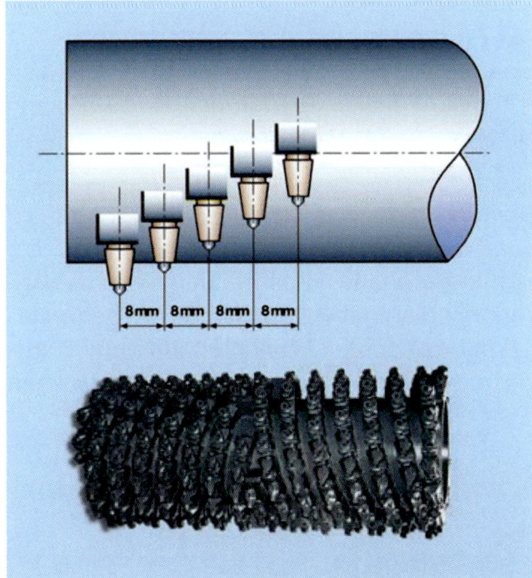

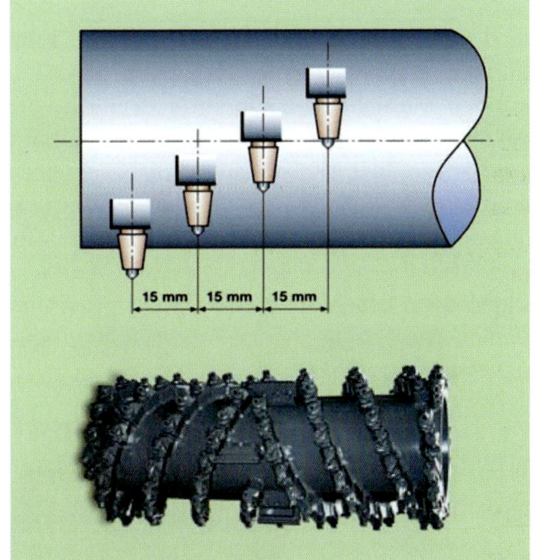

Feinfräse

Standardfräse

Bild 5.1 Fräswalzen, Fräsbilder

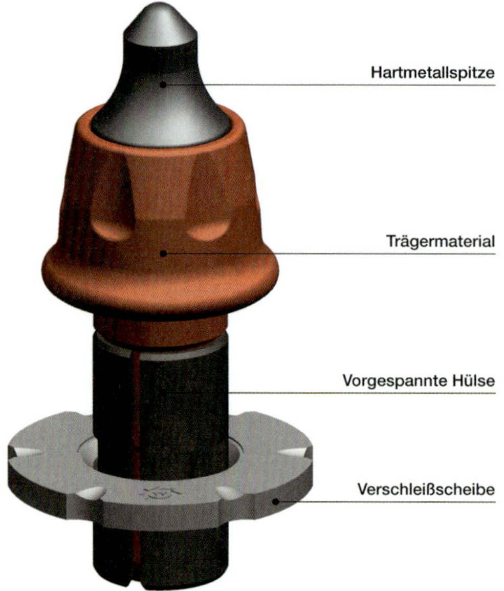

Bild 5.2 Fräskopf

sich eine Unterlage herstellen, auf der auch dünnere Asphaltschichten aufgebracht werden können. Mit Kaltfräsen können jedoch auch die einzelnen Asphaltschichten gezielt ausgebaut werden, so dass Materialien mit eindeutig definierten Eigenschaften zur Wiederverwendung (in Heißmischanlagen) zu Verfügung stehen. Bei den Fräsarbeiten ist auf Inhaltsstoffe in den zu fräsenden Schichten (z. B. Asbest) zu achten und es sind entsprechende Arbeitsschutzmaßnahmen zu treffen.

Bei der *Wiederverwendung an Ort und Stelle* handelt es sich um die folgenden Rückformverfahren:

a) Rückformen ohne Veränderung der Asphaltzusammensetzung (Reshape)
b) Rückformen mit Veränderung der Asphaltzusammensetzung (Remix)
c) Rückformen mit Veränderung der Asphaltzusammensetzung in Verbindung mit dem Einbau einer neuen Deckschicht mit zusätzlichem Fertiger (Remix Plus) oder mit demselben Gerät (Repave).

Bei den Verfahren an Ort und Stelle muss die vorhandene Asphaltbefestigung so weit erwärmt werden, dass sich die oberen Zentimeter leicht abfräsen lassen. Dies erfolgt mit gasbefeuerten Heizmaschinen (Flächenheizer), die dem eigentlichen Recyclinggerät vorausfahren *(Bild 5.4)*.

Die Erwärmung mit den Gasflammen erfolgt nicht direkt, d. h. die Flammen kommen nicht mit dem Asphalt in Berührung. Hierdurch kann ein zu schnelles Verbrennen des Bindemittels verhindert werden.

Beim Verfahren *a) „Reshape“* wird die zu bearbeitende Schicht mit Infrarotstrahlern bis zur vorgesehenen Bearbeitungstiefe so weit schonend aufgeheizt, dass das Asphaltmaterial mit geeigneten Vorrichtungen ohne Kornzertrümmerung aufgelockert, aufgenommen

Bild 5.3
Großfräse im Einsatz

Bild 5.4 Heizmaschine zur Erwärmung der bestehenden Asphaltbefestigung (oben: Schemazeichnung, unten: Geräteansicht (links), indirekte Aufheizung (rechts))

und im Mischer gemischt werden kann. Nach dem Mischen erfolgen die Querverteilung des Asphaltes mit Verteilerschnecken sowie der profilgerechte Einbau mittels Einbaubohle. Anschließend wird die rückgeformte Schicht verdichtet. Durch diese Art der Aufbereitung bleibt die Zusammensetzung des vorhandenen Deckschichtmateriales unverändert, die Asphaltdeckschicht wird lediglich mit verbesserter Ebenheit neu eingebaut. Dieses Verfahren findet heute kaum noch Anwendung, die eingesetzten Geräte sind den nachfolgend beschriebenen vergleichbar.

Beim Verfahren *b) „Remix" (Bild 5.5)* wird die zu bearbeitende Schicht mit Infrarotstrahlern bis zur vorgesehenen Bearbeitungstiefe so weit schonend aufgeheizt, dass das Asphaltmaterial mit geeigneten Vorrichtungen ohne Kornzertrümmerung aufgelockert, aufgenommen und dem Mischer zugeführt werden kann. Im Mischer werden zur Veränderung der Mischgutzusammensetzung und -eigenschaften je nach Bedarf Ergänzungsmaterialien (Mischgut, Bindemittel) zugegeben und mit dem aufgenommenen Asphaltmaterial zu einem in seiner Zusammensetzung veränderten Asphalt gemischt. Nach dem Mischen erfolgen die Querverteilung des Asphaltes mit Verteilerschnecken sowie der profilgerechte Einbau mittels Einbaubohle. Anschließend wird die rückgeformte Schicht verdichtet. Im Vorfeld der Baumaßnahme sind zum Teil sehr aufwendige und umfassende Laborprüfungen durchzuführen, um ein qualitativ hochwertiges Endprodukt zu erzielen.

Bei dem Verfahren *c) „Repave"* wird die vorhandene oberste Schicht bearbeitet und dann mit einer neuen Asphaltdeckschicht überbaut. Für dieses Verfahren existieren zwei Ausführungsvarianten:

Remix Plus

Die zu bearbeitende Schicht wird mit Infrarotstrahlern bis zur vorgesehenen Bearbeitungstiefe möglichst schonend aufgeheizt. Auf diese Schicht werden Ergänzungskörnungen dosiert aufgebracht. Danach erfolgt ein weiterer Heizvorgang mit einem gesonderten Heizgerät, so

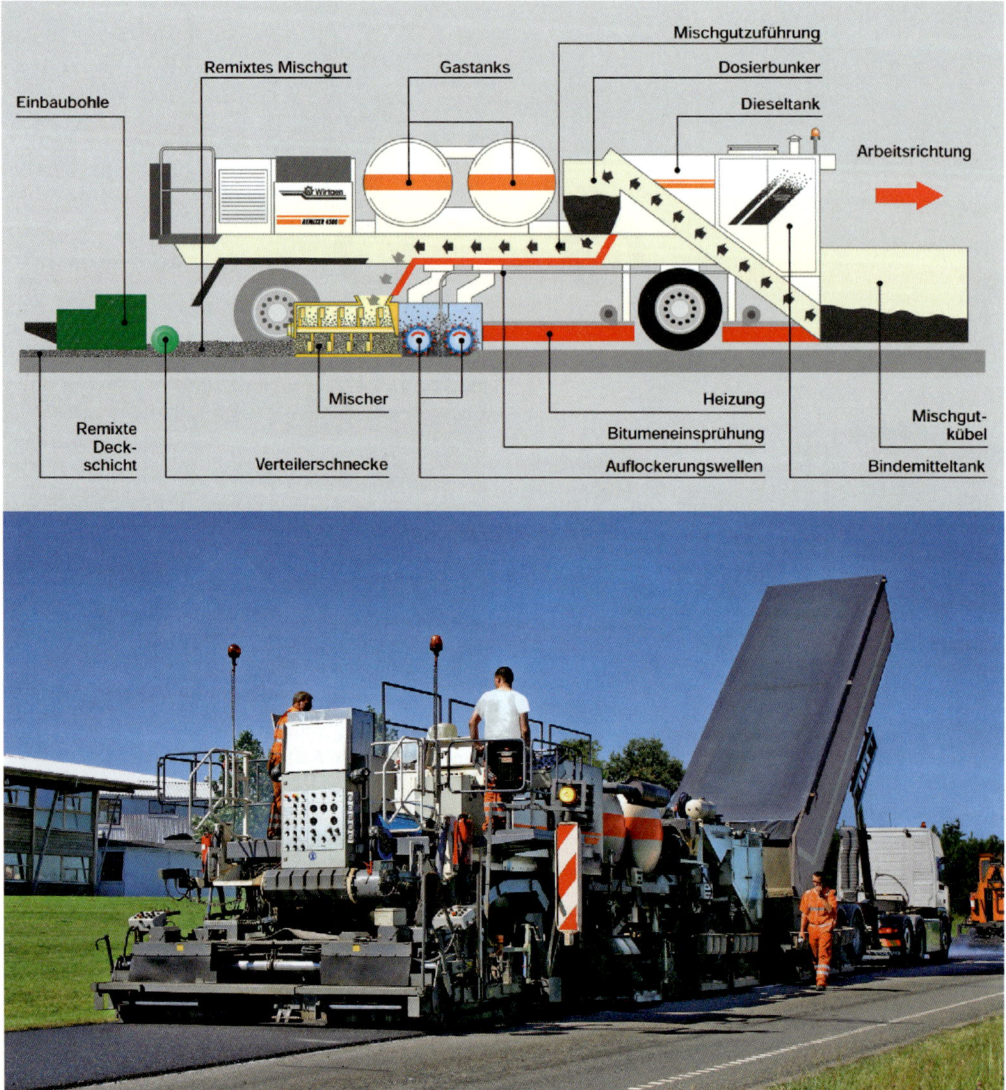

Bild 5.5 Remix – schematische Darstellung und Einbauzug (oben: Schemazeichnung, unten: Geräteansicht)

dass das zu bearbeitende Asphaltmaterial mit geeigneten Vorrichtungen ohne Kornzertrümmerung aufgelockert, zusammen mit dem vorgelegten Material aufgenommen und dem Mischer zugeführt werden kann. Im Mischer wird das resultierende Mischgut, ggf. unter Zugabe von frischem Bindemittel, für die untere Schicht hergestellt und danach mit einer ersten Einbauvorrichtung profilgerecht eingebaut.

Das werksgemischte Asphaltmischgut für die neue Deckschicht wird vom Aufnahmekübel des Gerätes mittels Längsfördereinrichtung vor der zweiten Einbauvorrichtung (Verteilerschnecke und Einbaubohle) abgelegt. Die Einbauvorrichtung übernimmt die Querverteilung und den profilgerechten Einbau. Anschließend werden beide Schichten gemeinsam verdichtet.

Repave

Die zu bearbeitende Schicht wird nach Verfahren a) behandelt. Der aufgenommene und gemischte Asphalt wird nach Querverteilung

Zustandsmerkmal	Erscheinungsbild/Ursache	Rückformverfahren a)	b)	c)
Ebenheit im Längsprofil	Verformung	+ ¹)	–	–
Ebenheit im Querprofil	Verformung	+ ²)	+	+
Griffigkeit	Bindemittelanreicherung	–	+	+
	Polierte Kornoberfläche	+ ²)	+	+
Netzrisse		–	+ ³)	–
Ausmagerung		–	+	–
Flickstellen		–	–	–
Kornausbrüche		–	+	–
Einzelrisse		–	–	–

Tabelle 5.3
Zuordnung von Merkmalsgruppen zu den Rückformverfahren

\+ geeignet
– nicht geeignet
1) nur bei kurzwelligen und/oder periodischen Unebenheiten und bei anforderungsgerechter Asphaltzusammensetzung bedingt geeignet
2) nur zeitweilige Verbesserung
3) nur bei zu geringem Bindemittelgehalt und Alterungsrissen geeignet

mit Verteilerschnecken mittels einer ersten Einbauvorrichtung profilgerecht eingebaut.

Das werksgemischte Asphaltmischgut für die neue Deckschicht wird vom Aufnahmekübel des Gerätes mittels Längsfördereinrichtung vor der zweiten Einbauvorrichtung (Verteilerschnecke und Einbaubohle) abgelegt. Die Einbauvorrichtung übernimmt die Querverteilung und den profilgerechten Einbau. Anschließend werden beide Schichten gemeinsam verdichtet.

Die Anwendung der Verfahren zur Wiederverwendung an Ort und Stelle im Rahmen der Instandsetzung sind dann vorgesehen, wenn die Eigenschaften der obersten Schicht zu verändern sind und es die Linienführung, die Einbauhöhen sowie die Fahrbahneinbauten zulassen. In Abhängigkeit vom Zustandsmerkmal, Erscheinungsbild und der Ursache erfolgt die Wahl des Verfahrens nach *Tabelle 5.3*.

Diese Verfahren lassen sich dann ausführen, wenn die Unterlage ausreichend standfest und tragfähig ist, d.h. wenn keine Veränderungen in dem vorhandenen Oberbau vorgenommen werden müssen. Weitere *Voraussetzungen* sind, dass sich die vorhandenen Asphaltdeck- und Asphaltbinderschichten für derartige Baumaßnahmen ausgehend von der Materialgleichmäßigkeit und den Materialeigenschaften eignen.

Das bedeutet, dass bei dem Recyclingvorgang keine starken Versprödungen des Bindemittels auftreten dürfen und die zur Wiederverwendung anstehenden Schichten zumindest abschnittsweise eine homogene Zusammensetzung aufweisen müssen, um vor allem beim Remixverfahren gebrauchsfähige Rezepturen für das resultierende Mischgut erstellen zu können. Die Methoden der Wiederverwendung an Ort und Stelle sind, bedingt durch das zur Erwärmung des Asphaltes erforderliche Warmfräsen, sehr witterungsempfindlich.

Die Verfahren der Wiederverwendung an Ort und Stelle komplettieren zwar die Palette der Wiederverwendungsmöglichkeiten, ihr Stellenwert hat in den letzten Jahren jedoch aufgrund der rasanten maschinentechnischen Entwicklung der Asphaltmischanlagen und angesichts der dort erzielbaren Qualität deutlich verloren. Dies ist nicht zuletzt auch darauf zurückzuführen, dass die an Ort und Stelle zu verarbeitenden Massen deutlich geringer sind als die, die stationär einer Wiederverwendung zugeführt werden können.

Die Verfahren an Ort und Stelle werden in großem Umfang in den skandinavischen Ländern während der Sommermonate angewandt.

In den vergangenen Jahren wurden auch Ausbauasphalte und andere Straßenaus-

Bild 5.6 Kaltrecycling-Einbauzug

baustoffe mit Bitumenemulsion gebunden und als Fundationsschichten eingebaut *(Bild 5.6)*.

Soll die Kaltmischgutherstellung nicht in einem stationären Mischwerk erfolgen, so sind an Ort und Stelle besondere Geräte erforderlich. Es handelt sich dabei um Kompaktgeräte, die den vorhandenen Asphaltbelag kalt abfräsen, das Fräsgut aufnehmen, die Bitumenemulsion und ggf. auch Zement zugeben und mit dem Fräsgut sowie ggf. neuen Gesteinskörnungen vermischt einbauen.

Die Verdichtung erfolgt mit den im Straßenbau üblichen Geräten. Dieser Verfahrensgruppe zuzuordnen ist auch die Bindung mit Schaumbitumen (s.a. Kapitel 9.3.4).

Die Vor- und Nachteile dieser Kaltrecyclingverfahren stellen sich kurz wie folgt dar:

Kaltrecycling mit Bitumenemulsion

Vorteile
- Einfache Anwendung
- Viskoelastisches Material mit verbesserter Flexibilität und Beständigkeit gegenüber Verformungen
- schnelle Befahrbarkeit

Nachteile
- Geringe Akzeptanz in der Bauindustrie
- Bitumenemulsion im Vergleich zu Zement sehr teuer
- Witterungsabhängigkeit.

Kaltrecycling mit Zement

Vorteile
- Gute Verfügbarkeit von Zement
- Einfache Anwendung
- Hohe Akzeptanz in der Bauindustrie

Nachteile
- Rissegefahr, Erfordernis des Schneidens
- Nachbehandlung erforderlich
- Befahrbarkeit erst zu späterem Zeitpunkt.

Kaltrecycling mit Schaumbitumen

Vorteile
- Viskoelastisches Material mit verbesserter Flexibilität und Beständigkeit gegenüber Verformungen
- einfache Anwendung
- Schnelle Befahrbarkeit

Nachteile
- Sondereinrichtungen erforderlich
- Notwendiger Umgang mit heißem Bitumen
- Stetige Sieblinie notwendig.

5.3 Wiederverwendung an der Mischanlage

Die maschinentechnischen Ausstattungsmöglichkeiten für die Wiederverwendung von Asphalt an Asphaltmischanlagen werden in Kapitel 8 ausführlich dargestellt. Bei den Asphaltmischanlagen, die für die Wiederverwendung von Asphalt geeignet sind, handelt es sich sowohl um Chargen- als auch um Trommelmischanlagen. Da in Deutschland fast ausschließlich Chargenmischanlagen eingesetzt werden, finden die Trommelmischanlagen im Folgenden keine Berücksichtigung. Es ist davon auszugehen, dass bereits weit mehr als 60 % der betriebenen Asphaltmischanlagen mit Einrichtungen für die Zugabe von Ausbauasphalt ausgerüstet sind. Nicht vorhanden sind diese Aggregate bei alten Anlagen oder nicht ausreichend ausgelasteten Anlagen, für die sich eine derartige Erweiterung nicht mehr rechnet.

Bei der Wiederverwendung an der Asphaltmischanlage muss das Asphaltgranulat soweit erwärmt werden, dass das resultierende Asphaltmischgut beim Verlassen des Mischwerkes und beim Einbau die Temperatur aufweist, die konventionelles Mischgut auch aufweisen muss. Hierzu muss das Asphaltgranulat erwärmt werden, wofür unterschiedliche Verfahren zu Verfügung stehen:

- Erwärmung durch die heißen Gesteinskörnungen,
- Erwärmung gemeinsam mit den heißen Gesteinskörnungen,
- Erwärmung in gesonderten Vorrichtungen.

Neben den anlagentechnischen Voraussetzungen sind für die Wiederverwendung vor allem die Eigenschaften des Asphaltgranulates von Bedeutung. Neben den sich aus den TL Asphalt-StB ergebenden Anforderungen an die Gesteinskörnungen und das Bindemittel, auf die bereits in *Tabelle 5.2* verwiesen wurde, spielt die Gleichmäßigkeit des Asphaltgranulates eine große Rolle. Maßgebend ist in jedem Fall der geringere Wert aus Gleichmäßigkeit und anlagentechnischen Voraussetzungen.

Asphaltgranulat, dessen rückgewonnenes Bindemittel einen Erweichungspunkt Ring und Kugel von im Mittel nicht mehr als 70 °C (Einzelwerte bis 77 °C erlaubt) besitzt, ist in der Regel für die Verwendung in Asphaltmischgut geeignet. Bei höheren Erweichungspunkten Ring und Kugel ist im Rahmen von gesonderten Untersuchungen die Wirksamkeit des Bindemittels im Asphaltmischgut anhand geeigneter technologischer Kennwerte (z.B. Verhalten bei Kälte) zu prüfen. Hierzu ist ein Vergleich mit den technologischen Kennwerten von Asphaltmischgut ohne Asphaltgranulate durchzuführen. Ein genereller oberer Grenzwert für den Erweichungspunkt Ring und Kugel kann nicht festgelegt werden.

Bei Verwendung von Asphaltgranulat ist für die Berechnung des rechnerischen Erweichungspunktes Ring und Kugel $T_{R\&Bmix}$ folgende Gleichung anzuwenden:

$$T_{R\&Bmix} = a \cdot T_{R\&B1} + b \cdot T_{R\&B2}$$

$T_{R\&Bmix}$ Berechneter Erweichungspunkt Ring und Kugel im resultierenden Asphaltmischgut

$T_{R\&B1}$ Erweichungspunkt Ring und Kugel des aus dem Asphaltgranulat rückgewonnenen Bindemittels

$T_{R\&B2}$ Mittlerer Wert des Erweichungspunktes Ring und Kugel der Sortenspanne des frischen Straßenbaubitumens bzw. der ermittelte Erweichungspunkt des zur Verwendung vorgesehenen PmB

a und b Massenanteile des Bindemittels aus dem Asphaltgranulat (a) und des frischen Bindemittels (b), mit a + b = 1

5.3.1 Ermittlung der maximalen Zugabemenge in Abhängigkeit von der Gleichmäßigkeit

Für die Beurteilung der Gleichmäßigkeit sind im Rahmen der werkseigenen Produktionskontrolle je angefangene 500 t Asphaltgranulat eine Probe zu entnehmen und zu untersuchen. Bei der Untersuchung sind die folgenden Merkmale zu bestimmen:

- Erweichungspunkt Ring und Kugel [°C],
- Bindemittelgehalt [M.-%],
- Füllergehalt [M.-%],
- Kornanteil 0,063 bis 2 mm [M.-%],
- Kornanteil über 2 mm [M.-%].

Die maximal mögliche Zugabemenge an Asphaltgranulat wird durch die Spannweite der vorgenannten Merkmale beeinflusst. Alle relevanten Merkmale sind zu berücksichtigen,

Tabelle 5.4
Gesamttoleranz $T_{zul,i}$ der relevanten Merkmale in Abhängigkeit von der Asphaltmischgutart

Merkmal		$T_{zul,i}$	
		Asphaltmischgut für Asphaltdeck-, Asphaltbinder- und Asphalttragdeckschichten	Asphaltmischgut für Asphalttragschichten
Erweichungspunkt Ring und Kugel	[°C]	8	8
Bindemittelgehalt	[M.-%]	1,0	1,2
Kornanteil < 0,063 mm		6,0	10,0
Kornanteil 0,063 bis 2 mm		16,0	16,0
Kornanteil > 2 mm		16,0	18,0

wobei die „ungünstigste" Spannweite die mögliche Zugabemenge festlegt. Eine weitere Differenzierung ergibt sich durch das Asphaltmischgut, dem Asphaltgranulat beigegeben werden soll. Die Berechnung der Zugabemengen erfolgt gemäß den nachfolgend aufgeführten Formeln.

- Wiederverwendung in Asphaltmischgut für Asphalttrag-, Asphalttragdeck- und Asphaltfundationsschichten

$$a_i = \frac{0{,}5 \cdot T_{zul,i}}{Z_i} \cdot 100 \qquad \text{(Formel 1)}$$

- Wiederverwendung in Asphaltmischgut für Asphaltdeck- und Asphaltbinderschichten

$$a_i = \frac{0{,}33 \cdot T_{zul,i}}{Z_i} \cdot 100 \qquad \text{(Formel 2)}$$

a_i Spannweite des jeweiligen Merkmals
$T_{zul,i}$ Gesamttoleranz des Merkmals gemäß den TL Asphalt-StB
Z_i Mögliche Asphaltgranulat-Zugabemenge

Für die Berechnung der maximal erlaubten Spannweite des Merkmals Erweichungspunkt Ring und Kugel gilt die Formel 1.

Die Gesamttoleranzen $T_{zul,i}$ nach TL Asphalt-StB sind in *Tabelle 5.4* wiedergegeben.

5.3.2 Ermittlung der maximalen Zugabemenge in Abhängigkeit von der Anlagentechnik

Erwärmung durch die heißen Gesteinskörnungen

Bei diesen Verfahren wird kaltes Asphaltgranulat den heißen Gesteinskörnungen, die daher höher erhitzt werden müssen als bei konventionellem Mischgut, zugegeben. Die mögliche Zugabemenge wird überwiegend durch den Wassergehalt des Asphaltgranulates und die Temperatur der heißen Gesteinskörnungen bestimmt. Anhaltswerte für die erforderliche Temperatur der Gesteinskörnungen gibt *Bild 5.7*, aus *Tabelle 5.5* ist die erforderliche Temperaturkorrektur in Abhängigkeit vom Wassergehalt im Asphaltgranulat abzulesen.

Bei *chargenweiser Zugabe* (z.B. in die Gesteinskörnungswaage oder in den Mischer) oder kontinuierlicher Zugabe (z.B. in den

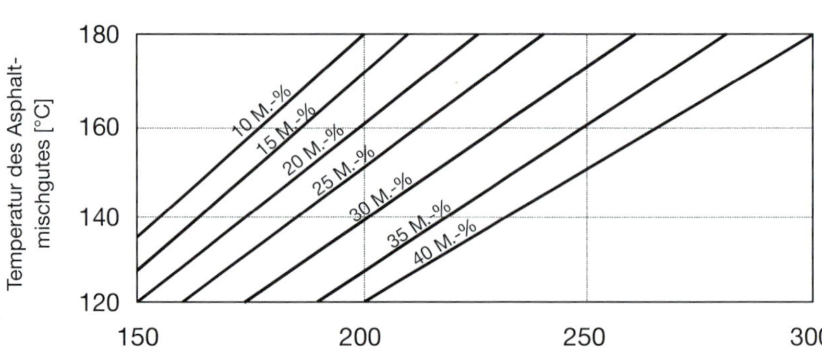

Bild 5.7
Erforderliche Temperatur der Gesteinskörnungen bei Zugabe von Asphaltgranulatanteilen zwischen 10 und 40 M.-% im trockenen Zustand

Tabelle 5.5 Hinweise für die Korrektur der Temperatur der Gesteinskörnungen in Abhängigkeit vom Wassergehalt des Asphaltgranulates (kritischer Bereich ist blau hinterlegt)

Anteil an Asphaltgranulat [M.-%]	Wassergehalt des Asphaltgranulates [M.-%]					
	1	2	3	4	5	6
	Temperaturkorrektur [°C]					
10	4	8	12	16	20	24
15	6	12	18	24	30	36
20	8	16	24	32	40	48
25	10	20	30	40	50	60
30	12	24	–	–	–	–
35	14	28	–	–	–	–
40	16	32	–	–	–	–

Trommelauslauf, in das Heißbecherwerk oder in die Siebumgehung) sind bei diesem Verfahren Zugabemengen *bis 30 M.-%* möglich.

- **Erwärmung gemeinsam mit den Gesteinskörnungen**

Bei diesem Verfahren wird Asphaltgranulat gemeinsam mit den Gesteinskörnungen in einer speziell ausgerüsteten Trockentrommel erwärmt. Die Zugabe des Asphaltgranulates zu den im Gegenstromprinzip arbeitenden Trockentrommeln erfolgt kontinuierlich über eine Mittenzugabe oder aber auf der Brennerseite durch ein Wurfband.

Beim *Gegenstromprinzip* sind Zugabemengen *bis 40 M.-%* möglich.

- **Erwärmung in gesonderten Vorrichtungen**

Bei diesem Verfahren wird Asphaltgranulat in einer gesonderten Vorrichtung schonend erwärmt und chargenweise den heißen Gesteinskörnungen in der Gesteinskörnungswaage bzw. im Mischer zugegeben. Durch die Erwärmung in gesonderten Vorrichtungen (Paralleltrommeln) können sehr hohe Zugabemengen erreicht werden.

Bei Paralleltrommeln sind Zugabemengen *bis 100 M.-%* möglich.

5.3.3 Verwendungszwecke

Die grundsätzlichen Zugabemöglichkeiten für Asphaltgranulat zu Asphaltmischgut sind in *Tabelle 5.6* dargestellt.

Für die *Konzeption eines Mischgutes* mit Ausbauasphalt sind folgende Grundlagen zu beachten:

- Es müssen die Anforderungen der TL Asphalt-StB bzw. der ZTV-LW vor allem hinsichtlich Korngrößenverteilung und Bindemittelgehalt erfüllt sein.
- Für die Verwendung in Asphaltdeck- und Asphaltbinderschichten darf nur Ausbauasphalt aus Asphaltdeck- und Asphaltbinderschichten vorgesehen werden.
- Das Zugabebindemittel sollte in seiner Härte dem ausgeschriebenen Bindemittel entsprechen, es sollte nicht weicher als ein Bitumen 70/100 sein.
- Auf den Einsatz von Regenerierungsmitteln bei zu hartem Bindemittel im Ausbauasphalt (Erweichungspunkt Ring und Kugel über 70 °C) sollte verzichtet werden.

Die bislang gemachten Erfahrungen mit der Wiederverwendung von Asphalt in Asphaltmischanlagen sind als durchweg positiv zu beurteilen. Die Erfahrungen zeigen aber auch, dass dies nur durch intensive produktionsbegleitende Untersuchungen möglich ist. Die bautechnischen Erfahrungen lassen sich wie folgt zusammenfassen:

- Asphalt mit Asphaltgranulat verhält sich bei tiefen Temperaturen nicht ungünstiger als Asphalt aus 100 % neuen Gesteinskörnungen.
- Asphalt mit Asphaltgranulat verhält sich bei + 20 °C ungefähr so wie Asphalt aus 100 % neuen Gesteinskörnungen.

Tabelle 5.6 Zugabemöglichkeiten von Asphaltgranulat zur Herstellung von Asphaltmischgut

Asphaltgranulat aus	Zugabemöglichkeiten zur Herstellung von Asphaltmischgut für					
	Gussasphalt	Walzasphaltdeckschicht	Asphaltbinderschicht	Asphalttragschicht	Asphalttragdeckschicht	Asphaltfundationsschicht
Gussasphalt	++	o	o	+	o	o
Walzasphaltdeckschicht	–	++[1)]	++	+	+	+
Asphaltdeck-[2)] und Asphaltbinderschicht	–	o[3)]	++	+	+	+
Asphaltbinderschicht	–	o[3)]	++	+	+	+
Asphalttrag- oder Asphalttragdeckschicht	–	–	–	++	o	+
Asphaltfundationsschicht	–	–	–	o	–	++

++ vorrangig (höchste Wertschöpfungsstufe)
+ möglich, aber ohne volle Ausnutzung der technischen Eigenschaften und Wirtschaftlichkeit
o bedingt möglich, nach besonderer Prüfung
– nicht möglich
1) nach den TL Asphalt-StB
2) i.d.R. nicht aus Gussasphalt
3) nach gesonderter Aufbereitung

- Asphalt mit Asphaltgranulat verhält sich bei hohen Temperaturen nur geringfügig ungünstiger als Asphalt aus 100 % neuen Gesteinskörnungen.

Trotz der bisherigen positiven Erfahrungen muss auch künftig den Qualitätseigenschaften des Asphaltgranulates große Aufmerksamkeit geschenkt werden, um – vor allem beim Einsatz auf Straßen mit höherer Verkehrsbeanspruchung – die erforderliche Qualität liefern zu können.

Im Rahmen der werkseigenen Produktionskontrolle kann es daher sinnvoll sein, den Mindest-Prüfumfang zu überschreiten.

5.4 Wiederverwendung von Ausbaustoffen mit teertypischen Bestandteilen

In der Bundesrepublik Deutschland werden jährlich 40 bis 50 Millionen Tonnen Asphalt hergestellt, und es fallen im gleichen Zeitraum Ausbaumengen von ca. 15 Millionen Tonnen an, die aufgrund ihres Alters als Bindemittel teilweise noch *Teer bzw. teertypische Bestandteile* enthalten (s. auch Kap. 2). Ab 2018 dürfen teerhaltige Ausbaustoffe nur noch einer thermischen Verwertung zugeführt werden.

Bei den früher direkt im Straßenbau oder als Ausgangsstoff eingesetzten Materialien mit teertypischen Bestandteilen handelt es sich u. a. um:

- Straßenpech (früher: Straßenteer),
- Bitumenpech (früher: Straßenteer mit Bitumen),
- Braunkohlenteer,
- Carbobitumen (Straßenbaubitumen mit Steinkohlenpech und geruchsarmen Teerölen),
- Hochviskoses Straßenpech (früher: hochviskoser Straßenteer),
- Pechbitumen (früher: Teerbitumen),
- Pechemulsion (früher: Teeremulsion),
- Steinkohlenteerspezialpech.

Bei den in diesen Stoffen enthaltenen teertypischen Bestandteilen handelt es sich um polycyclische aromatische Kohlenwasserstoffe (PAK) und Phenole. Die PAK werden entsprechend den Festlegungen der EPA (Environmental Protection Agency, Umweltbehörde der USA) ermittelt. Die PAK können im menschlichen Organismus Krebs erzeugen. Wegen der hohen PAK-Gehalte sind „Pyrolyseprodukte aus organischen Stoffen" in der TRGS 905 als krebserzeugend eingestuft. In diese Gruppe fallen alle Teere, Peche sowie Gemische, die sie enthalten. Die Phenole sind zwar nicht cancerogen, sie gelten aber als stark gesundheitsschädlich. Durch ihre hohe Löslichkeit stellen sie eine Gefahr für das Grundwasser dar, da bereits geringste Mengen den Geschmack und damit die Qualität erheblich beeinträchtigen.

Ergeben sich bei der Durchsicht von alten Bauunterlagen oder durch *Voruntersuchungen* Hinweise, dass in den im Zuge einer geplanten Baumaßnahme auszubauenden Schichten Materialien mit teertypischen Bestandteilen enthalten sind, so sind folgende Überlegungen anzustellen:

- Durch Umplanung sollte erreicht werden, dass die Schichten unangetastet im Straßenkörper belassen werden können. Dies ist möglich, wenn durch Anhebung der Gradiente eine Überbauung mit einer wasserundurchlässigen Schicht realisiert werden kann.
- Ist der Ausbau der Schichten erforderlich, so ist die Ermittlung der Verwertungsklasse des Materials erforderlich.

In Abhängigkeit vom Gehalt an PAK nach EPA im Feststoff und vom Phenolindex im Eluat ist die Einordnung in die entsprechende Verwertungsklasse nach den „Richtlinien für die umweltverträgliche Verwertung von Ausbau-

Tabelle 5.7 Verwertungsklassen für Straßenausbaustoffe und Zuordnung von Verwertungsverfahren

Verwertungsklasse	Art der Straßenausbaustoffe		Hintergrund[1]	Gesamtgehalt im Feststoff PAK nach EPA [mg/kg]	Phenolindex im Eluat [mg/l]	Verwertungsverfahren[2]
A	Ausbauasphalt		AS, BS, GS	≤ 25[3]	≤ 0,1[3]	I (II, III)
B	Ausbaustoffe mit teer-/pechtypischen Bestandteilen	vorwiegend steinkohlenteertypisch		> 25	≤ 0,1	II
C		vorwiegend braunkohlenteertypisch	BS, GS	Wert ist anzugeben	> 0,1	II

1) AS = Arbeitsschutz, BS = Bodenschutz, GS = Gewässerschutz
2) in Klammern: nur in Ausnahmefällen, da keine hochwertige Verwertung
3) Nachweis kann entfallen, wenn im Einzelfall zweifelsfrei nachgewiesen ist, dass ausschließlich Bitumen oder bitumenhaltige Bindemittel verwendet wurden

stoffen mit teer-/pechtypischen Bestandteilen sowie für die Verwertung von Ausbauasphalt im Straßenbau“ (RuVA-StB 01) vorzunehmen. *Tabelle 5.7* zeigt die Verwertungsklassen.

Verwertungsverfahren

Die unter *Verwertungsverfahren I* zusammengefassten Verwertungsverfahren können mit „Heißmischverfahren“ umschrieben werden und sind nur auf die Straßenausbaustoffe der Verwertungsklasse A anzuwenden. Unter Heißmischverfahren ist die Wiederverwendung in einer Asphaltmischanlage und in den Rückformverfahren zu verstehen.

Die unter *Verwertungsverfahren II* zusammengefassten Verwertungsverfahren können mit „Kaltmischverfahren mit Bindemitteln“ umschrieben werden und sind nur auf die Straßenausbaustoffe der Verwertungsklasse B und C anzuwenden, wenn im Rahmen der Eignungsprüfung nachgewiesen wird, dass durch die Bindung mit Bindemittel im Eluat des Probekörpers die Grenzwerte nach *Tabelle 5.8* eingehalten werden. Diesen Verfahren zuzuordnen sind sowohl die stationäre Aufbereitung als auch die Aufbereitung mit den Geräten nach *Bild 5.6*.

Tabelle 5.8 Grenzwerte für die Elution von Probekörpern aus gebundenen Ausbaustoffen der Verwertungsklassen B und C im Rahmen der Eignungsprüfung

Verwertungs-klasse	PAK nach EPA [mg/l]	Phenolindex [mg/l]
B	≤ 0,03	kein Nachweis erforderlich
C	≤ 0,03	≤ 0,1

Die unter *Verwertungsverfahren III* zusammengefassten Verwertungsverfahren können mit „Kaltverarbeitung ohne Bindemittel“ umschrieben werden und sind nur auf die Straßenausbaustoffe der Verwertungsklasse A anzuwenden. Da der Einsatz in ungebundenen Schichten keine hochwertige Art der Wiederverwendung darstellt, sollte sie nur in Ausnahmefällen genutzt werden.

Bewertung und Überprüfung der Leistungsbeständigkeit und Qualitätssicherung

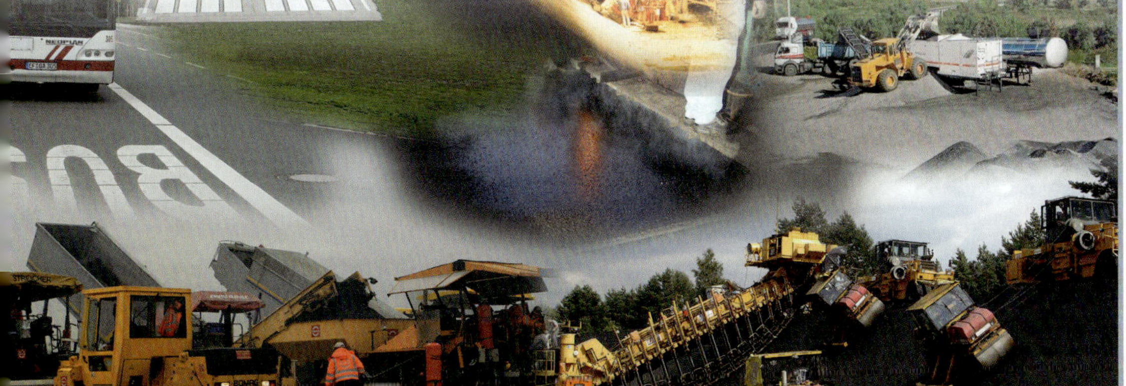

6.1 Verfahren der Bewertung und Überprüfung der Leistungsbeständigkeit

Die Europäischen Normen für Asphaltmischgut wurden aufgrund eines Mandates der Europäischen Kommission als harmonisierte Europäische Normen (hEN) im Europäischen Normenkomitee (CEN) erarbeitet.

Eine harmonisierte Europäische Norm bzw. der harmonisierte Teil einer Europäischen Norm muss – neben den notwendigen Regelungen, die für die Beschreibung eines Bauproduktes erforderlich sind – Regelungen zum Verfahren der Bewertung und Überprüfung der Leistungsbeständigkeit (zuvor des Konformitätsnachweises) und für die CE-Kennzeichnung enthalten.

Die Bewertung und Überprüfung der Leistungsbeständigkeit dient dabei als Beleg für die Übereinstimmung eines Bauproduktes mit den Anforderungen, die sich aus einer Europäischen Norm ergeben. Die CE-Kennzeichnung stellt dann die Form der Dokumentation dieser Übereinstimmung dar.

In der Bauproduktenverordnung (BauPVO) sind fünf verschiedene Systeme für die Bewertung und Überprüfung der Leistungsbeständigkeit beschrieben, die sich aus unterschiedlichen Kombinationen einzelner Elemente zusammensetzen und die mit einem Zahlenschlüssel (Systeme 1+, 1, 2+, 3, 4) gekennzeichnet sind (s. *Tabelle 6.1*).

Die Entscheidung, welches System für das jeweilige Bauprodukt anzuwenden ist, wird von der Europäischen Kommission getroffen und im jeweiligen Mandat festgeschrieben.

Bis zur Einführung der Europäischen Normen hat in Deutschland für Gesteinskörnungen ein dem System 1+ vergleichbares System gegolten, für Asphalt ein dem System 1 vergleichbares System. Durch die Umsetzung der Vorgaben aus der Europäischen Normung ist nun für die Bauprodukte „Asphaltmischgut für Verkehrsflächenbefestigungen“, „Gesteinskörnungen“, „Bitumen, polymermodifizierte Bitumen und Bitumenemulsionen“ das System 2+ festgelegt worden. Dabei wird allein das System der Werkseigenen Produktionskontrolle durch eine notifizierte Stelle zertifiziert, während bei den Systemen 1 und 1+ zusätzlich eine Produktzertifizierung (Produktprüfung) durch eine notifizierte Stelle erfolgt. Die Zertifizierung ist grundsätzlich die Voraussetzung für die Leistungserklärung des Herstellers.

In der Bauproduktenverordnung sind die Elemente der Bewertung und Überprüfung der Leistungsbeständigkeit nur allgemein

Tabelle 6.1
Systeme der Bewertung und Überprüfung der Leistungsbeständigkeit

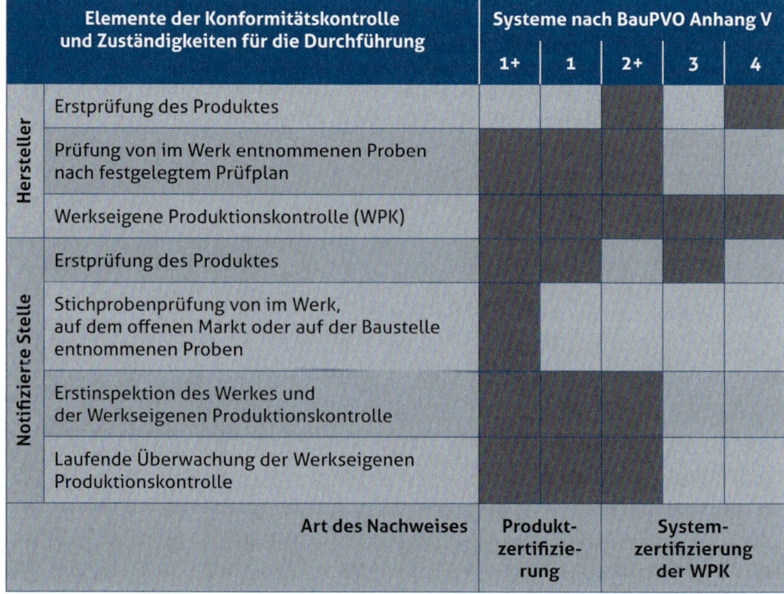

	Elemente der Konformitätskontrolle und Zuständigkeiten für die Durchführung	Systeme nach BauPVO Anhang V				
		1+	1	2+	3	4
Hersteller	Erstprüfung des Produktes			■		■
	Prüfung von im Werk entnommenen Proben nach festgelegtem Prüfplan	■	■	■		
	Werkseigene Produktionskontrolle (WPK)	■	■	■	■	■
Notifizierte Stelle	Erstprüfung des Produktes	■	■		■	
	Stichprobenprüfung von im Werk, auf dem offenen Markt oder auf der Baustelle entnommenen Proben	■				
	Erstinspektion des Werkes und der Werkseigenen Produktionskontrolle	■	■	■		
	Laufende Überwachung der Werkseigenen Produktionskontrolle	■	■	■		
	Art des Nachweises	Produktzertifizierung		Systemzertifizierung der WPK		

■ Element für System erforderlich

beschrieben. Für Asphaltmischgut sind die Einzelheiten in den Normen DIN EN 13108-20 „Asphaltmischgut – Mischgutanforderungen – Teil 20: Erstprüfung“ und DIN EN 13108-21 „Asphaltmischgut – Mischgutanforderungen – Teil 21: Werkseigene Produktionskontrolle“ aufgeführt. Sie umfassen:

- detaillierte Angaben zu einer überprüfbaren Durchführung der Werkseigenen Produktionskontrolle und zu den vom Hersteller selbst vorzunehmenden Erstprüfungen sowie zu seinen Prüfungen der im Werk entnommenen Proben
- Maßnahmen bei der Erstinspektion und der laufenden Überwachung des Werkes und der Werkseigenen Produktionskontrolle, d. h. eine Detailbeschreibung der Aufgaben der in das Verfahren der Bewertung und Überprüfung der Leistungsfähigkeit einzuschaltenden notifizierten Stellen
- Angaben zu Prüf- und Überwachungsintervallen.

Die in Deutschland hierbei anzuwendenden Regeln sind in den TL Asphalt-StB aufgeführt.

Erstprüfung

Die Erstprüfung stellt eine erstmalige Prüfung eines Bauproduktes (hier jede einzelne Sollzusammensetzung einer Asphaltmischgutsorte) auf die Übereinstimmung mit den maßgeblichen Anforderungen der harmonisierten Europäischen Norm bzw. ihrer nationalen Umsetzung (d. h. den TL Asphalt-StB) dar. Ein Nachweis der Eignung für einen vorgesehenen Verwendungszweck entsprechend den Anforderungen eines Bauvertrages erfolgt im Rahmen der Erstprüfung jedoch nicht.

Die Erstprüfung muss vor der ersten Verwendung des Bauproduktes in der Verantwortlichkeit des Asphaltherstellers durchgeführt werden. Hiermit muss er eine eigene oder fremde Stelle (Labor) beauftragen. Eine Anerkennung nach RAP Stra oder eine sonstige Zulassung ist für diese Stelle nicht erforderlich. Das Ergebnis der Erstprüfung hat in der Regel eine Gültigkeit von fünf Jahren. Die Ergebnisse der Erstprüfungen dienen außerdem als Grundlage für die Beurteilung der bei der Werkseigenen Produktionskontrolle im Werk entnommenen Proben und damit auch als Voraussetzungen zur Bestimmung des betrieblichen Erfüllungsniveaus.

Nähere Angaben zur Erstprüfung finden sich in Kapitel 7.

Werkseigene Produktionskontrolle

Die Werkseigene Produktionskontrolle (WPK) ist die ständige Überwachung des Produktionsprozesses durch den Asphalthersteller. Dazu muss er zuvor alle Abläufe und Maßnahmen in einem Qualitätsplan beschreiben.

Der Qualitätsplan, mit dem die Qualität und die Konformität des Asphalts unmittelbar beeinflusst werden können, muss vor allem folgende Angaben enthalten:

- Organisationsstruktur des Herstellers (Verantwortlichkeiten, Befugnisse, Qualifikationen, interne Audits)
- Lenkung der Dokumente
- Verfahren zur Kontrolle der Baustoffe
- Prozesslenkung
- Anforderungen an die Handhabung und Lagerung der Produkte,
- Kalibrierung und Wartung der Mischanlage
- Anforderungen an die Überprüfung und Prüfung der Prozesse und Produkte (Häufigkeiten)
- Verfahren für den Umgang mit nichtkonformen Produkten.

Die Beurteilung der Produktionsqualität basiert im Wesentlichen auf der Prüfung von im Werk nach einem Prüfplan entnommenen Stichproben. Eine Produktprüfung im eigentlichen Sinne erfolgt dadurch aber nicht.

Erstinspektion des Werkes und der Werkseigenen Produktionskontrolle

Bei der Erstinspektion des Werkes und der WPK wird überprüft, ob der Qualitätsplan auf die Gegebenheiten des Werkes abgestimmt ist und ob er mit den Anforderungen der Norm in Einklang steht. Mit der Erstinspektion darf der Asphalthersteller eine dafür nach der Bauproduktenverordnung anerkannte und danach notifizierte Zertifizierungsstelle (Z-Stelle) oder Überwachungsstelle (Ü-Stelle) beauftragen. Nach erfolgreicher Durchführung der Erstinspektion stellt die Z-Stelle hierüber ein Zertifikat aus, das die Leistungsfähigkeit bestätigt.

Aufgrund des ihm vorliegenden Zertifikates ist der Hersteller berechtigt, seinerseits eine Leistungserklärung abzugeben, in der er die Übereinstimmung seiner Asphaltprodukte mit den Anforderungen der zutreffenden Europäischen Normen feststellt. Außerdem muss er für seine Asphaltprodukte die CE-Kennzeichnung auf dem Lieferschein anbringen.

■ Laufende Überwachung der Werkseigenen Produktionskontrolle

Die laufende Überwachung der WPK dient dem Zweck der Überprüfung, ob die zur Ausstellung des Zertifikates festgestellten Voraussetzungen noch bestehen und bei der Asphaltherstellung beachtet werden. Sie wird mindestens einmal jährlich durch eine Z-Stelle oder die Ü-Stelle durchgeführt. Nach erfolgreicher Durchführung der laufenden Überwachung wird das Zertifikat durch die Z-Stelle bestätigt.

6.2 Verfahren zur Qualitätssicherung

Zu den im Rahmen der Qualitätssicherung durchzuführenden Prüfungen zählen:

- Eigenüberwachungsprüfungen
- Kontrollprüfungen.

Die *Eigenüberwachungsprüfungen* sind Prüfungen des Auftragnehmers, mit denen er feststellt, ob die Güteeigenschaften der Baustoffe, der Baustoffgemische und der fertigen Leistungen den vertraglichen Anforderungen entsprechen. Die Ergebnisse sind zu protokollieren und dem Auftraggeber auf Verlangen vorzulegen. Die Ursachen auftretender Abweichungen sind umgehend festzustellen und Abhilfemaßnahmen einzuleiten.

Die ZTV Asphalt-StB schreiben folgende Prüfungen im Rahmen der Eigenüberwachung beim Einbau vor:

- Lufttemperatur und Temperatur der Unterlage
- Temperatur des Asphaltmischgutes beim Einbau
- Beschaffenheit des Asphaltmischgutes (nach Augenschein)
- Beschaffenheit des Abstreumaterials (nach Augenschein)
- Einbaumengen oder Einbaudicken
- profilgerechte Lage der einzelnen Asphaltschichten
- Ebenheit der einzelnen Asphaltschichten
- Dokumentation der Maßnahmen zur Erzielung der Griffigkeit

Tabelle 6.2
Art und Umfang der Kontrollprüfungen an Asphaltmischgut und der eingebauten Schicht

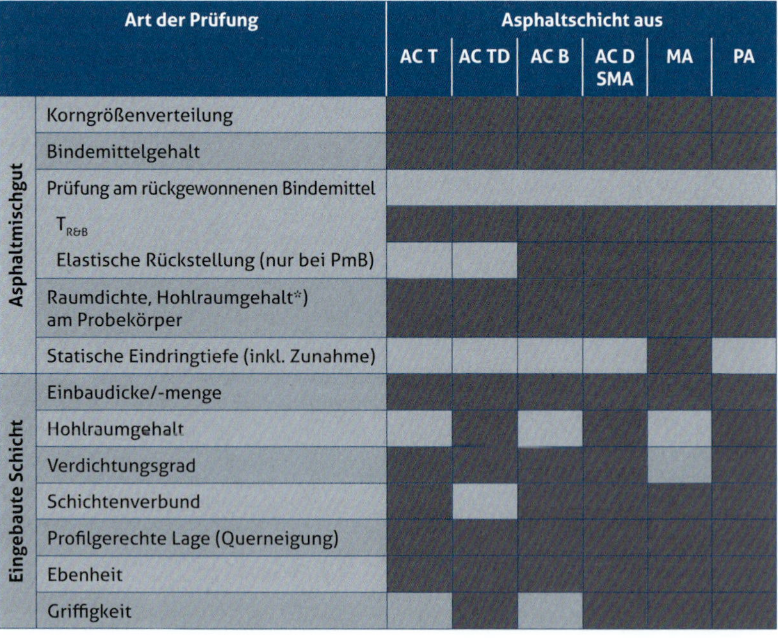

	Art der Prüfung	AC T	AC TD	AC B	AC D SMA	MA	PA
Asphaltmischgut	Korngrößenverteilung	■	■	■	■	■	■
	Bindemittelgehalt	■	■	■	■	■	■
	Prüfung am rückgewonnenen Bindemittel						
	$T_{R\&B}$	■	■	■	■	■	■
	Elastische Rückstellung (nur bei PmB)			■	■	■	■
	Raumdichte, Hohlraumgehalt*) am Probekörper	■	■	■	■	■	■
	Statische Eindringtiefe (inkl. Zunahme)					■	
Eingebaute Schicht	Einbaudicke/-menge	■	■	■	■	■	■
	Hohlraumgehalt		■		■		■
	Verdichtungsgrad	■	■	■	■		■
	Schichtenverbund	■		■	■	■	■
	Profilgerechte Lage (Querneigung)	■	■	■	■	■	■
	Ebenheit	■	■	■	■	■	■
	Griffigkeit		■		■	■	■

(Spaltengruppe „Asphaltschicht aus": AC T, AC TD, AC B, AC D SMA, MA, PA)

*) Bei GA nur Raumdichte am Probewürfel

■ Prüfung erforderlich

- Verlauf der Fahrbahnränder im Grund- und Aufriss
- gleichmäßige Beschaffenheit der Oberfläche (nach Augenschein)
- Beschaffenheit der Längs- und Quernähte (nach Augenschein)
- zusätzlich bei Gussasphalt: Temperaturen, Verweildauern und der Zeitpunkt des Einbaus für jeden Rührwerkskessel.

Die *Kontrollprüfungen* sind Prüfungen des Auftraggebers, um festzustellen, ob die Güteeigenschaften der Baustoffe, der Baustoffgemische und der fertigen Leistung den vertraglichen Anforderungen entsprechen. Ihre Ergebnisse werden der Abnahme zugrunde gelegt. Die Probenahme wird gemeinsam von Auftraggeber und Auftragnehmer durchgeführt.

Tabelle 6.2 gibt die nach den ZTV Asphalt-StB im Rahmen der Kontrollprüfung durchzuführenden Prüfungen wieder, wobei nicht alle Prüfungen bei jedem Asphalt durchzuführen sind.

Wenn anzunehmen ist, dass das Ergebnis der Kontrollprüfung nicht kennzeichnend für die zugeordnete Fläche ist, so können zusätzliche Kontrollprüfungen auf Wunsch des Auftragnehmers durchgeführt werden. Die Kosten sind von ihm zu tragen. Der Auftraggeber kann nach seinem Ermessen zusätzliche Kontrollprüfungen anordnen.

Schiedsuntersuchungen sind Wiederholungen von Kontrollprüfungen, an deren sachgerechter Durchführung begründete Zweifel bestehen. Die Kosten der Schiedsuntersuchung trägt derjenige, zu dessen Ungunsten das Ergebnis ausfällt.

Für die Probenahme und Prüfung von Mischgut und Ausbaustücken gelten die TP Asphalt-StB, für die Prüfungen am rückgewonnenen Bindemittel die in den TL Bitumen verankerten Prüfverfahren, für die Gesteinskörnungen die TP Gestein-StB. Die profilgerechte Lage wird anhand von Nivellements oder Abstandsmessungen von einer Schnur ermittelt, die Ebenheit mit der 4 m langen Richtlatte. Für die Prüfung der Dicke der einzelnen Schichten gelten die TP D-StB, in denen verschiedene Verfahren (z. B. elektromagnetische Messung, Ermittlung an Ausbaustücken) beschrieben sind.

Asphaltkonzeption

7.1 Allgemeines

Im Rahmen der Asphaltkonzeption werden Asphaltgemische entwickelt, die den speziellen Anforderungen für den in der Baubeschreibung geschilderten Verwendungszweck erfüllen. Hierbei sind die örtlichen und klimatischen Verhältnisse zu berücksichtigen. Nach der Auswahl der einzusetzenden Gesteinskörnungen und Bindemittel wird die Zusammensetzung, vor allem Korngrößenverteilung und Bindemittelgehalt so lange variiert, bis sich ein optimales Baustoffgemisch ergibt (Mix Design). Die Kennwerte dieses optimalen Baustoffgemisches werden dann für die Erstprüfung, die Voraussetzung für die CE-Kennzeichnung ist, herangezogen.

Die Asphaltnormen EN 13108 sehen sowohl die empirische als auch die fundamentale Asphaltkonzeption vor. In Deutschland ist derzeit noch die empirische Spezifikation im Regelwerk verankert, der Übergang auf die fundamentale Konzeption wird jedoch schon vorbereitet. Daher sollen im Folgenden beide Arten der Asphaltspezifikation näher beleuchtet werden. Bei der empirischen Asphaltkonzeption werden Anforderungen an die Zusammensetzung und an die Bestandteile mit leistungsbezogenen Anforderungen, wie z. B. Spurbildungseigenschaften, kombiniert. Bei der fundamentalen Asphaltkonzeption werden gegenüber der empirischen Konzeption sehr reduzierte Anforderungen an die Zusammensetzung und an die Bestandteile mit leistungsbasierten Anforderungen, wie z. B. Steifigkeit oder Dauerhaftigkeit, kombiniert.

7.2 Asphalttechnologische Grundlagen

Walzasphalt besteht aus den drei Phasen: *Gesteinskörnung, Bitumen* und *Luft (Hohlraumgehalt)*.

Bei Gussasphalt entfällt die Luftphase. Sind die Dichte der Ausgangsmaterialien, die Zusammensetzung des Asphaltes und gegebenenfalls die Raumdichten der im Labor hergestellten Probekörper oder von Ausbaustücken bekannt, so lassen sich die asphalttechnologischen Kennwerte relativ einfach berechnen. Hierbei ist immer zu beachten, dass Asphalt volumetrisch zusammengesetzt ist, die in der Praxis üblichen Angaben über die Gewichtsverhältnisse stellen nur eine Vereinfachung dar.

■ Gesteinskörnungen

Die *Rohdichte des Gesteinskörnungsgemisches* $\rho_{R,M}$ (in g/cm³) ergibt sich aus den Anteilen der einzelnen Gesteinskörnungskomponenten M_1 bis M_n (in M.-%) und deren Rohdichten ρ_{R,M_1} bis ρ_{R,M_n} (in g/cm³) zu:

$$\rho_{R,M} = \frac{100}{\frac{M_1}{\rho_{R,M_1}} + \frac{M_2}{\rho_{R,M_2}} + \ldots + \frac{M_n}{\rho_{R,M_n}}} \quad [\text{g/cm}^3]$$

mit $M_1 + M_2 + \ldots + M_n = 100$ M.-%

■ Bitumen

Der Bitumengehalt bzw. Bindemittelgehalt B wird in der Regel in M.-% bezogen auf 100 % Mischgut angegeben. Da an Mischanlagen häufig die Einwaage der Gesteinskörnungen auf 100 % gestellt wird, ist es in diesen Fällen erforderlich, die *Bitumenzugabe* B_{GT} in „Gewichtsteilen auf 100 GT Gesteinskörnungen" zu beziehen:

$$B_{GT} = \frac{100 \cdot B}{100 - B}$$

Die Dichte des Bindemittels (in g/cm³) wird mit ρ_{25} bezeichnet, da sie bei 25 °C ermittelt ist. Die Dichte des Bitumens ändert sich mit der Temperatur, unter Berücksichtigung des für den Temperaturbereich von 15 bis 200 °C gültigen kubischen Temperaturkoeffizienten

$$\alpha = 6{,}0 \cdot 10^{-4}\,°\text{C}^{-1} \text{ bis } 6{,}2 \cdot 10^{-4}\,°\text{C}^{-1}$$

Somit ergibt sich die Dichte ρ_x und das Volumen V_x für eine bestimmte Temperatur x zu:

$$\rho_x = \rho_{25} \cdot [1 - \alpha\,(x - 25)]$$
$$V_x = V_{25} \cdot [1 + \alpha\,(x - 25)]$$

■ Asphalt (Walzasphalt)

Die *Rohdichte* ρ_m des Asphaltmischgutes (in g/cm³) ergibt sich in Anlehnung an die Berechnung der Rohdichte des Gesteinskörnungsgemisches aus den Anteilen an Gesteinskörnungen M (in M.-%) und dem Bindemittelgehalt B (in M.-%) sowie den entsprechenden Dichten $\rho_{R,M}$ und ρ_{25} zu:

$$\rho_m = \frac{100}{\frac{M}{\rho_{R,M}} + \frac{B}{\rho_{25}}} \; [g/cm^3]$$

Hierbei gilt, da Asphalt ausgehend von den Massen nur aus Bitumen und Gesteinskörnungen besteht, zudem

$$M + B = 100 \text{ M.-\%}$$

Die *Raumdichte* ρ_b (in g/cm³) als Verhältniswert aus Masse und Volumen von Laborprobekörpern oder von Ausbaustücken wird mittels Tauchwägung oder bei offenporigen Gemischen durch Ausmessen für das Volumen und Wägung der trockenen Probe für die Masse ermittelt.

Der *Hohlraumgehalt* V (in Vol.-%) des verdichteten Asphaltes (Laborprobekörper oder Ausbaustück) ergibt sich zu:

$$V = (1 - \frac{\rho_b}{\rho_m}) \cdot 100 \; [\text{Vol.-\%}]$$

Der *fiktive* (scheinbare) *Hohlraumgehalt VMA* eines verdichteten Asphaltes setzt sich zusammen aus dem Hohlraumgehalt V und dem Volumen des im Asphalt enthaltenen Bindemittels B_V (in Vol.-%). Der fiktive Hohlraumgehalt entspricht somit dem Hohlraumgehalt des Gesteinskörnungsgemisches im verdichteten Asphalt. Er ergibt sich zu:

$$VMA = V + B_V \; [\text{Vol.-\%}]$$

mit $B_v = B \cdot \frac{\rho_b}{\rho_{25}}$

oder direkt aus

$$VMA = \frac{\rho_m - \rho_b \cdot \frac{100 - B}{100}}{\rho_m} \cdot 100 \; [\text{Vol.-\%}]$$

Mit dem fiktiven Hohlraumgehalt lässt sich auch der für die Beurteilung eines Asphaltes wesentliche *Hohlraumfüllungsgrad* VFB berechnen:

$$VFB = \frac{B_V}{VMA} \cdot 100 \; [\%]$$

Aus der volumetrischen Betrachtung des Asphaltes folgt zudem:

$$V + B_V + M_V = 100 \; [\text{Vol.-\%}]$$

mit $M_V = \frac{\rho_{R,M} \cdot M}{\rho_m} \; [\text{Vol.-\%}]$

Der *Verdichtungsgrad* k ergibt sich aus dem Verhältnis der Raumdichte des Ausbaustückes $\rho_{b,c}$ und der Raumdichte des zugehörigen Marshall-Probekörpers $\rho_{b,i}$ (Bezugsprobekörpers)

$$k = \frac{\rho_{b,c}}{\rho_{b,i}} \cdot 100 \; [\%]$$

Die Standfestigkeit von Asphalt während der Gebrauchsdauer lässt sich schon bei der Konzeption durch die richtige Wahl des Bindemittels bzw. der Gesteinskörnungskomponenten beeinflussen (*Tabelle 7.1*).

Tabelle 7.1 **Variationsmöglichkeiten zur Optimierung der Asphalteigenschaften**

Maßnahme/ Variation	Auswirkung/Zielgröße
Lage der Sieblinie	
Lage im oberen Bereich	Einzelhohlraum klein, Gesamthohlraum groß, kohäsionsbetontes Mischgut, empfindlich gegenüber Bindemittelschwankungen
Lage im Füllerbereich	Einzelhohlraum klein, Gesamthohlraum groß, insgesamt dichte Mischung
Lage im unteren Bereich	Einzelhohlraum groß, Gesamthohlraum groß, geringere Empfindlichkeit gegenüber Bindemittelschwankungen
Ausfallkörnung	Einzelhohlraum sehr groß, Gesamthohlraum sehr groß, Empfindlichkeit gegenüber Bindemittelschwankungen gering
Sandart	
„Natursand" (E_{cs} < 35)	Gute Verarbeitbarkeit/Verdichtbarkeit, geringer Bindemittelbedarf
„Brechsand" (E_{cs} > 35)	Verarbeitbarkeit/Verdichtbarkeit erschwert, erhöhter Bindemittelbedarf, erhöhte innere Reibung
Kornform	
Kubisch	Hohe Lagerungsdichte, geringes Hohlraumangebot
Im Grenzbereich	Geringe Lagerungsdichte, größeres Hohlraumangebot
Füller	
Schwacher Füller	Geringe Versteifung, weicher Mörtel, gute Verarbeitbarkeit
Starker Füller	Hohe Versteifung, schlechtere Verarbeitbarkeit, höherer Bindemittelbedarf
Bindemittel	
Menge	Lagerung des Gesteinskörnungsgemisches, Steifigkeit des Asphaltes
Sorte	Mörtelsteifigkeit, Klebkraft

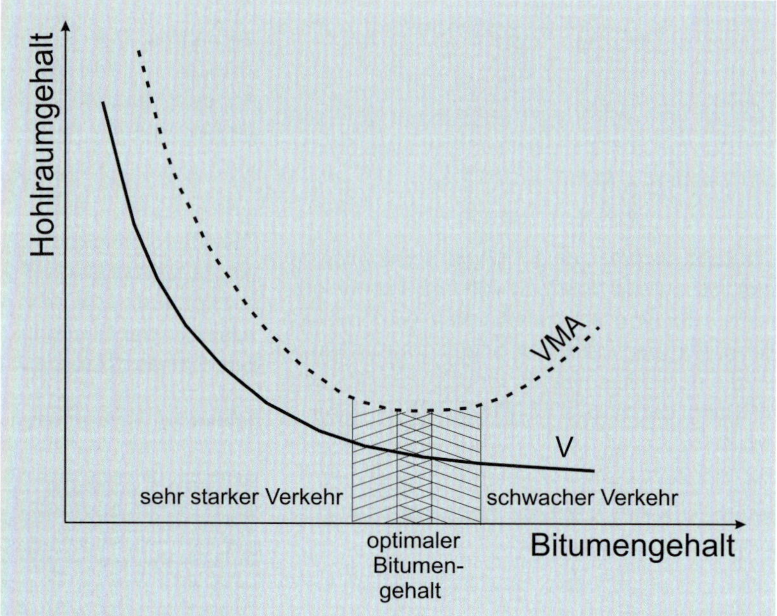

Bild 7.1
Fiktiver Hohlraumgehalt VMA und Hohlraumgehalt V in Abhängigkeit vom Bindemittelgehalt

Bei der Konzeption von Walzasphalt ist der Hohlraumgehalt von wesentlicher Bedeutung. Am Beispiel der Deckschicht zeigt sich, dass in der fertigen Asphaltschicht Hohlraumgehalte unter 2 Vol.-% – vor allem bei starker Verkehrsbeanspruchung – die Verformungen (Spurrinnenbildung) begünstigen, während Hohlraumgehalte über 6 Vol.-% das Eindringen von Wasser erleichtern und die Dauerhaftigkeit mindern. Daher werden die Hohlraumgehalte für die fertigen Deckschichten auf 5 bis 6 Vol.-% begrenzt. Bei der Asphaltkonzeption sollten daher die Hohlraumgehalte für diese Schichten unter 4 Vol.-% liegen. Der Hohlraumgehalt bei Deckschichten muss also

- klein genug sein, um unter Berücksichtigung der Verdichtung auf der Baustelle den Hohlraumgehalt der fertigen Deckschicht unter 5 bis 6 Vol.-% zu halten,
- groß genug sein, damit der Hohlraumgehalt der fertigen Schicht nicht unter den für die Standfestigkeit kritischen Wert von 2 Vol.-% sinkt.

Niedrige Hohlraumgehalte lassen sich, ohne Veränderungen am Gesteinskörnungsgemisch vorzunehmen, durch Erhöhung des Bindemittelgehaltes erzielen. Dieses Vorgehen kann aber dazu führen, dass das Gemisch während der Gebrauchsdauer zu Verformungen neigt, d. h. keine ausreichende Standfestigkeit aufweist. Zur Beurteilung von Asphaltgemischen ist daher im Rahmen der Konzeption auch der fiktive Hohlraumgehalt VMA und der Hohlraumfüllungsgrad VFB heranzuziehen.

Der fiktive Hohlraumgehalt nimmt bei gleicher Verdichtungsarbeit mit steigender Bindemittelmenge solange ab, bis die Gesteinskörnungen im Mischgut ihre dichteste Lagerung erreicht haben. Eine weitere Erhöhung des Bindemittelgehaltes führt zu einem Auseinanderdrücken der einzelnen Gesteinskörner, d. h. zu einer Erhöhung des fiktiven Hohlraumgehaltes, verbunden mit dickeren Bindemittelfilmen, die die innere Reibung herabsetzen und die Verformbarkeit begünstigen. *Bild 7.1* veranschaulicht diesen Effekt.

Aus der Betrachtung des fiktiven Hohlraumgehaltes ist daher abzuleiten:

- Zur Erzielung einer hohen Standfestigkeit sowie in warmen und trockenen Klimazonen sollte der optimale Bindemittelgehalt im Bereich des VMA-Minimums oder geringfügig darunter liegen.
- Auf schwächer belasteten Straßen und Wegen sowie in kühlen und feuchten Klimazonen ist ein höherer Bindemittelgehalt auch über dem VMA-Minimum vorteilhaft.

7.3 Prüfung von Asphalt

Die Asphaltprüfverfahren sind in den EN 12697 „Asphalt – Prüfverfahren für Heißasphalt" festgeschrieben. Die Liste der Prüfverfahren wird hierbei stetig erweitert. Da es sich bei den europäischen Normen um harmonisierte Normen handelt, in denen sich alle Mitgliedsstaaten wiederfinden sollen, sind hierin auch Prüfverfahren verankert, die in Deutschland nicht angewendet werden sollen oder aber in den ehemaligen deutschen Normen exakter beschrieben waren. Daher hat sich Deutschland entschieden, für die wesentlichen Normteile die Technischen Prüfvorschriften für Asphalt (TP Asphalt-StB) zu erstellen, in denen die in Deutschland maßgebende Vorgehensweise bei der Prüfung festgeschrieben ist.

Die Nummerierung der einzelnen Teile der Technischen Prüfvorschriften ist mit Ausnahme des Teiles 0 identisch mit derjenigen des entsprechenden Teiles der EN 12697. Darüber hinaus gibt es Teile der TP Asphalt-StB, die nicht auf der EN 12697 beruhen, für die vertraglichen Abwicklungen in Deutschland jedoch benötigt werden.

Die nebenstehend aufgeführten, grundlegenden Prüfverfahren sind bislang in den TP Asphalt-StB umgesetzt, weitere Prüfverfahren – vor allem hinsichtlich der gebrauchsverhaltensorientierten Prüfung – werden folgen. Es ist vorgesehen, auch Prüfungen für z. B. dünne Schichten im Kalteinbau in die TP Asphalt-StB mit aufzunehmen. Zudem ist zu beachten, dass Prüfverfahren, die derzeit ohne Vorlage einer europäischen Norm in den TP Asphalt-StB enthalten sind, im Falle der Einführung einer europäischen Norm entsprechend umformuliert werden.

Tabelle 7.2 In die TP Asphalt-StB umgesetzte Teile der EN 12697

TP Asphalt, Teil	Prüfung
0	Vorbemerkungen, Angaben zur Auswertung
1	Bindemittelgehalt
2	Korngrößenverteilung
3	Rückgewinnung des Bindemittels – Rotationsverdampfer
5	Rohdichte von Asphalt
6	Raumdichte von Asphalt-Probekörpern
8	Volumetrische Kennwerte von Asphalt-Probekörpern und Verdichtungsgrad
10	Verdichtbarkeit von Walzasphalt mit Hilfe des Marshall-Verfahrens
11	Haftverhalten zwischen Gestein und Bitumen
12	Wasserempfindlichkeit von Asphalt-Probekörpern
13	Mischguttemperatur
14	Wassergehalt
17	Kornverlust von Probekörpern aus Offenporigem Asphalt
18	Ablaufen von Bindemittel aus Splittmastixasphalt und Offenporigem Asphalt
19	Durchlässigkeit von Asphalt-Probekörpern
20	Eindringtiefe an Gussasphaltwürfeln
22	Spurbildungsversuch
23	Spaltzugfestigkeit von Asphalt-Probekörpern
24	Beständigkeit gegen Ermüdung
25	Druck-Schwell-Versuch (verschiedene Teile)
26	Steifigkeit
27	Probenahme
28	Vorbereitung von Proben
29	Maße von Asphalt-Probekörpern
30	Herstellung von Asphalt-Probekörpern mit dem Marshall-Verdichtungsgerät
33	Herstellung von Asphalt-Probeplatten im Laboratorium mit dem Walzsektor-Verdichtungsgerät
34	Marshall-Stabilität und -Fließwert (nur für Flugplätze)
35	Asphaltmischgutherstellung im Laboratorium
41	Widerstand gegen chemische Auftaumittel
42	Fremdstoffgehalt im Asphaltgranulat
46	Kälteverhalten
80	Abscherversuch (künftig in Teil 48)
81	Haftzugfestigkeit (künftig in Teil 48)

7.4 Asphaltkonzeption

7.4.1 Grundlegende Anforderungen (Mix Design)

Für die im Rahmen der Asphaltkonzeption durchzuführenden Untersuchungen muss sichergestellt sein, dass

- die Gesteinskörnungen über eine CE-Kennzeichnung verfügen,
- die Bindemittel über eine CE-Kennzeichnung verfügen,
- die Gesteinskörnungen und das Bindemittel auch bei der Produktion des Asphaltes eingesetzt werden,
- es sich bei den Gesteinskörnungen und Bindemitteln Baustoffproben um Durchschnittsproben handelt,
- die Rezeptur an der Mischanlage mit der dort vorhandenen Anlagentechnik praktisch umgesetzt werden kann.

Zur Festlegung des optimalen Baustoffgemisches sollte der nachfolgend skizzierte Untersuchungsgang eingehalten werden:

- Beurteilung der Gesteinskörnungen nach Augenschein,
- Bestimmung der Korngrößenverteilung der Lieferkörnungen,
- Wahl der günstigen Zusammensetzung des Gesteinskörnungsgemisches und rechnerische Bestimmung der Korngrößenverteilung des Gemisches unter Berücksichtigung der Anforderungen des Bauvertrages bzw. der TL Asphalt-StB,
- Bestimmung der Rohdichte des Gesteinskörnungsgemisches,
- Wahl der Bindemittelart und -sorte,
- ggf. Auswahl der Zusätze,
- Ermittlung des Mindestbindemittelgehaltes in Abhängigkeit von der Rohdichte des Gesteinskörnungsgemisches und den Vorgaben der TL Asphalt-StB,
- Herstellung von Probemischungen und Probekörpern (Marshall-Probekörper bei Walzasphalt, Probewürfel bei Gussasphalt),
  - bei *Walzasphalt:* Herstellung mit mindestens drei Bindemittelgehalten, die um jeweils 0,3 bis 0,5 M.-% auseinander liegen sollten,
  - bei *Gussasphalt:* Herstellung mit mindestens zwei Bindemittelgehalten, die um jeweils 0,3 bis 0,5 M.-% auseinander liegen sollten,
- Bestimmung der Rohdichten der Probegemische (experimentelle Bestimmung gemäß TP Asphalt-StB, Teil 5)),
- Bestimmung der Raumdichten der Probekörper,
- Bestimmung der Hohlraumgehalte bei Marshall-Probekörpern (Walzasphalt),
- Bestimmung der Eindringtiefe an Gussasphalt-Probewürfeln.

Die Ergebnisse der Untersuchungen sind zahlenmäßig zusammenzustellen und zu beurteilen. Wenn keine befriedigenden Ergebnisse erzielt werden, ist ein weiteres Baustoffgemisch mit geänderter Zusammensetzung zu wählen und zu untersuchen. Wird ein Bindemittelgehalt gewählt, der zwischen zwei untersuchten Bindemittelgehalten liegt, so ist auch diese Mischung im Labor herzustellen und zu prüfen.

Häufig erweist es sich als zweckmäßig, die Ergebnisse auch grafisch darzustellen. *Bild 7.2* enthält die Darstellungen für drei verschiedene Asphalte. Es ist jeweils in Abhängigkeit vom Bindemittelgehalt der fiktive Hohlraumgehalt VMA, der Hohlraumgehalt V und die Raumdichte ρ_A am Marshall-Probekörper wiedergegeben.

Die Kurven in *Bild 7.2* zeigen beim Hohlraumgehalt und bei der Raumdichte deutlich die für die Festlegung des optimalen Bindemittelgehaltes erforderlichen Minima und Maxima auf. Es ist jedoch zu beachten, dass sich derart ausgeprägte Extrema bei den in der Praxis gewählten Bindemittelgehaltsunterschieden selten einstellen. Für die Asphaltkonzeption wäre es in vielen Fällen angebracht, anstatt mit den vorgegebenen drei Bindemittelgehalten mit fünf Bindemittelgehalten zu arbeiten.

Bei Verwendung von Asphaltgranulat sind die dargestellten Untersuchungen und Auswertungen in gleichem Maße durchzuführen, das Granulat wird wie eine gesonderte Lieferkörnung behandelt. Das Asphaltgranulat ist entsprechend der Vorgaben der TL Asphaltgranulat-StB zu klassifizieren (siehe auch *Tabelle 5.2*). Die Festlegungen hinsichtlich

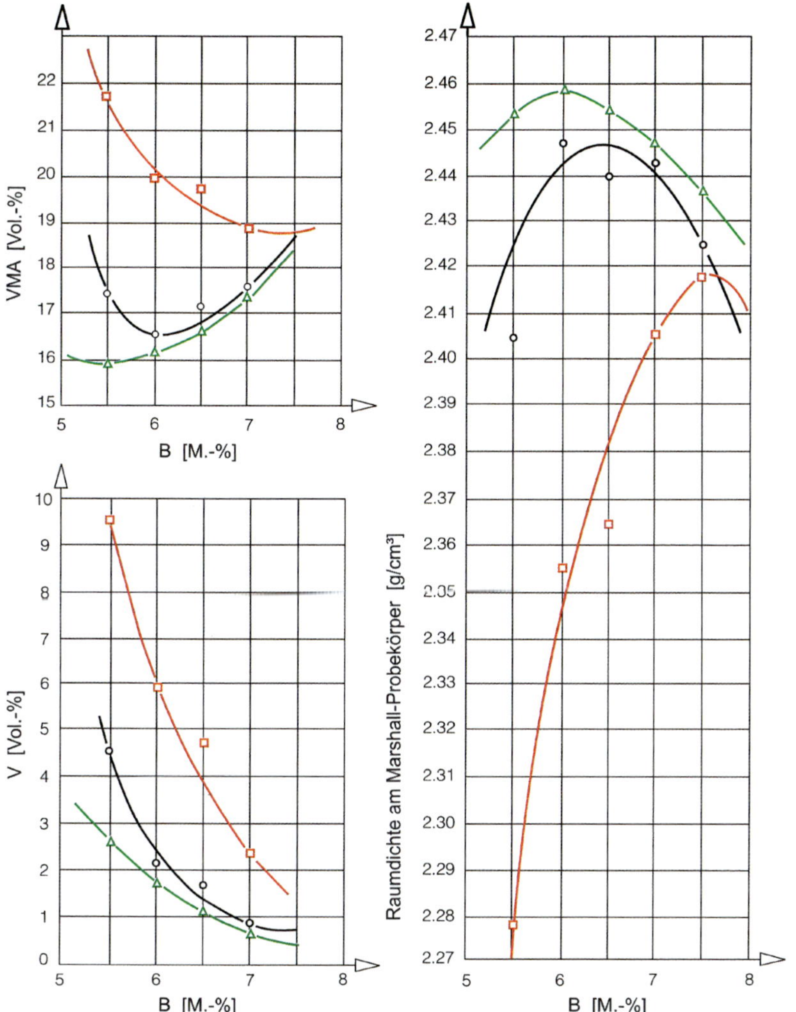

Bild 7.2
Grafische Darstellung der Untersuchungsergebnisse an Marshall-Probekörpern aus drei verschiedenen Asphalten und unterschiedlichen Schlagzahlen

-□-□- 2 × 10 Schläge
-○-○- 2 × 20 Schläge
-△-△- 2 × 30 Schläge

möglicher Zugabemengen und des resultierenden Erweichungspunktes Ring und Kugel sind in Kapitel 5 dargestellt.

7.4.2 Empirische und fundamentale Asphaltkonzeption

Die wesentlichen Elemente der empirischen und der fundamentalen Asphaltkonzeption sind in *Tabelle 7.3* zusammengestellt. Bei der empirischen Asphaltkonzeption werden die Asphalteigenschaften nur indirekt, über zu bestimmende Kennwerte, angesprochen. Bei der fundamentalen Asphaltkonzeption werden die Asphalteigenschaften direkt durch Prüfungen angesprochen. Die allgemeinen Anforderungen gelten für beide Arten der Asphaltkonzeption und werden dann durch die speziellen Anforderungen ergänzt.

Derzeit ist die fundamentale Asphaltkonzeption im europäischen Regelwerk nur für Asphaltbetone vorgesehen, es ist jedoch zu erwarten, dass sie auch auf Splittmastixasphalte und Offenporige Asphalte ausgedehnt wird. Für diese Asphalte gelten dann auch die Aussagen, die für die Asphaltbetone gemacht werden. Die in Deutschland geltenden allgemeinen und empirischen Anforderungen sind in den Anforderungstabellen der TL Asphalt-StB umgesetzt und in den Kapiteln zu den einzelnen Asphalten (Kapitel 10, 11 und 12) wiedergegeben.

Tabelle 7.3 Anforderungen bei der empirischen und fundamentalen Asphaltkonzeption

Allgemeine Anforderungen
Hohlraumgehalt (bei Walzasphalten)
Umhüllung und Homogenität
Wasserempfindlichkeit
Widerstand gegen Abrieb durch Spikereifen
Beständigkeit gegen bleibende Verformung (Walzasphalte: Spurbildungsversuch, Gussasphalte: dynamische Stempeleindringtiefe)
Temperatur des Mischgutes

und

Empirische Anforderungen	Fundamentale Anforderungen
Korngrößenverteilung (einzuhaltendes Sieblinienband)	Korngrößenverteilung (auszuwählende Siebe vorgegeben)
Bindemittelgehalt (Mindestbindemittelgehalt mit Rohdichte der Gesteinskörnungen zu berechnen)	Bindemittelgehalt (nur Mindestbindemittelgehalt vorgegeben)
bei Walzasphalten: Hohlraumfüllungsgrad, fiktiver Hohlraumgehalt	Steifigkeit
bei Gussasphalten: statische Eindringtiefe	Beständigkeit gegen bleibende Verformung bei triaxialer Druckbeanspruchung
	Beständigkeit gegen Ermüdung
	Beständigkeit gegen Rissbildung bei Kälte

Allgemeine Anforderungen

Kapitel 7.2 enthält bereits Ausführungen zum *Hohlraumgehalt*, so dass an dieser Stelle nicht mehr auf diesen für Walzasphalte maßgebenden Aspekt eingegangen werden muss.

Umhüllung und Homogenität ist gegeben, wenn das Asphaltmischgut nach Augenschein homogen und alle Gesteinskörnungen vollständig mit Bindemittel umhüllt sind.

Die Bestimmung der *Wasserempfindlichkeit* erfolgt nach TP Asphalt-StB, Teile 12 und 23 über das Verhältnis der Spaltzugfestigkeiten von trocken und nass gelagerten Asphalt-Probekörpern (*Bild 7.3*).

Der *Widerstand gegen Abrieb durch Spikereifen* ist nur in den Ländern von Interesse, in denen Spikereifen noch zugelassen sind.

Die Bestimmung der *Beständigkeit gegen bleibende Verformungen* erfolgt für die Walzasphalte mit dem Spurbildungsversuch (*Tabelle 7.4)* nach TP Asphalt-StB, Teil 22,

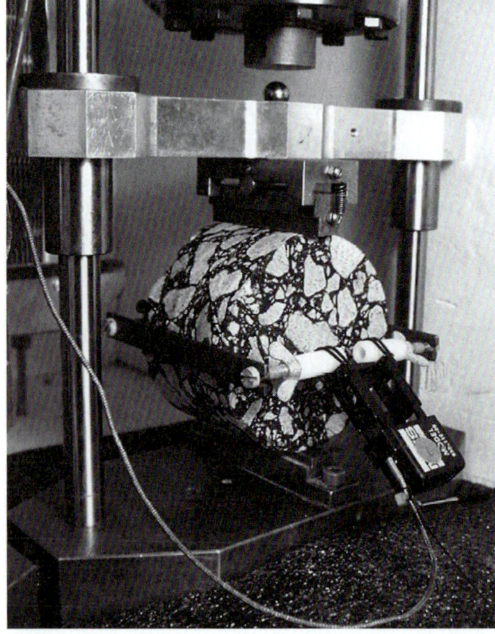

Bild 7.3 Asphalt-Probekörper bei der Spaltzugprüfung

Tabelle 7.4 Spurbildungsversuch nach TP Asphalt-StB, Teil 22

Prüfräder	Vollgummibereiftes, profilloses Rad auf Edelstahl, Außendurchmesser (203 ± 2) mm, Breite (50 ± 5) mm
Radlast	(700 x (Reifenbreite/50) ± 10) N
Temperierung	(60 ± 1) °C, Temperierung und Prüfung im Luftbad
Überrollungen	20 000
Messwerterfassung	25 Einzelwerte aus den mittleren 100 mm der Rollstrecke
Prüfkörper	Asphaltprobeplatten (nach TP Asphalt-StB, Teil 33 mit größtkornabhängigen Plattendicken), Ausbaustücke oder Bohrkerne (Ø über 300 mm)

Tabelle 7.5 Dynamischer Stempeleindringversuch nach TP Asphalt-StB, Teil 25 A1

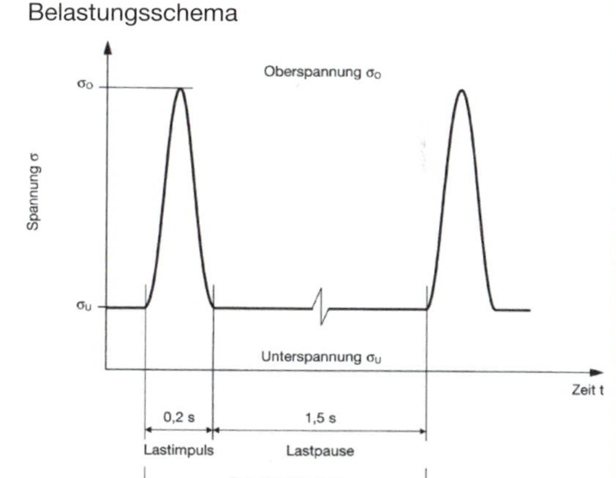

Prüftemperatur	(50 ± 3) °C
Probekörper-durchmesser	(148 ± 5) mm
Probekörperhöhe	(60 ± 1) mm
Belastungsstempel	Ø 56,42 mm, Fläche 2 500 mm^2
Zyklusdauer	1,7 s
Dauer der Oberlast	0,2 s
Lastpause	1,5 s
Oberlast	0,875 kN
Unterlast	0,200 kN

für die Gussasphalte mit dem dynamischen Stempeleindringversuch (*Tabelle 7.5*) nach TP Asphalt-StB, Teil 25 A1.

Die *Temperatur des Mischgutes* ist in Abhängigkeit vom verwendeten Bindemittel anzugeben. Dabei gilt die obere Temperaturangabe für beliebige Stellen in der Asphaltmischanlage, die untere Temperaturangabe für die Übergabe an der Einbaustelle.

Gemeinsame empirische und fundamentale Anforderungen

Bei der empirischen Asphaltkonzeption sind hinsichtlich der *Korngrößenverteilung* Sieblinienbänder vorgegeben, die vom Asphaltmischgut einzuhalten sind; derartige Sieblinienbänder sind in den TL Asphalt-StB enthalten. Für die fundamentale Asphaltkonzeption sind nur Siebe vorgegeben, für die Durchgänge angegeben werden müssen. Durch das Fehlen der Vorgabe von Sieblinienbändern sind dem Asphalttechnologen größere Freiheiten in der Konzeption des Asphaltes gegeben.

Bei der empirischen Asphaltkonzeption sind hinsichtlich des *Bindemittelgehaltes* Mindestbindemittelgehalte in Abhängigkeit von Asphaltart und -sorte vorgegeben; derartige Mindestbindemittelgehalte sind in den TL Asphalt-StB enthalten und müssen entsprechend der jeweiligen Rohdichte des Gesteinskörnungsgemisches angepasst werden. Für die fundamentale Asphaltkonzeption ist nur ein Mindestbindemittelgehalt von 3,0 M.-%, unabhängig von Asphaltart und -sorte sowie die Rohdichte des Gesteinskörnungsgemisches, vorgegeben. Auch in diesem Fall sind dem Asphalttechnologen größere Freiheiten in der Konzeption des Asphaltes gegeben.

Bild 7.4 Herstellung von Asphalt-Probeplatten mit dem Walzsektor-Verdichtungsgerät

Spezielle empirische Anforderungen

Für die volumetrischen Kenngrößen *Hohlraumgehalt* und *Hohlraumfüllungsgrad* sind bei den empirischen Anforderungen festzulegende Ober- und Untergrenzen angegeben, für den *fiktiven Hohlraumgehalt* ein einzuhaltender Höchstwert. Diese Anforderungen sind in den TL Asphalt-StB für die Asphaltarten und -sorten angegeben.

Bei Gussasphalten sind anstelle der volumetrischen Kennwerte Minimal- und Maximalwerte für die *statische Eindringtiefe* sowie deren *Zunahme* vorgegeben.

Spezielle fundamentale Anforderungen

Bei der fundamentalen Asphaltkonzeption werden die Eigenschaften *Steifigkeit, Beständigkeit gegen bleibende Verformungen bei triaxialer Beanspruchung* sowie *Beständigkeit gegen Ermüdung* direkt angesprochen. Es ist zu erwarten, dass auch die *Beständigkeit gegen Rissbildung bei Kälte* bei den fundamentalen Anforderungen Berücksichtigung finden wird.

Derzeit noch nicht abgeschlossen ist die Diskussion, mit welcher der in den EN 12697-24 (Beständigkeit gegen Ermüdung) und EN 12697-26 (Steifigkeit) angegebenen Prüfmöglichkeiten die jeweiligen Kennwerte bestimmt werden sollen. Die zur Auswahl stehenden Probekörper- und Prüfarten sind in *Tabelle 7.6* wiedergegeben.

Bei der in der fundamentalen Asphaltkonzeption beschriebenen *Beständigkeit gegen bleibende Verformungen bei triaxialer Beanspruchung* (EN 12697-25) handelt es sich um eine versuchstechnisch sehr anspruchsvolle Prüfung, da der seitlich auf die Probe aufzubringende

Tabelle 7.6 Mögliche Asphalt-Probekörper zur Ermittlung der Beständigkeit gegen Ermüdung und der Steifigkeit

Prüfkörper	Bezeichnung
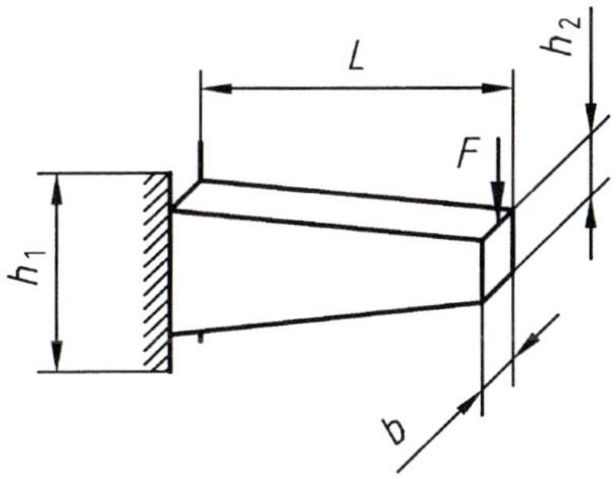 L, h_2, F, h_1, b	Zweipunkt-Biegeprüfung an trapezförmigen Probekörpern (2PB-TR)
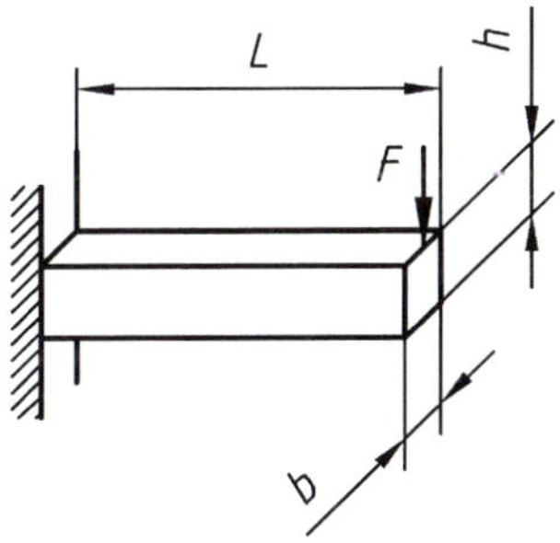 L, h, F, b	Zweipunkt-Biegeprüfung an prismatischen Probekörpern (2PB-PR)
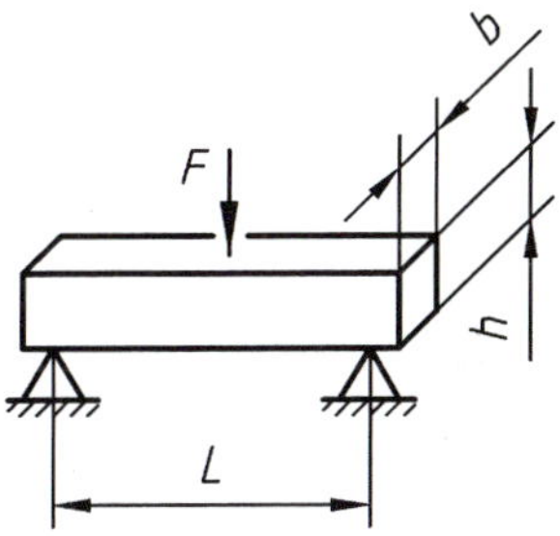 b, F, h, L	Dreipunkt-Biegeprüfung an prismatischen Probekörpern (3PB-PR)
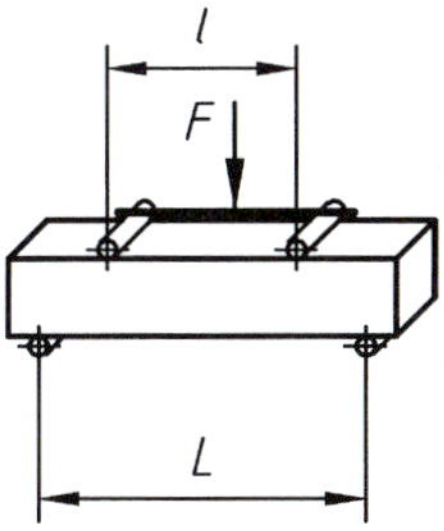 l, F, L	Vierpunkt-Biegeprüfung an prismatischen Probekörpern (4PB-PR)

Tabelle 7.6 Mögliche Asphalt-Probekörper zur Ermittlung der Beständigkeit gegen Ermüdung und der Steifigkeit (Fortsetzung)

Prüfkörper	Bezeichnung
F, b, ϕD	Indirekte Zugprüfung an zylindrischen Probekörpern (IT-CY)
F, h, ϕD	Direkte Zug- und Druckprüfung an zylindrischen Probekörpern (DTC-CY)
F, h, ϕD	Direkte Zugprüfung an zylindrischen Probekörpern (DT-CY) oder an prismatischen Probekörpern (DT-PR)

Druck asphaltabhängig festzulegen ist. Der in Deutschland angewandte Druck-Schwell-Versuch stellt eine vereinfachte Form des triaxialen Druck-Schwell-Versuches dar, da hier der seitliche Druck entfällt. Die sich bietenden Möglichkeiten sind in den TP Asphalt-StB, Teil 25 A2 (Stempeleindringversuch an Walzasphalt) und Teil 25 B1 (einaxialer Druck-Schwell-Versuch an Walzasphalt) beschrieben.

Tabelle 7.7 enthält die wesentlichen Randbedingungen des Versuches.

Für die Ermittlung der *Beständigkeit gegen Rissbildung bei Kälte* gibt es unterschiedliche Prüfungen (einfache Zugversuche, Abkühlversuche) an prismatischen Probekörpern. Die Prüfeinrichtung ist in *Bild 7.5* wiedergegeben, ein typisches Versuchsergebnis in *Bild 7.6*.

Tabelle 7.7 Randbedingungen beim Stempeleindringversuch und beim einaxialen Druck-Schwell-Versuch an Walzasphalt

Stempeleindringversuch (SEV)

Einaxialer Druck-Schwell-Versuch (DSV)

Prüftemperatur	(50 ± 3) °C	
Probekörperdurchmesser	(200 ± 5) mm	(für SEV)
	(100 ± 5) mm	(für DSV)
Probekörperhöhe	(40/50/60 ± 1) mm	(für SEV, Höhe abh. vom Größtkorn)
	(60 ± 1) mm	(für DSV)
Belastungsstempel	Ø 80 mm	(für SEV)
	Ø 110 mm	(für DSV)
Zyklusdauer	1,7 s	
Dauer der Oberlast	0,2 s	
Lastpause	1,5 s	
Oberlast	4,021 kN	(für SEV)
	2,750 kN	(für DSV)
Unterlast	0,101 kN	(für SEV)
	0,200 kN	(für DSV)

Belastungsschema

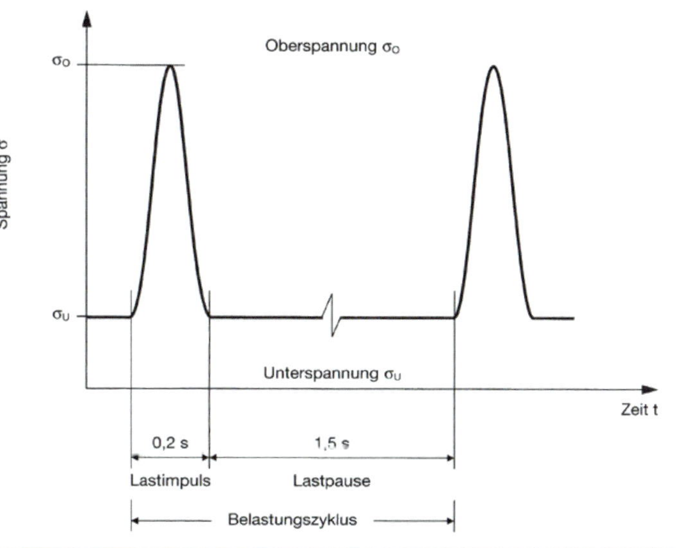

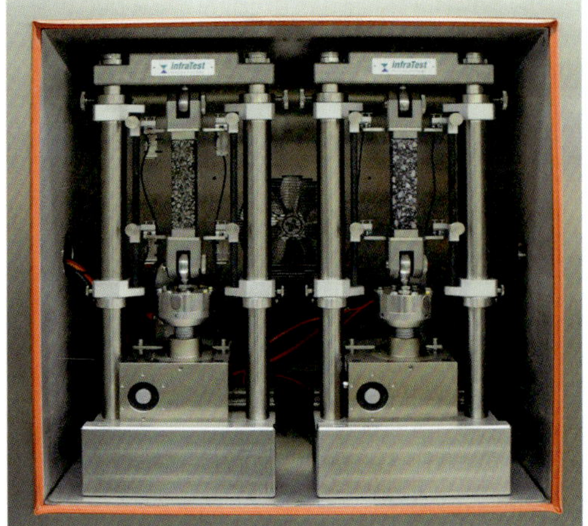

Bild 7.5 Prüfeinrichtung für Kälteversuche

Das Ergebnis eines Abkühlversuches mit konstanter Länge des Probekörpers sind die kryogenen Zugspannungen in Abhängigkeit von der Temperatur, die Bruchspannung und die Bruchtemperatur sowie die sich hieraus ergebende Zugspannungsreserve.

Ein einfacher Zugversuch mit konstanter Dehngeschwindigkeit bei konstanter Temperatur dient der Ermittlung von Zugfestigkeit und Bruchdehnung bei verschiedenen Temperaturen.

7.5 Erstprüfung und Eignungsnachweis

Die Erstprüfung stellt – wie bereits in Kapitel 6 dargelegt – eine Grundvoraussetzung für die CE-Kennzeichnung von Asphalten. Die Regelungen zur Erstprüfung sind in den EN 13108-20 „Asphaltmischgut – Mischgutanforderungen – Erstprüfung“ sowie in den TL Asphalt-StB enthalten. Im Eignungsnachweis sind dann die bauvertraglichen Grundlagen für eine spezielle Baumaßnahme enthalten.

Die Erstprüfung gilt als Nachweis für die Erfüllung der Anforderungen der TL Asphalt-StB oder aber auch der EN 13108 und umfasst eine Reihe von Prüfungen an repräsentativen Proben zur Bestimmung der Gebrauchstauglichkeit eines Asphaltmischgutes.

Entsprechend den TL Asphalt-StB ist der Mindestbindemittelgehalt für die unterschiedlichen Asphaltarten und -sorten an die Rohdichte des Gesteinskörnungsgemisches ($\rho_{R,M}$) anzupassen. Die in den TL Asphalt-StB angegebenen Werte sind entsprechend mit dem Faktor

$$\alpha = 2{,}650/\rho_{R,M}$$

zu multiplizieren.

Der so bestimmte Wert ist für die Asphaltmischgutarten und -sorten AC T, AC 22 B S, AC 16 B S, AC 16 B N, AC 11 D S, AC 8 D S, SMA 11 S, SMA 8 S und SMA 8 N gegenüber dem Wert der Ausgabe 2007 der TL Asphalt-StB um 0,1 M.-% zu erhöhen.

In *Tabelle 7.8* sind die im Rahmen der Erstellung der Erstprüfung durchzuführenden Prüfungen in Abhängigkeit von der Asphaltmischgutart wiedergegeben.

Bild 7.6
Typisches Ergebnis von Abkühl- und Zugversuchen

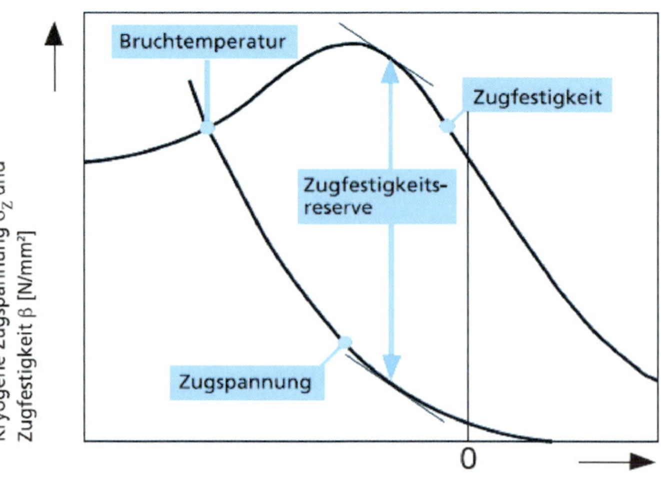

Tabelle 7.8 Prüfung der Baustoffe im Rahmen der Erstprüfung

Prüfumfang	Asphaltmischgutart			
	AC	SMA	MA	PA
Gesteinskörnungen				
CE-Kennzeichnung	+	+	+	+
Korngrößenverteilung	+	+	+	+
Rohdichte	+	+	+	+
Asphaltgranulat*)				
Korngrößenverteilung	+	+	+	
Bindemittelgehalt	+	+	+	
Erweichungspunkt Ring und Kugel	+	+	+	
Asphaltgranulat Rohdichte	+	+	+	
Zusätze				
Art	+	+	+	+
Zusammensetzung				
Rechnerische Korngrößenverteilung	+	+	+	+
Rohdichte des resultierenden Gesteinskörnungsgemisches	+	+	+	+
Berechnung des Mindest-Bindemittelgehaltes	+	+	+	+
Wahl des Bindemittelgehaltes	+	+	+	+
Wahl der Menge des Zusatzes	+	+	+	+
Asphaltmischgutherstellung	+	+	+	+
Herstellung von Asphalt-Probekörpern				
Marshall-Probekörper (2 × 50 Schläge)	+	+		+
Asphalt-Probeplatten	×	×		
Probewürfel			+	
Zylindrische Probekörper			×	
Prüfung Asphaltmischgut/Probekörper				
Rohdichte	+	+		+
Bindemittelablauf		+		+
Raumdichte	+	+	+	+
Hohlraumgehalt	+	+		+
Hohlraumfüllungsgrad	+	+		
Stempeleindringtiefe			+	
Dynamische Stempeleindringtiefe			×	
Proportionale Spurrinnentiefe	×	×		

\+ ist durchzuführen
× wenn die Prüfung gefordert wird
*) Ergebnisse der Klassifizierung nach den TL AG-StB können übernommen werden

Die Erstprüfungen haben eine Geltungsdauer von bis zu fünf Jahren. Eine erneute Erstprüfung muss durchgeführt werden

- bei einer Änderung des Gewinnungsortes und/oder des Herstellers einer Gesteinskörnung,
- Änderung der Art der Gesteinskörnung (petrographischer Typ),
- Änderung einer in den TL Gestein-StB definierten Kategorie,
- Änderung der Rohdichte des resultierenden Gesteinskörnungsgemisches von mehr als 0,05 g/cm³,
- Änderung der Bitumenart oder -sorte,
- Überschreitung einer Grenze der Spannweiten des Asphaltgranulates.

Über die Erstprüfung ist ein Bericht zu erstellen, der Teil der Konformitätserklärung des Herstellers und mit den anderen Prüfzertifikaten bei der Zertifizierung bzw. Überwachung vorzulegen ist. Folgende Angaben müssen in dem Bericht enthalten sein:

5678

FGSV-Asphaltmischwerke GmbH & Co KG
Schotterstraße 21, 50123 Köln

09

001-EU-BauPVO-2013-07-14

EN 13108-5:2016

Splittmastixasphalt SMA 11 S 25/55-55 A
SMA XV124

Für Asphaltdeckschichten für Straßen und sonstige Verkehrsflächenbefestigungen

Bindemittelgehalt gemäß Erstprüfung (Soll)	6,7 M.-%
Korngrößenverteilung	
Siebdurchgang bei 16 mm	100,0 M.-%
Siebdurchgang bei 11,2 mm	95,0 M.-%
Siebdurchgang bei 8 mm	60,0 M.-%
Siebdurchgang bei 5,6 mm	40,0 M.-%
Siebdurchgang bei 2 mm	25,0 M.-%
Siebdurchgang bei 0,063 mm	10,0 M.-%
Minimaler Hohlraumgehalt MPK	$V_{min1,5}$
Maximaler Hohlraumgehalt MPK	$V_{max4,0}$
Temperatur des Asphaltmischgutes	150 bis 190 °C

Bild 7.7 Beispielhafte Darstellung der Angaben für die CE-Kennzeichung eines Splittmastixasphaltes

a) Allgemeines
   - Name und Anschrift des Asphaltmischgutherstellers,
   - Ausgabedatum,
   - Bezeichnung des Asphaltmischwerkes,
   - Bezeichnung der Asphaltmischgutart und -sorte,
   - Verweis auf die EN 13108.

b) Baustoffe
   - *jede Lieferkörnung:* Bezugsquelle und Art,
   - *Bindemittel:* Art und Sorte,
   - *Füller:* Bezugsquelle und Art,
   - *Zusätze:* Bezugsquelle und Art,
   - *Asphaltgranulat:* Angaben zur Klassifizierung nach TL AG-StB,
     alle Baustoffe: Prüfergebnisse gem. *Tabelle 7.7.*

c) Asphaltmischgut
   - Sollzusammensetzung,
   - Ergebnisse der Prüfungen nach *Tabelle 7.7*,
   - Einhaltung der Temperaturgrenzen.

Auf Basis der Ergebnisse der Erstprüfung und den Vorgaben gem. Kapitel 6 sehen die Angaben für die CE-Kennzeichnung eines Splittmastixasphaltes beispielhaft wie in *Bild 7.7* dargestellt aus.

Mit dem Eignungsnachweis belegt der Auftragnehmer, dass die vorgesehenen Baustoffe für die jeweilige Baumaßnahme geeignet sind. Der Eignungsnachweis ist somit unabhängig vom Hersteller des Asphaltmischgutes und erfolgt für Ausführung und Abnahme durch:

a) Angaben zur Zusammensetzung und zu den im Rahmen der Erstprüfung durchgeführten Prüfungen
   - Art und Herkunft des Asphaltmischgutes,
   - Art, Gewinnungsort und Hersteller der Gesteinskörnungen,
   - Kornanteil grober Gesteinskörnungen im Gesteinskörnungsgemisch in M.-%,
   - Grobkornanteil (gröbste Kornklasse einschließlich Überkorn), bei Splittmastixasphalt alle Kornanteile bei den groben Gesteinskörnungen in M.-%,

- Anteil der Kornklasse feiner Gesteinskörnungen 0,063/2 im Gesteinskörnungsgemisch in M.-%,
- Bei Asphaltbeton (AC) Kornanteil kleiner 0,125 mm im Gesteinskörnungsgemisch in M.-%,
- Fülleranteil kleiner 0,063 mm im Gesteinskörnungsgemisch in M.-%,
- Bindemittelart und -sorte,
- bei Verwendung von polymermodifiziertem Bindemittel 40/100-65: Lieferant sowie Erweichungspunkt Ring und Kugel,
- bei Verwendung von viskositätsveränderten Bindemitteln oder viskositätsverändernden Zusätzen: Lieferant sowie Erweichungspunkt Ring und Kugel des rückgewonnenen Bindemittels aus der Erstprüfung,
- Bindemittelgehalt in M.-%,
- Art der Zusätze, soweit enthalten,
- Menge der Zusätze in M.-%,
- bei Mitverwendung von Asphaltgranulat:
  - Art und Menge in M.-%,
  - Erweichungspunkt Ring und Kugel des rückgewonnenen Bindemittels aus dem Asphaltgranulat,
  - Erweichungspunkt Ring und Kugel am resultierenden Bindemittelgemisch, der sich bei Verwendung von Asphaltgranulat ergibt,
- ggf. die Ergebnisse weitergehender Prüfungen,

b) Erklärung über die Eignung für den vorgesehenen Verwendungszweck,

c) ggf. zusätzliche Angaben.

Herstellung von Asphalt

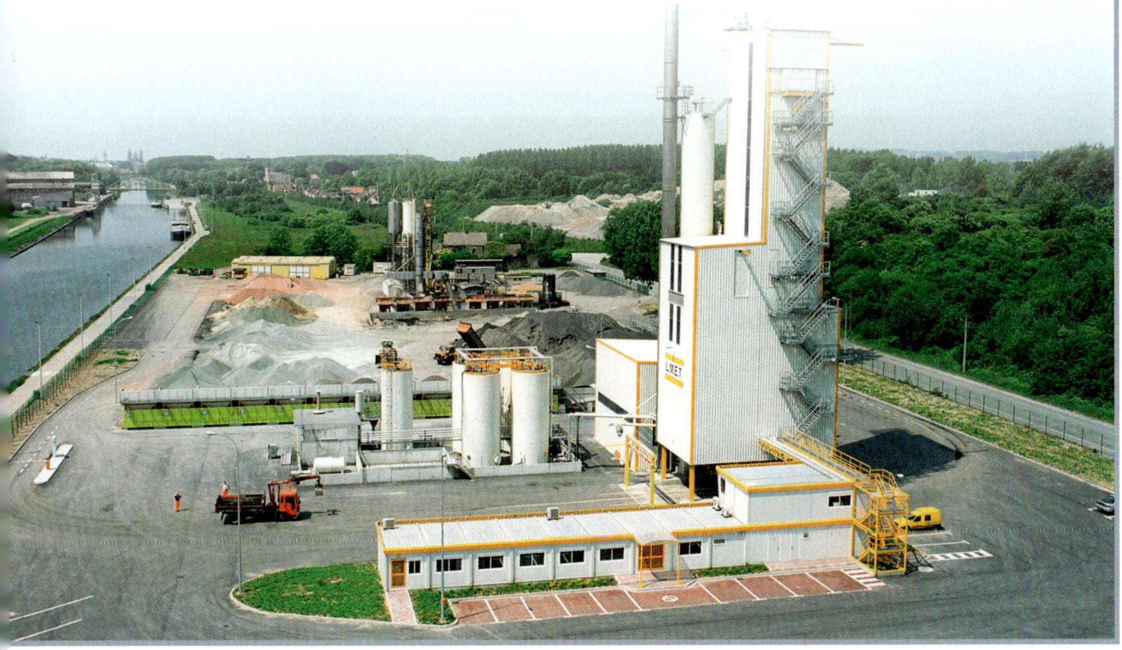

8.1 Voraussetzungen zur Asphaltmischgutherstellung

Asphaltmischgut wird in Asphaltmischanlagen aus Gesteinskörnungen, Bitumen und gegebenenfalls Zusätzen hergestellt. Die Asphaltmischanlage sollte stationär an einem günstigen Standort positioniert sein. Wichtig ist eine logistisch gute Lage einerseits zur Versorgung mit den Ausgangsstoffen der Asphaltmischgutproduktion und den notwendigen Betriebsstoffen, andererseits zur Belieferung der Baustellen mit Asphaltmischgut. Die verkehrstechnische Anbindung des Asphaltmischwerkes muss bei allen Witterungsbedingungen gegeben sein.

Bei großen Baulosen wie Autobahnen, Speicherbecken und Flughäfen kann der Vor-Ort-Betrieb mobiler Asphaltmischanlagen für die Dauer des Bauvorhabens sinnvoll sein.

Die Ausgangsstoffe zur Asphaltherstellung werden an die Asphaltmischanlagen je nach logistischen Gesichtspunkten mit dem Lkw (Tkw), Bahn oder Schiff geliefert. In Deutschland überwiegt der Antransport mit Lkw.

Die Anbindung an Binnenwasserwege oder Seehäfen bzw. der Schiffstransport kann durch Kostenvorteile andere Nachteile unter Umständen kompensieren.

Die Zwischenlagerung der Ausgangsstoffe vor der Asphaltherstellung erfolgt in geeigneter Form an der Mischanlage.

8.1.1 Gesteinskörnungen

In einer Asphaltmischanlage können Asphalte für viele, verschiedene Verwendungszwecke hergestellt werden. Dementsprechend groß ist das Spektrum der Gesteinsstoffe, die für die Asphaltherstellung in Frage kommen.

Wird Asphalt den Technischen Regelwerken entsprechend hergestellt, müssen die Gesteinskörnungen den Technischen Lieferbedingungen (TL Gestein) entsprechen (s. a. Kap. 2).

Je nach geographischer Lage und logistischen Gegebenheiten können lokal anstehende Gesteine, z. B. aus einem Steinbruch oder Kieswerk, direkt genutzt werden.

Im Norden Deutschlands ist die Nutzung regionaler Gesteinslagerstätten meist nicht möglich. Hier müssen die benötigten Gesteinsmaterialien über große Entfernungen herantransportiert werden. Teilweise erfolgt hier der Antransport per Schiff oder auch mit Ganzzügen. Die pulverförmigen Stoffe (Füller) werden mit Silofahrzeugen transportiert.

Die Gesteinskörnungen werden beim Eingang entsprechend erfasst und kontrolliert.

8.1.1.1 Lagerung

Die Lagerung der Gesteinskörnungen erfolgt getrennt nach Körnungen und Gesteinsart. Sie kann offen oder mit Überdachung vorgenom-

Bild 8.1 Luftaufnahme einer Asphaltmischanlage

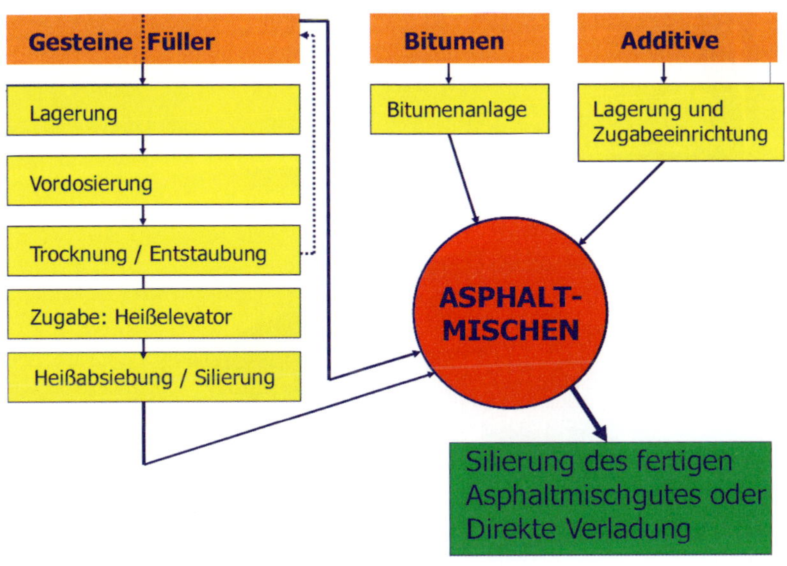

Bild 8.2 Schema Asphaltherstellung

men werden. Die Lagerungsfläche muss sauber und befestigt sein.

Die Lagerung an der Asphaltmischanlage kann erfolgen:

- *in Haufen, mit und ohne Überdachung.* Die Haufen müssen so weit voneinander entfernt sein, dass eine Vermischung verschiedener Qualitäten ausgeschlossen ist.
- *in Boxen, ohne Überdachung.* Durch diese Lagerungsart können die verschiedenen Körnungen gut voneinander getrennt werden. Die Trennwände bestehen meist aus Holz, Beton oder Betonfertigteilen.
- *in Hoch- oder Tiefsilos.* Die Dosiereinrichtungen sind zumeist unterhalb der Verschlüsse angeordnet, separate Doseure können meist eingespart werden.
- *überdacht, in Boxen, unter Dachkonstruktionen.* Bei der Lagerung ist überdachten Boxen der Vorzug zu geben. Diese Art der Lagerung ist zwar die aufwendigste und teuerste in ihrer baulichen Erstellung, aber sie hat den Vorteil, dass die Gesteinskörnungen vor Niederschlägen und Wind geschützt sind und dadurch Energie bei der Trocknung eingespart werden kann. Gesteinskörnungen mit einem höheren Füllergehalt werden vom windbedingten Verlust ihrer Feinbestandteile und somit vor Schwankungen in ihrer Zusammensetzung geschützt.

Auch die Probleme des Anfahrens der Asphaltmischanlage nach der Winterpause verringern sich, wenn die Gesteinskörnungen trocken gelagert werden können. Mit trockenen Gesteinskörnungen kann die Asphaltmischanlage ohne größere zeitliche Produktionsschwankungen gefahren werden, was sich positiv auf die Qualität des Asphaltes auswirkt.

Bild 8.3 Darstellung Asphaltmischanlage und Schnittdarstellung Mischturm

Bild 8.4
Lagerung der grobkörnigen Gesteine in überdachten Boxen

Gesteinsmehl (Füller) wird ausschließlich in Silos gelagert. Der aus der Trockenentstaubung zurückgewonnene Füller wird ebenfalls in Silos aufbewahrt.

8.1.1.2 Vordosierung der Gesteinskörnungen

Entsprechend der in der Erstprüfung festgelegten Zusammensetzung werden die einzelnen Gesteinskörnungen dem Mischprozess zugeführt.

Je nach Lagerungsart werden die Gesteinsfraktionen mit einem Schaufelradlader oder über Siloanlagen mit Beschickungseinrichtung zu der Vordosierung transportiert und in den Doseuren getrennt gelagert.

Die Zusammensetzung des Gesteinskörnungsgemisches für den Asphalt kann durch

Bild 8.5
Beschickung der gekennzeichneten Vordoseure mit Schaufelradlader

die Dosiergeräte volumetrisch oder gewichtsmäßig gesteuert werden.

Als Dosiergeräte kommen zur Anwendung:

volumetrische
- Vibrationsrinnen (Abzugsband mit Vibrator),
- Abzugsband,
- Stoßaufgeber,

gravimetrische
- Abzugsband mit Bandwaage.

Tabelle 8.1 Dosiergeräte

Dosiergerät	Funktionsweise
Stoßaufgeber	Die Mengenregelung erfolgt durch Änderung der Schubgeschwindigkeit, Antriebsdrehzahl des Exzenters oder über die Spindelverstellung der Hublänge
Abzugsband	Die Mengenregelung erfolgt entweder durch die Variation der Schichthöhe auf dem Abzugsband oder durch die Regulation der Bandgeschwindigkeit
Bandwaage	Die Mengenregelung erfolgt durch eine im Abzugsband integrierte Bandwaage

Volumetrische Doseure lassen sich durch spezifische (für jede volumetrisch arbeitende Dosiereinrichtung separat) Eich- oder Vergleichskurven steuern. Diesen Kurven werden z. B. Auslauföffnung oder Stoßfrequenz zugrunde

Bild 8.6 Dosiereinrichtung mit Bandwaage

Bild 8.7 Abzugsband

Bild 8.8 Vordosierung und Recyclingaufgabe

Bild 8.9
Dosiereinrichtung mit Gurtförderer

gelegt. Außerdem ist es notwendig, die Materialeinflüsse der Gesteinskörnungen zu beachten. Das bedeutet, dass für Gesteinskörnungen von verschiedener Herkunft jeweils spezielle Eichkurven hergestellt werden müssen.

Die vordosierten Gesteinskörnungen werden auf einem stetig arbeitenden Förderband im Mischwerk transportiert. Eine gleichbleibende Zufuhr der Gesteinskörnungen ist sicherzustellen.

Mit Ausnahme des Füllers werden die Gesteinskörnungen mit Gurtförderern zur Trockentrommel transportiert.

Der Gurtförderer besteht aus einem flachen Gummiband mit Textil- oder im Ausnahmefall mit Stahleinlage. Der Antrieb des Bandes kann mittels Trommelmotoren, Getriebemotoren mit Kettentrieb sowie mit Elektromotoren mit Aufsteck- oder Kegelstirnradgetriebe erfolgen.

Die zur Verfügung stehende Leistung ist abhängig von der Gurtbreite, der Gurtgeschwindigkeit und der Muldenform. Die maximale Neigung des Förderers ist von dem zu transportierenden Medium abhängig. Als Richtwert werden 18 ° angesehen. Bei stärkerer Neigung sind mit Stollen versehene Gurte zu verwenden.

Sehr feinkörnige oder staubförmige Gesteinskörnungen werden mit Förderschnecken transportiert. Für den horizontalen Förderweg kommen Rohrschnecken mit einem Füllungsgrad des Troges von ca. 40 % zum Einsatz, für die Steilförderung Rohrschnecken mit einem Füllungsgrad des Troges von ca. 80 %.

Der Antrieb erfolgt mittels Getriebemotor und Ketten- oder Keilriementrieb.

In Asphaltmischanlagen werden außerdem zum Fördern der Gesteinskörnungen bzw. Gesteinskörnungsgemische eingesetzt:

- **Becherwerk (Elevator)**

Die Schüttgüter werden in stetig pulsierendem Strom senkrecht oder steil gefördert. Das zu transportierende Medium befindet sich dabei in Bechern, die an einem umlaufenden Zugmittel zu einem endlosen Strang zusammengefügt sind. Becherwerke dienen teilweise als Kaltelevatoren zur Beschickung der Trockentrommel und vor allem als Heißelevatoren zur Beschickung der Heißabsiebung und des Mischers. In kleinerer Ausführung (staubdicht) können mit ihnen die Füllersilos beschickt werden.

- **Schwingförderer**

Mit diesen Förderern wird Schüttgut horizontal oder schräg nach unten geneigt transportiert. Der Einsatz als Abzugsorgan unter den Dosiertrichtern und zur Beschickung für Trockentrommeln erfolgt seltener, da die Regelung problematisch ist.

- **Wurfbänder**

Diese Bänder sind schnell laufende Gurtförderer. Die Geschwindigkeit liegt bei 1,6–2,2 m/s. Diese Geschwindigkeit ist nötig, um die Gesteinskörnungen in die Trockentrommel aufzugeben, ohne dass der Gummigurt in die heiße Zone kommt und Schaden nimmt.

Bild 8.10 Beispiel der Vordosierung des RC-Materials und Förderung mit Elevator

8.1.1.3 Trocknung der Gesteinskörnungen

Die Gesteinskörnungen werden entsprechend der jeweiligen Mischgutrezeptur von den Vordoseuren abgezogen und der Trockentrommel zugeführt. Der Transport erfolgt mit den zuvor beschriebenen Transportmedien.

Die Trocknung erfolgt in einem speziell konstruierten Drehrohrofen. Die Gesteinskörnungen durchlaufen bei der Trocknung ein zylindrisches Stahlrohr. Der Eintrag erfolgt an der höheren Seite des geneigten Rohres. Auf der entgegengesetzten Seite, an der die getrockneten Gesteinskörnungen die Trommel (Zylinder) verlassen, ist die Brennerflamme angeordnet. Die Öffnungen sind ansonsten abgedichtet. Die axiale Neigung der Trockentrommel beträgt, je nach Bauart und Einsatzgebiet, zwischen 1,5 ° und 6 °.

Im Inneren der Trockentrommel befinden sich Einbauten, die den Gesteinskörnungstransport und den Wärmeaustausch realisieren. In der Einlaufzone sind sie spiralförmig ausgebildet, später dann hub- und wurfschaufelförmig, in der Flammzone haben sie eine kastenförmige Gestalt.

In der Regel treiben Elektromotoren über Getriebe und dann über formschlüssigen Kettenantrieb, über Ritzel und Zahnkranz oder über kraftschlüssigen Reibradantrieb die Trockentrommel an.

Die Gesteinskörnungen werden üblicherweise im Gegenstromprinzip getrocknet. Die Trocknungsflamme wird durch die Verbrennung von Heizöl, Erd- bzw. Flüssiggas oder Festbrennstoff erzeugt.

Die Gesteinskörnungen werden in der Trockentrommel über die Verarbeitungstemperatur von

Bild 8.11 Trockentrommel – Innenansicht

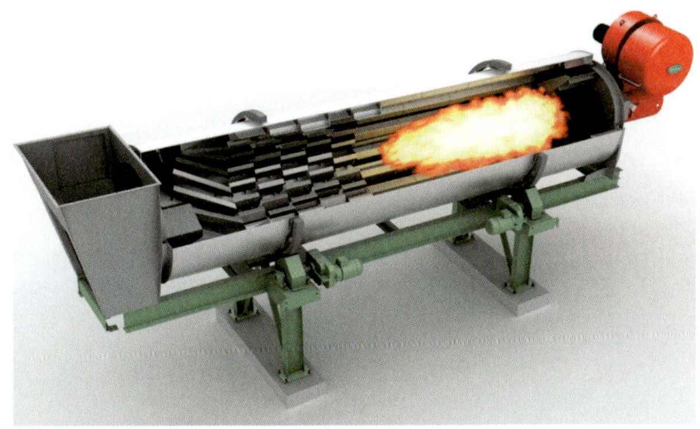

Bild 8.12 Trockentrommel – Prinzipskizze

Tabelle 8.2 Brenner für Trockentrommel

Energieträger	Bemerkungen
Heizöl	– Luftzersteuberbrenner (Mittedruckbrenner): Primärluft zersteubt das Heizöl, Sekundärluft (Verbrennungsluft) wird injektorartig angesaugt – Druckzersteuberbrenner: Heizöl wird durch Eigendruck des Öls (ca. 40 bar) zersteubt, Verbrennungsluft wird als Primär- und Sekundärluft zugeführt, oder Kombination aus beiden Systemen
Erdgas (Stadtgas, Faulgas)	– Keine besondere Aufbereitung nötig, der Brenner ist meist ein Kombinationsbrenner Gas/Öl
Flüssiggas (Butan, Propan, o. ä.)	– Verdüsung aus der flüssigen Phase – Gasförmige Verbrennung durch Einsatz einer Verdampfungsstation
Festbrenn-stoffe (Kohle-staub, o. ä.)	– Pneumatische Brennstoffentnahme und Förderung zum Brenner – Leistungsregulierung durch volumetrisch arbeitende Dosierschleuse – Evtl. Zuschaltung einer Öl/Gas-Stützflamme nötig

160–180 °C bzw. 250–350 °C bei Gussasphalt erhitzt. Besonders bei Gussasphalt ist die Einhaltung von hohen Temperaturen während des Trocknungsvorganges nötig, da der Füller dem Mischer kalt zugegeben wird.

Bei der Trocknung wird das als Oberflächenfeuchte am Einzelkorn anhaftende Wasser erhitzt und verdampft. Poröse Gesteine oder stark durchfeuchtete Gesteinskörnungen sind mit besonderer Sorgfalt zu trocknen.

Der spezifische Brennstoffverbrauch (Brennstoffmenge, die nötig ist, um 1 t Asphaltmischgut herzustellen) liegt zwischen 4 und 10 kg/t.

Er ist abhängig von:

- der Ausgangs- und Endtemperatur des Gesteinskörnungsgemisches,
- des Feuchtigkeitsgehaltes der Gesteinskörnungen,
- dem thermischen Wirkungsgrad der Trockentrommel.

Messungen

Zur Kontrolle und zur Steuerung des Trocknungsprozesses sind folgende Messungen erforderlich.

Die Messungen der Temperaturen des auslaufenden Gesteins sind notwendig, um direkt in den Trocknungsprozess eingreifen zu können, also gegebenenfalls die Trockentemperatur und/oder die Durchlaufgeschwindigkeit der Gesteinskörnungen variieren zu können. Als schnellste und gebräuchlichste Temperaturmessung hat sich die kontaktlose Infrarotmessung bewährt.

Tabelle 8.3 Messungen an der Trockentrommel

Messgröße	Messstelle	Messgerät
Brennstoffmenge	am Brenner	Durchflusszähler
Öldruck	am Brenner	Manometer
Unterdruck-Trommel-Brennerseite	Trommelstirnwand	Schrägrohrmanometer oder Zeigermanometer
Gesteinskörnungstemperatur	Trommelauslauf	Thermoelement, Infrarotmessgerät
Gesteinskörnungsfeuchte	vor und hinter der Trockentrommel	Infrarotmessgerät, Analysengerät
Abgastemperatur	2 m hinter dem Flansch an der Absaughaube (vertikale Kanalführung) 2 m hinter dem Krümmer (horizontale Kanalführung)	Thermoelement
Trocknungsleistung	vor der Trockentrommel (Wassergehalt der Gesteinskörnungen ist zu berücksichtigen) oder hinter der Trockentrommel	Förderbandwaage Mineralwaage im Mischer
CO_2-Gehalt CO-Gehalt Abgasvolumen	2 m hinter dem Flansch an der Absaughaube (vertikale Kanalführung) 2 m hinter dem Krümmer (horizontale Kanalführung)	elektrisches Messgerät Staurohr und Mikromanometer

■ Entstaubung

In den Abgasen der Trockentrommel sind feine Partikel und Staubteilchen enthalten. Der Staubgehalt im Rohgas schwankt zwischen 10 und 450 g/m^3. Er ist von den eingesetzten Gesteinskörnungen, vom Füllergehalt und von den spezifischen Kenndaten der Trockentrommel abhängig.

Die Abgasreinigung erfolg meist in zwei Stufen. In der ersten Stufe wird eine Grobreinigung durchgeführt. Anschließend wird in der zweiten Stufe der Abgasstrom gereinigt.

In der ersten Stufe werden Feinanteile (Korngrößen unter 2,0 mm) herausgenommen. Sie werden dem Strom der Gesteinskörnungen wieder zugefügt. In der zweiten Stufe wird u. a. in dem Filter Feinstaub (Eigenfüller) zurückgehalten. Er wird über eine separate Zuleitung dem Mischprozess chargenweise, rezeptgetreu zugeführt. Der überschüssige Feinstaub wird in Silos zwischengelagert und bei Bedarf abgerufen.

Die vorhandenen Anlagen können die Abgase zwischen < 20 mg/Nm^3 und 100 mg/Nm^3 reinigen.

An Asphaltmischanlagen können drei Entstaubungssysteme zum Einsatz kommen, die sich durch Ihre Wirkungsweise unterscheiden. In Deutschland werden nur noch Textilfilter eingesetzt. Asiatische Hersteller liefern eventuell noch Zyklon- oder Nassfilter.

Bei gut abgestimmten Trocknungsanlagen verlässt das Abgas die Trockentrommel mit einer Temperatur von 100 bis 120 °C und kann dadurch problemlos in einem Textilfilter gereinigt werden. Bei Abgastemperaturen von 120 bis 160 °C wird ein höherwertigeres Filtermaterial eingesetzt. Bei Abgastemperaturen über 180 °C sollte das Beschauflungssystem der Trockentrommel geändert werden, bevor ein Kühler installiert wird.

Hinter der Filterentstaubung ist ein Exhauster (Radialventilator) angebracht. Falls der Vorabscheider der Entstaubung ebenfalls als Kühler wirkt, ist zu beachten, dass das zu filternde Abgas nicht unter einen kritischen Punkt heruntergekühlt wird. Erreicht das Gas eine Temperatur unter 70 °C, kann es zur Kondensation im Filter kommen (Taupunktunterschreitung).

Tabelle 8.4 Entstaubungssysteme

Entstaubungssystem	Wirkungsweise
Zyklonenentstauber (Fliehkraftsystem)	– Einzelabscheider mit Durchmesser 500–2 000 mm – Vielzellenabscheider aus Blech oder Gusseisen, Zyklonendurchmesser ca. 250 mm Abscheidungsleistung ca. 95 %
Nassentstauber (Wäschersystem)	– Mitteldruckwäscher, Druckverlust ca. 25 mbar – Hochdruckwäscher, Druckverlust ca. 60 mbar Nassabscheider arbeiten mit hohem Energieaufwand und entwickeln eine relativ geringe Leistung. Sie werden gegenwärtig nicht mehr angewendet.
Filternde Entstauber (Textilsystem)	– Flächenfilter – Schlauchfilter Die Reinigung erfolgt zu 99 % mittels Spülluftventilatoren, seltener durch Rütteln oder Vibrieren.

Wenn sich dann im Betrieb Feuchtigkeit auf den Filtern absetzt, entstehen Verklebungen, steigt der Filterwiderstand an und die Trockentrommel beginnt zu stauben („puffen"). Der tatsächliche Taupunkt von Asphaltmischanlagen ist von dem Feuchtigkeitsgehalt der Gesteinskörnungen (Wasseranteil im Abgas) abhängig.

Der an der Brennerseite der Trockentrommel erzeugte Unterdruck muss so gesteuert werden, dass die Trommel staubfrei arbeitet und keine zusätzliche Frischluft in die Trockentrommel gezogen wird.

8.1.1.4 Heißabsiebung und Silierung

Die getrockneten und heißen Gesteinskörnungen werden vom Ausgang der Trockentrommel zur Heißabsiebung oder über einen Bypass (Siebumgehung) direkt zur Heißsilierung transportiert.

Als Heißelevatoren kommen üblicherweise Senkrechtelevatoren in geschlossener, staubdichter Ausführung zum Einsatz. Heißelevatoren sind Stetigförderer (s. a. 8.1.1.2).

Die Heißabsiebung dient zum Abgleich der mit dem Heißelevator tatsächlich geförderten Gesteinskörnungen mit der in der Rezeptur (Erstprüfung) vorgesehenen Zusammensetzung des Gemisches. Rezeptüberschreitende Korngrößen (Überkorn) werden ausgeschieden.

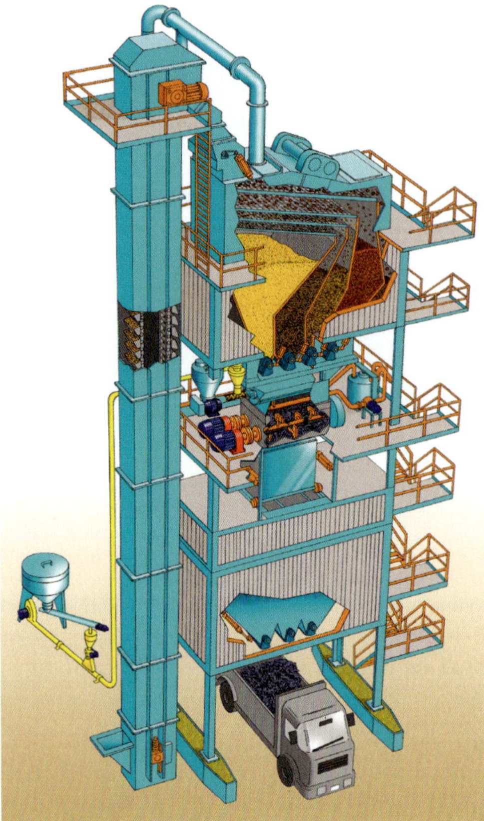

Bild 8.13 Heißsilierung der Mischanlage

Durch die Heißabsiebung, verbunden mit der Verwiegung, können folgende Ungenauigkeiten bis zu einem bestimmten Grade korrigiert werden:

- Über- oder Unterkornanteile im Gesteinskörnungsgemisch,
- Vermischung verschiedener Kornfraktionen bei Lagerung,
- ungenaue Anzeige der Doseure,
- gemeinsame Aufgabe mehrerer Kornfraktionen auf Doseure.

Die Verwendung des Bypasses ist möglich, wenn Asphaltmischgut hergestellt werden soll, an das keine besonderen Qualitätsanforderungen gestellt wird, oder wenn bestimmte Gesteinskörnungen, z. B. Aufhellungsgesteine, eingesetzt werden, die sich nicht mit anderen Körnungen vermischen dürfen. Asphaltgranulat wird immer über den Bypass geführt.

Zur Heißabsiebung der Gesteinskörnungen werden hauptsächlich Vibrationssiebe eingesetzt. Dabei wird die Siebfläche mechanisch erregt. Durch die so entstandene Vibration werden die Gesteinskörnungen bewegt und getrennt. Man unterscheidet folgende Ausführungen:

- Freischwinger mit kreisförmiger Schwingbewegung,
- Freischwinger mit linearer Schwingbewegung,
- Doppelfrequenz-Siebmaschinen,
- Doppelwellen-Siebmaschinen mit (fast) horizontalen Schwingbewegungen.

Die optimale Leistung der Siebmaschinen wird bei einer gleichmäßigen Befüllung erreicht.

Die Heißsilierung der Gesteinskörnungen ist eine Form der Zwischenlagerung. Eine entsprechend große Heißsilierungskapazität der Asphaltmischanlage ermöglicht ein vom Asphaltproduktionsprozess unabhängiges Trocknen und Lagern der Gesteinskörnungen.

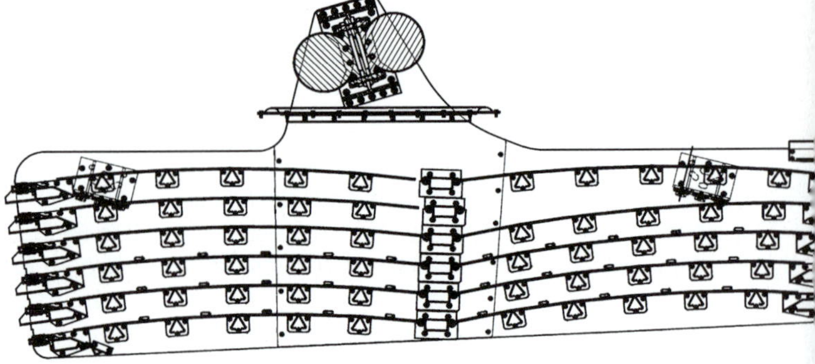

Bild 8.14 Siebeinrichtung im Mischturm

Die Heißsilierungstaschen sind so ausgelegt, dass ein Puffer von 0,5 bis 1 Stundenleistung möglich ist (bis zu 100 t je Tasche). Die Taschen sind gegen Wärmeverlust gedämmt und können gegebenenfalls auch beheizt werden.

8.1.2 Bitumen (Bindemittel)

Bitumen wird als Bindemittel zu der Asphaltproduktion benötigt. Der Anteil des Bitumens im fertigen Asphaltmischgut beträgt je nach Mischgutsorte zwischen 3 und 8 % (im Durchschnitt 5 %). Es wird heiß angeliefert, heiß gelagert und heiß dem Mischvorgang zugegeben. Energetisch und ökonomisch ist es am günstigsten, diese „heiße" Kette nicht zu unterbrechen, keine hohen Temperaturschwankungen zuzulassen.

8.1.2.1 Anlieferung

Die Lagerkapazität für Bitumen an der Mischanlage ist begrenzt. Meist stehen je Bindemittelsorte 1–2 beheizbare Tanks zur Verfügung.

Der Disponent muss den Verlauf der Produktion mindestes für den folgenden Arbeitstag abschätzen. Kritische Punkte sind längere Unterbrechungen nach Feiertagen.

Entsprechend dem anstehenden Auftragsvolumen wird das benötigte Bindemittel entweder bei dem Bindemittelproduzenten direkt oder bei der Vertragsspedition für einen bestimmten Zeitpunkt bestellt. Der Zeitpunkt muss so gewählt sein, dass:

- der zu befüllende Bitumentank die angelieferte Menge aufnehmen kann ohne dass es zu Vermischungen mit anderen Bindemitteln kommt,
- keine Stillstandszeiten an der Mischanlage entstehen, weil die benötigte Bitumensorte nicht mehr vorrätig ist.

Bitumen wird vorwiegend in isolierten Straßentankwagen (Tkw) mit einer Transportkapazität von 25–30 t angeliefert. Die Tanks müssen mit Sortenkennzeichnung versehen sein, so dass keine Verwechslungen beim Befüllen auftreten können.

Bei Anlieferung des Bitumens mit Kesselwagen muss das Logistiksystem darauf eingestellt sein. Bei der Bahn-Anlieferung muss der Bestellzeitpunkt noch genauer beachtet werden bzw. ein entsprechend großes Vorratslager vorhanden sein. Bahnanlieferungen sind jedoch relativ selten.

Heißbitumentransporte zählen seit dem 1.1.1997 zu den Gefahrguttransporten, da Bitumen bei Temperaturen über 100 °C und unterhalb des Flammpunktes transportiert wird. Es fällt in die Untergruppe G (erwärmter Stoff) der Klasse 9 ADR.

Für diese Transporte gilt das Informationsblatt zum Transport Klasse 9 „3257 Erwärmter flüssiger Stoff, n.a.g.: Bitumen" (s. *Bild 8.16*). Dementsprechend müssen die Fahrzeuge ausgerüstet und die Fahrer geschult sein.

Bild 8.15
Bitumenanlieferung mit isoliertem Straßentankwagen (Tkw)

INFORMATIONSBLATT TRANSPORT UN 3257: ERWÄRMTER FLÜSSIGER STOFF N. A. G. BITUMEN

ARBIT

BEZEICHNUNG GEMÄSS ADR	**Erwärmter flüssiger Stoff, n. a. g., bei oder über 100 °C und, bei Stoffen mit einem Flammpunkt, unter seinem Flammpunkt**		
Ergänzender Hinweis:	d. h. die Transporttemperatur muss unter dem Flammpunkt des Produktes liegen		
HANDELSNAME	**Bitumen; z. B. Straßenbaubitumen, PmB, Oxidationsbitumen, Vakuumrückstand**		
UN-NUMMER	**UN 3257**		
KLASSE	**9**		
KLASSIFIZIERUNGSCODE	**M9**		
VERPACKUNGSGRUPPE	**III**		
GEFAHRZETTEL (PLACARD)	**9**		
GEFAHRNUMMER	**99**		
ANGABE IM BEFÖRDERUNGSPAPIER	**UN 3257**, erwärmter flüssiger Stoff, n. a. g., (Bitumen), 9, III, (D)		
BEFÖRDERUNGSKATEGORIE	**3**		
8.6 ADR	**Tunnelbeschränkungscode D** (Durchfahrt durch Tunnel der Kategorie D und E verboten)		
FAHRZEUGBEZEICHNUNG GEMÄSS 9.1.1.2 ADR	**AT** (alternativ können auch EX/III-, EX/II-, OX- oder FL- Fahrzeuge zulässig sein)		
ZULÄSSIGE TANKCODIERUNGEN GEMÄSS 4.3.4 ADR / RID	**LGAV, auch erlaubt sind**: LGBV, LGBF, L1,5BN, L4BN, L4BH, L4DH, L10BH, L10CH, L10DH, L15CH, L21DH **Andere als die vorgenannten Codierungen dürfen nur verwendet werden, wenn unter 10.2 Absatz 2 in der Zulassungsbescheinigung UN 3257, 9, III genannt ist.**		
SONDERVORSCHRIFTEN GEMÄSS 6.8.4 ADR	Eintrag in 9.6 der ADR Zulassungsbescheinigung: **TC 7, TE 6, TE 14, TE 18, TE 24** **Abweichende Regelungen von diesen Sondervorschriften müssen unter 10.2 oder 11, Bemerkungen, in der Zulassungsbescheinigung genannt sein.** Informationen hierzu erhalten Sie von Ihrem Gefahrgutbeauftragten.		
GEFAHRENSYMBOLE		**Gefahrzettel (Placard)** Seitenlänge 25 cm	**Kennzeichen nach 5.3.3 ADR** Seitenlänge 25 cm
TKW	**beide Gefahrensymbole an den Längsseiten und an der Rückseite des Tanks**	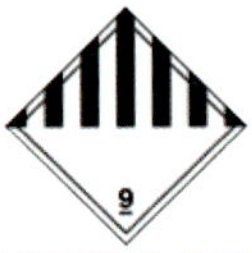 9	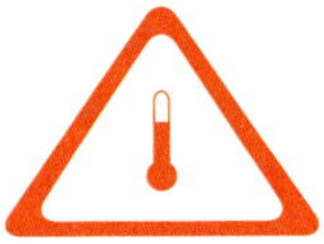
WARNTAFEL 99 3257	**ADR** **TKW**: vorn und hinten mit Kennzeichnungsnummern; oder vorn und hinten neutrale Tafeln, dann aber an jedem Tankabteil mit Kennzeichnungsnummern an den Seiten. **Warntafeln müssen rückstrahlend sein und jederzeit deutlich sichtbar bleiben, gleichgültig in welcher Position oder Situation sich das Fahrzeug befindet.**		
ACHTUNG	**Das Fahrzeug muss vor der Befüllung an der jeweiligen Füllstelle gekennzeichnet sein, d.h. die Warntafeln sollten vor dem Befüllen aufgedeckt werden.**		
FÜLLUNGSGRAD	gem. 4.3.2.2.3 ADR: **maximaler Füllungsgrad 95%** gem. 4.3.2.2.4 ADR: **Tanks, die nicht durch Trenn- oder Schwallwände in Abteile von höchstens 7.500 Ltr. unterteilt sind, dürfen nicht zwischen 20% und 80% befüllt sein.**		
ANMERKUNG	**Für den Transport von kleineren Lademengen können Mehrkammerzüge eingesetzt werden.**		
BESONDERE ZUSÄTZLICHE HINWEISE FÜR LEERE, UNGEREINIGTE TANKFAHRZEUGE	**Für die Leerfahrt** (leer, ungereinigt) **muss ein separates Beförderungspapier erstellt werden.** *Es besteht alternativ die Möglichkeit, im Lastlauffrachtbrief folgenden Vermerk einzutragen* (gilt nur in Deutschland): Ausnahme 18 leeres Tankfahrzeug, 9, letztes Ladegut: UN 3257, erwärmter flüssiger Stoff, n. a. g., (Bitumen), 9, III, (D) **Leerfahrt von:** **nach:**		

ARBIT Arbeitsgemeinschaft der Bitumen-Industrie e.V. (ARBIT) | Steindamm 55, 20099 Hamburg | www.arbit.de **Seite 1 von 2**

Bild 8.16 Informationsblatt zum Transport Klasse 9 „UN 3257 Erwärmter flüssiger Stoff, n.a.g. Bitumen"

INFORMATIONSBLATT TRANSPORT UN 3257:
ERWÄRMTER FLÜSSIGER STOFF N. A. G. BITUMEN

ARBIT

FAHRZEUG-AUSRÜSTUNG Besonders zu beachten sind:	**Die Mindestausrüstung muss den gesetzlichen Vorschriften, Richtlinien und der schriftlichen Weisung entsprechen.** • 1 Warnweste und / oder Warnkleidung für jedes Mitglied der Fahrzeugbesatzung • 1 Schutzbrille für jedes Mitglied der Fahrzeugbesatzung • Augenspülflüssigkeit, mit nicht abgelaufenem Verfallsdatum und nach Möglichkeit steril • 1 tragbares Beleuchtungsgerät (z. B. Handlampe) für jedes Mitglied der Fahrzeugbesatzung • 2 selbststehende Warnzeichen (z. B. reflektierende Kegel, Warndreiecke oder auch orangefarbene Warnblinkleuchten, die allerdings von der elektrischen Fahrzeugausrüstung unabhängig sein müssen) • mind. 2 Pulverfeuerlöscher, gesamt mind. 12 kg Löschpulver, davon 1 x mind. 6 kg, mit intakten Plomben und gültigem Prüfdatum. Auf den Feuerlöschern müssen nach der ersten Prüfung folgende Angaben gemacht sein: Name des Prüfers, letztes Prüfdatum, nächstes Prüfdatum (Monat und Jahr). Alle Angaben müssen leserlich sein. • 1 Unterlegkeil je Fahrzeugeinheit, dessen Abmessungen der höchsten Gesamtmasse des Fahrzeugs und dem Durchmesser der Räder angepasst sein müssen • 1 geeignete Kanalisationsabdeckung / Abdeckplane • 1 geeigneter Auffangbehälter • Ölbindemittel für kleinere Leckagen (ca. 5 kg) • 1 geeignete Schaufel • Schläuche und Gegenstände in offenen Schlauchkästen müssen gesichert sein (Vorgabe aus Ladungssicherung)
BEFÖRDERUNGSPAPIER gemäß 5.4.4 ADR müssen Absender und Beförderer eine Kopie des Beförderungspapiers für einen Mindestzeitraum von 3 Monaten aufbewahren	**Das vorgeschriebene Beförderungspapier muss folgende Angaben enthalten:** • Name und vollständige Anschrift des Absenders* • Name und vollständige Anschrift des tatsächlichen Empfängers • UN–Nummer • Offizielle Bezeichnung des Stoffes • Technische Bezeichnung • Gefahrklasse • Verpackungsgruppe • Nr. des Gefahrzettels • Tunnelkategorie • Ladegewicht
SCHRIFTLICHE WEISUNG gemäß 5.4.3 ADR	**Die schriftliche Weisung** (akt. Version) muss immer **im Original an Bord** mitgeführt werden. Sie enthält zusätzliche Angaben zu den **gesetzlichen Mindestanforderungen** an die **Fahrzeugausrüstung**; an die **persönliche Schutzausrüstung** von Fahrer und Beifahrer und **Hinweise zum Verhalten in Notfällen.** **Fahrer und Beifahrer müssen mit den im Notfall zu treffenden Maßnahmen vertraut sein.** **Für die Bereitstellung ist der Beförderer verantwortlich.**
WEITERE ANFORDERUNGEN	**Folgende Forderungen werden an die persönliche Schutzausrüstung gestellt:** • Industrieschutzhelm vorzugsweise mit Kinnriemen inklusive Nackenschutz und Vollvisier zum Schutze des Gesichtes; an einigen Standorten kann zusätzlich das Tragen von Schutzbrillen gefordert sein. • 100%-Baumwoll-Schutzanzug als geeigneter Schutz des ganzen Körpers gegen Einwirkungen (insbesondere Brandeinwirkungen); an einigen Standorten kann zusätzlich das Tragen von Schutzanzügen aus flammenhemmendem und antistatischem Material gefordert sein. Die Schutzanzüge sollten vorzugsweise mit reflektierenden Leuchtstreifen bestückt sein. • Hitzebeständige Schutzhandschuhe mit langen Stulpen. • Knöchelbedeckende Sicherheitsstiefel, die schnell ausziehbar sind, vorzugsweise nicht als Schnürstiefel. Hosenbeine müssen in jedem Fall über den Stiefelschaft reichen.
WEITERE INFORMATIONEN	• „Sicheres Arbeiten mit Bitumen" (Eurobitume–Karte) • „Erste Hilfe bei Verbrennungen durch Bitumen" (Eurobitume–Karte) • BGI 857 (Berufsgenossenschaftliche Information) • Informationen der Bitumenlieferanten
HINWEIS	Sichern Sie das Handrad am Auflieger gegen unbefugten Zugriff, z. B. mit einem Schloss!

*Absender laut Beförderungsvertrag

Stand: November 2014 I Für aktuelle Informationen siehe www.arbit.de
Die Bereitstellung dieser Informationen erfolgt in gutem Glauben und mit der Überzeugung von ihrer Richtigkeit zum Zeitpunkt der Veröffentlichung. Sie schließt aber jede gesetzliche Haftung und Verantwortung der ARBIT ausdrücklich aus.

Arbeitsgemeinschaft der Bitumen-Industrie e.V. (ARBIT) | Steindamm 55, 20099 Hamburg | www.arbit.de

Seite 2 von 2

Bild 8.16 Informationsblatt Seite 2 Quelle: Eurobitume, Brüssel, www.eurobitume.eu

Tabelle 8.5
Heizsysteme für Bitumentankanlagen

Heizsystem	Vorteile	Nachteile
Thermalöl-heizung	– preiswerte Energieerzeugung – kaum Leistungsbegrenzung – kein Überhitzen über eingestellte Temperatur möglich	– max. Lagertemperatur 180 °C – hohe Investitions- und Installationskosten – jährliche Druckprobe – jährliche Thermalöluntersuchung – Vercrackungsneigung bei unsachgemäßem Betrieb
Elektroheizung	– guter Wirkungsgrad in allen Leistungsbereichen – geringere Betriebskosten als bei Thermalölheizung – sehr gleichmäßige Erwärmung – sehr gute Regelung und Kontrolle – alle benötigten Lagertemperaturen sind realisierbar	– hohe Energiekosten bei Vollaufheizung – Leistung begrenzt durch Stromanschlussmöglichkeiten – Standort abhängig von der Stromversorgung

8.1.2.2 Heißlagerung

Die Tanks zur Heißlagerung sind entweder stehend oder liegend ausgeführt. Die Kapazität der Tanks reicht von einer Tkw-Größe, also ca. 26 t, über verschiedene Zwischengrößen bis weit über 100 t. Die für das Handling optimale Größenordnung des Tanks für eine Bitumensorte liegt bei 45 t. Hinsichtlich der Bindemitteloxidation während der Lagerung haben sich stehende Tanks aufgrund der geringeren Oberfläche als positiv erwiesen.

Bitumentankanlagen sollten gesteuert und betrieben werden nach dem Prinzip:

- warm einfüllen,
- warm halten,
- warm verarbeiten.

Die Einhaltung dieses Prinzips hängt von folgenden Faktoren ab:

- Isolierung der Tanks und Rohrleitungen,
- Anordnung der Tanks,
- Wirkungsgrad des Erhitzers,
- Betriebsweise der Anlage.

Bei dem Betrieb von Bitumentankanlagen müssen folgende Leistungen erbracht werden:

- Aufheizung zu Saisonbeginn,
- Aufheizung zu kalt angelieferten Bitumens,
- Ausgleich der Abstrahlverluste der Tankanlage und der Rohrleitungen.

Zur Erwärmung von 1 kg erkalteten Bitumens um 1 °C werden 0,5 kcal benötigt.

Als Heizung der Lagertanks dienen Thermalölheizungen oder Elektroheizungen.

Bei Beheizung der Behälter mit innen angebrachten Heizregistern besteht die Gefahr des Beginnens der Vercrackung an den Rohren infolge der Addition der Wärmestrahlung zwi-

Bild 8.17
Bitumentankanlage – liegende Behälter

Bild 8.18 Bitumentankanlage – stehende Behälter

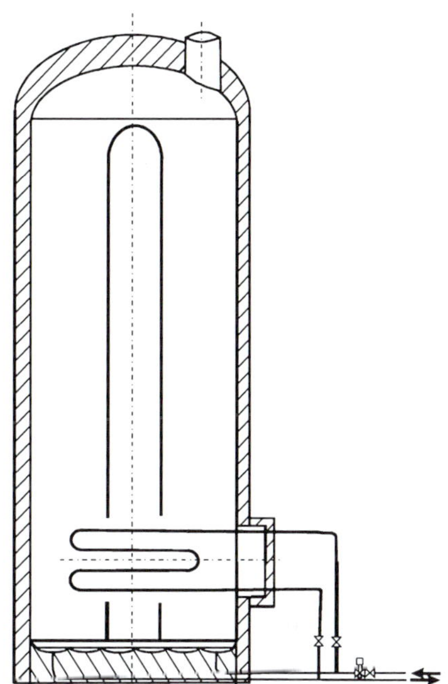

Bild 8.19 Schematische Darstellung eines stehenden Behälters mit Rohrheizregistern

schen den Rohren oder bei zu geringer Befüllhöhe über den Registern. Diese Vercrackung schreitet, hat sie erst einmal begonnen, sehr schnell fort und befällt das gesamte Rohrheizregister.

Durch sie wird der Wärmedurchgang vom Heizmedium zum beheizten Medium stark behindert. Der Wärmedurchgang wird durch die Wärmedurchgangszahl „kl" ausgedrückt.

Diese Zahl setzt sich aus der Wärmeleitzahl für Stahl, der Dicke der Rohrwand, und der Wärmeübergangszahl von der Rohraußenwand zum Bitumen zusammen.

$$kl = \frac{1}{\frac{1}{\alpha_1} + \frac{\delta_1}{\lambda_1} + \frac{1}{\alpha_2}} \quad \left[\frac{\text{kcal}}{\text{m}^2 \cdot \text{h} \cdot {}^\circ\text{C}}\right]$$

Hierin bedeuten:

kl = Wärmedurchgangszahl

α_1 = Wärmeübergang Thermalöl-Heizrohr (ca. 800 kcal/m² h °C)

δ_1 = Rohrwanddicke (z. B. 2,6 mm)

λ_1 = Wärmeleitzahl Stahl (45 kcal/mh °C)

α_2 = Wärmeübergang Heizrohr-Bitumen

Bei bereits vorhandener Vercrackung muss beim Wärmeübergang zwischen Heizrohr und Bitumen die Schichtdicke des vercrackten Materials berücksichtigt werden.

Entnahme von Bitumenproben an Asphaltmischanlagen

Aus verschiedenen Gründen ist es nötig, an Asphaltmischanlagen Bitumenproben zu entnehmen.

- *Probenahme bei Anlieferung:* Die Bitumenprobe ist druckfrei aus der Zuleitung zum Bitumentank zu entnehmen. Die Entnahme darf weder direkt zu Beginn der Befüllung, noch nach Abschluss des Befüllens erfolgen, da geringe Mengen anderer Bitumensorten (unter Beachtung der Vorfrachtenreglung, s. a. Kap. 2) als Anfangs- oder Restmengen aus dem Tkw in den Tank fließen können.
- *Probenahme des zur Verwendung gelangenden Bitumens:* Das Bitumen wird zweckmäßigerweise aus der Leitung zwischen Bitumentank und Mischereindüsung entnommen. Grundsätzlich gilt hierfür das o. g.

Zur Durchführung einer korrekten Probenahme sind neben den Sicherheitshinweisen die DIN EN 58 und das dav-Merkblatt „Entnahme von Bitumenproben an Asphaltmischanlagen" zu beachten.

8.1.3 Zusätze

An der Asphaltmischanlage müssen auch die Zusätze (Faser, Pellets), die z.B. bei der Produktion von Splittmastixasphalten oder offenporigen Asphalten erforderlich sind, zugegeben werden. Die Zusätze können in verschiedenen Formen angeliefert werden:

- *lose im Silofahrzeug* (z.B. Cellulosefasern in Granulatform). Die Lagerung erfolgt in Silos.

1. Die Zugabe kann allein über eine langsam laufende Zellradschleuse in ein Zwischenlager, und von dort chargenweise über eine Granulatwaage direkt in den Mischer erfolgen.

2. Das Granulat wird chargenweise in die Füllerverwiegung geleitet und gemeinsam mit dem Fremd- und Eigenfüller in den Mischer entleert.

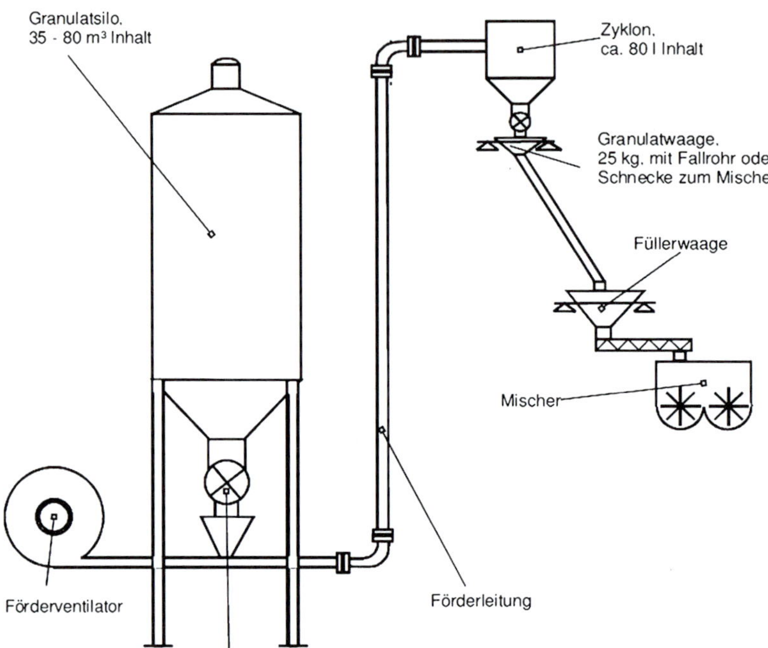

Bild 8.20
Beschickung mit Siloware (ohne Füller)

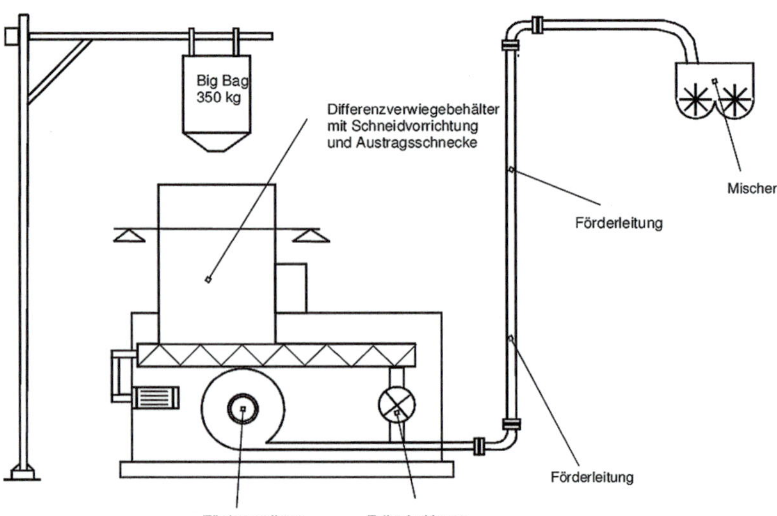

Bild 8.21
Beschickung mit Big Bags – Differenzverwiegung

Bild 8.22 Automatisierte Zugabeeinrichtung für Additive, z. B. Cellulosepellets

- *in Big Bags.* Die Big Bags werden in den Differenzverwiegebehälter entleert. Nach Verwiegung werden die Zusätze (lose) über Schnecken abgezogen und durch ein Fördergebläse in den Mischer gegeben.
- *in Paketform.* Der Zusatz (Cellulosefaser) wird in Paketform über ein Band oder eine Rutsche dem Mischer zugegeben. Die Verfahrenstechnische Einbindung erfolgt über Quittungsschalter oder elektronische Kontrollelemente wie Lichtschranken.

Andere Zusatzstoffe, z. B. Farbpigmente (Eisenoxyd) oder Polymere (Kunststoffe) in Granulatform, können wie Paketware zugegeben werden, Sackware, z. B. Trinidad Epuré Z 0/8, über die Einlaufschurre, Schüttgut (Einzelkörnungen) über die Asphaltgranulat-Zugabe dem Mischer. Für flüssige Zusatzstoffe ist eine spezielle Eindüsung in den Mischer vorzusehen.

8.2 Asphaltmischanlage

Die zur Asphaltherstellung benötigten und entsprechend aufbereiteten Materialien (Gesteinskörnungen, Bitumen und Zusätze/Additive) werden dem Mischprozess zugeführt. Der Materialfluss erklärt sich durch den prinzipiellen Aufbau der Asphaltmischanlage.

8.2.1 Prinzipieller Aufbau einer Asphaltmischanlage

Eine Asphaltmischanlage hat die Aufgabe, aus den verschiedenen Komponenten Asphaltmischgut entsprechend einer vorher festgelegten Rezeptur herzustellen. In der Regel besteht die Asphaltmischanlage aus

- **Gesteinskörnungslagerung und -aufbereitung**
  - Gesteinskörnungslager/Füllersilo,
  - Vordosierung der Gesteinskörnungen,
  - Trocknung der Gesteinskörnungen (Trockentrommel),
  - Entstaubung,
  - Heißabsiebung und Silierung,
- **Bitumenlagerung**
  - Bitumenlagertanks,
- **Lager- und Zugabeeinrichtungen für Zusatzstoffe/Additive**
  - Einrichtungen zur Lagerung und Zugabe von flüssigen, losen oder granulatförmigen Stoffen,
- **Trockentrommel**
- **Heißsilierung**
- **Mischer**
- **Silolagerung des fertigen Asphaltmischgutes**
- **zusätzlichen Einrichtungen bei der Verwendung von Asphaltgranulat**
  - Lagermöglichkeit des gebrochenen Recyclingmaterials,
  - Zugabeeinrichtungen für Kalt- bzw. Heißzugabe (Mittenzugabe, Zugabe im Elevator oder im Mischer, Paralleltrommel),
  - Dosier- und Zugabeeinrichtungen.

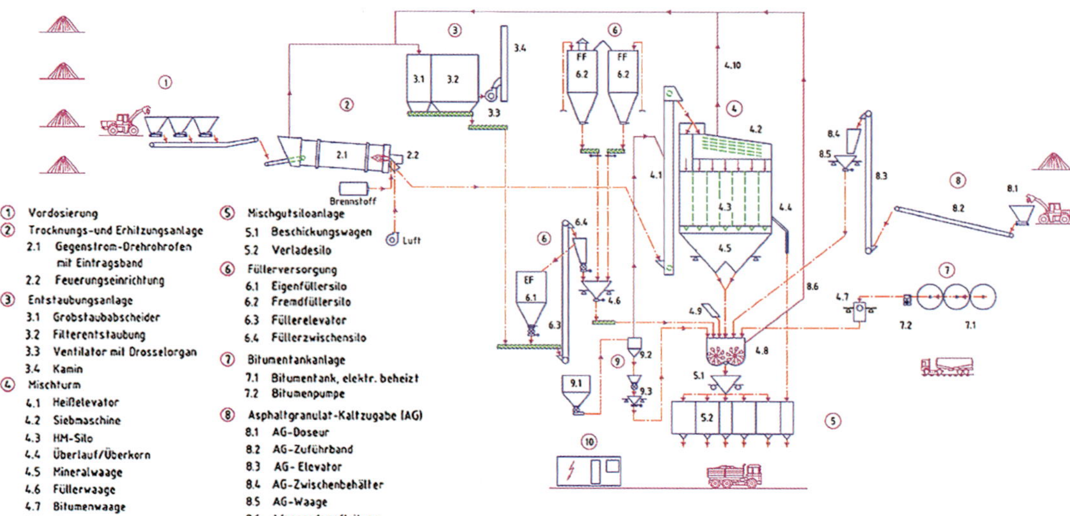

Bild 8.23 Fließschema Asphaltmischanlage

Bild 8.24 Mobile Füllersilos

Bild 8.25 Prinzipskizze RC-Zugabe in die Paralleltrommel

Bild 8.26 Schnittbild einer Asphaltmischanlage mit Paralleltrommel

Bild 8.27 Mischanlage mit Paralleltrommel

Bild 8.28 Mobile Bitumenmodifizieranlage an Asphaltmischanlage

In der Asphaltmischanlage müssen die im *Bild 8.20* dargestellten Materialflüsse exakt aufeinander abgestimmt werden. Diese Fließlinien (mit unterschiedlicher Länge) finden im Mischer zueinander. Im Mischer findet die Vereinigung auf Grundlage des vorher in der Rezeptur definierten Mengen- und Temperaturverhältnisses statt.

8.2.2 Mischgutherstellung

Um das Asphaltmischgut mit entsprechender Qualität herstellen zu können, ist die genaue Einhaltung der in der Erstprüfung (Mischrezeptur) geforderten Mengen unumgänglich. Die verschiedenen Komponenten werden vor der Zugabe verwogen.

■ Gesteinsverwiegung

Die Gesteinskörnungen befinden sich in den verschiedenen isolierten (in Ausnahmefällen beheizbaren) Silotaschen (Heißsilierung). Gemäß der Rezeptur werden die Gesteinskörnungen aus den einzelnen Silotaschen nacheinander, chargenweise abgerufen und in der Gesteinskörnungswaage verwogen. Bei den, in Deutschland nur selten betriebenen, kontinuierlich arbeitenden Anlagen (Durchlaufmischer) wird die Rezeptur in der Vordosierung zusammengestellt.

■ Füllerverwiegung

Die Füllerkomponenten werden getrennt zugewogen. Die Zuteilung der gewünschten Füllermengen erfolgt additiv über Zellradschleusen. Fremd- und Entstaubungsfüller sind getrennt voneinander und werden auch getrennt dem Wiegebehälter zugeteilt.

■ Bindemittelzuteilung

Bitumen kann volumetrisch oder gewichtsmäßig zugegeben werden.

- Die volumetrische Zugabe wird über ein Zählwerk gesteuert. Nach Erreichen der vorher eingestellten Menge wird der Zufluss unterbrochen. Die in der Rezeptur in kg ausgewiesene Bindemittelmenge muss temperaturabhängig in Liter umgerechnet werden.
- Die gewichtsmäßige Zugabe erfolgt über eine beheizbare Waage. Das Bitumen wird in den Verwiegebehälter gefüllt und dann über eine Eindüspumpe dem Mischer zugeführt.

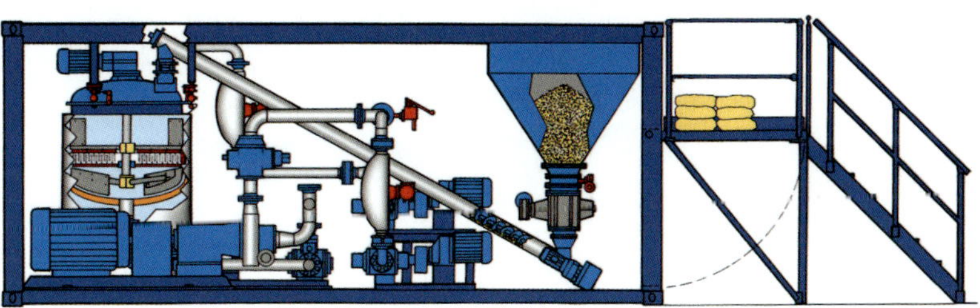

Bild 8.29 Schema einer mobilen Modifizieranlage (einfache Ausführung)

Bild 8.30
Asphaltmischgutverladung

Additive

Die Additive werden über der zuzugebenden Komponente angepasste bzw. speziell konstruierte Einrichtungen zugegeben.

Die verwogenen Komponenten werden im Mischer zu Asphaltmischgut verarbeitet. Grundsätzlich werden zwei Mischerarten unterschieden, nämlich Chargenmischer (ca. 97 %) und kontinuierlich arbeitende Mischer bzw. Durchlaufmischer (ca. 3 %). Alle Mischer müssen in der Lage sein, verschiedene Feststoffkomponenten untereinander zu vermischen und gleichmäßig mit Bitumen zu ummanteln. Das Mischprodukt muss ein homogenes Asphaltmischgut sein. Auch bei geringen Bindemittelmengen muss eine optimale Verteilung des Bitumens gewährleistet sein.

Chargenmischer

Zunächst werden die Gesteinskörnungen und der Füller chargenweise zusammengestellt und dem Mischer zugegeben. Je nach Mischgutart wird dann sofort das Bitumen eingedüst oder Zusätze (Additive) noch vorher zugegeben und trocken vorgemischt. Die verschiedenen

Bild 8.31
Auslass bei Mischgutverladung

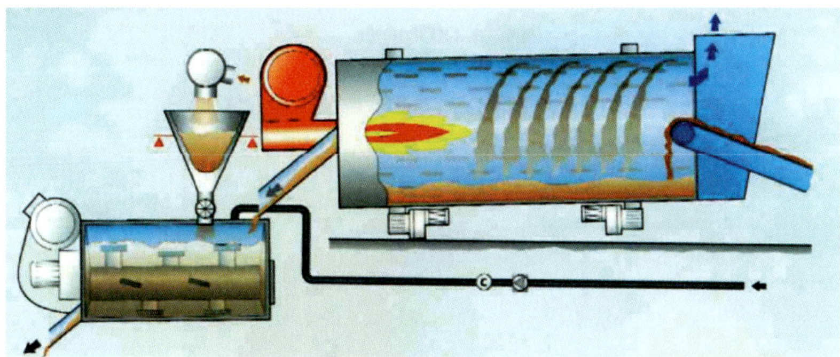

Bild 8.32 Prinzipskizze Durchlaufmischer

Mischzeiten (Vor-, Haupt- und Nachmischzeit) können individuell der Mischgutart entsprechend gesteuert werden.

Der Chargenmischer ist meist ein Doppelwellenzwangsmischer. Das Chargenvolumen kann je nach Ausführung zwischen 1 und 5 Tonnen schwanken. Die Chargenzahl schwankt zwischen 60 und 100 Chargen/h.

Die Temperaturmessung erfolg im Trommelauslauf, im Bypass, in der Sandtasche und beim Entleeren des Mischers.

Das fertige Mischgut wird entweder direkt auf den Lkw verladen, oder der Zwischenlagerung (Asphaltmischgutsilierung) zugeführt.

Kontinuierlicher Mischer

Als kontinuierliche Mischer kommen Trommel- und Ein- oder Zweiwellenmischer zur Anwendung. Die einzelnen Komponenten werden dem Mischvorgang kontinuierlich zugegeben und das Mischgut wird kontinuierlich fertiggestellt.

Da ein kontinuierlicher Materialfluss stattfindet, ist dieses Verfahren für große Baulose mit gleichmäßigem Mischgut geeignet. Eine kurzfristige Umstellung zwischen verschiedenen Asphaltmischgütern ist nicht möglich. Sollen spezielle Mischgutsorten in kurz wechselnden Abständen (Kleinmengen) hergestellt werden, die ein bestimmtes Zugabe- und Mischregime erfordern (z. B. Splittmastixasphalt, offenporiger Asphalt o. ä.) trifft diese Mischweise auf ihre Grenzen.

Double Barrel Mischanlage

Bei der Herstellung von spezielleren Mischgutsorten, z. B. Splittmastixasphalt, in großen Mengen kommen die Leistungsmöglichkeiten des Double Barrel Mischers erst richtig zur

Bild 8.33 Ansicht Double Barrel Mischanlage

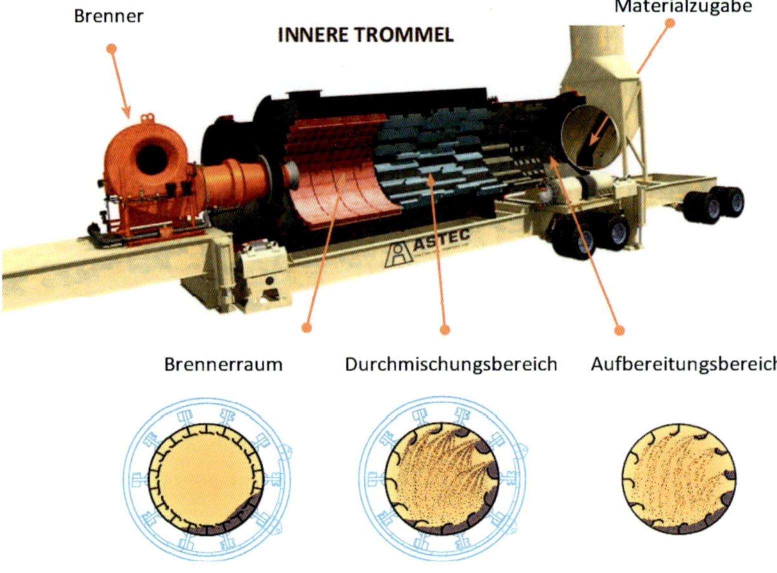

Bild 8.34
Prinzipskizze Double Barrel Anlage, innere Trommel

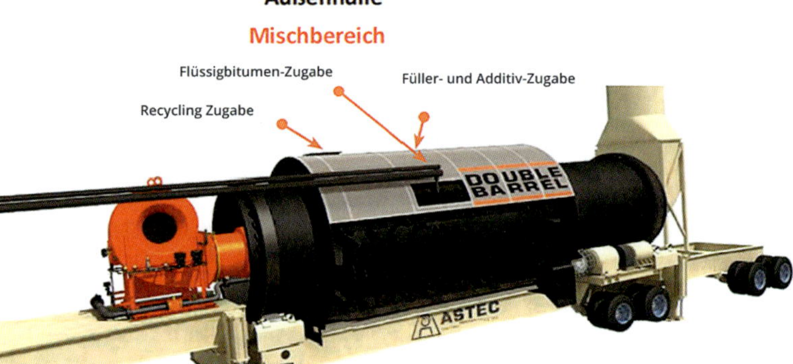

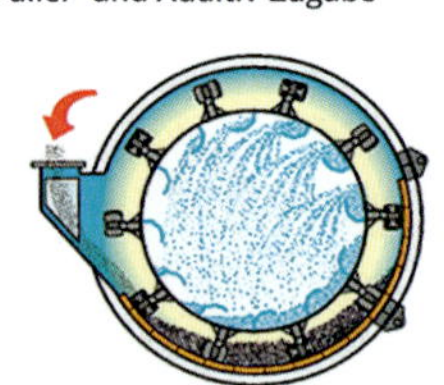

Bild 8.35
Prinzipskizze Double Barrel Anlage, äußere Trommel

Entfaltung, denn es sind, wegen der ohnehin langen Verweildauer im Mischer, keine zusätzlichen Anpassungen der Mischzeit erforderlich. Eine gleichmäßige Durchmischung mit Bindemittelträgern ist stets gewährleistet. Herzstück dieser Anlagen ist eine Gegenstromtrommel mit integriertem Brenner und außenliegender Mischtrommel (Double Barrel).

Eine Zugabe von über 50 % Asphaltgranulat ist möglich.

Die Mischzeit im Außenmantel beträgt ca. 1,5 Minuten. Da sich das äußere Trommelrohr nicht dreht, ist es einfach, bei Bedarf auch andere Stoffe (z. B. Cellulosefasern) zuzusetzen. Bei dieser Konstruktion kommen 90 % der Energie, die zum Aufheizen, Schmelzen und Trocknen des Asphaltgranulats erforderlich sind, von den frischen, hochaufgeheizten Gesteinskörnungen und 10 % vom inneren Trommelrohr und den Mischschaufeln.

Durch den guten Wirkungsgrad der Anlage liegt die Außentrommeltemperatur unter 50 °C. Emissionen jeglicher Art werden durch Entleerschlitze im Innenrohr abgesaugt und gelangen direkt in den Flammenbereich des Brenners. Das Ergebnis ist ein sehr sauberer Abgaskamin. Der Gesamtstaubgehalt liegt auch bei Verwendung von Asphaltgranulat unterhalb der Nachweisgrenze.

Das fertige Mischgut wird mit einem Stetigförderer auf die entsprechenden Mischgutsilos verteilt. Die Mischgutsilos mit einem Fassungsvermögen bis zu 200 t sind als Langzeitlagersilos in Rundform mit sehr guter Isolierung und Thermalölheizung ausgeführt. Be- und Entladeöffnung sind luftdicht verschlossen. Hierdurch ist gewährleistet, dass keine Sauerstoffdurchströmung stattfindet und das Bitumen praktisch nicht oxidieren kann. Somit kann eine Vorratshaltung ohne Qualitätsminderung realisiert werden.

8.2.3 Wiederverwendung von Asphalt (Recycling)

Ausbauasphalt (Fräsasphalt oder Aufbruchasphalt) wird an der Asphaltmischanlage angeliefert, gegebenenfalls nach teerhaltigen Bestandteilen untersucht und getrennt zwischengelagert. Mit speziellen Brechanlagen erfolgt die Aufbereitung von Aufbruchasphalt zu Asphaltgranulat bestimmter Größe. Die Lagerung unterschiedlicher Granulatgrößen erfolgt separiert.

Besonders für die Kaltzugabe ist es sinnvoll, das Asphaltgranulat abgedeckt zu lagern, da die Wasseraufnahme des Granulates bis zu 9 % betragen kann. Wird ein Recyclinganteil von 25 % bei einer Mischleistung von 180 t/h und dem vorgenannten Wassergehalt produziert, fällt eine stündliche Wasserdampfmenge zwischen 4 500 und 7 000 m³, d. h. pro Charge zwischen 75 und 115 m³ an.

Bei der Zugabe in den Heißelevator wird das Asphaltgranulat langsam erwärmt. Der Wasserdampf kann problemlos am Heißelevatorkopf abgeführt werden. Eine direkte Entlüftung in die Atmosphäre ist nicht zulässig.

Bei direkter Zugabe des Asphaltgranulates in den Mischer kommt es schlagartig zur Wasserdampfexpansion. Der Wasserdampf wird dem Rohgasstrom beigemischt. Die dazu verwendeten Rohre sind dementsprechend groß zu dimensionieren. Die Mischzeit einer Charge muss um 15 Sekunden verlängert werden.

Die Temperatur der getrockneten Gesteinskörnungen muss entsprechend dem Wassergehalt und der Zugabemenge des Asphaltgranulates geregelt werden.

Prinzipiell kann die Zugabe des Asphaltgranulates kalt oder heiß erfolgen. Die Qualitätsanforderungen an Asphalt mit Ausbauasphalt entsprechen denen an Asphalt aus ausschließlich ungebrauchten Baustoffen.

■ Kaltzugabe (Kaltrecycling)

Das Asphaltgranulat wird durch die heißen Gesteinskörnungen erhitzt. Die Zugabe kann an verschiedenen Stellen der Asphaltmischanlage erfolgen.

Bild 8.36 Zugabe des Asphaltgranulates in den Heißelevator

Bild 8.37 Kaltzugabe ohne RA-Elevator

Bild 8.38 Kaltzugabe mit RA-Elevator

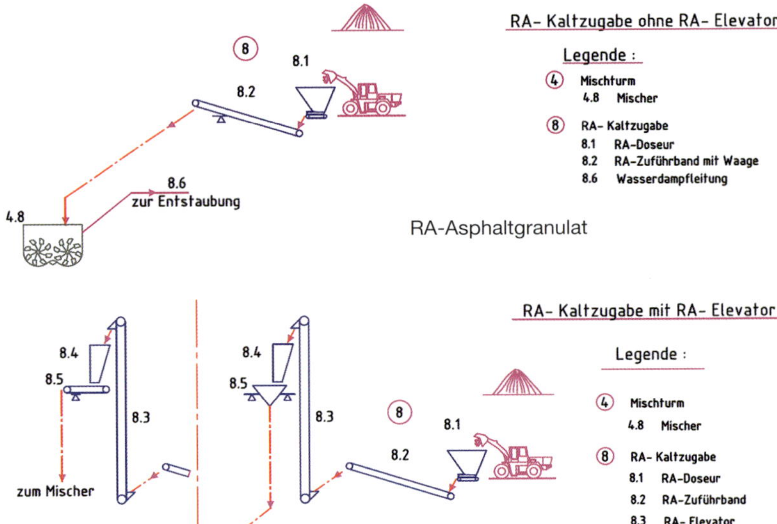

- *Zugabe in den Heißelevator oder in die Trommelstirnwand.* Das Asphaltgranulat wird direkt über einen Recyclingdoseur und ein Förderband in den Heißelevator oder in die Trommelstirnwand aufgegeben. Durch die relativ lange Kontaktzeit mit den erhitzten Gesteinen wird das Asphaltgranulat schonend erwärmt.
- *Zugabe in den Mischer.* Über ein Förderband oder über einen Kaltelevator wird das Asphaltgranulat mittels Bandwaage dosiert und chargenweise dem Mischer zugegeben. Das Asphaltgranulat hat relativ kurze Kontaktzeiten mit den heißen Gesteinen. Die Nachmischzeiten sind relativ hoch.
- *Zugabe in die Mitte der Trockentrommel.* Das Asphaltgranulat wird in die Trockentrommel über einen Schlitzeintrag in Höhe der Brennerzone zugegeben. Teilweise kann der Wasserdampf über die Trockentrommel abgeführt werden.

Bild 8.39 Zugabe in die Trockentrommel (Mittenzugabe)

Heißzugabe (Warmrecycling)

Das Asphaltgranulat wird in einer separaten Einrichtung (z. B. Paralleltrommel) schonend erwärmt. Über ein Vorsilo und über eine separate Waage/Recyclingwaage wird es dem Mischer zugegeben.

Normalerweise können auf diese Weise zwischen 30 und 70 % Asphaltgranulat dem Asphaltmischgut beigegeben werden. Für Asphaltfundationsschichten wurden schon annähernd 100 % dem Mischprozess zugegeben. Für die maximalen Zugabemengen haben die Bundesländer zum Teil eigene Regelungen getroffen.

Paralleltrommel

In Europa ist die Paralleltrommel zur Warmzugabe am weitesten verbreitet. Sie kann

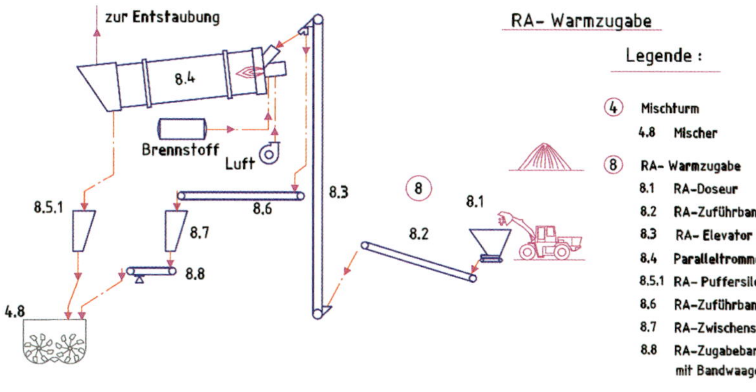

Bild 8.40
Warmzugabe

auch nachträglich einer bestehenden Anlage zugefügt werden.

Das Asphaltgranulat wird über einen Recycling-Doseur und ein Förderband/Kaltelevator in die Paralleltrommel aufgegeben und dort auf ca. 130 °C erhitzt. Um einen „Speicher" für die Mischgutproduktion zu haben, ist nach der Trommel für das heiße Granulat ein Pufferbehälter installiert. Daraus wird es chargenweise dem Mischprozess zugeführt.

Bei Recyclinganteilen über 60 % wird Füller zur Bindung der „Bitumendämpfe" eingeblasen.

Die Möglichkeiten der Wiederverwendung von Asphalt sind im „Merkblatt für die Wiederverwendung von Asphalt" ausführlich beschrieben. Weitere Zugabemöglichkeiten sind:

- **Langtrommel**

Die Zugabe von Asphaltgranulat erfolgt in die Langtrommel. Im ersten Abschnitt der Trommel werden die Gesteinskörnungen erhitzt, im zweiten Teil das Asphaltgranulat. Mineralstoffe und Asphaltgranulat kommen nicht direkt miteinander in Berührung.

- **Drum-Mix-Verfahren**

Das Asphaltgranulat wird über einen „Ringeintrag" in die Trommel gegeben. Die Mischanlage arbeitet im Gleichstromverfahren. Brenner- und Transportrichtung sind gleich. Der maximale Zugabeanteil beträgt 50 %.

Bild 8.41
Asphaltmischanlage mit Paralleltrommel

8.3 Die Asphaltmischanlage in ihrer Umwelt

Die Asphaltmischanlage wirkt durch ihren Betrieb auf ihre Umwelt ein. Verschiedene Emissionen können entstehen:

Staubemissionen

- Durch den Trocknungs- und Erwärmungsprozess der Gesteinskörnungen und des Asphaltgranulates können staubförmige Partikel, bei der Verwendung einer Paralleltrommel, zusätzlich Bindemittelbestandteile an die Umwelt abgegeben werden.
- Andere Quellen für das Auftreten von Staub können die Lagerung von Gesteinskörnungen mit Feinkornanteil (besonders bei trockenem Wetter und Wind), die unbefestigten oder verstaubten Transportwege innerhalb der Anlage und die Zugabe feiner Stoffe zum Trocknungs- oder Mischprozess sein.
- Die staubförmigen Emissionen werden in Deutschland planmäßig alle drei Jahre gemessen. Der Grenzwert beträgt 20 mg/Nm^3 im Mittelwert bei trockener Messung. Die Messungen erfolgen nach Regelwerken des VDI.

Gasförmige Emissionen

- Anorganische Emissionen werden durch den Schornstein in die Umwelt ausgetragen. Die wesentlichen Emissionen sind SO_2, NO_x, CO, CO_2 und entstehen durch Verbrennungsvorgänge. Ursachen können der Brenner der Trockentrommel (auch Paralleltrommel) und das Heizungssystem der Bitumenanlage sein. Neu erstellte Asphaltmischanlagen (mit Chargenmischer) reduzieren den Gesamtausstoß an Gesamt-C auf maximal 50 mg/Nm^3. Allgemein orientiert sich die Gesamt-C-Emission an einem maximalen Leitwert von 150 mg/Nm^3. Die Messungen erfolgen nach Regelwerken des VDI.
- Organische Emissionen können durch das Verbrennen bzw. durch das unvollständige Verbrennen organischer Brennstoffe entstehen. Sie werden durch den Schornstein abgegeben. Eine zweite Quelle ist das Bitumen. Bei Erwärmung auf die entsprechende Verarbeitungstemperatur entstehen Dämpfe. An folgenden Stellen können Bitumendämpfe entstehen:
  - Bitumentankanlage („Atmen" der Tanks, Befüllung),
  - Mischvorgang bei der Asphaltherstellung,
  - Transport des Mischgutes zur Mischgutsilierung, Verladung auf den Lkw,
  - Erwärmung des Ausbauasphaltes,
  - direkte Zugabe des Ausbauasphaltes in den Mischer.

  Die organischen Emissionen aus den Bitumentanks können durch Gaspendelung, Wassersyphons oder Aktivkohlefilter minimiert werden.
- Die Emissionen nach der Verladung auf den Lkw mit heißem Asphaltmischgut können begrenzt werden, indem die Ladung sofort abgedeckt wird.
- Ein bedeutender Faktor ist die Überhitzung des Asphaltmischgutes. In dem Temperaturbereich, wo die Asphaltmischgutherstellung stattfindet, wird die Dampfemission bei jeweils 11 °C Temperaturerhöhung verdoppelt.

Lärmemissionen

- Anlagenbedingte Lärmquellen sind:
  - der Brenner für die Trockentrommel,
  - der Exhauster (durch die Resonanz im Schornstein),
  - die Heißabsiebung inkl. Bypass,
  - der Heißelevator,
  - das Pneumatiksystem,
  - der Brecher für Asphaltgranulat.
- Andere Lärmquellen können sein:
  - Verkehrslärm im Bereich der Mischanlage (z. B. durch den Lader, der die Gesteinskörnungen zu den Vordoseuren transportiert),
  - Verkehrslärm durch Lkw, die Rohstoffe antransportieren bzw. Asphaltmischgut abtransportieren.
- Die Grenzwerte betragen:

  in Wohngebieten
  < 40–50 dB(A) am Tag,
  < 30–40 dB(A) nachts,

  in Industriegebieten
  < 60–70 dB(A) am Tag,
  < 45–70 dB(A) nachts.

Weitere Emissionen können Gerüche, Abwässer und Abfälle sein.

Bauweisen

9.1 Allgemeines

Wesentliche Ausführungen zu der Asphaltbauweise enthält bereits Kapitel 4. In diesem Kapitel sollen die einzelnen Schichten und Mischgutarten des Asphaltoberbaues angesprochen und erläutert werden.

Eine Bauweise zeichnet sich durch die festgelegte Anordung bestimmter Konstruktionselemente in einer baulichen Anlage aus. Dies bedeutet für den Asphaltstraßenbau die Anordnung der einzelnen Asphaltschichten gemäß den „Richtlinien für die Standardisierung des Oberbaus (RStO)", wobei die Asphaltschichten in ihrer Zusammensetzung dem Technischen Regelwerk entsprechend der auftretenden Belastung angepasst sein müssen.

Bild 9.1 zeigt die Entwicklung des Straßenbaus seit 1700 auf. Waren es zu Beginn des 19. Jahrhunderts zunächst die Alpenübergänge, die ausgebaut wurden, schlossen sich ihnen bald Befestigungen der städtischen Straßen an. Hier taucht schon früh der Naturasphalt als Bindemittel auf, dem mit zunehmendem Verkehr Straßenteer und Destillationsbindemittel folgen. Ab 1970 setzt die Entwicklung modifizierter Bindemittel ein. In einer eigenen Spalte wird die Entwicklung der Fahrbahnaufbauten verfolgt, insbesondere der Deckenbauweisen.

In *Bild 9.2* ist der typische Querschnitt einer Römerstraße wiedergegeben, *Bild 9.3* zeigt den Straßenaufbau, wie ihn die großen Straßenbauer des 18. Jahrhunderts (Trésaguet, Telford, McAdam) gefordert haben.

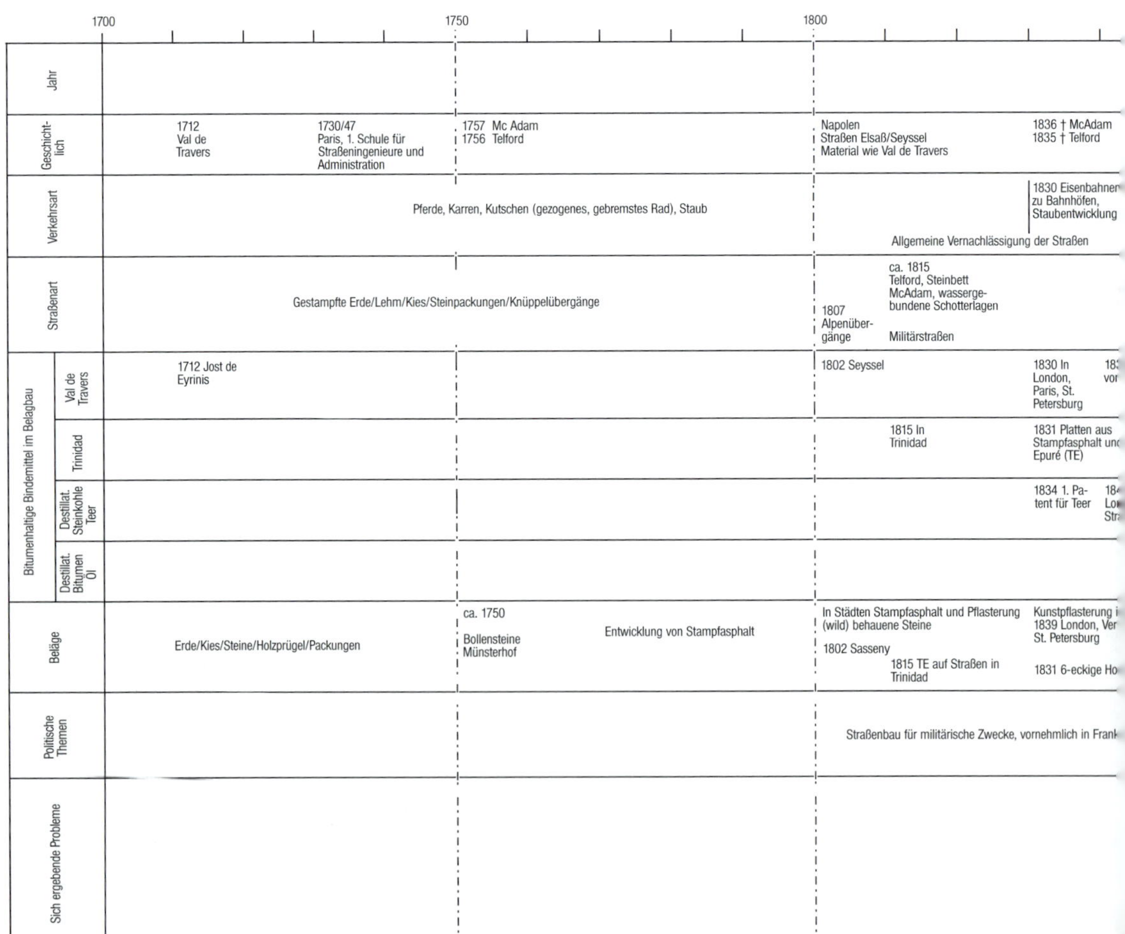

Bild 9.1 Entwicklung des Straßenbaus seit 1700

Bild 9.2 Querschnitt einer Römerstraße

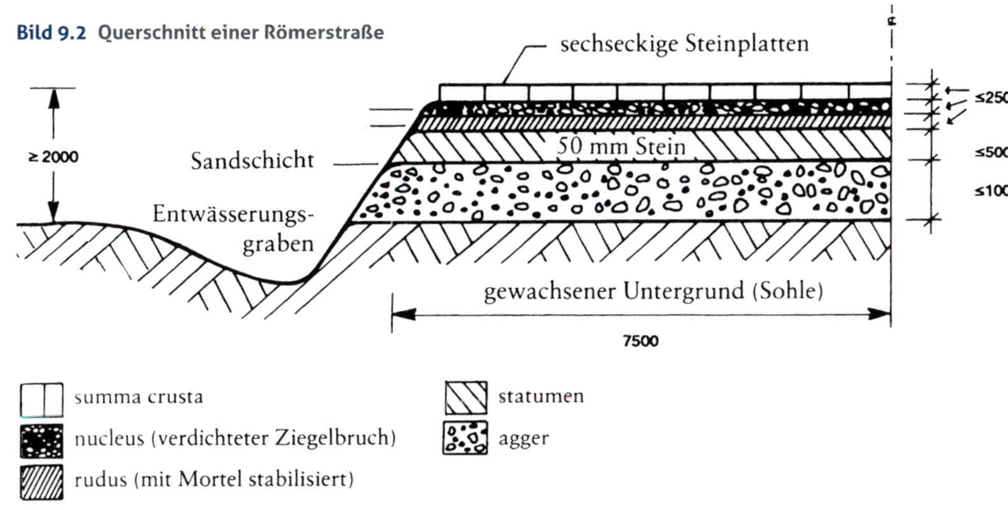

(bis 1900)	1900 – 1950	1950 – 2000
1876 Otto-Motor 1886 Benz 1897 Diesel	Weltkrieg I Weltkrieg II	
Pflasterungen, Holzziegel	1902 Dr. Goudron 1920 Graf, Wilhelmi, Mörtelbauweise 1936 Stellwaag, Siebsummenlinien	Nehru 1952, R. Gandhi 1985, Straßen aller Art sind notwendig
Autogeschwindigkeiten, angetriebenes Rad 3–5 zu 20–30 km/h	1936 ca. 85.000 Mfz. (Schweiz)	Hochmotorisiert 1936 3 Mio. Mfz. In der Schweiz Höchstgeschwindigkeiten
…ng in Städten, …el in städtischen …(Lärm)	Straßen, Korrekturen und Verstärkung unter wachsendem Verkehr Fundationsschicht, Kieslagen (McAdam) ersetzt Steinbett (Telford)	Beginn Schnellstraßen (Nationalstraßen, Autobahn), hohe Lasten/Frequenzen, Stabilisierungen
…inn Gussasphalt 1876 Wettbewerb Kapitol Washington Entwicklung Gussasphat	1920 Abbau Travers reduziert 1924 ←→ 1938 Entwicklung von Gussasphalt als Ersatz für Stampfasphalt	Seit 1873 betreibt „Neuchâtel Asphalt Co." in London, gegen Lizenzgebühr de Val de Travers Mine, die kantonales Eigentum geblieben ist
…1 wirtschaftlich ausgebeutet 1876 Erste Straße mit TE in Washington	Trinidad als Zusatz 1946 Non Skid in London	1960 Trinidad als Zusatz 1975 Gussasphalt splittreich
Entwicklung von Straßenteer	1902 Teer-Oberflächen-behandlung 1912 Aeberli Bituminöser Schotter Entwicklung TB/BT Prüfmethoden	
Destillation von Öl und Bitumen vornehmlich aus Nord- und Südamerika	1920 Öl aus Arabien Entwicklung TB/BT, Cutback Prüfmethoden	1951 Neumann, Variation von Viskosität 1961 Modifizierte Bindemittel: PmB/PmA, Polymere, Elastomere, Füller, Schwefel, Gummi, Trinidad, u.a. 2. Generation Bindemittel
…te Ausbeutung …ssasphalt/Stampf- …Sand Kein Travers als Deckbeläge mehr Holzziegel gegen Lärm getränkt mit Teeröl 1870 1. Trinidad Belag in New York 1888 Erster Betonbelag 1886/88 Teer-makadam	1902 Dr. Goudron, Teerung (Staub), O-Behandlung, kein Stampfasphalt mehr, Sandasphalt+Splitt (Topeka) 1920 Empirie wird von Wissenschaft abgelöst Feinmörtelbeläge, Kornaufbau, Sieblinien, Siebsätze 1942 Vorbituminierte Füller, getrennter Mischvorgang	kompakte Stützkorn Beläge 1961 hot rolled Belag 1969 Dränbelag (Friction course auf Flughafen) 1980 Dränbeläge auf Straßen Strukturveränderungen
…nton Aargau regelt …nbreite gesetzlich 1876 Entscheidung gegen Travers in Belägen zugunsten von Trinidad 1988 Trinidad Lake-Asphalt Corporation in London	Heimatschutz Motorisierung TB-Lungen	Heimatschutz, Lärmschutz Karzinogene Probleme 1958 Nationalstraßengesetz Umweltschutz Naturschutz Ökologie Kritik an Verkehr Ständig steigende Ölpreise
1802 Karren, Kutschen, Felgenbreiten, Radabstände führten zu gesetzlicher Regelung		Regulierung z.T. durch Verbote wie In Rom durch Nero wegen Lärm In Indien (Bullock-Carts, 1960) wegen Belagszerstörung In der Schweiz: Spikesverbot wegen Abrieb (1972) Allgemein gegen Abrieb – Edelsplitt, Splittmastix Verformung – Stützkorn, hochviskose Bindemittel Lärm – geeignete Struktur Überflutung – Entwässerung

a) Französischer Straßenbelag vor Tre'saguet und Gautier (die Steine an der Basis sind flach verlegt)

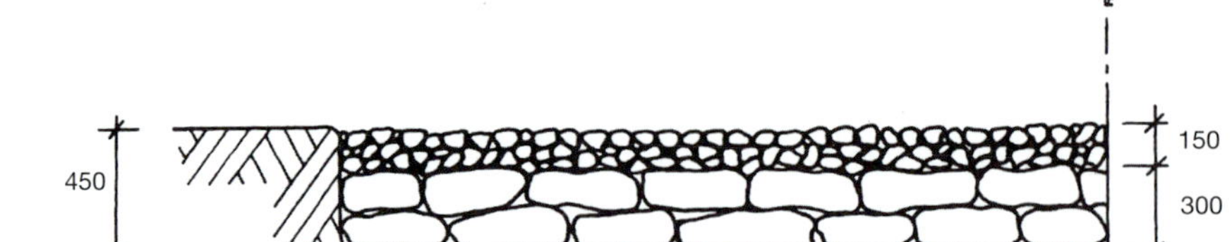

b) Aufbau nach Gautier

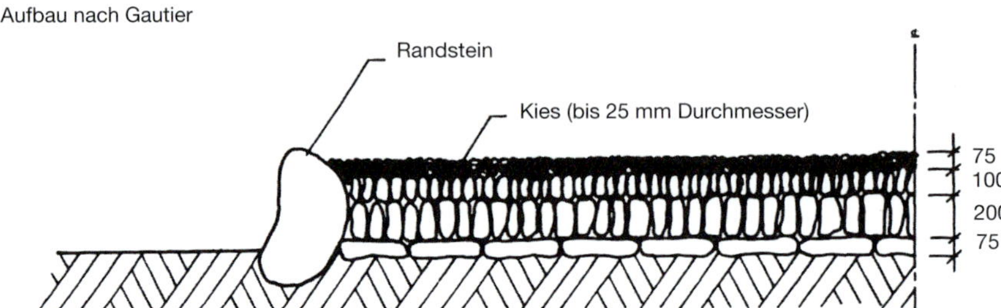

c) Aufbau nach Tre'saguet (die Steine an der Basis stehen hochkant)

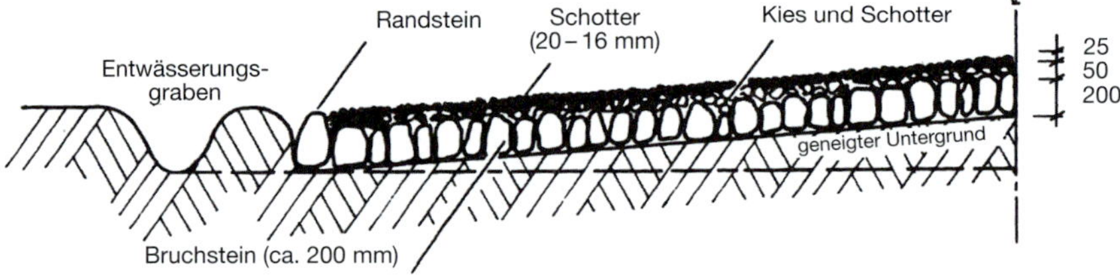

d) Aufbau nach Tellford (die Steine an der Basis stehen hochkant und mit Ihrer Breitseite quer zur Fahrbahn)

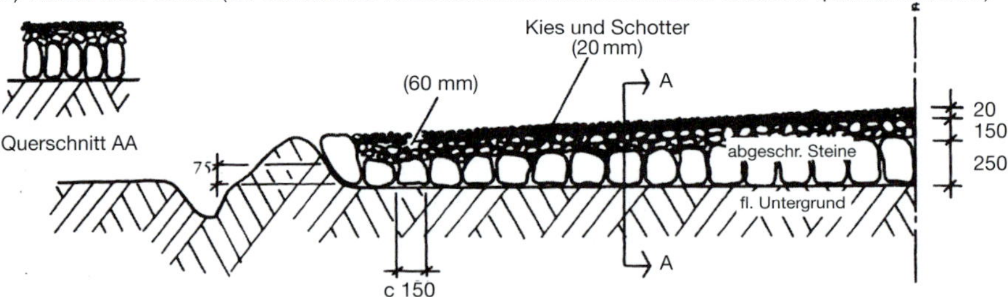

e) Aufbau nach McAdam (Verwendung von Schotter als Basis)

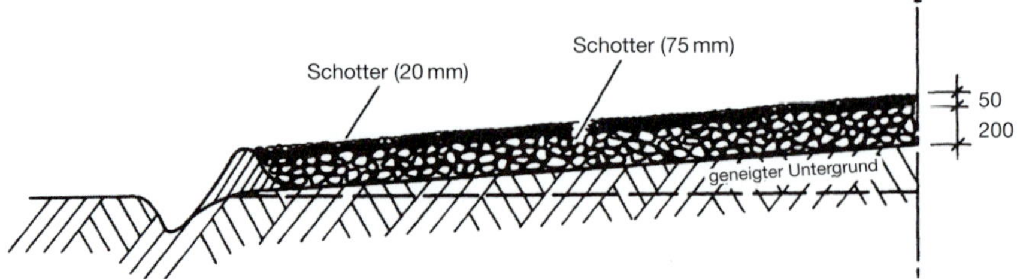

Bild 9.3 Straßenaufbau im 18. Jahrhundert

9.2 Veraltete Bauweisen

Auf inzwischen veraltete Bauweisen wird verwiesen, weil im Zuge von Erneuerungs- oder Rückbaumaßnahmen noch immer diese Bauweisen aus dem Zeitraum um 1960 angetroffen werden und daher Kenntnisse über diese Bauweisen hilfreich sein können. Bauweisen, die auf das Asphaltbetonprinzip zurückgehen, finden hier keine Berücksichtigung, da sich die Grundlagen nicht wesentlich von dem heutigen Baugeschehen unterscheiden. Zu beachten ist allerdings auch hier, welches Bindemittel (Bitumen oder Teer) Verwendung gefunden hat.

Die als veraltet bezeichneten Bauweisen lassen sich unter dem Begriff *Kompressionsdecken* (*Bild 9.4*) zusammenfassen. Diese Bauweisen zeichnen sich dadurch aus, dass die Tragschichten und Decken erst nach einer gewissen Zeit der Verkehrsbeanspruchung ihre endgültige Standfestigkeit erzielen. Die Nachverdichtung oder Kompression geht zurück auf die Kornumlagerungen und Kornverfeinerungen unter Verkehrsbelastung und wird begünstigt durch die Verwendung sehr weicher Bindemittel wie Verschnittbitumen oder Teer. Um eine gute Umhüllung auch der abgesplitterten Anteile zu gewährleisten, musste immer ein Bindemittelüberschuss vorgehalten werden.

Bild 9.4 gibt eine Übersicht über die eingesetzten Kompressionsdecken, *Bild 9.5* enthält die schematische Darstellung der Beläge.

Bei den sogenannten *Teppichbelägen* handelte es sich um verhältnismäßig dünne Schichten (3 bis 4 cm), die so zusammengesetzt waren, dass sie eine eigene Tragfähigkeit besaßen. Sie wurden in stationären Mischanlagen hergestellt, von Hand oder mit Fertiger eingebaut und eingewalzt, die endgültige Verdichtung erfolgte durch den Verkehr. Die offenen Teppiche waren nach dem Makadamprinzip (ohne Rücksicht auf Hohlraumminimum) zusammengesetzt, die dichten nach dem Betonprinzip (Minimierung der Hohlräume).

Dem Prinzip von *McAdam* folgend wurden korngestufte Schottergemische, später auch Kies-Sand-Gemische, mit weichen Bindemitteln (Verschnittbitumen, Teer) umhüllt und als Tragschicht eingebaut (Kornpackungen als Tragschicht). Das Bindemittel wirkte während des Einbaues als Verdichtungshilfe, während der Gebrauchsdauer machte man sich die kohäsive Wirkung zu Nutze.

Unter dem Begriff *Decken* sind Tränk-, Misch- und Streumakadam zusammengefasst.

Bei der *Tränkmakadamdecke* handelte es sich um eine in vier Arbeitsgängen schichtenförmig aufgebaute Decke von 7 bis 8 cm Dicke, bei der zuerst der Schotter in üblicher Weise geschüttet und die Hohlräume mit Splitt ausgefüllt wurden. In die eingewalzte Decke wurden sodann 3,0 bis 3,5 kg/m² Bindemittel gegossen und nochmals 20 bis 25 kg/m² Splitt aufgestreut. Darauf wurde eine zweite Tränkung mit 2,0 bis 2,5 kg/m² aufgebracht, die mit 15 bis 20 kg/m² abgedeckt wurde. Den Abschluss bildete eine Oberflächenbehandlung mit 1,0 bis 1,2 kg/m² Bindemittel und 15 bis 20 kg/m² Splitt.

Mischmakadamdecken bestanden aus Schotter- und Splittgemischen, die vor dem Einbau mit Straßenteer, Straßenbaubitumen oder Verschnittbitumen umhüllt worden sind. Durch entsprechende Kornabstufung wurde die erforderliche Standfestigkeit erreicht.

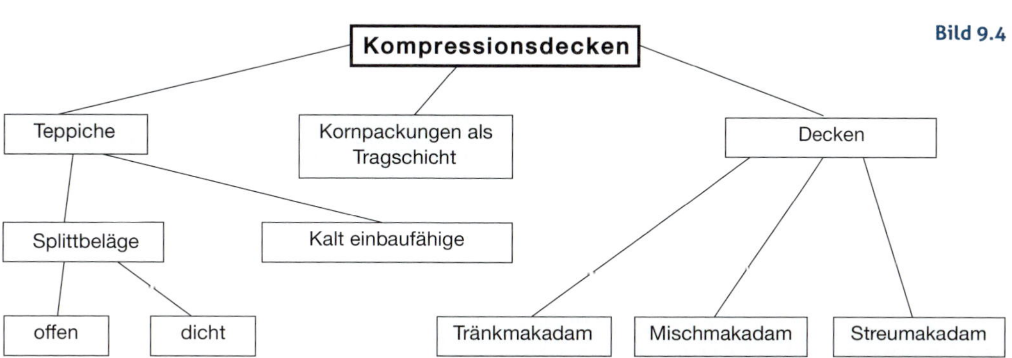

Bild 9.4

Bei den *Streumakadamdecken* wurde in die Zwischenräume der neuen mit Bindemittel angespritzten Schotterschicht geteerter oder bituminierter Splitt eingestreut. Die Decke wurde abgewalzt und gegebenenfalls mit einer zusätzlichen Lage aus geteertem oder bituminierten Splitt abgestreut. Diese Bauweise fand vor allem in Zeiten von Geldmangel Anwendung und war als Behelfsbauweise konzipiert.

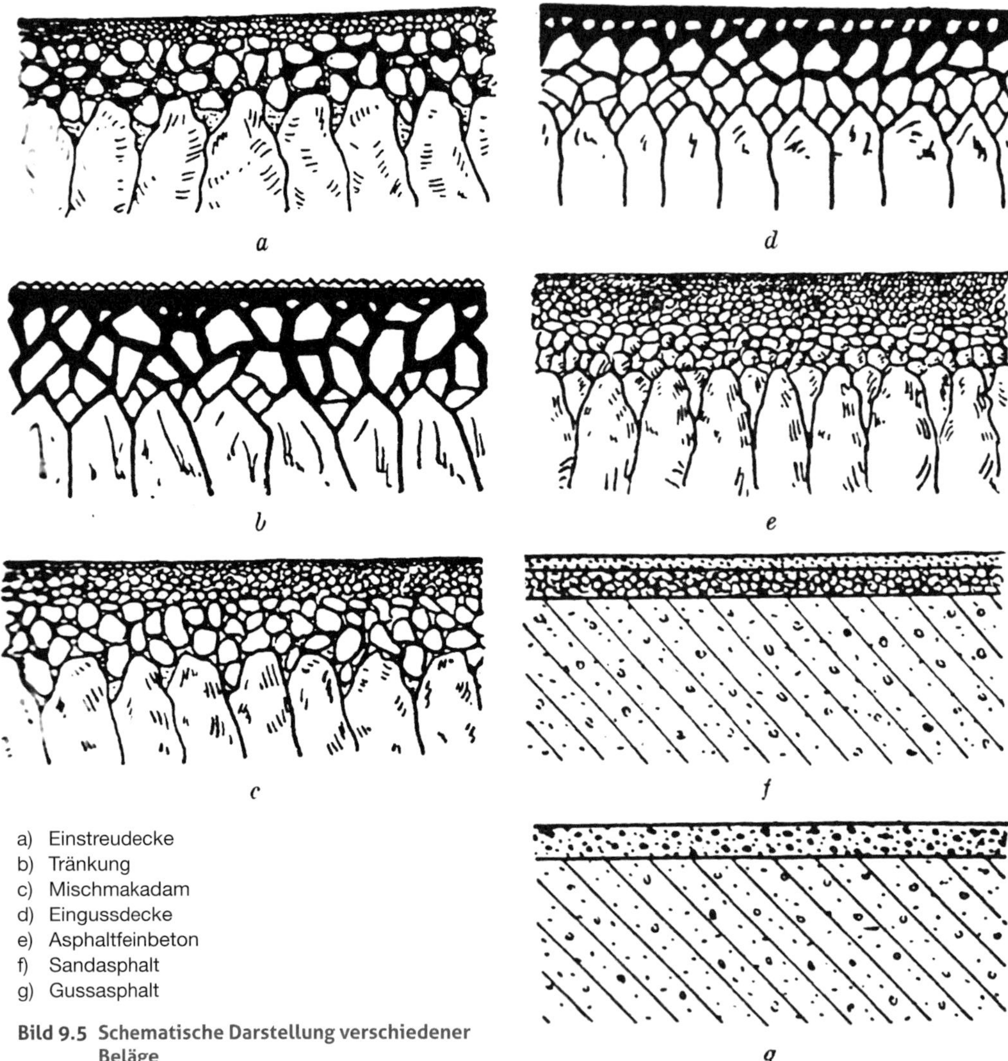

a) Einstreudecke
b) Tränkung
c) Mischmakadam
d) Eingussdecke
e) Asphaltfeinbeton
f) Sandasphalt
g) Gussasphalt

Bild 9.5 Schematische Darstellung verschiedener Beläge

9.3 Temperaturabgesenkte Asphalte

Die Entwicklung der temperaturabgesenkten Asphalte hat ihren Ursprung in Deutschland. Seit den 90er-Jahren des letzten Jahrhunderts sind Bestrebungen bekannt, die Temperaturen im Bereich des Gussasphalts, insbesondere beim Einbau von Estrichen in geschlossenen Räumen zum Schutz der Verarbeiter, abzusenken.

Es wurden verschiedene Wege beschritten, um diese Asphalte herzustellen. Prinzipiell kann man unterscheiden:

- Verwendung von Additiven, die als viskositätsverändernde, organische Zusätze wirken,
- Verwendung von Additiven, die als viskositätsverändernde, mineralische Zusätze wirken,
- Variation der Herstellungstechnologie des Asphaltmischguts,
- Einsatz von Schaumbitumen.

In Deutschland hat sich der Einsatz von organischen, viskositätsverändernden Zusätzen in Form von Wachsen, die Bitumen zugegeben und gebrauchsfertig ausgeliefert werden, in großem Umfang bewährt. Als besonderer Vorteil ist dabei anzusehen, dass eine gleichbleibende Produktqualität durch die industrielle Veränderung des Bitumens und ein entsprechendes Qualitätsmanagementsystem, das durch den Hersteller gewährleistet wird, garantiert ist.

Durch den Einsatz von temperaturabgesenkten Asphalten sollen folgende Ziele erreicht werden:

1. Verringerung der Dämpfe und Aerosole aus Bitumen bei der Heißverarbeitung.
2. Energieeinsparung und Reduzierung von CO_2-Emissionen.
3. Erhöhung der Wärmestandfestigkeit bei hohen Verkehrsbeanspruchungen.
4. Herabsetzung der Viskosität des Asphalts beim Einbau (Verdichtungshilfe).
5. Verminderung der Alterungsneigung des Bindemittels.
6. Bessere Affinität zwischen Bitumen und haftkritischem Gestein (Granit, Quarzit, Quarzporphyr).

In der *Tabelle 9.1* sind die Wirkungsweisen der Additive bewertet.

9.3.1 Viskositätsverändernde, organische Zusätze

Die Anfänge der Temperaturabsenkung wurden mit diesen Zusätzen in Deutschland realisiert.

Die ersten großtechnischen Einsätze wurden mit Fettsäureamiden als Additive im Bitumen bewältigt (z. B. ein Busbahnhof in Euskirchen (1995), die Grunewaldbrücke (1994/95) und die B 51 nahe Siegen).

Zu den viskositätsverändernden, organischen Zusätzen zählen:

Fettsäureamide

Fettsäureamide *(Bild 9.6)* sind langkettige aliphatische Kohlenwasserstoffe, die synthetisch hergestellt werden. Sie haben andere physikalische Eigenschaften als die erdöleigenen Paraffine. Oberhalb von 140 °C sind sie sehr gut löslich und in das Bitumen sehr gut einzuarbeiten. Während des Abkühlens steigert sich die Standfestigkeit des Bitumen-Gestein-Gemisches (Asphalt), das speziell für hohe Verkehrsbeanspruchung, auch unter extremen klimatischen Bedingungen, genutzt werden kann.

Je nach Art des Grundbitumens und der Provenienz des Erdöls kann ein „Multigrade Bitumen“ hergestellt werden, das einen Temperaturbereich von –25 °C (Brechpunkt nach Fraaß) bis annähernd 100 °C (Ring und Kugel), also 125 Kelvin überstreicht (s. *Bild 9.7*).

Durch Veränderung der Kohlenwasserstoffstruktur ist es ebenfalls gelungen, die Affinität des Bitumens zu haftkritischen Gesteinen so verbessern, dass kein Unterschied zu nicht haftkritischen Gesteinen feststellbar ist. Die Zusätze sind mit AD (Adhesion) gekennzeichnet (s. a. Kapitel 2).

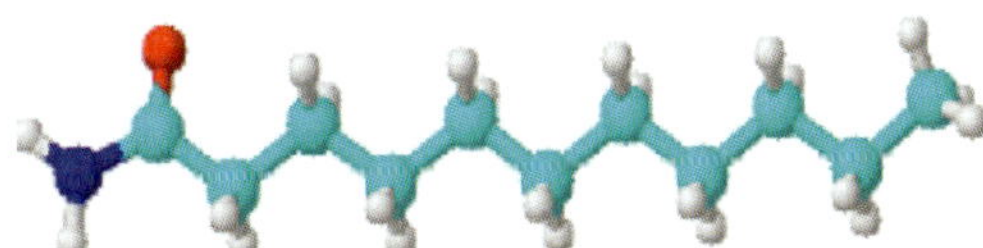

Bild 9.6 Fettsäureamid

Tabelle 9.1 **Stoffbeschreibung viskositätsverändernder Zusätze und deren Wirkung am Beispiel eines Straßenbausystems 50/70 (Deutschland)**

Beschreibung			FT Wachs	Fettsäureamid (Amidwachs)	Montanwachs
Aussehen			Weißes Pulver oder Granulat	Weißes Pulver oder Granulat	Braunes Pulver oder Pastillen
Struktur			Langkettige aliphatische Kohlenwasserstoffe	Fettsäurediamid	Montansäureester
Eigenschaften	Tropfpunkt		114–120 °C	140–145 °C	110–140 °C
	Erstarrungspunkt		100–105 °C	130–142 °C	100–130 °C
	Dynamische Viskosität in mPas bei	130 °C	11–15	Nicht messbar	20–200
		140 °C	9–13	13–17	Nicht bestimmt
		150 °C	8–12	9–13	5–15
	Zugabemenge [%]		3,0*)	3,0*)	Nach Herstellerangaben
	Erhöhung EP RuK [°C]		25–35	40–55	Nach Herstellerangaben
	Verringerung Nadelpenetration [1/10 mm]		15–25	min. 10–25	Nach Herstellerangaben

*) Massenanteil bezogen auf das Bindemittel

Tabelle 9.2 **Klassifikation und Eigenschaften von gebrauchsfertigen viskositätsveränderten Polymermodifizierten Bitumen**

Merkmal oder Eigenschaft	Einheit	Prüfmethode	PmB 10/25 VL	PmB 10/25 VH	PmB 25/45 VL	PmB 25/45 VH	PmB 45/80 VL	PmB 45/80 VH
Penetration bei 25 °C	0,1 mm	DIN EN 1426	10 bis 25		25 bis 45		45 bis 80	
Äquisteifigkeitstemperatur T (G^* = 15 kPa) bei 1,59 Hz	°C	in Anlehnung an AL DSR-Prüfung (T-Sweep)	60 bis 80		55 bis 75		50 bis 70	
Phasenwinkel δ (G^* = 15 kPa) bei 1,59 Hz	°	in Anlehnung an AL DSR-Prüfung (T-Sweep)	IA		IA		IA	
Phasenübergangstemperatur T_{PT}	°C	AL DSR-Prüfung (konstante Scherrate)	$80 \le T_{PT} < 100$	$100 \le T_{PT} \le 120$	$80 \le T_{PT} < 100$	$100 \le T_{PT} \le 120$	$80 \le T_{PT} < 100$	$100 \le T_{PT} \le 120$
Flammpunkt	°C	DIN EN ISO 2592	≥ 235		≥ 235		≥ 235	
Elastische Rückstellung bei 25 °C	%	DIN EN 13398	≥ 40		≥ 40		≥ 40	
Kraftduktilität bzw. Formänderungsarbeit	DIN EN 13589 DIN EN 13703		IA (empfohlene Starttemperatur T = 20 °C)		IA (empfohlene Starttemperatur T = 15 °C)		IA (empfohlene Starttemperatur T = 10 °C)	
Verformungsverhalten im Dynamischen Scherrheometer (DSR)	in Anlehnung an AL DSR-Prüfung (T-Sweep)		IA		IA		IA	
Verhalten bei tiefen Temperaturen: Biegebalkenrheometer (BBR)								
T (S = 300 MPa)	°C	TL Bitumen-StB 07/13 Abschnitt 5.4	IA		IA		IA	
T (m = 0,3)	°C		IA		IA		IA	
Beständigkeit gegen Verhärtung unter Einfluss von Wärme und Luft nach DIN EN 12607-1 bei 163 °C								
Massenänderung[1]	%	DIN EN 12607-1	≤ 0,5		≤ 0,5		≤ 0,5	
Verbleibende Penetration	%	DIN EN 1426	≥ 60		≥ 60		≥ 60	

1 Die Massenänderung kann positiv oder negativ sein.
IA = ist anzugeben: Für die so bezeichnete Eigenschaft ist der Wert anzugeben.

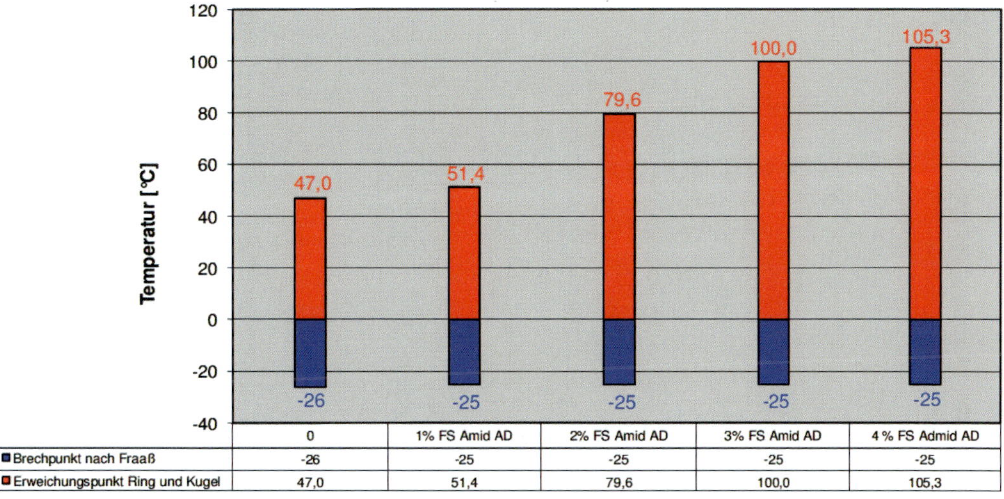

	0	1% FS Amid AD	2% FS Amid AD	3% FS Amid AD	4 % FS Admid AD
Brechpunkt nach Fraaß	-26	-25	-25	-25	-25
Erweichungspunkt Ring und Kugel	47,0	51,4	79,6	100,0	105,3

Bild 9.7 Entwicklung der Plastizitätsspanne am Beispiel eines Bitumens 60/90 bei der Veränderung mit einem Fettsäureamid AD

Fischer-Tropsch-Wachse

Fischer-Tropsch-Wachse *(Bild 9.8)* sind langkettige aliphatische Kohlenwasserstoffe, die mit der Fischer-Tropsch-Synthese in einem katalytischen Hochdruckverfahren aus dem Synthesegas (CO und H_2) hergestellt werden.

Das Fischer-Tropsch-Verfahren ist ein von Franz Fischer und seinem Mitarbeiter Hans Tropsch in Mülheim an der Ruhr vor 1925 entwickeltes, großtechnisches Verfahren zur Umwandlung von Synthesegas (CO und H_2) in flüssige Kohlenwasserstoffe, die als synthetische Kraftstoffe genutzt wurden.

In der Republik Südafrika, die ebenfalls über ausreichend Kohleressourcen verfügte und Erdöl importieren musste, wurde aus politischen Gründen 1955 die erste moderne CtL-Anlage in Betrieb genommen. Gebaut wurde sie durch die eigens gegründete Suid Afrikaanse Steenkool en Olie (Sasol) unter Beteiligung der deutschen Lurgi AG.

Oberhalb von 120 °C sind Fischer-Tropsch-Wachse sehr gut löslich und in das Bitumen sehr gut einzuarbeiten. Sie haben andere physikalische Eigenschaften als die erdöleigenen Paraffine. Während des Abkühlens steigert sich die Standfestigkeit des Bitumen-Gestein-Gemisches (Asphalt).

Montanwachse

Montanwachse sind aus einigen Braunkohlesorten extrahierbare, natürliche Wachse. Sie bestehen aus höheren molekularen Kohlenwasserstoffen (Gemisch langkettiger Carbonsäureester, z. B. Estern der Montansäure) und haben einen Schmelzpunkt zwischen 110 und 140 °C. Zur Gewinnung geeignete Braunkohlelagerstätten finden sich bei Amsdorf, Völpke in Sachsen-Anhalt und Ione (Kalifornien).

Die Wirkung viskositätsverändernder Zusätze auf Straßenbaubitumen ist in der *Tabelle 9.1* dargestellt.

Die vorgenannten Additive haben bezüglich der Verarbeitbarkeit ein prinzipiell ähnliches Verhalten. Im *Bild 9.9* ist der komplexe Schubmodul in Abhängigkeit von der Bitumentemperatur dargestellt. Es ist zu erkennen, dass oberhalb von ca. 100 bis 115 °C das modifizierte Bitumen weniger viskos als ein Bitumen 50/70 ist

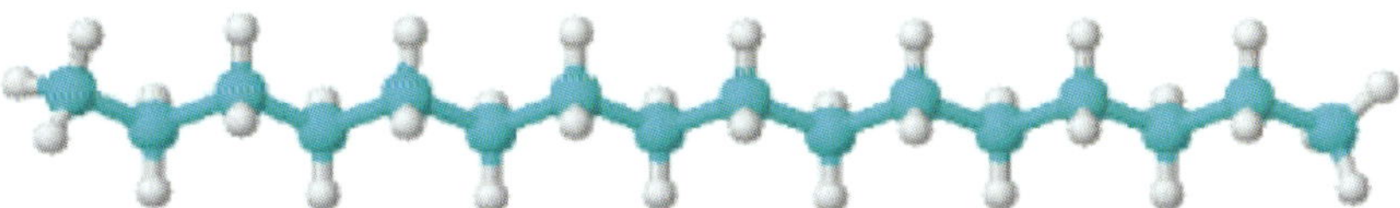

Bild 9.8 Fischer-Tropsch-Wachs

Tabelle 9.3 Klassifikation und Eigenschaften von gebrauchsfertigen viskositätsveränderten Straßenbaubitumen

Merkmal oder Eigenschaft	Einheit	Prüfmethode	15/25 VL	15/25 VH	25/35 VL	25/35 VH	35/50 VL	35/50 VH	50/80 VL	50/80 VH
Penetration bei 25 °C	0,1 mm	DIN EN 1426	15 bis 25		25 bis 35		35 bis 50		50 bis 80	
Äquisteifigkeitstemperatur T (G^* = 15 kPa) bei 1,59 Hz	°C	in Anlehnung an AL DSR-Prüfung (T-Sweep)	60 bis 80		55 bis 75		50 bis 70		45 bis 65	
Phasenwinkel δ (G^* = 15 kPa) bei 1,59 Hz	°	in Anlehnung an AL DSR-Prüfung (T-Sweep)	IA		IA		IA		IA	
Phasenübergangstemperatur T_{PT}	°C	AL DSR-Prüfung (konstante Scherrate)	$80 \leq T_{PT} < 100$	$100 \leq T_{PT} \leq 120$	$80 \leq T_{PT} < 100$	$100 \leq T_{PT} \leq 120$	$80 \leq T_{PT} < 100$	$100 \leq T_{PT} \leq 120$	$80 \leq T_{PT} < 100$	$100 \leq T_{PT} \leq 120$
Flammpunkt	°C	DIN EN ISO 2592	≥ 240		≥ 240		≥ 230		≥ 230	
Löslichkeit	%	DIN EN 12592	≥ 99		≥ 99		≥ 99		≥ 99	
Kraftduktilität bzw. Formänderungsarbeit	TL Bitumen-StB 07/13 Abschnitt 5.2		IA (empfohlene Starttemperatur T = 25 °C)		IA (empfohlene Starttemperatur T = 20 °C)		IA (empfohlene Starttemperatur T = 15 °C)		IA (empfohlene Starttemperatur T = 10 °C)	
Verformungsverhalten im Dynamischen Scherrheometer (DSR)	in Anlehnung an AL DSR-Prüfung (T-Sweep)		IA		IA		IA		IA	
Verhalten bei tiefen Temperaturen: Biegebalkenrheometer (BBR)										
T (S = 300 MPa)	°C	TL Bitumen-StB 07/13 Abschnitt 5.4	IA		IA		IA		IA	
T (m = 0,3)	°C		IA		IA		IA		IA	
Beständigkeit gegen Verhärtung unter Einfluss von Wärme und Luft nach DIN EN 12607-1 bei 163 °C										
Massenänderung[1]	%	DIN EN 12607-1	≤ 0,5		≤ 0,5		≤ 0,5		≤ 0,8	
Verbleibende Penetration	%	DIN EN 1426	≥ 55		≥ 53		≥ 50		≥ 46	

1 Die Massenänderung kann positiv oder negativ sein.
IA = ist anzugeben: Für die so bezeichnete Eigenschaft ist der Wert anzugeben.

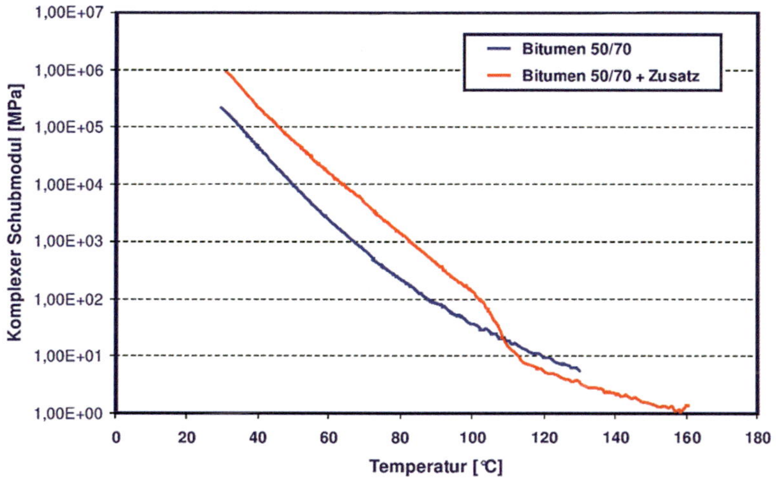

Bild 9.9 Komplexer Schubmodul in Abhängigkeit von der Bitumentemperatur

und somit als „Verflüssiger" einfacher einzubauen und zu verdichten ist. Bei geringeren Temperaturen wandelt es sich in das Gegenteil um und das modifizierte Bitumen erzeugt eine höhere Stabilität im Asphaltmischgut. In den „Empfehlungen zur Klassifikation von viskositätsveränderten Bindemitteln" (E KvB) sind mögliche Anforderungswerte an viskositätsveränderte Straßenbaubitumen (*Tabelle 9.3*) und polymermodifizierte Bitumen enthalten. Dabei werden die Bindemittel auch danach unterschieden, in welchem Temperaturbereich die Wachse auskristallisieren (VH, VL).

9.3.2 Viskositätsverändernde, mineralische Zusätze

In Deutschland werden als viskositätsverändernde, mineralische Zusätze Zeolithe verwendet. A-Zeolithe sind synthetische, farblose, kristalline Alumosilikate. Sie haben in ihrer hydratisierten Natrium-Form die Summenformel $Na_{12}((AlO_2)_{12}(SiO_2)_{12}) \cdot 27\ H_2O$ und zählen nicht zu den Mineralen. Zeolith A hat eine Gerüststruktur aus AlO_4- und SiO_4-Tetraedern. Sie bilden ein kovalentes Gitter mit Hohlräumen, die in der Regel Wasser enthalten. Dieses Gitter ist ein riesiges Anion. Daher enthalten die Hohlräume viele Kationen, die im inneren Wasser gelöst sind oder an den inneren Wänden haften.

Das *Bild 9.10* zeigt einen repräsentativen Ausschnitt der Gitterstruktur (Einheitszelle).

Zeolithe wirken nur eine begrenzte Zeit nach dem Mischvorgang als „Verflüssiger" und Einbauhilfe (*Bild 9.11*). Nach ca. 4 Stunden sind alle Wasseranteile ausgedampft.

Die Kenndaten des Bitumens bzw. des Asphaltmischguts werden nicht verändert.

9.3.3 Variation der Herstellungstechnologie des Asphaltmischguts

Die gegenwärtigen Verfahrenstechniklösungen sind die Varianten der KGO-Methode (Karl-Gunnar Ohlson-Methode) und die 2-Phasen-Mischmethode.

■ KGO-Methode

Mit der KGO-Methode werden zunächst die groben Gesteinskörnungen der Gesamtmischung mit dem Bitumen gemischt. Danach werden die feinen Gesteinskörnungen (Füller, Sand) hinzugefügt. Dies führt zu einer Asphaltmischung mit besseren Verdichtungsverhalten. Der Asphalt kann auf einem niedrigeren

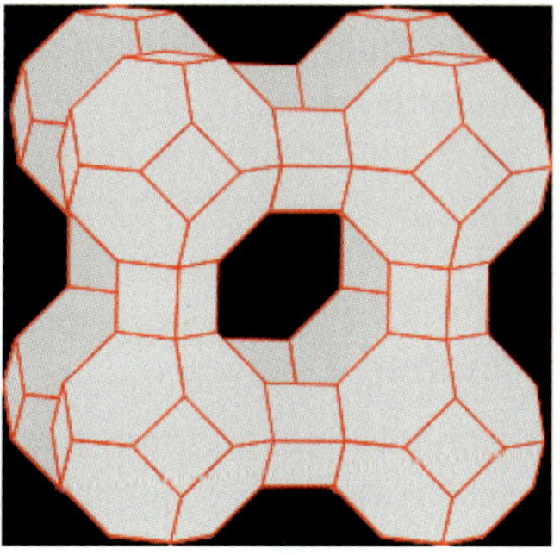

Bild 9.10 Struktur/Gitter des Zeolith A

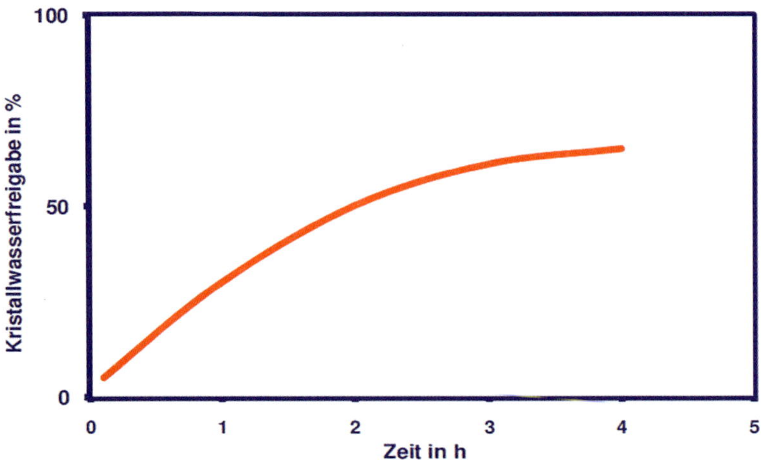

Bild 9.11 Wasserabgabe von Zeolith im heißen Asphaltgemisch

Temperaturniveau produziert und eingebaut werden.

Gesteinkörnungen im Asphalt, die Restfeuchtigkeit enthalten, haben eine positive Wirkung auf die Prozessfähigkeit des Asphalts. Diese Wirkung ist auch bei der Verwendung von wiedergewonnenem Asphalt bekannt. Bei heißem Asphalt führt die Restfeuchtigkeit zu einer Wirkung, die dem Schäumen von Bitumen ähnlich ist. Es ist aber darauf zu achten, dass es nicht zu einem „slow setting" – einer verzögerten Asphalterhärtung – führt.

■ 2-Phasen-Mischmethode

Die 2-Phasen-Mischmethode basiert auf der KGO-Methode. Es werden zwei Arten Bitumen mit verschiedener Viskosität verwendet. Auf Grundlage vom gewünschten Viskositätsniveau des entstehenden Bitumens wird anfangs niederviskoses Bitumen der Gesamtmischung hinzugefügt. Danach wird höherviskoses Bitumen dieser vorläufigen Mischung beigegeben. Das Verhältnis des niederviskosen zum hochviskosen Bitumen ist in Bezug auf die gesamte Bitumenmenge $^1/_3 : ^2/_3$. Die Temperaturreduktion wird, verglichen mit normal produziertem Asphalt, auf etwa 10 K bis 30 K eingeschätzt.

9.3.4 Schaumbitumen

Als Schäume bezeichnet man disperse Systeme, in denen das flüssige Dispersionsmittel (hier Bitumen) in Form dünner Lamellen das gasförmige Dispersoid (Wasser) umschließt.

Wesentlich für die Beständigkeit der Schäume ist die Oberflächenspannung.

Die Schäume sind im Allgemeinen beständiger, je kleiner die Oberflächenspannung der Flüssigkeit gegenüber dem Gas ist. Außerdem spielt auch die Viskosität der Flüssigkeit eine Rolle. Hochviskose Flüssigkeiten neigen dazu, beständige Schäume zu bilden. In den Schäumen ist das Dispersoid gegen das Dispersionsmittel elektrisch aufgeladen. Je höher die Ladung, umso größer ist die Beständigkeit des Schaumes. In dem Dispersionsmittel gelöste Stoffe verändern die Oberflächenspannung sowie die Ladung und können somit die Beständigkeit der Schäume erheblich beeinflussen.

Schaumbitumen hat eine niedrigere Viskosität, erhöht beträchtlich die Oberfläche und ändert die Oberflächenspannung, was sich dann positiv auf den Umhüllungsprozess auswirkt.

■ Herstellung von Schaumbitumen

Bei der Erzeugung von Schaumbitumen wird heißes Bitumen durch ein Ventil in eine Expansionskammer geleitet. Zur gleichen Zeit werden Wasser und Luft seitlich in diese Kammer eingesprüht. Das Wasser ist durch die aufgebrachte Druckluft fein verteilt. Beim Aufeinandertreffen bildet sich durch die hohen Scherkräfte Schaum, der durch eine Austrittsöffnung (Düse) nach unten abfließen kann. Dabei tauschen Bitumen und Wassertropfen Energie aus. Während die Oberfläche des Wassers mit dem ca. 150 bis 160 °C heißen Bitumen in Berührung kommt, wird das Wasser

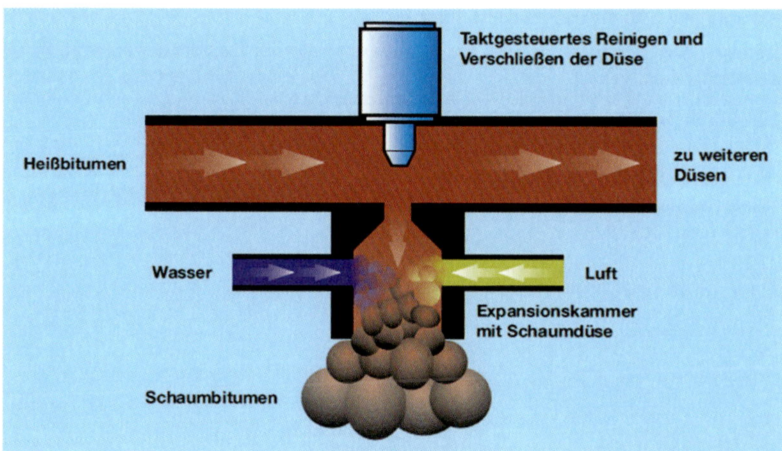

Bild 9.12 Prinzipskizze des Schäumvorganges

auf 100 °C aufgeheizt. Dabei gibt das Bitumen Wärmeenergie ab. Die abgegebene Energie des Bitumens überschreitet die latente Wärme des Wassers, was dazu führt, dass in einer explosionsartigen Expansion Wasserdampf erzeugt wird. Diese Dampfblasen werden unter Druck in einer Expansionskammer in eine kontinuierliche Phase des Bitumens gezwungen.

Beim Austreten aus der Düse in die Atmosphäre (Umgebungsdruck) expandiert der Dampf durch den Druckabfall von ca. 4 bar in der Expansionskammer bis auf 1 bar an der Luft. Der Dampf breitet sich solange aus, wie der dünne Film oberflächlich kälteren Bitumens die Blasen durch die Oberflächenspannung zusammenhält.

Eine Prinzipskizze des Schäumvorganges ist im *Bild 9.12* dargestellt.

Bei der Produktion wird konventionell heißes Bitumen mit Wasser aufgeschäumt. Mit diesem Schaum werden entweder kalte Gesteinskörnungen – vorwiegend aber Recycling-Baustoffe oder industrielle Nebenprodukte – mit der Zugabe von Zement oder heiße natürliche Gesteinskörnungen eingebunden.

Schaumbitumen-Mischgut ist geeignet zur Herstellung von Niedrigtemperatur-Walzasphalt. Hauptsächlich wurden bisher Asphalttragschichten hergestellt, das Mischgut ist aber auch für den Einsatz in anderen Mischgutarten geeignet. Die empfohlene Anwendungstemperatur liegt bei 130 °C, gemessen hinter der Bohle.

Die Auswirkungen der beschriebenen Verfahren sind hinsichtlich der Wärmestandfestigkeit des Asphaltmischguts und der Affinität zu haftkritischen Gesteinen sehr unterschiedlich.

Bild 9.13 Schaumbitumenproduktion

Tabelle 9.4 Auswirkungen der Additive/Verfahren und Mischgut

	Fettsäure-amid	Fettsäure-amid AD	FT-Wachs	Zeolith	Montan-wachs	KGO-Verfahren	Schaum-bitumen
Veringerung von Emissionen bei Verarbeitung	××	××	××	××	××	××	××
Energieeinsparung	××	××	××	××	××	×	××
Erhöhung Wärme-standfestigkeit	××	××	××	–	×	–	–
Vorzeitige Verkehrsfreigabe	××	××	××	××	××	×	×
Verminderung der Alterungsneigung des Bitumens	××	××	×	×	×	0	0
Affinität zu haft-kritischem Gestein, z. B. Granit	–	××	–	0	–	0	×

×× sehr gut × gut – vorhanden 0 nicht nachweisbar

Die Wirkungsweise wird in der *Tabelle 9.4* verglichen.

Alle Verfahren verringern die Emissionen von CO_2 während der Herstellung und beim Einbau des temperaturabgesenkten Asphaltmischguts (s. *Bild 9.14*).

9.3.5 Herstellung des Asphaltmischguts

Das Mischgut für temperaturabgesenkten Asphalt wird in konventionellen Asphaltmischanlagen hergestellt. Wichtig ist, dass die Abgastemperaturen immer oberhalb des Taupunktes gehalten werden. Die Herstellungs- und Einbautemperaturen sollen sich nach den in der *Tabelle 9.5* angegebenen Werten richten.

Grundlage zur Herstellung dieses Mischguts ist die Erstellung dafür abgestimmter Erstprüfungen. Hierbei sind die Hinweise der Additiv- bzw. Bitumenhersteller genau zu beachten. Gegebenenfalls sind im Vorfeld der Erstellung der Erstprüfungen Voruntersuchungen durchzuführen. Im *Bild 9.15* sind für einen SMA 11 S die Hohlraumgehalte dargestellt, die sich bei Herstellung von Marshall-Probekörpern bei unterschiedlicher Temperatur ergeben. Die

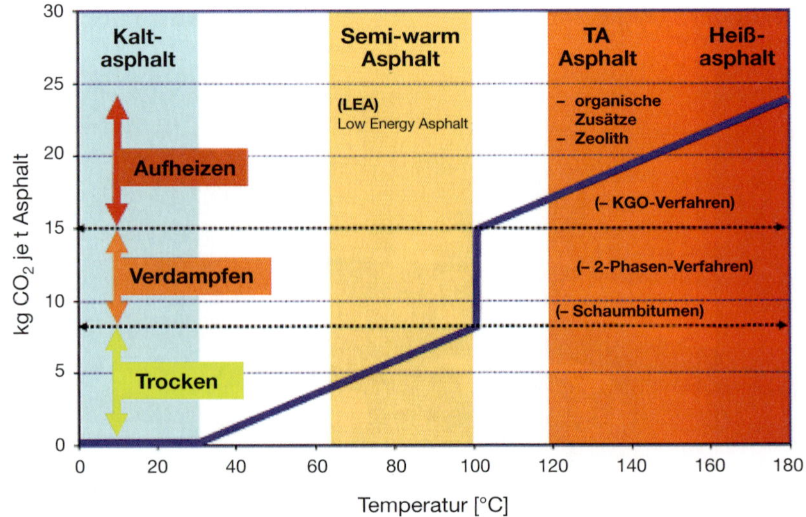

Bild 9.14 Einordnung der Verfahren der Asphaltherstellung

Asphaltart	Art und Sorte des Grundbitumens	Richtwerte für Asphaltmischguttemperaturen bei der Herstellung	Richtwerte für Asphaltmischguttemperaturen bei der Einbaubohle
Walzasphalt	70/100 50/70	130 bis 150 °C	mindestens 120 °C
	30/45 25/55-55 A	140 bis 160 °C	mindestens 130 °C
	10/40-65 A	150 bis 170 °C	mindestens 140 °C
Gussasphalt	30/45 20/30 25/55-55 A	200 bis 230 °C	mindestens 200 °C höchstens 230 °C
	10/40-65 A	210 bis 230 °C	mindestens 210 °C höchstens 230 °C

Tabelle 9.5 Richtwerte für Asphaltmischguttemperaturen bei der Herstellung temperaturabgesenkter Asphalte

Mischgutherstellung erfolgte mit unterschiedlichen Bindemitteln (viskositätsverändertem Bindemittel, Bitumen 50/70, PmB 25/55-55). Aus diesem Vergleich kann die optimale Verdichtungstemperatur des Mischguts ermittelt werden.

Asphaltmischgut für temperaturabgesenkte Asphalte (Walz- und Gussasphalt) wird auch mit dem CE-Kennzeichen versehen, wenn die Zusätze deklariert werden. Im Sortenverzeichnis wird auf die Temperaturabsenkung hingewiesen.

9.3.6 Einbau des Asphaltmischguts

Die Vorbereitung der Baustelle und des Einbaus werden gemäß Kapitel 4 durchgeführt. Besonderer Wert ist dabei auf eine genaue terminliche Abstimmung des Transports und des Einbaus zu legen, da die abgesenkte Mischguttemperatur eine eingeschränkte Transport- und Einbauzeit nach sich zieht.

Hinweise für eine effektive Einbautechnologie für *Walzasphalte*:

- gleichmäßige Einbaugeschwindigkeit,
- kontinuierliche Beschickung,
- ständige Temperaturkontrolle,
- Walzen nahe dem Straßenfertiger,
- laufende Kontrolle der Verdichtung (Isotopensonde oder Kontrollsystem der Walze),
- schnelles Andrücken mit Walzen, vor allem auch der Randbereiche (kurze Bahnen),
- Einbauten zeitnah angleichen,
- Abstumpfungsmaßnahmen spätestens nach dem 2. Walzgang realisieren,
- Abschluss der Verdichtung im Bereich von 100 bis 110 °C, entsprechend dem verwendeten Additiv.

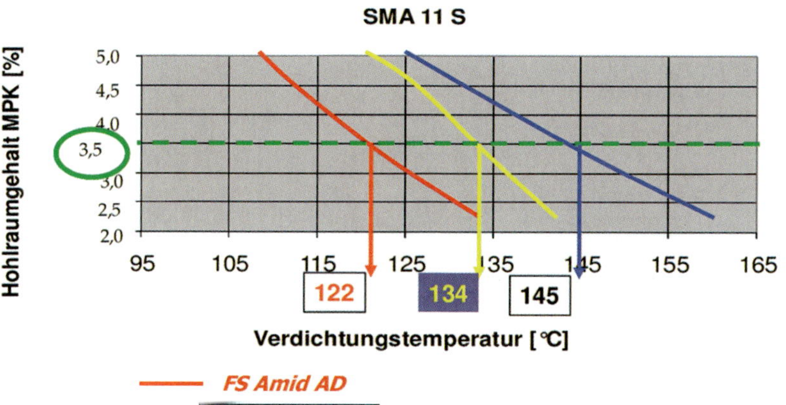

Bild 9.15 Vergleichende Untersuchungen zur Marshall-Probekörperherstellung

Bild 9.16
Einbau temperaturabgesenkter Gussasphalt auf Werratalbrücke BAB A 71

Gussasphalt

Seit dem 1. Januar 2008 gilt in Deutschland für das Herstellen und Einbauen von Gussasphalt eine Höchstgrenze von 230 °C.

Das bedeutet, dass das Zeitfenster zum Einbringen des Gussasphalts minimiert ist. Insbesondere trifft es auf den Einbau auf kühlen Unterlagen und bei niedrigeren Temperaturen (kältere Jahreszeiten) zu.

Neben den bekannten Einbauregeln für Gussasphalt (s. Kapitel 4) ist besonders darauf zu achten:

- Die Transportzeit vom Abfüllen aus dem Transportkocher bis zur Einbaustelle wird minimiert.
- Das Abstreuen und Abreiben hat sehr zeitnah zu erfolgen.
- Das Fließverhalten ändert sich gegenüber herkömmlichem Gussasphalt (Steigungen, Pendelrinnen etc.).
- Die ggf. stärker zum Absinken neigenden Abstreumaterialien berücksichtigen.
- Nur vorgewärmtes Abstreumaterial verwenden.
- Beim Einbau Heiß an Kalt sind die Anschlussflächen vorzuwärmen.

Bild 9.17
Einbau von temperaturabgesenktem Gussasphalt im Hochbau

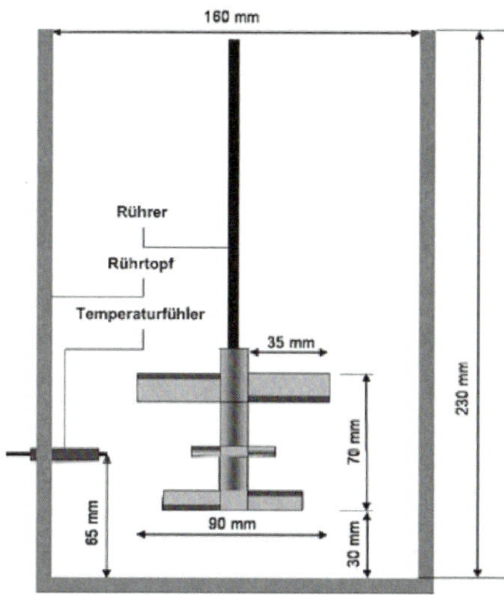

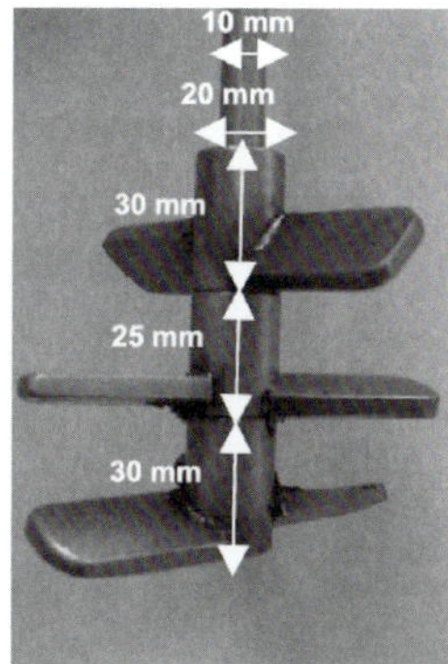

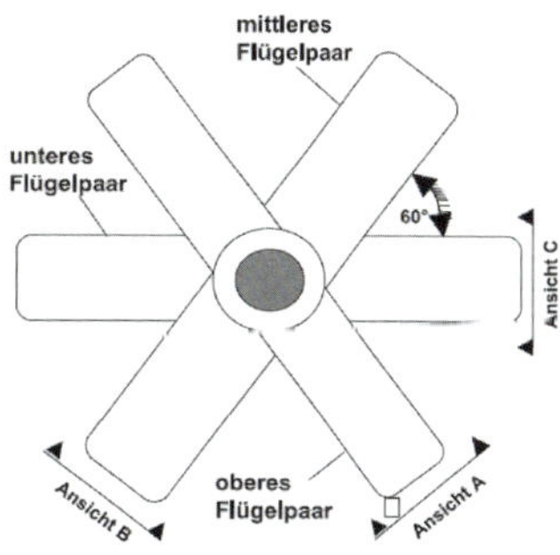

Bild 9.18
Rührtopf und Rührer zur Prüfung der Verarbeitbarkeit im Labor (MTA)

■ Verarbeitbarkeit

Schon bei der Erstellung der Erstprüfung ist das Gussasphaltmischgut bezüglich seiner Verarbeitbarkeit zu überprüfen. Die Kontrolle der Verarbeitbarkeit sollte dann bei Entnahme des Gussasphalts aus dem Transportkocher wiederholt werden.

Dazu wurden verschiedene Methoden entwickelt, z. B.:

- *Bestimmung des Rührwiderstands* (*Bild 9.18*). Der Rührwiderstand wird in Abhängigkeit von der Temperatur (180–230 °C) in einem Rührtopf beim Rühren des Gussasphalts bestimmt (Ncm). Dieses Verfahren ist besonders für Laboruntersuchungen geeignet. Es ist im Anhang 2 des MTA beschrieben.
- *Bestimmung des Ausbreitmaßes* (*Bild 9.19*). Hierbei handelt es sich um einen sehr einfach durchzuführenden und aussagekräftigen Versuch, der sehr praxisnah und baustellentauglich ist. Ein Stahlzylinder wird mit Gussasphalt mit Verarbeitungstemperatur vollständig gefüllt und auf eine ausreichend große Platte (z. B. aus Teflon) gestellt. Der Zylinder wird angehoben und das Mischgut kann sich

Bild 9.19 Prüfung der Verarbeitbarkeit auf der Baustelle

ungehindert ausbreiten. Der Durchmesser des entstehenden Gussasphaltkuchens wird nach 30, 60 und 120 Sekunden gemessen. Somit lässt sich die Verarbeitbarkeit einfach beurteilen.

■ Prüfungen

Im Rahmen der Werkseigenen Produktionskontrolle sind die Festlegungen der TL Asphalt-StB bzw. der DIN EN 13108-21 einzuhalten. Während der Herstellung und des Einbaus ist auf eine laufende Temperaturkontrolle zu achten.

Beim Einsatz von Walzasphalten empfiehlt sich eine regelmäßige Verdichtungskontrolle mit der Isotopensonde.

Die Kontrollprüfungen werden gemäß der ZTV Asphalt-StB durchgeführt. Hier sind die spezifischen Hinweise des Bindemittelherstellers ggf. zu beachten.

Asphalttragschichten

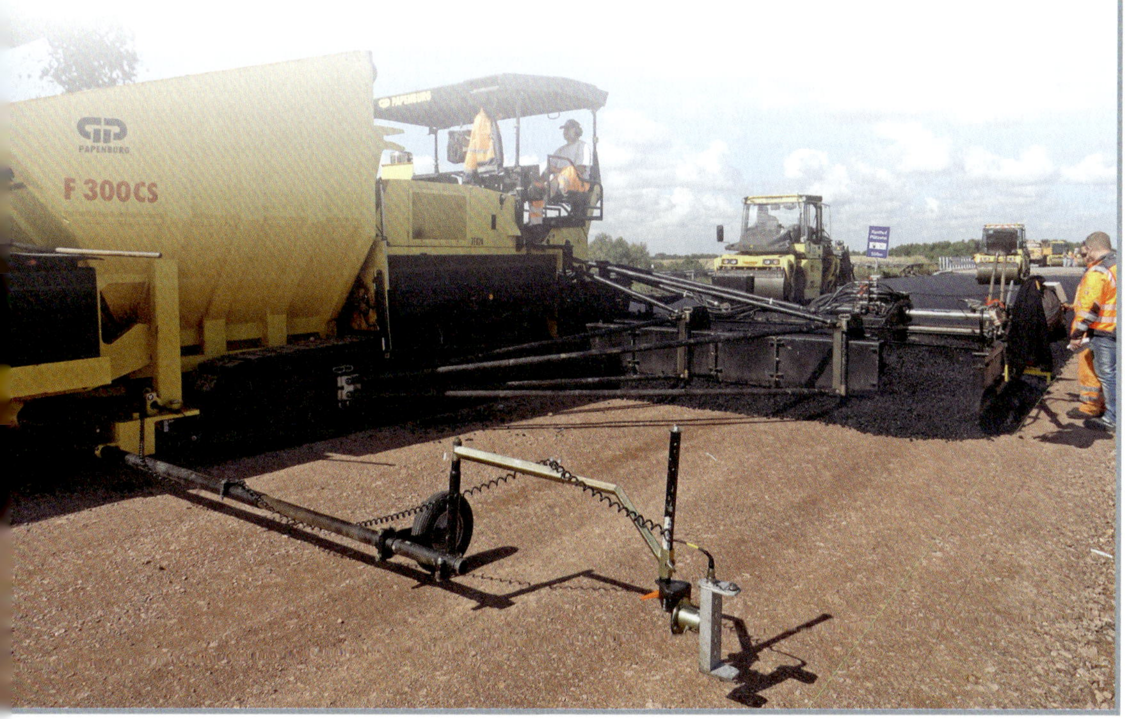

10.1 Begriff, Anwendung

Asphalttragschichten (AC T) sind das Bindeglied zwischen den Asphaltdecken und der entsprechenden Unterlage).

Sie können auf Verkehrsflächen aller Art und auf folgende Unterlagen eingebaut werden:

- direkt auf der Frostschutzschicht,
- auf Bodenverfestigung auf Frostschutzschicht,
- auf Schottertragschicht auf Frostschutzschicht,
- auf Kiestragschicht auf Frostschutzschicht,
- auf hydraulisch gebundener Tragschicht auf Frostschutzschicht,
- auf Kies- oder Schottertragschicht auf Planum.

Asphalttragschichten bestehen aus Asphalttragschichtmischgut (Asphaltbeton AC T). Sie werden im Heißmischverfahren hergestellt, heiß eingebaut und verdichtet. Ziel ist es, verformungsbeständige Asphalttragschichten herzustellen, deren Raumdichte und Korngrößenverteilung sich unter Verkehr nur wenig verändern.

Die Zugabe von Asphaltgranulat (Recyclingmaterial) ist möglich. Die maximalen Zugabemengen ergeben sich aus den technischen Gegebenheiten der Asphaltmischanlage, dem Aufbereitungsprozess und den Daten des zu Verfügung stehenden Materials (s. Kapitel 5).

Anforderungen

- An der Unterseite der Asphaltbefestigung treten belastungsabhängige Biegezugspannungen auf. Die konstruktive Ausbildung der Asphaltschichten muss so gewählt werden, dass die Biegezugfestigkeit groß genug ist, um die maximalen Biegezugspannungen aufnehmen zu können.
- Die Asphalttragschicht muss in Verbindung mit der Unterlage so konzipiert sein, dass durch die lastverteilende Wirkung des Oberbaues ein Überschreiten der kritischen Bodenpressung ausgeschlossen wird.
- An die Unterlage werden in diesem Zusammenhang folgende Anforderungen gestellt:
  - Standfestigkeit,
  - Frostsicherheit,
  - Wasserdurchlässigkeit,
  - Flexibilität.
- Die Gesamtdicke der Asphaltbefestigung ist entsprechend der Tragfähigkeit des Untergrundes auszuführen. Nicht zuletzt um Risse zu verhindern, ist es notwendig, die Asphaltschichten in ihrer Gesamtdicke so zu dimensionieren, dass weniger tragfähigem Untergrund größere Gesamtdicken zugeordnet werden.
- Die Gesamtdicke der Asphaltbefestigung hat einen großen Einfluss auf das Ermüdungsverhalten und somit auf die Lebensdauer der Straße. Die Lebensdauer der

Bild 10.1
Einbau Asphalttragschicht, heiß an heiß

Tabelle 10.1 Zuordnung der Mischgutarten zu den Belastungsklassen

Belastungsklasse/ Flächenart	Bk100 Bk32	Bk10	Bk3,2	Bk1,8	Bk1,0	Bk0,3	Rad- und Gehwege
Asphalttragschicht	AC 32 T S, AC 22 T S			AC 32 T N, AC 22 T L			

Tabelle 10.2 Zuordnung der Bindemittelart zu den Belastungsklassen

Belastungsklasse/ Flächenart	Bk100 Bk32	Bk10	Bk3,2	Bk1,8	Bk1,0	Bk0,3	Rad- und Gehwege
Asphalttragschicht	50/70 (30/45)			50/70 (70/100)	70/100 (50/70)	70/100	

Straßenbefestigung nimmt exponentiell mit der Gesamtdicke zu.

- Da die Asphalttragschicht, wie jede andere Schicht im Straßenaufbau, temporär als Baustraße genutzt werden kann, muss durch ihre Zusammensetzung und ausreichende Dimensionierung dafür gesorgt werden, dass ihre Qualität durch den Baustellenverkehr nicht leidet.
- Die Festigkeitseigenschaften der Tragschicht sollten über die gesamte Breite gleichmäßig sein, um Unstetigkeiten und somit potenzielle Fehlstellen, die sich auf die darüberliegenden Schichten auswirken können, zu vermeiden.
- Besondere Sorgfalt ist bei Fahrbahnverbreiterungen anzuwenden. Der neu hergestellte Unterbau des zur Verbreiterung dienenden Streifens ist so zu verdichten, dass Setzungen und eine nachträgliche Verdichtung durch den Verkehr ausgeschlossen sind. Treten Nachverdichtungen auf, kann es zum Abreißen der neu eingebauten Fahrbahnbefestigung von der vorhandenen kommen.

10.2 Asphalttragschichtarten

Die Asphalttragschichtarten sind entsprechend der Verkehrsbelastung und der Möglichkeit des Einsatzes regional anstehender Gesteinskörnungen eingeteilt. Die geforderten Festigkeits- und Tragfähigkeitseigenschaften lassen sich durch die Verwendung verschiedener Gesteinskörnungen erreichen.

In Abhängigkeit von der Verkehrsbeanspruchung werden die Asphalttragschichten nach den Mischgutarten T L (leichte), T N (normale) und T S (besondere) unterteilt.

10.3 Anforderungen an das Mischgut

10.3.1 Gesteinskörnungen

Die Asphalttragschichten sind in der Regel nicht so stark den Frosteinwirkungen ausgesetzt, wie die darüberliegenden Schichten der Asphaltbefestigung. Die Anforderungen an die Gesteinskörnungen sind in den TL Gestein und den TL Asphalt, Anhang A festgelegt.

Zur Erzielung einer hohen Verformungsbeständigkeit kann rundkörniges Material durch gebrochenes ersetzt werden.

Die Unterschiede bezüglich des Ermüdungsverhaltens sind zwischen Rundkorn und gebrochenem Korn sehr gering. Wichtig für ein günstiges Ermüdungsverhalten sind vielmehr eine hohe Lagerungsdichte der Gesteinskörnungen, optimale Volumenanteile von Bindemittel und Gesteinskörnungen sowie der Steifigkeitsmodul des Bitumens.

Obwohl an die Gesteinskörnungen nicht so hohe Anforderungen wie bei anderen Asphaltschichten gestellt werden, muss die Rohstoffauswahl gezielt erfolgen. Die Asphalttragschicht hat vielfältige Aufgaben zu erfüllen (s. o.). Die verwendeten Gesteinskörnungen müssen eine gute Affinität zum Bitumen besitzen (s. Affinität 2.5.2). Wird z. B. ein Rundkorn (natürliche Gesteinskörnung) verwendet, das sehr glatt poliert ist und einen hohen Quarzanteil besitzt, ist mit Haftungsproblemen des Bitumens zu rechnen.

In Asphalttragschichten ist die Verwendung von Eigenfüllern möglich. Die Verwendung muss bei der Erstellung der Erstprüfung entsprechend geprüft werden. Falls in den anderen feinen Gesteinskörnungen (z. B. Brechsand, E_{CS} 35) sehr viel Füller enthalten ist, kann sich das negativ auf die Empfindlichkeit gegenüber Witterungs- und Verkehrseinflüssen auswirken.

10.3.2 Bitumen

Die Auswahl der Bitumensorte hat Einfluss auf das Ermüdungsverhalten und die Verformungsbeständigkeit der fertigen Tragschicht sowie auf die Verdichtungswilligkeit beim Einbau.

Der Bindemittelgehalt wird so eingestellt, dass die Asphalttragschicht sich gut verdichten lässt. Für das Ermüdungsverhalten und die Verdichtungswilligkeit ist die Verwendung eines weicheren Bitumens (70/100) vorteilhaft.

Als Standardbitumen für Asphalttragschichten (Belastungsklassen Bk100, Bk32, Bk10 und Bk3,2) gilt Bitumen 50/70. Für besonders verformungsbeständige Mischungen kommt Bitumen 30/45 zum Einsatz.

Für die Mischgutarten sind die entsprechenden Sieblinienbereiche in den *Bildern 10.2* bis *10.10* dargestellt.

Für besondere Verkehrsbelastungen wurde die Mischgutart TS geschaffen. Sie ist die einzige Asphalttragschicht, bei der der Mindestanteil feiner Gesteinskörnung mit E_{CS} 35 50 % beträgt (ehemals ein Brechsand/Natursand-Verhältnis von 1:1 gefordert). Ebenso beträgt der Anteil gebrochener Kornoberflächen $C_{50/30}$ (Mindest-Brechkornanteil).

Bild 10.2 Sieblinienbereich AC 32 T S

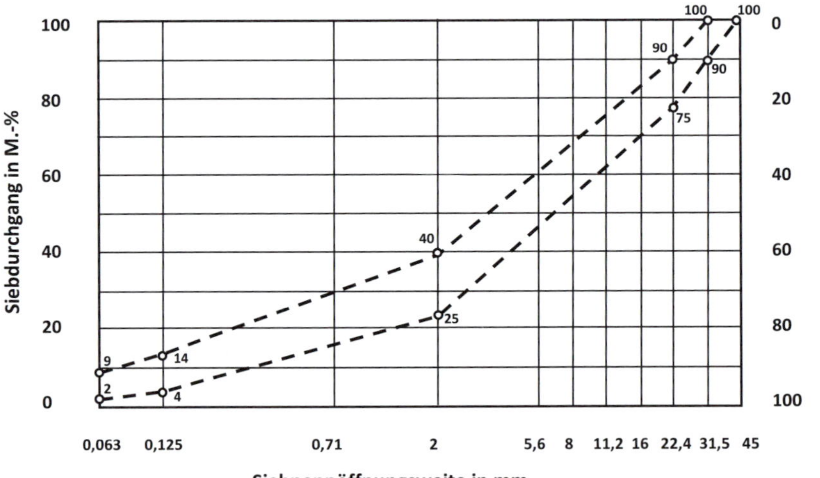

Bild 10.3 Sieblinienbereich AC 32 T N

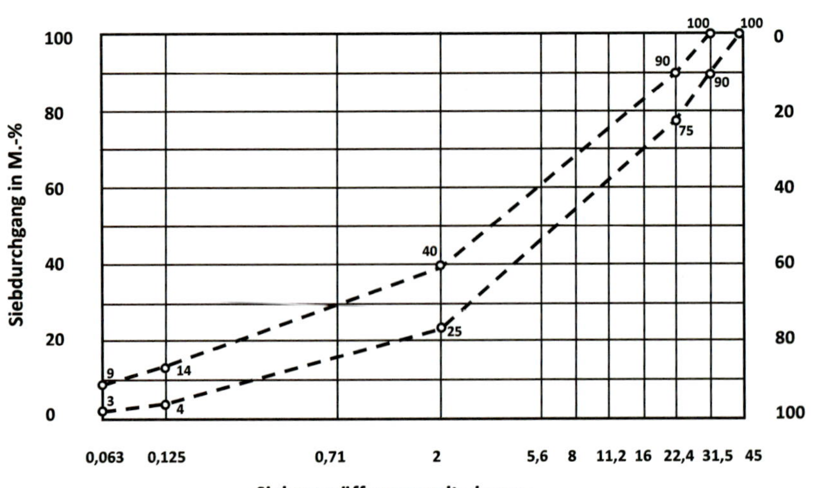

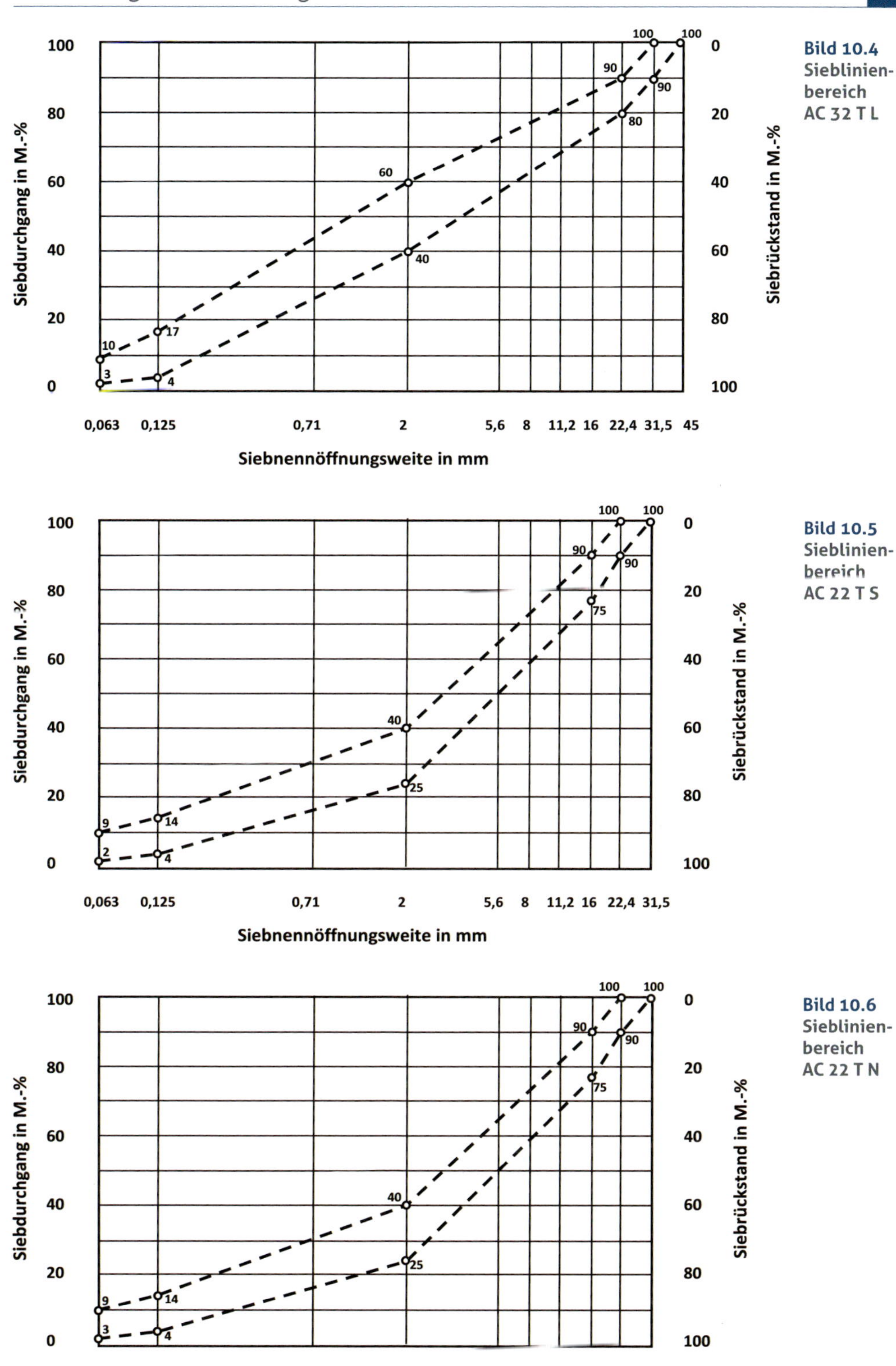

Bild 10.4 Sieblinienbereich AC 32 T L

Bild 10.5 Sieblinienbereich AC 22 T S

Bild 10.6 Sieblinienbereich AC 22 T N

Bild 10.7
Sieblinienbereich
AC 22 T L

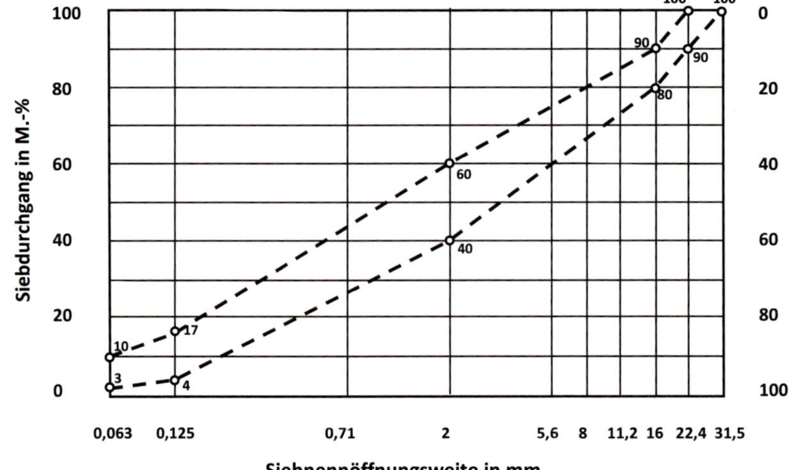

Bild 10.8
Sieblinienbereich
AC 16 T S

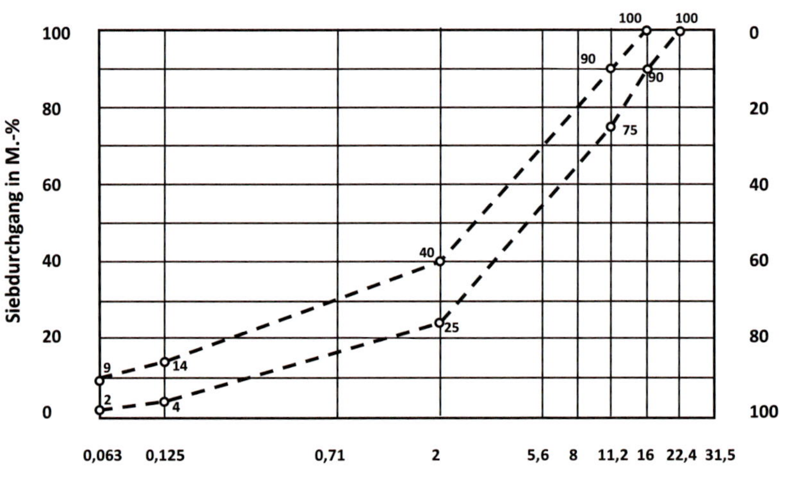

Bild 10.9
Sieblinienbereich
AC 16 T N

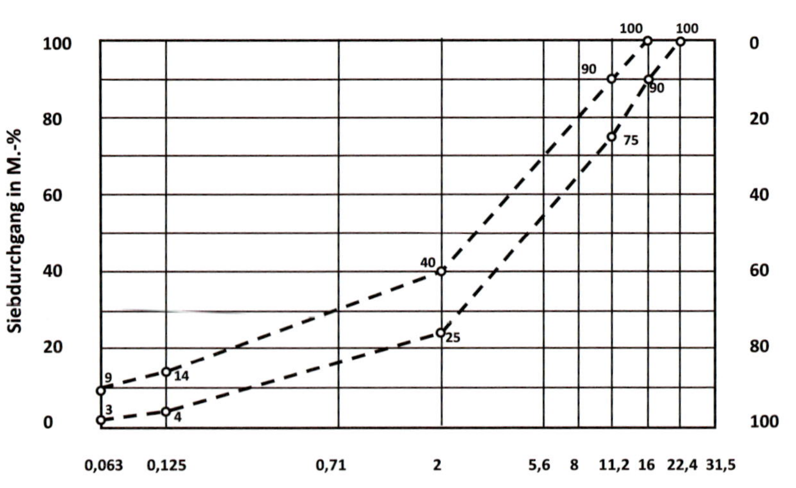

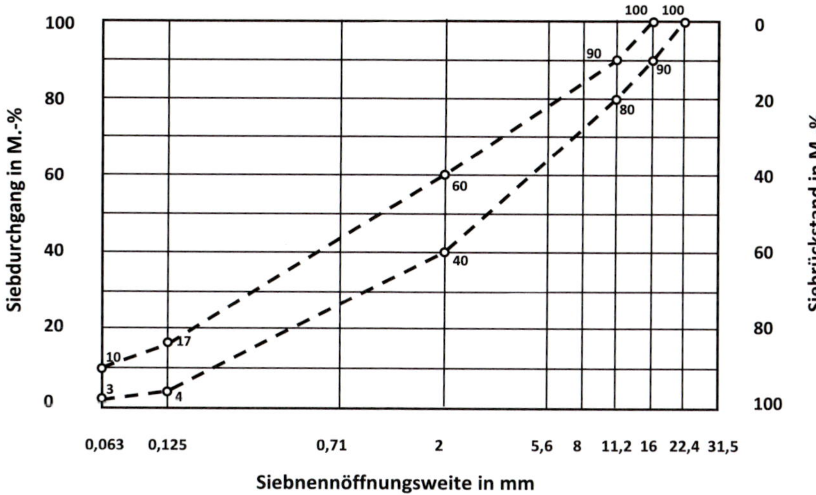

Bild 10.10 Sieblinienbereich AC 16 T L

10.3.3 Mischgutherstellung

Das Mischgut wird in Asphaltmischanlagen hergestellt (s.a. Kapitel 8).

Asphalttragschichten haben relativ dünne Bitumenfilme auf den Gesteinskörnungen. Es ist darauf zu achten, dass das Bindemittel nicht überhitzt wird. Eine thermische Überbeanspruchung hat eine verminderte Haftung des Bindemittels am Gestein zur Folge. Ein zu langer Kontakt des Mischgutes mit dem Luftsauerstoff im Mischgutsilo oder vor dem Einbau ist zu vermeiden. Falls das Mischgut über eine längere Zeit im Silo verweilen soll, muss das Silo weitgehend gefüllt und geschlossen sein.

10.3.4 Einbau und Verdichtung

Mischgut für Asphalttragschichten wird bei Temperaturen zwischen 180 °C und 120 °C eingebaut. Der Einbau erfolgt mittels Fertiger. In Ausnahmefällen kann das Mischgut mit der Hand oder mit anderen Hilfsmitteln, wie Grader o. ä., eingebaut werden. Falls es technologisch möglich ist, erfolgt der Einbau einlagig.

Bei mehrlagigem oder (bei Änderung der Mischgutart) mehrschichtigem Einbau sind die Längsnähte seitlich zu versetzen.

Die Mindesteinbaudicke der verdichteten Asphalttragschicht (obere Siebgröße 32 oder 22 mm) muss 8 cm betragen.

Zum Erhalt eines ausreichenden Schichtenverbundes muss die Unterlage gereinigt, von losen Materialien befreit und angesprüht werden.

Tabelle 10.3 Art und Dosierung der polymermodifizierten Bitumenemulsion in Abhängigkeit von der Unterlage in den Belastungsklassen Bk100 bis Bk3,2

Art und Beschaffenheit der Unterlage		Aufzubringende Schicht: Asphalttragschicht Ansprühmenge: C60BP4-S in g/m²
Asphalttragschicht		
frisch	f	150–250
gefräst	gf	250–350
sehr offenporig/ ausgemagert	o/a	300–400
staubig	s	–

Tabelle 10.4 Art und Dosierung der lösemittelhaltigen Bitumenemulsion (Haftkleber) in Abhängigkeit von der Unterlage in den Belastungsklassen Bk1,8 bis Bk0,3

Art und Beschaffenheit der Unterlage		Aufzubringende Schicht: Asphalttragschicht Ansprühmenge: C40B5-S in g/m²
Asphalttragschicht		
frisch	f	200–300
gefräst	gf	300–400
sehr offenporig/ ausgemagert	o/a	350–450
staubig	s	–

Die Vorspritzmengen sind relativ hoch angesetzt. Als Richtwerte entsprechend der Unterlagenart und den klimatischen Bedingungen werden empfohlen:

Tabelle 10.5 Anforderungen an Asphalttragschichten nach ZTV Asphalt-StB

Schichteigenschaften		AC 32 T S AC 22 T S	AC 32 T N AC 22 T N	AC 32 T L AC 22 T L
Mindesteinbaudicke	cm	8,0	8,0	8,0
Mindesteinbaumenge	kg/m²	185	185	185
Verdichtungsgrad[1]	%	≥ 98,0	≥ 98,0	≥ 98,0

1 Bei Rad- und Gehwegen sowie bei Handeinbau gilt bei einer Unterlage, die ohne Bindemittel hergestellt ist, eine Mindestanforderung von 95,0 %.

Das Vorspritzmittel muss in gleichmäßiger Menge flächendeckend aufgetragen werden. Durch zu viel Vorspritzmittel entsteht die Gefahr der Gleitschichtbildung. Vor Weitereinbau muss die Bitumenemulsion gebrochen sein.

Ein Ansprühen einer ungebundenen Schicht ist nicht vorgesehen.

Der Einbau der Asphalttragschichten ist durch ihre Dicke und Zusammensetzung bis zu einer minimalen Temperatur von –3 °C möglich.

Die Unterlage darf nicht mit Schnee bedeckt und muss eisfrei sein.

Bei starken Niederschlägen bzw. bei geschlossenen Wasserfilmen auf der Unterlage ist der Einbau einzustellen.

Die Verdichtung wird zunächst, je nach Fertigerart (Hochverdichtungsbohlen), bis zu einem gewissen Maße vom Fertiger erbracht. Die Fertigerverdichtung ist aber nur eine Vorverdichtung.

Die endgültige Verdichtung kann nur durch einen intensiven Walzeneinsatz erfolgen. Da teilweise sehr dicke Schichten verdichtet werden müssen, ist den schweren statischen Walzen und den Vibrationswalzen (durch ihre hohe Tiefenwirkung) der Vorzug zu geben.

10.3.5 Direkt befahrene Tragschichten

Asphalttragschichten sind von der konstruktiven Ausbildung her nicht als Deckschicht und somit nicht zum direkten Befahren gedacht. Asphalttragschichten sind ein Teil der Gesamtkonstruktion.

Falls ein Befahren nötig ist, kann das für einige Tage problemlos erfolgen. Bei längerem Befahren, z. B. über den Winter oder gar über Jahre, müssen entsprechende Schutzmaßnahmen getroffen werden:

- Oberflächenschutzschichten in Form von Oberflächenbehandlungen (Vorsicht bei zu dicken Schichten, zumal hier Gleitflächenbildung möglich ist),
- Überbauen mit einer temporären Deckschicht.

Auch bei der Beachtung o. g. Maßnahmen muss damit gerechnet werden, dass die Asphalttragschicht bei zu langem Befahren einen Teil ihrer Tragfähigkeit verliert und eventuell schneller ermüdet. Bei der endgültigen Fertigstellung der Asphaltkonstruktion muss das beachtet und nachträgliche Verstärkungen der Gesamtkonstruktion o. ä. müssen eventuell vorgenommen werden.

Bild 10.11
Einbau mit Beschicker

Asphaltbinder

11.1 Begriff, Anwendung

Asphaltbinder (AC B) werden aus Gesteinskörnungsgemischen mit abgestufter Korngrößenverteilung und Straßenbaubitumen oder polymermodifiziertem Bitumen als Bindemittel hergestellt. Die Zusammensetzung dieses Mischgutes hat so zu erfolgen, dass auch nach der dem Verwendungszweck entsprechend auftretenden Verkehrsbelastung keine Verformungen auftreten.

Die „Binderschichten" entstanden in der Anfangszeit des Straßenbaues, als zwischen den groben ungebundenen Tragschichten und den dicht zusammengesetzten Deckschichten eine „Bindung" benötigt wurde. Die Binder- und die Deckschichten bildeten die „Decke".

Heute sind die Verkehrsbelastungen im Gegensatz zur Anfangszeit des Asphaltstraßenbaues sehr stark angestiegen. Die Asphaltbinderschichten haben neben der Verbesserung der Ebenheit die Aufgabe, wesentlich zur Tragfähigkeit der gesamten Asphaltbefestigung beizutragen, die hohen Schubspannungen unterhalb der Deckschicht aufzunehmen und Verformungen zu verhindern.

Um diesen Anforderungen genügen zu können, müssen die Asphaltbinderschichten folgende Eigenschaften aufweisen:

- verformungsbeständig zur Aufnahme hoher Schubkräfte und zur Gewährleistung der geforderten Tragfähigkeit,
- ausreichend hohe Ermüdungsbeständigkeit durch entsprechend dicke Bindemittelfilme,
- gute Verzahnung durch eine grob-raue Oberfläche und damit verbunden eine gute Verklebung zwischen den Asphaltschichten, um horizontal einwirkende, aus dem Verkehr resultierende Kräfte gut ableiten zu können und ein Gleiten der Deckschicht zu verhindern,
- ausreichende Beständigkeit gegenüber durch die abgedichteten Randbereiche eventuell doch eindringendes Wasser durch eine gute Haftung des Bindemittels am Gestein.

11.2 Asphaltbinderarten (Asphaltbeton AC B)

Als Mischgut für Asphaltbinderschichten kommen in der Regel Asphaltbeton AC 22 B und Asphaltbeton AC 16 B zur Anwendung. Asphaltbeton AC 11 B wird nur für Verkehrsflächen mit geringer Belastung und als Ausgleichsschicht eingesetzt.

Asphaltbinder für hochbeanspruchte Verkehrsflächen sind mit dem Zusatz „S" gekennzeichneter Asphaltbeton AC 22 B und Asphaltbeton AC 16 B, also z. B. Asphaltbeton AC 22 B S.

Asphaltbeton AC 22 B S und Asphaltbeton AC 16 B S haben typische Merkmale:

- hohen Anteil aus kantenfesten grobkörnigen Gesteinskörnungen zur Erzielung eines sich selbst abstützenden Splittgerüstes,
- hohen Anteil feiner Gesteinskörnung mit E_{CS} 35 = 100 % (Brechsandanteil = 100 %) zur Unterstützung der Standfestigkeit,
- Verwendung von hartem Straßenbaubitumen 30/45 oder Polymermodifiziertem Bitumen (25/55-55 oder 10/40-65) je nach Verkehrsbelastung,
- schwere Verdichtbarkeit beim Einbau, dadurch bei Erreichen des geforderten Verdichtungsgrades auch hohe Verformungsbeständigkeit.

Asphaltbeton AC 22 B S und Asphaltbeton AC 16 B S weisen eine vergleichbare Verformungsbeständigkeit auf. Aufgrund der hohen Entmischungsneigung eines AC 22 B S empfiehlt sich der verstärkte Einbau von Asphaltbeton AC 16 B S.

Die für den Einbau vorgesehenen Schichtdicken entsprechen etwa dem 2,5- bis 4,5-fachen des Größtkorns.

Tabelle 11.1 Anforderungen an Asphaltbeton AC B für Binderschichten

Belastungsklasse/ Flächenart	Bk100 Bk32	Bk10	Bk3,2	Bk1,8
Asphaltbinderschicht	AC 22 B S AC 16 B S		AC 16 B S	(AC 16 B N)

Tabelle 11.2 Anforderungen an Asphaltbinderschichten

Belastungsklasse/ Flächenart	Bk100 Bk32	Bk10	Bk3,2	Bk1,8
Asphaltbinderschicht	25/55-55 30/45 (10/40-65)			50/70

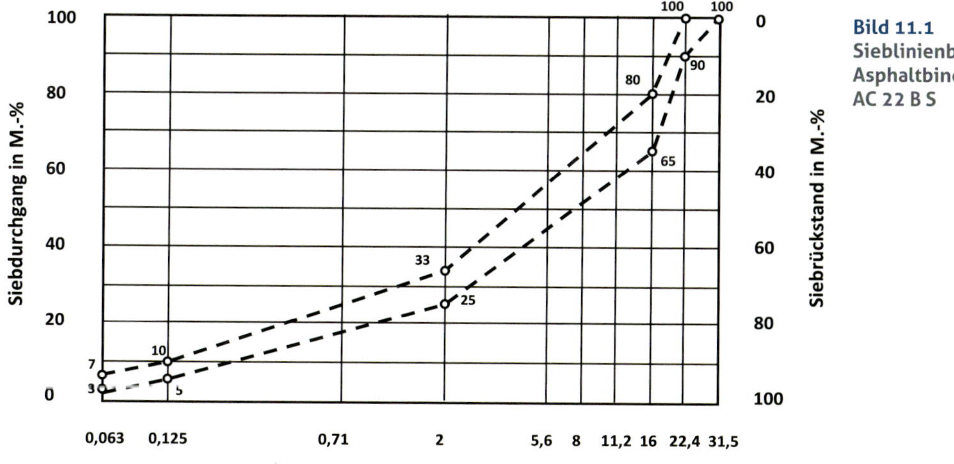

Bild 11.1 Sieblinienbereich Asphaltbinder AC 22 B S

Bild 11.2
Sieblinienbereich
Asphaltbinder
AC 16 B S

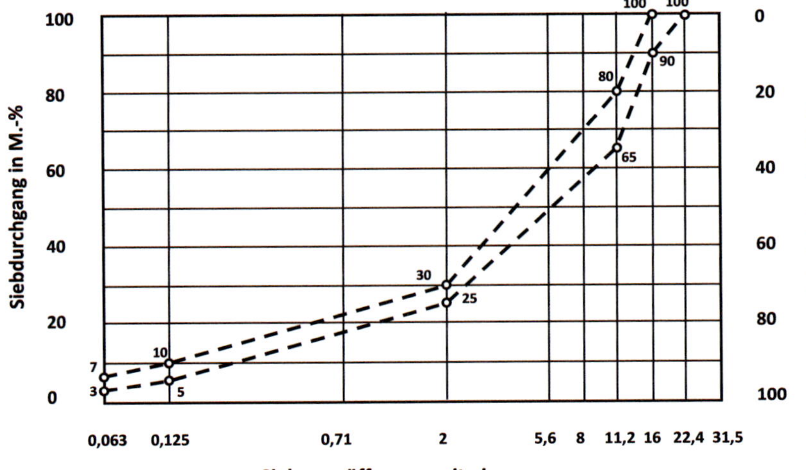

Bild 11.3
Sieblinienbereich
Asphaltbinder
AC 16 B N

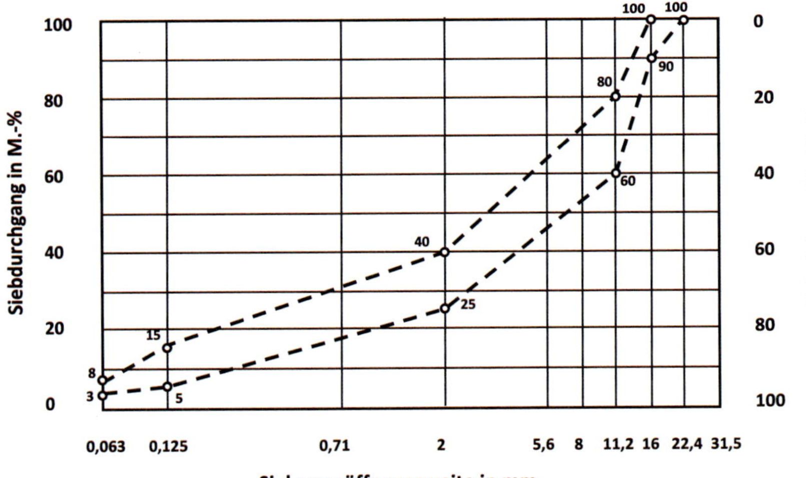

Bild 11.4
Sieblinienbereich
Asphaltbinder
AC 11 B N

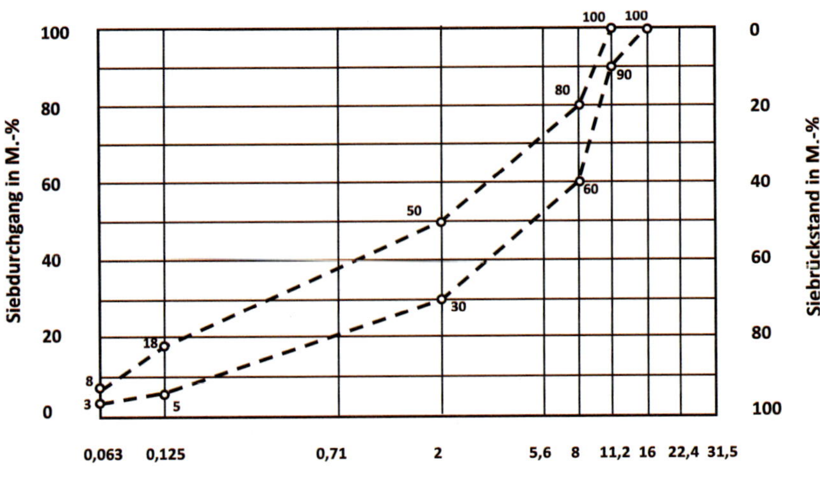

Für den Asphaltbeton AC 16 B bedeutet das eine Einbaudicke zwischen 5 und 9 cm.

Der Asphaltbeton AC 22 B soll in einer Schichtdicke zwischen 7 und 10 cm eingebaut werden.

Die Anforderungen der TL Asphalt-StB an Asphaltbindermischgut sind in der *Tabelle 11.1*, die Anforderungen der ZTV Asphalt-StB an die fertigen Schichten in der *Tabelle 11.2* wiedergegeben.

Die *Bilder 11.1* bis *11.4* zeigen die Sieblinienbereiche.

11.3 Asphaltbinderschichten für Verkehrsflächen mit hohen Beanspruchungen

Gesteinskörnungen und Bindemittel

Bei der Herstellung kommen ausschließlich gebrochene Gesteinskörnungen zum Einsatz. Der Wiederstand gegen Zertrümmerung, d. h. der Schlagzertrümmerungswert $SZ_{8/12,5}$ darf höchstens 18 bzw. der Los Angeles-Wert $LA_{10/14}$ maximal 20 betragen (bei Asphaltbeton AC 16 B S ist auch SZ_{22} bzw. LA_{25} möglich). Die Oberfläche muss fast vollständig gebrochen sein ($C_{100/0}$, $C_{95/1}$ oder $C_{90/1}$).

Es ist ausschließlich feine Gesteinskörnung mit E_{CS} 35 zu verwenden.

Die proportionale Spurrinnenbildung gemäß TP Asphalt, Teil 22 ist anzugeben.

Als Bindemittel kommen harte Straßenbaubitumen 30/45 oder polymermodifizierte Bitumen (25/55-55 oder 10/40-65) nach TL Bitumen zur Anwendung. Werden sehr harte Bindemittel ausgewählt, sind die klimatischen Bedingungen (z. B. Gebirgslage) besonders zu beachten.

Herstellung des Mischgutes

Durch die Kornzusammensetzung, die den Schwerpunkt auf sehr grobkörniges Material legt, neigt das relativ bindemittelarme Mischgut zu Entmischungserscheinungen. Da dieses Mischgut ebenfalls sehr empfindlich gegen Verhärtung des Bindemittels ist, sollte die Brennerleistung auf den geringen Sandgehalt abgestimmt sein (nicht zu hohe Erhitzung der Gesteinskörnungen).

Die Verweilzeit im Mischgutsilo sollte dementsprechend so kurz wie möglich gewählt werden. Ist eine Silolagerung unumgänglich, so ist ein hoher Füllgrad und eine geringe Luftzirkulation anzustreben. Die Siloklappen müssen nach dem Befüllen immer wieder geschlossen werden und dicht sein.

Einbau und Verdichtung

Zum Erhalt eines ausreichenden Schichtenverbundes muss die Unterlage gereinigt, von losen Materialien befreit und angesprüht werden.

Die in der *Tabelle 11.3* wiedergegebenen Anspritzmengen sind relativ hoch angesetzt. Neu entwickelte Produkte sind gegebenenfalls entsprechend den Herstellerangaben einzusetzen.

Richtwerte werden entsprechend der Unterlagenart und den klimatischen Bedingungen empfohlen.

Das Vorspritzmittel muss in gleichmäßiger Menge flächendeckend aufgetragen werden. Durch zu viel Vorspritzmittel entsteht die Gefahr der Gleitschichtbildung. Vor Weitereinbau muss die Bitumenemulsion gebrochen sein.

Beim Einbau ist vor allem auf die Entmischungsneigung, insbesondere beim Asphaltbeton AC 22 B S, zu achten.

Durch den hohen Grobkornanteil sammeln sich die Splitte am Rande des Fertigerkübels. Um

Tabelle 11.3 Art und Dosierung der polymermodifizierten Bitumenemulsion in Abhängigkeit von der Unterlage in den Belastungsklassen Bk100 bis Bk3,2

Art und Beschaffenheit der Unterlage		Aufzubringende Schicht: Asphalttragschicht Ansprühmenge: C60BP5-S in g/m²
Asphalttragschicht		
frisch	f	150–250
gefräst	gf	250–350
sehr offenporig/ ausgemagert	o/a	300–400
Asphaltbinderschicht		
frisch	f	×
gefräst	gf	250–350
sehr offenporig/ ausgemagert	o/a	300–500

× ist objektbezogen zu betrachten

Bild 11.5
Einbau Asphaltbinder auf Landstraße

sie immer wieder im Mischgut einzubinden, müssen die Seitenteile des Aufnahmekübels rechtzeitig vor der vollständigen Entleerung (bei noch ca. 30 cm Füllhöhe über den Kratzbändern) hochgeklappt werden.

Ebenso muss bei der Verteilung des Mischgutes mit dem Fertiger darauf geachtet werden, dass nach Möglichkeit mit gleichbleibender Einbaubreite (Fertiger mit Extensorbohlen) gearbeitet wird. Die Verteilerschnecken sind rechtzeitig auf die vorgesehene Einbaubreite zu verlängern.

Die Mindesteinbautemperatur beträgt 0 °C.

Zur Verdichtung werden schwere statische und/ oder schwere Vibrationswalzen genutzt. Das Dienstgewicht soll mindestens 9 t betragen. Der Vibrationsverdichtung ist der Vorzug zu geben. Sie darf aber nur bei ausreichender Mischguttemperatur (über 100 °C) ausgeführt und erst nach einer statischen Vorverdichtung aktiviert werden.

Asphaltmischgut für Binderschichten neigt nicht zum Schieben. Die Walzverdichtung kann und soll direkt hinter dem Fertiger begonnen werden.

Der höher liegende Rand von Asphaltbinderschichten ist mit Heißbindemittel abzudichten, um ein Eindringen von Wasser in die Schicht zu verhindern.

11.4 Direkt befahrene Asphaltbinderschichten

Asphaltbinderschichten sind so zusammengesetzt, dass während des Fortschrittes einer Baustelle die kurzfristige Befahrung möglich ist.

Die in dieser kurzen Phase einwirkenden klimatischen Einflüsse schaden dem Asphaltbinder in der Regel nicht. Vor Aufbringen der Asphaltdeckschicht ist darauf zu achten, dass der Schichtenverbund durch vorheriges Reinigen der Oberfläche und Vorspritzen mit Bitumenemulsion gesichert wird.

Sollten in Ausnahmefällen Asphaltbinderschichten über den Winter direkt vom Verkehr befahren werden, sollte die Oberfläche durch eine dünne Deckschicht im Kalteinbau (DSK), eine dünne Deckschicht im Heißeinbau (DSH) oder eine Oberflächenbehandlung geschützt werden. Diese Schicht ist vor Aufbringen der endgültigen Deckschicht wieder zu entfernen.

Keinesfalls sollte aber die Asphaltbinderschicht dichter (bindemittelreicher und hohlraumärmer) und somit weniger standfest zusammengesetzt werden.

11.5 Alternative Asphaltbinderschichten

Da Asphaltbinderschichten einen hohen Widerstand gegen bleibende Verformungen aufweisen sollen, wird in vielen Fällen ein Größtkorn von 22 mm gewählt. Dies hat jedoch zur Folge, dass das Asphaltmischgut zum Entmischen neigt, sodass Gleichmäßigkeit und Homogenität der eingebauten Schicht nicht immer sichergestellt werden können. Zudem sind die Asphalttragschichten häufig dichter als die Asphaltbinderschichten, sodass kein Wasserabfluss nach unten erfolgen kann und die Asphaltbinderschicht auch wasserführend oder dränierend wirkt. In den vergangenen Jahren wurden Erfahrungen mit Asphaltbindern nach dem *Splittmastix-Prinzip* und dem *Asphaltbeton-Prinzip* (stetig gestuft) gesammelt und in den „Hinweisen für die Planung und Ausführung von alternativen Asphaltbinderschichten“ (H Al ABi) zusammengestellt.

Dem Splittmastix-Prinzip folgend werden zwei Asphaltvarianten (SMA 22 B S, SMA 16 B S) vorgeschlagen. Zur Verdichtung wird empfohlen, statische Walzen einzusetzen. Bei Vibrationsverdichtung ist eine mögliche Kornzertrümmerung zu beachten. Der Hohlraumgehalt der eingebauten Schicht liegt zwischen 1,5 und 5,5 Vol.-%.

Dem Asphaltbeton-Prinzip folgend werden ebenfalls zwei Asphaltvarianten (AC 22 B S SG, AC 16 B S SG) vorgeschlagen. Zur Verdichtung wird empfohlen, statische Walzen einzusetzen. Bei Vibrationsverdichtung ist eine mögliche Kornzertrümmerung zu beachten. Der Hohlraumgehalt der eingebauten Schicht liegt zwischen 1,5 und 6,0 Vol.-%.

Deckschichten

12.1 Begriff, Anwendung, Anforderungen

Asphaltdeckschichten bilden im Asphaltstraßenbau den oberen Abschluss der Asphaltkonstruktion. Sie müssen eine verschleißfeste, griffige und ebene Oberfläche sicherstellen. Sie unterliegen der direkten Einwirkung des Verkehrs, der Witterung und der Auftaumittel und sind somit besonders starken Beanspruchungen ausgesetzt. Die Wahl der Deckschichtart hängt von Verkehrsbelastung, Umweltaspekten, Verkehrssicherheitsüberlegungen und gestalterischen Vorgaben ab.

Als Deckschichten beim Neubau kommen in Abhängigkeit von der Beanspruchung (L – leichte, N – normale, S – besondere Beanspruchungen) zur Anwendung:

- *Asphaltbetone:*
  AC 5 D L,
  AC 8 D L, AC 8 D N, AC 8 D S,
  AC 11 D L, AC 11 D N, AC 11 D S,
  AC 16 D S
- *Splittmastixasphalte:*
  SMA 5 N, SMA 5 S,
  SMA 8 N, SMA 8 S,
  SMA 11 S
- *Gussasphalte:*
  MA 5 N, MA 5 S,
  MA 8 N, MA 8 S,
  MA 11 N, MA 11 S
- *Offenporige Asphalte:*
  PA 8,
  PA 11,
  PA 16
- *Sonderbeläge:*
  u. a. wasserdurchlässige Beläge (WDA), Asphalttraggerüste, …

Mit Ausnahme der Sonderbeläge sind alle anderen Asphalte in den TL Asphalt-StB beschrieben. Die Sonderbeläge können überwiegend den verschiedenen Teilen der DIN EN 13108 zugeordnet werden, so dass auch in diesen Fällen eine CE-Kennzeichnung möglich ist.

Im Rahmen der Erneuerung und Instandsetzung kommen noch weitere Asphalte bzw. Bauweisen hinzu. Diese sind in den ZTV BEA-StB geregelt.

Eigenschaften und Anforderungen

An Deckschichten von Verkehrsflächen werden folgende Anforderungen gestellt:

- *Witterungsbeständigkeit:* Verwendung frostbeständiger Gesteinskörnungen, ausreichend dicke Bindemittelfilme, niedriger (angemessener) Hohlraumgehalt
- *Verschleißfestigkeit, Verformungs- und Ermüdungsbeständigkeit:* Verwendung standfester Gesteinskörnungsgemische in Verbindung mit ausreichend dicken Bindemittelfilmen
- *Verkehrssicherheit:* Einsatz polierresistenter Gesteinskörnungen zum Erhalt dauerhafter Griffigkeit, farbliche Gestaltung der Verkehrsflächen (Aufhellungssteine)
- *Umweltfreundlichkeit:* ausschließliche Nutzung von recyclefähigen Materialien
- *Umweltschutz:* Lärmminderung durch geräuschmindernde Deckschichten.

Bild 12.1 Eigenschaften der einzelnen Asphaltschichten einer Fahrbahnbefestigung

Witterungsbeständigkeit

Die Witterungs- und Frostbeständigkeit wird durch eine Auswahl der Gesteinskörnungen gemäß den Anforderungen der „Technischen Lieferbedingungen für Gesteinskörnungen im Straßenbau" (TL Gestein-StB) sichergestellt. Die in der Erstprüfung für die Asphaltdeckschicht empfohlene Zusammensetzung des Asphaltmischgutes muss den Anforderungen der „Technischen Lieferbedingungen für Asphalt" (TL Asphalt-StB) oder den der Bauweise zu Grunde liegenden Merkblättern entsprechen. Das bedeutet, dass ein der Asphaltdeckenart entsprechender Bindemittelgehalt sowie eine Gesteinskörnungszusammensetzung gewählt wird und daraus bei der Verdichtung beim Einbau ein günstiger Hohlraumgehalt erreicht wird.

Die o. g. Bedingungen gewährleisten auch eine Tausalzbeständigkeit der Straßendecken. Für den Flugplatzbau müssen zusätzliche Kennwerte, etwa der Nachweis der Beständigkeit gegen spezielle Enteisungsmittel (z. B. Urea), gefordert werden.

Die Alterungsbeständigkeit gegen UV-Strahlung und gegen Oxidation durch Zutritt des Luftsauerstoffs wird durch dicke Bindemittelfilme und dichte Oberflächengestaltung bzw. geringen Hohlraumgehalt erreicht.

Die Wasserdurchlässigkeit/-dichtigkeit der Asphaltschichten hängt vom Hohlraumgehalt ab. Je nach Bauweise kann eine Wasserdurchlässigkeit in unterschiedlicher Höhe erwünscht sein.

Aus dem Wasserbau liegen Erfahrungen über die Dichtigkeit gegenüber drückendem Wasser vor, die aber nicht uneingeschränkt für den Straßenbau übernommen werden können, da im Regelfall auf der Straßenoberfläche kein drückendes Wasser vorgefunden wird. Die Asphaltschicht im Wasserbau ist bei einem Hohlraumgehalt von

- < 3 Vol.-% undurchlässig (auch bei Wasserdrücken über 20 m Wassersäule),
- 3–5 Vol.-% praktisch dicht bis gering durchlässig,
- > 5 Vol.-% durchlässig.

Alle Asphaltdeckschichten (außer offenporigem Asphalt), die gemäß der TL und ZTV Asphalt-StB ausgeführt sind, können als wasserundurchlässig angesehen werden.

Verformungsbeständigkeit

Die Verformungsbeständigkeit spielt bei Asphaltbefestigungen für hohe Verkehrsbeanspruchungen eine immer größere Rolle. Eine hohe Verformungsbeständigkeit wird durch eine hohe innere Reibung des Gesteinskörnungsgemisches und durch die Ausbildung eines Stützgerüstes begünstigt. Voraussetzung ist die Verwendung eines kantenfesten Gesteins. Je höher der Anteil an gebrochenem Korn im Gesteinskörnungsgemisch, gepaart mit einer hohen Lagerungsdichte, umso verformungsbeständiger und verdichtungsunwilliger ist die Asphaltdeckschicht. Die optimale Zusammensetzung der verschiedenen Asphaltdeckschichten ist den nachfolgenden Abschnitten zu entnehmen.

Die Verschleißfestigkeit ist vor allem für Deckschichten wichtig. Sie wird positiv beeinflusst durch:

- einen möglichst niedrigen Hohlraumgehalt,
- einen hohen Grobkornanteil,
- eine günstige Kornform,
- einen steifen, bindemittelreichen Mörtel,
- Gesteinskörnungsgemische mit hohem Widerstand gegen Schlag, Frost und Witterungseinflüsse.

Verkehrssicherheit

Die *Ebenheit* ist bedeutsam für sicheres Fahren. Besonders bei höheren Geschwindigkeiten ist eine hohe Ebenflächigkeit für einen stetigen Reifenkontakt des Fahrzeuges mit der Fahrbahn und somit für einen stetigen Kraftschluss entscheidend. Eine ebene Fahrbahn verhindert – bei ausreichender Neigung – durch die Gewährung eines stetigen Abflusses des Oberflächenwassers plötzlich auftretende Aquaplaning-Abschnitte auf der Fahrbahn.

Eine ebene Fahrbahn belastet die Fahrzeuge weniger durch Stöße als eine unebene Oberfläche. Die Stoßbelastungen, speziell vom Schwerverkehr ausgehend, können im umgekehrten Fall die Gebrauchsdauer einer Straßenbefestigung erheblich reduzieren.

Neben der Ebenheit ist für einen guten Kraftschluss die *Griffigkeit* der Fahrbahnoberfläche ausschlaggebend. Diese Eigenschaft wird durch die Auswahl und die Zusammensetzung des Gesteinskörnungsgemisches der Asphaltdeckschicht beeinflusst.

Zwei Merkmale werden für die Beurteilung der Griffigkeit einer Fahrbahnoberfläche herangezogen:

- Feinrauheit (Schärfe) ist bei allen gebrochenen Gesteinskörnungen zu Beginn ihrer Nutzung in der Deckschicht vorhanden. Abhängig von ihrem Widerstand gegen Polieren, der Verkehrsbeanspruchung und der Gesteinskörnungsart wird die Feinrauheit

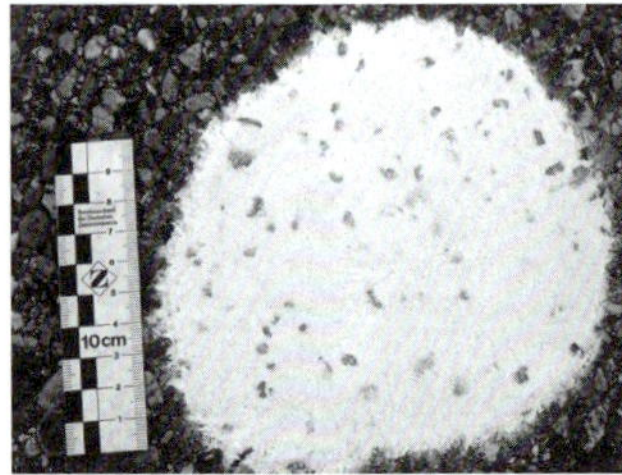

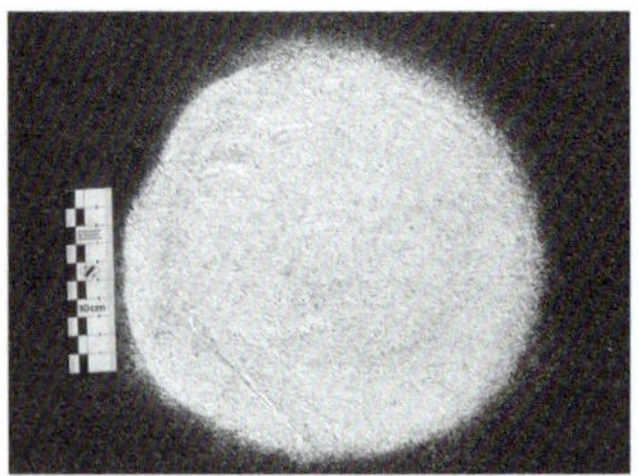

Bild 12.2 Darstellung der Griffigkeitsmerkmale Feinrauheit und Griffigkeit

im Verlauf der Nutzung vermindert. Durch die Witterungseinflüsse wird dieser Effekt wieder etwas aufgehoben. Bei trockenem Wetter ist eine hohe Feinrauheit für den Kraftschluss zwischen Reifen und Fahrbahn ausreichend.

- Grobrauheit ist für die Griffigkeit der Fahrbahn bei nasser Oberfläche entscheidend. Durch eine gute Grobrauheit der Oberfläche wird das Abfließen des Oberflächenwassers bei Niederschlägen (Dränagewirkung) begünstigt. Die Grobrauheit ermöglicht somit einen Kontakt zwischen Reifen und Fahrbahn. Je höher die Geschwindigkeit, desto größer ist die Bedeutung der Grobrauheit.

Das Größtkorn des Gesteinskörnungsgemisches (Nennkorngröße) hat folgende Auswirkungen:

- *Nennkorngröße 5 mm:*
  Die fertige Schicht besitzt eine hohe „Schärfe", aber wenig Rautiefe. Dadurch ist sie zwar bei trockenem Wetter griffig, bei regennasser Fahrbahn und höheren Fahrgeschwindigkeiten jedoch problematisch.

Bild 12.3 Prüfung der Oberfläche mit dem SKM

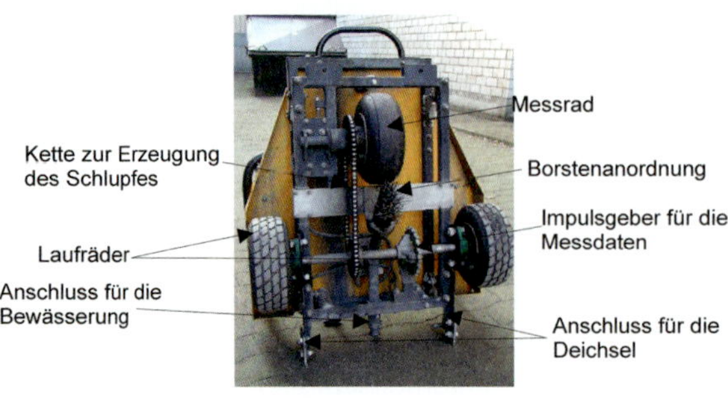

Bild 12.4 Grip-Tester

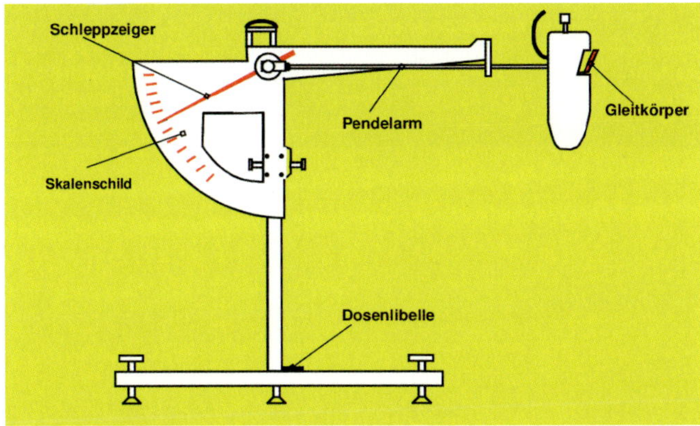

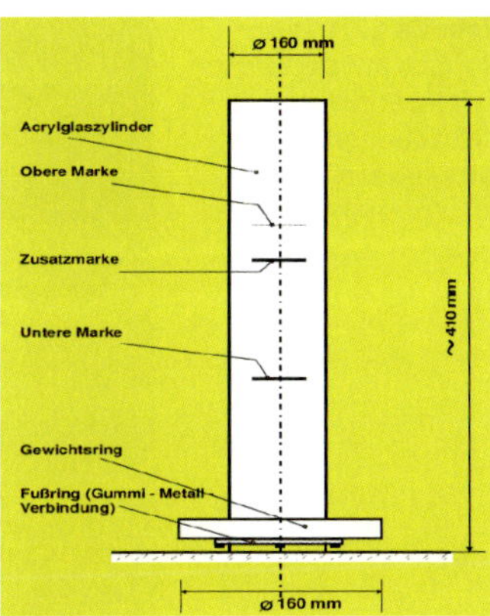

Bild 12.5 SRT-Pendelgerät (Skid-Resistance-Tester) und Ausflussgerät nach Moore

- *Nennkorngröße 8 oder 11 mm:*
  Die fertige Schicht ist besonders für mittlere Geschwindigkeiten (8 mm) günstig. Bei höheren Geschwindigkeiten ist eine Nennkorngröße von 11 mm zu bevorzugen. Beide fertigen Schichten besitzen ein ausgewogenes Verhältnis zwischen Schärfe und Rautiefe und sind für eine hohe Griffigkeit vorteilhaft.
- *Nennkorngröße 16 mm:*
  Die fertige Schicht besitzt zwar eine hohe Rautiefe, aber nahezu keine Schärfe. Der Einsatz als Deckschicht ist auch unter lärmtechnischen Gesichtspunkten ungünstig.

Die Griffigkeit der Fahrbahnoberfläche wird z. B. mit

- dem SKM (Seitenkraftmessgerät),
- dem Griptester oder
- dem SRT-Pendelgerät gemessen.

Auf die Griffigkeit der Asphaltdeckschicht wirkt sich ein zu bindemittelreiches und zu hohlraumarmes Mischgut ungünstig aus. Durch Bindemittelanreicherungen an der Oberfläche kommt es zur Reduktion der Rautiefe und somit zur Griffigkeitsabnahme.

Auch die Mischgutart nimmt Einfluss auf die Rautiefen. So weist Splittmastixasphalt bei gleichem Größtkorn eine wesentlich höhere Rautiefe auf als Asphaltbeton.

Die Verwendung von Aufhellungsgesteinen (helle grobe Gesteinskörnungen und gebrochene feine Gesteinskörnungen) ergibt helle Deckschichten.

Die *Helligkeit* der Oberfläche ist abhängig von der Gesteinsart (natürlich oder künstlich) und von der Grobrauheit. Zwei Aspekte stehen bei dem Einsatz von Aufhellungsgesteinen im Vordergrund:

- Helle Asphaltdeckschichten haben ein günstigeres Wärmeverhalten im Gebrauchszustand als normale Deckschichten. Durch die helle Farbe der Gesteinskörnungen und ihre teilweise glatte Oberfläche werden die Sonnenstrahlen reflektiert und die Erwärmung der Asphaltschicht ist um bis zu 20 % geringer. Besonders bei starker Sonneneinstrahlung

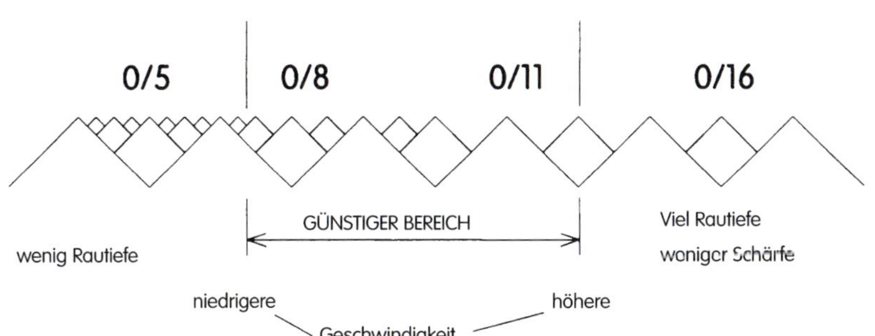

Bild 12.6 Rautiefen verschiedener Asphaltdeckschichten

Tabelle 12.1 Asphaltmischgutarten mit ihren vorgeschriebenen Schichtdickenbereichen

Asphaltdeckschichten		
Mischgutarten und -sorten	Schichtdicke nach ZTV Asphalt-StB [cm]	Empfohlene Schichtdicke für Leistungsbeschreibungen [cm]
Asphaltbeton		
AC 5 D L	2,0–3,0	2,0
AC 8 D N, AC 8 D L	3,0–4,0	3,0
AC 11 D N, AC 11 D L	3,5–4,5	4,0
AC 11 D S	4,0–5,0	4,0
AC 16 D S	5,0–6,0	5,0
Splittmastixasphalt		
SMA 5 N	2,0–3,0	2,0
SMA 8 N	2,0–3,5	3,0
SMA 8 S	3,0–4,0	3,5
SMA 11 S	3,5–4,0	4,0
Gussasphalt		
MA 5 S, MA 5 N	2,0–3,0	2,0
MA 8 S, MA 8 N	2,5–3,5	2,5
MA 11 S, MA 11 N	3,5–4,0	3,5

ist dieser Effekt günstig für die Verformungsbeständigkeit.

- Helle Asphaltdeckschichten vermitteln dem Kraftfahrer bei Nacht einen sichereren Eindruck von der Straße. Besonders in Innenstädten und in Straßentunneln wirkt sich die helle Farbe günstig auf die Fahrsicherheit aus.
- Helle Asphaltdeckschichten sparen Beleuchtungsenergie in Tunneln und auf innerstädtischen Strecken (s. a. Abschnitt 12.11.3 „Aufgehellte Deckschichten“).

Umweltfreundlichkeit

Asphalt besteht aus Gesteinskörnungsgemischen, Bitumen und gegebenenfalls Zusätzen. Diese Definition besagt schon, dass Asphalt recyclingfähig ist.

Bitumen ist ein thermoviskoser Stoff, der durch Zuführung von Wärmeenergie in den flüssigen Aggregatzustand umgewandelt und somit dem Recyclingprozess zugeführt werden kann. Ohne Probleme können auch die Gesteinskörnungen wiederverwendet werden.

Bitumen ist wasserunlöslich und enthält auch keine umweltgefährdenden Bestandteile, die durch Wasser ausgelöst werden können. Der Einsatz im Wasserbau (z. B. Trinkwasserspeicher) ist problemlos möglich. Bitumen ist in die Wassergefährdungsklasse 0 eingestuft.

Asphaltschichten wirken stoß- und schalldämmend. So werden Verkehrserschütterungen gedämpft und vermindert an angrenzende Gebäude übertragen.

Für die Ausführung von Asphaltierungsarbeiten im Straßenbau wird vergleichsweise wenig Zeit benötigt. Durch die schnelle Befahrbarkeit (Verkehrsfreigabe) nach dem Abschluss der Asphaltierungsarbeiten und die Möglichkeit des gestuften Bauablaufes (z. B. halbseitiger Einbau unter Verkehr) werden unnötige Emissionen, die durch Staus und Umleitungen entstehen, minimiert.

Asphaltdeckschichten

Die Schichtdicken sind in den ZTV Asphalt StB auf Basis der RStO geregelt. Die optimale Schichtdicke richtet sich nach der Nennkorngröße. Als Erfahrungswert kann angenommen werden:

$$\frac{\text{Schichtdicke}}{\text{Nennkorngröße}} = (2) - 3 \text{ bis } 4 - (5)$$

Die Verdichtbarkeit ist eine Funktion des Verhältnisses zwischen Schichtdicke und Größtkorn:

$$\text{Verdichtbarkeit} = f\left(\frac{\text{Schichtdicke}}{\text{Nennkorngröße}}\right)$$

Für die verschiedenen Asphaltmischgutarten werden verschiedene Schichtdicken empfohlen (s. *Tabelle 12.1*).

12.2 Asphaltbeton (Heißeinbau)

12.2.1 Begriff

Asphaltbeton ist ein hohlraumarmes Gemisch aus grob- und feinkörnigen Gesteinskörnungsgemischen, Füller, Straßenbaubitumen und/oder polymermodifiziertem Bitumen als Bindemittel. Gemäß ZTV Asphalt-StB kann Asphaltbeton als Deckschicht auf Straßen aller Belastungsklassen (ausgenommen Bk100 und Bk32), auf Wegen aller Art und auf anderen Verkehrsflächen eingesetzt werden. Das Gesteinskörnungsgemisch muss so aufgebaut sein, dass es einen geringen Hohlraumgehalt aufweist und sich die Lagerungsdichte und Korngrößenverteilung unter Verkehrsbeanspruchung nur geringfügig verändern kann.

Die Wahl der Kornzusammensetzung (Nennkorngröße) richtet sich nach der jeweiligen Verkehrsbeanspruchung und nach der verfügbaren Einbauhöhe.

Der Einbau erfolgt heiß und mit einem Straßenfertiger. Die Mischguttemperaturen sind von dem jeweils eingesetzten Bindemittel abhängig (120–190 °C).

Tabelle 12.2 Zulässige Mischguttemperaturen (AC D)

Bindemittelsorte	Zulässige Temperaturspanne des Mischgutes in °C für Asphaltbetondeckschichten*)
30/45	155–195
50/70	140–180
70/100	140–180
25/55-55	150–190

*) Die unteren Grenzen gelten für das Asphaltmischgut bei Anlieferung auf der Baustelle; die oberen Grenzwerte gelten für das Asphaltmischgut bei der Herstellung bzw. bei Verlassen des Silos

12.2.2 Anwendung

Asphaltbeton kann für Straßen und Verkehrsflächen mit normaler und besonderer Beanspruchung eingesetzt werden.

Asphaltbeton muss im Heißeinbau nach dem Abschluss der Verdichtungsarbeiten seine Endverdichtung erreicht haben.

Das bedeutet, dass die Asphaltdeckschicht ihre endgültige Dichtigkeit gegen das Eindringen von Wasser erreicht hat. Ebenso kommt es nicht zu Kornumlagerungen und somit zu Änderungen der Lagerungsdichte im Gebrauchszustand. Verdichtete Asphaltbetondeckschichten sollten einen maximalen Hohlraumgehalt von 6 Vol.-% aufweisen.

12.2.3 Zusammensetzung

Im Asphaltbeton werden vorwiegend gebrochene Gesteinskörnungen als Körnungsgemisch mit Straßenbaubitumen als Bindemittel eingesetzt. Asphaltbeton AC 11 D S und Asphaltbeton AC 16 D S haben folgende typischen Merkmale:

- schwere Verdichtbarkeit, dadurch bei Erreichen des geforderten Verdichtungsgrades auch hohe Verformungsbeständigkeit,
- hoher Anteil aus kantenfesten grobkörnigen Gesteinskörnungen, zur Erzielung einer hohen Verformungsbeständigkeit,
- hoher Anteil an feiner Gesteinskörnung mit E_{CS} 35 (bis zu 100 %) zur Erzielung einer hohen Verformungsbeständigkeit,

Tabelle 12.3 Zuordnung der Mischgutarten (AC D) zu den Belastungsklassen

Belastungsklasse/ Flächenart	Bk100 und Bk32	Bk10	Bk3,2	Bk1,8	Bk1,0	Bk0,3	Rad- und Gehwege
Deckschicht aus Asphaltbeton		AC 11 D S	AC 11 D S, AC 8 D S	AC 11 DN (AC 8 D S)	AC 11 DN, AC 8 DN		AC 8 D L, AC 5 D L

Tabelle 12.4 Zweckmäßige Bindemittelart und -sorte in Abhängigkeit von der zu erwartenden Beanspruchung

Belastungsklasse/ Flächenart	Bk100 und Bk32	Bk10	Bk3,2	Bk1,8	Bk1,0	Bk0,3	Rad- und Gehwege
Deckschicht aus Asphaltbeton		25/55-55	25/55-55 (50/70)	50/70 (25/55-55)	50/70 (70/100)	50/70 70/100	70/100

Tabelle 12.5 Zusammensetzung von Asphaltbeton

Bezeichnung	Einheit	AC 16 DS	AC 11 DS	AC 8 DS	AC 11 DN	AC 8 DN	AC 11 DL	AC 8 DL	AC 5 DL
Baustoffe									
Gesteinskörnungen (Lieferkörnung)									
Anteil gebrochener Kornoberflächen		$C_{90/1}$	$C_{90/1}$	$C_{90/1}$	$C_{90/1}$	$C_{90/1}$	$C_{90/1}$	$C_{90/1}$	$C_{90/1}$
Widerstand gegen Zertrümmerung		SZ_{18}/LA_{20}	SZ_{18}/LA_{20}	SZ_{18}/LA_{20}	SZ_{22}/LA_{25}	SZ_{22}/LA_{25}	SZ_{26}/LA_{30}	SZ_{26}/LA_{30}	SZ_{26}/LA_{30}
Widerstand gegen Polieren		$PSV_{angegeben}$ (48)	$PSV_{angegeben}$ (48)	$PSV_{angegeben}$ (48)	$PSV_{angegeben}$ (42)	$PSV_{angegeben}$ (42)	$PSV_{angegeben}$ (42)	$PSV_{angegeben}$ (42)	$PSV_{angegeben}$ (42)
Mindestanteil feiner Gesteinskörnung mit E_{CS} 35	%	50	50	50					
Bindemittel, Art und Sorte		25/55-55; 50/70; 10/40-65	25/55-55; 50/70	25/55-55; 50/70	50/70; 70/100	50/70; 70/100	50/70; 70/100	70/100	70/100
Zusammensetzung Asphaltmischgut									
Gesteinskörnungsgemisch Siebdurchgang bei									
22,4 mm	M.-%	100							
16 mm	M.-%	90–100	100		100		100		
11,2 mm	M.-%	70–85	90–100	100	90–100	100	90–100	100	
8 mm	M.-%		70–85	90–100	70–85	90–100	70–90	90–100	100
5,6 mm	M.-%			65–85		70–85		70–90	90–100
2 mm	M.-%	35–45	40–50	40–55	45–55	45–60	45–60	45–65	50–70
0,125 mm	M.-%	7–17	7–17	8–20	8–22	8–20	8–22	8–20	9–24
0.063 mm	M.-%	5–9	5–9	6–12	6–12	6–12	6–12	6–12	7–14
Mindest-Bindemittelgehalt		$B_{min\ 5,4}$	$B_{min\ 6,0}$	$B_{min\ 6,2}$	$B_{min\ 6,2}$	$B_{min\ 6,4}$	$B_{min\ 6,4}$	$B_{min\ 6,6}$	$B_{min\ 7,0}$
Asphaltmischgut									
Mindest-Hohlraumgehalt MPK		$V_{min\ 2,5}$	$V_{min\ 2,5}$	$V_{min\ 2,0}$	$V_{min\ 1,5}$	$V_{min\ 1,5}$	$V_{min\ 1,0}$	$V_{min\ 1,0}$	$V_{min\ 1,0}$
Max. Hohlraumgehalt MPK		$V_{max\ 4,5}$	$V_{max\ 3,5}$	$V_{max\ 3,5}$	$V_{max\ 3,5}$	$V_{max\ 3,5}$	$V_{max\ 2,5}$	$V_{max\ 2,5}$	$V_{max\ 2,5}$
Hohlraumausfüllungsgrad		Ist anzugeben	Ist anzugeben	Ist anzugeben	Ist anzugeben	Ist anzugeben	Ist anzugeben	Ist anzugeben	Ist anzugeben

Tabelle 12.6 Anforderungen an Asphaltbetonschichten

Schichteigenschaften	AC 16 D S	AC 11 D S	AC 11 D N AC 11 D L	AC 8 D N AC 8 D L AC 8 D S	AC 5 D L
Einbaudicke cm	5,0–6,0	4,0–5,0	3,5–4,5	3,0–4,0	2,0–3,0
Einbaumenge kg/m²	125–150	100–125	85–115	75–100	50–75
Verdichtungsgrad %	≥ 98,0	≥ 98,0	≥ 98,0	≥ 98,0	≥ 97,0
Hohlraumgehalt Vol.-%	≤ 6,5	≤ 5,5	≤ 5,5	≤ 5,5	≤ 5,5

- Verwendung von relativ hartem Straßenbaubitumen 50/70 oder polymermodifiziertem Bitumen (25/55-55 bzw. 10/40-65 bei AC 16 D S) je nach Verkehrsbelastung.

Zusammenfassend lässt sich sagen:

- Je höher der Anteil an feiner Gesteinskörnung mit E_{CS} < 35 (Natursandanteil), desto besser die Verarbeitbarkeit, desto geringer die Verformungsbeständigkeit.
- Je höher der Anteil an feiner Gesteinskörnung mit E_{CS} 35 (Brechsandanteil), desto schlechter die Verarbeitbarkeit, desto höher aber die Verformungsbeständigkeit.
- Bei hoher Verkehrsbeanspruchung muss das Asphaltmischgut einen hohen Anteil an groben Gesteinskörnungen haben, auf feiner Gesteinskörnung mit E_{CS} < 35 ist ganz zu verzichten.
- Bei geringer Verkehrsbeanspruchung kann bei den feinen Gesteinskörnungen der Fließkoeffizient E_{CS} 35 oder bedeutend geringer sein, d.h. das Asphaltmischgut kann feinkörniger zusammengesetzt und somit hohlraumärmer und bitumenreicher sein.
- Auf Rad- und Gehwegen kann auf feine Gesteinskörnungen mit E_{CS} 35 ganz verzichtet werden.

In *Tabelle 12.5* sind die Anforderungen an die Gesteinskörnungen und die Zusammensetzung der Asphaltbetone nach TL Asphalt-StB zusammengestellt, *Tabelle 12.6* enthält die Anforderungen der ZTV Asphalt-StB an den Verdichtungsgrad und den maximalen Hohlraumgehalt der fertigen Schicht. In den *Bildern 12.7* bis *12.14* sind die Sieblinienbereiche der Asphaltbetone wiedergegeben.

Einbau und Verdichtung

Zum Erhalt eines ausreichenden Schichtenverbundes muss die Unterlage gereinigt, von losen Materialien befreit und angesprüht werden.

Die *Tabellen 12.7* und *12.8* enthalten Richtwerte für Vorspritzmengen in Abhängigkeit von der Unterlagenart und den klimatischen Bedingungen. Die Obergrenzen sind relativ hoch

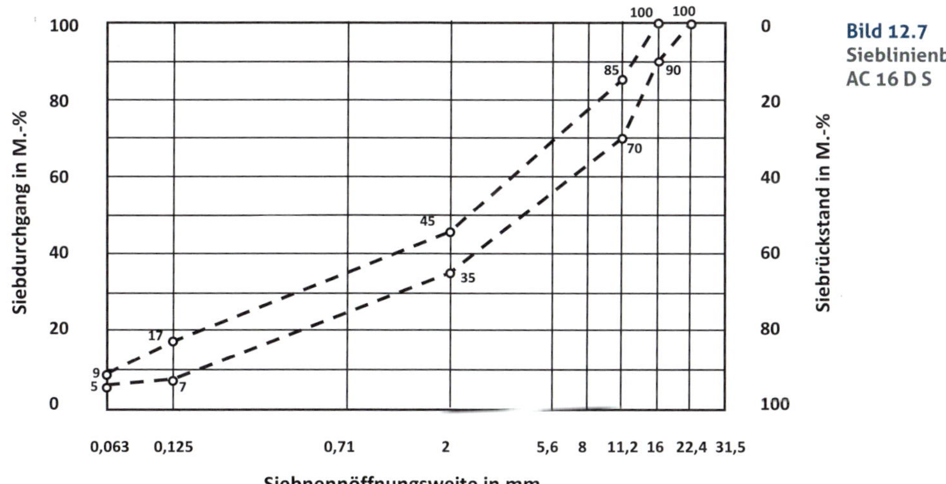

Bild 12.7 Sieblinienbereich AC 16 D S

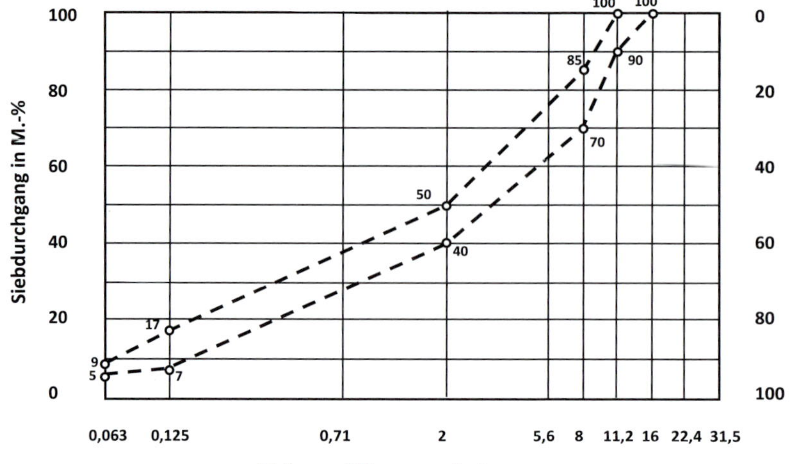

Bild 12.8
Sieblinienbereich
AC 11 D S

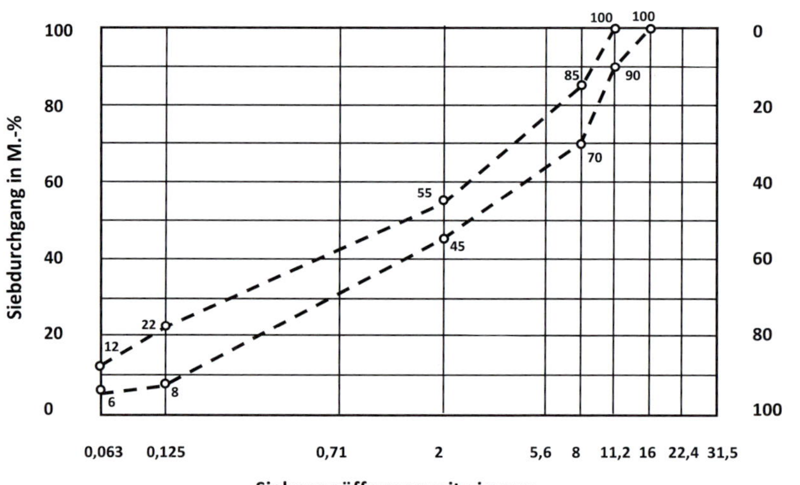

Bild 12.9
Sieblinienbereich
AC 11 D N

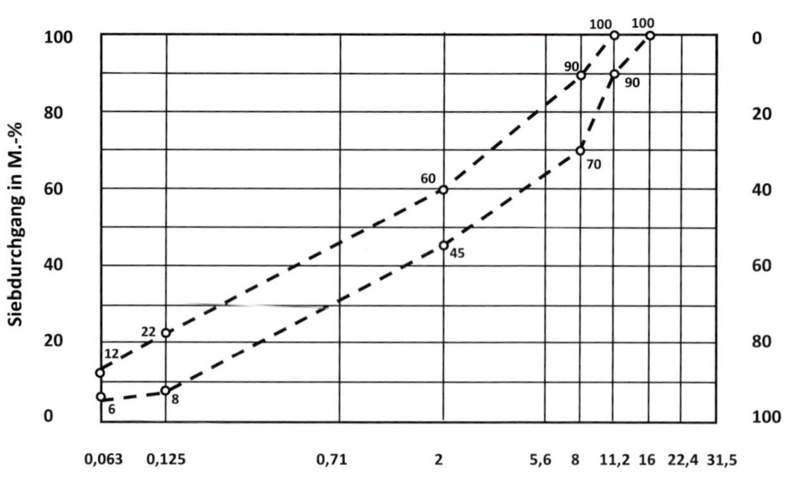

Bild 12.10
Sieblinienbereich
AC 11 D L

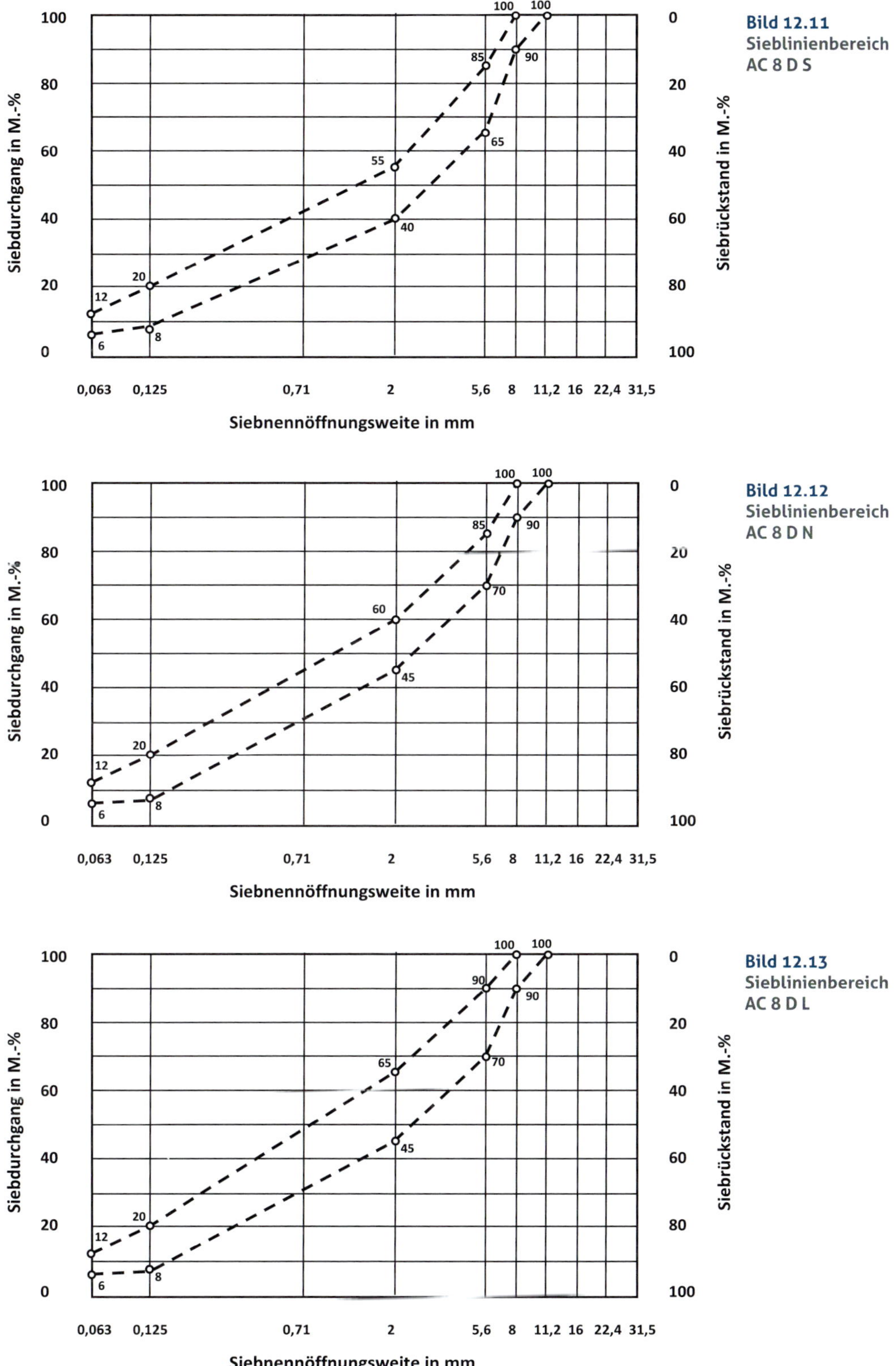

Bild 12.11
Sieblinienbereich
AC 8 D S

Bild 12.12
Sieblinienbereich
AC 8 D N

Bild 12.13
Sieblinienbereich
AC 8 D L

Bild 12.14 Sieblinienbereich AC 5 D L

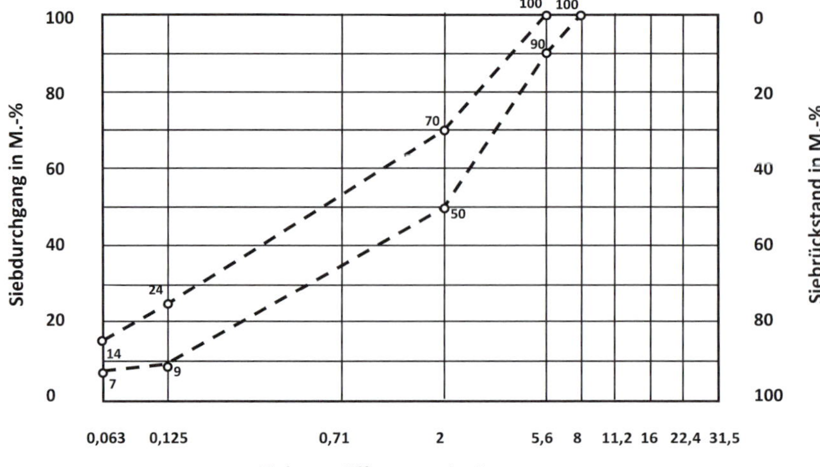

angesetzt. Neu entwickelte Produkte sind gegebenenfalls entsprechend den Herstellerangaben einzusetzen.

Das Vorspritzmittel muss gleichmäßig und flächendeckend aufgetragen werden. Bei einer Überdosierung besteht die Gefahr der Gleitschichtbildung. Vor dem Einbau des Asphaltes muss die Bitumenemulsion gebrochen und das Emulsionswasser verdunstet sein.

Beim Einbau muss eine Mindestlufttemperatur von +10 °C (Unterlage mind. +5 °C) bei einer Schichtdicke unter 3 cm eingehalten werden.

Tabelle 12.7 Art und Dosierung der Polymermodifizierten Bitumenemulsion in Abhängigkeit von der Unterlage in den Belastungsklassen Bk100 bis Bk3,2 (Asphaltbetondeckschicht)

Art und Beschaffenheit der Unterlage		Aufzubringende Schicht: Asphaltbetondeckschicht (AC D) Ansprühmenge: C60BP4-S in g/m²
Asphalttragschicht		
frisch	f	×
gefräst	gf	×
sehr offenporig/ ausgemagert	o/a	×
Asphaltbinderschicht		
frisch	f	150 bis 250
gefräst	gf	250 bis 350
sehr offenporig/ ausgemagert	o/a	250 bis 350

× ist objektbezogen zu betrachten

Bei einer Schichtdicke über 3 cm beträgt die Mindestlufttemperatur +5 °C.

Die geforderte Anfangsgriffigkeit ist durch möglichst frühes Abstreuen, spätestens nach dem zweiten, besser nach dem ersten Walzenübergang sicherzustellen.

Die Abstumpfung kann erreicht werden durch Verwendung von rohem oder bindemittelumhülltem Abstreumaterial der Lieferkörnung 1/3 oder 2/5.

Empfohlen wird:

- gebrochene Gesteinskörnung der Lieferkörnung 1/3: 0,5 bis 1,0 kg/m²,
- gebrochene Gesteinskörnung der Lieferkörnung 2/5: 1,0 bis 2,0 kg/m².

Bei eventuellen lärmtechnischen Vorgaben ist gegebenenfalls die Lieferkörnung 1/3 vorzuziehen. Weitere Hinweise und Tipps im Kapitel 4.

Tabelle 12.8 Art und Dosierung der lösemittelhaltigen Bitumenemulsion in Abhängigkeit von der Unterlage in den Belastungsklassen Bk1,8 bis Bk0,3

Art und Beschaffenheit der Unterlage		Aufzubringende Schicht: Asphaltbetondeckschicht (AC D) Ansprühmenge: C40B5-S in g/m²
Asphalttragschicht		
frisch	f	200–300
gefräst	gf	200–300
sehr offenporig/ ausgemagert	o/a	300–400

12.3 Splittmastixasphalt

12.3.1 Begriff

Splittmastixasphalte (SMA) werden aus Gesteinskörnungsgemischen mit abgestufter Korngrößenverteilung und Straßenbaubitumen oder polymermodifiziertem Bitumen als Bindemittel und stabilisierenden Zusätzen hergestellt. Die Zusammensetzung dieses Mischgutes hat so zu erfolgen, dass auch nach der dem Verwendungszweck entsprechend auftretenden Verkehrsbelastung keine Verformungen auftreten. Das Gesteinskörnungsgemisch besteht vorzugsweise zu 100 % aus gebrochenem Material.

12.3.2 Allgemeines

Die Entstehung des Splittmastixasphalts geht auf die sechziger Jahre zurück. Zu dieser Zeit gab es eine Häufung von Schadensfällen durch die starke Spikes-Belastung. Es wurde versucht, verschleißarme Beläge herzustellen. Als Ergebnis einer Reihe von Entwicklungen entstand der Splittmastixasphalt. Er erfüllte Anforderungen wie

- hohe Standfestigkeit unter schweren Verkehrsbeanspruchungen,
- hohe Standfestigkeit bei hohen Temperaturen,
- Widerstand gegen Spikes-Belastung.

Die Idee war, ein auf sich abstützendes Splittgerüst zur Ableitung der Verkehrslasten zu schaffen und es, bis auf den gewünschten Resthohlraumgehalt, mit Asphaltmastix auszufüllen. Da ein patentrechtlicher Schutz dieser Bauweise nicht möglich war, entwickelten bedeutende Straßenbaufirmen entsprechende Sonderbauweisen, die unter den Namen „Mastimac", „Aspiphalt" oder „Tapimac" bekannt wurden.

1984 wurde der Splittmastixasphalt in die ZTV bit-StB 84 als Standardbauweise aufgenommen. Er hat sich bis heute hervorragend für Baumaßnahmen unter extremen klimatischen Bedingungen und unter hohen bis höchsten Verkehrsbelastungen bewährt.

12.3.3 Anwendung

Splittmastixasphalt ist besonders geeignet zum Einbau in Verkehrsflächen mit besonderen Beanspruchungen wie:

- spurfahrendem Schwerverkehr,
- langsam fahrendem Schwerverkehr,
- häufigen Brems- und Beschleunigungsvorgängen,
- Standverkehr,
- besonders hohen Temperaturen über längere Zeiträume,
- intensiver Sonneneinstrahlung.

Ein wichtiger Vorteil des Splittmastixasphalts ist, dass er als Deckschicht in ungleichmäßiger Dicke (z. B. Spurrinnenverfüllungen) eingebaut werden kann, ohne dass sein Tragskelett an Wirkung verliert. Für dünne Deckschichten im Heißeinbau DSH ist besonders Splittmastixasphalt SMA 5 S geeignet.

12.3.4 Zusammensetzung

- Gesteinskörnungsgemische mit abgestufter Korngrößenverteilung (Ausfallkörnung),
- hoher Anteil aus kantenfesten grobkörnigen Gesteinskörnungen, zur Erzielung einer hohen Standfestigkeit mit Schlagzertrümmerungswert SZ_{18}/LA_{20} und vollständig bzw. fast vollständig gebrochener Oberfläche ($C_{100/0}$; $C_{95/1}$; $C_{90/1}$),
- höchst möglicher Anteil an feiner Gesteinskörnung mit E_{CS}35 zur Unterstützung der Verformungsbeständigkeit,
- Straßenbaubitumen, polymermodifiziertes Bitumen nach TL Bitumen oder Sonderbindemittel,
- stabilisierende Zusätze (Bindemittelträger).

Tabelle 12.9 Zuordnung der Mischgutarten (SMA) zu den Belastungsklassen

Belastungsklasse/ Flächenart	Bk100 und Bk32	Bk10	Bk3,2	Bk1,8	Bk1,0	Bk0,3	Rad- und Gehwege
Deckschicht aus SMA	SMA 11 S, SMA 8 S			SMA 8 N (SMA 11 S)	(SMA 8 N)	(SMA 8 N), (SMA 5 N)	–

Tabelle 12.10 Anforderungen an Splittmastixasphalt

Bezeichnung	Einheit	SMA 11 S	SMA 8 S	SMA 5 S	SMA 8 N	SMA 5 N
Baustoffe						
Gesteinskörnungen (Lieferkörnung)						
Anteil gebrochener Kornoberflächen		$C_{100/0}$; $C_{95/1}$; $C_{90/1}$	$C_{100/0}$; $C_{95/1}$; $C_{90/1}$	$C_{100/0}$; $C_{95/1}$; $C_{90/1}$	$C_{90/1}$	$C_{90/1}$
Widerstand gegen Zertrümmerung		SZ_{18}/LA_{20}	SZ_{18}/LA_{20}	SZ_{18}/LA_{20}	SZ_{18}/LA_{20}	SZ_{18}/LA_{20}
Widerstand gegen Polieren		$PSV_{angegeben}$ (51)	$PSV_{angegeben}$ (51)	$PSV_{angegeben}$ (48)	$PSV_{angegeben}$ (48)	$PSV_{angegeben}$ (48)
Mindestanteil feiner Gesteinskörnung mit E_{CS} 35	%	100	100	100	50	50
Bindemittel, Art und Sorte		25/55-55; 50/70	25/55-55; 50/70	45/80-50; 50/70; 25/55-55	50/70; 70/100; 45/80-50	50/70; 70/100
Zusammensetzung Asphaltmischgut						
Gesteinskörnungsgemisch Siebdurchgang bei						
16 mm	M.-%	100				
11,2 mm	M.-%	90–100	100		100	
8 mm	M.-%	50–65	90–100	100	90–100	100
5,6 mm	M.-%	35–45	35–55	90–100	35–60	90–100
2 mm	M.-%	20–30	20–30	30–40	20–30	30–40
0.063 mm	M.-%	8–12	8–12	7–12	7–12	7–12
Mindest-Bindemittelgehalt		$B_{min\,6,6}$	$B_{min\,7,2}$	$B_{min\,7,4}$	$B_{min\,7,2}$	$B_{min\,7,4}$
Bindemittelträger	M.-%	0,3–1,5	0,3–1,5	0,3–1,5	0,3–1,5	0,3–1,5
Asphaltmischgut						
Mindest-Hohlraumgehalt MPK		$V_{min\,2,5}$	$V_{min\,2,5}$	$V_{min\,2,0}$	$V_{min\,1,5}$	$V_{min\,1,5}$
Max. Hohlraumgehalt MPK		$V_{max\,3,0}$	$V_{max\,3,0}$	$V_{max\,3,0}$	$V_{max\,3,0}$	$V_{max\,3,0}$
Hohlraumausfüllungsgrad		Ist anzugeben	Ist anzugeben	Ist anzugeben	Ist anzugeben	Ist anzugeben
Proportionale Spurrinnentiefe		Ist anzugeben	Ist anzugeben			

Tabelle 12.11 Anforderungen an Splittmastixasphalt (Schichten)

Schichteigenschaften		SMA 11 S	SMA 8 S	SMA 8 N	SMA 5 N
Einbaudicke	cm	3,5–4,0	3,5–4,0	2,0–3,5	2,0–3,0
Einbaumenge	kg/m²	85–100	85–100	50–85	50–75
Verdichtungsgrad	%	≥ 98,0	≥ 98,0	≥ 98,0	≥ 98,0
Hohlraumgehalt	Vol.-%	≤ 5,0	≤ 5,0	≤ 5,0	≤ 5,0

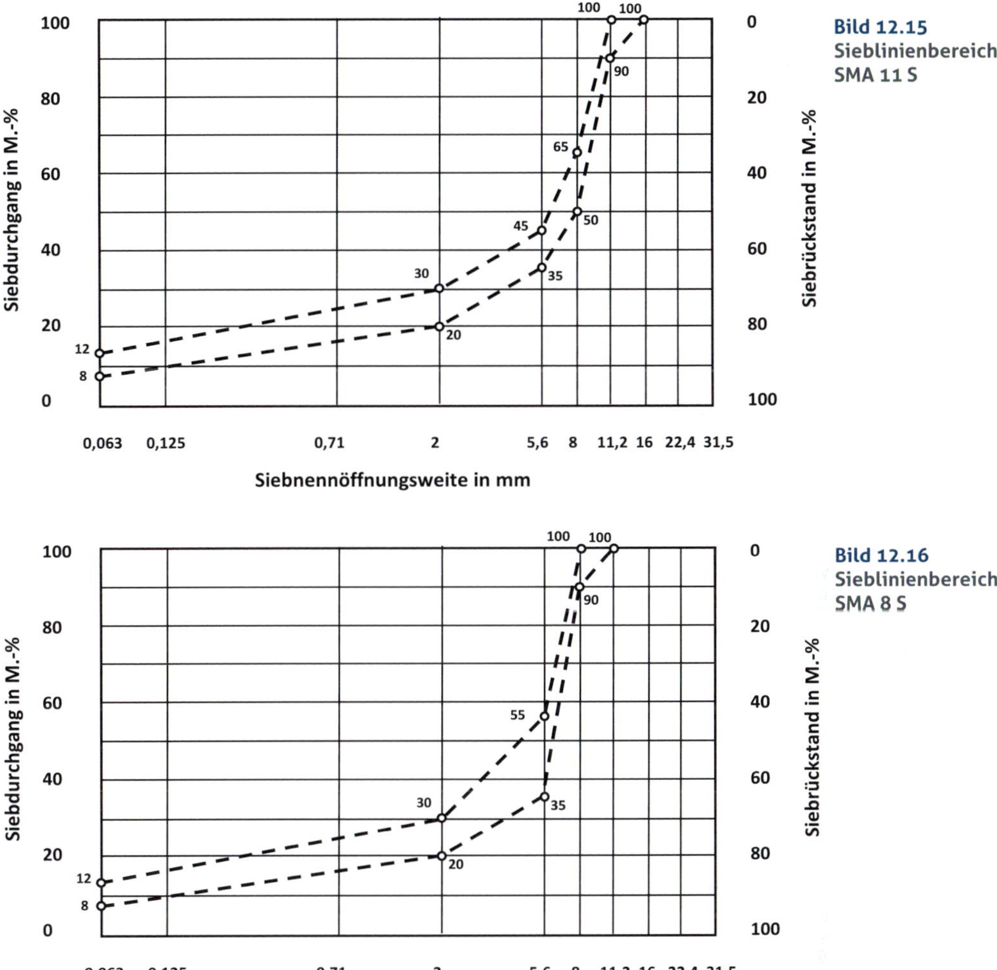

Bild 12.15 Sieblinienbereich SMA 11 S

Bild 12.16 Sieblinienbereich SMA 8 S

In *Tabelle 12.10* sind die Anforderungen an die Gesteinskörnungen und die Zusammensetzung der Splittmastixasphalte nach TL Asphalt-StB zusammengestellt. *Tabelle 12.11* enthält die Anforderungen der ZTV Asphalt-StB an den Verdichtungsgrad und den maximalen Hohlraumgehalt der fertigen Schicht. In den *Bildern 12.15* und *12.16* sind beispielhaft Sieblinienbereiche der Splittmastixasphalte wiedergegeben.

Die Eigenschaften und Merkmale von Splittmastixasphalt sind in *Tabelle 12.12* zusammengefasst.

Bezogen auf den Gesamtanteil an groben Gesteinskörnungen wird folgende Zusammensetzung als Richtgröße empfohlen:

	SMA 11 S	SMA 8 S	SMA 8 N
Kornklasse 2/5	1 Teil	2 Teile	2,5 Teile
Kornklasse 5/8	2 Teile	5,5 Teile	4,5 Teile
Kornklasse 8/1 1	4 Teile	–	–

Das *Gesteinskörnungsgemisch* mit abgestufter Korngrößenverteilung ist nach dem Prinzip der Ausfallkörnung zusammengesetzt und bildet ein sich selbst abstützendes Gerüst. Das Gerüst kann auch als „Tragskelett“ bezeichnet werden. Die Hohlräume in diesem Skelett werden bis zu einem gewissen Grad mit dem Asphaltmastix (Mörtel) ausgefüllt. Durch eine hohe Steifigkeit und Klebfähigkeit des Mörtels werden Verschiebungen durch Schubkräfte innerhalb des Skelettes verhindert.

Bild 12.17
Einbau von SMA

Die TL Asphalt-StB gestatten für den Splittmastixasphalt SMA 8 N und SMA 5 N ein Verhältnis „Brechsand : Natursand ≥ 1 : 1" (mindestens 50 M.-% feine Gesteinskörnung mit E_{CS} 35 im Bereich unter 2 mm). Soll jedoch ein sehr standfester Splittmastixasphalt hergestellt werden, so sollte nur feine Gesteinskörnung mit E_{CS} 35 Verwendung finden.

Die Verwendung von *Asphaltgranulat* ist nicht zulässig. Ausnahmen müssen gesondert vereinbart werden.

Als *Bindemittel* kommen Straßenbaubitumen, polymermodifiziertes Bitumen nach TL Bitumen oder Sonderbindemittel zum Einsatz. Für den Splittmastixasphalt SMA 11 S, SMA 8 S und SMA 5 S werden bei schweren Verkehrsbelastungen vorzugsweise polymermodifizierte Bindemittel 25/55-55 eingesetzt. Bei Verwendung von polymermodifiziertem Bitumen 25/55-55 ist zu beachten, dass das Bindemittel eine andere Viskosität und somit ein geändertes Temperaturverhalten (Mischtemperaturen, Einbautemperaturen, Verdichtungsverhalten) als Bitumen 50/70 hat (s. auch Kap. 1).

Wie in *Tabelle 12.10* ersichtlich ist, muss in dem jeweiligen Gesteinskörnungsgemisch eine für die Walzasphaltbauweise hohe Bindemittelmenge untergebracht werden. Diese Bindemittelmenge ist notwendig, um dicke Bindemittelfilme zu erzielen, die eine schnelle Alterung des Bindemittels durch Oxidation (Luftsauerstoffzutritt) und somit die Versprödung und die

Tabelle 12.12
Eigenschaften und Merkmale von Splittmastixasphalt

Merkmale	Eigenschaften
– Hoher Splittgehalt	– Hohe Standfestigkeit (temperaturunabhängig)
– Gesteinskörnungsgerüst nach Prinzip der Ausfallkörnung	– Sich selbst stützendes Splittgerüst, gute Lastabtragungswirkung
– Dicke Bitumenfilme	– Günstiges Alterungsverhalten, hoher Widerstand gegen Verschleiß
– Dicke Mörtelfilme	– Hohe Steifigkeit – Schubkraftverminderung – Gute und dauerhafte Verklebung der Gesteinskörner, auch bei Wassereinwirkung
– Stabilisierende Zusätze	– Realisierung von dicken Bitumenfilmen – Verhinderung des Ablaufens des Bitumens bei Herstellung, Transport und Einbau des Mischgutes – Erhöhung der Stabilität der Homogenität des Asphaltes

Tabelle 12.13 Zuordnung der Bindemittelsorten für SMA zu den Belastungsklassen

Belastungs-klasse/ Flächenart	Bk100 und Bk32	Bk10	Bk3,2	Bk1,8	Bk1,0	Bk0,3	Rad- und Gehwege
Deckschicht aus SMA	25/55-55			50/70 (25/55-55)	50/70	70/100	–

damit verbundene Rissempfindlichkeit auch nach längerer Liegedauer vermindern.

Um ein Ablaufen des Bindemittels während des Transportes zur Einbaustelle, des Lagerns und des Einbaues zu verhindern, werden *stabilisierende Zusätze* (i. d. R. Fasern) zugegeben.

12.3.5 Stabilisierende Zusätze

Die Bezeichnung „stabilisierender Zusatz" kann zu Missverständnissen führen, da diese Zusätze den Asphalt nicht stabilisieren, d. h. verformungsbeständiger machen, sondern vornehmlich als Bindemittelträger wirken, der die Aufgabe hat, die Homogenität des Asphaltes zu stabilisieren, so dass während der Mischgutlagerung, des Mischguttransports und -einbaus kein Bindemittel abfließt. Als stabilisierende Zusätze können zum Einsatz kommen:

- organische Faserstoffe (feinfibrilierte Cellulose, Faserlänge bis ca. 5 000 µm, Faserdicke ca. 45 µm),
- organische Faserstoffe mit Bitumenummantelung (mit Bitumen umhüllt und z. B. mit Talkum gepudert),
- mineralische Faserstoffe (aus flüssiger Gesteinsschmelze gewonnen, glasähnliche Oberfläche wird zur besseren Bitumenhaftung geschlichtet),
- Kieselsäure (Kugelform mit Ø ca. 100 µm),
- Polymere in Granulat oder Pulverform,
- Kieselgur.

Die stabilisierenden Zusätze werden, wenn es sich nicht um flüssige Additive handelt, als Paketware, Big Bags oder in Silozügen angeliefert und sind wie folgt zu behandeln:

Paketware

- Lagerung in trockenen Räumen.
- Vor Verarbeitung wird die benötigte Menge über ein Förderband oder mit einem Aufzug zur Zugabestelle des Mischers transportiert.
- Die Zugabe erfolgt entweder per Hand oder durch verfahrensspezifische Zugabemechanismen.
- Die Einbindung in den Verfahrensablauf erfolgt durch
  - handbetätigten Quittungsschalter,
  - Lichtschranke,
  - Induktivschalter.

Besonders bei Cellulosefasern ist auf eine trockene Lagerung zu achten, da es durch Feuchtigkeitseinwirkung zu einem Verkleben der Cellulosefasern kommen kann und sich dann die Fasern beim Mischvorgang nicht mehr optimal im Asphaltmischgut verteilen. Die Folge sind Fehlstellen in der fertigen Deckschicht aus Splittmastixasphalt.

Bild 12.18 Handzugabe Paketware

Bild 12.19 Beförderung der Zusätze über Granulatzugabe

Big Bags

- Bei der Zugabe der stabilisierenden Zusätze aus Big Bags handelt es sich um ein automatisches Dosiersystem mit Differenzverwiegung.
- Die Big Bags werden in einen Differenzverwiegebehälter entleert.
- Die Fasern werden nach voreingestelltem Gewicht über eine Schnecke abgezogen und mit Fördergebläse in den Mischer geblasen.

Auch hier ist auf eine trockene Lagerung der Cellulosefasern zu achten!

Silozug

- Bei Silozuganlieferung ist zu beachten, dass eine entsprechende Lagerkapazität in stationären Silos vorgehalten wird.
- Die Dosierung erfolgt automatisch mit Differenzverwiegung.
- Die Fasern werden nach voreingestelltem Gewicht über eine Schnecke abgezogen und mit Fördergebläse in den Mischer geblasen.

Auf einen weitgehend kurzfristigen Verbrauch der Zusätze sollte geachtet werden, übermäßig

Bild 12.20 Big Bags an der Asphaltmischanlage

Bild 12.21 Silo an Mischanlage

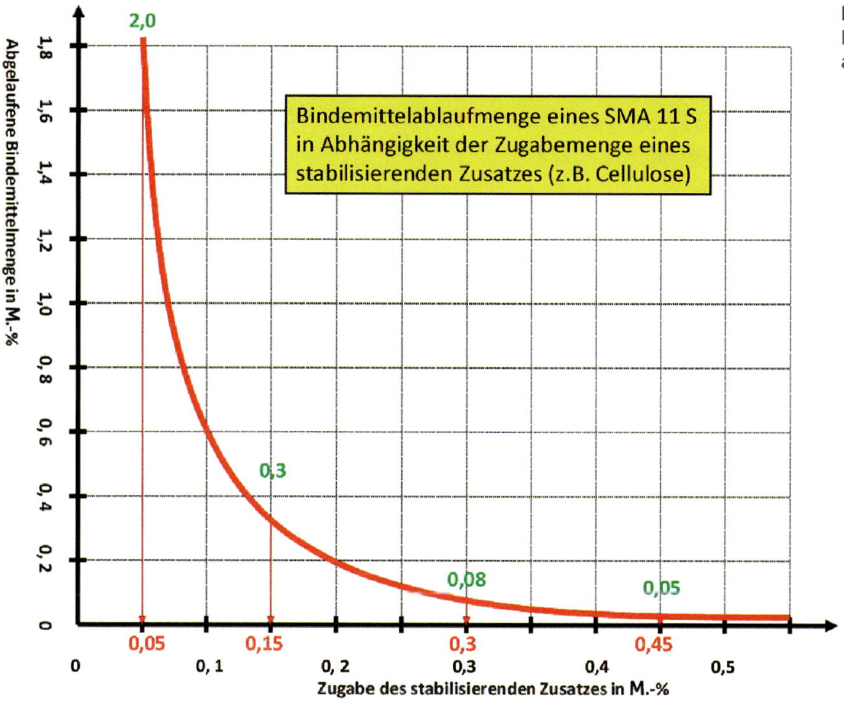

Bild 12.22 Bindemittelablauftest

lange Lagerzeiten (z. B. über Winter) im Silo sind zu vermeiden.

Bei stabilisierenden Zusätzen, die einen Bitumenanteil enthalten, ist auf die Lagertemperaturen zu achten, da es bei sehr hohen Außentemperaturen zu Verklebungen im Silo kommen kann. Probleme bei der Siloentnahme wären die Folge.

Stabilisierende Zusätze in anderen Lieferformen

- Die Lagerungs- und Zugabehinweise des Lieferanten/Herstellers sind zu beachten.

■ Bindemittelablauftest

Im Splittmastixasphalt ist im Vergleich zu anderen Asphaltmischgutarten ein hoher Bindemittelgehalt zu verzeichnen. Die Mastixkomponente neigt in heißem Zustand zum Entmischen. Um ein Ablaufen des Bindemittels während der Herstellung, des Transportes und des Einbaues des Asphaltmischgutes zu verhindern, werden stabilisierende Zusätze während des Mischvorganges zugegeben. Der zur „Stabilisierung" nötige Anteil wird experimentell bei der Erstellung der Erstprüfung gemäß TP Asphalt, Teil 18 ermittelt.

Durchführung des Bindemittelablauftests

- 1 000 bis 1 100 g Mischgut werden bei Herstellungstemperatur in ein 800 ml-Becherglas (niedrige Form) gegeben.
- Das gefüllte und abgedeckte Becherglas wird für (60 ± 1) Minute(n) in einem vorgeheizten Wärmeschrank bei (170 ± 1) °C gelagert.
- Nach der o. g. Zeitspanne wird das Becherglas dem Wärmeschrank entnommen und umgestülpt, so dass das heiße Mischgut aus dem Becherglas fällt.
- Das im Becherglas haftende Material wird sofort, mit einer Genauigkeit von 0,1 M.-%, zurückgewogen.
- Der Rückstand wird mit einer Genauigkeit von 0,01 M.-% angegeben.

Je höher der Rückstand im Becherglas, desto ungünstiger ist das Verhalten des Asphaltes. Als Richtwert für den Bindemittelablauftest kann man einen Rückstand von ca. 0,10 annehmen.

Bei der Verwendung von Cellulosefasern hat sich eine Zugabe zwischen 0,3 und 0,4 M.-% im Mischgut in den meisten Fällen als ausreichend erwiesen.

12.3.6 Herstellung

Splittmastixasphalt hat Besonderheiten in der Zusammensetzung gegenüber Asphaltbeton. Dadurch ergeben sich einige, auch bei der Mischgutherstellung zu beachtende, Sachverhalte.

Der Splittanteil (Anteil an grober Gesteinskörnung) ist sehr hoch, der Sandanteil dagegen vergleichsweise niedrig. Eine starke Erwärmung durch die direkte Einwirkung der Brennerflamme in der Trockentrommel auf das Gestein ist die Folge. Die Betriebsweise der Trockentrommel muss darauf eingestellt sein, dass die Gesteinskörnungen nicht überhitzt werden, um die Bildung dicker und einheitlicher Bindemittelfilme nicht zu verhindern.

Das fertige Mischgut darf die Maximaltemperatur von 180 °C (190 °C bei 50/70, 25/55-55) nicht überschreiten!

Die zuzugebenden Zusätze müssen trocken sein und dürfen keinesfalls feucht oder unter Klumpenbildung dem Mischgut zugegeben werden.

Die durch die Erstprüfung ermittelte und in der Mischgutrezeptur vermerkte Zugabemenge (auf Chargenumrechnung achten) muss genau eingehalten werden.

Um eine homogene Verteilung des Zusatzes und somit auch eine entsprechende Verteilung des Bitumens und des Mörtels sicherstellen zu können, ist folgende Zugabereihenfolge für den Mischer einzuhalten:

- Gesteinskörnungen,
- stabilisierende Zusätze (Bindemittelträger),
- Bitumen.

Die Gesamtmischzeit soll 50 Sekunden nicht unterschreiten und sich zusammensetzen aus:

- 5–15 Sekunden Trockenmischzeit der Gesteinskörnungen mit dem Zusatz, um diesen gleichmäßig zu verteilen,
- ca. 30 Sekunden Mischzeit unter Bindemittelzugabe,
- 5–10 Sekunden Nachmischzeit zur Homogenisierung des Mischgutes.

12.3.7 Einbau

Zum Erhalt eines ausreichenden Schichtenverbundes muss die Unterlage gereinigt werden, von losen Materialien befreit und angesprüht werden.

Die *Tabellen 12.14* und *12.15* enthalten Richtwerte für Vorspritzmengen in Abhängigkeit von der Unterlagenart und den klimatischen Bedingungen. Die Obergrenzen sind relativ hoch angesetzt. Neu entwickelte Produkte sind gegebenenfalls entsprechend den Herstellerangaben einzusetzen.

Das Vorspritzmittel muss gleichmäßig und flächendeckend aufgetragen werden. Bei einer Überdosierung besteht die Gefahr der

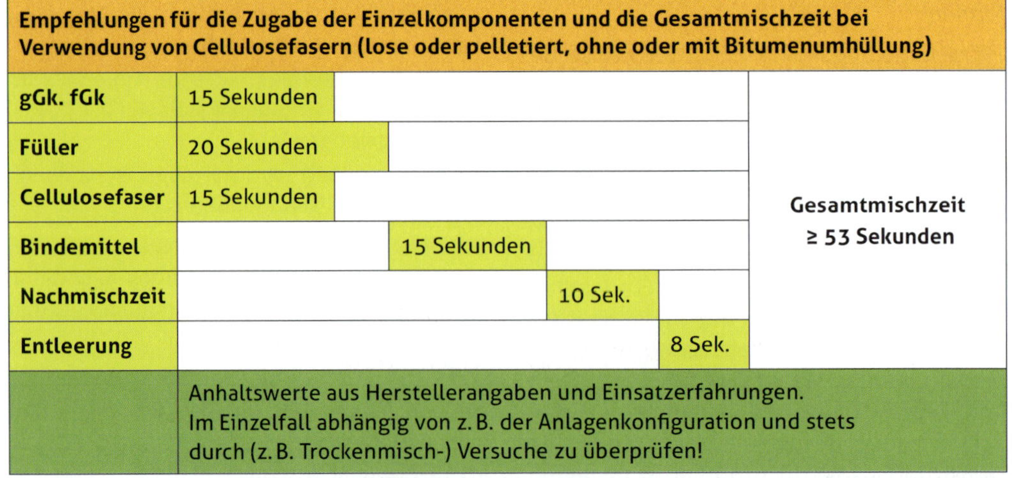

Bild 12.23 Empfehlung der Zugabereihenfolge bei der Herstellung von Splittmastixasphalt

Tabelle 12.14 Art und Dosierung der PmB-Emulsion in Abhängigkeit von der Unterlage in den Belastungsklassen Bk100 und Bk32 (SMA)

Art und Beschaffenheit der Unterlage		Aufzubringende Schicht: Splittmastixasphalt (SMA) Ansprühmenge: C60BP5-S in g/m²
Asphalttragschicht		
frisch	f	×
gefräst	gf	×
sehr offenporig/ ausgemagert	o/a	×
Asphaltbinderschicht		
frisch	f	150–250
gefräst	gf	250–350
sehr offenporig/ ausgemagert	o/a	250–350

× ist objektbezogen zu betrachten

Gleitschichtbildung. Vor dem Einbau des Asphaltes muss die Bitumenemulsion gebrochen und das Emulsionswasser verdunstet sein.

Neben den allgemeingültigen Regeln zum Einbau und Verdichten von Asphaltmischgut sind die Temperaturspannen nach *Tabelle 12.16* und einige Besonderheiten zu beachten:

- Die Temperatur des Mischgutes im Fertigerkübel sollte einheitlich sein und bei Bitumen 70/100, 50/70 oder 25/55-55 (ohne zusätzliche Additive zur Verbesserung der Verarbeitung oder Temperaturreduzierung) nicht unter 150 °C liegen. Gleichmäßige Temperaturverteilung heißt dabei, dass sich z. B. keine kalten Mischgutpartien in Ecken und Winkeln bilden dürfen.
- Pausen und Unterbrechungen sind beim Einbau zu vermeiden – ein kontinuierlicher Einbau ist wichtig.

Tabelle 12.15 Art und Dosierung der lösemittelhaltigen Emulsion in Abhängigkeit von der Unterlage in den Belastungsklassen Bk1,8 und Bk0,3 (SMA)

Art und Beschaffenheit der Unterlage		Aufzubringende Schicht: Splittmastixasphalt (SMA) Ansprühmenge: C40B5-S in g/m²
Asphalttragschicht		
frisch	f	200–300
gefräst	gf	200–300
sehr offenporig/ ausgemagert	o/a	300–400

Tabelle 12.16 Zulässige Mischguttemperaturen (SMA) in Abhängigkeit von der Bindemittelart

Bindemittelsorte	Zulässige Temperaturspanne des Mischgutes in °C für Splittmastixasphalt*)
50/70	150–190
70/100	140–180
25/55-55	150–190

*) Die unteren Grenzen gelten für das Asphaltmischgut bei Anlieferung auf der Baustelle; die oberen Grenzwerte gelten für das Asphaltmischgut bei der Herstellung bzw. bei Verlassen des Silos

Bild 12.24 Einbau von Splittmastixasphalt

- Die Verdichtung soll zwar so schnell wie möglich erfolgen, jedoch sind Mörtelanreicherungen an der Oberfläche durch zu frühes Walzen zu vermeiden.
- Beim Einbau ist eine möglichst hohe Vorverdichtungsleistung des Fertigers zu nutzen; Voraussetzung sind ausreichend dicke Schichten (d ≥ 3 x Größtkorn).
- Je Einbaubahn sind mind. 2 Walzen erforderlich.
- Die Walzverdichtung kann statisch oder vibrierend mit schweren Dreirad- oder Tandemwalzen (Betriebsgewicht ≥ 9 t) erfolgen.
- Vibrationsverdichtung darf nur durchgeführt werden:
  - nach statischem Andrücken,
  - in max. 3 Übergängen,
  - bei einer Mindestschichtdicke von 2 cm,
  - auf nicht starrer Unterlage (Beton, Pflaster).
- Die Verdichtung muss abgeschlossen sein, wenn die Mischguttemperatur die Grenze von 100 °C erreicht. Bei „Verdichtungsversuchen" in niedrigeren Temperaturbereichen erfolgt vor allem durch die Vibration eine Kornzertrümmerung oder eine Auflockerung der verdichteten Schicht.
- Der Einsatz von Gummiradwalzen ist zu vermeiden. Durch die Walkwirkung der Gummiräder wird besonders bei höheren Mischguttemperaturen der Mörtel zur Oberfläche gepumpt und es entstehen Mörtelanreicherungen an der Oberfläche.
- Beim Einbau muss eine Mindestlufttemperatur von +10 °C (Unterlage mind. +5 °C) bei einer Schichtdicke unter 3 cm eingehalten werden. Bei einer Schichtdicke über 3 cm beträgt die Mindestlufttemperatur +5 °C.
- Notwendiger ergänzender Handeinbau von Splittmastixasphalt ist schnell, zügig und möglichst gleichzeitig mit dem Fertigereinbau auszuführen. Die Walzverdichtung ist unverzüglich nach dem Einbau vorzunehmen. Die fehlende Vorverdichtung des Fertigers ist durch eine entsprechende höhere Einbaudicke (Walzmaß) zu berücksichtigen.

Griffigkeit

Durch den hohen Bindemittelgehalt im Splittmastixasphalt und durch die gute Umhüllung der Splittkörner mit dicken Bindemittelfilmen ist ohne Abstumpfungsmaßnahmen keine ausreichende Griffigkeit bei Verkehrsübergabe zu erreichen. Die geforderte Anfangsgriffigkeit ist durch möglichst frühes Abstreuen, spätestens nach dem zweiten, besser nach dem ersten Walzenübergang sicherzustellen. Die Abstumpfung kann erreicht werden durch Verwendung von rohem oder bindemittelumhülltem Abstreumaterial der Lieferkörnung 1/3 oder 2/5.

Empfohlen wird:

- gebrochene Gesteinskörnung der Lieferkörnung 1/3: 0,5 bis 1,0 kg/m^2,
- gebrochene Gesteinskörnung der Lieferkörnung 2/5: 1,0 bis 2,0 kg/m^2.

Bild 12.25 Straßenfertiger mit integriertem Splittstreuer

Bei eveventuellen lärmtechnischen Vorgaben ist gegebenenfalls die Lieferkörnung 1/3 vorzuziehen.

Das Abstumpfungsmaterial wird abgewalzt und durchbricht somit die Mörtelschicht an der Oberfläche der groben Gesteinskörnungen.

Die Verteilung der Splittkörner muss mit einem Tellerstreuer, der an einer Walze angebracht ist, erfolgen. Anhängersplittstreuer oder am Lkw angebrachte Splittstreuer sind nicht zu verwenden, da die Gefahr der Spurrinnenbildung auf dem noch nicht ausreichend verdichteten Mischgut besteht und die Walzen bei ihrem Einsatz behindert werden.

Es ist auch möglich, einen Straßenfertiger mit integriertem Splittstreuer zu verwenden, der den Abstreusplitt beim Asphalteinbau unmittelbar hinter der Einbaubohle einbringt und so die Qualität (Griffigkeit) der Straße erhöht. Die weiteren Vorteile dieser Aufbringungsart sind:

- Asphalteinbau und Abstreuung in einem Arbeitsgang,
- optimaler Verbund von Abstreusplitt und Asphalt,
- kleinste Streumengen,
- geringe Materialverluste,
- gleichmäßiges Streubild über die gesamte Einbaubreite,
- hohe Wirtschaftlichkeit,
- dauerhaft hohe Griffigkeit von Anfang an.

Der Auftrag des Abstumpfungsmaterials bei Verwendung von allgemein gebräuchlicher Abstreutechnik (z. B. Tellerstreuer an Walze) muss auf die heiße Deckschicht und darf nicht vor dem zweiten Walzübergang erfolgen, da sonst zu viel Material ungleichmäßig an der Oberfläche eingebunden wird. Bei zu spätem Auftrag kann das Material nicht in die Oberfläche eindringen und wird durch das Abwalzen zerstört.

Nicht gebundenes Material ist zu beseitigen.

12.3.8 Erfahrungen mit Splittmastixasphalt

In den „Anfangszeiten" der Anwendung des Splittmastixasphalts ist es zu einigen Fehlstellen/Mängeln gekommen, die auf Fehler in der Konzeption, der Herstellung oder des Einbaues des Mischgutes zurückzuführen sind.

- Wasseraustritte aus fertiger Deckschicht nach Abtrocknen der Fahrbahn, die im Winter auch zur Glatteisbildung führen können.
  Ursachen:
  - zu geringe Verdichtung der fertigen Schicht (7,0–8,0 Vol.-% Hohlraumgehalt),
  - Bindemittelgehalt in der Erstprüfung bei Mindestbindemittelzugabemenge, durch Schwankungen während der Produktion wurden diese Mindestwerte noch unterschritten.

  Vermeidung:
  - empfohlene Verdichtung durchführen,
  - Bindemittelgehalt nicht an Mindestzugabewerten anlehnen,
  - Füllergehalt von mindestens 10,0 M.-% einhalten.
- Nicht ausreichende Griffigkeit.
  Ursachen:
  - verwendete Gesteinskörnung ist polierfähig,
  - Splittabstreuung ist mangelhaft,
  - zu weiches Bindemittel und Verdichtung mit Gummiradwalze.

  Vermeidung:
  - ausschließliche Verwendung von sehr polierresistenten Gesteinen,
  - für ausreichende Splittabstreuung sorgen,
  - Verwendung polymermodifizierter Bindemittel,
  - Einsatz von Glattmantelwalzen.
- Entmischungen, Mörtelanreicherungen („Fettstellen") an der Oberfläche.
  Ursachen:
  - keine optimale Zugabemenge des stabilisierenden Zusatzes,
  - Verwendung von Gummiradwalzen, Bindemittelpumpeffekt durch Walken der Reifen,
  - Nichteinhaltung des Mischregimes.

  Vermeidung:
  - Durchführung des Bindemittelablauftests bei Erstellung der Erstprüfung,
  - ausschließliche Verwendung von statischen und vibrierenden/oszilierenden Walzen,
  - Einhaltung der Mischzeiten (Vor-, Haupt-, und Nachmischzeiten).

12.3.9 Splittmastixasphalt zur Lärmminderung

Eine Entwicklung, die sich gegen den zunehmenden Verkehrslärm richtet, ist der SMA mit lärmmindernden Eigenschaften. Die Grundidee besteht darin, die positiven Eigenschaften des SMA, wie die Verformungsbeständigkeit, zu bewahren, aber auch die positiven Eigenschaften der Geräuschminderung zu erreichen. Dabei sind zwei Typen des Splittmastixasphaltes entstanden, der SMA 5 LA und der SMA 8 LA. LA steht hier für lärmarm. Als Bindemittel kommt vorzugsweise das höher polymermodifizierte Bitumen 40/100-65-H oder auch Bitumen mit Additiven zum Einsatz. Zu beachten ist, dass durch die offene Struktur der Affinität zwischen Gestein und Bitumen eine besondere Bedeutung zukommt (s.a. Kap. 2). Die Sieblinie weist eine Ausfallkörnung aus, die zwischen den typischen Sieblinienbändern des Splittmastixasphaltes und des offenporigen Asphaltes angesiedelt ist. Die Einbaudicke liegt zwischen 2,5 cm (SMA 5 LA) und 3,0 cm (SMA 8 LA). Der Hohlraumgehalt der fertigen Schicht liegt im Bereich von 10 bis 15 Vol.-%. An das Gestein wird die Anforderung von $PSV_{angegeben}(51)$ gestellt. Während des Einbaues werden keine Abstumpfungsmaßnahmen durchgeführt.

Die Lärmminderung wird über eine dichte Deckschicht mit konkaver Oberflächentextur erreicht. Dabei wird auf eine standfeste und verformungsarme Mischgutzusammensetzung Wert gelegt.

Es wird eine Lärmminderung bis zu –5 dB(A) möglich. Eine längere Lebensdauer durch geringeren Hohlraumgehalt gegenüber PA wird prognostiziert.

Für den lärmarmen SMA 8 LA werden folgende Werte angestrebt:

- Fülleranteil 6–8 M.-%,
- grobe Gesteinskörnung 80–85 M.-%,
- modifiziertes Bindemittel ≥ 6,6 M.-%,
- Bindemittelträger ≥ 0,3 M.-%,
- Hohlraumgehalt der fertigen Schicht 9–14 Vol.-%,
- Verdichtungsgrad der fertigen Schicht ≥ 97 %.

12.4 Offenporiger Asphalt

12.4.1 Begriff

Offenporiger Asphalt stellt eine besondere Form der Asphaltdeckschichten dar. Das Mischgut ist so zusammengesetzt, dass die verdichtete Schicht einen hohen Hohlraumgehalt und eine hohe Ebenheit aufweist. Durch das Kommunizieren der im verdichteten Belag vorhandenen Hohlräume wird sichergestellt, dass der offenporige Asphalt seine lärmmindernde und drainierende Wirkung erfüllt.

Durch das Anstreben eines hohen Hohlraumgehaltes bei hoher Verformungsstabilität kommt ein „Monokorngerüst" zum Einsatz. Somit werden an die Kantenfestigkeit, die Kornform, die Polierresistenz der groben Gesteinskörnung und an die Klebkraft des Bitumens besondere Anforderungen gestellt.

12.4.2 Anwendung

Offenporige Asphaltdeckschichten werden in der Funktion als lärmmindernde Deckschichten und/oder als „Drainasphaltdeckschichten" gebaut. Bei Gefahr starker Verschmutzung (z. B. landwirtschaftlicher Verkehr) der Straße ist der Einsatz von offenporigen Asphaltdeckschichten nicht sinnvoll.

Vorwiegend soll diese Deckschichtart zur Senkung des Lärmpegels auf Schnellstraßen und Autobahnen sowie zur Erhöhung der Verkehrssicherheit durch die Verminderung der Gefahr des Aquaplanings in kritischen Straßenabschnitten zum Einsatz kommen.

Das Einbaulos sollte aus verkehrs-, lärm- und bautechnischen Gründen 1 000 m nicht unterschreiten.

12.4.3 Zusammensetzung

Die Zusammensetzung des Gesteinskörnungsgemisches wird nach folgendem Grundprinzip ausgewählt:

- Extrem hoher Anteil aus kantenfesten grobkörnigen Gesteinskörnungen zur Erzielung einer hohen Standfestigkeit mit Schlagzertrümmerungswert SZ_{18}/LA_{20} und vollständig gebrochener Oberfläche ($C_{100/0}$), Polierresistenz $PSV_{angegeben}$(54), $SI_{angegeben}$(8).
- Extrem hoher Anteil aus kantenfesten grobkörnigen Gesteinskörnungen zur Erzielung eines hohen Hohlraumgehaltes.
- Es wird ein „Monokorngerüst" angestrebt.
- Die Verwendung von ungebrochener feiner Gesteinskörnung ist nicht zulässig. Ein ausschließlicher Anteil feiner Gesteinskörnung mit E_{CS} 35 ist einzuhalten.
- Asphaltgranulat darf nicht verwendet werden.

Vom Bindemittel werden gute Hafteigenschaften, gute Wärmestandfestigkeit und ausreichendes Relaxationsverhalten bei Kälte vorausgesetzt. Es ist das höher modifizierte Bitumen 40/100-65 einzusetzen. Andere gebrauchsfertige Bindemittelsysteme nach entsprechender Bewährung können im Einzelfall zur Verwendung vereinbart werden.

Zur Verhinderung des Ablaufens des Bindemittels während des Transportes zur Einbaustelle und des Einbaues wird die Verwendung von mindestens 0,3 M.-% eines stabilisierenden Zusatzes bei PA 16 vorgeschrieben, bei PA 11 mindestens 0,4 M.-% und bei PA 8 mindestens 0,5 M.-%.

Die tatsächlich benötigte Menge wird durch den Bindemittelablauftest ermittelt (s. a. Abschnitt 12.2).

Herstellung

Bei der Mischgutproduktion ist zu beachten:

- Mischgut für offenporige Asphaltdeckschichten wird im Chargenmischer hergestellt.
- Im Gesteinskörnungsgemisch ist, bedingt durch das „Monokorngerüst", sehr wenig feine Gesteinskörnung enthalten. Das bedeutet, dass die Brennerflamme durch direkte Einwirkung die groben Gesteinskörnungen stärker als bei Asphaltmischgut mit gleichmäßiger Kornverteilung beansprucht. Es sind Vorkehrungen zu treffen, dass die Mischtemperatur während des gesamten Mischprozesses gleichmäßig auf einem nicht zu hohem Niveau gehalten wird.
- Das Mischgut soll beim Verlassen des Mischers eine Temperatur zwischen 140 °C und 160 °C haben.
- Die Gesamtmischzeit muss mindestens 50 Sekunden betragen:

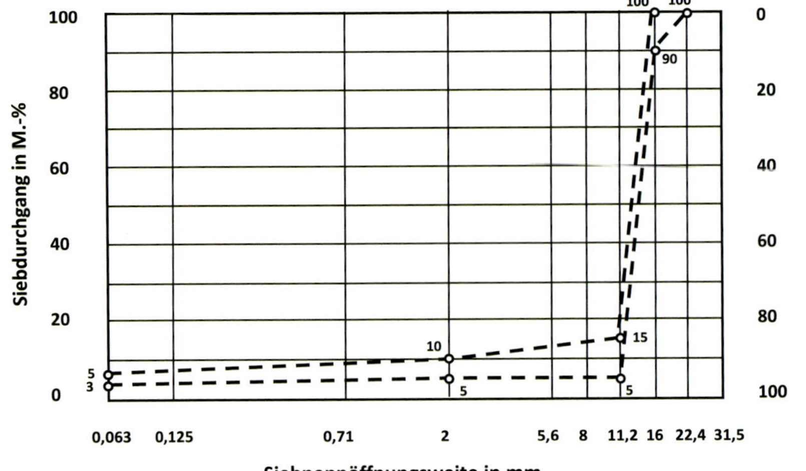

Bild 12.26
Sieblinienbereich PA 16

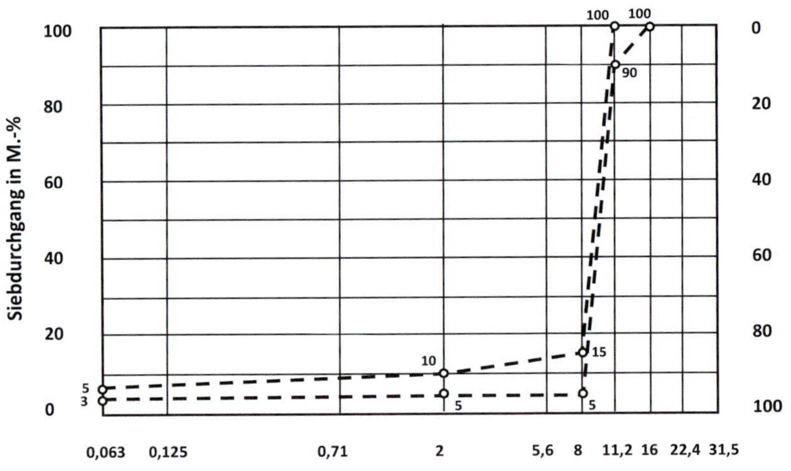

Bild 12.27
Sieblinienbereich PA 11

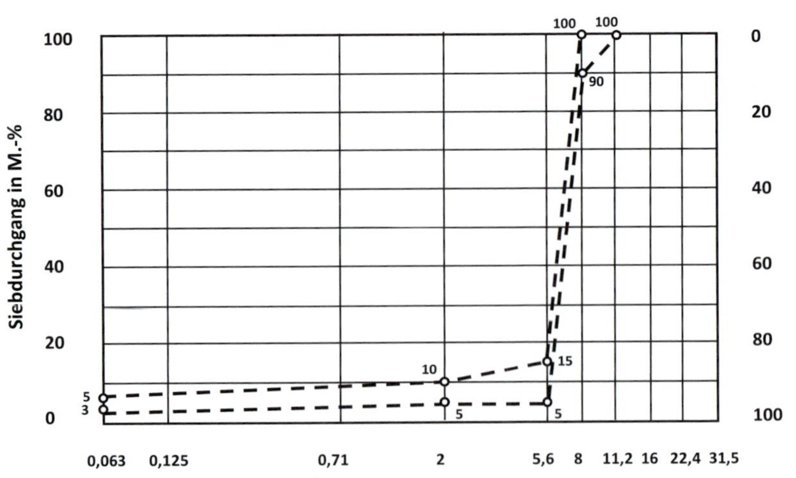

Bild 12.28
Sieblinienbereich PA 8

Tabelle 12.17 Anforderungen an offenporigen Asphalt PA

Bezeichnung	Einheit	PA 16	PA 11	PA 8
Baustoffe				
Gesteinskörnungen (Lieferkörnung)				
Anteil gebrochener Kornoberflächen		$C_{100/0}$	$C_{100/0}$	$C_{100/0}$
Widerstand gegen Zertrümmerung		SZ_{18}/LA_{20}	SZ_{18}/LA_{20}	SZ_{18}/LA_{20}
Widerstand gegen Polieren		$PSV_{angegeben}$ (NR)	$PSV_{angegeben}$ (54)	$PSV_{angegeben}$ (54)
Bindemittel, Art und Sorte		40/100-65	40/100-65	40/100-65
Zusammensetzung Asphaltmischgut				
Gesteinskörnungsgemisch Siebdurchgang bei				
22,4 mm	M.-%	100		
16 mm	M.-%	90–100	100	
11,2 mm	M.-%	5–15	90–100	100
8 mm	M.-%			90–100
5,6 mm	M.-%			5–15
2 mm	M.-%	5–10	5–10	5–10
0.063 mm	M.-%	3–5	3–5	3–5
Mindest-Bindemittelgehalt		$B_{min\ 5,5}$	$B_{min\ 6,0}$	$B_{min\ 6,5}$
Bindemittelträger	M.-%	≥ 0,3	≥ 0,4	≥ 0,5
Asphaltmischgut				
Mindest-Hohlraumgehalt MPK		$V_{min\ 24}$	$V_{min\ 24}$	$V_{min\ 24}$
Max. Hohlraumgehalt MPK		$V_{min\ 28}$	$V_{min\ 28}$	$V_{min\ 28}$

  - 5–15 Sekunden Vormischzeit (Trockenmischzeit) zum optimalen Verteilen des Bindemittelträgers,
  - Hauptmischvorgang,
  - mindestens 10 Sekunden zusätzliche Nachmischzeit zum Homogenisieren des gesamten Mischgutes.
- Während der Produktion von offenporigem Asphalt kann keine Charge einer anderen Mischgutsorte hergestellt werden, da sonst die Rahmenbedingungen (Brennerfahrweise, Temperaturkonstanz) nicht gleichmäßig beibehalten werden können.
- Das Mischgut darf nicht siliert werden.

Tabelle 12.18 Anforderungen an offenporigen Asphalt PA (Schicht)

Schichteigenschaften	PA 11	PA 8
Einbaudicke einschließlich Abdichtung cm	5,0–6,0	4,5–5,0
Verdichtungsgrad %	≥ 97,0	≥ 97,0
Hohlraumgehalt Vol.-%	22,0–28,00	22,0–28,00

12.4.4 Transport und Einbau

Da die Temperaturen zur Mischgutproduktion (max. 160 °C beim Verlassen des Mischers) relativ niedrig sind, ergibt sich eine geringere Temperatur- und somit auch Zeitspanne zwischen Mischgutherstellung in der Asphaltmischanlage und dem Einbau.

Die Transportzeit sollte auf maximal 45 Minuten begrenzt und der Einbau 60 Minuten nach Mischgutherstellung abgeschlossen sein.

Bei Temperaturen unter 10 °C und starkem Wind darf nicht eingebaut werden.

Bei Regen hat der Einbau zu unterbleiben.

■ Unterlage

Die Unterlage muss wasserdicht und wasserabführend sein. Wasser darf nicht am Ablaufen gehindert werden. Um ein Eindringen des Wassers in die unteren Schichten zu verhindern, muss eine Abdichtung gewährleistet sein. Vor dem Einbau des Asphaltmischguts ist die Unterlage mit geeigneten Geräten zu reinigen.

■ Abdichten

Vor dem Aufbringen der Abdichtung ist die Unterlage zu reinigen. Zur Abdichtung der Unterlage muss die zu überbauende Asphaltschicht mit einer ausreichend dicken Bitumenschicht versehen werden. Das geschieht vorzugsweise mit 2,0 bis 3,0 kg/m² heiß aufgebrachtem polymermodifizierten Bitumen 40/100-65. Um eine bessere Verzahnung zwischen den Schichten zu erreichen und das Ankleben der Reifen zu verhindern, werden direkt nach dem Aufbringen des Bindemittels 5 bis 10 kg/m² einer bindemittelumhüllten Lieferkörnung 8/11 der Kategorie SZ_{18}/LA_{20} aufgestreut und, falls erforderlich, mit Walzen angedrückt. Überschüssiges bzw. nicht in den Bitumenfilm eingebundenes Material ist unbedingt mit geeigneten Geräten zu entfernen. Die Abdichtung kann auch durch eine dichte Walz- oder Gussasphaltschicht erfolgen.

■ Einbau

Bei der Herstellung der offenporigen Deckschicht muss immer eine Grundidee dieser Bauweise beachtet werden: In dieser Deckschicht soll Niederschlagswasser durch ein miteinander verbundenes Porensystem abgeleitet werden, ohne dass es in die darunterliegende Schicht eindringen kann. Für den Einbau des Mischgutes bedeutet das:

- Das Mischgut muss einen über das Baulos gleichmäßigen Aufbau besitzen.
- Der Ablauf des Einbaus (von der Mischgutherstellung über den Transport zur Einbaustelle bis hin zu dem Einbau und der Verdichtung) muss so geplant und abgestimmt sein, dass Wartezeiten und Unterbrechungen vermieden werden.
- Der Einbau des offenporigen Asphalts muss über die gesamte Fahrbahnbreite erfolgen. Falls die Einbaubreite für einen Fertiger zu groß ist, ist der Einbau mit gestaffelt fahrenden Fertigern, also „heiß an heiß“ vorzusehen. Nähte dürfen nicht entstehen.
- Nachbesserungen während des Einbaues und Schneidens von Fugen sind zu unterlassen.
- Die Verdichtung muss mit Glattmantelwalzen durchgeführt werden. Der Einsatz von Gummiradwalzen sowie die Vibration während des Verdichtens sind für den offenporigen Aufbau absolut schädlich. Durch Gummiradwalzen kann es zu Bindemittelanreicherungen und somit zum Verstopfen der Poren bzw. bei Vibration zum Zerstören des Korngerüstes kommen.
- Die Einbautemperatur ist relativ niedrig, die Abkühlung der „offenen“ Oberfläche erfolgt in kurzer Zeit. Ein zügiger und ausreichender Walzeneinsatz ist die Voraussetzung, um eine gleichmäßige und ausreichende Verdichtung über die gesamte Einbaufläche zu erreichen.
- Die nachträgliche Behandlung der Oberfläche entfällt, da ein etwaiges Absplitten die offenen Poren verstopfen würde.
- Die Verkehrsfreigabe erfolgt erst nach ausreichendem Auskühlen, frühestens nach 24 Stunden.

12.4.5 Entwässerung

Das in die offenporige Deckschicht gelangende Wasser wird in der Deckschicht (auf der darunterliegenden Schicht) zu den Fahrbahnrändern abgeleitet. Das Wasser muss ungehindert abfließen können. Aufstauungen können durch Nähte, Unstetigkeiten in der Deckschicht, Flickstellen, unsachgemäß ausgeführte Anschlüsse an wasserundurchlässige Deckschichten und durch Stellen starker Verschmutzung hervorgerufen werden. Besonders in den Wintermonaten können Wasseraufstauungen die Gefahr der Eisflächenbildung verstärkt hervorrufen.

Wasseraufstauungen können vermieden werden:

- Durch nahtlosen Asphalteinbau, bei größeren Fahrbahnbreiten „heiß an heiß“.
- Durch gleichmäßiges Herstellen des Asphaltmischgutes in der Asphaltmischanlage und gleichmäßiges Verdichten über die gesamte Einbaufläche.
- Bei notwendigen Flickarbeiten sind großflächige Ausbesserungen vorzunehmen, so dass das abfließende Wasser nicht behindert wird. Großflächige Flickstellen müssen mit offenporigem Asphalt ausgeführt werden, bei kleinflächigen Flickstellen können auch dichte Asphalte eingesetzt werden. Die Flickstelle hat an der „Wasserscheide“

der Deckschicht zu beginnen. Die Flanken müssen parallel zur Abflussrichtung bis zum Rand geführt werden.

- Bei Anschlüssen an dichte Deckschichten muss die Wasserabflussrichtung betrachtet werden. Falls möglich, kann die Stoßkante geometrisch so angeordnet werden, dass in Abflussrichtung die Zuflussflächen immer kleiner werden (schleifender Verschnitt).
- Die maximale Wasserabflusslänge ist zu begrenzen (max. 20 m). Gegebenenfalls sind Drainageschlitze zur zusätzlichen Wasserableitung vorzusehen.

12.4.6 Offenporiger Asphalt als „Lärmmindernde Straßendecke"

Durch zunehmende Verkehrsbelastung ist die Geräuschbelastung in Deutschland stetig angewachsen. Der Verkehrslärm hat verschiedene Ursachen. Wie im *Bild 12.29* ersichtlich ist, hat dabei die gefahrene Geschwindigkeit den entscheidenden Einfluss darauf, welche Quellen am Fahrzeug entscheidend zur Lärmentwicklung beitragen.

Bei höheren Geschwindigkeiten tragen im Wesentlichen die Reifenabrollgräusche zur Lärmentwicklung bei. Zwei wichtige Mechanismen sind für die Entstehung der Reifenabrollgeräusche verantwortlich:

- *Schwingungen der Reifendecke.* Die Reifendecke wird durch das Überrollen von Unebenheiten, z. B. eines großen Splittkorns, radial zusammengedrückt. Nach Überwinden des Hindernisses wird die Reifendecke zurückgefedert und nimmt Ihren ursprünglichen Zustand wieder ein. Je größer die Zusammendrückungen sind, umso größer ist der Anteil der Schwingungen der Reifendecke an der Lärmentwicklung.
- *Aerodynamische Schallquellen im Reifenprofil.* Am bekanntesten ist der sogenannte „Air-Pumping"-Effekt. Beim Abrollen des Reifens wird in der Kontaktzone Reifen/Fahrbahn aus dem Reifenprofil bzw. aus den durch die Abrollbewegung entstehenden Hohlräumen im Straßenprofil Luft verdrängt, die durch das Weiterrollen des Reifens wieder angesaugt wird. Je geringer die Rauhtiefe der Straßenoberfläche ist, desto stärker trägt der „Air-Pumping"-Effekt zur Lärmentwicklung bei.

Im offenporigen Asphalt sind die Hohlräume zur Fahrbahnoberfläche hin offen. Dieser Sachlage ist es zu verdanken, dass sich der „Air-Pumping"-Effekt kaum noch auf die Lärmentwicklung beim Reifenabrollen auswirkt. Zwischen dem Hohlraumgehalt, Größtkorn in der Asphaltmischung und der Lärmminderung besteht ein Zusammenhang.

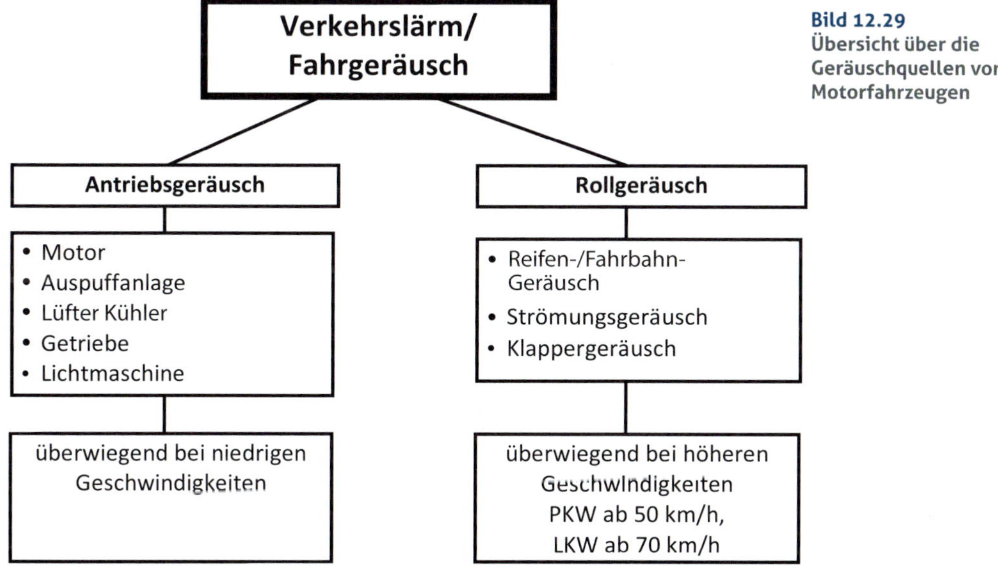

Bild 12.29 Übersicht über die Geräuschquellen von Motorfahrzeugen

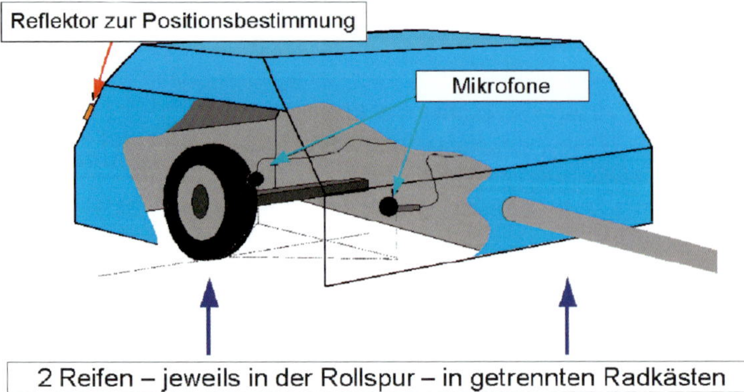

Bild 12.30
CPX-Methode nach ISO/CD 11919-2 Messanhänger nach Norm
[Müller BBM]

Die bei Lärmmessungen auf offenporigem Asphalt gewonnenen Erkenntnisse bezüglich der Lärmminderung fanden Eingang in die 16. Verordnung zur Durchführung des Bundes-Immissionsschutzgesetzes (Verkehrslärmschutzverordnung – 16. BImschV) und in die Ausgabe 1990 der „Richtlinien für den Lärmschutz an Straßen" (RLS-90).

In der RLS-90 ist eine Referenzoberfläche festgelegt worden, mit der andere Oberflächen verglichen werden können. Als Referenzoberfläche dient ein nicht geriffelter Gussasphalt, der mit der Lieferkörnung 5/8 abgestreut und mit einer Gummirad- oder Glattmantelwalze eingedrückt wurde. Für offenporigen Asphalt wird bei Höchstgeschwindigkeiten über 60 km/h ein Vergleichsfaktor für Fahrbahnoberflächen D_{StrO} von –3 und niedriger angegeben. Vergleichswerte für andere Oberflächen sind in der *Tabelle 12.19* angegeben.

Der Korrekturfaktor D_{StrO} ist Bestandteil der Formel zur Berechnung des Beurteilungspegels an Straßen:

$L_{r,T}$ oder $L_{r,N} = L_{m,T}^{(25)}$ oder $L_{m,N}^{(25)} + D_v + D_{StrO} + D_{stg} + D_{s\perp} + D_{BM} + D_B + K$.

Der Beurteilungspegel $L_{r,T}$ oder $L_{r,N}$ (Tag oder Nacht) ist im Wesentlichen vom Mitteilungspegel $L_{m,T}^{(25)}$ oder $L_{m,N}^{(25)}$ (Tag oder Nacht) abhängig. Die Faktoren D_v, D_{stg}, $D_{s\perp}$, D_{BM} und D_B berücksichtigen topographische Verhältnisse und Einflüsse, die zu Pegeländerungen führen können. K berücksichtigt den Einfluss von Lichtsignalanlagen an Kreuzungen.

Neben der Lärmminderung werden durch den offenporigen Asphalt die Frequenzspektren der Lärmemissionen verändert. Die hohen Frequenzen werden deutlich stärker abgeschwächt als die niedrigeren. Somit wird im Ergebnis der Schwerpunkt auf die niedrigeren Frequenzen im Spektrum gelegt. Für das menschliche

Tabelle 12.19 **Korrektur D_{StrO} für unterschiedliche Straßenoberflächen**

	Straßenoberfläche	D_{StrO} in dB(A) bei zulässiger Höchstgeschwindigkeit		
		30 km/h	40 km/h	≥ 50 km/h
1	Nicht geriffelte Gussasphalte, Asphaltbetone oder Splittmastixasphalte	0	0	0
2	Betone oder geriffelte Gussasphalte	1,0	1,5	2,0
3	Pflaster mit ebener Oberfläche	2,0	2,5	3,0
4	Sonstiges Pflaster	3,0	4,5	6,0
5	Asphaltbetone ≤ 11 mm und Splittmastixasphalte 8 und 11 mm *ohne* Absplittung			–2
6	Offenporige Asphaltdeckschichten im Neuzustand, Hohlraumgehalt ≥ 15 % – Kornaufbau 11 mm – Kornaufbau 8 mm			 –4,0 –5,0

Empfinden hat das zur Folge, dass überwiegend tiefe Töne wahrgenommen werden, die für das menschliche Ohr weitaus angenehmer sind als hochfrequente, schrille Töne.

Im Labor wird an Materialproben der Schallabsorptionsgrad und der Strömungswiderstand optimiert. Dabei müssen die bautechnischen Anforderungen im Wechsel mit einem Bauprüflabor kontrolliert und optimiert werden. Auf der Baustelle werden die Messergebnisse in situ überprüft.

12.4.7 Verschmutzung und Reinigung

Offenporiger Asphalt soll nur auf Straßen eingebaut werden, auf denen relativ geringe Verschmutzungen zu erwarten sind. Auf Strecken mit starkem landwirtschaftlichen Verkehr (Zufahrten zu Feldern etc.) ist diese Bauweise nicht ratsam.

Aber auch unter „normalen" Verkehrsbedingungen kommt es zu Verunreinigungen der Deckschicht. Durch Reifenabrieb, Verteilung von Schmutzpartikeln durch Wind oder andersartige Verunreinigungen können sich Partikel in den offenen Poren des Asphaltes festsetzen und diese im Laufe der Zeit verstopfen. Somit kann die lärmmindernde und drainierende Wirkung teilweise oder vollständig aufgehoben werden.

Um dem entgegenzuwirken wurden Reinigungstechniken für offenporige Asphalte entwickelt. Prinzipiell wird die Reinigung in folgenden Schritten durchgeführt:

- Aufsprühen von Wasser mit hohem Druck, Auf- und Ausschwämmen des Schmutzes,
- Absaugen des Wasser-Schmutz-Gemisches mit Unterdruck.

Die eingesetzten Reinigungstechnologien unterscheiden sich in Details. Als günstig hat sich der Einsatz von Spezialfahrzeugen herausgestellt, die über eine Hochdruckreinigungsanlage mit rotierenden Düsen verfügen.

Ein zur Reinigung offenporigen Asphalts dienendes Gerät sollte folgende Anforderungen erfüllen:

- Eindüsen des Reinigungswassers mit hohem Druck, aber auf eine Weise, dass das Wasser in den Belag eindringen und ihn durchspülen kann, ihn jedoch schonend behandelt. Keinesfalls darf es zu Kornausbrüchen aus dem Gefüge kommen.
- Das verunreinigte Wasser muss im Reinigungsfahrzeug bis zur Verbringung in eigene Sammelstelle verbleiben (Schmutzwassertank).
- Das Reinigungsfahrzeug sollte über eine Wasserrecyclinganlage verfügen, die es ermöglicht, während des Einsatzes das Wasser aufzubereiten und mehrmals zu verwenden.

Der Reinigungsaufwand ist relativ groß. Die Reinigungsgeschwindigkeit liegt zwischen

Bild 12.31
Reinigung von Drainasphaltbelägen

Bild 12.32 Reinigungsfahrzeug

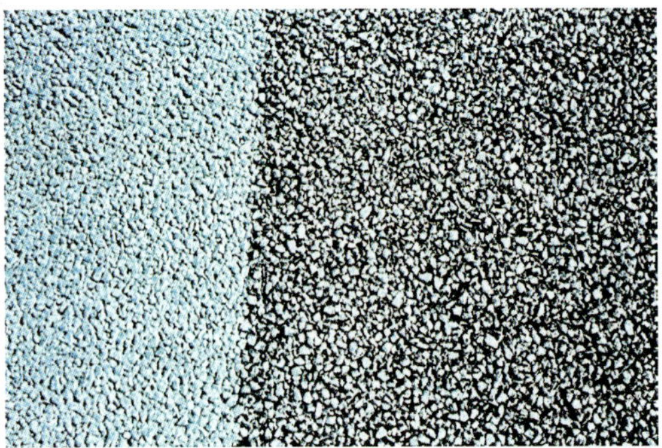

Bild 12.33 Ergebnis der Drainasphaltreinigung

1 Hochdruckreinigungsanlage mit rotierenden Düsen
2 Hochleistungssauganlage
3 Schmutzbehälter
4 Gebläse
5 Wassertank

Bild 12.34 Hochdruckreinigungsgerät

1,5 und 2 km/h. In der Praxis bedeutet das, dass eine maximale Reinigungsleistung von 2 km Richtungsfahrbahn einer Autobahn, die über 2 Fahrstreifen und einen Standstreifen verfügt, am Tag erreicht werden kann.

Eine Reinigung des offenporigen Belages sollte durchgeführt werden, bevor sich Schmutzpartikel im unteren Bereich der Deckschicht festgesetzt haben. Eine exakte Auskunft über die Notwendigkeit der Reinigung können nur regelmäßige Durchflussmessungen mit dem Ausflussmesser geben.

Die Reinigung ist unabdingbar, wenn Schüttgüter (Zement, Sand, Kalk usw.) oder dickflüssige Medien auf die Fahrbahnoberfläche gelangt sind.

Wenn die lärmmindernde und wasserabführende Wirkung offenporiger Schichten über einen längeren Zeitraum erhalten bleiben soll, muss die Reinigung regelmäßig und in kurzen Zeitabständen (ein- bis zweimal jährlich) durchgeführt werden.

12.4.8 Winterdienst

Durch die offene Oberfläche ist der Winterdienst anders zu gestalten als bei vergleichbaren Asphaltdeckschichten:

1. *Zeitlicher Beginn des Winterdienstes*
   Präventivstreuungen sind wegen des porösen Aufbaues der Deckschicht nicht möglich. Die aufgesprühte Salzlauge versickert im Porenraum, Salzgranulat verstopft entweder die Poren oder geht in Lösung über und versickert dann ebenfalls. Bei anhaltender Glätte ist ein häufigeres Nachstreuen nötig.
2. *Schneefall*
   Schnee bleibt länger liegen, besonders außerhalb der Radlaufspuren. Ursachen hierfür sind die niedrigeren Fahrbahntemperaturen und das Ablaufen des salzhaltigen Tauwassers innerhalb der offenporigen Asphaltdeckschicht, das dann der restlichen Fahrbahnfläche nicht mehr zur Verfügung steht.
3. *Gefrierender Regen*
   Da keine Präventivstreuung möglich ist, kann es bei gefrierendem Regen zu kritischen Situationen kommen. In den offenen Poren kann eine Eisschicht zu wachsen beginnen, die dann die Oberfläche erreicht und aus ihr herauswächst. Diese Gefahr ist bei schlechter Entwässerung des Belages besonders hoch und trotz der Verwendung eines Vielfachen der normalen Streumaterialmenge nur sehr schwer zu beherrschen.
4. *Änderung der Belagsart*
   Folgt auf einen Fahrbahnabschnitt mit offenporigem Asphalt ein Abschnitt mit dichter Deckschicht, ist dieser Übergang als kritisch anzusehen. Im Gegensatz zur dichten Deckschicht findet auf der Oberfläche des offenporigen Asphaltes kein Salztransport statt. Am Beginn der dichten Deckschicht kann es daher zu Glätte wegen Salzmangels kommen.
5. *Wannenbereiche in der Streckenführung*
   Im Wannenbereich oder an Gradiententiefpunkten kann es zu Wasseraustrittsstellen kommen. Bei Glatteisbildung sind diese Stellen besonders gefährdet.

Die offenporigen Asphaltdeckschichten verlangen vom Winterdienst besondere Aufmerksamkeit. Stellt sich der Winterdienst auf die Besonderheiten der offenporigen Deckschichten ein, kann ein verkehrssicherer Zustand gewährt werden. Bei Glatteisbildung ist eine vielfache Menge des Streumaterials nötig. Dieser Situation ist besondere Beachtung zu schenken.

12.4.9 Zweischichtiger offenporiger Asphalt

Als eine Sonderform der offenporigen Asphalte wurde der Zweischichtige offenporige Asphalt (ZWOPA) entwickelt, bei dem auf einen PA 16 (4,5 cm) ein PA 11 oder PA 8 (3,5 cm) eingebaut wird. Die Zusammensetzung des Asphaltmischgutes entspricht den Vorgaben aus *Tabelle 12.17*. Unterhalb der Schicht aus PA 16 wird das Niederschlagswasser wie beim einschichtigen offenporigen Asphalt auf einer Abdichtung abgeleitet. Prinzipiell gibt es zwei unterschiedliche Einbaukonzepte, die Kompaktbauweise „heiß in heiß“

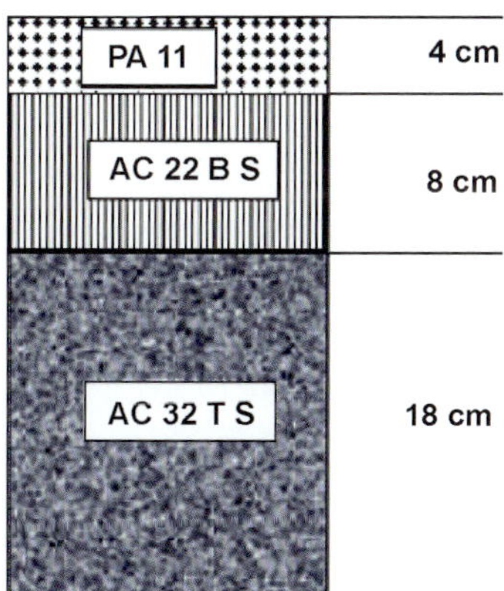

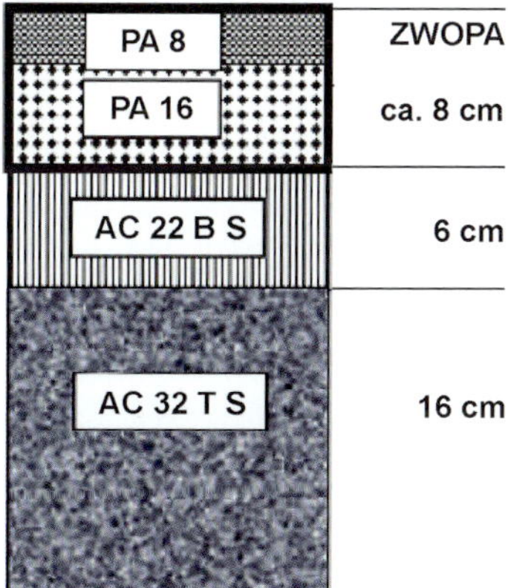

Bild 12.35 Fahrbahnaufbauten für PA (links) und ZWOPA (rechts)

Bild 12.36
Zweischichtiger offenporiger Asphalt (ZWOPA)

unter Verwendung eines Modulfertigers und die herkömmliche Bauweise „heiß in kalt“.

Die obere Schicht des ZWOPA besitzt mit PA 8 eine feinere Körnung als die untere Schicht PA 16 und dient dabei als Filter gegen Verschmutzungen, wodurch ein Verschließen der Poren verhindert werden soll. Die untere Schicht kann einen erhöhten Anteil Wasser aufnehmen und ableiten, die Verschmutzung der Hohlräume wird hierdurch verlangsamt, eine längere Wirkung der Lärmminderung kann erreicht werden.

Der ZWOPA optimiert die Lärmminderung und ist auch bei Fahrgeschwindigkeiten unter 60 km/h akustisch wirksam.

Durch eine feinraue Fahrbahnoberfläche werden die Reifen nur zu geringen Schwingungen und damit zu geringer Schallabstrahlung angeregt. Durch eine offenporige Fahrbahnoberfläche werden die Geräusche beim Einschließen

Tabelle 12.20 Vor- und Nachteile offenporiger Beläge

Generelle Nachteile offenporiger Beläge (PA und ZWOPA)	Generelle Vorteile offenporiger Beläge (PA und ZWOPA)
– Erhöhte Kosten; hohe Anforderungen an die Bau- und Baustoffindustrie im gesamten Herstellungs- und Einbauprozess – Bei Innerortsstraßen besondere Entwässerungseinbauten erforderlich – Besondere Anforderungen an den Winterdienst – Reparaturen nur großflächig möglich – Nachlassen der akustischen Wirkung bei fehlerhaftem Einbau oder unsachgemäßem Betrieb – Schnelle Entfernung von übermäßigen Verschmutzungen erforderlich (auch Ölunfälle, tote Tiere) – Bei Innerortsstraßen porentiefe Reinigungen erforderlich, ebenso Reinigung der Entwässerungsrinnen – Der offenporige Asphalt ist anfällig gegen Schub- und Scherkräfte. Er ist weniger geeignet im Bereich von kurvigen Straßenabschnitten, Längsgefällen über 5 %, Kreuzungen, Ampeln, Kreisverkehre, Abbiegestreifen mit Schwerverkehr, Parkbuchten, Bushaltestellen, Straßen mit landwirtschaftlichem Verkehr, Ein- und Ausfahrten zu und von gewerblichen Anlagen, Alleen wegen starken Laubanfalls, Straßen mit Schneekettenpflicht im Winter, Einmündungen mit hohem Schmutzeintrag	– Pegelminderung für Pkw-Reifen gegenüber dichten Fahrbahnbelägen beträgt anfangs bis zu 10 dB(A), für Lkw-Reifen bis zu 8 dB(A) – Pegelminderung wirkt auf den gesamten Straßenraum; bei beidseitiger Bebauung ist der Einbau besonders effektiv, auch die oberen Stockwerke können geschützt werden – Zusätzliche Lärmschutzmaßnahmen können reduziert werden oder entfallen – Zweischichtige offenporige Asphaltdeckschichten (ZWOPA) mindern das Reifenabrollgeräusch bereits bei Geschwindigkeiten ab 40 km/h – Weniger aggressives Lärmbild durch Wegfall der hohen Frequenzen – Hoher Fahrkomfort; angenehmeres Fahrzeuginnengeräusch – Pegelminderung auch bei nasser Fahrbahn, keine Pegelerhöhung und Frequenzverschiebung („Zischen“) – Verkehrssicherheit: bei Nässe kein Aquaplaning, kaum Sprühfahnenbildung, reduzierter Bremsweg und kaum Blendwirkung bei Dunkelheit – Bei Regen kein Anspritzen der Fußgänger und Radfahrer – Hohe Verformungsbeständigkeit, geringe Spurrinnenbildung, hohe Griffigkeit

und der Entspannung von Luft im Reifen-Fahrbahn-Kontakt reduziert (air pumping). Durch die schallabsorbierende Oberfläche entsteht ein hohes Schallschluckvermögen für Geräusche aus dem Reifen-Fahrbahn-Kontakt, ebenso für die Fahr- und Antriebsgeräusche auf dem Ausbreitungsweg.

12.4.10 Wasserdurchlässiger Asphalt

Wasserdurchlässiger Asphalt wird auf Flächen geringer Verkehrsbelastung wie Park- und Stellplätzen, Parkplätzen, Rad- und Gehwegen, Wohnsammelstraßen und Anliegerstraßen eingesetzt. Wichtig ist, dass es sich um Flächen handelt, die keiner großen Verschmutzungsgefahr ausgesetzt sind und nicht in Wasserschutzgebieten liegen.

Diese Asphaltflächen besitzen einen hohen Hohlraumgehalt. Er sollte 16 Vol.-% am Marshall-Probekörper nicht unterschreiten (s. empfohlene Zusammensetzung für WDA). Der Untergrund muss ausreichend versickerungsfähig sein, um ein Ablaufen des versickerten Oberflächenwassers zu gewährleisten. Die wasserdurchlässige Befestigung muss eine ausreichende Wasserdurchlässigkeit aufweisen.

Da die wasserdurchlässigen Asphalte auch den offenporigen Asphalten zugeordnet werden können, sind auch Bezeichnungen wie PA 22 T WDA anstelle von WDA 22 TL denkbar.

Herstellung und Einbau

Für Herstellung und Einbau gelten weitgehend die bei den offenporigen Asphalten getroffenen Aussagen. Bei Temperaturen ≤ 10 °C sollte auf den Einbau verzichtet werden. Um einen ungehinderten Wassertransport in den Lagen abzusichern, ist optimalerweise „heiß an heiß" einzubauen. Die Verdichtung ist zügig durchzuführen. Die Walzenlogistik und Technologie

Tabelle 12.21 Anforderungen an WDA

Bezeichnung	Einheit	WDA 22 TL	WDA 16 TL	WDA 16 TD	WDA 8 DL	WDA 5 DL
Baustoffe						
Gesteinskörnungen (Lieferkörnung)						
Anteil gebrochener Kornoberflächen		$C_{100/0}$	$C_{100/0}$	$C_{100/0}$	$C_{100/0}$	$C_{100/0}$
Widerstand gegen Zertrümmerung		SZ_{18}/LA_{20}	SZ_{18}/LA_{20}	SZ_{18}/LA_{20}	SZ_{18}/LA_{20}	SZ_{18}/LA_{20}
Mindestanteil feiner Gesteinskörnung mit E_{CS} 35	%	100	100	100	100	100
Bindemittel, Art und Sorte		50/70; 70/100	50/70; 70/100	25/55-55; (40/80-50)	25/55-55; (40/80-50)	25/55-55; (40/80-50)
Zusammensetzung Asphaltmischgut						
Gesteinskörnungsgemisch Siebdurchgang bei						
32 mm	M.-%	100				
22,4 mm	M.-%	90–100	100	100		
16 mm	M.-%	25–50	90–100	90–100		
11,2 mm	M.-%	18–30	25–45	25–45	100	
8 mm	M.-%		18–25	18–25	90–100	100
5,6 mm	M.-%				25–40	90–100
2 mm	M.-%	10–20	10–15	10–15	10–15	5–15
0,125 mm	M.-%					
0,063 mm	M.-%	4–6	4–6	4–6	4–6	3–7
Mindest-Bindemittelgehalt		$B_{min\,4,2}$	$B_{min\,4,5}$	$B_{min\,4,5}$	$B_{min\,5,5}$	$B_{min\,5,8}$
Bindemittelträger	M.-%	0,3–0,5	0,3–0,5	0,3–0,5	0,3–0,5	0,3–0,5
Asphaltmischgut						
Mindest-Hohlraumgehalt MPK		$V_{min\,16,0}$	$V_{min\,18,0}$	$V_{min\,18,0}$	$V_{min\,19,0}$	$V_{min\,20,0}$

( ) in Ausnahmefällen

Bild 12.37
System WDA

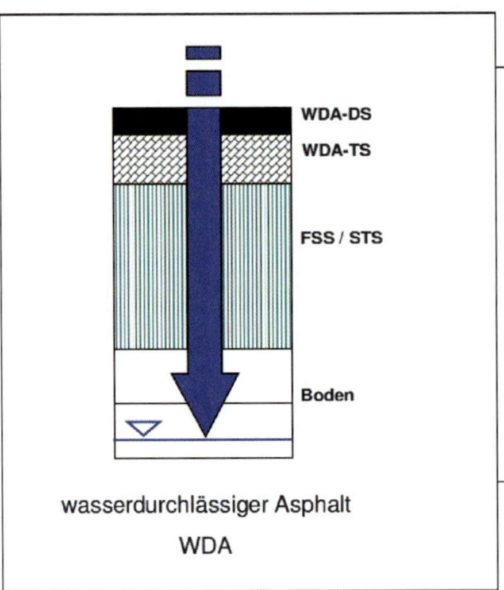

Wasserdurchlässiger Asphalt ist Flächenversickerung im wasserrechtlichen Sinne.

Der gesamte Unterbau muss wasserdurchlässig sein. Der Untergrund muss bestimmte Wasserdurchlässigkeitsvoraussetzungen aufweisen!

Wasserdurchlässige Asphalte auf schwach belasteten Parkierungsflächen. Ziel: Flächenentsiegelung

sind so zu gestalten, dass keine Risse, Unebenheiten oder bleibende Eindrücke entstehen können.

■ Reinigung und Winterdienst

Der WDA soll auf Verkehrsflächen eingesetzt werden, die einem geringen Verschmutzungsgrad unterliegen. Dem Zusetzen der Poren kann mit einem Reinigungsgerät mit Saug- und Kehrwirkung begegnet werden.

Baustellenverkehr und andere Verschmutzungsursachen sind unbedingt zu vermeiden. Zu beachten ist, dass der „erste Reinigungsvorgang" erst nach 6 Monaten der Herstellung der Asphaltbefestigung erfolgen darf.

Bild 12.39 Parkfläche in WDA

Bild 12.38 Wasserdurchlässiger Asphalt WDA

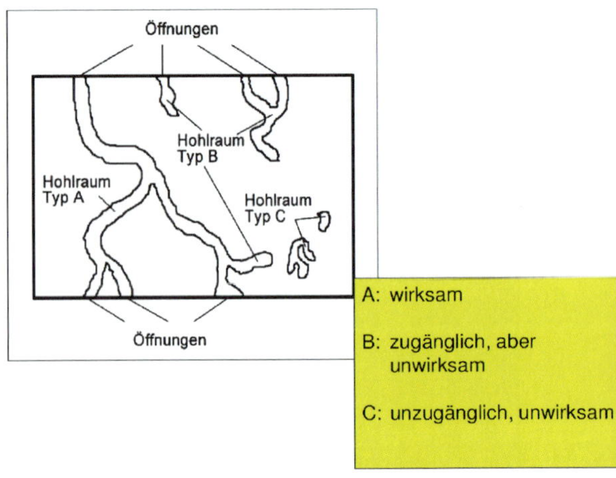

Bild 12.40 System der Hohlräume im WDA

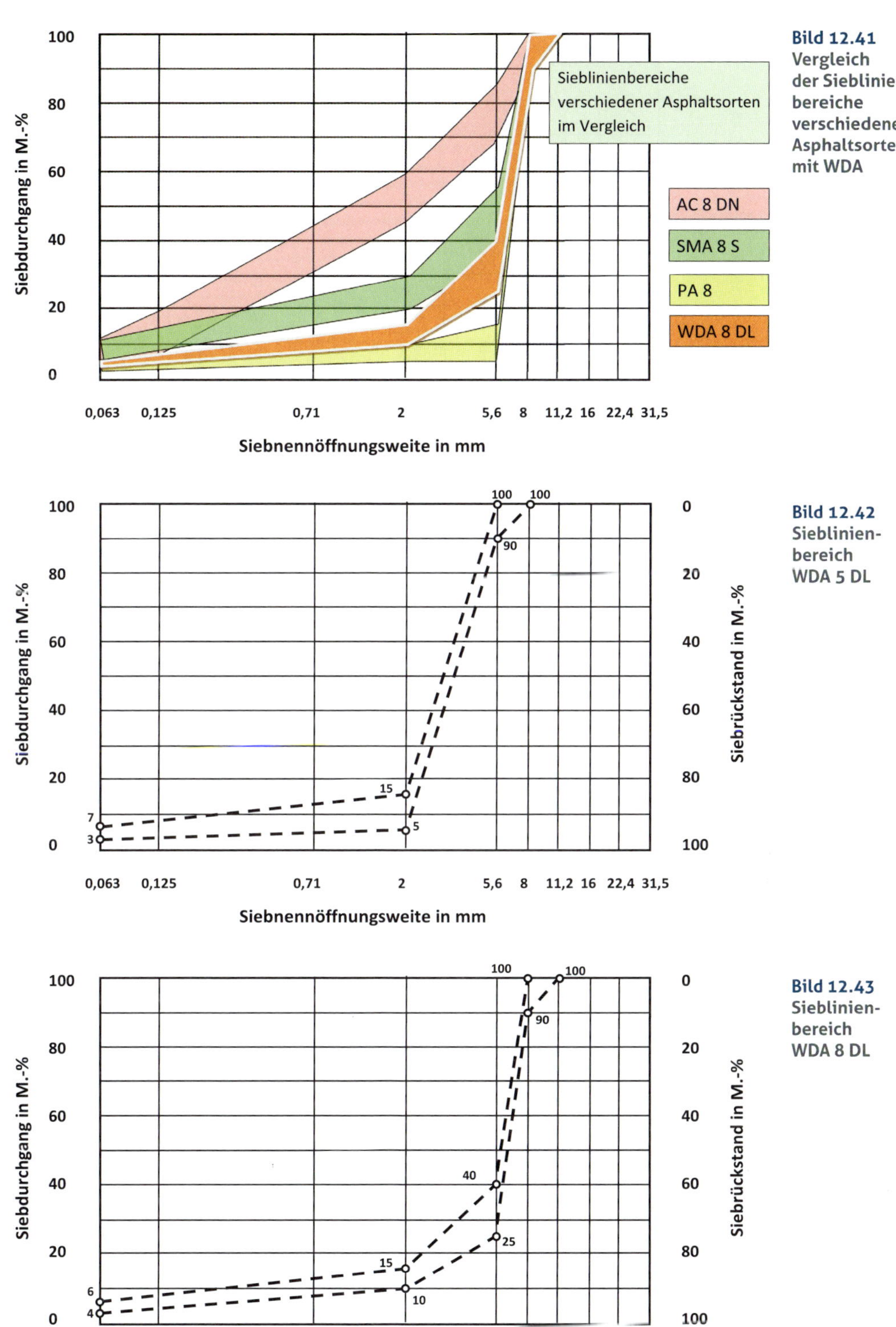

Bild 12.41 Vergleich der Sieblinienbereiche verschiedener Asphaltsorten mit WDA

Bild 12.42 Sieblinienbereich WDA 5 DL

Bild 12.43 Sieblinienbereich WDA 8 DL

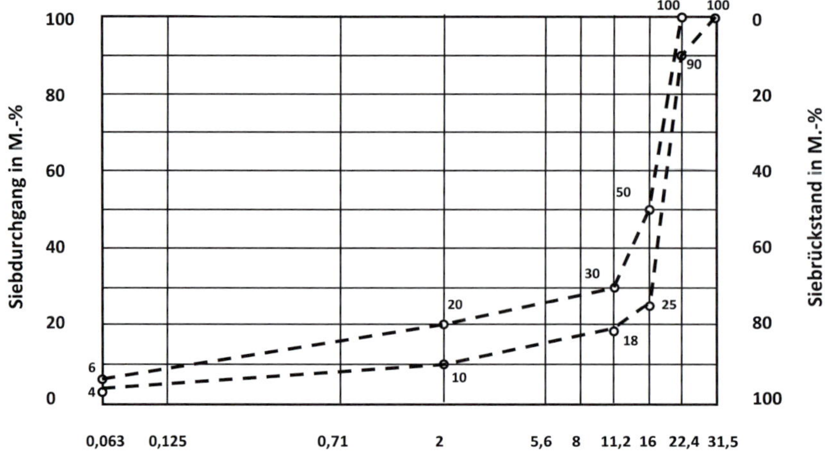

Bild 12.44 Sieblinienbereich WDA 22 TL

WDA dürfen nicht im Winterdienst mit Abstumpfungsmitteln behandelt werden, eine Verstopfung der Poren wäre die Folge.

Ebenso ist auf Salze und andere Chemikalien zu verzichten. Die Stoffe würden dadurch direkt in den Untergrund geleitet und können dann in das Grundwasser gelangen.

Die mechanische Reinigung, also beispielsweise die Beseitigung des Schnees durch Abkehren, ist auf diesen Verkehrsflächen die Vorzugsvariante.

Bei Aufgrabungen und Reparaturen sollte zum Schließen der Stellen wieder WDA-Mischgut verwendet werden.

12.5 Gussasphalt

Die Entwicklungsgeschichte des Gussasphalts reicht in die ersten Jahre des letzten Jahrhunderts zurück. Die ersten technischen Vorschriften Deutschlands sind aus dem Jahre 1917 bekannt. Ziel war es damals, haltbare, staubfreie, sichere und geräuscharme Straßen für den Straßenverkehr zu bauen.

Vielseitige Einsatzmöglichkeiten bietet Gussasphalt dank seiner Eigenschaften wie:

- leichte Verlegbarkeit,
- unmittelbare Benutzung nach Fertigstellung,
- Abriebfestigkeit,
- gute Verformungsbeständigkeit,
- Wasserdichtheit und Tausalzbeständigkeit.

Diese Bauweise wurde zunächst im Straßen- und Autobahnbau angewendet, fand aber schnell auch ihren Platz im Brückenbau (Gussasphaltschutzschichten, Gussasphaltdeckschichten), Wasserbau (Abdichtung von Kanälen, Deichen, Staudämmen u. ä.), Parkhausbau (Parkdeckbeläge), Hochbau (z. B. schwimmender Gussasphaltestrich), Tankstellenbau (flüssigkeitsundurchlässige und elektrisch leitfähige Beläge). Die Zuordnung der Gussasphalte zu den einzelnen Belastungsklassen nach RStO zeigt *Tabelle 12.22*.

12.5.1 Begriff

Gussasphalt unterscheidet sich von den *Walzasphalten*. Er besteht zwar auch aus Gesteinskörnungsgemischen mit abgestufter Korngrößenverteilung und Straßenbaubitumen oder polymermodifiziertem Bitumen als Bindemittel, die Tragfunktion wird aber nicht, wie bei den Walzasphalten, durch ein Gesteinskörnungsgerüst hergestellt, sondern durch eine durchgehende Mörtelphase, welche die Hohlräume im Gesteinskörnungsgemisch völlig ausfüllt.

Der Mörtel ist sehr steif eingestellt. Als Bindemittel kommen sehr harte Bitumen wie 20/30, 30/45, 10/40-65 oder 25/55-55 zum Einsatz (s. *Tabelle 12.23*). Aufgrund der Dämpfe und Aerosole, die bei der Verarbeitung von Gussasphalt frei werden, sind viskositätsverändernde Zusätze oder Bindemittel zu verwenden, um die Verarbeitungstemperatur auf maximal 230 °C zu senken.

Der praktisch hohlraumfreie Gussasphalt ist so zusammengesetzt, dass er im Einbauzustand einen geringen Bitumenüberschuss hat und somit gieß- und streichbar ist. Er bedarf beim Einbau keiner Verdichtung. Der Bindemittelüberschuss ist ein wichtiges Qualitätsmerkmal und lässt sich mit folgender Gleichung berechnen:

$$B_ü = 100 \cdot \frac{B_v - H_m}{100 - B_v} = \frac{B \cdot \rho_A - d_{25/25} \cdot H_m}{100 \cdot d_{25/25} - B \cdot \rho_A} \quad \text{[Vol.-\%]}$$

In den Gleichungen bedeuten:

$B_ü$	Bindemittelüberschuss in Vol.-%
B	Bindemittelgehalt im Mischgut in M.-%
B_v	Bindemittelvolumen im Untersuchungsstück in Vol.-%
H_m	Hohlraumgehalt des Gesteinskörnungsgemisches (Rütteldichte) in Vol.-%
ρ_A	Raumdichte des Gussasphaltes in g/m³
$d_{25/25}$	Dichte des Bindemittels in g/m³

Tabelle 12.22 Anwendungen von MA

<table>
<tr><th>Belastungs-klasse/ Flächenart</th><th>Bk100 und Bk32</th><th>Bk10</th><th>Bk3,2</th><th>Bk1,8</th><th>Bk1,0</th><th>Bk0,3</th><th>Rad- und Gehwege</th></tr>
<tr><td>Deckschicht aus Gussasphalt</td><td colspan="3">MA 11 S,
MA 8 S,
MA 5 S</td><td>MA 11 N,
MA 8 N,
MA 5 N</td><td colspan="2">(MA 11 N),
(MA 8 N),
(MA 5 N)</td><td>(MA 5 N)</td></tr>
</table>

Tabelle 12.23 Zuordnung der Bindemittelsorten (MA) zu den Belastungsklassen

<table>
<tr><th>Belastungs-klasse/ Flächenart</th><th>Bk100 und Bk32</th><th>Bk10</th><th>Bk3,2</th><th>Bk1,8</th><th>Bk1,0</th><th>Bk0,3</th><th>Rad- und Gehwege</th></tr>
<tr><td>Deckschicht aus Gussasphalt</td><td>20/30;
30/45
(10/40-65)</td><td colspan="2">20/30
30/45
(25/55-55)</td><td>30/45
(25/55-55)</td><td colspan="3">30/45</td></tr>
</table>

( ) Nur in Ausnahmefällen

Substituiert man teilweise die ungebrochenen feinen Gesteinskörnungen durch gebrochene kann man damit die Verformungsbeständigkeit erhöhen, muss aber auch eine schwerere Verarbeitbarkeit in Kauf nehmen. Eine ähnliche Wirkung hat die Erhöhung des groben Gesteinskörnungsanteils. Erreicht der Anteil an groben Gesteinskörnungen den Bereich um 55 %, so können die groben Gesteinskörnungen fast wie ein Traggerüst wirken. Für sehr stark belastete Straßen ist dieser Effekt von Vorteil. Die Verarbeitbarkeit mit Gussasphaltfertigern (Einbaubohlen) gerät jedoch an ihre Grenzen. Durch die hohe innere Reibung verliert der Gussasphalt allmählich seine Gießbarkeit und kann nur noch mit schweren Vibrationsbohlen eingebaut werden.

Bei der Erstellung der Erstprüfung ist der Wert der dynamischen Stempeleindringtiefe anzugeben. Die Ermittlung dieses Wertes ist bei der Durchführung der Kontrollprüfung zurzeit nicht vorgesehen.

12.5.2 Herstellung und Einbau

Gussasphalt wurde bis in die 60er-Jahre hauptsächlich in mobilen oder stationären Gussasphaltkochern hergestellt. Im wahrsten Sinne des Wortes wurde der Gussasphalt über Nacht in den Kochern „gekocht“. Gesteinskörnungen und Bindemittel wurden in diesen Geräten gemeinsam erhitzt und durch Rühren zu Gussasphalt. Die Anforderungen an Gussasphalt sind in den *Tabellen 12.24* und *12.25* wiedergegeben, die entsprechenden Sieblinienbereiche in den *Bildern 12.45* bis *12.50.*

Heutzutage hat sich die Gussasphaltherstellung in Asphaltmischanlagen durchgesetzt. Die Gesteinskörnungsgemische werden in der Trockentrommel auf 260 bis über 300 °C erhitzt.

Um die Arbeitsschutzbestimmungen einzuhalten, sind geeignete viskositätsverändernde Bindemittel oder Zusätze zu verwenden. Alternativ können verfahrenstechnische Maßnahmen zur Reduzierung der Dämpfe und Aerosole aus Bitumen ergriffen werden; die Wirksamkeit dieser Maßnahmen ist dann nachzuweisen.

Der Gussasphalt wird chargenweise hergestellt. Die Verladung erfolgt direkt in den Gussasphaltkocher. Falls eine Zwischenlagerung nötig ist, kann diese in beheizten Gussasphaltsilos mit Rührwerk erfolgen. Von der Herstellung bis zum Einbau ist die Masse ständig in Bewegung zu halten, um ein Absetzen der groben Gesteinskörnungen zu verhindern.

Auf dem Weg zur Einbaustelle wird der Gussasphalt durch die Rührwerke in den Transportbehältern weiter homogenisiert und für den Einbau „geschmeidig“ gemacht.

Während des Auslassens der Masse aus dem Transportbehälter muss die Heizung gedrosselt werden, um einer Bindemittelverhärtung vorzubeugen. Ebenfalls muss die Rührgeschwindigkeit vermindert werden, damit nicht zu viel Luftsauerstoff in den Gussasphalt eingerührt und die oxidative Veränderung des Bindemittels minimiert wird.

Bei hohen Temperaturen ist eine zu lange Verweildauer im Rührwerksbehälter auf jeden Fall zu vermeiden. Insgesamt ist die Verweildauer auf 12 Stunden bei Verwendung von Straßenbaubitumen und auf 8 Stunden bei Verwendung von polymermodifiziertem Bitumen zu begrenzen.

Am Einbauort wird der Gussasphalt aus dem Kocher (Rührwerksbehälter) herausgelassen. Die heiße Gussasphaltmasse trifft auf den kalten Untergrund. Da eine Verarbeitung durch Streichen erfolgen soll, muss sofort mit dem Einbau begonnen werden. Bei kleinen Flächen ist der Handeinbau (Verstreichen) üblich.

Soll der Gussasphalt als großflächige Deckschicht im Straßenbau zum Einsatz kommen, erfolgt der Einbau mit Einbaubohlen und Verteilerschwertern.

Erfolgt der Einbau auf einer Neubaustrecke (Deckschicht), können Gleitschalungen zur Höhennivellierung und Erzielung einer guten Ebenflächigkeit genutzt werden.

Wird die Deckschicht einer Fahrspur innerhalb der Fahrbahn erneuert, haben sich Gussasphaltfertiger oder -bohlen mit Kettenfahrwerk, die sich mit der Niveauregulierung an den vorhandenen Fahrbahnen orientieren können, bewährt. Unterschiedliche Höhen, also auch der Ausgleich des unterschiedlichen Gefälles in der Fahrbahnachse (z. B. lange Fahrbahnwellen) sind möglich.

Tabelle 12.24 Anforderungen an Gussasphalt MA

Bezeichnung	Einheit	MA 11 S	MA 8 S	MA 5 S	MA 11 N	MA 8 N	MA 5 N
Baustoffe							
Gesteinskörnungen (Lieferkörnung)							
Anteil gebrochener Kornoberflächen		$C_{90/1}$	$C_{90/1}$	$C_{90/1}$	$C_{90/1}$	$C_{90/1}$	$C_{90/1}$
Widerstand gegen Zertrümmerung		SZ_{18}/LA_{20}	SZ_{18}/LA_{20}	SZ_{18}/LA_{20}	SZ_{22}/LA_{25}	SZ_{22}/LA_{25}	SZ_{22}/LA_{25}
Widerstand gegen Polieren		$PSV_{angegeben}(48)$	$PSV_{angegeben}(48)$	$PSV_{angegeben}(48)$	$PSV_{angegeben}(42)$	$PSV_{angegeben}(42)$	$PSV_{angegeben}(42)$
Mindestanteil feiner Gesteinskörnung mit E_{CS} 35	%	35	35	35			
Bindemittel, Art und Sorte		20/30; 30/45; 10/40-65; 25/55-55	20/30; 30/45; 10/40-65; 25/55-55	20/30; 30/45; 10/40-65; 25/55-55	30/45; 25/55-55	30/45; 25/55-55	30/45; 25/55-55
Zusammensetzung Asphaltmischgut							
Gesteinskörnungsgemisch Siebdurchgang bei							
16 mm	M.-%	100			100		
11,2 mm	M.-%	90–100	100		90–100	100	
8 mm	M.-%	70–85	90–100	100	70–85	90–100	100
5,6 mm	M.-%		75–90	90–100		75–90	90–100
2 mm	M.-%	45–55	50–60	55–65	45–55	50–60	55–65
0.063 mm	M.-%	20–28	22–30	24–32	20–28	22–30	24–32
Mindest-Bindemittelgehalt		$B_{min\,6,8}$	$B_{min\,7,0}$	$B_{min\,7,0}$	$B_{min\,6,8}$	$B_{min\,7,0}$	$B_{min\,7,5}$
Asphaltmischgut							
Min. statische Eindringtiefe Würfel		$I_{min\,1,0}$	$I_{min\,1,0}$	$I_{min\,1,0}$	$I_{min\,1,0}$	$I_{min\,1,0}$	$I_{min\,1,0}$
Max. statische Eindringtiefe Würfel		$I_{max\,3,0}$	$I_{max\,3,0}$	$I_{max\,3,0}$	$I_{max\,4,0}$	$I_{max\,4,0}$	$I_{min\,4,0}$
Zunahme Eindringtiefe Würfel		$I_{nc\,0,4}$	$I_{nc\,0,4}$	$I_{nc\,0,4}$	$I_{nc\,0,6}$	$I_{nc\,0,6}$	$I_{nc\,0,6}$
Dynamische Stempeleindringtiefe	mm	ist anzugeben	ist anzugeben	ist anzugeben			

Tabelle 12.25 Anforderungen an Gussasphalt-MA-Schicht

Schichteigenschaften		MA 11 S MA 11 N	MA 8 S MA 8 N	MA 5 S MA 5 N
Einbaudicke[1])	cm	3,5–4,0	2,5–3,5	2,0–3,0
Einbaumenge[1])	kg/m²	85–100	65–85	50–75

1) Einschließlich gebundenem Abstreumaterial

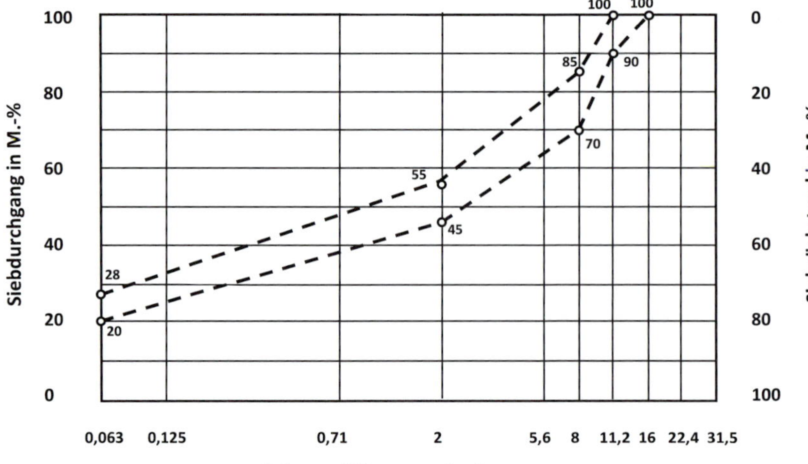

Bild 12.45 Sieblinienbereich Gussasphalt MA 11 S

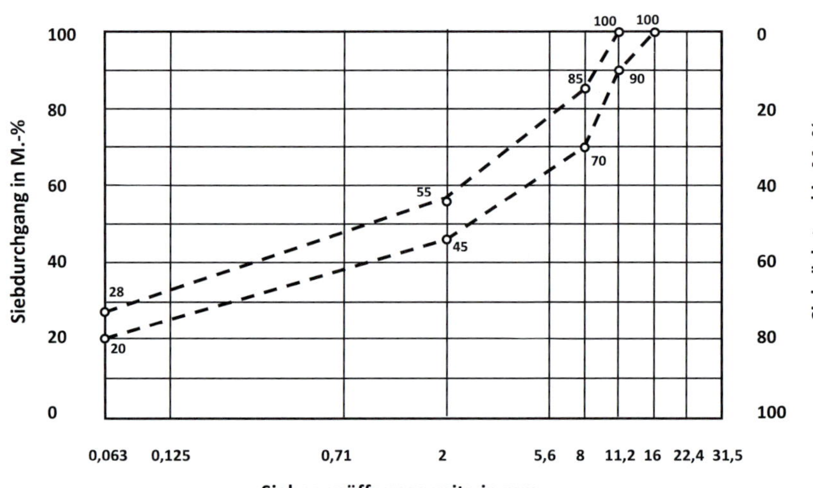

Bild 12.46 Sieblinienbereich Gussasphalt MA 11 N

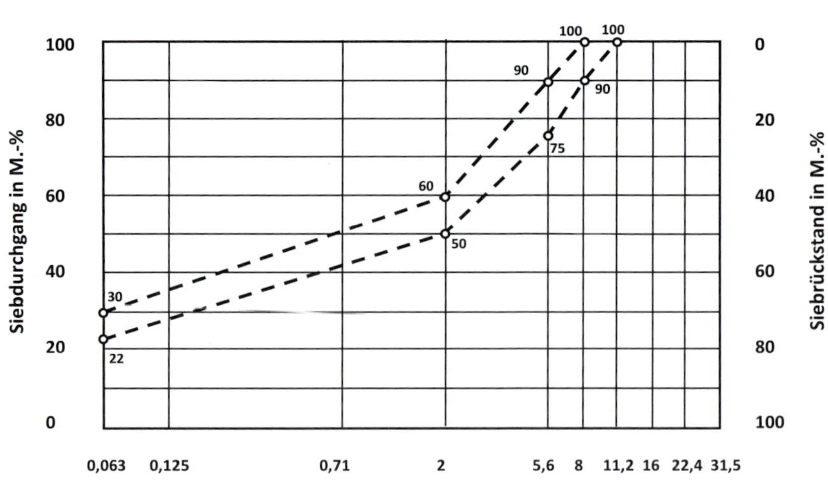

Bild 12.47 Sieblinienbereich Gussasphalt MA 8 S

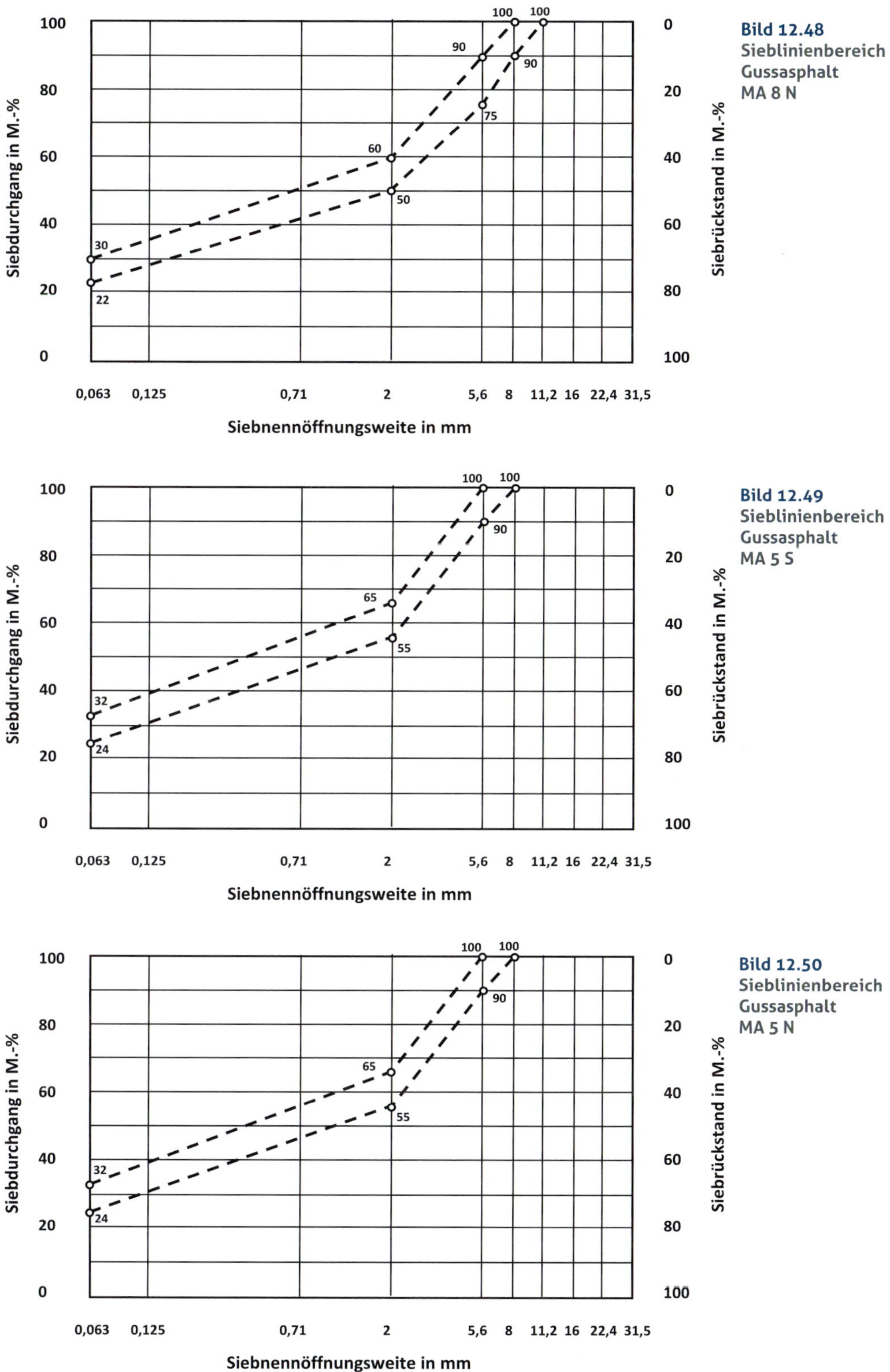

Bild 12.48 Sieblinienbereich Gussasphalt MA 8 N

Bild 12.49 Sieblinienbereich Gussasphalt MA 5 S

Bild 12.50 Sieblinienbereich Gussasphalt MA 5 N

Bild 12.51 Rührwerksbehälter für den Gussasphalttransport

Nachbehandlung der Oberfläche

Durch das Verstreichen des Gussasphaltes, speziell mit einem Fertiger, besitzt er im eingebauten Zustand einen „Mörtelspiegel" an der Oberfläche. Um eine griffige Fahrbahn zu erhalten, müssen Maßnahmen zum Aufrauen ergriffen werden:

- Aufstreuen und Eindrücken von 5–8 kg/m² leicht bituminiertem „Edelsplitt"[1] 2/5 in die noch heiße Oberfläche. Früher wurden Riffelwalzen, heute werden Nockenwalzen verwendet.
- Auf Rad- und Gehwegen genügt es, Sand in den heißen Mörtelspiegel einzureiben.
- Für den Straßenbau hat sich der *gewalzte Gussasphalt* bewährt. Auf den eingebauten Gussasphalt werden 15–18 kg/m² „Edelsplitt" 2/5 oder 5/8 aufgestreut und mittels Gummiradwalzen in die Oberfläche eingedrückt. Einige besondere Effekte werden damit hervorgerufen:
  - starke Erhöhung der Griffigkeit,
  - durch tiefes Einwalzen ergeben sich positive Wirkungen auf die Standfestigkeit,
  - durch die Walkwirkung der Gummiräder werden die durch den entweichenden Wasserdampf beim Einbau entstandenen Kanülen wieder zugeknetet,
  - die Walkwirkung wirkt sich ebenfalls positiv auf die Verklebung mit dem Untergrund (Erhöhung des Haftverbundes) aus.

Gussasphalt besitzt sehr dicke Bindemittelfilme. Der Haftverbund mit der Unterlage (Asphaltbinderschicht) wird durch den Bindemittelüberschuss im Asphaltgemisch sichergestellt. Ebenfalls wirkt sich der Gummiradwalzeneinsatz gut aus. Keinesfalls – anders als bei den anderen Bauweisen mit Walzasphalt – soll mit

1 grobe gebrochene Gesteinskörnung (gem. TL Gestein)

Bild 12.52 Gussasphalteinbau mit Fertiger

Bitumenemulsionen oder Haftkleber vorgespritzt werden, da ansonsten eine Gleitschicht entsteht und sich Blasen aufgrund nicht völlig abgedunsteten Emulsionswassers bilden.

■ Nähte und Anschlüsse

Um wasserdichte Flächen herzustellen, ist es am sichersten, „heiß an heiß“ zu arbeiten. Ist dies nicht möglich (Einbau „heiß an kalt“), sind zwischen den verschiedenen Einbauflächen Fugen auszubilden. Anschlüsse an andere Asphaltflächen, Einbauten, Hoch- und Tiefborde sind immer als Fuge auszubilden. Die Fuge ist mit Fugenvergussmasse zu verschließen oder mit Fugenband auszuführen.

■ Einbau an Steigungsstrecken

Gussasphalt neigt durch seine Zusammensetzung sehr stark zum Fließen. Der Einbau hat immer bergauf zu erfolgen. Maschinentechnisch ist die maximale Neigung der Einbaufläche auf 7 % begrenzt. Werden jedoch spezielle Maßnahmen wie die Erhöhung des Gehaltes an groben Gesteinskörnungen oder die Verwendung versteifender Zusätze ergriffen, kann ein Einbau auf Flächen bis zu maximal 10 % ermöglicht werden.

■ Unterlage

Zum Erreichen einer Dauerhaftigkeit und Verformungsstabilität ist ein guter Haftverbund mit einer verformungsunwilligen Unterlage notwendig. Für hohe Verkehrsbeanspruchungen hat sich eine Asphaltbinderschicht aus AC 16 B S bzw. AC 22 B S bewährt. In der Praxis hat sich ein Asphaltbinder mit einem Hohlraumgehalt zwischen 6,0 und 7,0 Vol.-% als günstig erwiesen. Durch den relativ hohen Hohlraumgehalt wirkt der Asphaltbinder als Dampfdruckausgleichsschicht. Somit wird die Bildung von Blasen, Kavernen oder Löchern in der Gussasphaltdeckschicht verhindert.

Um ein Eintreten von Wasser in die Binderschicht zu verhindern, ist der höher liegende Rand mit Heißbindemittel zu versiegeln.

12.5.3 Gussasphalt für hohe Verkehrsbeanspruchungen

Auf hochbelasteten Straßen wird ein speziell konzipierter Gussasphalt eingesetzt, der besonders resistent gegen die Spurrinnenbildung ist.

Zur Erhöhung der Verformungsbeständigkeit besteht die Sandkomponente ausschließlich aus gebrochenen Körnungen. Als Füller werden schwach versteifende Gesteinsmehle ausgewählt.

Zur Verbesserung der Verarbeitbarkeit ist ein höherer Mörtelgehalt vorgesehen.

Folgende Zusammensetzung hat sich aufgrund von Langzeitbeobachtungen als sehr formstabil, abriebfest und rissresistent gezeigt:

- Anteil an groben Gesteinskörnungen: ca. 52 M.-%
- Anteil an feinen Gesteinskörnungen: ca. 23 M.-%
- Füllergehalt: ca. 25 M.-%
- Bindemittel: Bitumen 30/45, 20/30 oder PmB 25/55-55 jeweils mit viskositätsverändernden Zusätzen
- Bindemittelgehalt: ≥ 7,1 M.-%
- Die Eindringtiefe am Probewürfel (TP Asphalt, Teil 20) darf nach 30 min 2,0 mm und die Zunahme nach weiteren 30 min 0,4 mm nicht überschreiten.

12.5.4 Gussasphalt – temperaturreduziert

In Deutschland gibt es seit den 90er-Jahren des 20. Jahrhunderts das Verfahren der Herstellung und des Einbaus von temperaturreduzierten Gussasphalten.

Die ersten Versuche wurden mit Niedermolekular-Ester-Komponenten (Fettsäureamide), später dann mit synthetischen Fischer-Tropsch-, Paraffin- oder Montanwachsen durchgeführt.

Die Eigenschaften der Wachse sind in der *Tabelle 12.26* dargestellt. Von besonderer Bedeutung für die Baupraxis sind hierbei die Tropf- und Erstarrungspunkte der verschiedenen Wachse. Vor allem die Erstarrungspunkte sind zu beachten, da nach Erreichen dieses Temperaturbereiches eine deutlich erschwerte Verarbeitbarkeit zu verzeichnen ist (Anmerkung: Bei Walzasphalten wirkt sich dies extrem auf die Verdichtbarkeit aus).

Seit dem 1.1.2008 ist der Einbau von Gussasphalt bei Temperaturen über 230 °C wegen der hohen Expositionen nicht mehr zulässig.

Tabelle 12.26 Kenndaten organischer Zusätze und deren Wirkung am Beispiel eines Straßenbaubitumens 50/70 (M TA)

Eigenschaft / Stoff		Fettsäureamid	Fischer-Tropsch-Wachs	Montanwachs + Derivate	
Eigenschaften der Zusätze (Herstellerangaben)					
Tropfpunkt	[°C]	140–145	114–120	139–149*	110–120**
Erstarrungspunkt	[°C]	135–142	100–105	133–143*	95–105**
Dynamische Viskosität in mPas bei	130 °C	n. m.	11–15	n. m.	20–80**
	140 °C	13–17	9–13	n. m.	15–40**
	150 °C	9–13	8–12	5–15*	10–20**
Beispiel für die Wirkung in einem Straßenbaubitumen 50/70					
Zugabemenge		**3,0 M.-%*** **	**3,0 M.-%*** **	**3,0 M.-%*** **	
Erhöhung des EP RuK	[K]	40–45	25–35	30–35*	20–30**
Verringerung der Nadelpenetration	[1/10 mm]	10–15	15–30	10–15*	15–20**

* Produkt für Anwendungen in Gussasphalt
** Produkt für Anwendungen in Walzasphalt
*** Massenanteil bezogen auf das Bindemittel
n. m. nicht messbar

Der Auszug aus der Expositionsbeschreibung „Maschinelles Verarbeiten von Gussasphalt“, Abschnitt 7 „Empfehlungen“ besagt, dass aufgrund der vorliegenden Messergebnisse beim Einbau von Gussasphalt unter Verwendung von Fettsäureamiden, Fischer-Tropsch-Wachsen oder Montanwachsen als viskositätsverändernde Zusätze bzw. in viskositätsveränderten Bindemitteln bei Temperaturen bis 230 °C im Freien keine weiteren Arbeitsplatzmessungen notwendig sind. Weitere Schutzmaßnahmen sind bei einer Arbeitszeit von bis zu 10 Stunden nicht zu ergreifen.

Das Fazit zum Thema Arbeitsschutz und Anwendung ist:

Der Einbau von Gussasphalt ist nur noch bis zu einer Temperatur von 230 °C und unter Verwendung viskositätsverändernder Zusätze erlaubt. Es wird auf die vorliegende Erfahrungssammlung in ihrer jeweils aktuellen Version verwiesen, die derzeit von der Bundesanstalt für Straßenwesen (BASt) veröffentlicht wird. Als Kriterium für die Aufnahme eines Produktes in diese Erfahrungssammlung und Berücksichtigung bei den Empfehlungen wurden positive Erfahrungen über einen längeren Beobachtungszeitraum (mind. 5 Jahre) festgelegt.

Diese Bindemittel werden als *viskositätsverändernde Bindemittel* bezeichnet. Die Zusätze müssen homogen im Bindemittel verteilt sein, außerdem darf die Lagerstabilität der Bindemittel durch die Zusätze nicht beeinträchtigt werden.

Bei der Verwendung viskositätsverändernder Bindemittel sind die Angaben der Hersteller in den Produktdatenblättern zu beachten.

12.5.5 Gussasphalt in Gleisbereichen

In auch vom normalen Straßenverkehr befahrenen Gleisbereichen kommt der Herstellung der Fahrbahndecke eine besondere Bedeutung zu. Die Fahrbahndecke kann aus Beton, Pflaster oder Asphalt bestehen. In der Vergangenheit dominierten Fahrbahndecken aus Natur-, Schlacke- oder Betonsteinpflaster.

Diese Bauweisen sind aber vor allem wegen

- des hohen Zeit- und Kostenaufwands bei der Herstellung,
- des hohen Instandhaltungsaufwandes und
- der Geräuschentwicklung bei überrollendem Verkehr

immer mehr durch den Einbau von Fahrbahndecken aus Asphalt ersetzt worden. Aufgrund der günstigen Einbaubedingungen (keine Verdichtung erforderlich, Handeinbaubereiche) werden heute Gussasphalte mit einem Größtkorn von 5 mm, 8 mm oder 11 mm und in Dicken von bis zu 4 cm eingebaut.

Die Ausbildung der Fugen kann bei Gussasphaltdeckschichten technisch und wirt-

Bild 12.53 Einbau von Gussasphalt im Gleisbereich per Hand

schaftlich einfach durch Abstellen mittels Stahllehren oder hitzebeständiger Kunststoffprofile erfolgen, an die der Gussasphalt höhengerecht angearbeitet werden kann.

Verlegt werden Gussasphaltdeckschichten im Gleisbereich

- ein- oder zweilagig direkt auf einer Betonunterlage und einer Trennlage aus Glasvlies (oder Estrichpapier) in einer Dicke von bis zu 4 cm,
- auf einer Asphaltbinderschicht im Verbund, mit Haftkleber auf der Betonunterlage in einer Dicke von 3 bis 4 cm oder
- ein- oder zweilagig im Verbund mit einer Polymerbitumen-Schweißbahn auf einer Betonunterlage mit Epoxidharz-Grundierung.

In Bereichen mit erhöhten Schubbeanspruchungen, z. B. an Kreuzungen oder an Bushaltestellen, haben sich Verbundbauweisen als vorteilhafter erwiesen.

Für die Nachbehandlung der Oberfläche des Gussasphalts sind gegenüber den Regelungen der ZTV Asphalt-StB keine Besonderheiten zu beachten.

Der Einsatz von kleinen Walzen oder Handwalzen zum Andrücken des Splitts wird bei Handsplittung empfohlen, um eine gleichmäßige Oberflächenstruktur zu erzeugen.

12.5.6 Gussasphalt mit lärmtechnisch optimierten Eigenschaften

In den ZTV Asphalt-StB werden drei Verfahren (a, b und c) zur Bearbeitung der Oberfläche beim Einbau von Gussasphalt beschrieben.

Während mit den Verfahren a und c das Herstellen von herkömmlichen Oberflächenstrukturen festgeschrieben ist, sind die Hinweise für die Herstellung von Gussasphaltdeckschichten mit lärmtechnisch verbesserten Eigenschaften in die ZTV Asphalt-StB als Verfahren b aufgenommen worden. Für die Abstreuung ist hier eine eng gestufte Lieferkörnung zu wählen und im heißen Zustand ohne zusätzliches Andrücken durch Walzen auf die heiße Oberfläche aufzubringen. Die Erzielung dieser Eigenschaften setzt einen qualitativ hochwertigen Einbau des Gussasphaltes voraus.

Unterlage

Am günstigsten ist es, den Gussasphalt auf einem ebenflächigen Asphaltbinder mit geringem Hohlraumgehalt und bei optimalen Einbaubedingungen einzubauen. Beim Einbau sollte es trocken sein, die Temperatur der Unterlage muss über 0 °C liegen. Eine gleichmäßige Einbautemperatur und auch eine gleichmäßige Einbaugeschwindigkeit sind unbedingt zu realisieren. Zudem ist darauf zu achten, dass das Asphaltmischgut nicht ungleichmäßig auskühlt (Eckbereiche der Einbaubohle).

Eine bedeutende Rolle zur Realisierung kommt dem Abstreumaterial zu.

Das Abstreumaterial muss feinkörnig, eng abgestuft und kubisch sein. Es muss heiß angeliefert und verwendet werden. Es ist unbedingt auf Über-/Unterkorn, Staub, Verklebung, Feuchtigkeit und die Einhaltung der Liefertemperatur zu prüfen. Das so qualitativ hochwertige, kubische Abstreumaterial wird gleichmäßig auf die Oberfläche aufgebracht, ohne dass es angewalzt wird. Es sinkt selbstständig in die Oberfläche und geht eine gute Verbindung/ Verklebung mit dem Gussasphalt ein.

Der so hergestellte Gussasphalt hat bereits direkt nach der Verkehrsfreigabe lärmmindernde Eigenschaften. Mit dem Ausbilden einer günstigen Oberflächentextur wird der Schalldruckpegel niedrig gehalten und so eine Lärmreduzierung um 2–3 dB(A) erreicht.

12.5.7 Gussasphalt mit offenporiger Oberfläche (PMA)

Das Ergebnis der Entwicklung einer neuen Deckschicht nach dem Gussasphaltprinzip unter Anwendung und Einsatz von Bindemitteln bzw. Additiven für Niedrigtemperaturasphalte war eine neu entwickelte Gussasphaltdeckschicht mit optimierten Oberflächeneigenschaften – im Wesentlichen mit einer offenporigen Oberfläche und einer verbesserten Ebenflächigkeit, wodurch eine deutliche Absenkung des Schalldruckpegels erreicht wird.

PMA steht für *Porous Mastix Asphalt* (Gussasphalt mit offenporiger Oberfläche). PMA ist wie ein Gussasphalt ohne Walzverdichtung einbaubar und vereint zwei eigentlich konträre Eigenschaften. Die untere Hälfte der fertigen Schicht entspricht einem klassischen Gussasphalt, die obere Hälfte kann man in zwei weitere Schichten einteilen. Über dem Gussasphalt stellt sich eine Schicht ein, die mit ihren Hohlräumen eher einem Splittmastixasphalt entspricht, während im obersten Bereich die Poren zunehmen und an der Oberfläche die Textur mehr einem PA gleichkommt *(Bild 12.54)*.

Der PMA-Einbau kann sowohl mit einer Gussasphaltbohle, die von Rührwerkskochern beliefert wird, als auch mit einem Straßenfertiger, der von einem Lkw befüllt wird, erfolgen. Als günstig hat sich der Einsatz eines Beschickers erwiesen. Die Einbautemperatur liegt bei ca. 180 °C. Der Straßenfertiger fährt mit ausgeschalteter Vibration. Unmittelbar hinter dem Straßenfertiger fährt vorzugsweise eine leichte Glattmantelwalze (ca. 3,8 t) ohne Vibration, um Längsriefen „auszubügeln“ und um die groben Gesteinskörnungen an der

Bild 12.54 Aufgeschnittener PMA-Würfel

Bild 12.55 Oberfläche PMA 8

Bild 12.56
PMA 5, in ca. 2,5 cm Dicke, auch hier hat sich oberflächennah die günstige Textur eingestellt

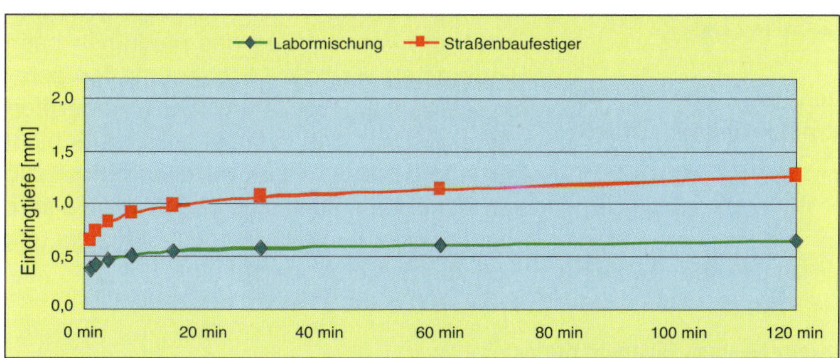

Bild 12.57
Eindringversuch mit ebenem Stempel nach TP Asphalt, Teil 20

Bild 12.58
Einbau PMA 5 auf BAB A 24, nahe Neuruppin – die Walze dient nur zum „Glattbügeln", nicht zum Verdichten

Bild 12.59 Bohrkern mit PMA 5-Deckschicht aus der Fahrbahn der BAB A 44, Bereich AK Neersen (A 44/A 52)

Oberfläche auszurichten, nicht aber zur Verdichtung. Feuchtigkeit oder Wasser auf bzw. in der Unterlage kann durch den Belag entweichen *(Bild 12.55)*.

Die Eindringversuche mit ebenem Stempel nach TP Asphalt, Teil 20, die statische Stempeleindringtiefe und die Zunahme zeigt das *Bild 12.57* (Vergleich Labormischung und Probe vom Einbau auf Straße). Der ungünstige Wert bei der Probe „Straßenbaufertiger" ist auf die Randbedingungen bei der Würfelherstellung auf der Baustelle zurückzuführen.

Um einen möglichst niedrigviskosen, feinkörnigen aber hochstandfesten Bitumenmörtel zu erhalten, kommt ein Fertigbitumen nach „Merkblatt für Temperaturabsenkung von Asphalt" (M TA) zum Einsatz. Hier ist auch das gute Haftverhalten zwischen dem Gesteinsskelett in der oberen Schicht, insbesondere bei der Verwendung von haftkritischem Gestein wie Granit, Quarzit, Quarzporphyr u. ä., von großer Bedeutung.

Der Bindemittelgehalt des Gussasphaltes liegt bei ca. 7,0 M.-%, der Anteil an groben Gesteinskörnungen bei über 70 M.-%, der Mörtel entspricht einem Gussasphaltmörtel. Durch die Verwendung des niedrigviskosen Bindemittels wird das Mischgut mit Temperaturen zwischen 165 °C und 195 °C angeliefert und eingebaut. Die fertig eingebaute Schicht hat eine günstige Porenverteilung innerhalb der Schicht. Es stellt sich ebenfalls eine sehr ebenflächige, lärmmindernde Oberfläche und ein guter Schichtenverbund ein.

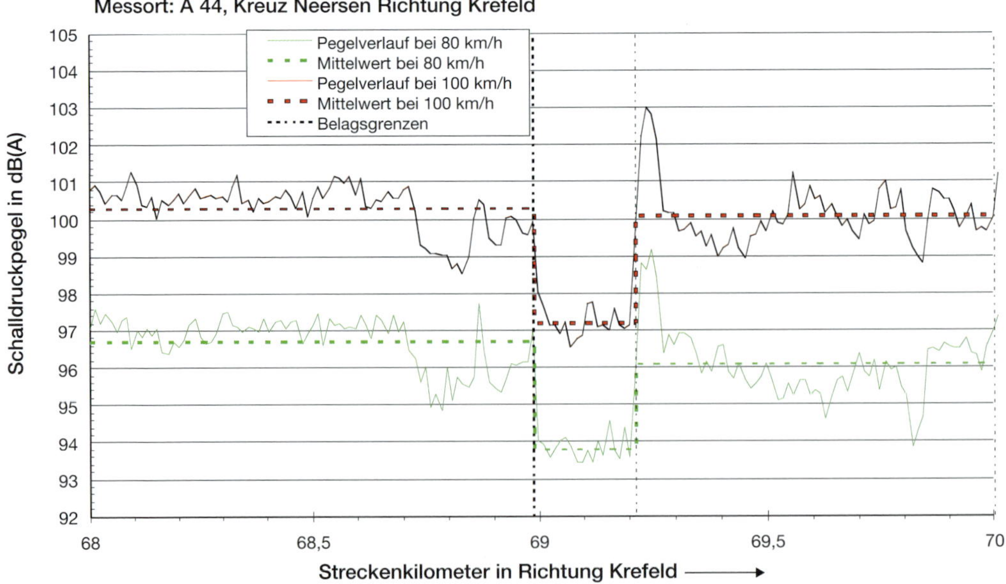

Bild 12.60 CPX-Messung

Bild 12.61 PMA-Schicht

Die PMA-Deckschicht wird ohne Verdichtungsenergie eingebaut und erreicht dadurch eine gute Ebenflächigkeit. Das an der Oberfläche zugängliche Porenvolumen weist eine mittlere Rautiefe von 1,25 mm aus. Beides zusammen bewirkt eine günstige Lärmminderung.

Die Anfangsgriffigkeit, mit SRT-Pendel gemessen, liegt oberhalb des Abnahmewertes und auch die SKM-Messung nach ca. 6 Wochen zeigt keine Auffälligkeiten. Mittels CPX-Messung (Anhängermessung) werden die Emissionswerte als Schalldruckpegel gemessen. Der PMA 5-Belag liegt zwischen den beiden gestrichelten Linien *(Bild 12.60)*.

Diese CPX-Messung erfolgte zu einem Zeitpunkt, bei dem der Bitumenfilm noch nicht abgefahren war. Bei der CPX-Messung sind die Pegelmittelwerte bei 80 km/h und bei 100 km/h ermittelt worden. Der Mittelwert bei 80 km/h liegt bei 93,8 dB(A) und der Mittelwert bei 100 km/h liegt bei 97,3 dB(A). Eine dauerhafte Pegelminderung zwischen –4 dB(A) und –5 dB(A) wird prognostiziert.

Mit dem PMA können im Bedarfsfall extrem differierende Schichtdicken in einem Arbeitsgang eingebaut werden. Die Standardschichtdicken bewegen sich zwischen 2,0 cm und 4,0 cm.

Der PMA eignet sich sowohl für Autobahnen und Bundesstraßen als auch für Straßen im kommunalen Bereich.

Zusätzliche konstruktive Maßnahmen, z. B. eine aufwendige Entwässerung der Unterlage, sind nicht notwendig, da der Belag selbst in der unteren Hälfte abdichtend wie ein Gussasphalt wirkt und somit ein Eindringen von Wasser in die Konstruktion verhindert wird.

Dabei werden die positiven Eigenschaften wie Langlebigkeit und Standfestigkeit eines Gussasphaltes mit den wichtigen Eigenschaften eines offenen Belages wie Lärmminderung und verringerte Sprühfahnenbildung vereint.

Für die Bauweise mit PMA gibt es derzeit einige Erprobungsstrecken, die Bewährung steht noch aus.

Lärmminderung

Das Konstruktionsprinzip des PMA kombiniert ein stabiles, offenporiges Korngerüst mit einem im Einbauzustand niedrigviskosen Asphaltmastix, der sich selbst verdichtet und im unteren Bereich der fertigen Schicht die Hohlräume ausfüllt, also für eine Abdichtung nach unten sorgt. Diese Bauweise bewirkt, bedingt durch die spezielle Kornform der groben Splitte, an der Oberfläche eine Gestaltung von Plateaus und Schluchten, welche die Reifenschwingungen reduziert und das *Airpumping* minimiert. Dies führt insgesamt zu einer deutlich lärmmindernden, langlebigen Oberfläche.

Im Gegensatz zu dem offenporigen Asphalt (PA) kann eine längere lärmtechnische Nutzungsdauer gewährleistet werden.

Das Plateau- und Schluchten-Profil kann nach Verunreinigungen leichter durch den fließenden Verkehr bzw. mit Reinigungsgeräten von der

Bild 12.62 Profil der PMA-Oberfläche – Plateaus und Schluchten

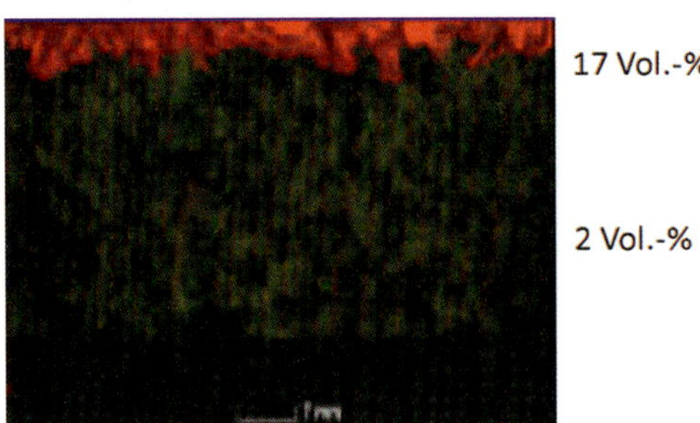

Bild 12.63 Verteilung der Hohlräume in der PMA-Schicht

Verschmutzung befreit werden. Ein Ende der lärmtechnischen Nutzungsdauer ist beim PMA noch nicht bekannt.

Die Einsatzgebiete von PMA sind vielfältig. Neben dem Einsatz als lärmmindernde Deckschicht auf Autobahnen und Bundesstraßen wird dieser Baustoff auch in Innenstädten und als Brückenbelag (Schutz- und Deckschicht) verwendet.

Bild 12.64 Einbau des Probefelds

PMA zur Lärmminderung im Innenstadtbereich

Ein Beispiel ist die Verwendung von PMA im Innenstadtbereich von Erfurt.

Das Probefeld wurde im Oktober 2011 angelegt. Hierbei wurden die Tauglichkeit der Rezeptur, die Einbautechnologie und die Maschinentechnik getestet.

Das Probefeld wurde im Bereich der neu einzubauenden Asphaltbinderschicht errichtet. Da es materialtechnisch allen geforderten Parametern

Bild 12.65 Einbau des PMA

Bild 12.66 Einbauten vor der Asphaltierung mit PMA

Bild 12.67 Resultat der Integration der Einbauten in die fertige Asphaltdeckschicht

Bild 12.68 Nach Verkehrsfreigabe

Bild 12.69 Griffigkeitsmessungen mit SRT

entsprach, konnte es in den endgültigen Konstruktionsaufbau integriert werden und kann somit weiter genutzt werden.

Der Ausbau erfolgte unter fließendem Verkehr mit jeweils einseitiger Verkehrssperrung. Bei einer Richtungsfahrbahn waren auf einer Länge von ca. 200 m 32 Einbauten (Einläufe, Gullydeckel, Schächte) einzubeziehen.

Dennoch ist das Ergebnis eine sehr ebene und komfortable Asphaltdeckschicht, die alle Anforderungen bezüglich Lärmminderung, Wasserdrainage, Ebenflächigkeit, Griffigkeit und Verkehrssicherheit erfüllt.

Erneuerung der Abdichtung, der Schutzschicht und der Deckschicht eines Brückenbauwerkes mit PMA

Auf einer Brücke war der Asphaltbelag inklusive Abdichtung zu rekonstruieren.

Nach entsprechender Vorbereitung der alten Betonoberfläche wurde ein spezielles Epoxidharz, das sehr gut auf dem Beton haftet und auch optimal in die Poren eindringt, auf 120 m^2 eingebaut. Das entspricht einer Auftragsmenge von 375 g/m^2.

Darauf erfolgte eine Abdichtung mit einer gummimodifizierten SAMI-Schicht mit einer Auftragsmenge von 4,2 kg/m^2. Die Schutz- und Deckschicht wurde getrennt mit PMA 5 in einer Dicke von jeweils 4–6 cm eingebaut. Auf einer Schleppplatte wurde dann der PMA 5 in einer Dicke von 10–12 cm einschichtig eingebaut.

Die Kombination der Verwendung einer speziellen Epoxidharzkomponente, einer gummimodifizierten Bitumenabdichtung und der PMA-Technologie ermöglicht die Erneuerung der Abdichtung, der Schutzschicht und der Deckschicht eines Bauwerkes in extrem kurzer Zeit von 24 h.

Bild 12.70 Abbruch der Asphaltbeläge, Freilegen der Betonoberfläche

Bild 12.71 Schleuderradstrahlen (Kugelstrahlen) der Betonfläche und Betonfeinfräsen der Randzonen

Bild 12.72 Einbau des PMA 5 im Bereich der Einbaudicke von 10 bis 12 cm

Bild 12.73 Fertiger Belag

Laborprüfungen

Im Rahmen der Prüfung von PMA im Labor werden derzeit die folgenden Verfahren angewendet:

- Herstellung von modifizierten *Marshall-Probekörpern* (MPK) mit dem *Marshall-Verdichtungsgerät* (MVG) in Anlehnung an die TP Asphalt-StB, Teil 30,
- Herstellung von Probeplatten mit *Walzsektor-Verdichtungsgerät* (WSV),
- Statische Eindringtiefe nach den TP Asphalt-StB, Teil 20 am Probewürfel,
- Dynamischer Eindringversuch mit ebenem Stempel an Gussasphaltprobekörpern nach den TP Asphalt-StB, Teil 25 A1,
- Spurbildungsversuch nach den TP Asphalt-StB, Teil 22.
- Zusätzlich sind Messungen der Oberflächentextur zu empfehlen.

12.5.8 Kompaktasphalt

Bei der Kompaktasphalt-Bauweise werden zwei Asphaltschichten „heiß auf heiß“ eingebaut. In der Regel handelt es sich um eine Asphaltbinder- und eine Asphaltdeckschicht.

Der Einbau erfolgt in einem Arbeitsgang. Durch diese Vorgehensweise wird die Dicke der Asphaltdeckschicht zugunsten der Asphaltbinderschicht reduziert.

Die Technologie hat sich schrittweise entwickelt:

1995 Erste Versuchsstrecke im Freistaat Thüringen im Zuge des Ausbaues der BAB A4, nahe Podelsatz. Der Einbau erfolgte mit zwei Fertigern.

1998 Einsatz des neu entwickelten Kompaktmodulfertigers (BAB A7 am „Reckeröder Berg“).

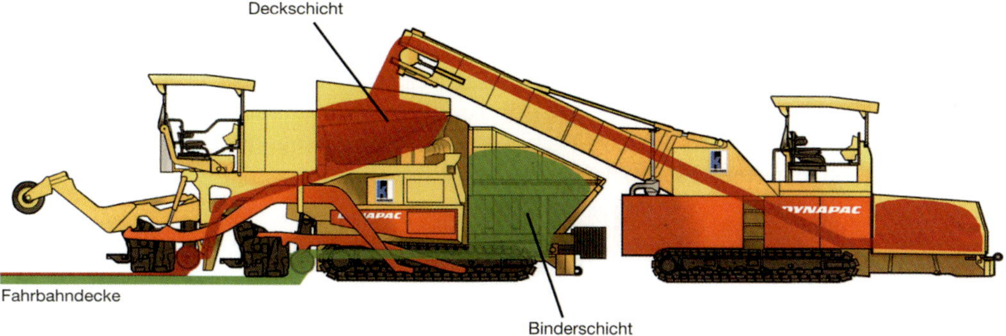

Bild 12.74 Der Kompaktasphalteinbauzug mit Kompaktmodulfertiger und Beschicker

2001 Das „Merkblatt für den Bau Kompakter Asphaltbefestigungen" (M KA 01) erscheint.

2004 Der Kompaktmodulfertiger der 2. Generation erlaubt erstmalig Einbaubreiten bis zu 12,00 m.

2007 Die kompakten Asphaltbefestigungen „Heiß auf Heiß" ohne Befahrung werden in die ZTV Asphalt-StB 07 aufgenommen.

Der Kompaktasphalt vereinigt Vorteile wie:

- Sehr gute Verzahnung zwischen Asphaltdeck- und Asphaltbinderschicht, somit sehr gute Aufnahme und Weiterleitung der Schubkräfte.
- Schaffung eines „dicken" Asphaltpakets, das eine hohe Wärmespeicherkapazität besitzt und somit auch bei sehr ungünstigen Witterungsbedingungen eine optimale Endverdichtung gewährleistet.
- Optimale Verdichtung bei „konventionellem Walzeneinsatz".
- Hohe Verformungsbeständigkeit und gutes Langzeitverhalten.
- Einsparung besonders hochwertiger Baustoffe vor allem im Hinblick auf Griffigkeit dank reduzierter Dicke der Asphaltdeckschicht.
- Durch die Verwendung des Modulfertigers wird durch den Höhenausgleich der Transportbänder beim Beschicken der Aufnahmekübel die Entmischung (vor allem bei einem grobkörnigen Asphaltbinder) minimiert.
- Der Fertiger kann immer konstant befüllt werden, es kommt zu keinem Stillstand beim Einbau.
- Verkürzung der Bauzeit; der Einbau des Gesamtpaketes kann mit einer Geschwindigkeit von bis zu max. 7 m/min erfolgen.

Durch den Einsatz dieser Technologie kann die Einbauleistung von bisher maximal 3 500 t/Tag auf bis zu 7 000 (max. 10 000) t/Tag erhöht werden. Diese Einbauleistung setzt eine sehr gute logistische Planung voraus, da zur Herstellung der Asphaltbinderschicht bis zu drei Asphaltmischanlagen eingesetzt werden müssen.

Bild 12.75 Optimale Verzahnung von Asphaltdeck- und Asphaltbinderschicht

Sinngemäß trifft das auch für die Asphaltdeckschichten zu. Alle diese Mischanlagen müssen das Asphaltmischgut nach einer identischen Erstprüfung herstellen.

Das bedeutet auch, dass an diesen Mischanlagen die gleichen Gesteinskörnungen (inkl. Füller), Additive und Bitumina für den Kompaktasphalt verwendet werden.

Zusätzlich sollte mindestens eine Mischanlage als „Reserve“ eingeplant werden, an der die geforderten Ausgangsmaterialien verfügbar sind.

12.6 Instandhaltung

12.6.1 Oberflächenschutzschichten

Oberflächenschutzschichten sind keine selbstständigen Deckenbauweisen, sondern werden auf bereits vorhandenen Asphaltdeckschichten verlegt. Sie haben die Aufgabe, die Oberfläche der Deckschicht zu verschließen oder die Griffigkeit zu verbessern. Oberflächenschutzschichten erlauben keine Profilverbesserung deformierter Deckschichten, da ihre Schichtdicke nur wenige Millimeter beträgt. Die Tragfähigkeit vorhandener Asphaltbefestigungen kann mit dieser Bauweise nicht erhöht werden.

Oberflächenschutzschichten werden vorwiegend auf Straßen der Belastungsklassen Bk1,8 bis Bk0,3 sowie auf Wegen und Plätzen angewendet.

12.6.2 Schlämmeüberzüge

Schlämmen sind Gemische aus korngestuften, feinkörnigen Gesteinskörnungen, Bindemitteln und Wasser. Je nach Art der verwendeten Bitumenemulsion spricht man von anionischen oder kationischen Schlämmen. Sie werden kalt gemischt und verarbeitet.

Bitumenhaltige Schlämmen 0/2 eignen sich zum Versiegeln und Beschichten von Verkehrsflächen. Sie dienen dem Schutz gegen Eindringen von Feuchtigkeit und vor Schädigungen durch ungünstige Witterungseinflüsse und Verkehr.

Anionische Schlämmen können vor Ort in Mischern hergestellt werden. Das Gesteinskörnungsgemisch besteht zu ca. 75 M.-% aus Füller. Auf 100 GT (Gewichtsteile) Gesteinskörnung werden 20–25 GT stabile anionische Bitumenemulsion und Wasser je nach gewünschtem Konsistenzgrad zugegeben.

Um eine wirksame Verklebung zu erreichen, wird nach gründlichem Reinigen und eventuellem Anspritzen der Unterlage, die Schlämme von Hand mit Gummischiebern oder maschinell mit Verteilerkästen gleichmäßig dünn verteilt. Die erforderliche Menge hängt von der vorhandenen Oberflächenstruktur ab und beträgt zwischen 3 und 6 kg/m^2 Trockenmasse für eine Schlämme von 0/2 mm.

Die Bindung zwischen Bitumen und Gesteinskörnungen und damit die Stabilität und Belastbarkeit der Schlämme erfolgt erst, wenn die Emulsion vollständig gebrochen, d. h. das Emulsionswasser verdunstet ist. Dies dauert je nach Witterung 1–4 Stunden. Bei feuchter Witterung, einer Temperatur unter 15 °C oder Regen kann eine anionische Schlämme nicht verlegt werden. Dickere Beschichtungen können durch eine zweite Schlämmebehand-

Bild 12.76
Schlämmeüberzug auf einer Landstraße

lung nach Trocknen der ersten Lage erreicht werden.

Für die Versiegelung von kleineren Flächen und Ausbesserungsarbeiten bietet sich die Verwendung von Fertigschlämmen an, die als Fertigprodukt aus geschlossenen Gebinden direkt verteilt werden können.

Kationische Schlämmen basieren auf schnell brechenden Bitumenemulsionen. Sie können deshalb nur unmittelbar vor dem Verlegen gemischt werden. Dafür sind spezielle kombinierte Misch- und Verlegemaschinen erforderlich. Die Schlämme enthält Additive zur Steuerung des Brechverhaltens. Die Einbaumenge beträgt 1,5–5,0 kg/m^2 Trockenmasse und Wasser je nach Verarbeitbarkeit für eine Schlämme von 0/2 mm. Wegen der kurzen Abbindezeit ist die Schlämme schon nach ca. 30 Minuten befahrbar.

Das Aufbringen einer kationischen Schlämme ist weitgehend witterungsunabhängig, da das Brechen der Bitumenemulsion durch eine physikalisch-chemische Reaktion zwischen dem emulgierten Bitumen und der Gesteinsoberfläche erfolgt. Kationische Schlämmen dürfen nur bei Temperaturen über 5 °C verarbeitet werden.

12.7 Instandsetzung

12.7.1 Oberflächenbehandlung

Bei einer Oberflächenbehandlung (OB) nach ZTV BEA-StB wird die Unterlage oder zuvor aufgebrachter „Edelsplitt“ mit einem bitumenhaltigen Bindemittel angespritzt und anschließend mit rohem oder vorbituminiertem „Edelsplitt“ (grobe Gesteinskörnung mit spezifizierten Eigenschaften) abgestreut.

Nach der Anzahl der Arbeitsgänge wird unterschieden:

- *Oberflächenbehandlung mit einfacher Abstreuung (OB-eA):* nacheinander erfolgender Einbau einer Lage Bindemittel und einer Lage Abstreumaterial.
- *Oberflächenbehandlung mit doppelter Abstreuung (OB-dA):* nacheinander erfolgender Einbau einer Lage Bindemittel und zwei Lagen Abstreumaterial, wobei die zweite Lage eine kleinere Lieferkörnung aufweist.
- *Doppelte Oberflächenbehandlung (OB-dO):* nacheinander erfolgender Einbau einer ersten Lage Bindemittel und einer ersten Lage Abstreumaterial, gefolgt von einer zweiten Lage Bindemittel und einer zweiten Lage Abstreumaterial, wobei die zweite Lage Abstreumaterial eine kleinere Lieferkörnung aufweist.

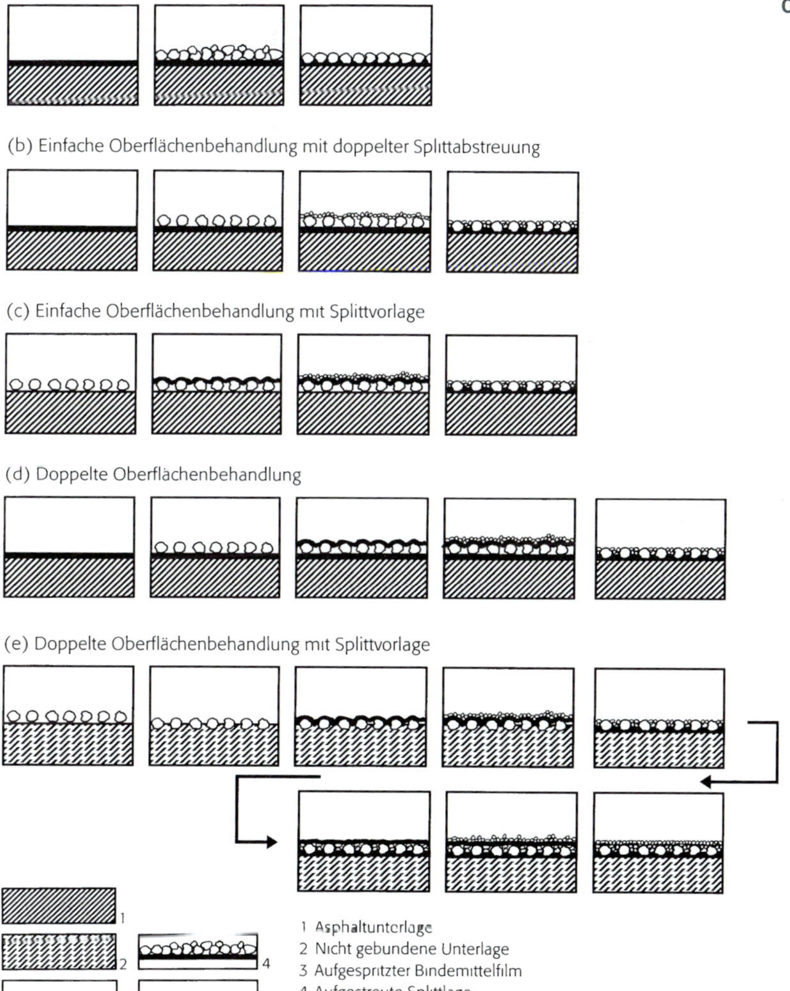

Bild 12.77
Oberflächenbehandlung

Abwandlungen dieser beiden Bauweisen sind die einfache OB mit doppelter Abstreuung und die OB mit abschließender Schlämme.

Oberflächenbehandlungen dienen dem Schutz der darunterliegenden Verkehrsfläche vor Beschädigungen infolge Eindringens von Wasser und Schmutz, zur Herstellung einer griffigen Straßenoberfläche oder zur Verbesserung der Sichtbedingungen bei Nacht und Nässe. Oberflächenbehandlungen werden daher in erster Linie als Auffrischung bzw. Aufrauung von glatt gewordenen Belägen, Pflastern und Fahrbahndecken aus Beton und zur Absiegelung von offenen Asphaltdeckschichten angewandt. Sie eignen sich für Straßen mit schwachem bis mittlerem Verkehr, bei Verwendung polymermodifizierter Bindemittel auch für starken Verkehr.

Als Bindemittel (nach TL BE-StB) werden in Oberflächenbehandlungen verwendet:

- Bitumenemulsion, kationisch, instabil (C67B3-OB),
- polymermodifizierte Bitumenemulsion, kationisch, instabil (C69BP3-OB, C70BP3-OB) mit jeweils zwei unterschiedlichen Ausgangsbindemitteln.

Tabelle 12.27 Baustoffe und Verbrauchsmengen für Oberflächenbehandlungen

Bindemittelart und -sorte	Lage	Bindemittelmenge [kg/m²]	Menge der Gesteinskörnung [kg/m²] bei Lieferkörnung/Korngruppe		
			8/11	5/8	2/5
Oberflächenbehandlung mit einfacher Abstreuung (OB-eA)					
Unstabile Bitumenemulsion C67B3-OB		1,5–2,0	–	11–17	–
Polymermodifizierte unstabile Bitumenemulsion C69BP3-OB		1,2–1,6	–	–	9–14
Polymermodifiziertes Fluxbitumen Fm9BP2 oder Fv9BP3 gem. TL Sbit 15		1,0–1,4	–	9–15	–
		0,9–1,1	–	–	8–12
Oberflächenbehandlung mit doppelter Abstreuung (OB-dA)					
Unstabile Bitumenemulsion C67B3-OB	1. Lage	1,6–2,2	10–13	–	–
	2. Lage	–	–	3*)–6*)	3–6
Polymermodifizierte unstabile Bitumenemulsion C69BP3-OB, (Polymermodifizierte unstabile Bitumenemulsionen C70BP3-OB)	1. Lage	1,4–1,8	–	10–12	–
	2. Lage	–	–	–	3–6
Polymermodifiziertes Fluxbitumen Fm9BP2 oder Fv9BP3 gem. TL Sbit 15	1. Lage	1,3–1,5	10–13	–	–
	2. Lage	–	–	3*)–5*)	2–5
	1. Lage	1,1–1,4	–	9–12	–
	2. Lage	–	–	–	2–5
Doppelte Oberflächenbehandlung (OB-dO)					
Unstabile Bitumenemulsion C67B3-OB	1. Lage	1,0–1,7	10–13	–	–
	2. Lage	1,4–1,9	–	11–15	10*)–15*)
Polymermodifizierte unstabile Bitumenemulsion C69BP3-OB, (Polymermodifizierte unstabile Bitumenemulsionen C70BP3-OB)	1. Lage	1,0–1,7	–	9–12	–
	2. Lage	1,3–1,8	–	–	10–15
Polymermodifiziertes Fluxbitumen Fm9BP2 oder Fv9BP3 gem. TL Sbit 15	1. Lage	0,7–1,3	10–13	–	–
	2. Lage	1,3–1,8	–	11–14	10*)–13*)
	1. Lage	0,7–1,2	–	9–12	–
	2. Lage	1,1–1,3	–	–	10–13

– nicht geeignet ( ) nur in Ausnahmefällen *) alternativ möglich

zu wenig Bindemittel | richtige Menge | zu viel Bindemittel

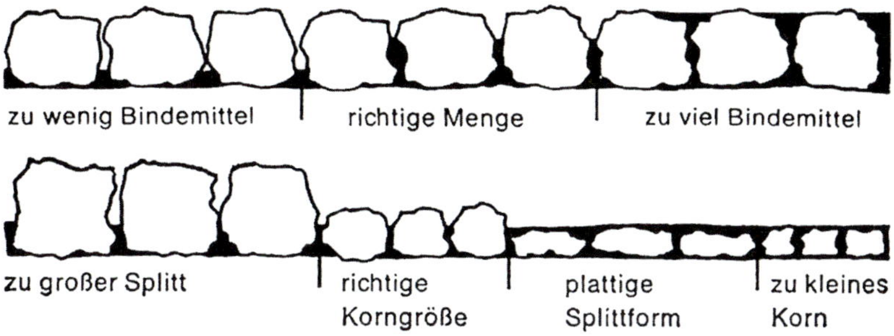

zu großer Splitt | richtige Korngröße | plattige Splittform | zu kleines Korn

Bild 12.78 Beziehungen zwischen Bindemittelmenge und Splittgröße

Es können auch gebrauchsfertige polymermodifizierte Fluxbitumen für Oberflächenbehandlungen nach TL Sbit-StB eingesetzt werden.

In Einzelfällen kann auch polymermodifiziertes Heißbitumen 120/200-40A eingesetzt werden.

Es dürfen nur feine Gesteinskörnungen gemäß TL Gestein-StB mit hohem Widerstand gegen Polieren verwendet werden.

Einbaumengen nach ZTV BEA-StB sind in *Tabelle 12.27* wiedergegeben.

Die höheren Richtwerte der Tabelle gelten für raue, poröse und nicht bitumenhaltige Unterlagen. Die niedrigeren Richtwerte gelten für dichte Unterlagen.

Eine geringe Bindemittelmenge ist anzuwenden bei:

- niedrigem Hohlraumgehalt der Unterlage,
- weichen Unterlagen,
- feinkörniger oder geschlossener Oberfläche,
- hohen Verkehrsbelastungen,
- sonniger Lage der Straße.

Eine hohe Bindemittelmenge ist anzuwenden bei:

- hohem Hohlraumgehalt der Unterlage,
- harten Unterlagen,
- geringer Verkehrsbelastung/Verkehrsdichte,
- schattiger, feuchter Lage,
- starker Winterdienstbelastung durch Schneepflug,
- rauer Kornoberfläche des Abstreumaterials.

Bei der Ausführung von Oberflächenbehandlungen sind folgende Aspekte zu beachten:

- Ausführungszeitraum: Mitte April bis Mitte September, ansonsten nur, wenn aufgrund örtlicher Erfahrungen eine ausreichend lange Einfahrphase bei günstigen Witterungsbedingungen zu erwarten ist.
- Gründliches Reinigen der alten Straßenoberfläche.
- Ausbessern von etwa vorhandenen Schlaglöchern, schadhaften Stellen oder Unebenheiten im Flickverfahren; Profilverbesserungen durch Einbau einer Ausgleichsschicht aus Asphalt.
- Aufbringen des Bindemittels auf die trockene, schmutz- und staubfreie Unterlage in möglichst gleichmäßiger Stärke mit Rampenspritzgeräten.
- Spritztemperaturen:

  polymermodifiziertes Bitumen 160–175 °C,

  Bitumenemulsion C67B3-OB 20–70 °C,

  polymermodifizierte Bitumenemulsion

  C69BP3-OB 20–70 °C,

  C70BP3-OB 50–75 °C.
- Die Erwärmung des Bindemittels hat schonend zu erfolgen, Überhitzungen sind zu verhindern.
- Sofortiges Abstreuen des aufgespritzten Bindemittels mit dem vorgesehenen Abstreumaterial.
- Örtliche Fehlstellen und Anhäufungen in der Lage des Abstreumaterials beseitigen.
- Abwalzen möglichst mit Gummiradwalze oder mit Glattradwalze von höchstens 8 t Gewicht.
- Abkehren des überschüssigen Abstreumateriales nach einer angemessenen Einfahrzeit mit Geschwindigkeitsbegrenzung auf höchstens 40 km/h.

12.8 Dünne Asphaltdeckschichten in Kaltbauweise (DSK)

12.8.1 Begriff

Dünne Asphaltdeckschichten in Kaltbauweise (DSK) bestehen aus Gesteinskörnungsgemischen abgestufter Körnung (grob, fein und Eigenfüller), polymermodifizierter kationischer Bitumenemulsion, Zusätzen und Wasser. Diese Schichten werden am Einbauort in einem selbstfahrenden Einbauzug hergestellt.

12.8.2 Anwendung

Dünne Asphaltdeckschichten in Kaltbauweise werden seit vielen Jahren im Bereich der Straßenerhaltung eingesetzt. Die Anwendung hat sich auf verschiedenen Deckschichten wie Asphalt-, Beton- und Pflasterdecken bewährt.

DSK eignet sich zur Herstellung der Ebenheit im Querprofil, zur Wiederherstellung bzw. Erhöhung der Griffigkeit, zur Beseitigung von Kornausbrüchen und Ausmagerungen sowie zum Behandeln von Netzrissen auf Straßen und Wegen aller Art. Als Sonderanwendungen sind farbige Dünnschichten sowie Schichten mit besonderer Rauheit und lärmmindernden Eigenschaften anzusehen.

12.8.3 Zusammensetzung

Die Anforderungen an die Gesteinskörnungen und die Bindemittel sind in *Tabelle 12.29* zusammengestellt. Die groben Gesteinskörnungen müssen vor allem einen hohen Grad an Bruchflächigkeit und einen hohen Widerstand gegen Polieren aufweisen, die feinen Gesteinskörnungen müssen der Kategorie $E_{cs}35$ entsprechen. Der Nachweis der Affinität der Bitumenemulsion gegenüber der einzusetzenden Gesteinskörnung sollte erfolgen.

Als Bindemittel wird ausschließlich polymermodifizierte Bitumenemulsion C65BP1-DSK nach den Technischen Lieferbedingungen für Bitumenemulsionen (TL BE-StB) verwendet.

Da Trinkwasserqualität zur Herstellung der DSK erforderlich ist, darf das Zugabewasser nur aus dem öffentlichen Netz entnommen werden.

Als Additive sind Zemente, Kalke, Spezialfüller und andere Stoffe zur Steuerung des Brechvorganges möglich.

Die Mischgutzusammensetzung ist entsprechend der Verkehrsbelastung (Belastungsklasse), örtlichen, klimatischen und topographischen Bedingungen sowie der zu erreichenden Schichtdicke zu wählen. Eine Erstprüfung des Mischgutes ist zur Ermittlung der optimalen Mischgutzusammensetzung zu erstellen.

Bild 12.79
Einbau DSK

Tabelle 12.28 Zweckmäßige DSK-Mischgutarten

Zustandsmerkmal	Erscheinungsbild/ Ursache	Asphaltmischgutsorte für Dünne Asphaltdeckschichten in Kaltbauweise – DSK Trockenmasse [kg/m²]		
		DSK 8	DSK 5	DSK 3
Ebenheit im Querprofil	Verformung	25–30	20–25	–
Griffigkeit	Bindemittelanreicherung	18–25	16–25	–
	Polierte Kornoberfläche	18–25	16–25	10–15
Netzrisse		–	16–25	10–15
Ausmagerung		–	16–25	10–15
Flickstellen		18–30	16–25	10–15
Kornausbrüche		18–30	16–25	–

Tabelle 12.29 Anforderungen an die Bitumenemulsion zur Herstellung von DSK

Merkmal	Prüfnorm	Einheit	Sorte	
			C65BP6-DSK	
			KL	Anforderung
An der Bitumenemulsion zu bestimmen				
Äußere Beschaffenheit	DIN EN 1425		1	IA
Teilchenpolarität	DIN EN 1430		2	positiv
Brechverhalten	DIN EN 13075-1		6	IA
Brechverhalten, Mischzeit	DIN EN 13075-1	s	2	≥80
Bindemittelgehalt	DIN EN 1428	M.-%	6	63–67
Ausflusszeit 4 mm, 40 °C	DIN EN 12846	s	1	IA
Siebrückstand 0,5 mm-Sieb	DIN EN 1429	M.-%	4	≤0,5
Siebrückstand nach 7 Tagen, 0,5 mm-Sieb			4	≤0,5
Haftverhalten	DIN EN 13614	%	3	≥90
Am rückgewonnenen Bindemittel zu bestimmen (Rückgewinnung nach DIN EN 13074)				
Nadelpenetration bei 25 °C	DIN EN 1426	0,1 mm	4	≤150
Erweichungspunkt Ring und Kugel	DIN EN 1427	°C	3	≥50
Kohäsion				
Kraftduktilität	DIN EN 13589, 13703	J/cm²	2	≥1
Elastische Rückstellung bei 25 °C	DIN EN 13398	%	4	≥50
Bindemittelstabilisierung nach DIN EN 14895 **PAV Alterung** nach DIN EN 14769 (20 Stunden, 100 °C)				
Nadelpenetration bei 25 °C	DIN EN 1426	0,1 mm	4	IA
Erweichungspunkt Ring und Kugel	DIN EN 1427	°C	3	IA
Kohäsion				
Kraftduktilität	DIN EN 13589, 13703	J/cm²	2	IA
Elastische Rückstellung bei 25 °C	DIN EN 13398	%	4	IA

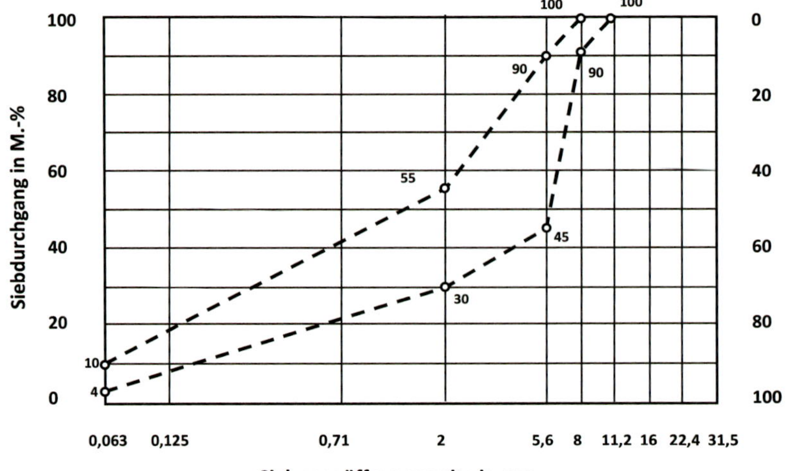

Bild 12.80
Sieblinienbereich DSK 8

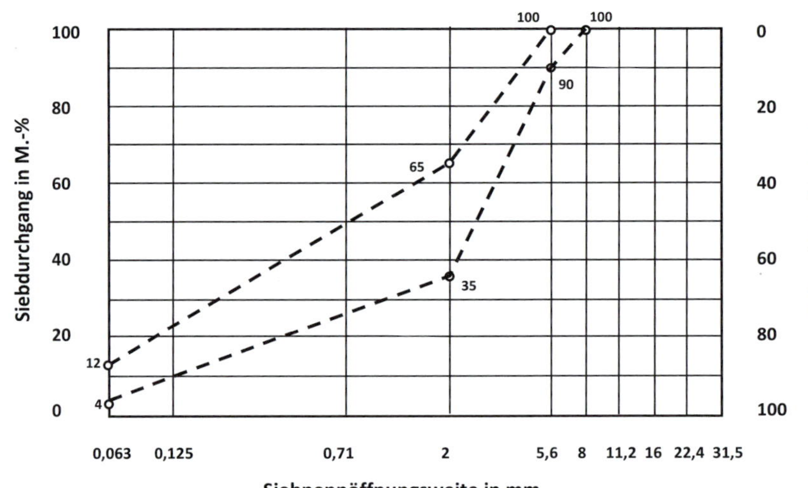

Bild 12.81
Sieblinienbereich DSK 5

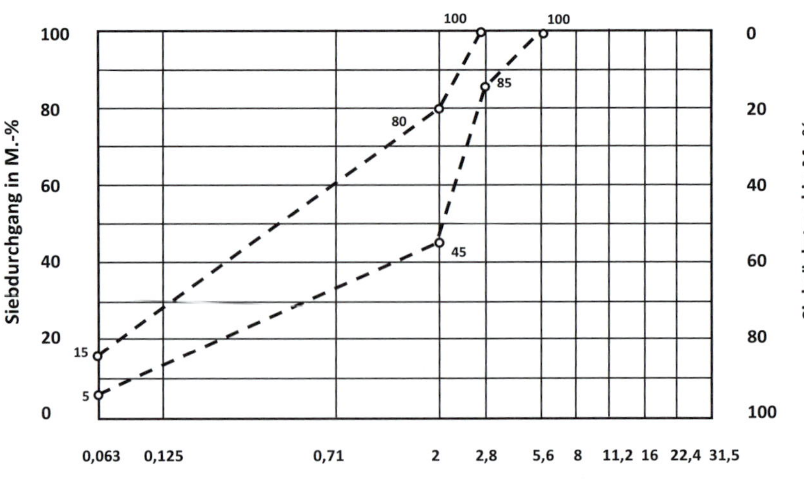

Bild 12.82
Sieblinienbereich DSK 3

Tabelle 12.30 Mischgutzusammensetzung für DSK

Bezeichnung		Einheit	DSK 8	DSK 5	DSK 3
Baustoffe					
Gesteinskörnungen (Lieferkörnung)					
Anteil gebrochener Kornoberflächen			$C_{100/0}$; $C_{95/1}$; $C_{90/1}$	$C_{100/0}$; $C_{95/1}$; $C_{90/1}$	$C_{100/0}$; $C_{95/1}$; $C_{90/1}$
Widerstand gegen Zertrümmerung			SZ_{18}/LA_{20}	SZ_{18}/LA_{20}	SZ_{18}/LA_{20}
Widerstand gegen Polieren	Bk100 bis Bk3,2		$PSV_{angegeben}(51)$	$PSV_{angegeben}(51)$	
	Bk1,8 bis Bk0,3		$PSV_{angegeben}(48)$	$PSV_{angegeben}(48)$	$PSV_{angegeben}(48)$
Kornform von groben Gesteinskörnungen			SI_{15}/FI_{15}; SI_{20}[a])/FI_{20}[a])	FI_{15}; FI_{20}[a])	FI_{15}; FI_{20}[a])
Mindestanteil feiner Gesteinskörnung mit E_{CS} 35		%	100	100	100
Bindemittel, Art und Sorte			C65BP6-DSK	C65BP6-DSK	C65BP6-DSK
Zusammensetzung Asphaltmischgut					
Gesteinskörnungsgemisch Siebdurchgang bei					
11,2 mm		M.-%	100		
8 mm		M.-%	90–100	100	
5,6 mm		M.-%	45–90	90–100	100
(2,8 mm)		M.-%	–	–	85–100[b])
2 mm		M.-%	30–55	35–65	45–80
0,063 mm		M.-%	4–10	4–12	5–15
Bindemittelgehalt der Trockenmasse					
Mindest-Bindemittelgehalt	Obere Schicht		$B_{min\ 5,2}$	$B_{min\ 6,2}$	$B_{min\ 6,7}$
	Untere Schicht		$B_{min\ 5,5}$	$B_{min\ 6,5}$	$B_{min\ 7,0}$
Asphaltmischguteigenschaften					
Minimaler Hohlraumgehalt MPK	Bkl. SV, I, II, III		$V_{min\ 5,5}$	$V_{min\ 5,5}$	–
	Bkl. IV, V, VI, und Wege		$V_{min\ 3,5}$	$V_{min\ 3,5}$	$V_{min\ 5,5}$
Maximaler Hohlraumgehalt MPK	Bkl. SV, I, II, III		$V_{min\ 8,5}$	$V_{min\ 8,5}$	–
	Bkl. IV, V, VI, und Wege		$V_{min\ 6,5}$	$V_{min\ 6,5}$	$V_{min\ 8,5}$

a) Verwendung bei regionaler Erfahrung
b) Für DSK 3 kann nach TL Gestein-StB eine Korngruppe/Lieferkörnung 1/3 der Kategorie G_C 90/100 (es gelten die Sieböffnungsweiten 1,0 mm und 3,15 mm) in Kombination mit Korngruppe 0/2 verwendet werden

12.8.4 Herstellung und Einbau

Dünne Asphaltdeckschichten in Kaltbauweise können auf Walzasphaltschichten (Splittmastixasphalt, Asphaltbeton u. ä.), Gussasphaltschichten, Zementbetondecken, Pflasterdecken, Oberflächenbehandlungen und natürlich auch auf DSK eingebaut werden.

Zum Erhalt eines guten Schichtenverbundes muss die Unterlage staubfrei sein, eventuelle Verunreinigungen müssen entfernt werden. Bei geringer Verschmutzung sind Kehrmaschinen ausreichend. Bei stärkerem Schmutz ist der Einsatz von Hochdruckreinigungsgeräten mit einem Wasserdruck von 80 bis 150 bar erforderlich. Unebenheiten und Fahrbahnmarkierungen müssen durch Fräsen beseitigt werden.

Schlaglöcher sind vor Einbaubeginn zu verfüllen, ebenso sind nicht standfeste Flächen auszubauen und durch Asphaltmischgut zu ersetzen.

Die Herstellung erfolgt kontinuierlich direkt am Einbauort in einem selbstfahrenden Misch- und Verlegegerät. Die Einzelkomponenten (Gesteinskörnungsgemische, Bitumenemulsion, Wasser und Additive) werden in getrennten Vorratsbehältern mitgeführt. Über Dosiereinrichtungen werden die Komponenten in einer

Bild 12.83
Probenahme beim Einbau DSK

vorgegebenen Rezeptur und entsprechenden Zusammensetzung einem Zweiwellen-Durchlaufzwangsmischer zugeführt. Das fertige Mischgut wird nach Verlassen des Mischers über Rührwellen im höhenverstellbaren Verteilerkasten auf der Unterlage quer ausgebreitet. Der Einbau erfolgt in Fahrstreifenbreite. Eine Verdichtung ist nicht üblich. Um einen kontinuierlichen Einbau zu gewährleisten, muss immer ausreichend Mischgut im Verteilerkasten vorrätig sein. Der Brechvorgang im Mischgut darf erst auf der Fahrbahn erfolgen.

Handeinbau ist nur auf kleinen Flächen zugelassen.

Der Einbau kann Anfang April bis Mitte Oktober erfolgen. Bei Temperaturen unter 5 °C muss der Einbau abgebrochen werden. Die Unterlage kann feucht sein, darf aber keinen geschlossenen Wasserfilm aufweisen. Ebenso muss die Unterlage frei von Schnee und Eis sein.

In der Regel sind die Flächen 30 Minuten nach Abschluss der Einbauarbeiten wieder befahrbar.

12.9 Dünne Asphaltdeckschichten in Heißbauweise (DSH)

Dünne Asphaltdeckschichten in Heißbauweise bestehen aus Asphaltbeton für Asphaltdeckschichten (AC D), Splittmastixasphalt (SMA), Asphaltmischgut für dünne Asphaltdeckschichten in Heißbauweise auf Versiegelung (DSH-V) oder Gussasphalt (MA). DSH-V bestehen aus einem für diesen Verwendungszweck zusammengesetzten Asphaltmischgut und einer Versiegelung der Unterlage mit einer polymermodifizierten Bitumenemulsion.

Dünne Asphaltdeckschichten in Heißbauweise können zur Instandsetzung bei Fahrbahnen mit Rissen und bei verminderter Griffigkeit angewendet werden. Des Weiteren können durch die Anwendung einiger der aufgeführten Bauverfahren Maßnahmen zur Geräuschminderung von Fahrbahnoberflächen getroffen werden.

- *Asphaltbeton AC 5 DL*
  Der Einbau erfolgt in Schichtdicken von 1,5 bis 2,0 cm auf Wegen mit geringer Verkehrsbelastung und auf anderen Verkehrsflächen der Belastungsklassen Bk100 bis Bk3,2 und StLLW. Als Bindemittel wird Bitumen 160/220 eingesetzt. Das Mischgut besitzt einen geringen Anteil an groben Gesteinskörnungen.
- *Splittmastixasphalt SMA 5 N, SMA 5 S*
  Splittmastixasphalt eignet sich zum Einbau als dünne Schicht auf Verkehrsflächen aller Art. Aufgrund des hohen Anteils an groben Gesteinskörnungen können größere Dickenschwankungen innerhalb der Einbaufläche zum Ebenheitsausgleich ausgeführt werden. Die Schichtdicke beträgt bis zu 2 cm, das bedeutet ein Einbaugewicht zwischen 30 und 50 kg/m².
- *Gussasphalt MA 5 S, MA 8 S*
  Die Einbaudicke darf zwischen 1,0 und 3,0 cm schwanken. Die Griffigkeit wird durch Abstreuen und Einwalzen von vorbituminierten feinen Gesteinskörnungen 2/5 oder 5/8 erreicht.
- *DSH-V 5, DSH-V 8*
  eignet sich zum Einbau als dünne Schicht auf Verkehrsflächen aller Art. Die Schichtdicke beträgt bis zu 2 cm, das bedeutet ein Einbaugewicht zwischen 30 und 50 kg/m².

Die Einbaumengen sind in *Tabelle 12.32* zusammengefasst.

Tabelle 12.32 Heißmischgutart und -sorten in Abhängigkeit vom Erscheinungsbild der Unterlage

Asphaltmischgutart und -sorte	Einbaumenge [kg/m²]
AC 5 DL	30–50
SMA 5 N, SMA 5 S	30–50
DSH-V 5	30–50
DSH-V 8	40–50
MA 5 S	30–50*)
MA 8 S	40–50*)

*) ohne Abstreumaterial

Tabelle 12.31 Anwendung von DSH-V in Abhängigkeit vom Erscheinungsbild der Unterlage

Zustandsmerkmal	Erscheinungsbild/ Ursache	Dünne Asphaltdeckschichten in Heißbauweise					
		AC 5 DL	SMA 5 N SMA 5 S	DSH-V 5	DSH-V 8	MA 5 S	MA 8 S
Ebenheit im Querprofil	Verformung	–	+	+	+	+	+
Griffigkeit	Bindemittel-anreicherung	–	+	0	0	+	+
	Polierte Kornoberfläche	0	+	+	+	+	+
Netzrisse (Alterung)		0	+	+	+	+	+
Ausmagerung		+	+	+	+	+	+
Flickstellen		0	+	+	+	+	+
Kornausbrüche		+	+	+	+	+	+

+ geeignet 0 bedingt geeignet – nicht geeignet

Tabelle 12.33 Anforderungen an die Zusammensetzung von Asphaltmischgut für dünne Asphaltdeckschichten in Heißbauweise auf Versiegelung

Bezeichnung		Einheit	DSH-V 8	DSH-V 5
Baustoffe				
Gesteinskörnungen (Lieferkörnung)				
Anteil gebrochener Kornoberflächen			$C_{90/1}$; $C_{95/1}$; $C_{100/0}$	$C_{90/1}$; $C_{95/1}$; $C_{100/0}$
Widerstand gegen Zertrümmerung			SZ_{18}/LA_{20}	SZ_{18}/LA_{20}
Widerstand gegen Polieren	Bk100 bis Bk3,2		$PSV_{angegeben}(51)$	$PSV_{angegeben}(51)$
	Bk1,8 bis Bk0,3		$PSV_{angegeben}(48)$	$PSV_{angegeben}(48)$
Kornform von groben Gesteinskörnungen			SI_{15}/FI_{15}	FI_{15}
Mindestanteil feiner Gesteinskörnung mit E_{CS} 35		%	50	50
Bindemittel, Art und Sorte	Bk100 bis Bk3,2		45/80-50 A	45/80-50 A
	Bk1,8 bis Bk0,3		70/100	70/100
Zusammensetzung Asphaltmischgut				
Gesteinskörnungsgemisch, Siebdurchgang bei				
11,2 mm		M.-%	100	
8 mm		M.-%	90–100	100
5,6 mm		M.-%	60–65	90–100
2 mm		M.-%	35–45	40–50
0,125 mm		M.-%	9–13	8–12
0,063 mm		M.-%	6–10	7–11
Mindest-Bindemittelgehalt			$B_{min\ 6,0}$	$B_{min\ 6,2}$
Asphaltmischguteigenschaften				
Minimaler Hohlraumgehalt MPK			$V_{min\ 3,5}$	$V_{min\ 3,5}$
Maximaler Hohlraumgehalt MPK			$V_{max\ 5,5}$	$V_{max\ 5,5}$
Fiktiver Hohlraumgehalt des Gesteinskörnungsgemisches		Vol.-%	17–21	17–21

Die Schichten sind nach dem Auskühlen direkt befahrbar.

Die dünnen Asphaltdeckschichten in Heißbauweise werden gemäß den ZTV Asphalt-StB und den ZTV BEA-StB hergestellt und ausgeführt.

Zum Erreichen der Anfangsgriffigkeit sind ca. 0,5 bis 1,0 kg/m² Gesteinskörnungen der Lieferkörnung 1/3, oder ca. 1,0 bis 2,0 kg/m² der Lieferkörnung 2/5, jeweils mit einem Anteil gebrochener Oberflächen der Kategorie $C_{90/1}$ zu verwenden.

Dünne Asphaltdeckschichten in Heißbauweise auf Versiegelung (DSH-V)

Dünne Asphaltdeckschichten in Heißbauweise auf Versiegelung bestehen aus Gesteinskörnungsgemischen abgestufter Körnung (grob, fein und Füller) und Straßenbaubitumen oder polymermodifiziertem Bitumen.

Die Verwendung von Asphaltgranulat ist ausgeschlossen.

Herstellung und Einbau

Die Herstellung erfolgt gemäß den TL Asphalt-StB. Diese Asphaltdeckschichten unterliegen der WPK nach DIN EN 13108-21 und werden CE gekennzeichnet.

DSH sind sehr empfindlich beim Einbau für niedrige Umgebungstemperaturen, Feuchtigkeit und Wind (s. Kap. 4). Folgende Regeln sind zu beachten:

- Ausführung nur bei günstigen Witterungsverhältnissen, Anfang April bis Mitte Oktober, sonst nur in Ausnahmefällen.
- Kein Einbau bei starkem Wind.

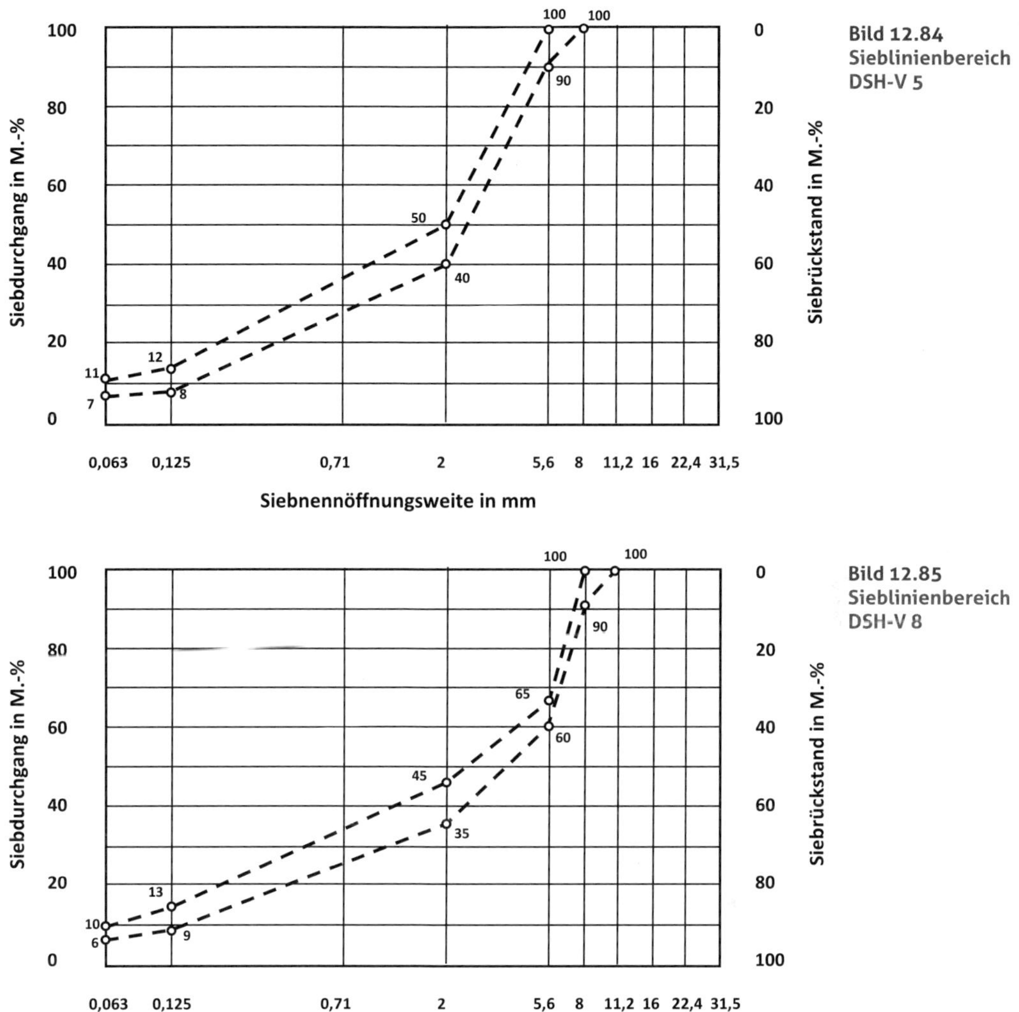

Bild 12.84
Sieblinienbereich DSH-V 5

Bild 12.85
Sieblinienbereich DSH-V 8

- Einbau nur bei Lufttemperaturen über 10 °C und Temperaturen der Unterlage über 8 °C.
- Ggf. Vorbehandlung der Unterlage durch Vorwärmen.
- Einsatz besonderer Geräte (z. B. Sprühfertiger, s. Kap. 4).
- Das Aufbringen der Emulsion und der Dünnen Deckschicht hat in einem Arbeitsgang zu erfolgen.

Das Vorbereiten der Unterlage hat gemäß ZTV Asphalt-StB (s. a. Kap. 4) zu erfolgen.

Die Dosierung der Bitumenemulsion zur Versiegelung (C67BP4-DSH-V) ist entsprechend der Unterlage vorzunehmen. Es ist in der Regel von 0,7 bis 0,9 kg/m^2 auszugehen. Die Menge sollte auch abhängig von örtlichen und klimatischen Gegebenheiten und der Verkehrsbelastung gewählt werden.

Die Trocknung und Vorwärmung der Unterlage ist besonders in der „kühleren Jahreszeit" sinnvoll, dabei muss aber darauf geachtet werden, dass das Bitumen der Unterlage nicht thermisch geschädigt wird.

Der Einbau hat so zu erfolgen, dass die Walzen möglichst nah an den Fertiger heranfahren und mit der Verdichtung sehr früh beginnen, um dem Auskühlen der Schicht entgegenzuwirken.

Es sind statische oder oszillierend wirkende Glattmantelwalzen einzusetzen.

12.10 Rückformen (RF)

Unter Rückformen versteht man das Bearbeiten einer Asphaltschicht durch schonendes Aufheizen, Auflockern, (Aufnehmen), Mischen und Wiedereinbau.

Diese Bauweisen sind in den vergangenen Jahren immer weiter in den Hintergrund getreten.

Es werden folgende Verfahren unterschieden:

(a) Rückformen ohne Veränderung der Asphaltzusammensetzung (Reshape),
(b) Rückformen mit Veränderung der Asphaltzusammensetzung (Remix),
(c) Rückformen mit Veränderung der Asphaltzusammensetzung in Verbindung mit dem Einbau einer neuen Asphaltdeckschicht mit zusätzlichem Fertiger (Remix compact).

Das „Merkblatt für das Rückformen von Asphaltschichten" (M RF) ist zu beachten.

Tabelle 12.34 Rückformverfahren in Abhängigkeit vom Erscheinungsbild der Unterlage

Merkmalsgruppe	Zustandmerkmal	Erscheinungsbild/ Ursache	Rückformverfahren nach		
			(a)	(b)	(c)
Ebenheit	Ebenheit im Längsprofil	Verformung	+[1])		
	Ebenheit im Querprofil	Verformung	+[2])	+	+
Griffigkeit	Gleitbeiwert	Bindemittel-anreicherung	–	+	+
		Polierte Kornoberfläche	+[2])	+	+
Substanzmängel	Netzrisse		–	+[3])	
	Ausmagerung		–	+	
	Flickstellen		–	–	
	Kornausbrüche		–	+	
	Einzelrisse		–	–	

+ geeignet – nicht geeignet

1) nur bei kurzwelligen Unebenheiten geeignet
2) nur zeitweilige Verbesserung
3) nur bei zu geringem Bindemittelgehalt und Alterungsrissen geeignet

12.11 Sonderbeläge

12.11.1 SAMI-Schichten

Für die Erhaltung von Straßen werden u. a. rissüberbrückende Membranbauweisen wie *SAMI-Schichten* (**S**tress **A**bsorbing **M**embran **I**nterlayer) genutzt, die es gestatten, eine notwendige Grundüberholung zu vermeiden oder mindestens noch einige Jahre hinauszuzögern. Dabei wird die SAMI-Schicht auf eine stark rissige Unterlage aufgebracht und soll die in einem anschließenden Überbau aufgetragene Asphaltschicht frei von durchschlagenden Rissen halten. SAMI-Schichten werden mit besonderen Bindemitteln hergestellt, z. B. höher polymermodifizierten Bitumen, Bitumenemulsionen oder Spezialbitumen (z. B. unter Verwendung von gummiartigen Additiven). Meist wird für die SAMI-Schicht das Bindemittel verwendet, das auch in der darüberliegenden Asphaltschicht eingesetzt wird. Die Abstreuung der SAMI-Schicht verhindert ein Anhaften des Bindemittels an den Reifen der Lkw, die das Asphaltmischgut für die folgende Schicht liefern, und wirkt zusätzlich unterstützend bei der Übertragung von Scherkräften zwischen dem alten Belag und der frisch einzubauenden Schicht. Ein Befahren der SAMI-Schicht ist nur beim Einbau der folgenden Schicht zulässig.

Auf die so hergestellte SAMI-Schicht wird dann die neue Asphaltschicht mit einem Fertiger aufgebracht. Durch die Wärme und das Walzen des Mischgutes wird die Membran wieder angeschmolzen und ein Teil des hochelastomeren Bindemittels steigt geringfügig nach oben auf und verfüllt in diesem Bereich die Hohlräume. Diese Zone ist nun in der Lage, Zugspannungen aufzunehmen.

Vorteile

- Die SAMI-Schicht lässt Bewegungen der darüberliegenden Schicht gegenüber dem alten Belag zu. Die neue Schicht wird somit nicht gezwungen, Spannungen aufzunehmen, welche zu Reflexionsrissen bzw. Ermüdungsrissen führen würden.
- Gleichzeitig wird eine Abdichtung der Fahrbahn erreicht und das Eindringen von Oberflächenwasser vollständig verhindert.
- Beide Schichten werden dauerhaft verklebt.

Bei vorgegebenen, eng begrenzten Höhenverhältnissen ist es auch möglich, eine dünne Asphaltüberbauung auf einer vorhandenen schadhaften Betonfahrbahn auszuführen. Der Aufbau der Überbauung besteht z. B. (von unten nach oben) aus der SAMI-Schicht und einer darauf angeordneten Splittmastixasphaltdeckschicht SMA 11 S. Für die SAMI-Schicht und für den SMA 11 S wird ein polymermodifiziertes Bitumen mit höherem Polymergehalt eingesetzt. Wenn der Untergrund nicht durch dynamische Beanspruchungen in Bewegungen gerät und die Betonplatten satt aufliegen, sind weder Rissbildungen infolge des Durchschlagens der Fugen aus der Betondecke, noch Verformungen (Spurrinnenbildung) infolge der relativ dünnen Überbauung auf einer harten Unterlage (Betondecke) zu erwarten.

12.11.2 Asphaltmastix

Asphaltmastix besteht aus feinen Gesteinskörnungsgemischen mit abgestufter Korngrößenverteilung und Straßenbaubitumen als Bindemittel. Er wird ähnlich dem Gussasphalt hergestellt. Im heißen Zustand ist er gieß- und streichfähig.

Asphaltmastixdeckschichten haben ähnliche Funktionen wie Oberflächenschutzschichten. Sie werden als dünner Überzug auf Pflasterdecken, Zementbetondecken, alten Asphaltdeckschichten sowie Straßen und Wegen aller Art eingebaut. Für hochbelastete Straßen und Straßen mit schnellem Verkehr ist diese Bauweise nicht geeignet.

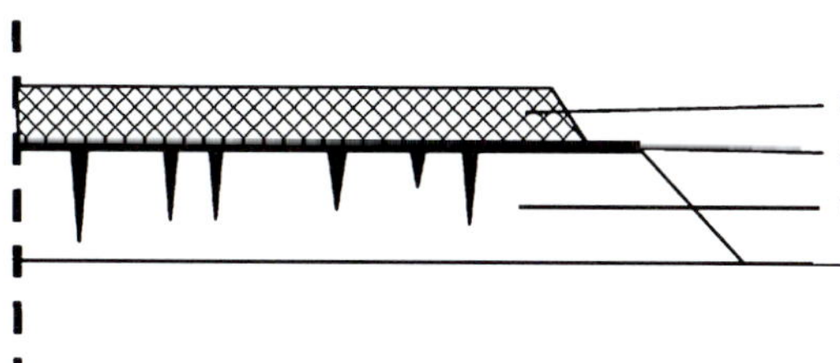

Bild 12.86 SAMI-Schicht auf geschädigter Unterlage

Herstellung und Einbau

Asphaltmastix wird in der Asphaltmischanlage bei 180 bis 220 °C hergestellt. Der Transport zur Einbaustelle erfolgt mit beheizbaren Rührwerksbehältern (s. Gussasphalt).

Vor dem Einbau muss die alte Straßendecke gründlich gereinigt werden. Eventuelle Schlaglöcher oder Unebenheiten sind zu beseitigen.

Aus dem Transportbehälter wird die Mastixmasse direkt auf die Einbaustelle gegossen. Die Verteilung erfolgt überwiegend manuell mit Schiebern oder mit Verteilerrahmen.

Die Verarbeitbarkeit kann günstiger gestaltet werden (Herstellung einer dünneren Schicht), wenn der Asphaltmastix weich eingestellt wird.

In die noch heiße Oberfläche wird zur Herstellung einer griffigen und standfesten Deckschicht bitumenumhüllte feine Gesteinskörnung 5/8, 8/11 oder 11/16 (je nach Schichtdicke) aufgebracht und mit schweren Walzen in die Schicht eingedrückt. Als Walzen kommen vorzugsweise Glattmantelwalzen zum Einsatz. Nach Erkalten der Asphaltmastixschicht wird der überschüssige Splitt abgekehrt.

12.11.3 Aufgehellte Deckschichten

Aus verschiedenen Gründen (Verkehrssicherheit, Standfestigkeit) ist es notwendig, Maßnahmen zur Aufhellung der Asphaltdeckschicht zu ergreifen. Es werden künstliche und natürliche Aufhellungsgesteine dem Asphaltmischgut zugesetzt.

Künstliche Aufhellungsgesteine

- *Luxovit:* Gesinterter Flintstein, wird aus Skandinavien/Dänemark importiert.
- *Granusil:* Gesinterter Flintstein, wird aus Frankreich importiert.

  Im Gesteinskörnungsgemisch für Asphalt kommen maximal 25 M.-% künstliche Aufhellungsgesteine zur Anwendung. Beim Einsatz dieser Gesteine ist besonders auf die Haftung des Bindemittels am Gestein und auf die zu erwartende maximale Kantenpressung zu achten.

Natürliche Aufhellungsgesteine

- *Labradorit:* aus der Gruppe der Anorthosite, wird aus Skandinavien importiert.
- *Weißer Anorthosit:* wird aus Skandinavien importiert.
- *Lysit:* wird aus Skandinavien importiert.
- *Taunus Quarzit:* sehr helles Quarzitgestein, wird im Taunus gewonnen.
- *Odenwald-Aufhellungssplitt:* Granit, wird hell oder rot geliefert (Odenwald).
- *Baysplitt:* heller Granit, wird im Bayrischen Wald gewonnen.
- *Fischer Granit:* heller Granit, wird im Thüringer Wald gewonnen.

  Die natürlichen Aufhellungsgesteine haben zum Teil eine sehr hohe Kantenfestigkeit und einen hohen Abriebwiderstand. Der Anteil der natürlichen Aufhellungsgesteine kann bis zu M.-35 % im Gesteinskörnungsgemisch betragen.

Tabelle 12.35 Mischgutzusammensetzung für Asphaltmastix (nach ZTV Asphalt-StB 01)

Bezeichnung	Einheit	
Baustoffe Gesteinskörnungen (Lieferkörnung) Körnung – Kornanteil < 0,063 mm – Kornanteil > 2,00 mm	 mm M.-% M.-%	Natursand oder Natursand und Edelbrechsand, Gesteinsmehl (Feine Gesteinskörnungen – fGk) 0/2 30–60 ≤ 15
Bindemittel, Art und Sorte Bindemittelgehalt	M.-%	50/70, 70/100 (30/45, 160/220) 13,0–18,0
Mischgut Erweichungspunkt nach Wilhelmi	°C	ist festzustellen
Schicht Einbaugewicht des Asphaltmastix Abstreumaterial Abstreumenge	 kg/m² kg/m²	 15–25 Edelsplitt (gGK) 5/8, 8/11 oder 11/16 15–25

( ) Verwendung nur in besonderen Fällen

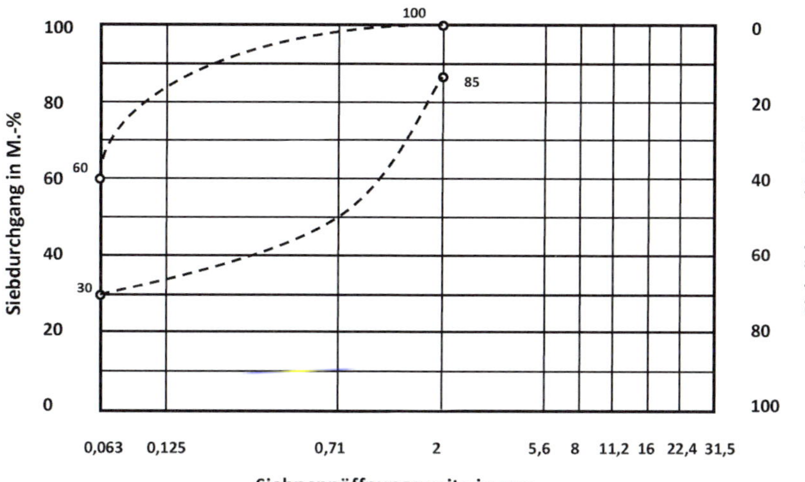

Bild 12.87 Sieblinienbereich für Asphaltmastix 0/2

In *Tabelle 12.36* sind die zu verwendenden Anteile an künstlichen und natürlichen Aufhellungsgesteinen aufgeführt.

Die vorgegebenen Mengenanteile gelten unter Berücksichtigung der Polierresistenz der einzelnen Gesteinskörnungen sowie der Wirtschaftlichkeit als Mindestanteile. Es ist zu berücksichtigen, dass die mit der Aufhellung beabsichtigten Ziele durch Verwendung von hellen Grundgesteinen verbessert werden. Örtliche Erfahrungen sind dabei einzubeziehen. Erfahrungsgemäß ist bei der Verwendung von künstlichen Aufhellungsgesteinen deren Zugabemenge in den einzelnen Körnungen bei der Mischgutherstellung anteilmäßig um mind. 3 M.-% gegenüber der Erstprüfung zu erhöhen. Damit werden gegebenenfalls prozessbedingte Nachzerkleinerungen kompensiert. Das exakte Vorhaltemaß ist anhand von Vorversuchen zu ermitteln.

Zur Erzielung der Anfangshelligkeit sollte mit heller Gesteinskörnung abgestumpft werden. Bei Gussasphalt ist mit der Gesteinsart abzustreuen, die in der Erstprüfung eingesetzt wird. Die Asphaltdeckschichten erreichen ihre Helligkeit nach dem Abfahren bzw. Verwittern des Bitumenfilmes an der Oberfläche. Die Wirkung der Aufhellungsgesteine kann durch die Verwendung eines hellen Gesteinskörnungsgemisches unterstützt werden.

Aufgehellte Asphaltdeckschichten können nach ausgeführten Oberflächenmessungen bei sommerlichen Bedingungen Temperaturen aufweisen, die bis zu 8 K unter denen von normalen Asphalten liegen. Dieser Temperaturunterschied bringt eine erhöhte Verformungsbeständigkeit der mit Aufhellungsgesteinen hergestellten Schicht.

Zusammenfassend haben aufgehellte Asphaltdeckschichten folgende wesentliche Vorteile:

- Erhöhung der Verkehrssicherheit durch verbessertes Kontrastsehen,
- Erhöhung der Griffigkeit,
- Erhöhung der Standfestigkeit durch geringere Erwärmung infolge Reflexion bei Sonneneinstrahlung,
- Energieeinsparung bei ortsfester Beleuchtung (in Tunneln, Kreuzungsbereichen).

Leuchtdichtemessungen

Im Rahmen einer erweiterten Erstprüfung sollte ein mittlerer Leuchtdichtekoeffizient von

Tabelle 12.36 Anteile an Aufhellungsgestein im Mineralstoffgemisch zur Aufhellung von Asphaltdeckschichten

Aufhellungsgesteine	Mengenanteile
Künstliche Aufhellungsgesteine 2/5 und 5/8 mm	25 M.-%
Künstliche Aufhellungsgesteine 2/5 ... 8/11mm	35 M.-%
Künstliche und natürliche Aufhellungsgesteine: Künstliche Aufhellungsgesteine 2/5 + 5/8 mm und natürliche Aufhellungsgesteine > 2 mm	15 M.-%*) + 20 M.-%

*) Bei Abzügen ist ein Anrechnen von natürlichen auf künstliche Aufhellungsgesteine nicht zulässig

z. B. qo_{Range} > 0,07 cd/(m² · lx) nachgewiesen werden.

Der Nachweis der lichttechnischen Eigenschaften erfolgt entsprechend den „Technischen Prüfvorschriften für Gesteine im Straßenbau" (TP Gestein-StB) nach der „Anleitung zur Prüfung lichttechnischer Eigenschaften von Fahrbahnoberflächen und Mineralstoffen mit dem Straßenreflektometer, Ausgabe 1986". Die Oberflächen der Proben sind gemäß der „Anweisung zur Probenvorbereitung für die Durchführung von Messungen der Reflexionseigenschaften an Proben aus Asphaltdeckschichten" vorzubehandeln.

Eine allgemeingültige Einteilung der Gesteine nach dem Reflexionsgrad gibt es derzeit nicht. Nach bisherigen Erfahrungen können jedoch die in nachfolgender Tabelle enthaltenen Werte für den Reflexionsgrad $\rho_{d,8}$ an der trockenen Probe als Richtwerte dienen:

Materialbeschaffenheit	$\rho_{d,8}$ [%]
Trocken	22
Feucht	16

Allgemeingültige Anforderungen bzw. Bewertungskriterien an den mittleren Leuchtdichtekoeffizienten von Gesteinskörnungen bestehen derzeit nicht. In einigen Bundesländern erfolgt die Einteilung der Gesteinskörnungen nach den in der *Tabelle 12.37* enthaltenen Kriterien.

Tabelle 12.37 **Bewertungskriterien an den mittleren Leuchtdichtekoeffizienten von Gesteinskörnungen**

Gesteinsgruppe	$\rho_{-63,5}$ [cd/(m² · lx)]
Künstliches Aufhellungsgestein	≥ 0,40
Natürliches Aufhellungsgestein	0,30–0,39
Helles Naturgestein	0,15–0,29
Dunkles Naturgestein	> 0,15

In der Kontrollprüfung kann dann der Anteil der hellen groben Gesteinskörnung gegenüber der Erstprüfung nachgewiesen werden, dabei gilt eine Toleranz von ±10 M.-% (relativ). Bei Nichterfüllung kann durch eine direkte Messung des mittleren Leuchtdichtekoeffizienten am Bohrkern d = 300 mm die Vertragserfüllung nachgewiesen werden.

12.12 Color Asphalt (Gestalten mit Asphalt)

„Die Menschen haben eine große Freude, Farben zu sehen; das Auge bedarf ihrer wie es des Lichtes bedarf“, Goethe.

Farben sind Schwingungen, die unser Körper wahrnimmt. Sie wirken auf Körper und Psyche und haben großen Einfluss auf unser Wohlbefinden. Sie können uns sowohl positiv als auch negativ bewegen (s. *Bild 12.88*).

Jeder Farbe wird eine symbolische Bedeutung zugeordnet (s. *Bild 12.89*), die sich durch jahrhundertealte Überlieferungen und Erfahrungen entwickelt hat.

Seit Jahren wird versucht, schwarzem Asphalt eine neue Farbe zu geben. Ausgangspunkt war meist das Einfärben von schwarzem Bitumen. Um eine farbliche Veränderung zu erreichen, werden relativ große Pigmentanteile benötigt.

Eine andere, jedoch teurere Methode, um farbigen Asphalt herzustellen, ist das Einfärben von farblosem Bindemittel mit Pigmenten.

In der heutigen Zeit dient Asphalt nicht ausschließlich der Befestigung von Straßen und Wegen, sondern auch der Ästhetik. Ein gegenwärtiger Trend ist es, eine hochwertige ästhetische Umgebung anzubieten. Farbiger Asphalt wird vor allem in solchen Fällen eingesetzt, wo z. B. Radwege oder Abbiegespuren besser sichtbar gemacht werden sollen. Schon in den 50er Jahren wurden rotbraune Asphalte mittels Einfärbung des Bitumens mit Eisenoxid hergestellt. In den letzten Jahrzehnten wurden verschiedene Verfahren entwickelt, um eine Asphaltoberfläche koloriert herzustellen, z. B. Beschichtungen, Abstreuverfahren, farbiges Heißmischgut und farbiges Kaltmischgut.

Die Nutzung farbiger Asphalte führt zu Verbesserungen der physikalischen Umgebung und erhöht gleichzeitig die Verkehrssicherheit.

Durch die Verwendung farbiger Asphalte in der Verkehrsplanung eröffnet sich eine Reihe von Optionen. So ist es möglich, eine mit Kupferschlackepflaster befestigte Straße, z. B. vor der historischen Kulisse des Goethewohnhauses in Weimar, mit erdfarbenem Asphalt zu erweitern. Dasselbe gilt für die Anlage von Wegen, z. B. in Parkanlagen, die zur sinnlichen Entspannung beitragen. Verkehrsströme in den Städten könnten durch farbige Leitsysteme, die auf bestimmte Ziele zugeschnitten sind, effektiver geführt werden. Um die Verkehrssicherheit zu erhöhen, wäre eine Warnung vor Konfliktpunkten mittels in sich steigernder Farbintensitäten möglich. Weiterhin erstrecken sich unendlich viele Chancen, gestalterische Akzente im öffentlichen Raum und gerade in historischen Umgebungen (Burgen, Schlössern) durch naturnahe Gestaltung der Asphaltoberfläche zu setzen.

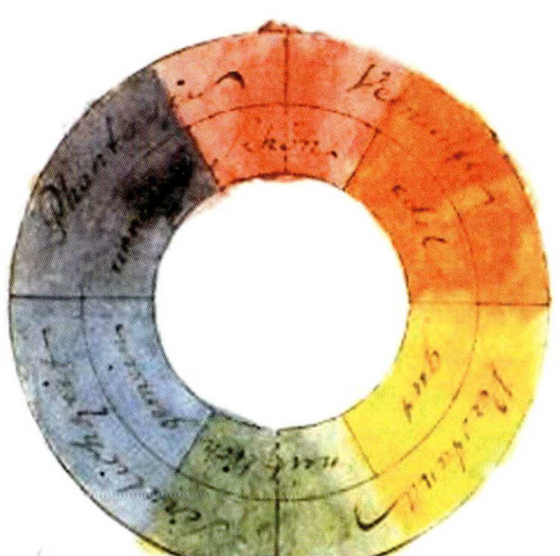

Bild 12.88 Assoziation im Farbenkreis

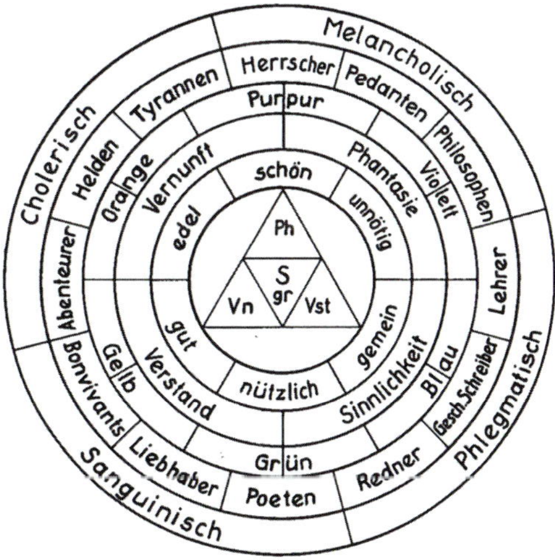

Bild 12.89 Symbolische Wirkung von Farbe

Um eine Signalfunktion für den Verkehr in besonderen Situationen zu erwirken, können z. B. farbige Beläge auf Straßen vor Gefahren warnen oder einfach nur die Oberfläche hell erscheinen lassen. Es kann also eine gezielte Lenkung der Aufmerksamkeit des Verkehrsteilnehmers durch Farbe erzielt werden. Weiterhin wird für eine Verschönerung des Straßenbildes gesorgt. Farbige Gestaltungen von Abbiegespuren oder von Kreuzungsbereichen haben sich vielerorts in den letzten Jahren bewährt. Eine Verdeutlichung der Verkehrsführung für Radfahrer, Lenkung von Verkehrsströmen und Signalisierung von Verkehrswegen wurde erreicht. Durch farbigen Asphalt können attraktivere Gestaltungen z. B. in urbanen Bereichen – Innenstadt, Altstadt und auch auf Spielplätzen – umgesetzt werden. Auch die Befestigung von hochbelasteten Verkaufsflächen (Autohäuser, Einkaufscenter u. ä.) mit Color Asphalt ist möglich.

Es gibt verschiedene Möglichkeiten, eine farbige Asphaltoberfläche herzustellen. Verwendung finden unter anderem:

- Beschichtungen,
- Abstreuverfahren,
- Heißmischgut,
- Kaltmischgut.

Beschichtungen

Beschichtungen sind in der Regel kalthärtende Zweikomponentenkunststoffe mit kurzer Reaktionszeit, die ein elastisches Verhalten ähnlich, aber nicht gleich dem thermoplastischen Verhalten des Asphaltes aufweisen. Das kann bei großen Flächen zu Spannungen und somit zu Rissbildungen führen. Sie werden zumeist in einer Schichtdicke zwischen 3 und 8 mm aufgetragen. Vorteile der Beschichtungsmethode sind zum einen die gute Signalwirkung (Kreuzungsbereiche) durch die Möglichkeit der Anwendung kräftiger Farben und zum anderen die Möglichkeit des schnellen Aufbringens auf die Oberfläche.

Als großer Nachteil ist die kurze Verweilzeit auf der Oberfläche bei starker Verkehrsbelastung zu sehen, d. h. eine relativ schnelle Abnutzung der Beschichtung und damit nicht nur ein optisches, sondern auch ein verkehrssicherheitstechnisches Problem (s. *Bild 12.90*).

Abstreuen – eine Sonderform der Beschichtung

Dabei wird eine PmB-Emulsion als Vorlage aufgespritzt, mit z. B. farbigem Splitt abgestreut und danach angewalzt (s. *Bild 12.91*). Bei dieser Methode ist es ebenso möglich, Teilbereiche abzustreuen.

Bild 12.90 Schadhafte Beschichtungen

Bild 12.91 Aufbringen von farbigem Splitt

Unter Verwendung von Color Splitt sind kräftige Farbgebungen möglich. Dabei wird unmittelbar nach dem Einbau die Oberfläche einer relativ feinkörnigen, splittarmen und mörtelreichen Asphaltdeckschicht mit feinkörnigem Edelsplitt oder Kies in der gewünschten Farbe abgestreut und eingewalzt. Um eine dauerhafte Verklebung des Korns mit der Deckschicht zu ermöglichen, sollte der aufgestreute Splitt möglichst sauber, staubfrei, absolut trocken und beim Aufstreuen warm sein. Das erreicht man am besten, wenn man den Splitt in einer Trockentrommel auf 250 °C erhitzt, entstaubt und trocknet.

Eine weitere Möglichkeit ist die Abstreuung mit farbigen Splitten, um z. B einen Kreuzungsbereich hervorzuheben (s. *Bild 12.92*).

Heißmischgut

Die Herstellung erfolgt unter Zusatz von Farbpigmenten (lichtecht, temperatur- und witterungsbeständig). Dabei kommt ein transparentes Bindemittel auf Kunstharzbasis zur Anwendung.

Eine unterstützende Wirkung kann durch den Einsatz von farbigen Gesteinskörnungen, z. B. rotem Quarzporphyr, erreicht werden. Vorsicht ist jedoch bei zu grellen und unangepassten Farben geboten. Das Heißmischgut kann als Asphaltdeckschicht zum Einsatz kommen.

Die Herstellung erfolgt in einer stationären Mischanlage. Der Mischprozess gleicht dem von Asphalt mit konventionellem Bitumen, nur dass hier die Farbpigmente separat entweder als Pulver zugegeben werden oder gleich ein farbiges Bitumen (in Plastik verschweißt) verwendet wird (s. *Bild 12.93*).

Die Herstellung von farbigem Heißmischgut hat jedoch sehr viele Nachteile. Um überhaupt einen farbreinen farbigen Asphalt zu fertigen,

Bild 12.92 Akzente durch blauen und weißen Splitt im Kreuzungsbereich

Bild 12.93 Zugabe des Pigmentpulvers (links), farbiges Bitumen (rechts)

bedarf es eines sehr hohen Reinigungsaufwandes. Die Asphaltmischanlage muss mittels Trockenmischungen komplett gereinigt werden.

Es kommt dabei ein separater, sauberer, neuer und nur für diese Zwecke einzusetzender Bitumentank zum Einsatz. Anschließend hat eine Säuberung aller Anschlüsse und Schlauchverbindungen, die mit diesem Bindemittel in Berührung kommen, zu erfolgen. Sämtliche Transportfahrzeuge müssen sauber sein.

Der Fertiger sollte neu sein, denn seine Reinigung ist sehr kompliziert und es können sich an schwer zugänglichen Stellen Bitumenreste befinden, die durch erneute Temperatur-Beanspruchung wieder aktiviert werden und zur Schlierenbildung führen (s. *Bild 12.94*).

Alle Arbeitskräfte müssen saubere (am besten neue) Schuhe tragen. Gerätschaften, die mit dem Mischgut in Verbindung kommen, müssen perfekt gereinigt sein, auch die Walzen.

Cold Color Asphalt

Mit dem Cold Color Asphalt ist ein Material entwickelt worden, welches in der Herstellung und Verarbeitung erheblich einfacher zu handhaben ist und speziell für kleinere Flächen und Wege eine Alternative zum Heißmischgut darstellt. Die Kaltbauweise stellt im klassischen Straßenbau jedoch keine Konkurrenz für die Heißmischverfahren und ihre Einbauweise dar.

Die Anlieferung erfolgt in einbaufertigem Zustand, lose oder als Sackware, ist sofort, maschinell oder per Hand (per Schaufel), einbaubar und auch in Kleinmengen anzuwenden. Die Reparatur von Aufgrabungen ist unproblematisch und kann bei jeder Witterung (Extremtemperaturen oder Nässe) erfolgen.

Um ein Kaltmischgut herzustellen, benötigt man ein Additiv, welches die Verarbeitbarkeit des Bindemittels in kaltem Zustand ermöglicht. Es wird ein Spezialbitumen aus transparentem

Bild 12.94 Schlierenbildung am Ansatzpunkt des Fertigers am Betonpflaster

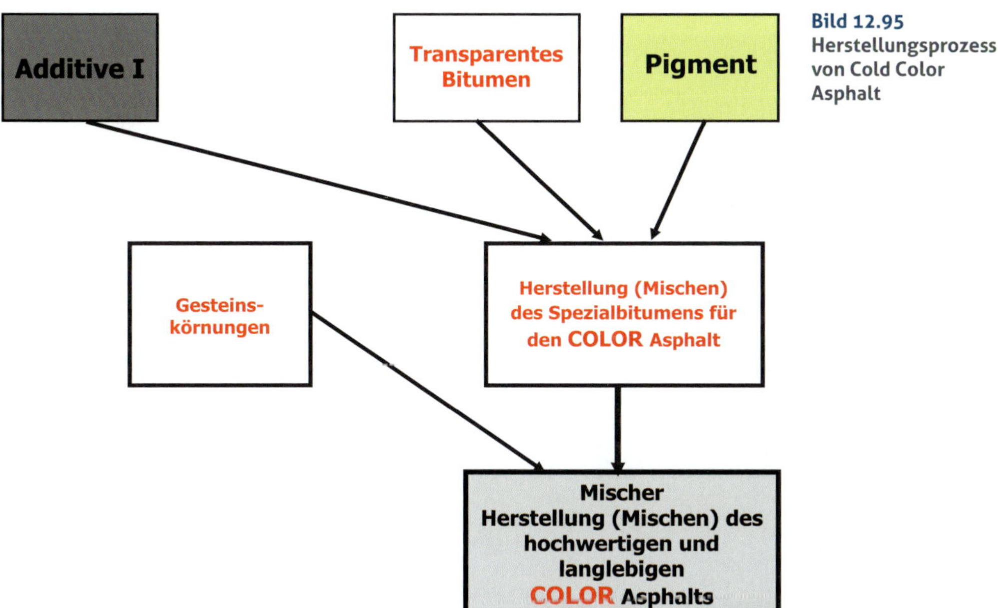

Bild 12.95 Herstellungsprozess von Cold Color Asphalt

Bindemittel, Additiven und eventuell Pigmenten hergestellt und zusammen mit den Gesteinskörnungen in einem Mischer zu hochwertigem und langlebigem Cold Color Asphalt verarbeitet (s. *Bild 12.95*).

Beim Einbau wird der Color Asphalt auf die Oberfläche geschüttet, verteilt und mittels einer Walze verdichtet. Die Oberfläche ist danach sofort befahrbar. Durch den darüberfahrenden Verkehr erfolgt eine sofortige Nachverdichtung des Materials. Als Einsatzgebiet für farbiges Kaltmischgut hat sich sowohl der Flächeneinbau als auch der Einbau in Flächen mit besonderer Belastung, z. B. zwischen Straßenbahnschienen, bewährt.

Es gibt zwei verschiedene Arten von kaltem Color Asphalt: zum einen die Herstellung mit Pigmentzusätzen und zum anderen die ausschließliche Verwendung von farbigen Gesteinskörnungen und farblosem Bindemittel.

■ Mit Pigmentzusätzen

Das synthetische Bindemittel lässt sich nach Wunsch gelb, grün, blau, rot oder sogar weiß

Bild 12.96 Kaltmischgut mit Pigmentzusätzen

Bild 12.97
Beispiele der Anwendung

und in beliebigen Mischtönen einfärben. Durch die Verwendung von Pigmenten sind sehr kräftige Farben möglich (s. *Bild 12.96*). Zum Einfärben von Asphaltmischgut eignen sich insbesondere anorganische Pigmente wie Eisenoxid, Chromoxid, Titanoxid und sogenannte Mischphasenpigmente (z.B. Kobaltblau), da sie lichtecht und wetterstabil sind. Organische Pigmente sind in der Regel nicht ausreichend hitze- und wetterbeständig und scheiden oftmals auch aus Preisgründen aus.

Die Oberfläche erhält eine einheitliche Farbgebung. Die Reinigung von Großmaschinen wie beim Heißmischgut entfällt. Durch seine sehr lange Lagerfähigkeit können auch geöffnete Säcke problemlos zu einem späteren Zeitpunkt weiterverwendet werden. Nachteilig sind jedoch der nicht unerhebliche Kostenanteil der Farbpigmente bei der Herstellung des Mischgutes und die nachlassende Farbintensität durch den sich abfahrenden farbigen Bitumenfilm an der Oberfläche. Bei Ausbesserungsarbeiten mit dem Originalmischgut ist mit

Farbunterschieden auf der Asphaltoberfläche zu rechnen, die sich jedoch mit der Zeit relativieren können.

Mit natürlichen Zuschlagstoffen und farblosem Bindemittel

Die Herstellung erfolgt wie beim Color Kaltmischgut, nur wird hier auf die Pigmentzugabe verzichtet. Die Farbwirkung wird dabei einzig und allein durch die Wahl der farbigen Gesteinskörnungen erzielt. In Deutschland findet man eine Vielzahl farbiger Gesteinskörnungen (s. *Bild 12.98*). Im Test waren unter anderem Granitgesteine aus Meißen (rot), Heberndorf (gelb, rosa) und Wildenau (gelb-orange), die sehr warme und natürliche Farbwirkungen erzielten.

Das Bitumen ist bei der Verwendung honigfarben, wodurch die Eigenfarbe der Gesteinskörnungen im Asphalt hervorgehoben wird. Durch die Natürlichkeit der dadurch entstehenden Oberfläche eröffnen sich nahezu unbegrenzte Anwendungsmöglichkeiten der naturnahen Gestaltung von Straßen und Wegen. Es ist anwendbar für Fuß- und Fahrradwege, Sport- und Kinderspielplätze, Busspuren, Kreisverkehre und Parkplätze. Insbesondere in historischen Umgebungen ist es dadurch möglich, Asphaltflächen herzustellen, die nicht nur zweckmäßig sind, sondern sich auch gestalterisch optimal in das Umfeld einpassen. Je nach Vorstellung des Auftraggebers wird ein dafür geeignetes Gestein gewählt, zu kaltem Color Asphalt verarbeitet und eingebaut.

Reparaturen und Ausbesserungen können problemlos ohne optischen Qualitätsverlust bei absolut minimiertem Arbeitsaufwand (Verwendung des in Säcken verpackt gelagerten Originalmischgutes) ausgeführt werden.

Da Kaltmischgut zu den kostenintensiveren Produkten zählt, wird die Schichtdicke des Materials gering (ca. 2 bis 3 cm) angesetzt und ein normaler Unterbau, der Belastung entsprechend, mit Asphalt- und Schottertragschichten ausgeführt.

Ausblick

Eine optisch sehr ansprechende Oberfläche wurde mit einem Kies aus Wallendorf (bei Leipzig) erzielt. Erst bei näherem Betrachten wird deutlich, dass es sich hierbei nicht um eine ungebundene Kiestragschicht, sondern um

Bild 12.98 Warme Farbtöne – Cold Color Asphalt

Bild 12.99 Cold Color Asphalt – Wallendorfer Kies

einen Asphalt handelt (s. *Bild 12.99*). Ein weiteres Ziel wird es sein, eine wasserdurchlässige und eine wasserundurchlässige Mischungsrezeptur für dieses Gesteinskörnungsgemisch zu entwickeln. Dadurch wäre eine Befestigung eines Fuß- und Radweges mittels einer offenporigen Asphaltschicht auch in naturnaher Ausführung (Gestaltung) möglich. Weiterhin wird erprobt, inwieweit sich dieses Material als wasserundurchlässige Oberfläche in Parkhäusern und Tiefgaragen eignet.

Mit Zuschlagstoffen aus Glasbruch und farblosem Bindemittel

Ebenso wurde auch Glasbruchmaterial zu einem Asphalt verarbeitet (Glasasphalt). Zur Anwendung kamen verschiedene Glase, unter anderem wurden Probeplatten aus grünem und blauem Glas, aber auch aus Glas-Mixmaterial hergestellt. Vorteilhaft ist, das Material vor dem Mischvorgang zu waschen und später mit einem speziellen Haftverbesserer zu versetzen. Dadurch ergeben sich auf der Oberfläche des Asphaltes erstaunliche Lichtreflexe (s. *Bild 12.100*). Dieses Material besitzt eine einzigartig leichte Transparenz, die man bei Durchleuchtung der Oberfläche, z. B. realisierbar mittels einer Lichtquelle unter einem Fußbodenbelag aus 2 cm starkem Glasasphalt, noch verstärken kann. Dadurch ergeben sich sehr vielseitige Anwendungsmöglichkeiten, z. B. im Designbereich (Indoor und Outdoor).

Bild 12.100 Glasasphalt aus Weißglas (links) und Grünglas (rechts)

12.13 Kaltmischgut

Kaltmischgut wird aus Gesteinskörnungsgemischen mit abgestufter Korngrößenverteilung und Bitumenemulsionen als Bindemittel hergestellt. Die Zusammensetzung dieses Mischgutes hat so zu erfolgen, dass auch nach der dem Verwendungszweck entsprechend auftretenden Verkehrsbelastung geringe Verformungen auftreten.

Kaltmischgut ist in der Regel gut lagerfähig. Die Lagerung erfolgt auf Haufen. Hier bildet sich eine Kruste, die das weitere Verfestigen verhindert. Bei der Lagerung in Gebinden (Eimer, PE-Säcke) kann eine mögliche Lagerungsdauer bis zu 2 Jahren erreicht werden.

Bitumenemulsionen

Wesentliches Kriterium für die Qualität der produzierten Bitumenemulsionen ist die konstante Qualität der angelieferten Produkte. Die Formulierungen sind empfindlich und ein Kompromiss zwischen Reaktivität, Lagerstabilität und Viskosität. Jede Qualitätsveränderung des Basisbitumens kann das Gleichgewicht einer Formulierung und damit das Resultat bei der Anwendung beeinträchtigen. Es ist möglich, natürlich saure Bitumen naphtenischer Herkunft zu liefern, mit allen Einschränkungen die in Bezug auf die Auswahl der raffinierten Rohöle, die spezifische Bewirtschaftung der Lagerhaltung und die damit verbundene Logistik.

Die Eigenschaften napthenbasischer Bitumen finden seit langem breite Anerkennung für die Herstellung von Mischgut (Kaltmischgut, Fundationsschichten, lagerfähiges Kaltmischgut und Kaltasphaltbeton), wo sie bevorzugt eingesetzt werden aufgrund des raschen Anstiegs der Kohäsion, der eine schnelle Freigabe für den rollenden Verkehr ermöglicht.

Bitumenemulsionsgebundenes Mischgut

Bitumenemulsionsgebundenes Mischgut im Straßenbau kann auch mit wiederzuverwendenden Baustoffen hergestellt werden. Die Bindung erfolgt mit Bitumenemulsionen und ggf. Zement.

Die Wiederverwendung von Straßenaufbruch ist ein Gebot des Kreislaufwirtschaftsgesetzes. Darin liegt auch die in die Zukunft weisende Bedeutung von Kaltmischgut.

Man unterscheidet zwischen:

- dem *Zentralmischverfahren* (dabei wird Straßenaufbruch aus der Deponie eingesetzt, an einer stationären Mischanlage aufbereitet und im Zuge einer konventionellen Straßenbaumaßnahme eingebaut),
- dem *Baustellenmischverfahren* (dabei wird Straßenaufbruch mit einem Fräsmischer vor Ort gewonnen, an Ort und Stelle aufbereitet und sofort wieder eingebaut).

Baustoffe

Asphaltgranulat (Reclaimed Asphalt)

Asphaltgranulate stehen in guter, gleichbleibender Qualität zur Verfügung, sofern eine geordnete Gewinnung und Lagerung vorgenommen

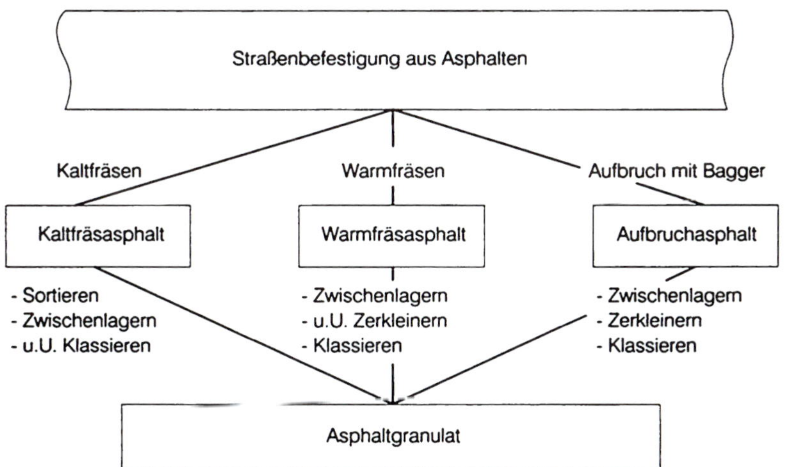

Bild 12.101 Gewinnungs- und Aufbereitungsverfahren von Asphaltgranulat

wurde. *Bild 12.101* zeigt verschiedene Gewinnungs- und Aufbereitungsverfahren.

Mischgranulate

Mischgranulate entstehen aus Ausbauasphalten, die an Ort und Stelle zusammen mit ungebundenen Schichten durch Fräsen gewonnen und zerkleinert werden.

Bitumenemulsionen

Zur Herstellung von bitumenemulsionsgebundenem Mischgut wird eine C60B1-BEM nach TL Bitumenemulsionen eingesetzt.

Zement

Es werden ggf. Zemente nach DIN EN 197-1 angewendet.

Wasser

Wasser kommt als Eigenfeuchte der Baustoffe, Emulsionswasser und als Zusatzwasser ins Gemisch. Zusatzwasser sollte die übliche Qualität für Betonherstellung besitzen.

Gebrochene Gesteinskörnungen nach TL Gestein-StB werden als Ergänzungskörnungen eingesetzt, wenn dies bautechnisch erforderlich ist.

Halbstarre Beläge und deren Weiterentwicklung

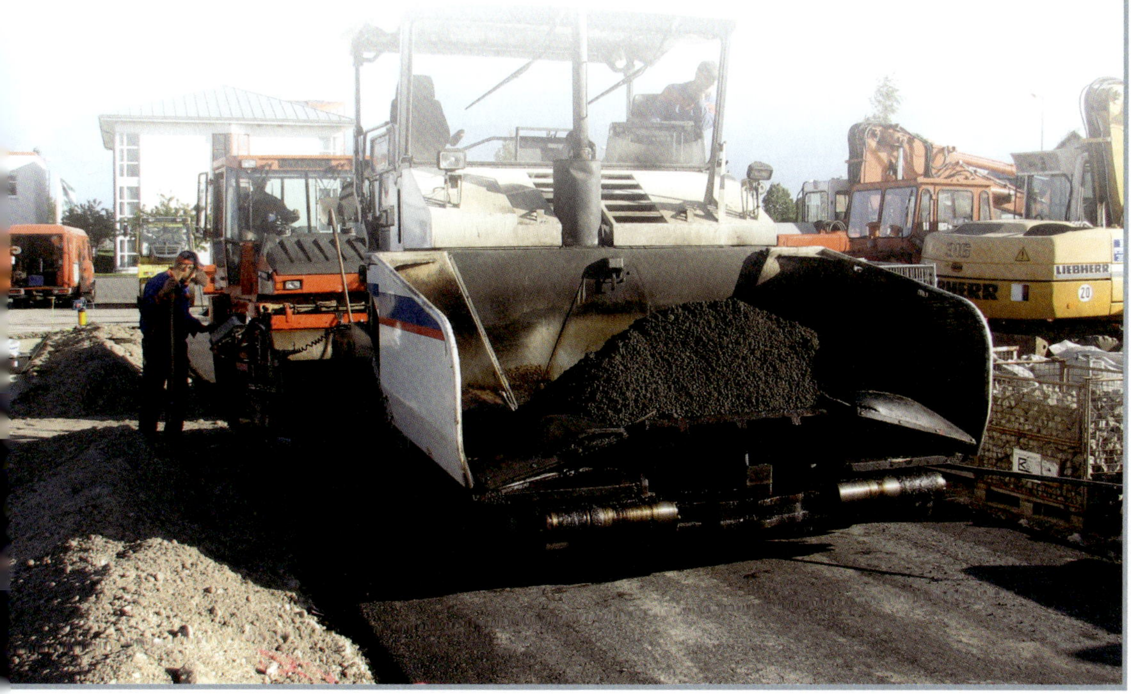

13.1 Halbstarre Deckschichten

Die erste Generation der halbstarren Beläge wurde in den 60er- und 70er-Jahren des letzten Jahrhunderts als Belag für besondere Belastungen entwickelt und unter Namen wie *Betophalt*, *Stratophalt* bekannt.

Diese Generation hatte folgende Nachteile:

- Zerstörung des Asphalttraggerüstes durch Einrütteln des Mörtels,
- Risse im Belag (durch mangelhafte Durchmörtelung, Bindemittelverhärtung),
- Schwindrisse im Mörtel (durch ungenügendes Abziehen oder zu hohe Festigkeit des hydraulischen Mörtels).

Die zweite Generation entstand Anfang der 90er Jahre. Sie begründete sich auf in Dänemark neu entwickelte Mörtel.

Halbstarre Deckschichten bestehen aus einem hohlraumreichen Traggerüst aus Asphalt und einem speziellen, modifizierten Verfüllmörtel, mit dem in einem zweiten Arbeitsgang die Hohlräume des Asphalttraggerüstes verfüllt werden. Die halbstarren Deckschichten stellen eine Kombinationsbauweise dar, welche die Standfestigkeit des Betons und die flexible Ausbildung des Asphalts miteinander verbindet. Neben der Flexibilität von Asphalt ist auf die großflächige, fugenlose Verlegung des Asphalttraggerüstes hinzuweisen. Auf diese Weise können hoch belastbare Deckschichten hergestellt werden.

Durch das Verfüllen der Hohlräume des Asphalttraggerüstes (mindestens 25 Vol.-%) mit einem hochfesten Fließmörtel kann eine hohe Tragfähigkeit und Verschleißfestigeit erzielt werden. Gegenüber Walz- und Gussasphalt kann ein halbstarrer Belag mehr als zehnfach höhere Flächenpressungen aufnehmen und eignet sich dadurch sehr gut für Industrieflächen aller Art. Aufgrund der Mikrostruktur des Mörtels und der Verfüllung der Hohlräume des Traggerüstes bei optimaler Ausführung ist dieser Belag flüssigkeitsundurchlässig und beständig gegenüber Flüssigkeiten und Chemikalien. Desweiteren weist die versiegelte Oberfläche keine Verdichtungsporen und Makrokapillaren auf, wodurch eine hohe Frost-Tausalz-Beständigkeit gegeben ist. Weitere Vorteile mit halbstarren Deckschichten ergeben sich durch die kurzen Bauzeiten, die eine volle Belastung meist schon nach zwei bis drei Tagen ermöglichen. Mit den sehr langen Nutzungsdauern und auch im Hinblick auf die architektonische Gestaltung durch Farben und Strukturen kann den heutigen Wünschen des Bauherrn entsprochen werden.

Die Kosten für den Einbau einer halbstarren Deckschicht, die insbesondere durch die mehreren Arbeitsgänge, die Handarbeit beim Verteilen des Mörtels und den hochwertigen Spezialfließmörtel entstehen, liegen höher als bei herkömmlichen Asphaltbauweisen.

Als Unterbau dient eine tragfähige Unterlage aus Asphalt, die abhängig von der Art der Belastung ausgeführt wird. Bei Verkehrsflächen, bei denen neben statischen Belastungen hohe dynamische Belastungen auftreten, ist die Dimensionierung an die Richtlinien zur

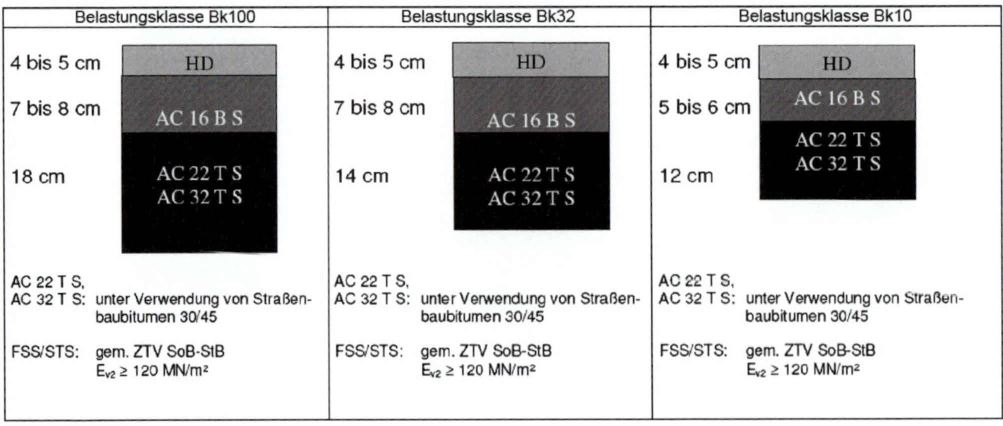

Bild 13.1 Beispiele für Verkehrsflächen mit hohen dynamischen und statischen Belastungen

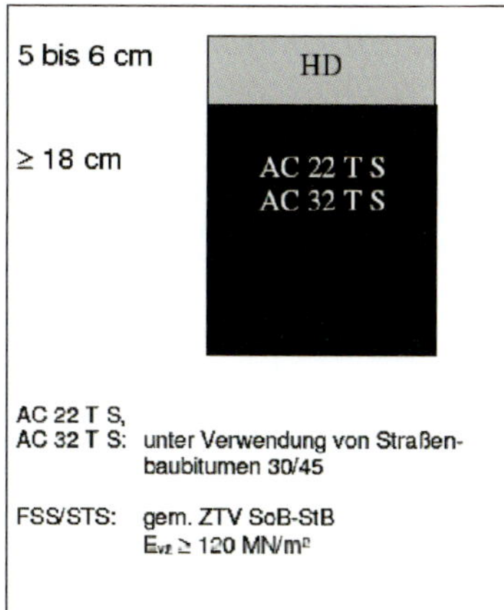

Bild 13.2 Beispiel für Verkehrsflächen mit statischen Belastungen (Standflächen für Schwerlastfahrzeuge, Industrieflächen)

Standardisierung des Oberbaus (RStO) angelehnt. Eine 4 bis 6 cm dicke, halbstarre Deckschicht liegt auf einem 8 cm dicken Asphaltbinder (AC BS). Darunter wird eine 8 bis 10 cm starke Asphalttragschicht AC TS eingebaut, wodurch sich insgesamt ein gebundener Oberbau von ca. 22 cm ergibt.

Mögliche Gesamtaufbauten sind in den *Bildern 13.1* und *13.2* wiedergegeben. Aufbauten mit halbstarren Deckschichten, die im Rahmen einer Erneuerung vorgesehen sind, sollten eine Gesamtdicke von 12 cm nicht unterschreiten.

Die Nachteile halbstarrer Beläge ergeben sich zumeist aus der Einbausituation. Wird der Einbau des Asphalttraggerüstes nicht fachgerecht ausgeführt, sind spätere Folgen unausweichlich und können nur in seltenen Fällen behoben werden. Insbesondere auf die Ebenflächigkeit ist zu achten, da diese durch das Asphalttraggerüst bestimmt ist und Einbaufehler durch spätere Korrekturen nicht mehr ausgeglichen werden können. Bei dieser Bauweise muss vor allem auf die Problematik des Verfüllens des Asphalttraggerüstes mit dem Fließmörtel hingewiesen werden. Bei vielen Baumaßnahmen konnte beobachtet werden, dass ein vollständiges Verfüllen der Hohlräume nicht gegeben war und somit z. B. die Rissbildung als Schadensmerkmal zur Folge hatte. Zudem besitzen die Verfüllmörtel eine sehr hohe Festigkeit, verbunden mit einer hohen Wärmeentwicklung. Bei ungünstigen äußeren Bedingungen kann es daher beim Abkühlen zu Zwangsspannungen kommen, die zu Rissen führen. Beim Einbau von halbstarren Belägen sollte daher auf qualifiziertes Fachpersonal mit entsprechender Erfahrung zurückgegriffen werden.

Häufig ist die Fließfähigkeit des Mörtels zwar an der Oberfläche des Asphalttraggerüstes scheinbar sehr gut, aber ein tatsächliches Durchdringen des Traggerüstes wird nicht immer gewährleistet (s. *Bilder 13.5* und *13.6*).

Bild 13.3 Einschlämmen der halbstarren Deckschicht

Tabelle 13.1
Vor- und Nachteile einer halbstarren Deckschicht

Vorteile	Nachteile
Schnelle Nutzung (i.d.R. 3 Tage nach Einbau)	Mehrere Arbeitsgänge notwendig
Fugenlose Bauweise	Ungeeignet für höhere Geschwindigkeiten
Hohe Druck- und Verschleißfestigkeit	Fehlende Griffigkeit
Verformungsbeständigkeit	Aufwendige und kostenintensive Herstellung
Aufnahme hoher Punkt- und Flächenlasten	Qualifiziertes Fachpersonal erforderlich
Große Temperaturschwankungen möglich	Einbau ist witterungsabhängig
Lange Nutzungsdauer	Probleme beim Verfüllen des Asphalttraggerüstes
Flüssigkeitsundurchlässig	

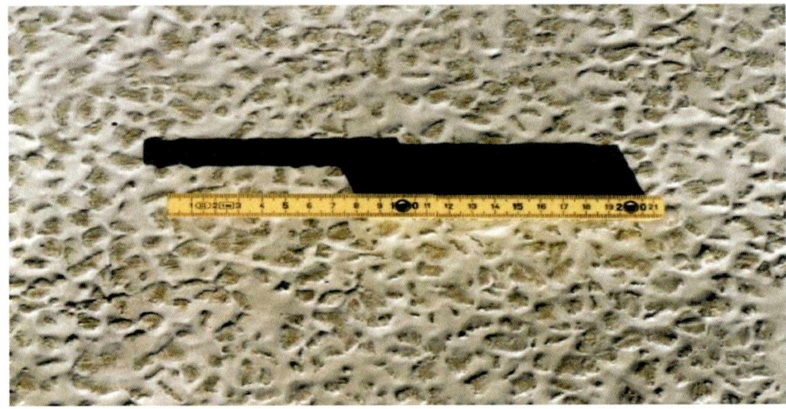

Bild 13.4
Oberfläche einer halbstarren Deckschicht

Das Gegenteil tritt ein, wenn das Asphalttraggerüst nicht horizontal, sondern geneigt angeordnet ist. Dann fließt der Mörtel zur tiefsten Stelle und kann das höher gelegene Asphalttraggerüst nicht mehr ausfüllen.

Kritisch sind auch halbstarre Beläge über Fugen und Risse. Hier kann es zum Durchschlagen der im Untergrund/Unterbau vorhandenen Risse kommen (*Bilder 13.7* und *13.8*).

Bild 13.5 **Nur oberflächliches Eindringen des Mörtels in das Asphalttraggerüst**

Bild 13.6
Schadstellen in der eingebauten Schicht
(hier im Bild bedeutet die Abkürzung „BK" Bohrkern)

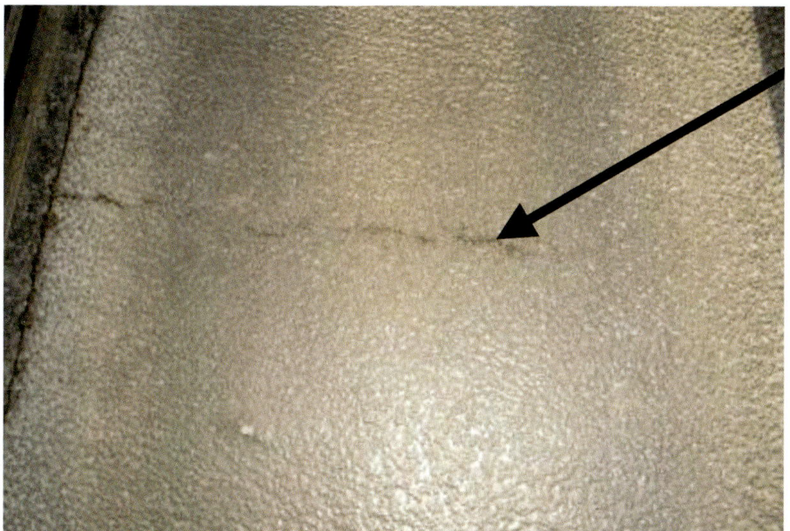

Bild 13.7
Durchschlagen von Rissen durch das mit Fließmörtel gefüllte Asphalttraggerüst

Bild 13.8
Schadstellen durch Rissbildung in der eingebauten Schicht

13.2 Neuentwicklung – Cold Concrete Asphalt®

Der Baustoff Cold Concrete Asphalt® (CCA) wird zur Herstellung von Straßendeckschichten und für Flächen hoher Belastung sowohl im Außen- als auch Innenbereich verwendet und verbindet dabei Eigenschaften der Asphalt- und Betonbauweise so miteinander, dass die Vorteile beider methodisch genutzt werden können.

CCA ist ein Straßenbaustoff, der in fugenloser Bauweise ausgeführt wird, dabei hohe Standfestigkeit aufweist, wasserundurchlässig ist und einen problemlosen Einbau mit schneller Nutzungsmöglichkeit bereits nach 48 Stunden bietet.

Die Funktionsweise des CCA beruht auf dem Einsatz von bitumenummantelter Gesteinskörnung in Verbindung mit einem speziell entwickelten hydraulischen Bindemittel. Die eingesetzte Gesteinskörnung bestimmt im Wesentlichen die elastischen Eigenschaften des Baustoffes.

Bild 13.9 Asphaltmischanlage zur Heißummantelung

Tabelle 13.2 Eigenschaften von Cold Concrete Asphalt

Cold Concrete Asphalt	
Materialzusammensetzung	– Ummantelte Gesteinskörnung – Hydraulisches Bindemittel mit Additiven – Sand – Wasser
Ummantelung der Gesteinskörnungen	– Erhitzt und im Heißverfahren gemischt – Eigenfüllerzugabe zur Verhinderung der Verklebung bei der Lagerung oder: – Kaltummantelung mit Bitumenemulsion in einem Mischprozess, ggf. Verwendung von Recyclingmaterial
Bindemittel	– Hydraulisches Bindemittel (Portlandzement) – Microsilica – Fasern – Zusatzmittel und -stoffe (z. B. Verzögerer)
Besondere Merkmale	– Nach kurzer Zeit nutzbar – Hohe Frühfestigkeit, hohe Standfestigkeit – Leicht verdichtbar – Kalteinbau – Fugenloser Einbau – Gestaltbare Oberflächentextur – Flüssigkeitsundurchlässig – Hoher chemischer Widerstand
Einbaustärke	– 3–5 cm
Festigkeitskennwerte	– Druckfestigkeit bis 35 N/mm² – Biegezugfestigkeit bis 6 N/mm² – E-Modul 15 000 bis 20 000 N/mm²
Anwendungsgebiete	– Deckschichten, insbesondere für hochbeanspruchte Verkehrsflächen wie Busspuren oder LKW-Stellflächen – Für Oberflächen mit hohen mechanischen und chemischen Beanspruchungen – Parkdecks, Tankstellen – Für punktbelastete Flächen (z. B. Containerstellflächen) – Instandsetzung von Straßen und Verkehrsflächen

Bild 13.10 Austrag der ummantelten Gesteinskörnung

Bild 13.11 Ummantelte Gesteinskörnung

Bild 13.12 Zwischenlagerung, Abkühlung

Bild 13.13 Mit Bitumen ummantelte Gesteinskörnung (zur Verdeutlichung der Ummantelung wurde die Körnung zerbrochen)

Bitumenummantelte Gesteinskörnung

Die Gesteinskörnungen werden in der Asphaltmischanlage mit Bitumen umhüllt. Um ein Zusammenkleben bei der Lagerung zu verhindern, erhalten die umhüllten Körner eine Schutzhülle aus Füller.

Hydraulisches Bindemittel

Das verwendete hydraulische Bindemittel beinhaltet neben Zement weitere Zusatzstoffe und Zusatzmittel.

Kornverteilungslinien

CCA kann mit Sieblinien in Anlehnung an die Korngrößenverteilung von SMA oder in Anlehnung an die Fuller-Kurve (Asphaltbeton) hergestellt werden. Die Korngrößenverteilung der Gesteinskörnung und die Rezeptur variieren je nach Anwendungsgebiet.

Einbau

CCA wird nach der Herstellung in einer Betonmischanlage mit Mischfahrzeugen zur Einbaustelle gebracht.

Das kalte Mischgut wird in den Asphaltstraßenfertiger übergeben und mit der Fertigerbohle vorverdichtet. Eine Nachverdichtung erfolgt dann mit Glattmantelwalzen. Je nach klimatischen Bedingungen und dem späteren Verwendungszweck wird eine Nachbehandlung durchgeführt. Es kann sich dabei sowohl um ein Abstreuen als auch um ein Abschleifen handeln.

Bild 13.14 Einbau und Verdichtung

Tabelle 13.3 Vergleich der Kenndaten von Cold Concrete Asphalt und Beton (Concrete)

Vergleich verschiedener Kenngrößen		CCA			Concrete	
		CCA A in N/mm²	CCA B in N/mm²	CCA C in N/mm²	Beispiel C30/37 in N/mm²	Beispiel C35/45 in N/mm²
Zylinderdruckfestigkeit	f_{ck}	34	31,5	33,5	30	35
Würfeldruckfestigkeit	$f_{ck,\,cube}$	40,5	35,0	37,5	37	45
Biegezugfestigkeit	f_{ctm}	4,91	4,61	4,75	2,9	3,2
E-Modul	E_{cm}	20 400	16 100	17 200	31 900	33 300

Die fertigen CCA-Flächen erfüllen die Anforderungen hinsichtlich der Tragfähigkeit. Der Schichtenverbund zwischen der Unterlage (Asphalttragschicht) und der CCA-Deckschicht ist sehr gut gewährleistet.

Im *Bild 13.16* ist die Festigkeitsentwicklung anhand einer Beispielfläche dargestellt.

Bild 13.15 CCA-Fläche und Bohrkern

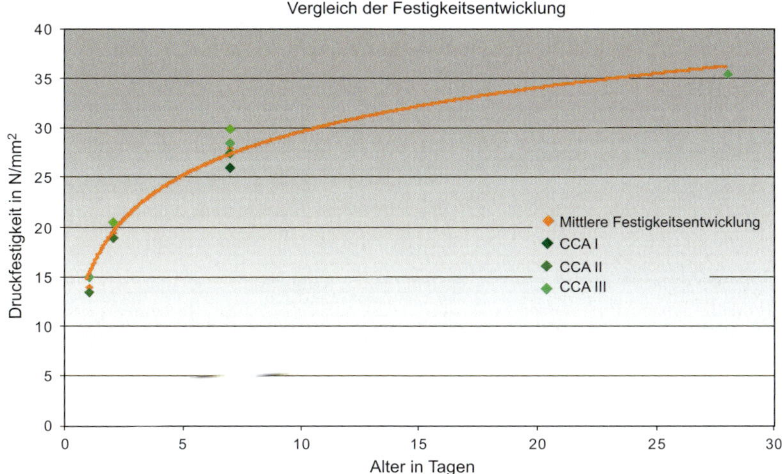

Bild 13.16 Festigkeitsentwicklung anhand einer Beispielfläche

Asphalt auf Ingenieurbauwerken

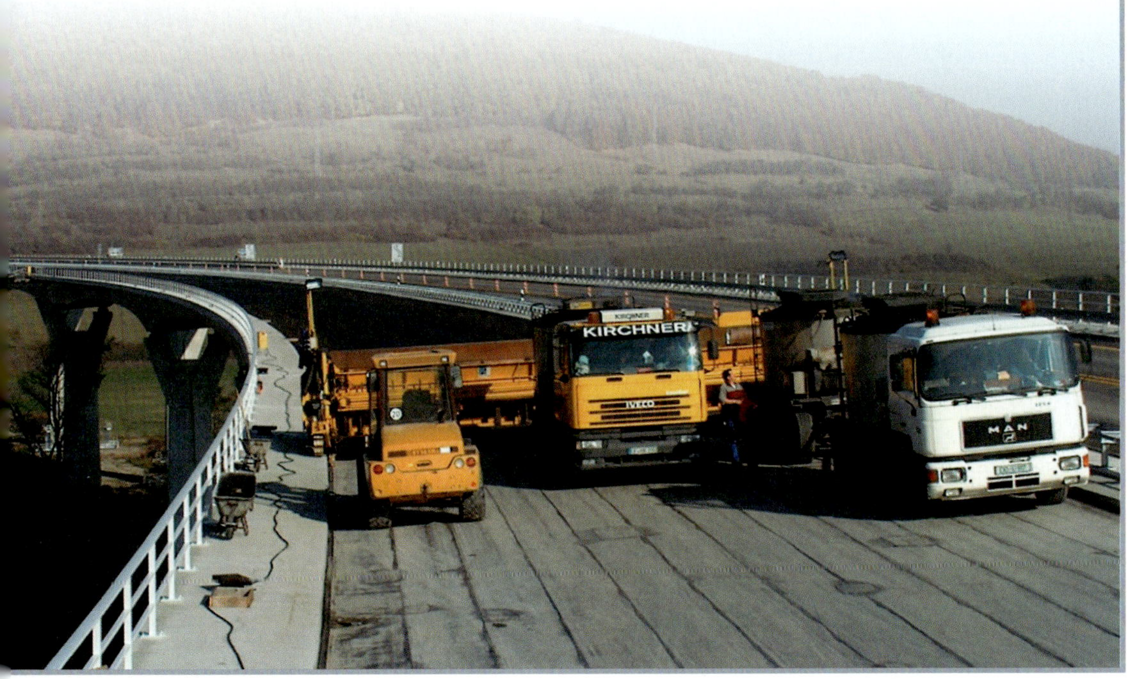

14.1 Allgemeines

Bei Ingenieurbauwerken, d. h. bei Brücken, Tunneln und Trögen, sind besondere Anforderungen an den Fahrbahnaufbau zu stellen. Während es bei Tunneln und Trögen als Regelbauweise angesehen wird, den gesamten Fahrbahnaufbau nach RStO (gebundene und ungebundene Schichten) auch durch den Bereich des Ingenieurbauwerkes durchzuführen, gilt es nach ZTV-ING bei Brücken als wesentliche Aufgabe, den Beton bzw. den Stahl vor Angriffen (Wasser, Salzwasser) zu schützen, d. h. auf der Brückentafel ist eine Abdichtung erforderlich. Wegen baulicher Zwänge ist es zum Teil auch notwendig, bei Tunneln und Trögen auf die ungebundenen Schichten zu verzichten, so dass dann die Anforderungen gelten, die auch bei Betonbrücken gestellt werden.

14.2 Aufbau

Der Brückenbelag besteht im Fahrbahnbereich aus Abdichtung und Deckschicht. Die Abdichtung setzt sich zusammen aus der vorbehandelten Betonoberfläche, der Dichtungsschicht und der Schutzschicht. Der Aufbau ist am Beispiel einer Betonbrücke in *Bild 14.1* dargestellt.

In *Tabelle 14.1* ist wiedergegeben, welche Auswahlmöglichkeiten für die Teile des Brückenbelages bestehen.

14.3 Anforderungen an die Baustoffe

Ergänzend zu den ZTV-ING gibt es Technische Lieferbedingungen für die bei den Arbeiten einzusetzenden Baustoffe. Für die vorgesehenen Asphalte gelten die TL Asphalt-StB.

Die ZTV-ING legen für Brücken, die den Belastungsklassen Bk100, Bk32 und Bk3,2 zugeordnet werden, fest, dass nur polymermodifizierte Bindemittel eingesetzt werden. Dabei sollen bei Walzasphalten überwiegend PmB 25/55-55A, bei Gussasphalten temperaturreduzierte Bindemittel Berücksichtigung finden. Mit diesen Bindemitteln kann den stark wechselnden Temperaturen auf Brücken sehr gut Rechnung getragen werden.

Bild 14.1 Prinzipskizze eines Brückenbelages auf einer Betonbrücke

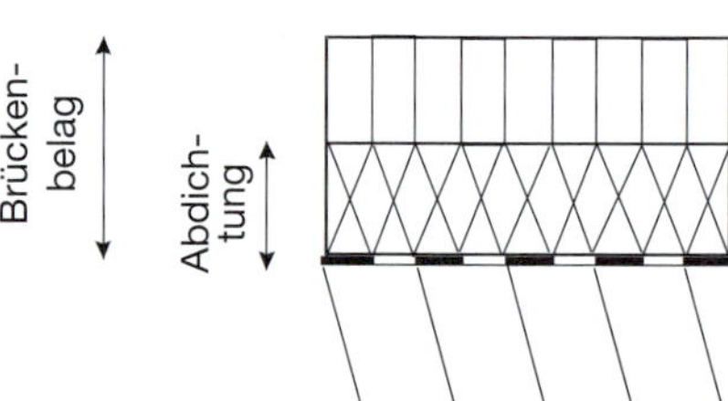

Tabelle 14.1 Mögliche Aufbauten des Belages auf Beton- und Stahlbrücken

	Betonbrücke	Stahlbrücke
Oberflächenbeschaffenheit	Höhen- und profilgerechte Lage, ebene saubere Oberfläche ohne lockere Anteile	Frei von Rost, Beschichtungsresten, Öl, Fett, Feuchtigkeit, Staub
Vorbereitung der Oberfläche	Grundierung, Versiegelung oder Kratzspachtelung mit Reaktionsharz auf Epoxidharzbasis	Trockenstrahlung mit Strahlmitteln, Druckwasserstrahlen, Flammstrahlen
Dichtungsschicht	Bitumenschweißbahn, zweilagige Bitumendichtungsbahn, Flüssigkunststoff*), Sandasphalt*)	Reaktionsharz-Dichtungsschicht, Bitumen-Dichtungsschicht, Reaktionsharz/Bitumen-Dichtungsschicht
Schutzschicht	Gussasphalt, Asphaltbeton, Splittmastixasphalt	Gussasphalt, Splittmastixasphalt
Deckschicht	Gussasphalt, Asphaltbeton, Splittmastixasphalt	Gussasphalt, Asphaltbeton, Splittmastixasphalt

*) Sonderbauweisen

14.4 Ergänzende Hinweise

Grundvoraussetzung für den funktionsgerechten Aufbau eines Brückenbelages ist ein ausreichender Schichtenverbund zwischen den Teilen des Belagaufbaues. Der Brückenbelag muss schubsicher verklebt sein und die Brückentafel sicher vor dem Zutritt von Wasser schützen.

In der Regel sind Brückenbeläge bei günstigen Witterungsbedingungen herzustellen. Daher sollten diese Arbeiten zwischen Mai und Oktober ausgeführt werden. Ist dies nicht möglich, so sind besondere Maßnahmen zum Schutz vor Witterung zu ergreifen (z. B. Aufbau von Zelten). Die Teile des Brückenbelages (Dichtungs-, Schutz- und Deckschicht) sollen in kurzem zeitlichen Abstand eingebaut werden, um Verschmutzungen und das Auftreten zu hoher Feuchtigkeit zu vermeiden.

Die Oberfläche ist für den Einbau der Teile des Brückenbelages ausreichend trocken, wenn ein mit der Hand aufgedrücktes Zeitungspapier kein Wasser aufsaugt.

Beim Heißeinbau von Asphaltschichten auf Stahlbrücken können durch Temperaturbelastung starke Verformungen und Zwängungsspannungen im Bauwerk entstehen. Daher kann es erforderlich werden, anstatt Gussasphalt Splittmastixasphalt als Schutzschicht einzubauen. Auf Stahlbrücken sollte die Deckschicht aufgehellt sein, um Temperaturbelastungen während des Gebrauchszeitraumes zu minimieren.

Vor Einbau von Walzasphaltschichten ist abzuklären, mit welchem Verdichtungsgerät gearbeitet werden kann. Häufig sind Brücken sehr sensibel gegenüber dynamischen Lasten bei der Verdichtung.

Für die Ausbildung der Ränder, Nähte und Kappen enthalten die Vorschriften detaillierte Hinweise.

Bild 14.2 zeigt, dass auch unkonventionelle Brückenbauwerke wie Klappbrücken mit Asphaltbelägen versehen werden können.

Bild 14.2 Klappbrücke mit Asphaltbelag

Asphalt auf Flugplätzen

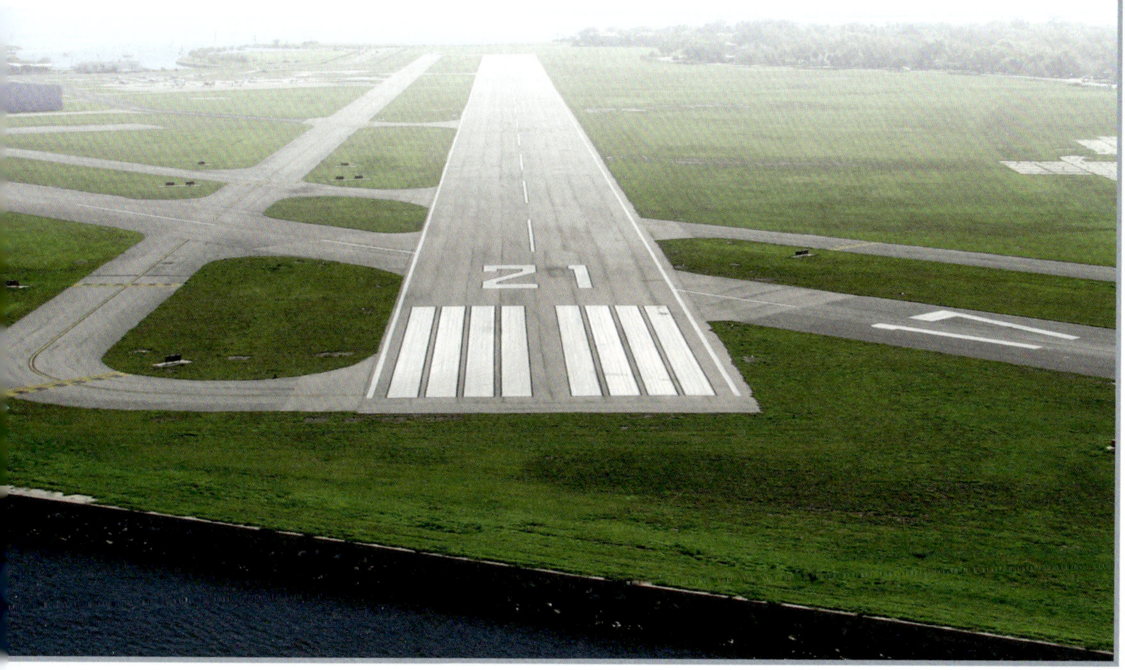

15.1 Allgemeines

Auch bei Flugplätzen ist für den Oberbau aus Asphalt das für den Straßenbau gültige Technische Regelwerk maßgebend. Die Einzelanforderungen sind nur an die besonderen Belastungsbedingungen anzupassen. Für Flugplätze der Bundeswehr gilt ein eigenes Regelwerk, das vom Bundesminister für Verteidigung herausgegeben wird. Wesentliche Anhaltspunkte für den zivilen Bereich enthält das „Merkblatt für den Bau von Flugbetriebsflächen aus Asphalt“ (M BFA).

Die Gesamtmassen der die Betriebsflächen belastenden Flugzeuge sind sehr unterschiedlich und liegen zwischen 1 000 kg (Kleinflugzeuge) und 400 000 kg (Großraumflugzeuge). Die Bemessung des Aufbaues erfolgt in der Regel mit computergestützten Bemessungsprogrammen. Es wird ein Bemessungszeitraum von 20 Jahren mit der zu erwartenden Belastung angesetzt.

15.2 Belastungen

Die *Startbahnköpfe* und *Rollbahnen*, der Startbahnmittelteil und die Vorfelder erfahren durch die Flugzeuge sehr unterschiedliche Belastungen.

Da die Flugzeuge auf Markierungslinien über *Startbahnköpfe* und *Rollbahnen* geführt werden, ergibt sich hier ein nahezu spurgeführter Verkehr für die Bugfahrwerke. In Abhängigkeit vom Flugzeugtyp zeigen sich für die anderen Radsätze unterschiedliche Rollspuren, so dass dort nicht in dem Maße von spurgeführtem Verkehr die Rede sein kann.

Im Bereich des *Startbahnmittelteiles* konzentrieren sich über 95 % der Lastübergänge auf einen rund 25 m breiten Streifen im Bereich der Startbahnmittellinie. Bei Startbahn-Regelbreiten von 45 bis 60 m ergibt sich somit auf beiden Seiten ein Streifen von 10,0 bis 17,5 m Breite, der – mit Ausnahme der Einmündungsbereiche der Rollbahnen – nahezu keiner Belastung ausgesetzt ist.

Die gesamten *Vorfeldflächen* im Roll- und Abstellbereich der Flugzeuge sind einheitlich für stehende Lasten plus Stoßfaktor zu bemessen.

Die *vertikalen Belastungen* werden durch die Fahrwerke über Radlast und Reifeninnendruck auf die Verkehrsfläche aufgebracht. Horizontale Belastungen ergeben sich nur beim Startabbruch sowie beim Drehen der Flugzeuge. Während im Normalfall mit Seitenreibungskräften von $\mu = 0{,}3$ gerechnet wird, verdoppelt sich dieser Wert für den Startabbruch und erreicht $\mu = 0{,}7$ beim Drehen der Flugzeuge.

Zusätzlich werden die Flugverkehrsflächen von Betankungsfahrzeugen, Schleppfahrzeugen etc. mit Radlasten bis zu 125 kN bei Reifenpressungen von 1 N/mm^2 beansprucht.

Eine *chemische Belastung* ergibt sich durch die im Bereich von Flugverkehrsflächen eingesetzten Enteisungsmittel, die gegebenenfalls die Gesteinskörnungen im Asphalt zerstören können. Zusätzliche Angriffe sind durch Hydrauliköle und Kraftstoffe möglich. Diese Aspekte sind im Vorfeld der Baumaßnahme abzuklären und in der Konzeption des Asphaltes zu berücksichtigen.

Wegen der hohen Landegeschwindigkeiten müssen die Belagsflächen eine hohe Rauheit aufweisen und dadurch die erforderliche Griffigkeit und das Drainagevermögen zur Vermeidung von Aquaplaning-Effekten gewährleisten.

15.3 Aufbau

Der Aufbau des Asphaltoberbaus wird für jeden Einzelfall speziell berechnet. Die üblichen Konstruktionen auf Flugplätzen sehen wie folgt aus:

- Untergrund/Unterbau,
- ungebundene Tragschichten (Frostschutzschicht, Kies- oder Schottertragschicht),
- Asphalttragschicht,
- ggf. Asphaltbinderschicht,
- Asphaltdeckschicht.

Kann die Asphaltdeckschicht die erforderliche Griffigkeit nicht mehr gewährleisten, so sind Aufrauhungsmaßnahmen vorzusehen bzw. sogenannte Anti-Skid-Beläge einzubauen.

15.4 Mischgutzusammensetzung

Das „Merkblatt für den Bau von Flugbetriebsflächen aus Asphalt“ (M BFA) nimmt immer

Schichtart	Widerstand gegen Polieren (*PSV*)	Schlagzertrümmerungswert (*SZ*)	Anteil gebrochener Oberflächen (*C*)
Asphaltdeckschicht	PSV_{53}	SZ_{18} (LA_{22})	$C_{100/0}$*
Asphaltbinderschicht	PSV_{NR}		$C_{90/10}$
Asphalttragschicht		SZ_{NR}	

* Bei regional guten Erfahrungen und einem Hinweis in der Leistungsbeschreibung können auch gebrochene Gesteinskörnungen $C_{90/10}$ vorgesehen werden

Tabelle 15.1 Anforderungen an Gesteinskörnungen für Flugplatzbefestigungen aus Asphalt

noch Bezug auf die ZTV Asphalt-StB 01 sowie die ZTV T-StB 95 (Fassung 2002). Die Anforderungen an die Gesteinskörnungen sind in *Tabelle 15.1* wiedergegeben, zusätzlich ist der Widerstand gegen Enteisungsmittel zu beachten.

Asphalttragschicht

Als Bindemittel ist Straßenbaubitumen 50/70 oder 70/100 vorzusehen. In der Regel werden Asphalttragschichten AC 32 TS oder AC 22 TS nach TL Asphalt-StB eingesetzt. Aufgrund der zum Teil geringen Belastung der Verkehrsflächen sollte der Mindestbindemittelgehalt auf 4,0 M.-% erhöht werden, um hierdurch das Alterungsverhalten und das Haftverhalten zu verbessern. Bei geringen Belastungen kann auch eine Asphaltschicht AC 32 TN oder AC 22 TN gewählt werden.

Asphaltbinderschicht

Die Asphaltbinderschicht (Dicke 4 bis 8 cm) sollte mit Straßenbaubitumen 50/70 oder polymermodifiziertem Bitumen ausgeführt werden. Bei Schichtdicken über 6 cm und einlagigem Einbau ist eine Binderschicht AC 16 B S nach TL Asphalt-StB vorzusehen. Die Anteile an groben Gesteinskörnungen sollten in Hinblick auf die Standfestigkeit gegenüber den TL Asphalt-StB erhöht werden, der Mindestbindemittelgehalt 4,3 M.-% betragen, um wiederum das Alterungsverhalten und das Haftverhalten zu verbessern. Die fertige Binderschicht darf Hohlraumgehalte von maximal 7,0 Vol.-% aufweisen, muss aber ausreichend Hohlräume haben, um etwa auftretende Dampfdrücke schadlos ableiten zu können. D. h. Blasenbildung ist zu verhindern.

Asphaltdeckschicht

Als Deckschichtmischgut kann in Abhängigkeit vom Einsatzort Asphaltbeton AC 11 D S oder AC 16 DS, Splittmastixasphalt SMA 8 S oder SMA 11 S, jeweils nach TL Asphalt-StB, Verwendung finden. Für Verkehrsflughäfen sollte ein Straßenbaubitumen 50/70 oder polymermodifiziertes Bitumen, für Verkehrslandeplätze ein Straßenbaubitumen 70/100 eingesetzt werden. Die Bindemittelgehalte sind wiederum zu erhöhen:

- Asphaltbeton AC 11 D S: 6,2 bis 7,2 M.-% Bindemittel,
- Asphaltbeton AC 16 D S: 5,5 bis 6,5 M.-% Bindemittel,
- Splittmastixasphalt SMA 8 S, SMA 11 S: mindestens 6,5 M.-% Bindemittel.

Da zum Erreichen einer hohen Alterungsbeständigkeit möglichst viel Bindemittel (≥ 15,5 Vol.-%) unterzubringen ist, muss das Gesteinskörnungsgemisch mit einem hohen Hohlraumgehalt VMA konzipiert sein. Der Hohlraumgehalt der fertigen Deckschicht soll 5,0 Vol.-% nicht übersteigen.

Bei einzelnen Bauvorhaben im Bereich von Verkehrsflugplätzen hat sich die Verwendung viskositätsveränderter Bindemittel bewährt.

15.5 Ergänzende Hinweise

Wegen der großen Flächenausdehnung sollte auf die Nahtausbildung besonderer Wert gelegt werden. Es bietet sich an, mit gestaffelt fahrenden Fertigern „heiß an heiß“ einzubauen oder die Nähte ausreichend vorzuheizen und anzustreichen (*Bild 15.1*). Die erforderlichen großen Materialmengen sind bei der Auswahl der Mischanlage zu berücksichtigen. Vor allem in den Bereichen, in denen Horizontalkräfte auftreten, ist auf den Schichtenverbund zwischen den einzelnen Schichten bzw. Lagen des Asphaltpaketes besonders zu achten.

Häufig müssen vor dem eigentlichen Einbau Probefelder angelegt werden, an denen sämtliche Prüfungen durchgeführt werden können (inkl. Griffigkeitsmessungen).

Bild 15.1
Asphalteinbau auf einer Start- und Landebahn mit gestaffelt fahrenden Fertigern

Bei der Sanierung einer Start- und Landebahn auf dem Flughafen Frankfurt hat sich die Überlegenheit der Asphaltbauweise gezeigt, da die Sanierungsarbeiten unter uneingeschränktem Flugverkehr durchgeführt werden mussten. So wurde zu Beginn der nächtlichen Flugpause die vorhandene Befestigung in Streifen quer zur Start- und Landebahn ausgefräst und neuer Asphalt in einer Dicke von ca. 70 cm eingebaut (*Bild 15.2*). Durch die Verwendung von viskositätsverändertem Bindemittel war es möglich, dass morgens ab 6 Uhr die Start- und Landebahn wieder uneingeschränkt benutzt werden konnte.

Bild 15.2
Nächtlicher Asphalteinbau bei der Sanierung einer Start- und Landebahn

16

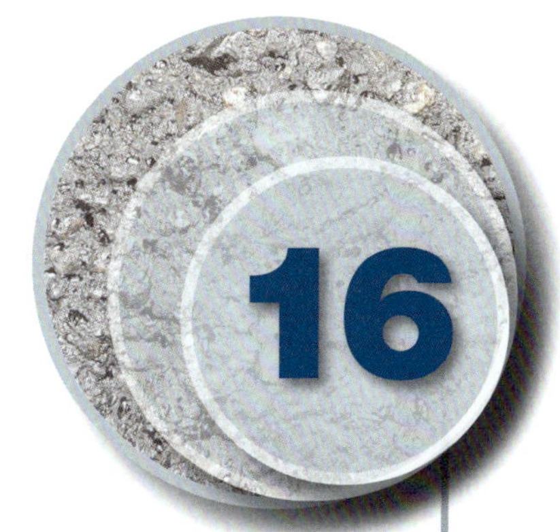

Asphalt im Eisenbahnbau

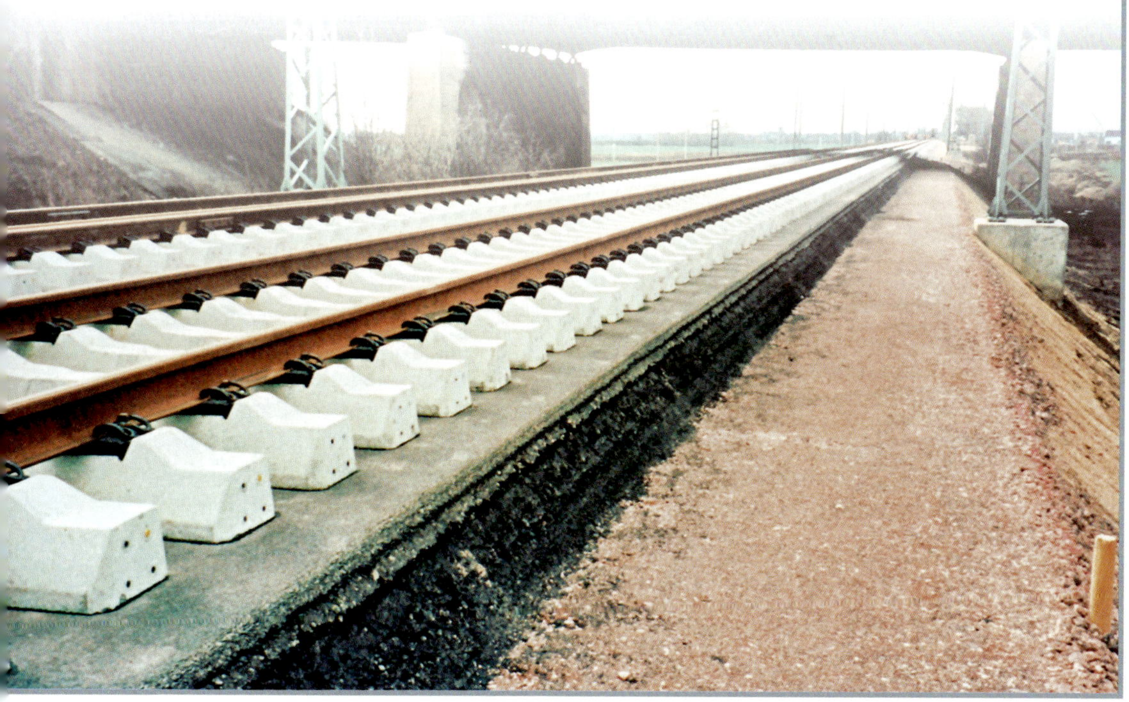

16.1 Allgemeines

Seit mehr als 40 Jahren entwickeln einige große deutsche Baufirmen in Zusammenarbeit mit Forschungsinstituten und der Deutschen Bahn AG unterhaltungsärmere Oberbauformen, die insgesamt eine bessere Lagestabilität des Gleises, insbesondere bei hohen Fahrgeschwindigkeiten, aufweisen und den klassischen Schotteroberbau, zumindest auf Teilstrecken, ablösen können. Diese Fahrbahnarten werden als *Feste Fahrbahn* bezeichnet. Die entscheidende Veränderung ist der Ersatz des Schotterbettes durch eine Betontragplatte oder eine Asphalttragschicht, in der der Gleisrost fest eingebunden oder direkt aufgelegt werden kann (*Bild 16.1*).

Erstmals im Regelbetrieb eingesetzt wurde diese Bauweise 1993 im Bereich der „Nantenbacher Kurve" auf der Bahnstrecke Würzburg–Frankfurt. Vorausgegangen waren unterschiedliche Versuchsabschnitte, die in der Dekade zuvor erstellt worden waren. Im Zuge der Verkehrsprojekte Deutsche Einheit rückte auch die Feste Fahrbahn immer wieder in den Vordergrund. Die Asphaltbauweise erhöht hierbei gegenüber der Betonbauweise ständig ihren Anteil.

Bild 16.1 Feste Fahrbahn aus Asphalt

16.2 Belastungen

An die Feste Fahrbahn werden u. a. folgende *Grundanforderungen* gestellt:

- Fahrkomfort und Vermeidung von Lagekorrekturen durch genaue und dauerhafte Einhaltung der Gleisgeometrie,
- Einfederungsverhalten wie beim Schotteroberbau, gewährleistet durch elastische Zwischenplatten in der Schienenbefestigung,
- Gleisüberhöhung von über 180 mm,
- Reguliermöglichkeiten nach Höhe und Seite in der Schienenbefestigung zum Ausgleich leichter Setzungen,
- einfache und kurzfristige Gleislagekorrektur,
- weitgehende Mechanisierbarkeit der Herstellung,
- kurze Bauzeit,
- lange Gebrauchsdauer,
- Nachweis der Wirtschaftlichkeit im Vergleich zum Schotteroberbau.

Die Auswahl der Mischgutart und deren Zusammensetzung richtet sich in erster Linie nach der geforderten Gebrauchsdauer von 60 Jahren.

16.3 Aufbau

Für die Feste Fahrbahn aus Asphalt sind derzeit verschiedene Systeme von der Deutschen Bahn AG zugelassen. Dabei handelt es sich u. a. um:

- *Bauart ATD:* Die Asphalttragschicht ist höhengenau mit einem mittigen Querkraftsockel aus Asphalt, der ein Verschieben des Gleises verhindern soll, herzustellen. Danach folgt das Auslegen der aufgeplatteten Betonschwellen und der Schienen. Das fertig montierte Gleis wird ausgerichtet und mit einer elastischen Kunststoffmasse, die in den Spalt zwischen Schwelle und Querkraftsockel eingebracht wird, in seiner Lage fixiert.
- *Bauart Walter:* Der Gleisrost wird analog zur Bauart ATD direkt auf der höhengenau hergestellten Asphalttragschicht aufgelagert

Bild 16.2
Herstellen der höhengenauen Asphalttragschicht

und mechanisch über einen in Schwellenmitte eingeführten, verklebten Dübeldorn befestigt.

- *Bauart FFYS:* Der Gleisrost aus Y-Schwellen wird analog der Bauart ATD direkt auf der höhengenau hergestellten Asphalttragschicht aufgelagert. Die Verzahnung mit der Tragschicht übernimmt ein Querriegel (hochkantiger Flachstahl), der in eine dafür vorgesehene eingefräste Nut der Tragschicht hineinragt. Die Nut wird mit Kunststoff verfüllt.

Die „Zusätzlichen Technischen Vertragsbedingungen – Feste Fahrbahnen mit Asphaltschichten im Eisenbahnoberbau" (ZTVA-FF 95) der Deutschen Bahn AG sehen beispielhaft den folgenden, bitumengebundenen Aufbau vor:

- 4 cm AC 11 D S,
- 6 cm AC 16 T S oder AC 22 T S,
- 10 cm AC 22 T S oder AC 32 T S,
- 10 cm AC 22 T S oder AC 32 T S.

Hier ist jedoch zu beachten, dass die Zusammensetzung des Asphalts nicht den Vorgaben der TL Asphalt-StB entspricht, da bei der festen Fahrbahn – wie ausgeführt – andere Randbedingungen gelten.

Andere Aufbauten wurden auch schon ausgeführt. Ausschlaggebend ist die für den Einzelfall durchgeführte Bemessung.

Für die Gesamtdicke des frostsicheren Aufbaues ist das Regelwerk des Asphaltstraßenbaues maßgebend.

Bild 16.3
Feste Fahrbahn aus Asphalt

16.4 Mischgutzusammensetzung

Wassereintritte müssen durch einen hohlraumarmen Aufbau der einzelnen Schichten vermieden werden. Da ein gutes Langzeitverhalten darüber hinaus von der Dicke des die einzelnen Körner umschließenden Bindemittelfilmes bestimmt wird, sind im Gegensatz zum Straßenbau die Bindemittelgehalte so hoch wie möglich anzusetzen.

Klimatischen Einflüssen ist durch geeignete Bindemittelauswahl Rechnung zu tragen. Auf Erdkörper ist für die Deckschicht polymermodifiziertes Bitumen PmB 45/80-50, gegebenenfalls sogar Naturasphalt vorzusehen, für die unteren Lagen ebenso wie im Bereich von Tunneln Bitumen 50/70, in Ausnahmefällen Bitumen 70/100.

Für die Zusammensetzung des Gesteinskörnungsgemisches sind die TL Asphalt-StB maßgebend. Vorgesehen sind:

- *Asphalttragschichten* AC 16 T S, AC 22 T S, AC 32 T S,
- *Asphaltdeckschichten* AC 11 D N, AC 11 D S, AC 16 D S SMA 8 N, SMA 8 S, SMA 11 S.

Um die geforderte lange Gebrauchsdauer zu erreichen, ist ein möglichst hoher Bindemittelgehalt anzustreben. Für die Deckschicht ist vor allem die Einhaltung der Anforderungen an den Hohlraumgehalt der fertigen Schicht (1–3 Vol.-%) von Bedeutung. Zum Erzielen eines ausreichend dichten und gut verdichtbaren Asphaltes sollten Probekörper mit unterschiedlicher Anzahl an Verdichtungsschlägen hergestellt und die daran gewonnenen Kennwerte ausgewertet werden. Die Erfahrungen zeigen, dass Deckschichtgemische, die nach 2 × 25 Schlägen einen Hohlraumgehalt unter 2 Vol.-% aufweisen, als geeignet angesehen werden können.

16.5 Ergänzende Hinweise

Um die erforderliche Lagegenauigkeit der Oberfläche zu erreichen, wird der Fertiger, der mit einer Hochverdichtungsbohle ausgerüstet ist, über Laser oder Draht gesteuert. Eine Walzverdichtung findet nur zu einem Minimum statt. Die Oberfläche der Deckschicht darf an allen Punkten nicht mehr als ± 2 mm von der planmäßigen Höhe abweichen, die Toleranz für die Richtungsgenauigkeit beträgt 10 mm.

Auf einen ausreichenden Schichtenverbund ist besonders zu achten.

Die Entwässerungseinrichtungen sind so zu planen, dass kein Wasser in den Aufbau eindringen kann.

17 Asphalt im Wasserbau

17.1 Allgemeines

Asphalt für Dichtungen besitzt eine Reihe von Eigenschaften, die ihn von anderen Dichtungsbaustoffen grundlegend unterscheiden. Asphaltdichtungen weisen neben einer ausreichenden Flexibilität eine Standfestigkeit auf, die den Einsatz im Bereich von Böschungen erlaubt. Im Vergleich zu anderen Dichtungsbaustoffen ist der Einbau von Asphalt witterungsunabhängiger.

Asphaltdichtungen finden Anwendung in zahlreichen Bauwerken des Wasserbaues, sei es in Kanälen (z. B. Rhein-Main-Donau-Kanal), in Speicherbecken (z. B. Langenprozelten), in Dämmen (z. B. Schmalwasser), im Küstenschutz oder auch in Kleinbiotopen bei Wohngebieten. Sie verdrängen andere Abdichtungsbauweisen immer mehr.

Neben dem Einsatz als Dichtungsschicht findet Asphalt z. B. als *Asphaltverguss* von Steinschüttungen, Packlagen oder Pflasterungen Anwendung zum Schutz vor Erosion bei Kanälen oder im Bereich des Uferschutzes.

17.2 Bauweisen der Asphaltdichtungen

Grundsätzlich ist bei Asphaltdichtungen zu unterscheiden zwischen Außen- und Innendichtungen.

Asphaltaußendichtungen werden auf den Böschungen und Dämmen für Talsperren und Speicherbecken großflächig und fugenlos hergestellt. Sohlendichtungen werden bei Speicherbecken angeordnet, wenn kein ausreichend dichter Untergrund vorhanden ist. Asphaltaußendichtungen eignen sich besonders bei der Sanierung des Dichtungssystems älterer Talsperren. *Bild 17.1* zeigt beispielhaft den Querschnitt der Wehra-Talsperre, die mit einer Außendichtung versehen ist.

Asphaltinnendichtungen – auch Kerndichtungen genannt – werden während der Aufschüttung des Dammes hergestellt. Sie werden beidseitig durch den Damm statisch gehalten. Auf beiden Seiten der Dichtung ist eine Übergangszone eingerichtet, die luftseitig als Dränage- bzw. Kontrolleinrichtung genutzt werden kann. Das Verformungsverhalten der Innendichtung ist auf die zu erwartenden Verformungen des Dammes abzustimmen.

Bild 17.2 zeigt beispielhaft den Querschnitt der Wupper-Talsperre, die mit einer Innendichtung versehen ist.

Tabelle 17.1 zeigt einen Vergleich der Außen- und Innendichtungen. Für beide Bauweisen gilt gleichermaßen, dass die Systemdichtheit abhängig ist von den Arbeitsnähten, den Anschlüssen und von eventuellen Unzulänglichkeiten des Bauablaufes.

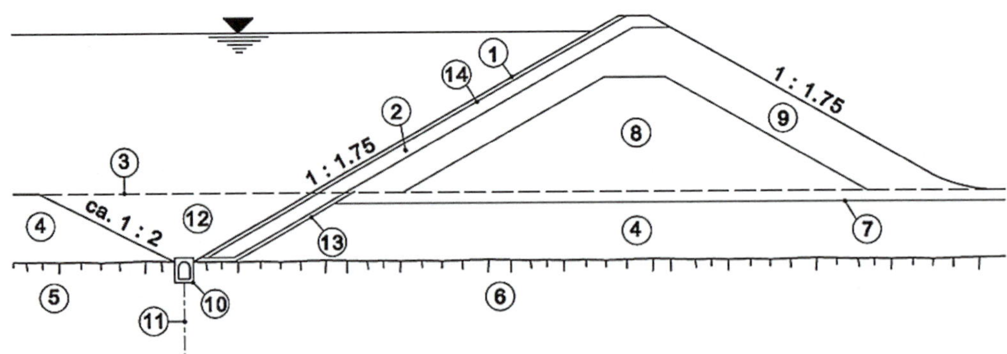

1 Asphaltaußendichtung
2 Vorschüttung aus ausgesuchtem Felsmaterial
3 ursprüngliche Talsohle
4 vorhandener grobblockiger Talschotter
5 Fels
6 Fels
7 Aufstandsfläche des Dammes
8 Dammkern aus Talschotter und gebrochenem Fels
9 Dammschüttung aus gebrochenem Fels
10 begehbare Herdmauer
11 Injektionsschleier
12 Talschotter-Aushub (Baugrube für Herdmauer)
13 Kiesfilter
14 Schotterfilter

Bild 17.1 Querschnitt einer Talsperre mit Außendichtung

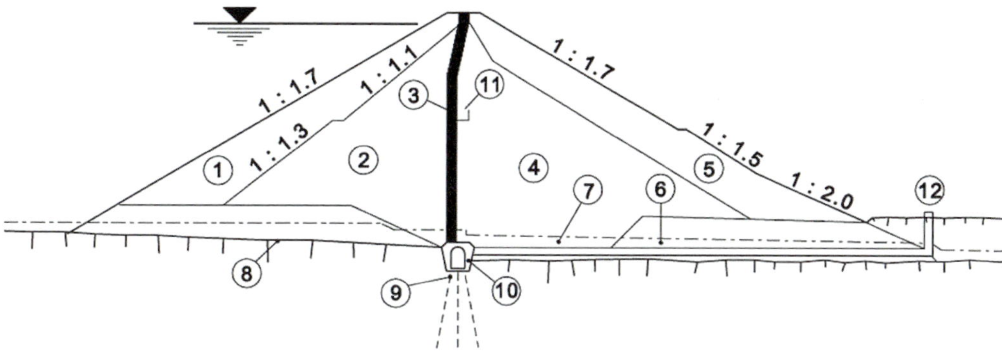

1 Granit/Syenit
2 Granit
3 Asphaltinnendichtung mit Übergangszonen
4 Hangsschutt
5 Granit
6 Dränschotter
7 Talschotter
8 Dammaufstandsfläche
9 Injektionsschleier
10 Herdmauer mit Kontrollgang
11 Sammelrinne
12 Zugang zu Herdmauer

Bild 17.2 Querschnitt einer Talsperre mit Innendichtung

Tabelle 17.1 Vergleich von Asphaltaußen- und -innendichtung

	Asphaltaußendichtung	Asphaltinnendichtung
Zugänglichkeit	gut	nicht möglich
Kontrollierbarkeit	vollständig	mittelbar
Reparaturmöglichkeit	gut	aufwendig
Aufnahme des Wasserdrucks	durch gesamten Damm	durch Damm nur auf Luftseite
Ausführung	zusammenhängend	mit Baufortschritt des Dammes
Setzungen	bei Bau weitgehend abgeklungen	treten noch längere Zeit auf
Erosionsschutz	durch Dichtung	gesonderte Maßnahme
Witterungseinflüsse, mechanische Beanspruchungen	vollständig ausgesetzt	vollkommener Schutz
Einstaubeginn	nach Abschluss der Dichtungsarbeiten	mit Arbeitsfortschritt
Erdbebensicherheit	abhängig von Flexibilität und Abriss von Bauwerken	größere Sicherheit gegeben
Dichtungsfläche	groß, geringe Menge Asphalt pro Flächeneinheit	klein, große Menge Asphalt pro Flächeneinheit

17.3 Beanspruchungen

Asphaltdichtungen sind mechanischen Beanspruchungen, biologischen Einwirkungen und Witterungseinflüssen in unterschiedlichem Maße ausgesetzt.

Mechanische Beanspruchungen

Bei Außendichtungen ergeben sich mechanische Beanspruchungen durch zweiaxiale Dehnungen und Biegebeanspruchung infolge von Verformungen (Setzungsmulden). Die Asphaltdichtung muss daher eine ausreichende Flexibilität, die sich mit dem Versuch nach van Asbeck bestimmen lässt, aufweisen (*Bild 17.3*).

Zusätzliche Beanspruchungen entstehen durch Wellenschlag und thermische Kräfte; bei ausreichender Dimensionierung und Dichte des Belages ist dieser Beanspruchung entgegenzuwirken. Die größte Beanspruchung erfahren die Außendichtungen auf der Böschung allerdings durch ihr Eigengewicht, dessen parallel zur

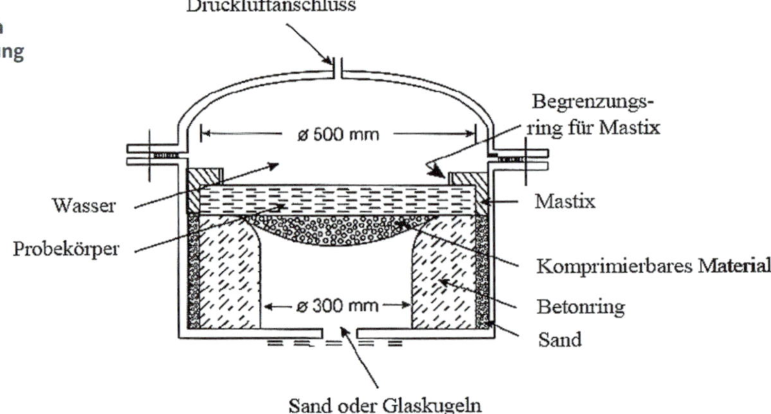

Bild 17.3
Versuchseinrichtung nach van Asbeck zur Bestimmung der Flexibilität

Böschungsoberfläche wirkender Teil Schubkräfte erzeugt, die in der Dichtung aufgenommen werden müssen.

Asphaltinnendichtungen werden im Wesentlichen durch Wasserdruck, Erddruck aus dem Damm und Spannungsumlagerungen im Dammkörper beansprucht. Den auftretenden Stauchungen, Dehnungen und Erddrücken muss die Innendichtung standhalten und darf keine Dilatation entwickeln. Die Übergangszone zum Damm muss so filterstabil ausgebildet sein, dass der Asphalt nicht in die Porenräume eindringen kann.

■ Biologische Einwirkungen

Biologische Einwirkungen sind nur durch Pflanzenwuchs zu erwarten. Es ist daher beim Bau darauf zu achten, dass im Untergrund bzw. im Bereich der Innendichtung keine keimfähigen oder austreibenden Bestandteile vorhanden sind. Nachteilige Einflüsse von Mikroorganismen auf Asphalt sind bislang nicht bekannt.

■ Witterungseinflüsse

Eine Außendichtung wird durch die jahreszeitlich bedingten Temperaturen und durch die häufigen Temperaturwechsel beansprucht. Frostschäden sind nicht zu erwarten, wenn die Dichtung ausreichend hohlraumarm ist und wenn keine saugenden oder porösen Gesteinskörnungen verwendet werden. Zudem trägt die UV-Strahlung zur Verhärtung des Bindemittels bei. Einen Schutz vor den Witterungseinflüssen bietet die Aufbringung eines Asphaltmastix auf die fertige Abdichtung.

17.4 Konstruktive Ausbildung von Asphaltaußendichtungen

Asphaltaußendichtungen können als konventionelle Abdichtung oder als kontrollierte Abdichtung ausgebildet werden. In *Bild 17.4* ist eine konventionelle Abdichtung wiedergegeben, die aus einer Dichtungsschicht aus Asphaltbeton und einer Dränbinderschicht besteht. *Bild 17.5* zeigt beispielhaft eine kontrollierte Abdichtung, bei der die Kontrollmöglichkeit durch die Anordnung von zwei Asphaltbetonschichten mit einer Zwischenlage aus Dränbinder gegeben ist. Die Kontrollmöglichkeit kann auch durch entsprechende Unterteilung der ungebundenen Schichten mit Schotten in einzelne Felder und die Anordnung von Dichtungsmaterialien unter den ungebundenen Schichten erreicht werden.

In Abhängigkeit von den äußeren Beanspruchungen kann die *Dichtungsschicht* (oberste Asphaltlage) *zweilagig* ausgebildet werden. In diesem Fall sind die Nähte gegenseitig zu versetzen. Zur Vermeidung des Entstehens von Blasen ist darauf zu achten, dass beim Einbau der oberen Lage die Unterlage ausreichend trocken ist.

Der Aufbau im Sohlbereich entspricht dem Aufbau an der Böschung. Unterschiede bestehen nur in der Mischgutzusammensetzung, da im Sohlbereich nur geringe Schubkräfte auftreten und bei der Verdichtung die gesamte Last der Walzen einwirkt.

Der Einbau der Abdichtung erfolgt auf der Sohle entsprechend dem Einbau im Straßenbau. Auf

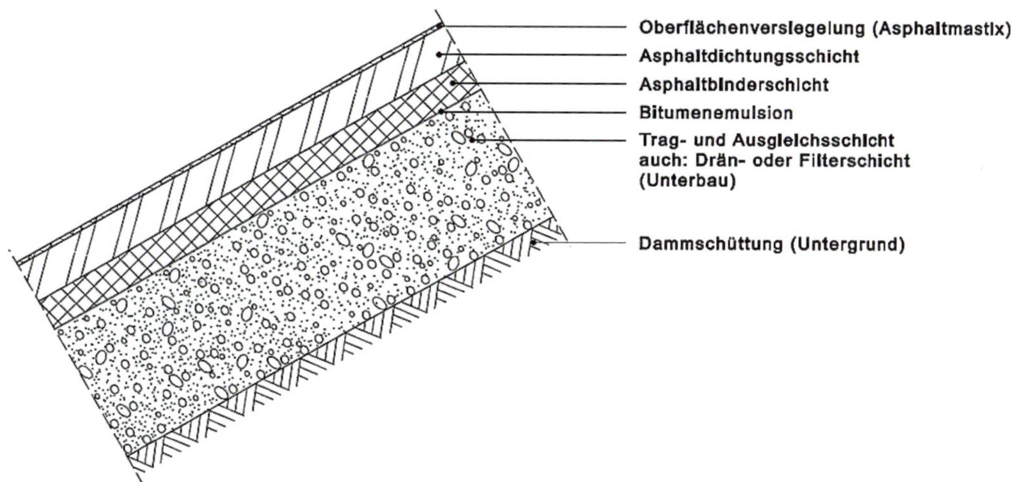

Bild 17.4 Konventionelle Asphaltdichtung mit Oberflächenversiegelung, Asphaltdichtungsschicht und Asphaltbinderschicht

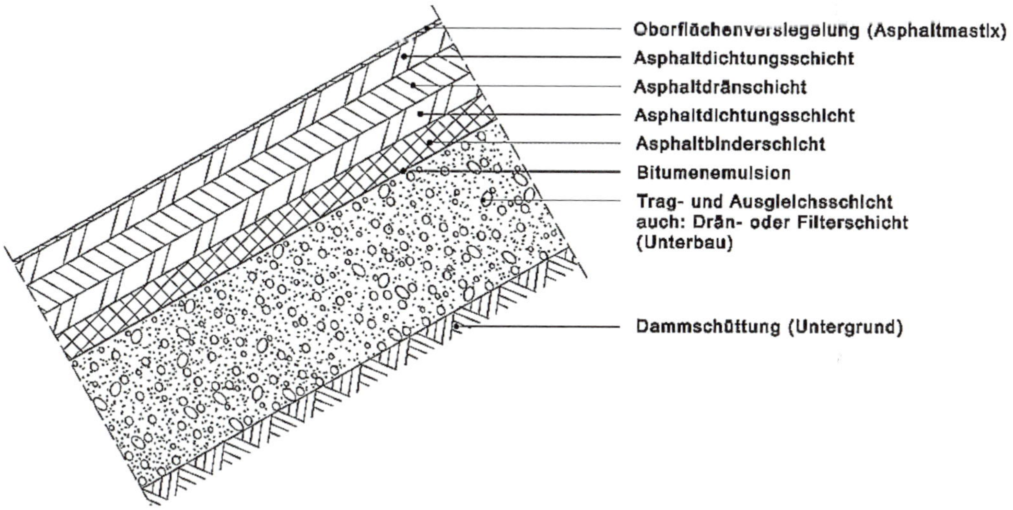

Bild 17.5 Kontrollierte Asphaltdichtung mit Oberflächenversiegelung, Asphaltdichtungsschicht, Asphaltdränschicht, Asphaltdichtungsschicht und Asphaltbinderschicht

der Böschung kann der Asphalt vertikal oder horizontal mit umgebauten Straßenfertigern erfolgen. Mit Spezialgeräten lässt sich ein horizontaler Einbau in einer Breite bis zu 25 m realisieren, was eine deutliche Reduzierung der Nähte und damit der potentiellen Schwachstellen bedeutet.

17.5 Mischgutzusammensetzung

Die „Empfehlungen für die Ausführung von Asphaltarbeiten im Wasserbau (EAAW), Ausgabe 2008“ legen die Anforderungen an die Zusammensetzung des Mischgutes fest. Asphaltmischgut für Dichtungsschichten wird aus Gesteinskörnungen, die den TL Gestein-StB entsprechen und demgemäß CE-gekennzeichnet sind, und Bitumen nach TL Bitumen hergestellt.

Die Verwendung von Ausbauasphalt ist in den Vorschriften des Wasserbaues aus Gründen der Bauwerkssicherheit ausgeschlossen und wurde bislang auch noch nicht praktiziert. Der

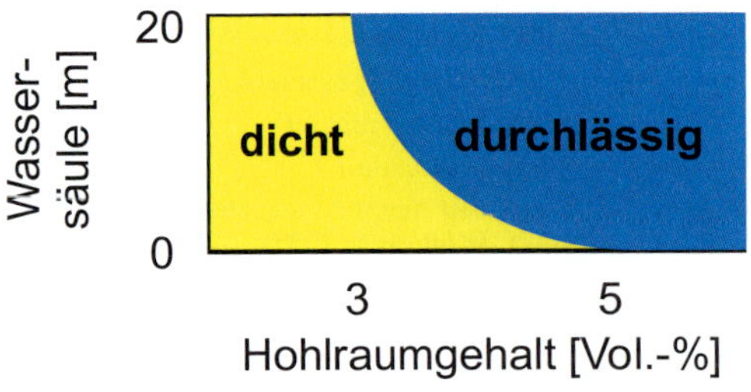

Bild 17.6 Wasserdurchlässigkeit von Asphalt in Abhängigkeit vom Hohlraumgehalt

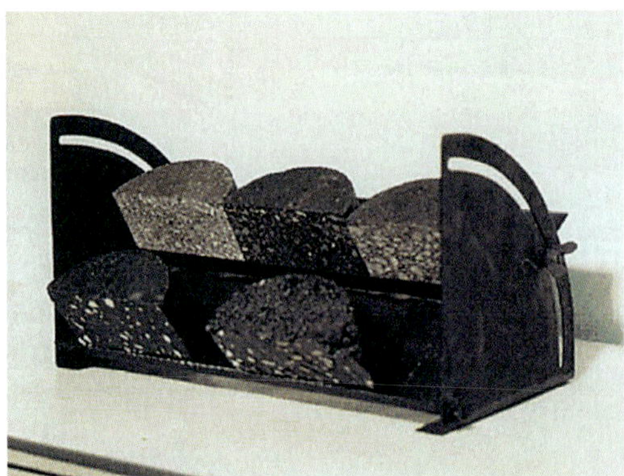

Bild 17.7 Prüfkörper während der Prüfung der Standfestigkeit auf Böschungsflächen

wesentliche Grund für diese Festlegung ist die Unsicherheit, die sich aus der schwankenden Zusammensetzung des Ausbauasphaltes über den langen Zeitraum, die eine Wasserbaumaßnahme andauert, ergibt.

Bild 17.6 zeigt Untersuchungen zur Wasserdurchlässigkeit von Asphalt in Abhängigkeit vom Hohlraumgehalt. Asphalt mit Hohlraumgehalten über 5 Vol.-% ist demnach als durchlässig zu bezeichnen, Asphalte mit Hohlraumgehalten unter 3 Vol.-% als dicht. Die EAAW sehen daher für die Dichtungsschicht Asphalte mit Hohlraumgehalten unter 3 Vol.-% im eingebauten Zustand vor.

Die Zusammensetzung des Mischgutes für den Böschungsbereich muss an die vorliegende Neigung angepasst sein. Durch entsprechende Versuche mit Probekörpern, die auf einer schiefen Ebene bei hohen Temperaturen gelagert werden, ist das Mischgut zu optimieren (*Bild 17.7*). In der Regel wird im Böschungsbereich mehr Brechsand und etwas weniger Bindemittel zugegeben.

Die Vorgaben zur Zusammensetzung von Asphaltdichtungsschichten, Asphaltdränschichten und Asphaltbinderschichten sind in den *Bildern 17.8* bis *17.10* wiedergegeben. Die Korngrößenverteilung der Asphaltdichtungsschicht ist sehr stark an die Füllerkurve angepasst, das Mischgut ist leicht verdichtbar. Die Dränbinderschichten sind so zusammengesetzt, dass sich im eingebauten Zustand Hohlraumgehalte zwischen 10 und 15 Vol.-% ergeben.

Bild 17.8
Anforderungen an Asphaltdichtungen nach EAAW

Bindemittelart und -sorte		0/11	0/16
		Bitumen 70/100 und 50/70 PmB 45/80-50A	
Bindemittelgehalt	M.-%	6,5–8,0	6,0–7,5
Anteil an Korn > 2 mm		40–55	40–60
Anteil an Füller ≤ 0,063 mm		11–16	9–14
Hohlraumgehalt am Bohrkern	Vol.-%	max. 3,0	

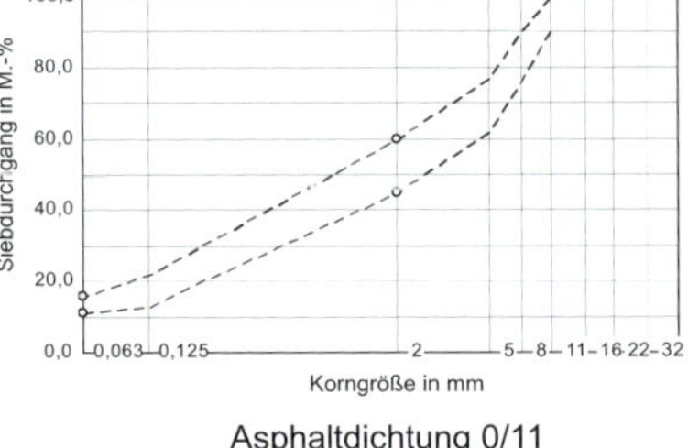

Asphaltdichtung 0/11

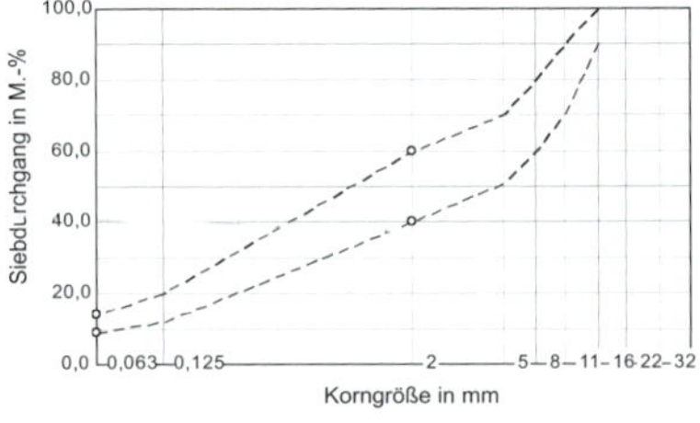

Asphaltdichtung 0/16

Bindemittelart und -sorte		0/16	0/22
		Bitumen 70/100 und 50/70 PmB 45/80-50A	
Bindemittelgehalt	M.-%	3,5–5,5	3,5–5,5
Anteil an Korn > 2 mm		75–85	70–85
Anteil an Korn > 11 mm		≥ 30	–
Anteil an Korn > 16 mm		–	≥ 30
Anteil an Füller ≤ 0,063 mm		2–9	2–9
Hohlraumgehalt am Bohrkern	Vol.-%	10–25	

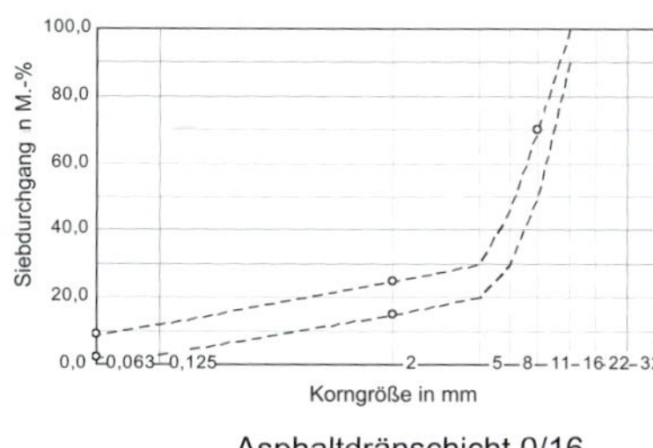

Asphaltdränschicht 0/16

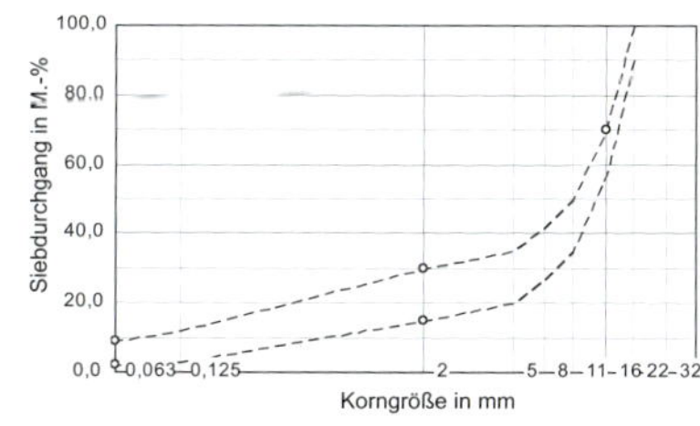

Asphaltdränschicht 0/22

Bild 17.9 Anforderungen an Asphaltdränschichten nach EAAW

Bindemittelart und -sorte		0/11	0/16
		Bitumen 70/100 und 50/70 PmB 45/80-50A	
Bindemittelgehalt	M.-%	4,5–6,0	4,0–6,0
Anteil an Korn > 2 mm		50–75	60–80
Anteil an Füller ≤ 0,063 mm		4–9	4–9
Hohlraumgehalt am Bohrkern	Vol.-%	9–12	

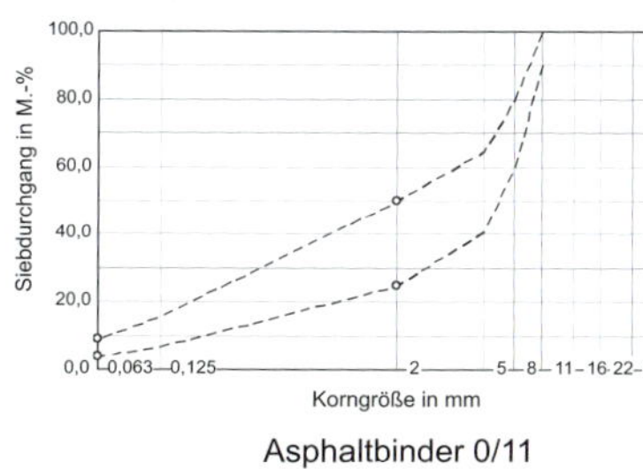

Asphaltbinder 0/11

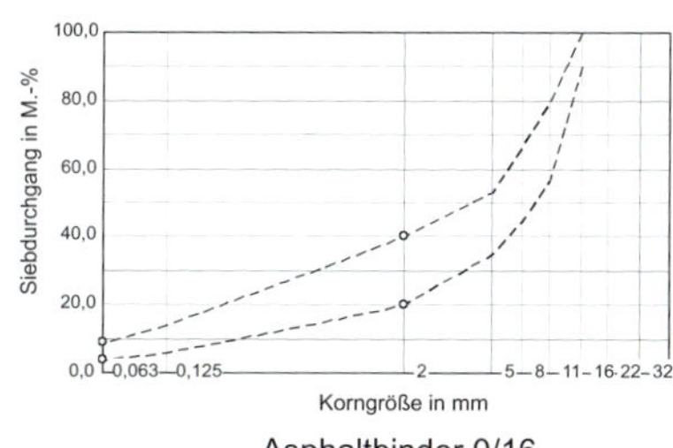

Asphaltbinder 0/16

Bild 17.10 Anforderungen an Asphaltbinderschichten nach EAAW

17.6 Ergänzende Hinweise

Beim Bau von Asphaltdichtungen hat es sich bewährt, vor Ort eine intensive Überwachung der Bauarbeiten durchzuführen. Dies gilt insbesondere für die Kontrolle des eingebauten Mischgutes und der fertigen Leistung. Durch frühzeitiges Eingreifen lassen sich schwerwiegende Mängel auf ein Minimum reduzieren.

Für den Einbau der Asphaltschichten stehen Geräte zu Verfügung, die einen horizontalen oder einen vertikalen Einbau zulassen (*Bilder 17.11* und *17.12*). *Bild 17.13* zeigt den Einbau von Heißmastix. In den vergangenen Jahren wurden häufiger auch polymermodifizierte Bindemittel im Wasserbau eingesetzt, da sie eine bessere Klebekraft besitzen.

Beim Einbau ist allerdings zu berücksichtigen, dass damit hergestellte Asphalte eine andere Viskosität haben als mit Straßenbitumen hergestellte Asphalte und daher mit den leichten Walzen, die auf Böschungen eingesetzt werden, nur bei höheren Temperaturen ausreichend gut verdichtet werden können.

Bild 17.11 Vertikaleinbau von Asphalt im Böschungsbereich

Bild 17.12 Horizontaleinbau von Asphalt im Böschungsbereich

Bild 17.13
Einbau von Asphalt-
mastix

Asphalt im Deponiebau

18.1 Allgemeines

Nachdem sich Asphaltabdichtungen im Wasserbau über Jahrzehnte bewährt hatten und die Bauweise einen hohen technischen Standard erreicht hatte, lag es nah, sich auch mit der Abdichtung von Deponien mit Asphalt zu beschäftigen. Erste und langjährige Erfahrungen wurden mit Lagerflächen von Industriebetrieben gesammelt. In der Schweiz werden bereits seit vielen Jahren Deponien mit Asphalt abgedichtet.

Die auf Antrag der Asphaltindustrie in den 90er-Jahren des letzten Jahrhunderts vom Deutschen Institut für Bautechnik (DIBt) erarbeitete Zulassung für Deponieasphalte musste aufgrund der Zuständigkeiten, die in vielen Bereichen bei den Bundesländern liegen, wieder zurückgezogen werden. So war es dann wieder die Asphaltindustrie, die basierend auf der Deponieverordnung bei der Länderarbeitsgemeinschaft Abfall (LAGA) einen Antrag auf Eignungsbeurteilung von Deponieasphalt stellte. Grundlage für die Eignungsbeurteilung stellt die „Güterichtlinie Abdichtungskomponenten aus Deponieasphalt" der Deutschen Gesellschaft für Geotechnik (DGGT) aus dem Jahr 2015 dar. Die Eignungsbeurteilung vom 2.12.2015 wurde von der LAGA im Frühjahr 2016 verabschiedet. Verbunden mit der Eignungsbeurteilung sind auch die von der LAGA erstellten „Bundeseinheitlichen Qualitätsstandards" (für Basis- und Oberflächenabdichtungen), in denen festgelegt ist, welche Nachweise für den Deponieasphalt zu erbringen sind.

Da viele für den Deponiebau geltende Aspekte bereits aus dem Wasserbau bekannt sind, wird in diesem Kapitel nur grundsätzlich auf die zusätzlichen Fragestellungen und Festlegungen für den Deponiebau eingegangen.

18.2 Beanspruchungen

Deponieabdichtungen werden vielfältigen Beanspruchungen ausgesetzt. Diesen Beanspruchungen muss beim Entwurf und der Bemessung des Abdichtungssystems Rechnung getragen werden. Die wesentlichen Punkte, die dabei zu beachten sind, fasst die Eignungsbeurteilung wie folgt zusammen:

- *Standsicherheit*: Da die Deponieasphalte auch an Böschungen eingesetzt werden, ist der Nachweis zu erbringen, dass der Asphalt eine ausreichende innere Stabilität aufweist und die Gleitfugen zwischen den Lagen oder zu den ungebundenen Schichten nicht zur Zerstörung der Abdichtung führen.
- *Mechanische Widerstandsfähigkeit und Verformungsbeständigkeit*: Vor allem die Verformungsbeständigkeit ist im Bereich von möglichen Setzungen zu beachten. Die Asphalte müssen den Verformungen des Untergrundes folgen, ohne ihre Konvektionsdichtheit zu verlieren.
- *Hydraulische Widerstandsfähigkeit:* Sie ist durch eine hohlraumarme Zusammensetzung und durch die Bindung zwischen Gesteinskörnern und Bitumen nachzuweisen.
- *Dichtigkeit:* Sie ist über einen geringen Hohlraumgehalt (≤ 3 Vol.-%) in der fertigen Schicht sicherzustellen.
- *Chemische Beständigkeit:* Bitumen ist gegenüber zahlreichen Chemikalien beständig, die Beständigkeit gegenüber Sickerwasser ist nachgewiesen. Die Gesteinskörnungen sind entsprechend zu wählen.
- *Beständigkeit gegenüber biologischen Einwirkungen:* Mikrobiologische Zersetzungen mit schädlichen Auswirkungen sind nicht bekannt. Durchwurzelungsversuche zeigen positive Ergebnisse.
- *Witterungsbeständigkeit:* Deponieflächen sind nur kurzzeitig der Witterung ausgesetzt, so dass auch hier keine negativen Erkenntnisse vorliegen.

18.3 Bauweisen

Die Güterichtlinie legt zwei Bauweisen für die Oberflächen- und Basisabdichtungen von Deponien der Klassen I bis III fest:

Variante A:

Zweilagiger Aufbau, bestehend aus 4 cm Deponieasphaltdichtungsschicht (AC 11 D-DA) und 6 cm Deponieasphalttragschicht (AC 16 T-DA). Für den Aufbau wird ein ausreichend verformungsbeständiger und tragfähiger Unterbau (E_{V2} ≥ 45 MN/m²) empfohlen.

Bild 18.1 Zweilagiger Aufbau der Deponieabdichtung

Tabelle 18.1 Anforderungen an Deponieasphalttragschichten (AC 16 T-DA), Deponieasphaltdichtungsschichten (AC 11 D-DA) und Deponieasphalttragdichtungsschichten (AC 16 TD-DA) in Dichtungskomponenten

	Einheit	AC 16 T-DA	AC 11 D-DA	AC 16 TD-DA
Bindemittelsorte		70/100	70/100	70/100
Bindemittelgehalt	M.-%	5,2–6,5	6,5–7,5	6,0–7,0
Hohlraumgehalt der fertigen Schicht	Vol.-%	≤ 4	≤ 3	≤ 3
Siebdurchgang 22,4 mm	M.-%	100	–	100
Siebdurchgang 16,0 mm	M.-%	90–100	100	90–100
Siebdurchgang 11,2 mm	M.-%	–	90–100	–
Siebdurchgang 2,0 mm	M.-%	40–60	45–60	40–60
Siebdurchgang 0,063 mm	M.-%	9–14	11–16	9–14

Variante B:

Einlagiger Aufbau, bestehend aus 8 cm Deponieasphalttragdichtungsschicht (AC 16 TD-DA). Der Aufbau wird nur dann empfohlen, wenn die Verformungsbeständigkeit und Tragfähigkeit des Untergrundes ausreichend hoch ist (E_{V2} ≥ 80 MN/m²).

Bild 18.2 Einlagiger Aufbau der Deponieabdichtung

18.4 Zusammensetzung des Deponieasphaltes

An die Gesteinskörnungen und die Bindemittel für Deponieasphalt werden hohe Anforderungen gestellt, die in der Güterichtlinie näher beschrieben sind. Die Verwendung von polymermodifizierten Bitumen ist aufgrund fehlender dokumentierter Erfahrungen nicht zulässig, Ausbauasphalt darf nicht verwendet werden. In *Tabelle 18.1* sind die Anforderungen an die Zusammensetzung der Deponieasphalte wiedergegeben.

In der Erstprüfung muss ein Hohlraumgehalt für AC 11 D-DA und AC 16 TD-DA von max. 2,0 Vol.-% und für AC 16 T-DA von max. 3,0 Vol.-% am Marshall-Probekörper bei 2 x 20 Schlägen nachgewiesen werden.

Die Asphaltmischgutzusammensetzung ist so zu wählen, dass in der fertigen Schicht ein Hohlraumgehalt von max. 3,0 Vol.-% für AC 11 D-DA und AC 16 TD-DA bzw. max. 4,0 Vol.-% für AC 16 T-DA eingehalten wird.

18.5 Ergänzende Hinweise

Die Güterichtlinie enthält ergänzende Hinweise zur Planung und Bauausführung, mit denen häufige Fehlerquellen und Fehlplanungen ausgeschlossen werden sollen. Folgende Aspekte finden dort Beachtung:

- Schichtenverbund, Nähte und Anschlüsse
- Bohrkernentnahme und Verschließen der Bohrlöcher
- Rohrauflager
- Übergänge (Sohle/Böschung, Böschung/Dammkrone)
- Durchdringungen.

Dem *Qualitätsmanagement* kommt bei der Verwendung von Deponieasphalt in Abdichtungskomponenten eine besondere Bedeutung zu, da im Deponiebau hohe Anforderungen an die Qualität des Asphaltmischgutes und an die damit hergestellten Abdichtungskomponenten gestellt werden.

Das Qualitätsmanagement im Deponiebau besteht – nach der Erstellung eines Probefeldes und den sich daran anschließenden Prüfungen – grundsätzlich aus der voneinander unabhängigen Eigen- und Fremdüberwachung bei der Herstellung des Asphaltmischgutes sowie aus der Eigenprüfung durch die bauausführende Firma, der Fremdprüfung durch einen unabhängigen Dritten und der behördlichen Überwachung bei der Bauausführung.

Asphalt im Hochbau

19.1 Allgemeines

Im Hochbau findet Asphalt in Form von Gussasphalt als Estrich Verwendung. Vorwiegend kommt hierbei der Industrie- und Hallenbau in Betracht. In Wohnhäusern ist der Einsatz von Gussasphalt zwar auch möglich, jedoch nur von untergeordneter Bedeutung. Gussasphaltestriche können 2 bis 4 Stunden nach dem Einbau belastet oder mit einem Belag versehen werden, was in Hinblick auf die Bauzeit häufig von besonderem Interesse ist.

19.2 Belastungen

Gussasphaltestriche können unterschiedlichen Beanspruchungen, die sich durch die jeweilige Nutzung ergeben, ausgesetzt werden:

- Belastung durch Verkehr und lagernde Güter,
- Thermische Einflüsse,
- Wasser und ggf. aggressive Flüssigkeiten,
- Tausalze und Auftaumittel.

19.3 Aufbau

Gussasphaltestrich auf einer Trennschicht wird durch eine dünne Zwischenlage, z. B. Rohglasvlies, von dem tragenden Untergrund getrennt. Gussasphaltverbundestrich ist mit dem tragenden Untergrund verbunden.

Flächen, auf die Gussasphaltestrich aufgebracht werden soll, müssen fest, trocken, eben, sauber und in ihrer Oberfläche frei von Nestern, klaffenden Rissen oder Graten sein.

19.4 Mischgutzusammensetzung

Nach DIN EN 13813 „Estrichmörtel und Estrichmassen – Eigenschaften und Anforderungen" gilt bei Gussasphaltestrichen nur die Stempeleindringtiefe als normative Anforderung. Je nach Einbaudicke ist Gussasphalt mit einem Größtkorn von 5, 8 oder 11 mm vorzusehen. Als Bindemittel kommen Bitumen nach TL Bitumen, Hartbitumen oder Hochvakuumbitumen zum Einsatz. Die Zusammensetzung wird im Rahmen einer Erstprüfung ermittelt.

Gussasphaltestriche werden nach DIN EN 13813 in Härteklassen eingeteilt. Die Härteklassen sind in *Tabelle 19.1* mit den entsprechenden Eindringtiefen nach DIN EN 12697-20 aufgeführt. Heizestriche werden mit H gekennzeichnet (ICH 10).

19.5 Ergänzende Hinweise

Die DIN EN 13813 enthalten auch einen Abschnitt zur Konformitätserklärung. Gussasphaltestriche sind wie Straßenbauasphalte mit dem CE-Zeichen zu versehen.

Tabelle 19.1 Härteklassen an Würfeln, aufgebrachte Last 525 N

Prüfbedingungen, Prüfdauer	Härteklasse				
	ICH 10	IC 10	IC 15	IC 40	IC 100
(22 ± 1) °C, 100 mm², 5 h	≤ 10	≤ 10	≤ 15	–	–
(40 ± 1) °C, 100 mm², 2 h	≤ 20	≤ 40	≤ 60	–	–
(40 ± 1) °C, 500 mm², 0,5 h	–	–	–	15–40	40–100

Bushaltestellen unter besonderen Beanspruchungen

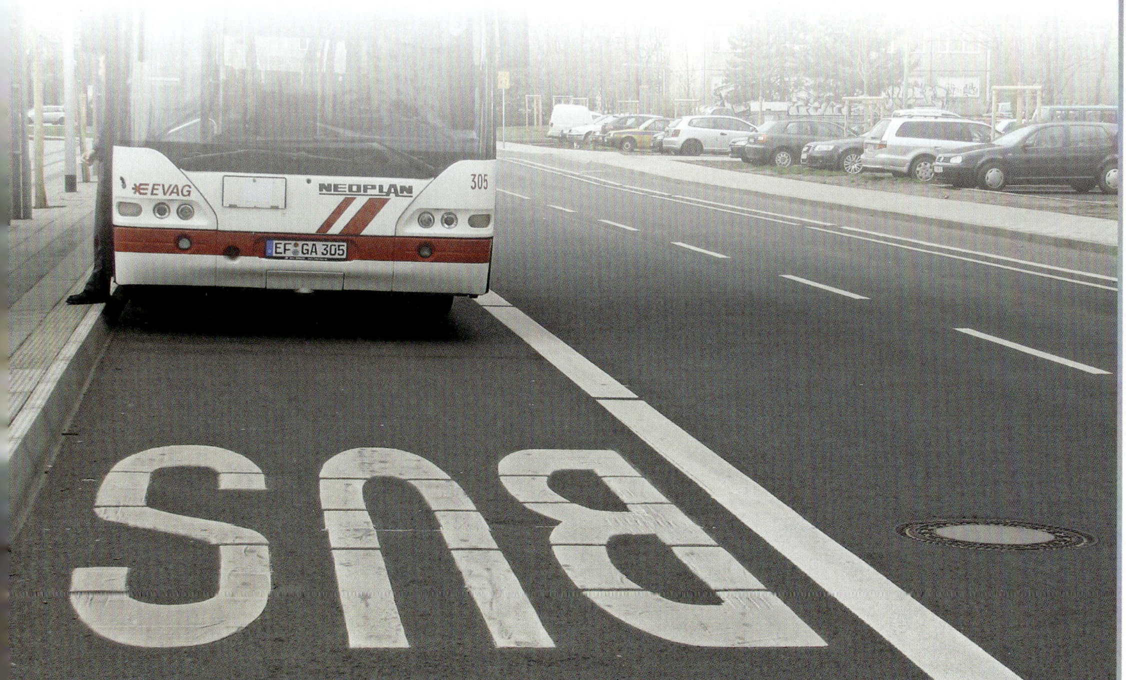

Busverkehrsflächen werden nach Tabelle 3 den Belastungsklassen der RStO zugeordnet. Die Erfahrung hat gezeigt, dass im Einzelfall entsprechend der Verkehrsbelastung geprüft werden muss, ob eine höhere Belastungsklasse als die der angrenzenden Fahrbahn gewählt werden sollte, ob auf die Belastungsklasse Bk100 entsprechend den Anforderungen an Verkehrsflächen mit besonderen Beanspruchungen zurückgegriffen werden kann, oder ob im Extremfall auf Sonderbauweisen zurückgegriffen werden muss.

In den Jahren 2007 und 2008 wurden seitens der EVAG (Erfurter Verkehrsgesellschaft AG) Temperaturmessungen zur Vorbereitung verschiedener Baumaßnahmen durchgeführt und dabei Temperaturen in der Asphaltbefestigung (Asphaltdeckschicht) von 80 °C gemessen. Derartige Temperaturen werden bei der Dimensionierung nach RStO oder in dem Merkblatt Bushaltestellen für diese Verkehrsflächen nicht zu Grunde gelegt. Die erhöhten Maximaltemperaturen sind u.a. zurückzuführen auf:

- den immer häufigeren Einsatz von Niederflurbussen, die einen großen Teil der z. B. durch Motoren, Katalysatoren und Klimaanlagen erzeugten Wärme nach unten, d. h. auf die Fahrbahn abstrahlen,
- eine kurze Taktfrequenz der Buslinien,
- die Überlagerung mit Klimafaktoren, z. B. fehlende Abkühlung in den Nächten zwischen aufeinanderfolgenden Sommertagen mit einer max. Tagestemperatur von über 35 °C,
- einen geringen Luftaustausch durch eingeengte Bauverhältnisse im Haltestellenbereich.

Wenn die Regelbauweisen, die durch RStO, ZTV Asphalt-StB, TL Asphalt-StB und TL Bitumen-StB abgedeckt sind, sich als nicht mehr zielführend erweisen, so muss auf Sonderbauweisen zurückgegriffen werden. Dabei ist es notwendig, die Deckschicht zu modifizieren, um die extremen Temperaturbeanspruchungen beherrschen zu können.

Die Erfahrungen der letzten Jahre haben gezeigt, dass spezielle Asphaltbetons, die im Gesteinskörnungsbereich auf der grobkörnigen Seite angesiedelt sind, mit einem Spezialbitumen sich bei diesen Beanspruchungen als geeignet erweisen.

Zu beachten ist auch, dass die Verformungsbeständigkeit nicht zu Lasten der Kälteflexibilität optimiert werden darf. Dies ist bei der Auswahl der Belastungsklasse bzw. bei der Modifizierung der Asphaltbefestigung hinsichtlich des Aufbaus und der Schichtdicken sowie bei der Konzeption des Asphaltmischgutes (Bindemittelmenge, Bindemittelart, Gesteinskörnungszusammensetzung, Gesteinsart) und der Art der Asphaltschichten unbedingt zu berücksichtigen.

Im *Bild 20.1* ist das Ergebnis eines Spurbildungsversuches dargestellt, das für einen normalen Asphaltbeton als untypisch anzusehen ist, da die Spurrinnentiefe nach 20 000 Überrollungen nur ca. 2,3 mm beträgt. Das dabei verwendete und mit einem Fettsäureamid modifizierte Bitumen hat einen Erweichungspunkt Ring und Kugel über 90 °C, einen Brechpunkt nach Fraaß unter –15 °C und eine Nadelpenetration von 36 $^{1}/_{10}$ mm.

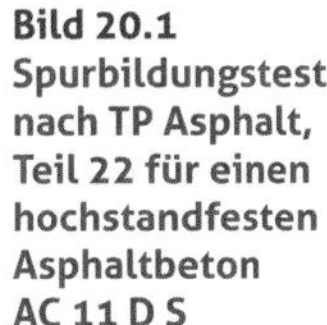

Bild 20.1 Spurbildungstest nach TP Asphalt, Teil 22 für einen hochstandfesten Asphaltbeton AC 11 D S

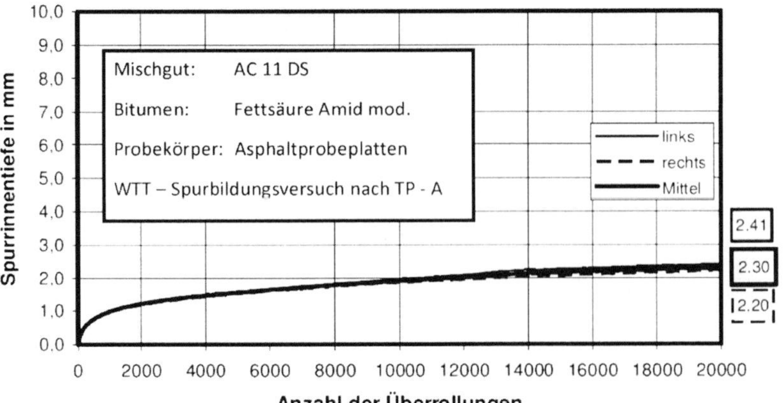

Bild 20.2 Welcome Center Weimar, gebaut 2006, mit Sonderbitumen, temperaturreduziert Aufnahme von 2009, keine Spurrinnen oder andere Abdrücke

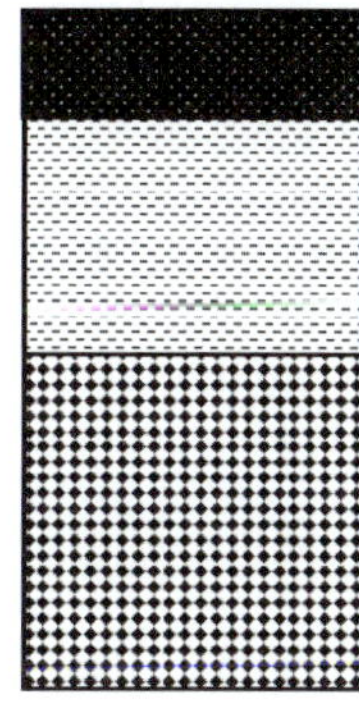

4 cm	AC 11 DS, FS Amid mod. Bitumen Sieblinie grobkornbetont
6cm	AC 16 BS, FS Amid mod. Bitumen Sieblinie grobkornbetont
14cm	AC 32 TS, Bitumen 50/70 Sieblinie grobkornbetont

Bild 20.3 Asphaltaufbau Welcome Center, Busbahnhof Weimar

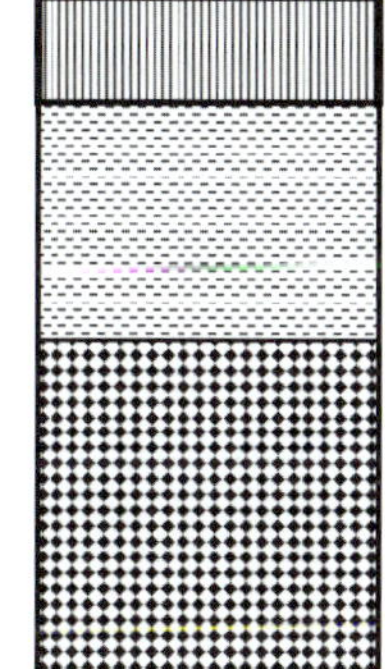

4 cm	PMA 5 DS, FS Amid modifiziert Bitumen, AD
6cm	AC 16 BS, FS Amid mod. Bitumen Sieblinie grobkornbetont
14cm	AC 32 TS, Bitumen 50/70 Sieblinie grobkornbetont

Bild 20.4 Asphaltaufbau Bushaltestelle mit PMA-Deckschicht

Beispielhaft ist der beim Welcome Center Weimar gewählte Aufbau im *Bild 20.3* dargestellt. Das Bindemittel wies die zuvor beschriebenen Kennwerte auf.

Eine weitere, sehr standfeste Variante kann auch bei der Anwendung von PMA (Porous Mastic Asphalt) als Asphaltdeckschicht ausgebildet werden.

Hierbei wird eine sehr standfeste Deckschicht auf einem ebenso standfesten Asphaltbinder AC 16 B S aufgebracht. Neben der hohen Standfestigkeit kann auch ein gewisser

Bild 20.5 Bushaltestelle mit Pflaster-Deckschicht auf Spezialasphalttragschicht

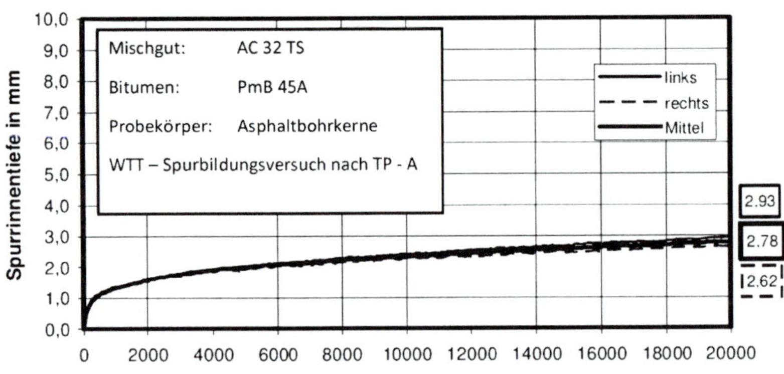

Bild 20.6 Spurbildungstest nach TP Asphalt, Teil 22 für eine hochstandfeste Asphalttragschicht AC 32 T S mit PmB 45A, wasserdurchlässig

Oberflächenwasserablauf durch die Offenporigkeit der Oberfläche gewährleistet werden. Diese Bauweise lässt sich sinnvollerweise innerhalb des angeschlossenen Straßensystems weiterführen, da durch diese Bauweise auch eine Lärmminderung erreicht wird (s. Kapitel 12).

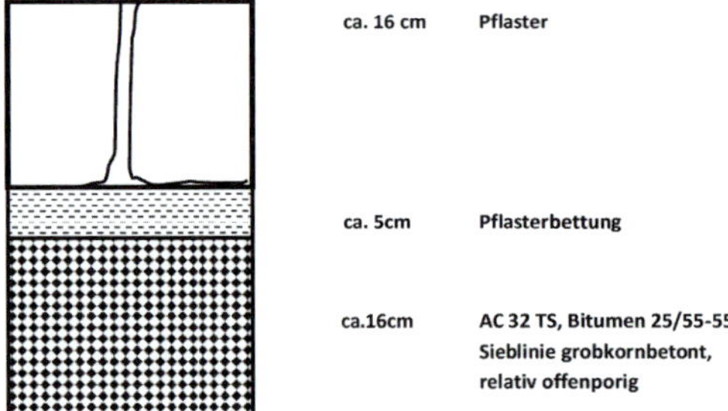

Bild 20.7 Aufbau einer Kombination aus hochstandfester Asphalttragschicht AC 32 T S mit modifiziertem Bitumen 25/55-55A (PmB 45A), wasserdurchlässig, und einer Pflasterdecke

In historischen Stadtkernen wird sehr häufig aus gestalterischen und denkmalschutztechnischen Gründen auf Pflaster auch im Haltestellenbereich zurückgegriffen. Im Falle geringer Verkehrsbelastung ist dies möglich. Bei hoher Verkehrsbelastung und Frequentierung sind herkömmliche Aufbauten jedoch nicht ausreichend. Um eine standfeste Konstruktion zu erhalten, wurde von der Stadt Weimar in enger Zusammenarbeit mit dem Planungsbüro, Prüfinstitut und der Baufirma eine Sonderbauweise gewählt, die sich bei hoher Verkehrsbelastung unter extrem hohen und niedrigen Temperaturen bewährt hat.

Voraussetzung für die Verformungsresistenz der Konstruktion ist die standfeste Unterlage, eine wasserdurchlässige Asphalttragschicht mit einem polymermodifizierten Bitumen 25/55-55 A (PmB 45A). Das Ergebnis des Spurbildungstests für die Asphalttragschicht ist im *Bild 20.6*, der Gesamtaufbau im *Bild 20.7* dargestellt.

Asphalt im ländlichen Wegebau

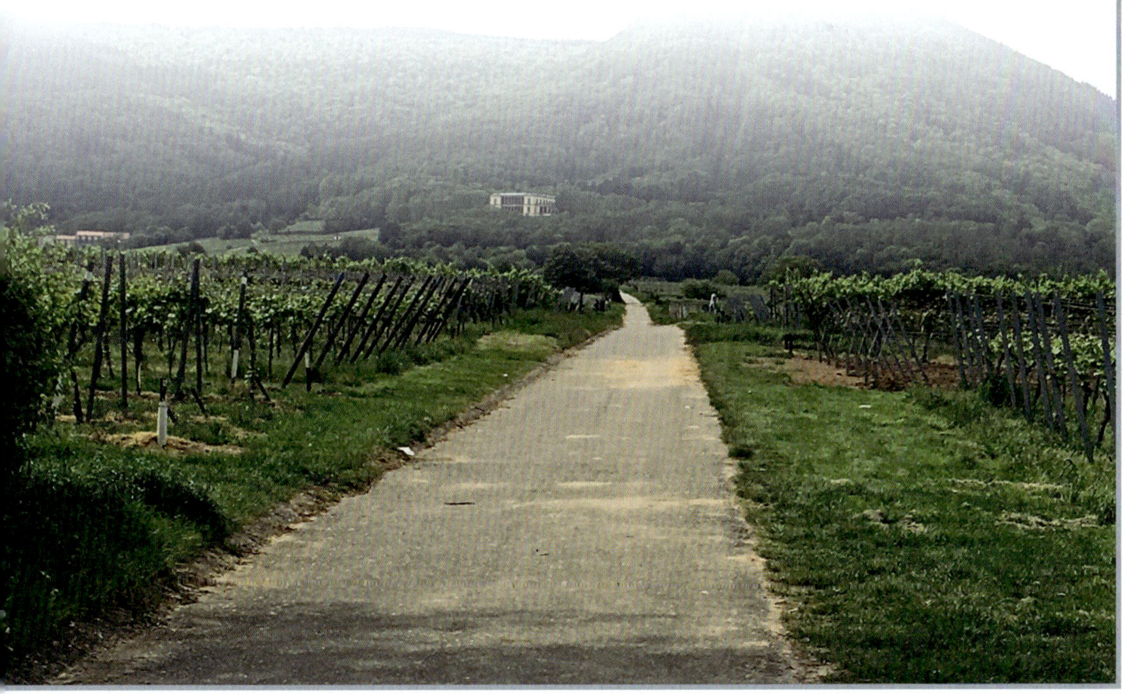

21.1 Allgemeines

Ländliche Wege sollen die rationelle Bewirtschaftung von Grundstücken im land- und forstwirtschaftlichen Bereich ermöglichen. Darunter zählen Verbindungswege, Feldwege, Waldwege und sonstige ländliche Wege. Entsprechend ihrer Aufgabe im Netz der ländlichen Wege wird zwischen den Hauptwirtschaftswegen (Breite 4,00 bis 4,50 m) und Wirtschaftswegen (Breite ca. 3,00 m) unterschieden.

Verbindungswege dienen dem Zusammenschluss von land- und forstwirtschaftlichen Betriebsstätten und Gehöften und Erschließen auch land- und forstwirtschaftliche Flächen. Sie werden, wenn auch mit geringer Verkehrsbelastung, ganzjährig mit hohen Achslasten befahren.

Waldwege dienen dem Transport von Holz und sonstigen Forstprodukten, Personen, Betriebsmitteln, der Überwachung und gegebenenfalls der Brandbekämpfung. Es wird in Fahrwege und Rückewege unterschieden.

Sonstige Wege sind Wanderwege, Radwege, Reitwege und Viehtriebe (Viehtriften). Die Viehtriebe sind ausschließlich für den Trieb von Weidevieh vorgesehen.

Nachdem früher vorwiegend die ungebundene Bauweise praktiziert wurde, kommt der gebundenen Bauweise hinsichtlich der Gebrauchstauglichkeit eine immer größere Bedeutung zu. Hierbei bietet der Asphalt langjährig bewährte Möglichkeiten und ist deshalb die mit Abstand am häufigsten angewandte Bauweise im ländlichen Wegebau. Hinweise dazu werden im DWA-Regelwerk, Arbeitsblatt DWA-A 904 „Richtlinien für den ländlichen Wegebau“ gegeben.

Asphaltbefestigungen sind für folgende Anforderungen besonders geeignet:

- hohe Achslasten,
- schneller Verkehr,
- Radfahrer,
- sichergestellte Unterhaltung,
- kurvenreiche Trassierung und Steilstrecken (s > 8 %).

Eine Eignung ist ebenfalls gegeben für:

- unterschiedliche Fahrzeugspurbreiten,
- inhomogene Tragfähigkeit des Untergrundes,

Tabelle 21.1 Zulässige Gesamtgewichte

Achse	Achslast
Einachsanhänger (10 t Achslast + 2 t Stützlast) Tandemachsen unter 1,0 m Achsabstand gelten als 1 Achse	12 t
Fahrzeuge mit 2 Achsen a) Kraftfahrzeuge und b) Anhänger jeweils	18 t
Fahrzeuge mit 3 Achsen a) Kraftfahrzeuge b) Kraftfahrzeuge mit Doppelachse c) Anhänger	 25 t 26 t 24 t
Kraftfahrzeuge mit 4 Achsen	32 t
Fahrzeugkombination mit 4 und mehr Achsen	40 t
Fahrzeugkombination mit mehr als 4 Achsen im kombinierten Verkehr	44 t

- besondere klimatische Bedingungen (Sonneneinstrahlung, Windeinfall),
- unregelmäßige Unterhaltung und
- in besonderer Bauweise für Triebwege.

21.2 Belastungen

Die Belastung der ländlichen Wege ist gekennzeichnet durch wenige Fahrzeugübergänge, die jedoch zu bestimmten Zeiten vermehrt größere Lasten aufbringen. Diese ergeben sich in der Erntezeit oder während der Rückezeiten. Zu anderen Zeiten des Jahres verkehrt auf den Wegen höchstens das Milchfahrzeug regelmäßig.

Tabelle 21.2 Zulässige Achslasten

Achse	Achsabstand	Achslast
Einzelachse		10 t
Einzelachse, angetrieben		11,5 t
Doppelachse	bis 1,0 m	11,5 t
Doppelachse	1,0–1,3 m	16 t
Doppelachse	1,3–1,8 m	18 t
Doppelachse	1,8 m oder mehr	20 t
Dreifachachse	bis 1,3 m	21 t
Dreifachachse	1,3–1,4 m	24 t

Zeile	Bauweise	Beanspruchung: Hoch			Mittel			Gering		
		häufige Überfahrten zentrale Funktion im Wegenetz maßgebende Achslast 11,5 t großer Schwierigkeitsgrad			gelegentliche / saisonale Überfahrten mittlere Funktion im Wegenetz maßgebende Achslast 5 t, gelegentlich 11,5 t mittlerer Schwierigkeitsgrad			seltene Überfahrten untergeordnete Funktion im Wegenetz maßgebende Achslast 5 t, ausnahmsweise 11,5 t geringer Schwierigkeitsgrad		
	Spalte	1	2	3 (1)	4	5	6 (1)	7	8	9 (1) (2)
		Tragfähigkeit des Untergrundes			Tragfähigkeit des Untergrundes			Tragfähigkeit des Untergrundes		
		E_{v2} = 30 MN/m²	E_{v2} = 45 MN/m²	E_{v2} = 80 MN/m²	E_{v2} = 30 MN/m²	E_{v2} = 45 MN/m²	E_{v2} = 80 MN/m²	E_{v2} = 30 MN/m²	E_{v2} = 45 MN/m²	E_{v2} = 80 MN/m²
1	Ohne Bindemittel, ohne Deckschicht							25 30 35	20 25 30	20 20 20
2	Ohne Bindemittel, mit Deckschicht	5; 40 45 50	5; 35 40 45	5; 25 30 35	5; 30 35 40	5; 25 30 35	5; 20 25 30	5; 20 25 30	5; 20 20 25	5; 20 20 20
3	Asphaltdecke	8; 35 40 45	8; 25 30 35	8; 20 20 25	7; 30 35 40	7; 20 25 30	7; 20 20 20			
4	Asphaltspur				9; 30 35 40	9; 20 25 30	9; 20 20 20			
5	Betondecke	16; 25 30 35	16; 20 25 30	16; 20 20 20	14; 20 25 30	14; 20 20 20	14; 20 20 20			

Bild 21.1 Standardbauweisen für den ländlichen Wegebau
Quelle: DWA Deutsche Vereinigung für Wasserwirtschaft, Abwasser und Abfall e. V. – Arbeitsblatt DWA-A 904 „Richtlinien für den ländlichen Wegebau", Oktober 2005

Die Achslast ist die Gesamtlast, die von einer Achse/Achsgruppe auf die Fahrbahn übertragen wird. Diese Last ist eine Maximallast, die auch nicht mit Anbauten und Transportgütern überschritten werden darf.

21.3 Aufbau

Die Entwicklung der Aufbauten im ländlichen Wegebau unterliegt der Prämisse, mit minimalem Mitteleinsatz eine maximale Befestigung zu erhalten. Zielpunkte sind hierbei ein angemessener Gebrauchswert, ein minimaler Erhaltungsaufwand und eine lange Nutzungsdauer.

Die möglichen Aufbauten der ländlichen Wege sind in den „Richtlinien für den ländlichen Wegebau (RLW)" zusammengefasst.

21.4 Mischgutzusammensetzung

Für den Einsatz im ländlichen Wegebau sind Asphalttragschichten, Asphaltdeckschichten und die speziell für die ländlichen Wege entwickelten Asphalttragdeckschichten vorgesehen. Da der gesamte Aufbau nicht frostsicher konzipiert ist, müssen die Asphalte im ländlichen Wegebau sehr flexibel und leicht verdichtbar sein. Für die fertige Schicht kommt der Rissefreiheit eine größere Bedeutung zu als dem Verformungswiderstand. Daher weisen die Asphalte für diesen Einsatzzweck höhere Bindemittelgehalte und geringere Hohlraumgehalte auf als die im Straßenbau üblichen Asphalte.

Die Anforderungen an die Asphalte sind in den TL LW 16 enthalten. Die Anforderungen wurden auf das europäische Regelwerk umgestellt, die einzusetzenden Asphalte müssen mit dem CE-Zeichen versehen werden.

- **Asphalttragschichten** (z. B. AC 32 T LW)

Die Zusammensetzung des Gesteinskörnungsgemisches entspricht den Asphalttragschichtarten der TL LW 16. Es gelten die in der *Tabelle 21.3* wiedergegebenen Anforderungen. Die TL LW sehen im Tragschichtenbereich AC 32 T LW, AC 22 T LW vor.

Tabelle 21.3 Anforderungen an Asphalttragschichten im ländlichen Wegebau

Bezeichnung	Einheit	AC 32 T LW	AC 22 T LW	AC 16 T LW*
Baustoffe				
Gesteinskörnungen (Lieferkörnung)				
Anteil gebrochener Kornoberflächen		C_{NR}	C_{NR}	C_{NR}
Widerstand gegen Frostbeanspruchung		F_4	F_4	F_4
Bindemittel, Art und Sorte		70/100 160/220	70/100 160/220	70/100 160/220
Zusammensetzung Asphaltmischgut				
45 mm	[M.-%]	100		
31,5 mm	[M.-%]	90–100	100	
22,4 mm	[M.-%]	75–90	90–100	100
16 mm	[M.-%]		75–90	90–100
11,2 mm	[M.-%]			75–90
2 mm	[M.-%]	25–40	25–40	25–40
0,125 mm	[M.-%]	4–14	4–14	4–14
0,063 mm	[M.-%]	3,0–9,0	3,0–9,0	3,0–9,0
Mindest-Bindemittelgehalt		$B_{min\ 4,2}$	$B_{min\ 4,2}$	$B_{min\ 4,2}$
Asphaltmischgut				
Minimaler Hohlraumgehalt MPK		$V_{min\ 2,0}$	$V_{min\ 2,0}$	$V_{min\ 2,0}$
Maximaler Hohlraumgehalt MPK		$V_{max\ 6,0}$	$V_{max\ 6,0}$	$V_{max\ 6,0}$
Hohlraumausfüllungsgrad	[%]	Ist anzugeben	Ist anzugeben	Ist anzugeben

* nur Profilausgleich

Tabelle 21.4 Anforderungen an Asphaltdeckschichten im ländlichen Wegebau

Bezeichnung	Einheit	AC 11 D LW	AC 8 D LW	AC 5 D LW
Baustoffe				
Gesteinskörnungen (Lieferkörnung)				
Anteil gebrochener Kornoberflächen		$C_{90/1}$	$C_{90/1}$	$C_{90/1}$
Widerstand gegen Zertrümmerung		SZ_{26}/LA_{30}; SZ_{22}/LA_{25}; SZ_{18}/LA_{20}	SZ_{26}/LA_{30}; SZ_{22}/LA_{25}; SZ_{18}/LA_{20}	SZ_{26}/LA_{30}; SZ_{22}/LA_{25}; SZ_{18}/LA_{20}
Widerstand gegen Frostbeanspruchung		F_1; F_4	F_1; F_4	F_1; F_4
Widerstand gegen Frost-Tausalz-Beanspruchung		Absplitterung ≤ 8 M.-%*	Absplitterung ≤ 8 M.-%*	Absplitterung ≤ 8 M.-%*
Bindemittel, Art und Sorte		70/100 160/220	70/100 160/220	70/100 160/220
Zusammensetzung Asphaltmischgut				
16 mm	[M.-%]	100		
11,2 mm	[M.-%]	90–100	100	
8 mm	[M.-%]	70–90	90–100	100
5,6 mm	[M.-%]		70–90	90–100
2 mm	[M.-%]	45–60	45–65	50–70
0,125 mm	[M.-%]	8–22	8–12	9–24
0,063 mm	[M.-%]	6,0–12,0	3,0–9,0	7,0–14,0
Mindest-Bindemittelgehalt		$B_{min\ 6,4}$	$B_{min\ 6,6}$	$B_{min\ 7,2}$
Asphaltmischgut				
Minimaler Hohlraumgehalt MPK		$V_{min\ 1,0}$	$V_{min\ 1,0}$	$V_{min\ 1,0}$
Maximaler Hohlraumgehalt MPK		$V_{max\ 2,5}$	$V_{max\ 2,5}$	$V_{max\ 2,5}$
Hohlraumausfüllungsgrad	[%]	Ist anzugeben	Ist anzugeben	Ist anzugeben

* nur bei Frost-Tausalz-Belastung

Tabelle 21.5 Anforderungen an Asphaltbetontragdeckschichten im ländlichen Wegebau

Bezeichnung	Einheit	AC 16 TD LW	AC 11 TD LW
Baustoffe			
Gesteinskörnungen (Lieferkörnung)			
Anteil gebrochener Kornoberflächen		C_{NR}	C_{NR}
Widerstand gegen Zertrümmerung		SZ_{26}/LA_{30}; SZ_{22}/LA_{25}; SZ_{18}/LA_{20}	SZ_{26}/LA_{30}; SZ_{22}/LA_{25}; SZ_{18}/LA_{20}
Widerstand gegen Frostbeanspruchung		F_1; F_4	F_1; F_4
Widerstand gegen Frost-Tausalz-Beanspruchung		Absplitterung ≤ 8 M.-%*	Absplitterung ≤ 8 M.-%*
Bindemittel, Art und Sorte		70/100 160/220	70/100 160/220
Zusammensetzung Asphaltmischgut			
22,4 mm	[M.-%]	100	
16 mm	[M.-%]	90–100	100
11,2 mm	[M.-%]	80–90	90–100
8 mm	[M.-%]		80–90
2 mm	[M.-%]	30–50	30–50
0,125 mm	[M.-%]	8–20	8–20
0,063 mm	[M.-%]	6,0–11,0	7,0–12,0
Mindest-Bindemittelgehalt		$B_{min\ 5,4}$	$B_{min\ 5,6}$
Asphaltmischgut			
Minimaler Hohlraumgehalt MPK		$V_{min\ 1,0}$	$V_{min\ 1,0}$
Maximaler Hohlraumgehalt MPK		$V_{max\ 3,0}$	$V_{max\ 3,0}$
Hohlraumausfüllungsgrad	[%]	Ist anzugeben	Ist anzugeben

* nur bei Frost-Tausalz-Belastung

Tabelle 21.6 Anforderungen an Asphalttragdeckschichtenmischgut für Asphaltspuren im ländlichen Wegebau

Bezeichnung	Einheit	AC 16 TDSP LW
Baustoffe		
Gesteinskörnungen (Lieferkörnung)		
Anteil gebrochener Kornoberflächen		C_{NR}
Widerstand gegen Frostbeanspruchung		F_1; F_4
Bindemittel, Art und Sorte		70/100 160/220
Zusammensetzung Asphaltmischgut		
22,4 mm	[M.-%]	100
16 mm	[M.-%]	90–100
11,2 mm	[M.-%]	70–90
2 mm	[M.-%]	40–50
0,125 mm	[M.-%]	10–20
0,063 mm	[M.-%]	8,0–12,0
Mindest-Bindemittelgehalt		$B_{min\ 6,0}$
Asphaltmischgut		
Minimaler Hohlraumgehalt MPK		$V_{min\ 1,0}$*
Maximaler Hohlraumgehalt MPK		$V_{max\ 2,0}$*
Hohlraumausfüllungsgrad	[%]	Ist anzugeben

* MPK mit 2 x 25 Schlägen verdichtet

Tabelle 21.7 **Zweckmäßige Asphaltmischgutarten und Asphaltmischgutsorten in Abhängigkeit von Wegearten**

Wegearten nach den RLW	Asphalttrag-deckschicht	Asphaltspur	Asphalttrag-schicht	Asphaltdeck-schicht
Verbindungswege	(AC 16 TD LW)	–	AC 32 T LW AC 22 T LW	AC 11 D LW AC 8 D LW
Hauptwirtschaftswege	AC 16 TD LW	(AC 16 TDSP LW)	AC 32 T LW AC 22 T LW	AC 11 D LW* AC 8 D LW*
Wirtschaftswege	AC 16 TD LW	AC 16 TDSP LW	–	–
Radwege und kombinierte Rad-/Wirtschaftswege	AC 16 TD LW AC 11 TD LW	–	AC 32 T LW AC 22 T LW	AC 8 D LW* AC 5 D LW*

* auch geeignet für Skaterflächen
– Einsatz nicht vorgesehen
( ) nur in Ausnahmefällen

■ **Asphaltdeckschichten** (z. B. AC 11 D LW)

Asphaltdeckschichten werden zum Schutz gegen Verschleiß, zur Erhöhung der Tragfähigkeit und der Gebrauchsdauer auf Asphalttragschichten aufgebracht.

Um hohlraumarme und leicht verdichtbare Gemische herstellen zu können, gelten die Anforderungen der TL LW (s. *Tabelle 21.4*). Die TL LW sehen im Deckschichtbereich Asphaltbeton AC 5 D LW, AC 8 D LW und AC 11 D LW vor.

Es hat sich gezeigt, dass für die Asphaltbetone im ländlichen Wegebau ein Bitumen-Füller-Verhältnis von 1 : 1 bis 1 : 1,5 sowie ein Brechsand-Natursand-Verhältnis zwischen 1 : 1 und 2 : 1 günstig ist (Anteil an feiner Gesteinskörnung mit E_{CS} 35 > 50 % bzw. > 66 %).

■ **Asphalttragdeckschichten** (z. B. AC 16 TD LW) **und Asphaltspuren** (AC 16 TDSP LW)

Asphalttragdeckschichten und Asphaltspurwege sind bei ausreichender Dicke und standfester Unterlage allen Beanspruchungen des ländlichen Verkehrs gewachsen, d. h. ausreichend tragfähig. Zugleich ist die dichte Struktur günstig für die Dauerhaftigkeit, und die gleichmäßig geschlossene Oberfläche verbessert die Witterungsbeständigkeit. Die größere Einbaudicke und der dadurch bedingte geringere Wärmeverlust wirken sich bei der Verdichtung, vor allem in der kühleren Jahreszeit, günstig aus.

Es kommen Asphaltbetontragdeckschichten AC 16 TD LW und AC 11 TD LW (s. *Tabelle 21.5*) sowie Asphaltspurwege AC 16 TDSP LW (s. *Tabelle 21.6*) zur Anwendung.

Um entsprechende Gemische herstellen zu können, wurden die Anforderungen in den TL LW, festgelegt.

Die zweckmäßigen Asphaltmischgutarten und Asphaltmischgutsorten in Abhängigkeit von Wegearten sind in der *Tabelle 21.7* dargestellt.

21.5 Viehtriebwege

Die Haupttriebwege müssen folgenden Ansprüchen genügen:

- Da die Wege nur eine eingeschränkte Breite haben, können die Tiere nur stark eingeschränkt möglichen Unannehmlichkeiten und Hindernissen ausweichen. Das erfordert, dass seine Bauweise einen möglichst hohen Komfort (eben, ohne spitzes Gestein) für die Tiere bieten muss.
- Die spezifische Belastung ist maßgeblich durch das punktuelle Auftreten der ca. 600 kg schweren Tiere mit den Klauen charakterisiert. Die Bauweise soll dies berücksichtigen und so eine lange Haltbarkeit gewährleisten.
- Der Asphalt muss eine gewisse Rauheit aufweisen, um ein Ausrutschen der Tiere zu verhindern.
- Die heutigen Milchkuhrassen haben hohe Milchleistungen. Die dementsprechende Fütterung ist eiweißreich, was sich auch in einem erhöhten Wachstum der Klauen manifestiert. Die Zusammensetzung des Asphalts soll durch einen entsprechenden Abrieb die Pflege der Klauen fördern.

- Der Belag muss beständig gegenüber Urin und Kot sein.
- Der Wasserabfluss muss gewährleistet werden. Sumpfige Stellen oder Stellen mit stehendem Wasser dürfen nicht auftreten. Das muss durch eine entsprechende Neigung oder Wasserdurchlässigkeit erreicht werden.

21.6 Ergänzende Hinweise

Für den Einbau gelten die Vorgaben des Asphaltstraßenbaus. Allerdings ist bei mehrlagigem Einbau dem Schichtenverbund verstärkte Aufmerksamkeit zu schenken. Die Oberflächen sollten immer gesondert gereinigt und dann ausreichend vorgespritzt werden.

Zur Verdichtung werden häufig Gummiradwalzen eingesetzt, da das von ihnen an die Oberfläche gezogene Bindemittel einen Film bildet und so eine geschlossene Oberfläche schafft. Um beim Austrocknen von Verunreinigungen (Erde, Boden) eine durch das Schrumpfen bedingte Rissbildung zu vermeiden, empfiehlt es sich, die Oberfläche durch Aufstreuen von Sand abzustumpfen. Bei geringeren Belastungen und wenn der Wunsch besteht, größere Flächen zur Versickerung von Regenwasser zur Verfügung zu stellen, haben sich Asphaltspurwege mit einer Breite von 2 × ca. 1 m bewährt. Die zwei Spurwegbahnen (s. *Bild 21.2*) liegen im Bereich der Rollspuren, die Zwischen- und Seitenräume sind mit durchlässigem Material angefüllt.

Bild 21.2 Asphaltspurweg

Die Verdichtung der Spurwege erfolgt nur mit der *Fertigerbohle*. Daher muss das Asphaltmischgut für Spurwege sehr leicht verdichtbar sein und einen Mindestbindemittelgehalt von 5,5 M.-% aufweisen.

Reparaturasphalt – Asphalt zum Schließen von Fehlstellen

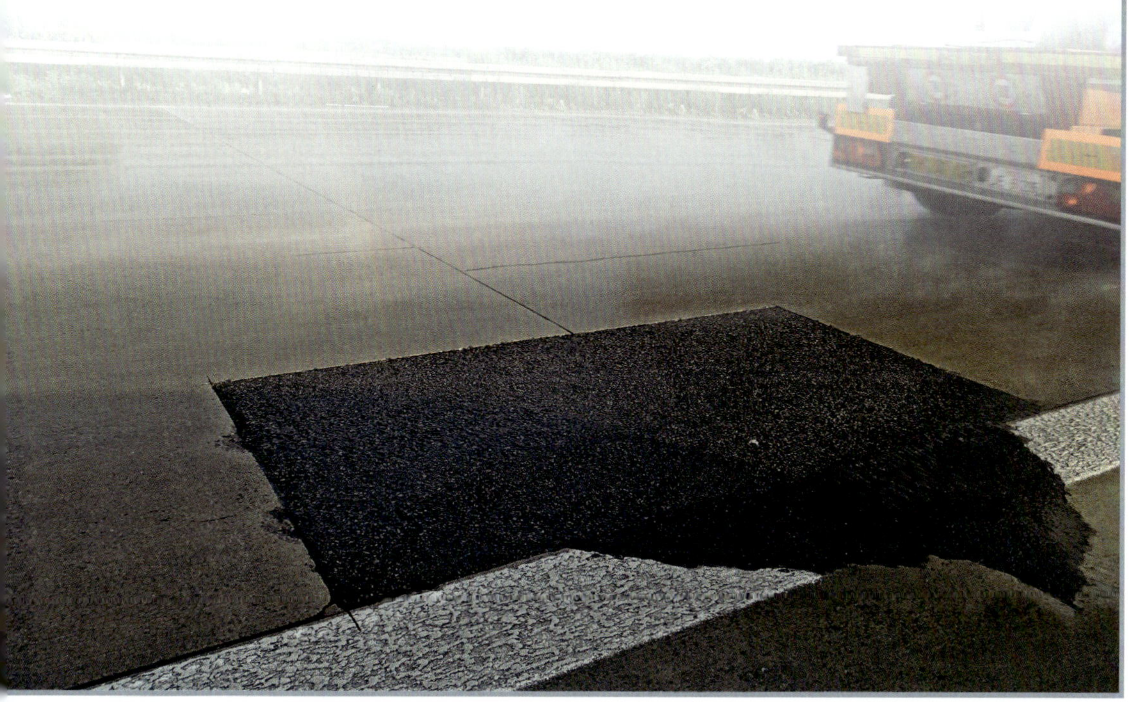

22.1 Allgemeines

Mögliche Ursachen für die nach Frost-Tau-Wechseln im Winter auftretenden Schlaglöcher sind:

- zu geringe Asphaltüberdeckung über Pflaster und Beton
- zu geringe Tragfähigkeit des Untergrundes
- Kornausbrüche infolge nicht ausreichender Qualität der Gesteinskörnungen
- zu geringe Bindemittelgehalte
- mangelnde Verdichtung
- mangelhafter oder schlechter Schichtenverbund
- fehlende, unzureichende oder unsachgemäße Unterhaltung.

Durch den Verkehr, eindringendes Wasser und Frost treten diese Schäden sowie die nachfolgend aufgeführten flächigen Rissbildungen auf, die den Straßenkörper intensiv schwächen. Zur Erhaltung der Verkehrssicherheit und um weiterem Substanzverlust des Straßenkörpers vorzubeugen, ist die Beseitigung der Schäden zwingend notwendig. Hierzu zählen vor allem die Instandhaltungsbauweisen der ZTV BEA-StB.

So müssen z. B. Schlaglöcher mit Asphaltmischgut (Kalt- oder Heißasphalt) aufgefüllt werden.

22.2 Fehlstellen – Definition, Ursachen, Entstehung

22.2.1 Definition

Unter *Fehlstellen* werden Unstetigkeiten in der Straßenoberfläche verstanden, welche die Gebrauchseigenschaften, wie Ebenheit oder Griffigkeit, negativ beeinflussen. Dabei handelt es sich meist um örtlich begrenzte Substanzverluste, die bis in die unteren Konstruktionsschichten reichen können. Umgangssprachlich werden diese Fehlstellen als *Schlaglöcher* bezeichnet.

22.2.2 Ursachen

Ursachen für diese Fehlstellen können sein:

- Verwendung von unsachgemäßem Asphaltmischgut
- Asphaltmischgut entspricht nicht den vertraglichen Anforderungen
- unzureichende Verdichtung oder Überverdichtung
- Affinitätsprobleme zwischen Gesteinskörnungen und Bitumen
- unsachgemäßer Einbau (Mischgut zu kalt, Flächen nicht gereinigt, schlechte Vorbehandlung)
- klimatische Bedingungen (sehr hohe Temperaturen im Sommer, sehr tiefe Temperaturen im Winter, hohe Feuchtigkeit – Regenzeit, starke UV-Strahlung) nicht beachtet
- Fehlstellen nicht großflächig genug ausgebessert, abgängiges Material nicht restlos beseitigt
- Nichtbeachtung unterschiedlicher Materialeigenschaften bei angrenzenden Flächen, z. B. Asphalt/Beton/Pflaster.

22.2.3 Entstehung

In der kalten Jahreszeit führen häufige Frost-Tau-Wechsel zu physikalischer Verwitterung. Dies geschieht bei Fehlstellen im Asphalt oder auch im Beton, wenn beispielsweise in Risse, offene Stellen oder Kornausbrüche Wasser eindringt. Friert dieses Wasser auf, so vergrößert sich sein Volumen um mindestens 10 %, wodurch es zum Sprengen der Fehlstellen kommen kann. Durch die Wiederholung des Vorgangs werden die Fehlstellen immer größer und das Schlagloch entsteht.

Auch durch die Verkehrsbeanspruchungen – dynamische Lasteintragungen bzw. Lastwechsel – verbunden mit dem Eindringen von Wasser und Frost, treten Schäden auf, z. B. linienförmige und flächige Rissbildungen, die den Straßenkörper intensiv schwächen. Weitere Probleme bestehen durch das Ablösen des Bitumenfilms vom Gestein durch die Einwirkung von Wasser (s. a. Kap. 2). Besonders befördert wird dieser Vorgang bei starker Wassereinwirkung unter hohen Temperaturen, wie während Regenzeiten in heißen Sommern oder in tropischem Klima.

Sind diese Vorgänge in Gang gesetzt, ist es unabdingbar, nachhaltige Sanierungsmaßnahmen durchzuführen. Dabei sollte die Reparatur der Fehlstellen so durchgeführt werden, dass eine weitere Ausbreitung des Schadens unterbunden wird. Das heißt, es ist nicht nur eine Plombe in den geschädigten Bereich zu setzen, sondern der geschädigte Bereich muss großflächig entfernt und mit einem geeigneten, qualitativ hochwertigen Material saniert werden.

22.3 Baustoffe zum Schließen von Fehlstellen

Prinzipiell lassen sich die Baustoffe in zwei verschiedene Gruppen einteilen. Sehr große Verbreitung findet das Kaltmischgut, das unter Verwendung von Lösemitteln oder als Kaltmischgut mit Reaktivbitumen sowie als emulsionsgebundenes Kaltmischgut angeboten und verwendet wird.

Des Weiteren wird Heißmischgut in Form von Gussasphalt, Asphaltbeton und als speziell entwickeltes Spezialheißmischgut wie Pothole Filling Asphalt (PFA®) eingesetzt.

22.3.1 Kaltmischgut

Kaltmischgut wird in der Regel industriell vorgefertigt. Es besteht aus Gestein mit einer

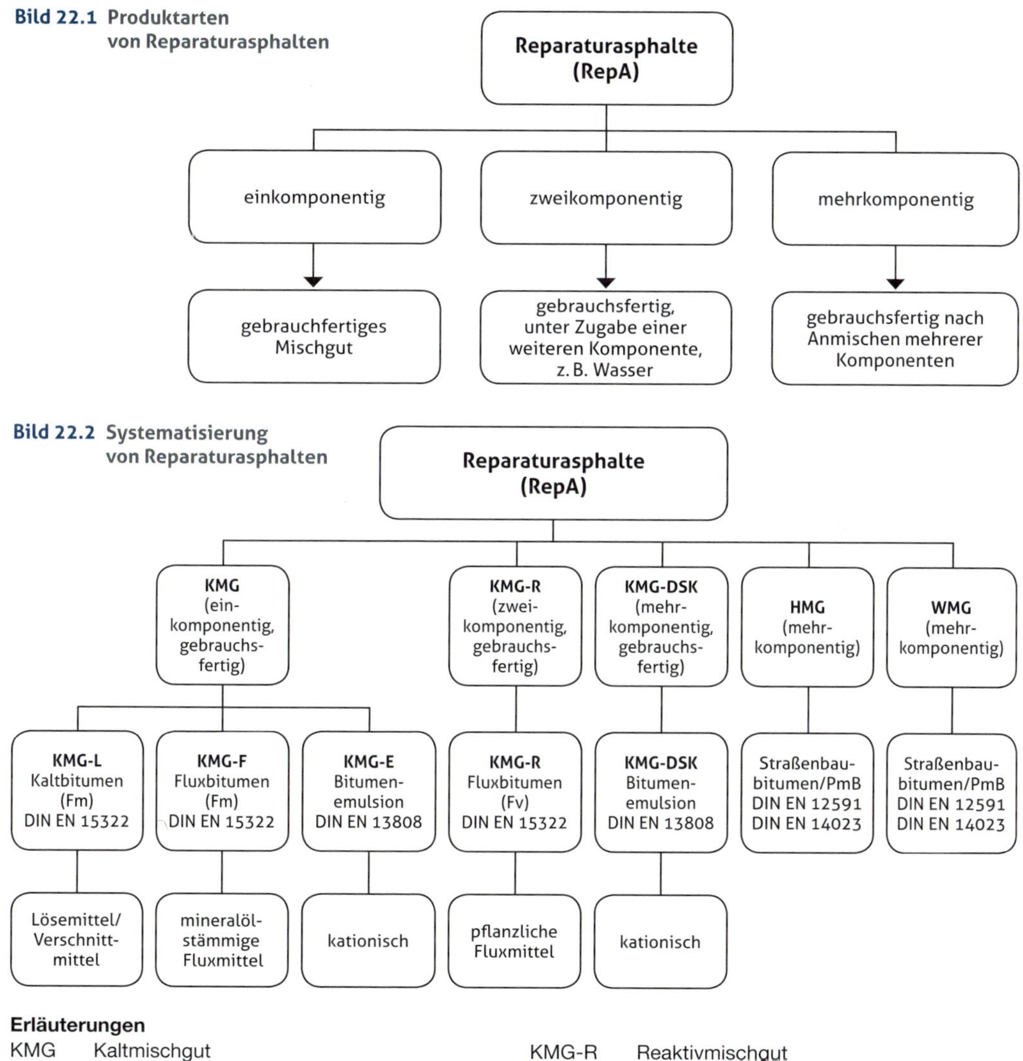

Bild 22.1 Produktarten von Reparaturasphalten

Bild 22.2 Systematisierung von Reparaturasphalten

Erläuterungen

KMG Kaltmischgut
KMG-L Kaltmischgut mit Kaltbitumen mit Lösemittel
KMG-F Kaltmischgut mit Fluxbitumen
KMG-E Kaltmischgut mit kationischer Bitumenemulsion
KMG-R Reaktivmischgut
KMG-DSK Kaltmischgut mit kationischer Bitumenemulsion
HMG Heißmischgut
WMG Warmmischgut

entsprechenden Kornverteilung, Bitumen oder Bitumenemulsion und Additiven.

Besonders für kleinere Reparaturmaßnahmen, wie beispielsweise bei Schlaglöchern, Winterschäden und beim Verschließen von Aufbrüchen, die nach dem Verlegen oder Reparieren von Versorgungsleitungen entstehen, wird in Deutschland häufig Kaltmischgut verwendet. Zunehmend finden in Deutschland auch hochwertigere Kaltmischgüter Anwendung, die auf der Basis von polymermodifiziertem Bitumen oder normalem Straßenbaubitumen unter der Zugabe von Additiven produziert werden. Dadurch kann mit einer Erhöhung der Lagerfähigkeit auf ein bis zwei Jahre gerechnet werden.

Bei Kaltmischgut ist besonders darauf zu achten, dass es an Nahtstellen gut abschließt und ausreichend verdichtet ist, da hier das erneute Eindringen von Wasser verhindert werden muss.

Das Kaltmischgut kann in KMG-L (lösemittelhaltig), KMG-F (mit Fluxbitumen), KMG-E (emulsionsgebunden) und KMG-R (mit Reaktivbitumen) unterteilt werden.

22.3.2 Heißmischgut

Heißmischgut wird in Asphaltmischanlagen gemäß den Vorgaben der TL Asphalt-StB hinsichtlich seiner Zusammensetzung hergestellt. Je nach Verfügbarkeit werden Gussasphalt (MA), Asphaltbeton (AC), Splittmastixasphalt (SMA) und Spezialasphalte wie PFA® eingesetzt. Zur Sanierung und Instandhaltung von Verkehrsflächen wird auf das Regelwerk ZTV BEA-StB verwiesen.

Bild 22.3 Eingebautes Spezialheißmischgut PFA®

Zur Reparatur im Winter und von Schlaglöchern wird allerdings ein besonders leicht einbaubares, standfestes, gut klebendes und somit nachhaltiges Asphaltmaterial benötigt.

22.3.3 Spezialwarmmischgut PFA® und PFA® Instant

Eine haftungsverbessernde Wirkung wird mit einem Produkt erzielt, das gemäß den EU-Richtlinien 67/548/EEC und 1999/45/EC eingestuft ist und keinen Gefahrstoff darstellt.

Traditionell wird zur Sanierung von Fehlstellen (Schlaglöchern) auf heißes Mischgut zurückgegriffen. Sehr häufig wird, je nach Verfügbarkeit, Gussasphalt verwendet. Hier werden besonders die leichte Verarbeitbarkeit (selbst

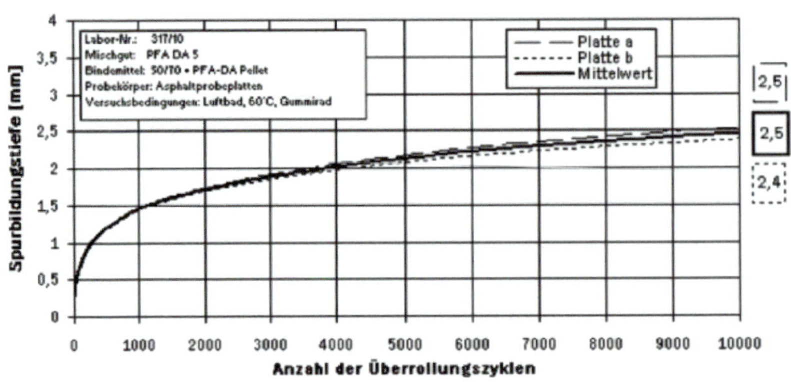

Bild 22.4 Ergebnis Spurbildungstest PFA® 5

Tabelle 22.1 Zusammensetzung von Spezialwarmmischgut Pothole Filling Asphalt – PFA®

Bezeichnung	Einheit	PFA 8	PFA 5	PFA 2
Baustoffe				
Gesteinskörnungen (Lieferkörnung)				
Anteil gebrochener Kornoberflächen		$C_{90/1}$; $C_{95/1}$; $C_{100/0}$	$C_{90/1}$; $C_{95/1}$; $C_{100/0}$	
Widerstand gegen Zertrümmerung		SZ_{18}/LA_{20}	SZ_{18}/LA_{20}	
Widerstand gegen Polieren		$PSV_{angegeben}$ (48)	$PSV_{angegeben}$ (48)	
Mindestanteil feiner Gesteinskörnung mit E_{CS} 35 (Brechsand)	%	50	50	50
Bindemittel, Art und Sorte		Straßenbaubitumen, Polymermodifiziertes Bitumen Spezialbitumen/ PFA® Pellets	Straßenbaubitumen, Polymermodifiziertes Bitumen Spezialbitumen/ PFA® Pellets	Straßenbaubitumen, Polymermodifiziertes Bitumen Spezialbitumen/ PFA® Pellets
Brechpunkt nach Fraaß, max.	°C	−15	−15	−15
Erweichungspunkt Ring und Kugel	°C	≥ 85	≥ 85	≥ 85
Siebdurchgang bei				
11,2 mm	M.-%	100		
8 mm	M.-%	90–100	100	
5,6 mm	M.-%	50–70	90–100	100
2 mm	M.-%	20–45	25–50	85–100
0,125 mm	M.-%	9–15	8–15	35–85
0,063 mm	M.-%	6–10	7–11	7–60
Mindest-Bindemittelgehalt		$B_{min\ 5,6}$	$B_{min\ 5,9}$	$B_{min\ 6,2}$
Asphaltmischguteigenschaften				
minimaler Hohlraumgehalt MPK	Vol.-%	$V_{min\ 2,5}$	$V_{min\ 2,0}$	$V_{min\ 1,0}$
maximaler Hohlraumgehalt MPK	Vol.-%	$V_{max\ 6,0}$	$V_{max\ 4,5}$	$V_{max\ 3,0}$
Affinität – Haftung des Bitumens an Gestein (Referenzgestein: Granit)				
Flaschenrollmethode (Rolling bottle test), DIN EN 12697-11				
TP Asphalt-StB, Teil 11				
nach 24 h, mind.	%	80	80	(80)
nach 48 h, mind.	%	75	75	(75)
Affinität – Wasserlagerung bei 80 °C in Anlehnung an DIN EN 12697-11				
nach 24 h, mind.	%	95	95	(95)
nach 48 h, mind.	%	90	90	(90)

( ) Am Gestein gemäß TP Asphalt-StB durchgeführt

verdichtender Asphalt) und der geringe Hohlraumgehalt als Vorteil angesehen.

In den Regionen, in denen Gussasphalt nicht zur Verfügung steht, werden auch andere Heißmischgüter, vor allem Asphaltbeton, eingebaut.

Auf die Verwendung von Fugenband kann bei extrem starkem Schwerverkehr *nicht* verzichtet werden.

Als Alternative wurde ein Spezialwarmmischgut, Pothole Filling Asphalt – PFA® (PFA®

Instant), zur Sanierung von Schlaglöchern und Fehlstellen im Straßenbelag entwickelt.

Das Spezialwarmmischgut (PFA®) hat eine Reihe von Vorteilen gegenüber herkömmlichen Asphalten:

- hohe Klebkraft in sich und zu angrenzenden Bereichen (auch Pflaster, Beton, Stahl)
- hoher Widerstand gegen bleibende Verformungen (*Bild 22.4*) auch bei Temperaturen über 60 °C
- exzellentes Kälteverhalten (bis mind. –35 °C) im Abkühlversuch
- uneingeschränkte Verwendbarkeit auch bei großer Einbaudicke (je Lage max. 16 cm) und in allen Belastungsklassen
- einfache, unproblematische Verarbeitbarkeit (temperaturabgesenkter, niedrigviskoser und „ökologischer“ Asphalt).

22.3.3.1 Adhäsionsverhalten

Es werden speziell entwickelte Additive verwendet, die folgende Funktionalitäten in extrem hoher Ausprägung aufweisen:

- Wechselwirkungen mit basischen und sauren Zentren
- optionale polymere Anteile zur Verbesserung der Elastizität unter Beibehaltung der Erweichungspunkterhöhung
- Viskositätserniedrigung.

Diese hohe Funktionalität ist charakterisiert durch kurze, bewegliche Kohlenwasserstoffketten von hoher chemischer Aktivität für die Wechselwirkung mit unterschiedlichen Gesteinsformationen. Dies bei gleichzeitiger Anwesenheit langer Alkylketten für die Verbesserung der Bitumenverträglichkeit und die Schaffung kristalliner Zentren zur Erhöhung des Erweichungspunktes.

Mit dieser Entwicklung wird sowohl auf die Forderung des Marktes nach Verbesserungen des Gebrauchsverhaltens des Asphaltes als auch auf die Forderung nach niedrigeren Verarbeitungstemperaturen reagiert.

Bei der Verwendung des PFA®-Systems wird die Haftung des Bitumens an kritischen Gesteinen so verbessert, dass es haftunkritischen Gesteinen entspricht.

Der PFA® Instant wird verpackt in Big Bags angeliefert. Er ist in den Sieblinien 0/2, 0/5 und 0/8 mm lieferbar und in Einheiten von 100 bis 1 000 kg erhältlich. In den Big Bags befinden sich die Gesteinskörnungen, der Füller und das Bitumen mit seinen Additiven als fertige Instant-Mischung. Das Bitumen liegt fertig modifiziert in portionierten Polyethylen-Beuteln, die beim Mischvorgang selbstständig aufschmelzen, im Big Bag oder im Eimer vor. Bei Bedarf wird der Inhalt des Big Bags in eine kleine portable Mischanlage oder in einen Asphaltkocher entleert und aufgeschmolzen. Wenn Folie und Bitumen aufgeschmolzen sind und eine homogene Mischung entstanden ist, kann der PFA® eingebaut werden. Diese Vorgehensweise ist mit keinem anderen Heißmischgut möglich.

Der PFA® kann dem Niedrigtemperaturasphalt zugeordnet werden und der Einbau erfolgt je nach Klimabedingungen bei 125 °C (Sommer) oder bei bis ca. 200 °C (Winter oder sehr kühle Witterung). Dies bedeutet, dass das „Einbaufenster“ auch „weit geöffnet“ werden kann.

Durch die spezielle Additivierung ist das Alterungsverhalten des Bindemittels minimiert.

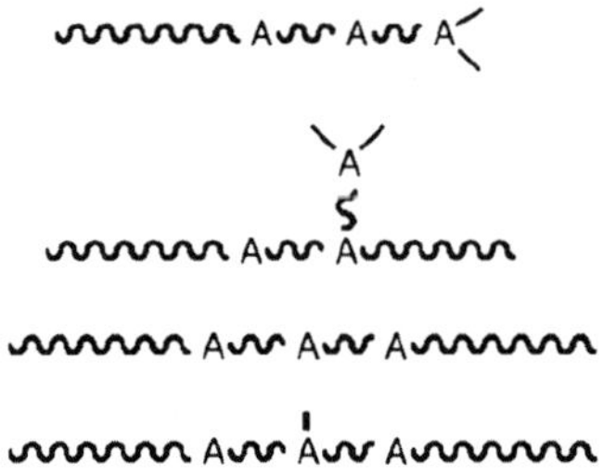

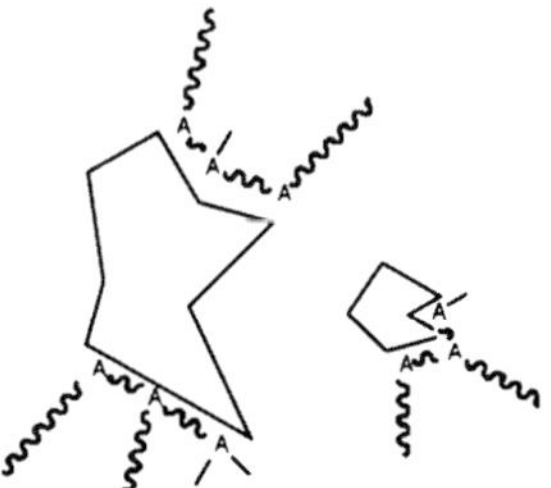

Bild 22.5 Additive mit höherer Funktionalität (Wechselwirkung mit basischen und sauren Zentren, optionale polymere Anteile zur Verbesserung der Elastizität)

Vergleich Affinität Bitumen / Gestein (Basalt, Granit, Quarzporphyr und Quarzit) mit unmodifizierten Bitumen –
Wasserlagerung bei 80°C bis 48 stunden , Umhüllungsgrad (%) Lagerung(h)

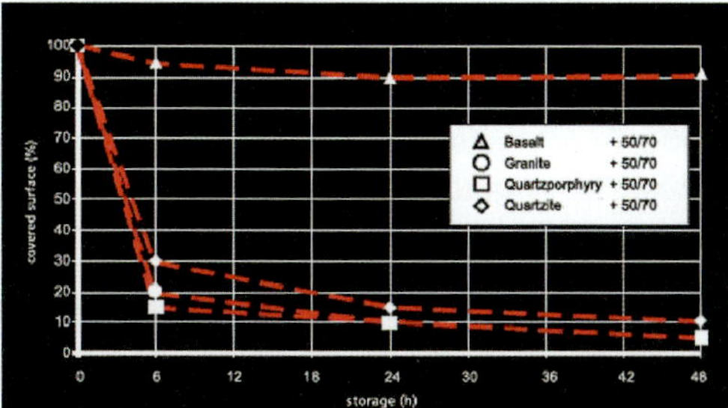

Bild 22.6 Wasserlagerung bei 80 °C Normalbitumen

Vergleich Affinität Bitumen / Gestein (Basalt, Granit, Quarzporphyr und Quarzit) mit CCBit113AD modifiziertem Bitumen – Wasserlagerung bei 80°C bis 48 Stunden

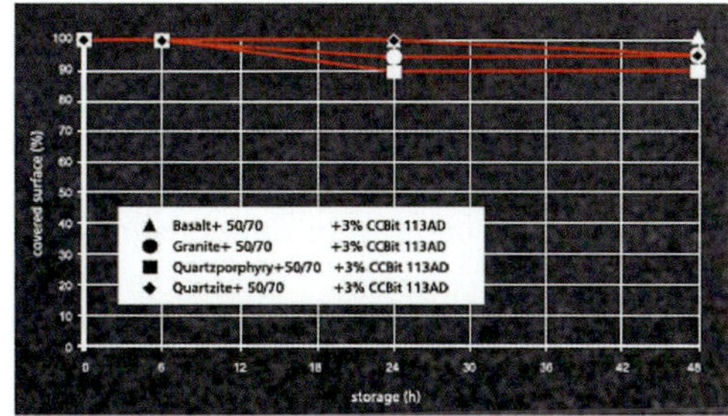

Bild 22.7 Wasserlagerung bei 80 °C PFA®-Spezialbitumen

Bild 22.8 Quarzporphyr nach 48 h Wasserlagerung bei 80 °C mit Straßenbaubitumen

Bild 22.9 Quarzporphyr nach 48 h Wasserlagerung bei 80 °C mit Spezialbitumen für PFA®

Bild 22.10 Big Bags 250 kg

Bild 22.11 Fertiggestellter PFA®

22.3.3.2 Reparatur mit PFA® Instant

Die Schadstelle wird ausgefräst und gereinigt. Der PFA® wird vor Ort hergestellt und das Schlagloch mit der homogenen Masse aufgefüllt. Die Verteilung von PFA® ist sehr einfach mit Schiebern vorzunehmen. Zwei Walzübergänge mit einer Walze oder Rüttelplatte (max. 2 t) genügen. Nach ungefähr 1 h kann die Verkehrsfreigabe erfolgen.

Auf das Vorsprühen mit Bitumenemulsion oder das Einlegen von Fugenband kann verzichtet werden, wenn die Kantenhöhe max. 3 cm beträgt und kein extremer Schwerverkehr zu erwarten ist.

22.3.3.3 Einsatz von PFA® Instant unter Winterbedingungen

In den Wintermonaten müssen häufig Notreparaturen an den Asphaltdeckschichten (Schlaglöcher) durchgeführt werden. PFA® Instant kann zu jeder Jahreszeit direkt an der Einbaustelle hergestellt und zur Schlaglochsanierung verwendet werden. Das abgängige Material muss aus dem Schlagloch entfernt werden. Im Winter muss die Reparaturstelle mit dem Flächenheizgerät vorgewärmt werden, sodass das Schlagloch trocken wird. Danach kann das heiße PFA® Instant-Reparaturmaterial in die Fehlstelle eingefüllt werden. Die Verdichtung mit einer Rüttelplatte muss direkt nach dem

Bild 22.12 Vorheizen der Einbaustelle mit Flächenheizgerät

Bild 22.13 Aufbereitung des PFA®-Mischgutes (mittels mobilen Kleinmischers vor Ort)

Bild 22.14 Verteilung des Mischgutes im Schlagloch

Bild 22.15 Verdichtung mit Rüttelplatte, danach sofortige Verkehrsfreigabe

Vorbereiten / Erwärmen des Schlaglochs (wenn nötig) → Erhitzen / Herstellen des PFA Materials vor Ort → Einbau und sanftes Verdichten des PFA

Bild 22.16 Einbautechnologie PFA® Instant

Einbau erfolgen. Die Verkehrsfreigabe kann dann kurzfristig nach Abschluss der Verdichtung vorgenommen werden.
Die Reparaturen werden in Deutschland bei bis zu –10 °C ausgeführt. Die Liegedauer der Einbaustelle kann aus den momentanen Erfahrungen heraus auf mindestens vier Jahre geschätzt werden.

Bild 22.17 Der abgängige Altasphaltbelag hat keinerlei Verklebung mit dem Pflaster

Bild 22.18 PFA®-Einbau mit Straßenfestiger auf Pflaster (Autobahnzubringer zur A 4)

Bild 22.19 Fertige großflächige Befestigung mit PFA®

22.3.3.4 Einbau auf Pflaster

In vielen Städten und Gemeinden wird die vorhandene Pflasterbefestigung mit Asphalt überbaut. Die Haltbarkeit ist aufgrund des Haftverhaltens häufig begrenzt.

Durch die spezielle Additivierung des PFA® ergibt sich eine hohe Klebkraft zwischen PFA® und dem Pflaster, sodass die Langlebigkeit der Asphaltschicht gewährleistet und eine Überbauung problemlos vorgenommen werden kann.

22.3.3.5 Straßeneinläufe – Sanierung von Schachtabdeckungen

Die Einbindung von Schachtabdeckungen und Straßeneinläufen aus Stahl oder Gusseisen ist problematisch. Asphalt und Stahl verbinden sich normalerweise nicht gut miteinander. In der Vergangenheit schuf der kosten- und zeitintensive Einsatz von Primern und Fugenbändern etwas Abhilfe.

Aufgrund seiner bereits beschriebenen hohen Klebkraft ist es jetzt möglich, diese Einbauten direkt mit PFA® zu verbinden.

Besonders im Bereich von abgängigen und geschädigten Einläufen können problemlos Sanierungen mit dem PFA® Instant-System vorgenommen werden.

- **Erfurter Lösung**

Durch die extrem hohe Standfestigkeit kann wahlweise auch ganz auf den Einsatz von vorgefertigten Betonringen und Formsteinen verzichtet werden. Hier wird ein Lehrrohr eingesetzt und der umgebende Raum direkt mit PFA® ausgefüllt. Die Einbauteile können direkt nach dem Asphaltieren montiert und belastet werden.

Bild 22.20 Zu sanierender Straßeneinlauf (Sinkkasten)

Bild 22.21 Entnahme des schadhaften Asphalts

Bild 22.22 Einfügen der Form und Ausfüllen mit PFA®

Bild 22.23 Montieren der Einbauteile

Bild 22.24 Abgleich des Asphalts – Fertigstellung

Berliner Verfahren

Zum Sanieren und zum Einbau von runden Schächten in vorhandenen Verkehrsbefestigungen wird mit einer Spezialfräse ein kreisrundes Loch oder ein kreisrunder Schlitz hergestellt.

Bild 22.25 Spezialfräse für kreisrunde Löcher oder Schlitze

Nach Reinigung und Montage der Schachteinbauten wird der PFA® Instant eingefüllt.

Die Berliner Technologie unter Verwendung einer Spezialfräse und des PFA® Instant verkürzt die Bauzeit und die damit verbundenen Verkehrsbehinderungen. Vom Ausfräsen bis zur Freigabe für den Verkehr vergeht lediglich knapp 1 h.

Bild 22.26 Ergebnis nach dem Fräsen. Das Herausfräsen der alten Schachtabdeckung dauert etwa 7–10 min

Bild 22.27 Manueller PFA®-Einbau

Bild 22.28 Verdichtung mit Rüttelplatte, danach sofortige Verkehrsfreigabe

22.3.3.6 Fehlstellen im Beton

Besonders im nördlichen und östlichen Teil Deutschlands finden seit einigen Jahren umfangreiche Sanierungsarbeiten auf Bundesautobahnen und Schnellstraßen im Betonfahrbahnbereich statt. Eine Ursache dafür ist die sogenannte *Alkali-Kieselsäure-Reaktion* (kurz *AKR*, Bezeichnung für die chemische Reaktion zwischen Alkalien des Zementsteins im Beton und Betonzuschlägen mit alkalilöslicher Kieselsäure).

Die Bezeichnung *Alkali-Aggregat-Reaktion (AAR)* fasst ähnliche Prozesse zusammen, von denen die AKR die wichtigste ist. Aus Löschkalk

Bild 22.29 Das Loch auf der A 9 mit den Abmessungen 2 x 1 x 0,37 m

Bild 22.30 Herstellung des PFA® in situ in einem Gussasphaltkocher zur Lochfüllung

Bild 22.31 Einbau der ersten Lage (ca. 17 cm), anschließend folgt die zweite Lage in einer Gesamtdicke bis 37 cm

Bild 22.32 Sanfte Verdichtung der Oberfläche mit einer Rüttelplatte; die Füllung des Lochs ist nach ca. 1,25 h (nach Einbaubeginn) beendet

Bild 22.33 Nach über dreijähriger Verkehrsbelastung (auch unter heißen klimatischen Verhältnissen) sind keinerlei Verformungen oder Verschleißerscheinungen erkennbar

($Ca(OH)_2$) und Quarz (SiO_2) entstehen durch Kristallbildung u. a. Wollastonit und andere Calciumsilikate, z. B. $Ca(OH)_2 \cdot SiO_2$. In den betroffenen Bereichen kann sich dann ein quellfähiges Alkali-Kieselsäure-Gel oder auch ein quellfähiges CSH-Gel bilden, das durch Volumenvergrößerung den Beton von innen aufbricht.

Die Sanierung derartiger geschädigter Stellen erfolgt i. d. R. durch den Wiedereinbau von Beton oder durch den Einbau konventionellen Asphalts in drei Lagen in die vorher ausgehobenen und vorpräparierten „Löcher".

Dabei gestaltet sich die Verdichtung der untersten Lage (Asphalttragschicht) als besonders schwierig, da als Verdichtungsgerät nur eine Rüttelplatte mit geringer und somit ungenügender Verdichtungsleistung auf dem eng begrenzten Raum eingesetzt werden kann. Setzungen durch den Verkehr sind die Folge.

Durch die Verwendung von PFA® lässt sich die Einbauzeit der gesamten Asphaltbefestigung auf max. 1,5 h minimieren (siehe die *Bilder 22.29–22.32* der A 9 in Sachsen-Anhalt bei Weißenfels).

22.3.3.7 Risssanierung

Nach einiger Liegezeit von Asphaltbefestigungen kann es im Nahtbereich aus verschiedenen

Bild 22.34 Aufgehende Naht in der Deckschicht

Bild 22.35 Gefräster Nahtbereich (der Riss ist auch in der Asphaltbinderschicht erkennbar)

Bild 22.36 Einbau des Glasgitters (Anflammen des Bitumens am Gitter zum Verkleben mit dem Untergrund)

Gründen zu einem „Aufgehen" der Nähte kommen. Teilweise findet die Rissbildung nur in den Deckschichtbereichen statt, aber häufig schlagen die Risse auch in die Asphaltbinder- und die -tragschicht durch. Werden diese Risse nicht saniert, kommt es zu einem Versagen der gesamten Konstruktion. Der Einsatz von PFA® in Kombination mit Glasgittern bietet hier eine nachhaltige Lösung zur Sanierung der Risse.

Bild 22.37 Einbau von PFA®

22.4 Verfahrensweisen für das Schließen von Bohrlöchern

Im geltenden Regelwerk existieren Vorgaben zur Entnahme von Bohrkernen aus dem Asphaltoberbau, Regelungen zum Verschließen der Bohrlöcher sind nicht exakt und nicht in allen Bundesländern enthalten. Bei den im Rahmen umfangreicher Untersuchungen durchgeführten Praxistests haben sich jedoch die nachfolgenden Verfahrensweisen bewährt.

Es werden hauptsächlich zwei Varianten eines mehrschichtigen Verschlussaufbaues verwendet, die sich aber hinsichtlich der verwendeten Materialien unterscheiden.

Eine Möglichkeit des mehrschichtigen Kernbohrlochverschlusses ist das lagenweise Verfüllen mittels eines ungebundenen Gesteinsgemisches bis ca. 20–70 mm unter der Oberkante der Asphaltdecke.

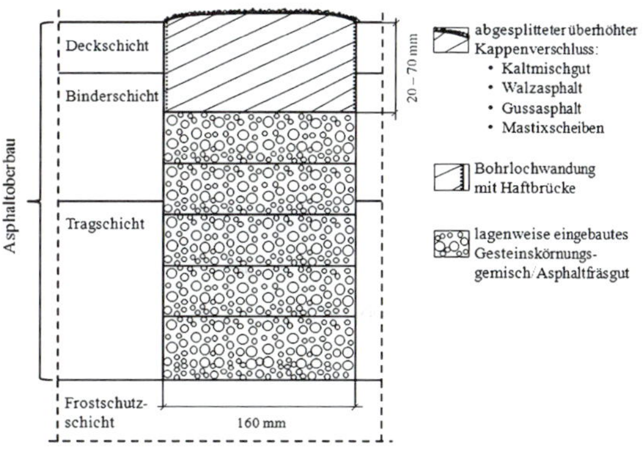

Bild 22.38 Mehrschichtiger Kernbohrlochverschluss mittels Gesteinskörnungsgemisch

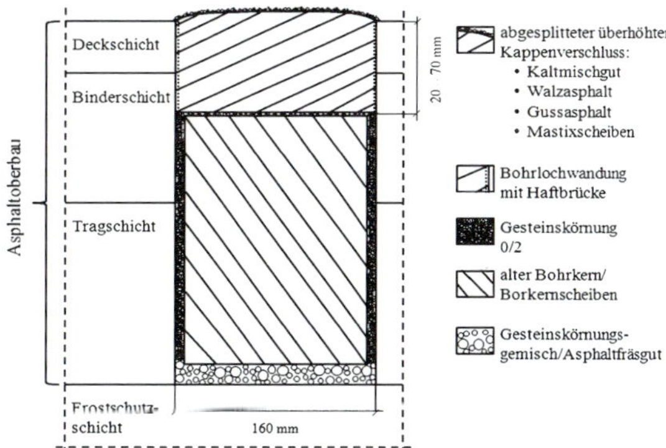

Bild 22.39 Mehrschichtiger Kernbohrlochverschluss mittels alten Bohrkerns

Die zweite Variante ist der Verschluss mittels eines alten Bohrkerns oder alter Bohrkernscheiben.

Für die bei allen mehrschichtigen Verschlusstechniken herzustellenden Kappen werden unterschiedlichste Materialien verwendet. Hierbei handelt es sich in den meisten Fällen um verschiedenartige Kaltmischgüter, aber auch Walzasphalt, Gussasphalt oder vorgefertigte Mastixscheiben.

Alternatives Bohrlochsanierungsverfahren

Ein wesentliches Novum des alternativen Verfahrens ist die Einbringung einer Nut an der Bohrlochinnenwandung. Sie garantiert eine formschlüssige mechanische Verankerung des Verfüllmaterials. Dazu wurde ein spezielles Schneidwerkzeug entwickelt. Es ist einfach zu handhaben und erlaubt die exakte Platzierung einer definierten Nut in der Bohrlochwandung. Ein großer Vorteil des Werkzeugs liegt in seinem geringen Verschleiß.

Parallel dazu wurde ein neuartiger *Bohrlochverfüllasphalt (BVA)* entwickelt, der bei ca. 120 °C eingebaut wird und sehr gute Festigkeiten aufweist sowie ein ausgezeichnetes Haftvermögen auf dem bestehenden Straßenkörper besitzt.

Um über die anwendungstechnischen Untersuchungen hinaus Aussagen zur Langlebigkeit des Bohrlochverschlusses zu erhalten, wurden Asphaltmischgutplatten hergestellt und mit einer Bohrung (Durchmesser 150 mm) versehen. In einen Teil dieser Platten wurden mit dem Hinterschnittwerkzeug Nuten mit einer Tiefe von ca. 5 mm im Abstand von ca. 30 mm unter der Oberkante der Oberfläche eingefräst. Die notwendigen dynamischen Belastungen wurden mithilfe eines servohydraulischen Prüfstandes aufgebracht. Die Proben wurden so lange belastet, bis das Versagenskriterium erreicht wurde. Dabei wurde das beste Ergebnis mit der Neuentwicklung des BVA erreicht.

Die durchschnittlichen Belastungszahlen der Laborprobekörper ohne Nut lagen bei ca. 150 000 Belastungen, die Probekörper mit Nut erzielten durchschnittlich mehr als 1,5 Mio. Belastungen und lagen somit noch einmal um den Faktor 10 höher als die Probekörper ohne Nut.

22.5 Das Patchsystem

Das System stellt eine Weiterentwicklung der manuellen Emulsionsreparaturen dar. Auf einem Fahrzeug sind Materialbehälter für grobe, gebrochene Gesteinskörnungen, Bitumenemulsion und Wasser installiert. Die Bitumenemulsion wird auf die erforderliche Verarbeitungstemperatur erwärmt. Die Materialbehälter für die Gesteinskörnungen (bis zu zwei Stück) können bei Bedarf ebenfalls beheizt werden. Zur Verarbeitung kommen nur polymermodifizierte Bitumenemulsionen, die eine sehr hohe Affinität zueinander haben, zum Einsatz. Als Gesteinsmaterial werden staubfreie Materialien der Körnung 2/5 mm, 5/8 mm oder ggf. auch 1/3 mm eingesetzt.

Die Gesteinskörnungen sind im Fahrzeug vor Witterungseinflüssen geschützt. Mit einem stufenlos einstellbaren Schneckenförderer werden sie zum Ejektorgehäuse transportiert. Von hier aus werden sie mit hohem Druck zur Enddüse geblasen. Der Materialtransport zur

Bild 22.40 Werkzeug zur Erzeugung einer Nut, Bohrwagen mit Werkzeug, Nut in der Bohrlochinnenwandung

Bild 22.41
Lkw mit Aufbau zum „Patchen", mit Splittbehälter, Bitumenemulsions- und Wassertanks, Kragarm mit Düsen für Luft, Gesteinskörnung und Bitumenemulsion

Enddüse erfolgt über Stahl- oder Schlauchleitungen. Die Leitungen sind wärmegedämmt und beheizt. Die Hauptdüse ist schwenkbar und wird über Hydraulikzylinder vom Fahrersitz aus über einen Joystick gesteuert.

Die Tanks für die Bitumenemulsion werden von einem Servicetank aus über Pumpen befüllt. Eine thermostatisch geregelte Heizung hält die Bitumenemulsion auf Temperatur, sie wird parallel zu den Gesteinskörnungen mittels Pumpen und separater Leitungen zur Hauptdüse transportiert. Durch eine Rücklaufleitung wird ein ständiger Umlauf gewährleistet.

Die Mischung aus Bitumenemulsion und Gesteinskörnung erfolgt in der speziell entwickelten Hauptenddüse. Das Verhältnis der zwei Komponenten kann durch die Variation der Hauptdüse gesteuert werden.

Ausführung der Arbeiten:

1. Die Schadstelle wird über die Ejektordüse mit Druckluft von Schmutz befreit.
2. Die gesäuberte Schadstelle wird danach mit einer Haftbrücke aus polymermodifizierter Bitumenemulsion versehen. Die Schichtdicke wird nach den individuellen Erfordernissen ausgeführt.

Bild 22.42 **Nach Reinigung der Schadstelle wird die Haftbrücke aufgebracht**

Bild 22.43 **Lagenweises Einbringen des Gemisches aus Gesteinskörnungen und Bitumenemulsion**

Bild 22.44 Finales Auftragen der Gesteinskörnung

Bild 22.45 Sofortige Verkehrsfreigabe nach Abschluss-Patchen

3. Die Schadstelle mit dem in der Hauptdüse hergestellten Gemisch aus Gesteinskörnungen und Bitumenemulsion wird lagenweise ausgefüllt. Durch den hohen Druck, mit dem das Gemisch in die Schadstelle geblasen wird, ist ein Verdichten nicht erforderlich.
4. Die ausgefüllte Schadstelle wird durch das Aufbringen von reiner Gesteinskörnung abgedeckt.

Die Anwendung dieses Systems ist auf die frostfreien Monate des Jahres (Ende April bis Anfang Oktober) beschränkt. Die genaue Einsatzzeit ist von der verwendeten Bitumenemulsion abhängig.

Asphalt für extreme klimatische Bedingungen

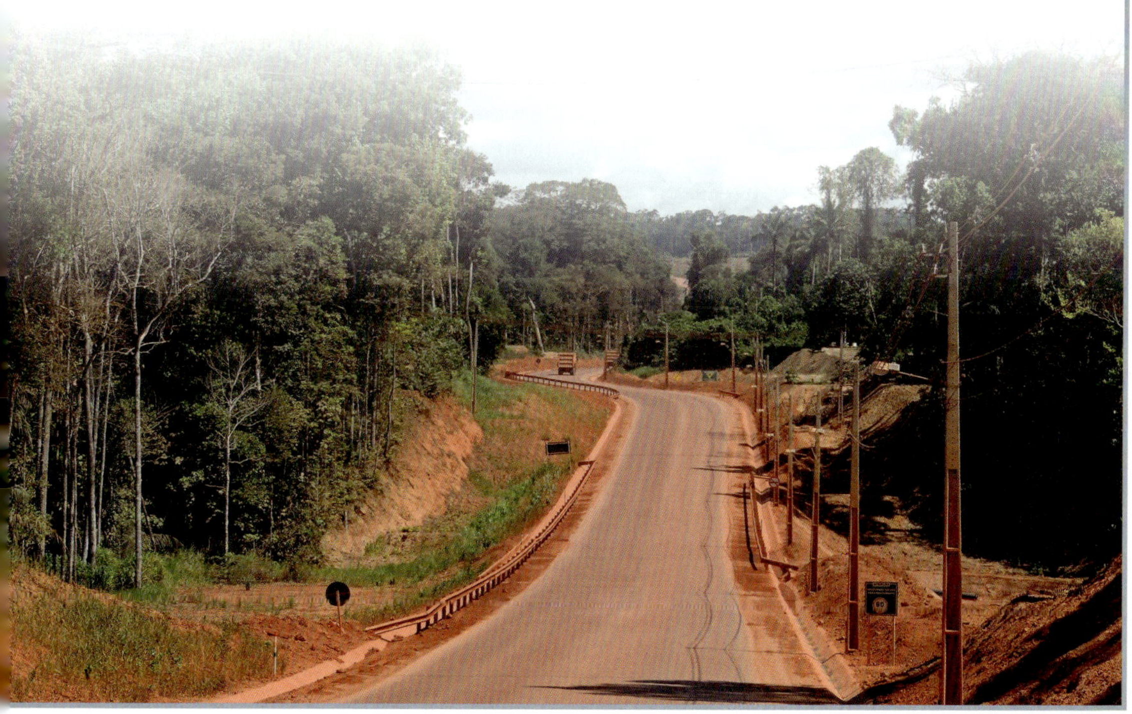

23.1 Klima in Deutschland

Deutschland gehört zur gemäßigten Klimazone Mitteleuropas, in der häufig Westwind herrscht. Das Land befindet sich im Übergangsbereich zwischen dem maritimen Klima in Westeuropa und dem kontinentalen Klima in Osteuropa. Das Klima wird unter anderem durch den Golfstrom mitbestimmt, der das durchschnittliche Temperaturniveau für die Breitenlage ungewöhnlich hoch gestaltet.

Als *heißer Tag* wird ein Tag, an dem die Lufttemperatur 30 °C erreicht oder überschreitet, definiert. Die *mittlere jährliche Zahl* der heißen Tage ist der Durchschnittswert der Zahl der heißen Tage eines Jahres während eines 30-jährigen Zeitraums. Es wird als sicher prognostiziert, dass die mittlere jährliche Zahl der heißen Tage überall in Deutschland zunehmen wird. Im Norden Deutschlands wird es nur wenig mehr heiße Tage geben, während insbesondere im Süden Deutschlands eine markant höhere Zahl an heißen Tagen bis zum Ende dieses Jahrhunderts zu erwarten ist.

Die ersten wissenschaftlichen Wetteraufzeichnungen begannen in Deutschland 1876. Bis 2015 wurden folgende Extremwerte ermittelt:

Höchste Temperatur: 40,2 °C (am 9.8.2003 in Karlsruhe und am 13.8.2003 in Freiburg und Karlsruhe). Der Durchschnitt der höchsten je gemessenen Temperaturen beträgt 36,0 °C (inklusive Zugspitze). Der Negativ-Rekord wurde mit –37,8 °C in Hüll, einem Ortsteil von Wolnzach/Kreis Pfaffenhofen/a. d. Ilm in Oberbayern, ermittelt. Der Durchschnittswert für Deutschland beträgt –24,6 °C.

Die Temperaturdifferenz in Deutschland beträgt im Durchschnitt 60,6 K. Dabei handelt es sich lediglich um die Lufttemperatur, die auch in der Regel in 2 m Höhe über Grund gemessen wird. Das bedeutet, dass die entsprechenden Asphalttemperaturen (Maximalwerte) um ca. 15–30 K höher liegen.

Asphalt wird in Deutschland entsprechend dem gültigen Technischen Regelwerk konzipiert und eingesetzt.

Im Sommer können extrem hohe Fahrbahntemperaturen bis 60 °C, im Maximum bis nahe 80 °C, auftreten, welche die in den TL Bitumen für Straßenbaubitumen verankerten Werte für den Erweichungspunkt Ring und Kugel überschreiten und somit eine deutliche Viskositätsveränderung im Bindemittel nach sich ziehen können. Spurrinnenbildungen und andere Verformungen sind ein Resultat. Im Gegensatz dazu gibt es auch in Deutschland immer kältere Winter und somit auch Extremwerte im tiefen Temperaturbereich. Dabei kommt das bitumenhaltige Bindemittel an die Grenzen seiner Leistungsfähigkeit hinsichtlich der verstärkt auftretenden kryogenen Spannungen. Es steigt die Gefahr des Entstehens von Rissen und Schäden durch aufgebrachte Taumittel und in die Risse eindringendes gefrierendes Wasser, was zu Materialausbrüchen (z. B. Schlaglöchern) führen kann. In Deutschland kommt es im Winter zu häufigen Frost-Tau-Wechseln und verstärkt zu extremen und kurzfristigen Temperaturwechseln.

Entsprechende Erfahrungen aus anderen Klimazonen, wie z. B. dem Kontinentalklima (Russland, Zentralasien) oder feuchttropischen Zonen (z. B. Lateinamerika) etc., gilt es zu analysieren und für Deutschland zu adaptieren.

Tabelle 23.1 Temperaturrekorde in Deutschland

Ort	Temperaturmaximum	Temperaturminimum	Differenz
Freiburg im Breisgau	40,2 °C	–22,4 °C	62,6 K
Berlin Dahlem	38,7 °C	–26,0 °C	63,8 K
Flughafen Frankfurt a. Main	38,7 °C	–21,6 °C	60,3 K
Flughafen Hannover	38,0 °C	–11,2 °C	49,2 K

23.2 Beispiele aus anderen Klimazonen

Tropisches Klima in Lateinamerika (Aeropuerto Internacional El Salvador)

Der Flughafen von San Salvador liegt im tropischen Klima der Küstenregion (Pazifik). Das Klima ist über das gesamte Jahr hinweg warm bis überwiegend heiß mit hoher Luftfeuchtigkeit.

Der Asphalt hat über das ganze Jahr eine relativ hohe Temperatur. Eine Abkühlung bis nahe an den Gefrierpunkt ist nicht zu verzeichnen. Die klimatischen Beanspruchungen reduzieren sich auf ein ausgeglichenes „Hochtemperaturniveau" mit hoher Luftfeuchtigkeit und auf Einflüsse aus Niederschlägen (warmer Regen).

Das Bitumen sollte daher einen hohen Erweichungspunkt Ring und Kugel aufweisen und zudem eine hohe Affinität gegenüber kritischen Gesteinen, auch bei eintretendem Wasser bei diesen hohen Temperaturen (> 45 °C) haben.

Bild 23.1 San Salvador International Airport, Flugfeld vor der Rekonstruktion

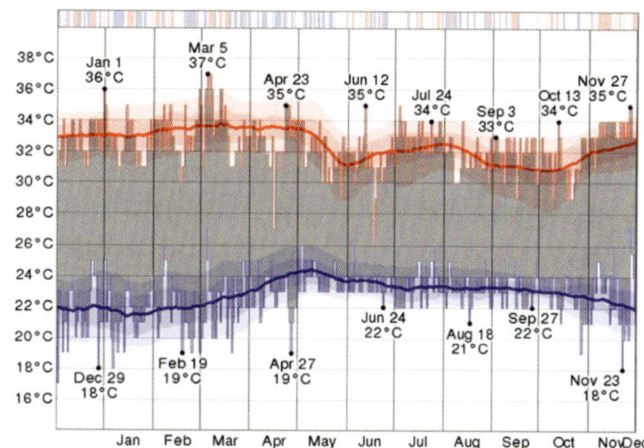

Bild 23.3 Temperaturgang Flughafen San Salvador, El Salvador

Kontinentalklima in Russland und Zentralasien

Das Kontinentalklima in Sibirien und Zentralasien zeichnet sich aus durch warme bis heiße Sommer sowie extrem kalte Winter und relativ geringe Niederschläge. Die Temperaturen in Russland bewegen sich zwischen –50 °C und +45 °C. Im Südwesten herrschen fast das ganze Jahr Temperaturen zwischen +5 °C und +40 °C, im Nordwesten zwischen –10 °C und +20 °C und im Nordosten zwischen –50 °C und +10 °C. Große Teile des europäischen Gebietes von Russland werden von einem Kontinentalklima bestimmt, dies bedeutet, dass im Sommer sehr heiße Temperaturen auftreten und die Winter von sehr tiefen Temperaturen geprägt sind.

Der Asphalt wird hier also durch große Temperaturschwankungen beansprucht. In der Übergangszeit zwischen Sommer und Winter kommt es zudem zu häufigen Frost-Tau-Wechseln. Das zu verwendende Bitumen muss daher ein aus-

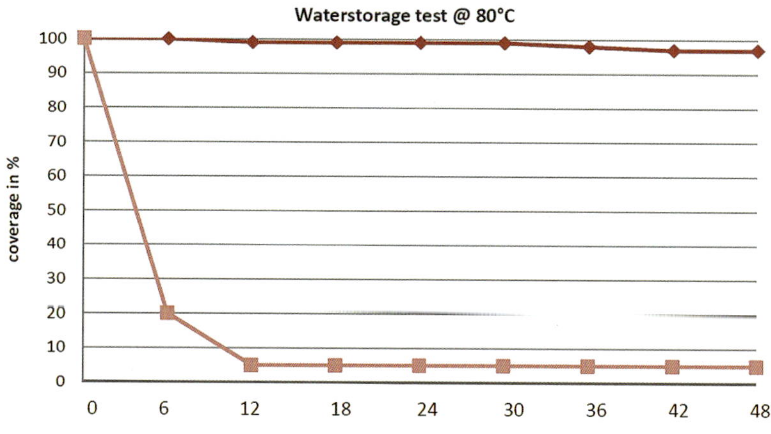

Bild 23.2 Affinität Bitumen 60/70 kolumbianischer Provenienz, unmodifiziert und modifiziert gegenüber Quarzporphyr bei 80 °C Wasserlagerung

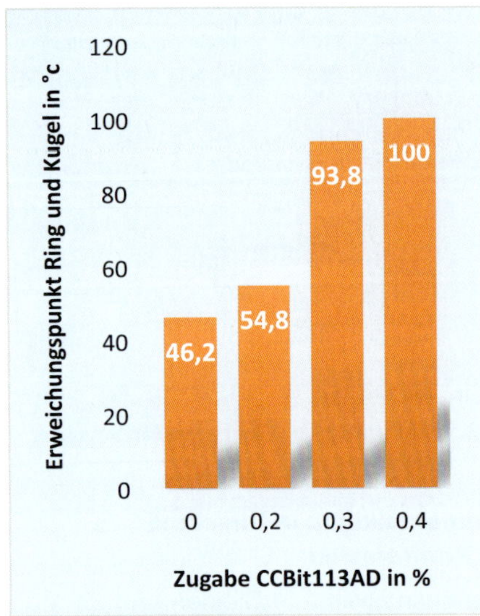

Bild 23.4 Entwicklung des Erweichungspunktes Ring und Kugel bei Bitumen 60/70 kolumbianischer Provenienz, modifiziert mit 2, 3 bzw. 4 % an Zusätzen

geprägtes *Multigrade*-Verhalten, also eine hohe Plastizitätsspanne, besitzen. Im *Bild 23.5* und der *Tabelle 23.2* ist das Multigrade-Verhalten von drei verschiedenen Bitumensorten dargestellt.

Gemäß den Bedingungen unter kontinentalem Klima (Russland) wurde ein „weiches" Bitumen mit einem ausgezeichneten Kälteverhalten ausgewählt und modifiziert. Ziel war es, ein Bitumen mit sehr gutem Tieftemperaturverhalten und ebenso mit einer guten Resistenz gegen Wärmebeanspruchung herzustellen. Durch die Modifikation dieses russischen Bitumens wurde eine Plastizitätsspanne von bis zu 130 K realisiert. Das bedeutet, der Erweichungspunkt Ring und Kugel liegt weit oberhalb von 85 °C (105 °C). Das Kälteverhalten des Ausgangsbitumens hat sich durch die Modifikation nicht verändert. Somit kann ein Asphalt konzipiert werden, der sowohl bei tiefen Winter- als auch bei hohen Sommertemperaturen ein gutes Gebrauchsverhalten zeigt.

Bild 23.5 Multigrade-Verhalten von Bitumen

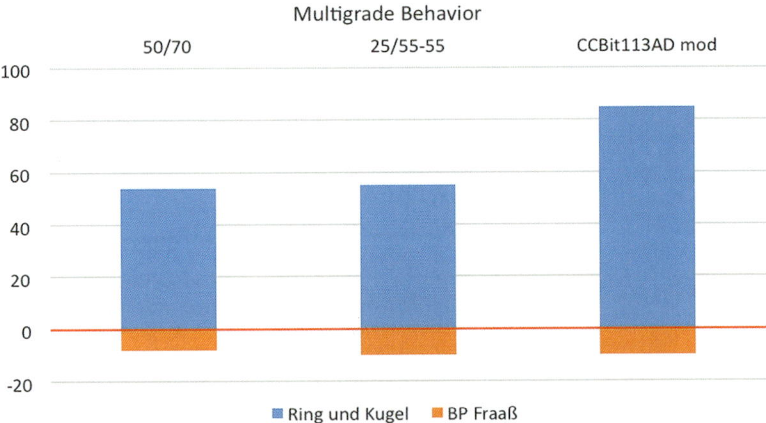

Tabelle 23.2 Multigrade-Verhalten von Straßenbaubitumen und modifiziertem Bitumen (gemäß Produktdatenblatt)

Bitumen	50/70	25/55-55	BHV NV 35 PG
Erweichungspunkt Ring und Kugel [°C]	46–54	≥ 55	≥ 85
Penetration [1/10 mm]	50–70	25–55	≤ 35
Brechpunkt nach Fraaß [°C]	≤ –8	≤ –10	≤ –10
Elastische Rückstellung [%]	NR	≥ 50	NR
Adhäsion gegenüber kritischen Gesteinen	0	+	+++
Modifiziermittel		SBS mod.	CCBit113AD®
Multigrade-Verhalten	≥ 64	≥ 65	≥ 95

NR = keine Anforderung, 0 keine Veränderung, + geringe Verbesserung, ++ Verbesserung, +++ sehr gute Verbesserung

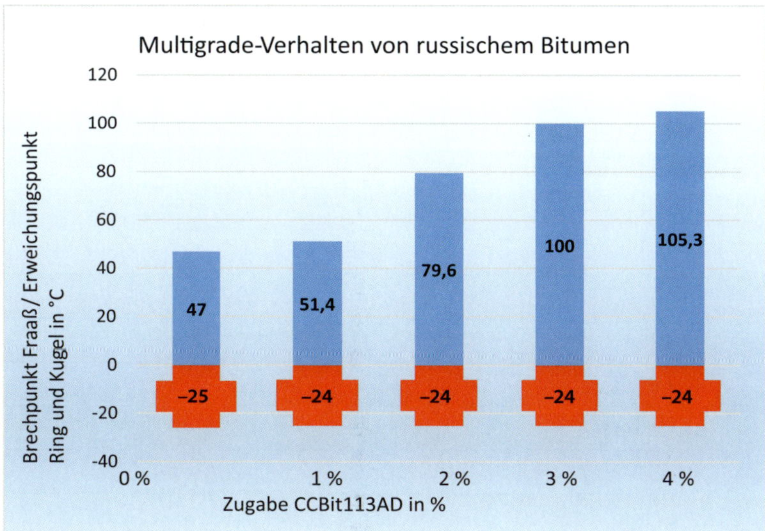

Bild 23.6 Multigrade-Verhalten von speziell modifiziertem Bitumen russischer Provenienz

Erweiterte Erstprüfungen und asphalttechnische Untersuchungen müssen durchgeführt werden, wenn in den betreffenden Regionen im Winter zusätzlich Spikereifen verwendet werden. Durch die Spikereifen wird das Asphaltgefüge zusätzlich mit schlagenden Beanspruchungen konfrontiert. Das bedeutet, dass die Gesteine eine sehr hohe (Kanten-) Festigkeit besitzen müssen und auch bei stark wechselnden Temperaturen besonders gut in der Mastixphase eingebunden sein müssen. Durch die Verwendung von Bindemitteln mit einer sehr großen Plastizitätsspanne, gepaart mit einer verformungsbeständigen und gegenüber Frost-Tau-Wechseln beständigen Asphaltmischung, kann das Bitumen derartig extremen Klimabedingungen und Beanspruchungen widerstehen.

Asphalteinlagen

Seit den 1980er-Jahren werden verschiedene Materialien verwendet, um Risse zu überbrücken oder gegebenenfalls Tragfähigkeitsunterschiede in Verkehrsflächen aus Asphalt auszugleichen. Ursprünglich kam die Idee aus dem Bereich der Geotextilien und es wurden handelsübliche Fließstoffe, Gitter und Gittergewebe mit wechselndem Erfolg eingesetzt.

Asphalteinlagen werden eingesetzt, um

- abzudichten,
- Reflexionsrisse zu vermeiden bzw. ein Durchschlagen zu verzögern,
- zu bewehren,
- eine gleichmäßige Haftung zwischen den Schichten herzustellen.

Asphalteinlagen werden nur bei speziellen Baumaßnahmen/Sanierungen eingesetzt. Zur Systematisierung und als Hilfe zur Auswahl des geeigneten Materials bzw. der richtigen Verlegetechnologie kann auf das „Arbeitspapier für die Verwendung von Vliesstoffen, Gittern und Verbundstoffen im Asphaltstraßenbau" (FGSV-Arbeitspapier Nr. 69) zurückgegriffen werden.

24.1 Risse im Asphalt und deren Ursachen

In der Asphaltkonstruktion können Bewegungen in horizontaler und vertikaler Richtung auftreten. Beim Überbauen von Betonfahrbahnen, deren Platten sich vertikal zueinander bewegen können, mit Asphalt sind besondere Vorkehrungen zu treffen.

Durchschlagende Risse (Reflexionsrisse) entstehen über

- Fugen in Betondecken,
- stumpf gestoßenen Nähten,
- Aufgrabungen,
- gerissenen Asphaltschichten,
- fehlendem Schichtenverbund.

Beim Einsatz von Asphalteinlagen ist zu prüfen, ob sie als Abdichtung (*abdichtende* Wirkung) oder als Rissüberbrückung (*bewehrende* Wirkung, *Armierung*) dienen sollen.

24.2 Abdichtende Wirkung

Die abdichtende Wirkung der Einlagen soll das Eindringen von Feuchtigkeit und Wasser in die Konstruktion verhindern. Auch kann damit die Frostsicherheit verbessert werden, da durch die Abdichtung die Frostwirkung (Sprengwirkung, Eislinsenbildung, Tragfähigkeitsverlust in der Auftauperiode, besonders bei frostempfindlichen Schichten ohne Bindemittel) durch eingedrungenes Wasser verhindert wird. Zur Anwendung kommen zumeist Vliesstoffe in Verbindung mit Bitumen.

24.3 Bewehrende Wirkung, Armierung

Die Konstruktionsschichten aus Asphalt sind flexibel. Das Bindemittel Bitumen verklebt die Gesteinspartikel, der Asphalt kann – in sehr geringem Maße – Zugspannungen aufnehmen. Eine gewünschte Zugspannungsaufnahme kann in mehrschichtigen Asphaltsystemen

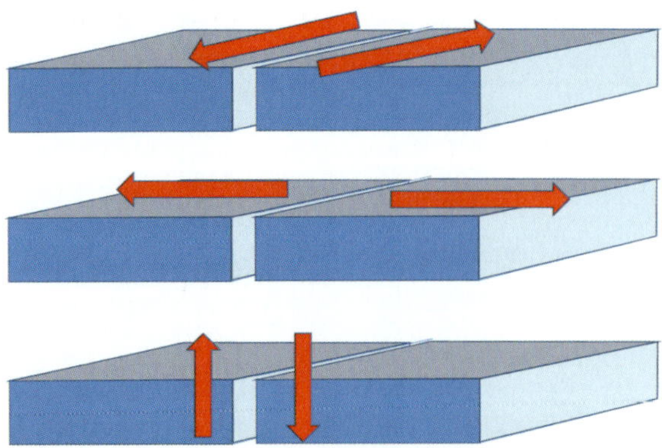

Spannungsaufbauende Asphaltarmierungen können in begrenztem Umfang Zugkräfte in Faserlängsrichtung/in der Armierungsebene aufnehmen.

Bei Scherkräften in der Ebene (horizontale Bewegungen) kann eine Armierung das Schadensbild – vor allem bei größeren horizontalen Bewegungen – meist nicht komplett verhindern.

Bei Scherkräften in vertikaler Richtung (z. B. mangelnde Tragfähigkeit, Setzungen, Betonplatten) können Asphaltarmierungen das Schadensbild nur bis zu einem gewissen Grad hinauszögern oder vermindern.

Bild 24.1 Ursachen für Risse bei Plattenbewegungen

Tabelle 24.1 E-Modul und Zugkraft verschiedener Materialien

Fasertyp/Baustoff	E-Modul [kN/mm²]	Zugkraft [kN]
Carbon	240	96
Glas	70	28
Polyester (PES)	1–5	0,4–2
Polypropylen (PP)	1–2	0,4–0,8
Stahl (S235)	210	84
Asphalt (bei 30 °C)	1–8	0,4–3,2
Asphalt (bei 0 °C)	10–25	4–10

Bild 24.2 Durchschlagender Riss bei Betonüberbauung

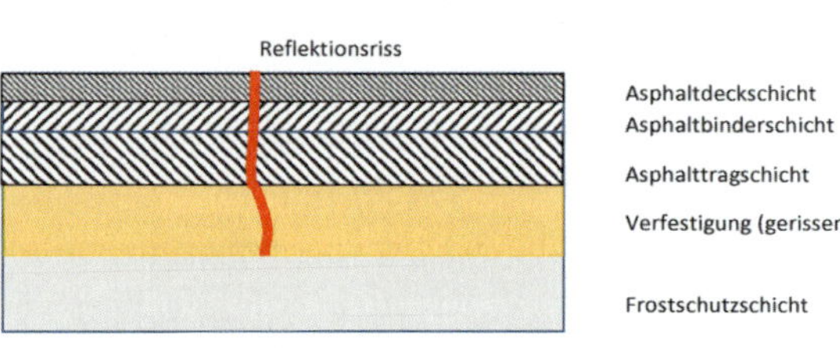

Bild 24.3 Reflexionsriss über gerissener Verfestigung

nur dann erreicht werden, wenn ein System (Gitter) in der Zone (Schichtgrenze), in der die Zugspannungen auftreten, kraftschlüssig verankert werden kann. Folgende Grundsätze sind hier zu beachten:

- Die Armierung muss im Bereich der (höchsten) Zugspannungen liegen.
- Die angrenzenden Schichten bzw. Lagen müssen untereinander und mit der Armierung einen (möglichst kraftschlüssigen) Verbund aufweisen.

Die Kraftübertragung über die Armierung kann durch die *Adhäsion* (Klebekraft) des Bitumens und/oder durch Verspannung der groben Gesteinskörnung im Gitter (*Aggregate Interlock*) erreicht werden.

Eine besondere Bedeutung bei diesem Anwendungsfall kommt der aufnehmbaren Zugkraft der Asphalteinlage zu (s. *Tabelle 24.1*). Carbon und Stahl können bei sehr kleinen Dehnungen große Zugkräfte aufnehmen, der Elastizitätsmodul (im Folgenden *E-Modul* genannt) ist sehr hoch (s. *Bild 24.4*). Wichtig für eine Zugbewehrung im Asphalt ist, dass große Zugkräfte bei geringen Dehnungen aufgenommen werden können. Da die Zugkräfte von Glas oder Carbon höher als die des Asphaltes sind, ist die Funktionalität einer Armierung erfüllt.

Die Kraft, welche eine herkömmliche Polypropylenfaser bei dieser Dehnung aufnimmt, ist geringer als die Zugkraft des Asphalts. Die

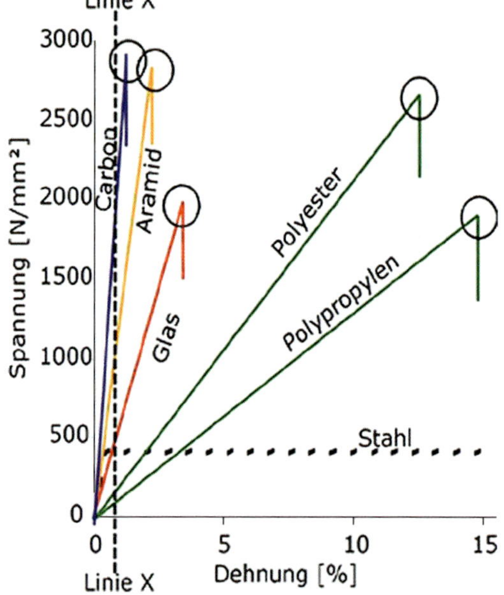

Bild 24.4 Spannungen und Dehnungen verschiedener Materialien

tatsächliche Asphaltarmierungswirkung ist damit schwer erreichbar.

Kann eine Armierung nicht ausreichend verankert werden (z. B. bei Vliesen oder durch Aufbringen größerer Mengen Bitumenemulsion), lässt sich die erforderliche Zugkraft nicht generieren. Die Funktionalität einer spannungsabbauenden Armierung ist in diesem Fall nicht erfüllt.

24.4 Beispiele für die Anwendung von Asphaltarmierungen

24.4.1 Netzrisse

Mögliche Ursachen für *Netzrisse* mit Tragfähigkeitsmängeln sind u. a.:

- zu geringe Dicke der Asphaltbefestigung
- Überbeanspruchung durch Verkehr
- ungenügende Tragfähigkeit der unteren Schichten
- Frostempfindlichkeit unterer Schichten.

Bei Fahrbahnverbreiterungen kann es auch sinnvoll sein, den alten und den neuen Aufbau mit Asphalteinlagen zu verbinden, um ein Aufgehen von Rissen zu vermeiden. Der Unterbau der neuen Befestigung muss gut verdichtet werden, so dass keine Setzungen auftreten. Die Bewehrung sollte so tief wie möglich in die Konstruktion eingebaut werden, vorzugsweise auf den Unterbau.

Bild 24.7 Unsachgemäßer Anbau einer Fahrbahnverbreiterung (s.a. Bild 24.8)

Bild 24.5 und Bild 24.6 Netzrisse aufgrund von Tragfähigkeitsmängeln (Einbau der Armierung unterhalb des Oberbaus erforderlich)

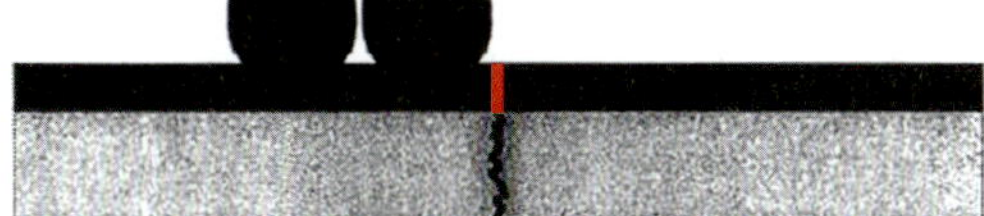

Bild 24.8 Abriss der zusätzlichen Anbauschicht

Bild 24.9 Streifenweise Fräsung

Bild 24.10 Einbau des Gitters mittels Anflammen, ohne Emulsionseinsatz

Bild 24.11 Überbauung mit Spezialreparaturasphalt, Warmmischgut, ohne Fugenband

24.4.2 Einzelrisse

Als *Einzelrisse* werden einzelne feine bis klaffende Öffnungen in einer oder mehreren Schichten des gebundenen Oberbaues bezeichnet. Die Ursachen können u. a. sein:

- Risse/Fugen in der Unterlage
- fehlender Schichtenverbund
- Bewegung des Untergrundes
- ungenügende Entwässerung
- Frosthebungen
- Baustoffeigenschaften.

Die Sanierung kann bei geringer Risstiefe im einfachsten Fall durch Vergießen mit bitumenhaltigen Massen erfolgen. Bei größeren Risstiefen kann der Bereich der Schadstelle streifenweise gefräst, mit Gitter überdeckt und mit Asphalt überbaut werden.

24.5 Relevante Eigenschaften von Armierungen (DIN EN 15381)

Gemäß der DIN EN 15381 muss eine Leistungsbeschreibung festlegen, welche Funktionen und Anwendungsbedingungen zutreffen. Der Hersteller eines Produktes muss also die erforderlichen Angaben, beruhend auf den Anforderungen und Prüfverfahren der Norm, zur Verfügung stellen. Diese besonderen Anwendungsbedingungen werden in der DIN EN 15381 aufgeführt, auf die wichtigsten

(z. B. Einbaubeschädigung, Alkali- und Witterungsbeständigkeit) wird im Folgenden eingegangen.

Fräsbarkeit und Recyclierbarkeit

Glas- und Carbonfasern sind unidirektional und können daher planmäßig nur Zugkräfte in Längsrichtung aufnehmen. Bei Querkräften, beispielsweise einer Fräse, brechen diese Fasern. Asphaltarmierungen aus Glas oder Carbon können sehr gut gefräst werden. Die im Fräsgut verbleibenden Faserstücke werden bei der neuerlichen Asphaltherstellung weiter zerrieben.

Andere Armierungen, z. B. bi-direktionale Fasern aus Polypropylen oder Polyethylen, können sich um die Fräsköpfe wickeln und sollten daher im Asphaltpaket nicht eingesetzt werden.

Beständigkeit

Während des Überbauens mit Asphalt (Einbau und Verdichtung) werden Asphaltbewehrungen hohen Zug-, Druck- und Scherbelastungen ausgesetzt. Um dauerhaft eine hohe Zugfestigkeit zu gewährleisten, sollten sie besonders widerstandsfähig und robust gegen Einwirkungen von außen sein. Eine Beschichtung auf Basis von Bitumen bietet bei spröden Rohstoffen wie Glasfasern gegebenenfalls einen zusätzlichen Schutz vor Beschädigungen.

Neben der mechanischen muss auch die chemische Beständigkeit des Ausgangsstoffes berücksichtigt werden, wenn z. B. die Bewehrung direkt auf Betonflächen verlegt wird. Rohstoffe wie PVA (Polyvinylalkohol) weisen eine sehr hohe Beständigkeit im alkalischen Milieu auf.

Alkalibeständigkeit

Angaben zur Alkalibeständigkeit sind erforderlich, wenn das zu verwendende Produkt in direkten Kontakt mit einer ungeschützten Beton- oder einer zementverstärkten Oberfläche kommt.

Schmelzpunkt

Die Temperatur des verlegten Asphalts darf nicht höher als der Schmelzpunkt des Bewehrungspolymers sein.

Witterungsbeständigkeit

Angaben zur Witterungsbeständigkeit sind erforderlich, wenn das Produkt gelagert werden muss. Einige Produkte verlieren an Zugfestigkeit, wenn sie witterungsbedingt (z. B. bei Regen) in Kontakt mit Wasser kommen.

Gitter und Gittergewebe

Die DIN EN 15381 legt die relevanten Eigenschaften von metallischen und nicht-metallischen Geotextilien, geotextilverwandten Produkten sowie die geeigneten Prüfverfahren zur Bestimmung dieser Eigenschaften fest.

Bild 24.12 Festlegen des Gittergewebes

Bild 24.13 Asphaltüberbau

Bild 24.14 Einbau von Stahlgittergewebe auf Runway

Bild 24.15 Slurry Seal zum Einbetten des Gitters

Die Gitter und Gittergewebe bestehen aus

- Gitterstrukturen aus synthetischen Stoffen,
- extrudierten und anschließend gestreckten Lochbahnen,
- durchstanzten Kunststoffbahnen und Strecken der Lochlaibungen,
- Carbon- und Glasgittergewebe.

Die Verwendung darf nur erfolgen, wenn ein kraftschlüssiger Verbund gewährleistet werden kann.

Stahlgitter

Der hohe E-Modul (210 000 kN/mm²) ist sehr vorteilhaft zur Spannungsaufnahme, es kann eine gute Kraftaufnahme bei geringen Dehnungen erreicht werden. Die Mindestüberbaudicke soll 6–7 cm betragen. Das Stahlgitter wird beim Einbau in eine *Slurry Seal* eingebettet. Beim Einbau ist zu beachten, dass sich keine Stahlfasern aufrichten, sich gegebenenfalls im Fertiger verhaken und somit das Stahlgitter aus der planmäßigen Lage verschieben. Beim Rückbau

Bild 24.16 Verlegemaschine

sind die Schichten höhengenau zuzufräsen und das Stahlgitter getrennt herauszulösen.
In der *Tabelle 24.2* sind die Eigenschaften und die dazugehörigen Prüfverfahren gemäß des „Arbeitspapiers für die Verwendung von Vliesstoffen, Gittern und Verbundstoffen im Asphaltstraßenbau" (FGSV-Arbeitspapier Nr. 69) zusammengefasst.

Tabelle 24.2 Eigenschaften und Prüfverfahren für Armierungen

Nr.	Eigenschaft	Prüfverfahren	Einheit	Richtwerte
1	Masse pro Flächeneinheit	DIN EN ISO 9864	g/m^2	≥ 200
2	Maschenweite/Gitteröffnungsweite	TL Geok E-StB 05, Abschnitt 2	mm	≥ 10
3	Höchstzugkraft längs/quer	DIN EN ISO 10319	kN/m	≥ 20/20
4	Höchstzugkraftdehnung	DIN EN ISO 10319	%	≤ 15
5	Beschädigung beim Einbau[1]	DIN EN ISO 10722	%	IA
6	Schichtenverbund	TP Asphalt-StB, Teil 80	kN	≥ 10
7	Witterungsbeständigkeit	DIN EN 12224	%	≥ 60
8	Alkalibeständigkeit	ISO/TR 12960, DIN EN 14030	%	≥ 50
9	Schmelzpunkt[2]	DIN EN ISO 3146	°C	≥ 160
10	Umweltunbedenklichkeit	M Geok E, Ausgabe 2005, Abschnitte 3.1, 6.28 und 7.6		[3]

IA = ist anzugeben
1 Die Prüfung wird in Europäischen Normen gefordert. Derzeit werden Prüfverfahren für verschiedene Anwendungsfälle entwickelt; es gibt noch keine Anforderungen.
2 Bei Anwendung unter Gussasphalt gesonderter Nachweis erforderlich.
3 ist nachzuweisen

Allgemeine Regelwerke

Vergabe- und Vertragsordnung für Bauleistungen, Teil A: Allgemeine Bestimmungen für die Vergabe von Bauleistungen – DIN 1960, Ausgabe 2016 (VOB/A)

Vergabe- und Vertragsordnung für Bauleistungen, Teil B: Allgemeine Vertragsbedingungen für die Ausführung von Bauleistungen – DIN 1961, Ausgabe 2016 (VOB/B)

Vergabe- und Vertragsordnung für Bauleistungen, Teil C: Allgemeine Technische Vertragsbedingungen für Bauleistungen (ATV):

ATV DIN 18315:2016-09 Verkehrswegebauarbeiten – Oberbauschichten ohne Bindemittel
ATV DIN 18317:2016-09 Verkehrswegebauarbeiten – Oberbauschichten aus Asphalt

Richtlinien für den Lärmschutz an Straßen, Ausgabe 1990 (RLS-90), Berichtigte Fassung 1992, FGSV-Nr. 334

Richtlinien für straßenverkehrsrechtliche Maßnahmen zum Schutz der Bevölkerung vor Lärm – Lärmschutz-Richtlinien-StV vom 23. November 2007, Ausgabe 2007, FGSV-Nr. 334/4

Richtlinien für die Planung von Erhaltungsmaßnahmen an Straßenbefestigungen, Ausgabe 2001 (RPE-Stra 01), FGSV-Nr. 488

Richtlinien für die Standardisierung des Oberbaus von Verkehrsflächen, Ausgabe 2012 (RStO 12), FGSV-Nr. 499

Richtlinien für bautechnische Maßnahmen an Straßen in Wasserschutzgebieten, Ausgabe 2002 (RiStWag), FGSV-Nr. 514

Richtlinien für die umweltverträgliche Anwendung von industriellen Nebenprodukten und Recycling-Baustoffen im Straßenbau, Ausgabe 2001 (RuA-StB 01), FGSV-Nr. 642

Richtlinien für die umweltverträgliche Verwertung von Ausbaustoffen mit teer-/pechtypischen Bestandteilen sowie für die Verwertung von Ausbauasphalt im Straßenbau, Ausgabe 2001, Fassung 2005 (RuVA-StB 01), FGSV-Nr. 795

Richtlinien für die Anerkennung von Prüfstellen für Baustoffe und Baustoffgemische im Straßenbau, Ausgabe 2015 (RAP Stra), FGSV-Nr. 916

Zusätzliche Technische Vertragsbedingungen und Richtlinien für die Ausführung von Lärmschutzwänden an Straßen, Ausgabe 2006 (ZTV-Lsw 06), FGSV-Nr. 258

Zusätzliche Technische Vertragsbedingungen und Richtlinien zur Zustandserfassung und -bewertung von Straßen, Ausgabe 2006 (ZTV ZEB-StB), FGSV-Nr. 489

Zusätzliche Technische Vertragsbedingungen und Richtlinien für den Bau von Entwässerungseinrichtungen im Straßenbau, Ausgabe 2014 (ZTV Ew-StB 14), FGSV-Nr. 598

Zusätzliche Technische Vertragsbedingungen und Richtlinien für Erdarbeiten im Straßenbau, Ausgabe 2009 (ZTV E-StB 09), FGSV-Nr. 599

Zusätzliche Technische Vertragsbedingungen und Richtlinien für die Befestigung ländlicher Wege, Ausgabe 2007 (ZTV LW 99/01), FGSV-Nr. 675

Zusätzliche Technische Vertragsbedingungen und Richtlinien für den Bau von Schichten ohne Bindemittel im Straßenbau, Ausgabe 2004/Fassung 2007 (ZTV SoB-StB 04), FGSV-Nr. 698

Zusätzliche Technische Vertragsbedingungen und Richtlinien zur Herstellung von Pflasterdecken, Plattenbelägen und Einfassungen, Ausgabe 2006 (ZTV Pflaster-StB 06), FGSV-Nr. 699

Zusätzliche Technische Vertragsbedingungen und Richtlinien für das Herstellen von Brückenbelägen auf Beton, Teil 3: Dichtungsschicht aus Flüssigkunststoff, Ausgabe 1995 (ZTV-BEL-B Teil 3), FGSV-Nr. 781/1

Zusätzliche Technische Vertragsbedingungen und Richtlinien für Ingenieurbauten (ZTV-ING), verschiedene Teile, FGSV-Nr. 782/1

Zusätzliche Technische Vertragsbedingungen und Richtlinien für die Bauliche Erhaltung von Verkehrsflächenbefestigungen – Asphaltbauweisen, Ausgabe 2009/Fassung 2013 (ZTV BEA-StB 09/13), FGSV-Nr. 798

Zusätzliche Technische Vertragsbedingungen und Richtlinien für den Bau von Verkehrsflächenbefestigungen aus Asphalt, Ausgabe 2007/Fassung 2013 (ZTV Asphalt-StB 07/13), FGSV-Nr. 799

Zusätzliche Technische Vertragsbedingungen und Richtlinien für Fugen in Verkehrsflächen, Ausgabe 2001 (ZTV Fug-StB 01), FGSV-Nr. 897/1

Zusätzliche Technische Vertragsbedingungen und Richtlinien für Aufgrabungen in Verkehrsflächen, Ausgabe 2012 (ZTV A-StB 12), FGSV-Nr. 976

Technische Lieferbedingungen für Böden und Baustoffe im Erdbau des Straßenbaus, Ausgabe 2009 (TL BuB E-StB 09), FGSV-Nr. 597

Technische Lieferbedingungen für Gesteinskörnungen im Straßenbau, Ausgabe 2004/Fassung 2007 (TL Gestein-StB 04), FGSV-Nr. 613

Technische Lieferbedingungen für Bauprodukte zur Herstellung von Pflasterdecken, Plattenbelägen und Einfassungen, Ausgabe 2006/Fassung 2015 (TL Pflaster-StB 06/15), FGSV-Nr. 643

Technische Lieferbedingungen für Baustoffgemische und Böden zur Herstellung von Schichten ohne Bindemittel im Straßenbau, Teil: Güteüberwachung, Ausgabe 2004/Fassung 2007 (TL G SoB-StB 04), FGSV-Nr. 696

Technische Lieferbedingungen für Baustoffgemische und Böden zur Herstellung von Schichten ohne Bindemittel im Straßenbau, Ausgabe 2004/Fassung 2007 (TL SoB-StB), FGSV-Nr. 697

Technische Lieferbedingungen für Asphaltgranulat, Ausgabe 2009 (TL AG-StB 09), FGSV-Nr. 749

Technische Lieferbedingungen für Reaktionsharze für Grundierungen, Versiegelungen und Kratzspachtelungen unter Asphaltbelägen auf Beton, Ausgabe 1999 (TL-BEL-EP), FGSV-Nr. 778/1

Technische Lieferbedingungen für die Baustoffe der reaktionsharzgebundenen Dünnbeläge auf Stahl, Ausgabe 1999 (TL-RHD-ST), FGSV-Nr. 779/2

Technische Lieferbedingungen für die Baustoffe zur Herstellung von Fahrbahnübergängen aus Asphalt, Ausgabe 1998 (TL-BEL-FÜ), FGSV-Nr. 780/2

Technische Lieferbedingungen für Baustoffe zur Herstellung von Brückenbelägen auf Beton mit Dichtungsschicht nach ZTV-BEL-B, Teil 3, Ausgabe 1995 (TL-BEL-B 3), FGSV-Nr. 781/2

Technische Lieferbedingungen für die Dichtungsschicht aus einer Bitumen-Schweißbahn zur Herstellung von Brückenbelägen auf Beton nach den ZTV-BEL-B Teil 1, Ausgabe 1999 (TL-BEL-B Teil 1), FGSV-Nr. 783/2

Technische Lieferbedingungen und Technische Prüfvorschriften für Ingenieurbauten (TL/TP-ING), Teil 7 Abschnitt 4: Technische Lieferbedingungen für Baustoffe der Dichtungssysteme für Brückenbeläge auf Stahl, Ausgabe 2010 (TL BEL-ST), FGSV-Nr. 783/5

Technische Lieferbedingungen und Technische Prüfvorschriften für Ingenieurbauten (TL/TP-ING), Teil 7 Abschnitt 2: Technische Prüfvorschriften für die Dichtungsschicht aus zwei Bitumen-Schweißbahnen zur Herstellung von Brückenbelägen auf Beton, Ausgabe 2010 (TP BEL-B 2), FGSV-Nr. 784/3

Technische Lieferbedingungen und Technische Prüfvorschriften für Ingenieurbauten (TL/TP-ING), Teil 7 Abschnitt 4: Technische Prüfvorschriften für die Prüfung der Dichtungssysteme für Brückenbeläge auf Stahl, Ausgabe 2010 (TP BEL-ST), FGSV-Nr. 784/5

Technische Lieferbedingungen für Sonderbindemittel und Zubereitungen auf Bitumenbasis, Ausgabe 2015 (TL Sbit-StB 15), FGSV-Nr. 785

Technische Lieferbedingungen für die Bauliche Erhaltung von Verkehrsflächenbefestigungen, Teil: Güteüberwachung, Teil: Ausführung von Dünnen Asphaltdeckschichten in Kaltbauweise, Ausgabe 2015 (TL G DSK-StB 15), FGSV-Nr. 790/1

Technische Lieferbedingungen die Bauliche Erhaltung von Verkehrsflächenbefestigungen, Teil: Güteüberwachung, Teil: Ausführung von Oberflächenbehandlungen, Ausgabe 2015 (TL G Asphalt-OB StB 15), FGSV-Nr. 790/2

Technische Lieferbedingungen für Bitumenemulsionen, Ausgabe 2015 (TL BE-StB 15), FGSV-Nr. 793

Technische Lieferbedingungen für Straßenbaubitumen und gebrauchsfertige Polymermodifizierte Bitumen, Ausgabe 2007/Fassung 2013 (TL Bitumen-StB 07/13), FGSV-Nr. 794

Technische Lieferbedingungen für Asphaltmischgut für den Bau von Verkehrsflächenbefestigungen, Ausgabe 2007/Fassung 2013 (TL Asphalt-StB 07/13), FGSV-Nr. 797

Technische Lieferbedingungen für Fugenfüllstoffe in Verkehrsflächen, Ausgabe 2001 (TL Fug-StB 01), FGSV-Nr. 897/2

Technische Prüfvorschriften für Ebenheitsmessungen auf Fahrbahnoberflächen in Längs- und Querrichtung, Teil: Berührende Messungen, Ausgabe 2007 (TP Eben – Berührende Messungen), FGSV-Nr. 404/1

Technische Prüfvorschriften für Ebenheitsmessungen auf Fahrbahnoberflächen in Längs- und Querrichtung, Teil: Berührungslose Messungen, Ausgabe 2009 (TP Eben – Berührungslose Messungen), FGSV-Nr. 404/2

Technische Prüfvorschriften für Griffigkeitsmessungen im Straßenbau, Teil: Seitenkraftmessverfahren (SKM), Ausgabe 2007 (TP Griff-StB (SKM)), FGSV-Nr. 408/1

Technische Prüfvorschriften für Griffigkeitsmessungen im Straßenbau, Teil: Messverfahren SRT, Ausgabe 2004 (TP Griff-StB (SRT)), FGSV-Nr. 408/2

Technische Prüfvorschriften für Gesteinskörnungen im Straßenbau, Ausgabe 2008, Stand 2016 (TP Gestein-StB), FGSV-Nr. 610

Technische Prüfvorschriften für Asphalt, Ausgabe 2007, Stand 2016 (TP Asphalt-StB), FGSV-Nr. 756

Vorhandene Teile der TP Asphalt-StB (mit Ausgabejahr)

Teil 0: Statistische Grundlagen zur Auswertung der Untersuchungen, Schiedsuntersuchungen, Allgemeine Angaben zum Prüfbericht (2009)

Teil 1: Bindemittelgehalt (2013)

Teil 2: Korngrößenverteilung (2013)

Teil 3: Rückgewinnung des Bindemittels – Rotationsverdampfer (2007)

Teil 5: Rohdichte von Asphalt (2013)

Teil 6: Raumdichte von Asphalt-Probekörpern (2016)

Teil 8: Volumetrische Kennwerte von Asphalt-Probekörpern und Verdichtungsgrad (2012)

Teil 10 A: Verdichtungswiderstand mit Hilfe des Marshall-Verdichtungsgerätes. Verfahren A: Änderung der Raumdichte (2010)

Teil 10 B: Verdichtungswiderstand mit Hilfe des Marshall-Verdichtungsgerätes. Verfahren B: Änderung der Probekörperdicke (2010)

Teil 11: Haftverhalten zwischen Gestein und Bitumen (2012)

Teil 12: Wasserempfindlichkeit von Asphalt-Probekörpern (2007)

Teil 13: Mischguttemperatur (2007)

Teil 14: Wassergehalt (2007)

Teil 17: Kornverlust von Probekörpern aus Offenporigem Asphalt (2007)

Teil 18: Ablaufen von Bitumen aus Splittmastixasphalt und Offenporigem Asphalt (2007)

Teil 19: Durchlässigkeit von Asphalt-Probekörpern (2009)

Teil 20: Eindringtiefe an Gussasphaltwürfeln (2007)

Teil 22: Spurbildungsversuch (2013)

Teil 23: Spaltzugfestigkeit von Asphalt-Probekörpern (2007)

Teil 25 A1: Dynamischer Stempeleindringversuch an Gussasphalt (2009)

Teil 25 A2: Dynamischer Stempeleindringversuch an Walzasphalt (2010)

Teil 25 B1: Einaxialer Druck-Schwellversuch – Bestimmung des Verformungsverhaltens von Walzasphalt bei Wärme (2012)

Teil 27: Probenahme (2016)

Teil 28: Vorbereitung von Proben (2007)

Teil 29: Maße von Asphalt-Probekörpern (2007)

Teil 30: Herstellung von Marshall-Probekörpern mit dem Marshall-Verdichtungsgerät (MVG) (2007)

Teil 33: Herstellung von Asphalt-Probeplatten im Laboratorium mit dem Walzsektor-Verdichtungsgerät (WSV) (2007)

Teil 34: Marshall-Stabilität und Marshall-Fließwert (2007)

Teil 35: Asphaltmischgutherstellung im Laboratorium (2007)

Teil 41: Widerstand gegen chemische Auftaumittel (2016)

Teil 42: Fremdstoffgehalt im Asphaltgranulat (2007)

Teil 46 A: Kälteeigenschaften: Einaxialer Zugversuch und Abkühlversuch (2013)

Teil 80: Abscherversuch (2012)

Teil 81: Haftzugfestigkeit von Dünnen Asphaltdeckschichten (2009)

Teil 82: Wasseraufnahme (2013)

Teil 91: Handrührtest (2012)

Teil 92: Indikator-Test (Methylenblau-Verfahren) (2010)

Teil 93: Schüttel-Abriebprüfung an Probekörpern aus Asphaltmischgut für Dünne Asphaltdeckschichten in Kaltbauweise (DSK) (2013)

Technische Prüfvorschrift – Verhalten von Asphalten bei tiefen Temperaturen, Ausgabe 1994, FGSV-Nr. 756-1994

Technische Prüfvorschriften zur Bestimmung der Dicken von Oberbauschichten im Straßenbau, Ausgabe 2012 (TP D-StB 12), FGSV-Nr. 774

Technische Prüfvorschriften für Reaktionsharze für Grundierungen, Versiegelungen und Kratzspachtelungen unter Asphaltbelägen auf Beton, Ausgabe 1999 (TP-BEL-EP), FGSV-Nr. 778/2

Technische Prüfvorschriften für die Prüfung der reaktionsharzgebundenen Dünnbeläge auf Stahl, Ausgabe 1999 (TP-RHD-ST), FGSV-Nr. 779/3

Technische Prüfvorschriften für Fahrbahnübergänge aus Asphalt, Ausgabe 1998 (TP-BEL-FÜ), FGSV-Nr. 780/3

Technische Prüfvorschriften für Baustoffe zur Herstellung von Brückenbelägen auf Beton mit Dichtungsschicht nach ZTV-BEL-B, Teil 3, Ausgabe 1995 (TP-BEL-B Teil 3), FGSV-Nr. 781/3

Technische Prüfvorschriften für Brückenbeläge auf Beton mit Dichtungsschicht aus einer Bitumen-Schweißbahn nach den ZTV-BEL-B Teil 1, Ausgabe 1999 (TP-BEL-B Teil 1), FGSV-Nr. 783/3

Technische Prüfvorschriften für Fugenfüllstoffe in Verkehrsflächen, Ausgabe 2001 (TP Fug-StB 01), FGSV-Nr. 897/3

Arbeitsanleitung zur Bestimmung des Verformungsverhaltens von Bitumen und bitumenhaltigen Bindemitteln im Dynamischen Scherrheometer (DSR) – Durchführung im Temperatursweep, Ausgabe 2014 (AL DSR-Prüfung (T-Sweep)), FGSV-Nr. 722

Arbeitsanleitung zur Bestimmung des Verformungsverhaltens von Bitumen und bitumenhaltigen Bindemitteln im Dynamischen Scherrheometer (DSR) – Teil 2: Durchführung der MSCR-Prüfung (Multiple Stress Creep and Recovery Test), Ausgabe 2016 (AL DSR-Prüfung (MSCRT)), FGSV-Nr. 723

Arbeitsanleitung für den Einsatz radiometrischer Geräte für zerstörungsfreie Dichtemessungen auf Asphaltschichten, Ausgabe 2001, FGSV-Nr. 743

Arbeitsanleitungen zur Prüfung von Asphalt, Teil 1: Bestimmung der zugänglichen Hohlräume in Asphalt mit dem Hohlraummeßgerät, Ausgabe 1999 (ALP A-StB), FGSV-Nr. 787/1

Merkblatt zur Umweltverträglichkeitsstudie in der Straßenplanung, Ausgabe 2001 (M UVS), FGSV-Nr. 228

Merkblatt zur Bewertung der Straßengriffigkeit bei Nässe, Ausgabe 2012 (M BGriff), FGSV-Nr. 401

Merkblatt über Bauweisen für technische Sicherungsmaßnahmen beim Einsatz von Boden und Baustoffen mit umweltrelevanten Inhaltsstoffen im Erdbau, Ausgabe 2009 (M TS E), FGSV-Nr. 559

Merkblatt über die Verwendung von Lavaschlacke im Straßen- und Wegebau, Ausgabe 2006 (M Ls), FGSV-Nr. 611

Merkblatt über die Wiederverwertung von mineralischen Baustoffen als Recycling-Baustoffe im Straßenbau, Ausgabe 2002 (M RC), FGSV-Nr. 616/3

Merkblatt für Flächenbefestigungen mit Pflasterdecken und Plattenbelägen in ungebundener Ausführung sowie für Einfassungen, Ausgabe 2015 (M FP), FGSV-Nr. 618/1

Merkblatt für Flächenbefestigungen mit Großformaten, Ausgabe 2013 (M FG), FGSV-Nr. 619

Merkblatt über die Verwendung von Kraftwerksnebenprodukten im Straßenbau, Ausgabe 2009 (M KNP), FGSV-Nr. 624

Merkblatt über die Verwendung mineralischer Baustoffe aus Bergbautätigkeiten im Straßen- und Erdbau, Ausgabe 2002, FGSV-Nr. 629

Merkblatt für die Herstellung von Trag- und Deckschichten ohne Bindemittel, Ausgabe 1995, FGSV-Nr. 633

Merkblatt über die Verwendung von Eisenhüttenschlacken im Straßenbau, Ausgabe 2013 (M EHS), FGSV-Nr. 634

Merkblatt für Kaltrecycling in situ im Straßenoberbau, Ausgabe 2005 (M KRC), FGSV-Nr. 636

Merkblatt über die Verwendung von Hausmüllverbrennungsasche im Straßenbau, Ausgabe 2014 (M HMVA), FGSV-Nr. 638

Merkblatt über die Verwendung von Metallhüttenschlacken im Straßenbau, Ausgabe 2016 (M MHS), FGSV-Nr. 639

Merkblatt über die Verwendung von Gießereireststoffen im Straßenbau, Ausgabe 1999, FGSV-Nr. 641

Merkblatt für die Erhaltung Ländlicher Wege, Ausgabe 2009 (M ELW), FGSV-Nr. 674

Merkblatt für die Herstellung von Halbstarren Deckschichten, Ausgabe 2010 (M HD), FGSV-Nr. 729

Merkblatt für das Verdichten von Asphalt, Ausgabe 2005 (M VA), FGSV-Nr. 730

Merkblatt für Schichtenverbund, Nähte, Anschlüsse und Randausbildung von Verkehrsflächen aus Asphalt, Ausgabe 1998 (M SNAR), FGSV-Nr. 747

Merkblatt für Asphaltdeckschichten aus Offenporigem Asphalt, Ausgabe 2013 (M OPA), FGSV-Nr. 750

Merkblatt für die Konzeption und die Erstprüfung von Asphaltmischgut für den Bau von Verkehrsflächenbefestigungen, Ausgabe 2012 (M KEP), FGSV-Nr. 751

Merkblatt für die Wiederverwendung von Asphalt, Ausgabe 2009/Fassung 2013 (M WA), FGSV-Nr. 754

Merkblatt für die Verwertung von pechhaltigen Straßenausbaustoffen und von Asphaltgranulat in bitumengebundenen Tragschichten durch Kaltaufbereitung in Mischanlagen, Ausgabe 2007 (M VB-K), FGSV-Nr. 755

Merkblatt für den Bau griffiger Asphaltdeckschichten, Ausgabe 2004 (M BgA), FGSV-Nr. 758

Merkblatt für die Herstellung flüssigkeitsundurchlässiger Asphaltbefestigungen für Anlagen zum Umgang mit wassergefährdenden Stoffen, Ausgabe 1999 (MfA-UwS), FGSV-Nr. 760

Merkblatt für den Bau Kompakter Asphaltbefestigungen, Ausgabe 2011 (M KA), FGSV-Nr. 762

Merkblatt für griffigkeitsverbessernde Maßnahmen an Verkehrsflächen aus Asphalt, Ausgabe 2002, FGSV-Nr. 763

Merkblatt für Temperaturabsenkung von Asphalt, Ausgabe 2011 (M TA), FGSV-Nr. 766

Merkblatt zur Optimierung der Oberflächeneigenschaften von Asphaltdeckschichten, Ausgabe 2010 (M OOA), FGSV-Nr. 768

Merkblatt für das Rückformen von Asphaltschichten, Ausgabe 2002 (M RF), FGSV-Nr. 786/1

Merkblatt für die Entwässerung von Flugplätzen, Ausgabe 1998, FGSV-Nr. 912

Merkblatt für den Bau von Flugbetriebsflächen aus Asphalt, Ausgabe 2005 (M BFA), FGSV-Nr. 928

Merkblatt für die Ausführung von Verkehrsflächen in Gleisbereichen von Straßenbahnen, Ausgabe 2006, FGSV-Nr. 940

Merkblatt für Versickerungsfähige Verkehrsflächen, Ausgabe 2013 (M VV), FGSV-Nr. 947

Merkblatt für den Bau von Busverkehrsflächen, Ausgabe 2000, FGSV-Nr. 949

Empfehlungen zu Gummimodifizierten Bitumen und Asphalten, Ausgabe 2012 (E GmBA), FGSV-Nr. 724

Empfehlungen zur Klassifikation von viskositätsveränderten Bindemitteln, Ausgabe 2016 (E KvB), FGSV-Nr. 727

Empfehlungen für die Planung und Ausführung von lärmtechnisch optimierten Asphaltdeckschichten aus AC D LOA und SMA LA, Ausgabe 2014 (E LA D), FGSV-Nr. 739

Empfehlungen für den Bau von Asphaltschichten aus Gussasphalt, Ausgabe 2011 (E GA), FGSV-Nr. 740

Hinweise für die Planung und Ausführung von alternativen Asphaltbinderschichten, Ausgabe 2015 (H Al ABi), FGSV-Nr. 737

Hinweise für das Fräsen von Asphaltbefestigungen und Befestigungen mit teer-/pechtypischen Bestandteilen, Ausgabe 2010 (H FA), FGSV-Nr. 769

Hinweise für die Herstellung von Abdichtungssystemen aus Hohlraumreichen Asphalttraggerüsten mit Nachträglicher Verfüllung für Ingenieurbauten aus Beton, Ausgabe 2015 (H HANV), FGSV-Nr. 776

Hinweise für das Schließen und die Sanierung von Rissen sowie schadhaften Nähten und Anschlüssen in Verkehrsflächen aus Asphalt, Ausgabe 2003 (H SR), FGSV-Nr. 777

Kommentare und Anregungen zu Technischen Regelwerken und Bauvertragstexten für Asphalt im Straßenbau, FGSV-Nr. 789

Arbeitspapier – Bestimmung der stofflichen Kennzeichnung von RC-Baustoffen nach Augenschein, Ausgabe 2014, FGSV-Nr. 609

Arbeitspapier – Flächenbefestigungen mit Pflasterdecken und Plattenbelägen in gebundener Ausführung, Ausgabe 2007, FGSV-Nr. 618/2

Arbeitspapier – Tieftemperaturverhalten von Asphalt, Teil 1: Zug- und Abkühlversuche, Ausgabe 2012, FGSV-Nr. 725

Arbeitspapier für die Ausführung von Asphaltdeckschichten aus PMA, Ausgabe 2015 (AP PMA), FGSV-Nr. 738

Arbeitspapier für die Verwendung von Vliesstoffen, Gittern und Verbundstoffen im Asphaltstraßenbau, Ausgabe 2006/Fassung 2013, FGSV-Nr. 770

DIN EN 58: Bitumen und bitumenhaltige Bindemittel – Probenahme bitumenhaltiger Bindemittel

DIN EN 933: Prüfverfahren für geometrische Eigenschaften von Gesteinskörnungen, verschiedene Teile

DIN EN 1097: Prüfverfahren für mechanische und physikalische Eigenschaften von Gesteinskörnungen, verschiedene Teile

DIN EN 1367: Prüfverfahren für thermische Eigenschaften und Verwitterungsbeständigkeit von Gesteinskörnungen, verschiedene Teile

DIN EN 1425: Bitumen und bitumenhaltige Bindemittel – Feststellung der äußeren Beschaffenheit

DIN EN 1426: Bitumen und bitumenhaltige Bindemittel – Bestimmung der Nadelpenetration

DIN EN 1427: Bitumen und bitumenhaltige Bindemittel – Bestimmung des Erweichungspunktes – Ring- und Kugel-Verfahren

DIN EN 12591: Bitumen und bitumenhaltige Bindemittel – Anforderungen an Straßenbaubitumen

DIN EN 12593: Bitumen und bitumenhaltige Bindemittel – Bestimmung des Brechpunktes nach Fraaß

DIN EN 13043: Gesteinskörnungen für Asphalt und Oberflächenbehandlungen für Straßen, Flugplätze und andere Verkehrsflächen

DIN EN 13108-1: Asphaltmischgut – Mischgutanforderungen – Teil 1: Asphaltbeton

DIN EN 13108-2: Asphaltmischgut – Mischgutanforderungen – Teil 2: Asphaltbeton für sehr dünne Schichten

DIN EN 13108-3: Asphaltmischgut – Mischgutanforderungen – Teil 3: Softasphalt

DIN EN 13108-4: Asphaltmischgut – Mischgutanforderungen – Teil 4: Hot-Rolled-Asphalt

DIN EN 13108-5: Asphaltmischgut – Mischgutanforderungen – Teil 5: Splittmastixasphalt

DIN EN 13108-6: Asphaltmischgut – Mischgutanforderungen – Teil 6: Gussasphalt

DIN EN 13108-7: Asphaltmischgut – Mischgutanforderungen – Teil 7: Offenporiger Asphalt

DIN EN 13108-8: Asphaltmischgut – Mischgutanforderungen – Teil 8: Ausbauasphalt

DIN EN 13108-20: Asphaltmischgut – Mischgutanforderungen – Teil 20: Erstprüfung

DIN EN 13108-21: Asphaltmischgut – Mischgutanforderungen – Teil 21: Werkseigene Produktionskontrolle

DIN EN 13808: Bitumen und bitumenhaltige Bindemittel – Rahmenwerk für die Spezifizierung kationischer Bitumenemulsionen

DIN EN 14023: Bitumen und bitumenhaltige Bindemittel – Rahmenwerk für die Spezifikation von polymermodifizierten Bitumen

DIN-Fachbericht CEN/TR 15352: Bitumen und bitumenhaltige Bindemittel – Entwicklung von auf das Gebrauchsverhalten bezogenen Spezifikationen: Statusbericht 2005

VDI 2283: Emissionsminderung, Aufbereitungsanlagen für Asphaltmischgut (Asphaltmischanlagen)

VDI 2066 Blatt 1: Messen von Partikeln – Staubmessungen in strömenden Gasen – Gravimetrische Bestimmung der Staubbeladung

VDI 2456: Messen gasförmiger Emissionen – Referenzverfahren für die Bestimmung der Summe von Stickstoffmonoxid und Stickstoffdioxid – Ionenchromatographisches Verfahren

Schriftenreihen und Nachschlagewerke

Arbeitsgemeinschaft der Bitumen-Industrie (Hrsg.): ARBIT-Schriftenreihe, Urban Verlag, Hamburg

Bundesanstalt für Straßenwesen (Hrsg.): Berichte der Bundesanstalt für Straßenwesen, Fachverlag NW im Carl Schünemann Verlag, Bremen

Bundesanstalt für Straßenwesen (Hrsg.): Wissenschaftliche Informationen der Bundesanstalt für Straßenwesen, Bergisch Gladbach

Forschung Straßenbau und Straßenverkehrstechnik. Schriftenreihe des Bundesministeriums für Verkehr und digitale Infrastruktur, Abt. Straßenbau, Fachverlag NW im Carl Schünemann Verlag, Bremen

Forschungsgesellschaft für Straßen- und Verkehrswesen (Hrsg.): Forschung im Straßenwesen (FoSt) [Bibliografische Datenbank], FGSV Verlag, Köln

Forschungsgesellschaft für Straßen- und Verkehrswesen (Hrsg.): Straßenbau A–Z. Sammlung Technischer Regelwerke und Amtlicher Bestimmungen für das Straßenwesen [DVD und Loseblattwerk], Erich Schmidt Verlag, Berlin

Lippold, Christian (Hrsg.): Der Elsner. Handbuch für Straßen- und Verkehrswesen (Planung, Bau, Erhaltung, Verkehr, Betrieb), Otto Elsner Verlagsgesellschaft, Darmstadt

Schriftenreihen von Straßenbaufirmen und Verbänden (z. B. STRABAG, EUROVIA, Deutscher Asphaltverband)

Fachzeitschriften

Arbeitsgemeinschaft der Bitumen-Industrie e. V. (Hrsg.): Bitumen, Hamburg

Bundesverband Mineralische Rohstoffe (Hrsg.): MIRO – Fachzeitschrift für mineralische Rohstoffe, Giesel Verlag, Isernhagen

BR – Baustoff Recycling + Deponietechnik, Giesel Verlag, Isernhagen

Deutscher Asphaltverband (Hrsg.): asphalt, Stein-Verlag, Baden-Baden

Forschungsgesellschaft für Straßen- und Verkehrswesen (Hrsg.): Dokumentation Straße. Kurzauszüge aus dem Schrifttum über Straßenwesen, Köln

Forschungsgesellschaft für Straßen- und Verkehrswesen (Hrsg.): Straße und Autobahn, Kirschbaum Verlag, Bonn

Giesel Verlag (Hrsg.): Asphalt & Bitumen, Giesel Verlag, Hannover

THIS. Tiefbau – Hochbau – Ingenieurbau – Straßenbau, Bauverlag BV, Gütersloh

Literaturquellen

Allgemeine bauaufsichtliche Zulassung Nr. Z-67.11-1 vom 23. Juli 1996, Zulassungsgegenstand: Deponieasphalt für Deponieabdichtungen der Deponieklasse II, Deutsches Institut für Bautechnik, Berlin

American Association of State Highway and Transportation Officials, National Research Council (U.S.), Transportation Research Board, U.S. Army Corps of Engineers, U.S. Federal Aviation Administration: Hot-Mix Asphalt Paving Handbook, U.S. Army Corps of Engineers, Washington D.C. 2000

Arand, W., Milbradt, H., Steinhoff, G.: Untersuchung der Wirksamkeit von Hochverdichtungsbohlen durch Feldmessungen auf laufenden Baustellen, in: Straße und Autobahn 41 (1990)

Arand, W., Renken, P.: Auswahl und Optimierung einer Methode zur Prüfung des Haftverhaltens zwischen Bindemittel und Mineralstoffen, in: Schlußbericht zum FA Nr. 07.133 G87E, Institut für Straßenwesen der TU Braunschweig, 1991

Arand, W.: Neue Erkenntnisse und Überlegungen zum Bindemittelüberschuß und seinem Einfluß auf das Kälteverhalten von Gußasphalten, in: Die Asphaltstraße. Das stationäre Mischwerk 7/1991

Arand, W., Böhm, St., Eulitz, H.-J., Schellenberg, K., Steinhoff, H., Suß, G., Westiner, E., Wörner, Th.: Untersuchungen von Straßenbaufüllern bezüglich praxisrelevanter Merkmale, Teil: Laboruntersuchungen, in: Schlußbericht zum FA Nr. 6.057, Januar 1994

Arand, W.: Langjährig bewährte Asphaltstraßen unter schwerster Belastung [Dokumentation], hrsg. v. Deutschen Asphaltinstitut, Bonn 1995

Arand, W.: Erfahrungen mit einem glättebildungshemmenden Füller, in: Straße und Autobahn 12/1995

Asphalt Institute: Asphalt Technology and Construction. Instructor's Guide, Educational Series No. 1, 2nd Edition, Asphalt Institute, Maryland 1983

Beckedahl, H.: Klassifizierung von Verkehrslasten hinsichtlich der Bemessung von Fahrbahnbefestigungen, in: Forschung Straßenbau und Straßenverkehrstechnik 507 (1987)

von Becker, P.: Auswirkungen der konstruktiven Entwicklung von Lkw auf den Asphaltstraßenbau, Teile 1 und 2, in: asphalt 4/1996 und 5/1996

Beecken, G.: Y-Schwellengleis mit Asphalttragschichten für den Eisenbahnoberbau, in: Bitumen 44 (1985) 2, S. 66–72

Beecken, G.: Asphalt im geschlossenen Straßenbahnoberbau – eine wirtschaftliche oder technische Alternative?, in: Bitumen 47 (1988) 3, S. 109–114

Beecken, G. et al.: Shell-Bitumen für den Straßenbau und andere Anwendungsgebiete, hrsg. v. d. Deutschen Shell AG, 7. Auflage, Hamburg 1994

Beecken, G.: Eisenbahnoberbau auf Asphalt für den schnellen und schweren Verkehr der Zukunft, in: asphalt 7 (1994) 3, S. 17–24

Böhringer, P.: Steine und Erden aufbereiten und verwerten, Schlütersche Verlagsanstalt, Hannover 1987

Borger, H., Wörner, Th., Westiner, E.: Monofiler Kurzschnitt auf Basis von Polyethylenterephthalat als stabilisierender Zusatz zu Asphalt im Straßenbau, Techtextil-Symposium, Frankfurt 1995

Boussinesq, M. J.: Application des potentiels à l'étude de l'équilibre et du mouvement des solides élastiques, Gauthier-Villars, Paris 1885

Brecht, C. et al.: Gewinnung und Transport von Erdöl und Erdgas. Verarbeitung von Erdöl (Raffinerietechnik), Carl Hanser, München/Wien 1982

Breitbach, P., Jannicke, B., Rode, P., Sikinger, Th., Zilken, M.: Lärmtechnisch optimierte Gussasphaltdeckschichten, in: asphalt 44 (2009) 5, S. 24–28

Buffler, H.: Der Spannungszustand in einem geschichteten Körper bei axialsymmetrischer Belastung, in: Ingenieur-Archiv 30 (1961), S. 417–430

Burmister, D. M.: The General Theory of Stress and Displacements in Systems, in: Journal of Applied Physics 16 (1945)

Dames, J., Lindner, J.: Untersuchungen über den Einfluss des Größtkorns in bituminösen Deckschichten auf die Griffigkeit, in: Forschungsbericht FE 07.109 G83F der TU Berlin, Institut für Verkehrsplanung und Verkehrswegebau, FG Straßenbau, 1988

Deutsche BP: Das Buch vom Erdöl, Reuter und Klöckner, Hamburg 1989

Deutsche Gesellschaft für Geotechnik: Empfehlungen für die Ausführung von Asphaltarbeiten im Wasserbau (EAAW), Ausgabe 2008, abrufbar unter: http://www.dggt.de/images/PDF-Dokumente/eaaw2008.pdf [10.02.2017]

Deutsche Vereinigung für Wasserwirtschaft, Abwasser und Abfall (Hrsg.): Dichtungssysteme im Wasserbau – Teil 2: Flächenhafte Dichtungen an Massivbauwerken, DWA-Merkblatt 512-2, DWA, Hennef, Dezember 2016

Deutscher Asphaltverband (Hrsg.): Asphalt für schwerste Beanspruchungen. Qualitätssicherung, Bonn 1995

Dienemann, B.: Wiederverwendung von Asphalt – Erprobungsstrecke auf der Bundesautobahn A 45 bei Langenselbold mit dem Travelplant-Verfahren, in: Teerbau-Veröffentlichungen 32 (1986), S. 26–28

Dingethal, F. J., Jürging, P., Kaule, G.: Kiesgrube und Landschaft, Auer Verlag in AAP Lehrerfachverlage, 3. Auflage, Augsburg 1998

Dr. Hutschenreuther Ingenieurgesellschaft, Institut für Angewandte Bauforschung, STB Prüfinstitut für Baustoffe und Umwelt, Zentrales Innovationsprogramm Mittelstand: Entwicklung eines geräte- und materialtechnischen Sanierungsverfahrens für Kernbohrungen in Asphaltstraßen. Bohrlochsanierungsverfahren, Kooperationsprojekt, 2012–2014

Dübner, R.: Baustoffe im Asphaltstraßenbau, in: Bitumen 50 (1987)

Dynypac AB: Compaction and Paving Theory and Practice, Sweden 1989

Ebano Asphalt-Werke: Ebano-Bitumen, Jänecke, Hannover 1934

Egele, R.: Drainasphalt-Reinigung mit der Hochdruck-Rotationsanlage. Erkenntnisse und Ergebnisse, Frimokar, 1994

Egloffstein, Th.: Asphalt für Deponieabdichtungen. Stand der Dinge und Ausblick, in: asphalt 48 (2013) 5, S. 10–14

ESSO AG, Presse- und Informationsabteilung (Hrsg.): Mineralölverarbeitung, Hamburg 1992

ESSO AG, Presse und Informationsabteilung (Hrsg.): Oeldorado 2003, Hamburg 2003

ESSO AG, Presse und Informationsabteilung (Hrsg.): Energieprognose 1996, Stand: November 1996, Hamburg 1996

European Asphalt Pavement Association/Deutscher Asphaltverband: Stand der Technik bei Umweltschutzmaßnahmen an Asphaltmischanlagen in Europa, Bonn 1994

ExxonMobil Central Europe Holding (Hrsg.): Erdöl und Erdgas. Suchen, Fördern, Verarbeiten, 18. Auflage, Hamburg 2007

Ferrero, Th., Levin, Ch., Roth, J.: Verkehrssicherheit von offenporigen Asphaltdeckschichten im Winter, in: Straße und Autobahn 6/1992

Forschungsgesellschaft für Straßen- und Verkehrswesen: Eishemmende Beläge im bituminösen Straßenbau, Stellungnahme der FGSV, in: Straße und Autobahn 3/1985

Gärtner, K., Graf, K., Schünemann, M.: Asphaltbinderschichten nach dem Splittmastixprinzip, in: Straße und Autobahn 60 (2009) 7, S. 431–435

Gauer, P.: Eignungsprüfungen. Nachweis des Einhaltens von Regelwerken oder Mischgutoptimierung?, in: asphalt 29 (1995) 1, S. 22–31

Geiseler, W.-D.: Einführung in die Technologie von Asphaltdichtungen für Speicherbecken, in: Asphalt-Wasserbau. Speicherbecken, Schriftenreihe Nr. 51, Strabag, Köln 1996

Georgy, W.: Die Baustoffe Bitumen und Teer, Verlagsgesellschaft Rudolf Müller, Köln-Braunsfeld 1963

Gesellschaft zur Pflege der Straßenbautechnik mit Asphalt: GESTRATA Asphalt-Handbuch, 4. Auflage, Wien 2010

Gesprächskreis Bitumen: Temperaturabgesenkte Asphalte. Ratschläge aus der Praxis für die Praxis, hrsg. v. Deutschen Asphaltverband, Stand 2009, abrufbar unter: http://www.asphalt.de/media/exe/134/c773c33a550a0fb325b42ca50226f1e7/temperaturabgesenkte_asphalte.pdf [10.02.2017]

Glet, W., Wörner, Th.: Aktueller Stand der arbeitshygienischen Bewertung von Lösemitteln für die Asphaltanalyse, in: Straße und Autobahn 3/1997, S. 139–147

Glet, W., Kluge, H.-J., Roßberg, K., Wörner, Th.: Verminderung des Verbrauchs von Lösemitteln bei der Prüfung von Asphalt, in: Asphaltstraßentagung 1997, hrsg. v. d. Forschungsgesellschaft für Straßen- und Verkehrswesen, Schriftenreihe der Arbeitsgruppe „Asphaltstraßen" 33 (1998), S. 25–31

Haas, S.: Drum-dryer mixers in North Dakota. Proceedings of the Association of Asphalt Paving Technologists 34 (1974), S. 417

Hagemann, R.: Ein Verfahren zur Beurteilung flexibler Fahrbahnbefestigungen unter Berücksichtigung von Festigkeitshypothesen für Asphalte, in: Mitteilungen aus dem Institut für Baustoffkunde und Materialprüfwesen der Universität Hannover 44 (1980)

Halfmann, U.: Offenporige Asphaltdecken, in: Straße und Autobahn 4/1996

Hase, M.: Europäische Normung. Entwicklung und Ausblick, in: Straße und Autobahn 61 (2010) 2, S. 96–99

Hiersche, E.-U.: Asphalt. Der Baustoff für die Wiederverwendung, Deutscher Asphaltverband, Offenbach, 1986

Hiersche, E.-U.: Auswirkung der Wiederverwendung von Ausbauasphalt auf das Langzeitverhalten bituminöser Tragschichten, im Auftrag des Deutschen Asphaltinstitutes, Offenbach, unveröffentlichter Bericht, 1988

Hiersche, E.-U.: Auswirkungen der Wiederverwendung von Ausbauasphalt auf das mechanische Verhalten bituminöser Tragschichten, in: Die Asphaltstraße 24 (1990) 4, S. 17–24

Hiersche, E.-U., Leutner, R., Wörner, Th.: Einsatzmöglichkeiten und zu fordernde Qualitätseigenschaften von alternativen Baustoffen im Straßenbau, in: Forschungsarbeiten aus dem Straßenwesen 101 (1987)

Hiersche, E.-U., Wörner, Th.: Alternative Baustoffe im Bauwesen. Umweltverträglichkeit, Bautechnik, Anlagentechnik und Wirtschaftlichkeit, Ernst und Sohn, Berlin 1990

Hintsteiner, E.: Versuchsstrecke mit Asphalttragschicht im Eisenbahnoberbau, in: Bitumen 44 (1985) 4, S. 167–170

Höher, K., Lehné, R.: Erweiterte mechanische Prüfungen zur Optimierung und Bewertung von Gußasphalt, in: Bitumen 55 (1993) 1, S. 15–18

Holl, A.: Bituminöse Straßen. Technologie und Bauweisen, Bauverlag, Wiesbaden/Berlin 1982

Holldorb, Ch., Roos, R.: Reinigung offenporiger Asphaltdeckschichten, in: Straße und Autobahn 1/1996

Höppler, F.: Viskosität, Plastizität, Elastizität und Kolloidik der Bitumina, in: Oel und Kohle 37 (1941)

Hutschenreuther, J.: SMA – Stone Mastix Asphalt (engl.), Informationsmaterial der BP (international), 1999 und 2000

Hutschenreuther, J.: SMA – Splittmastixasphalt (russ.), Informationsmaterial der Ukrainischen Straßenbauverwaltung, Kiev 2001

Hutschenreuther, J.: Bitumenmodifikation russischer Bitumina, Informationsmaterial der Ukrainischen Straßenbauverwaltung, Kiev 2001

Hutschenreuther, J.: KOSOVO – („USAID") for the Kosovo Cluster and Business Support Project as Hot-Mix Asphalt Processing Consultant for the Kosovo Cluster and Business Support Project in Kosovo with the aim to implement the European standards to KOSOVO (engl.), 2006

Hutschenreuther, J., Gauer, P.: Sanierung der Start- und Landebahn des Flughafens Erfurt, in: elf bitumen news 12/1998

Hutschenreuther, J., Kohl, S., Mehlhase, J.: Ein Beitrag zur Ermittlung des Verdichtungswiderstandes von Walzasphalten, in: asphalt 3/2003

Hutschenreuther, J., Richter, C., Wesser, D.: Cold Color Asphalt. Neue Möglichkeiten im Bereich farbigen Gestaltens mit Asphalt, in: Straße und Autobahn 56 (2005) 2, S. 85–89

Hutschenreuther, J., Rodrigues, J. P., Büdenbender, K.: RESTAURAÇÃO DAS CAMADAS SUPERFICIAIS „CAMADA DE REGULARIZAÇÃO + SMA", Sao Paulo 2000

Hutschenreuther, J., Schneider, M.: Gussasphaltestriche mit niedermolekular modifiziertem Bindemittel, in: asphalt 7/2001

Hutschenreuther, J., Wörner, Th.: Asphalt im Straßenbau, russ. Auflage, Rubitron, 2013

Jannicke, B.: PMA. Wirtschaftliche Möglichkeit der Lärmminderung, in: asphalt 46 (2011) 2, S. 10–14

Jensen, K., Kast, O.: 20-jährige Bewährung einer Asphalttragschicht, in: Straße und Autobahn 6/1977

Kahsnitz, R.: Das Mineralöltaschenbuch, hrsg. v. d. ESSO AG, Hamburg 1964

Kast, O.: Asphaltsonderbeläge für hochbelastete Straßen, in: Straße und Autobahn 3/1985

Kast, O.: Asphalttechnologische Gesichtspunkte, in: Tagungsband des Deutschen Straßenkongresses, hrsg. v. d. Forschungsgesellschaft für Straßen- und Verkehrswesen, Würzburg 1986, S. 70–73

Kaufmann, N.: Das Sandflächenverfahren, in: Straßenbautechnik 24 (1971) 3

Kempfert, H.-G., Wahrmund, H.: Feste Fahrbahn, in: Bautechnik 72 (1995) 1, S. 2–10

Kirschner, R., Kloubert, H.-J.: Vibrationsverdichtung im Erd- und Asphaltbau, Fachpublikationen der BOMAG, 2. Auflage, Boppard 1994

Lay, M. G.: Die Geschichte der Straße. Vom Trampelpfad zur Autobahn, Campus Verlag, Frankfurt/New York 1994

Messmer, W.: Le Recyclage des Enrobés, in: Straße und Verkehr 74 (1983), S. 127–134

Mineralölwirtschaftsverband: Öl. Rohstoff und Energieträger, Hamburg 1992

Mineralölwirtschaftsverband: Aus der Sprache des Öls, Hamburg 1992

Mineralölwirtschaftsverband: Mineralöl und Raffinerien, Hamburg 1993

Mineralölwirtschaftsverband: Mineralölzahlen 1994, Hamburg 1995

Müller, B.: Korrelation/Bewertung der Anwendbarkeit von FWD mit Lasersensor, Diplomarbeit Bauhaus-Universität Weimar, 2005

Neumann, E.: Neuzeitlicher Straßenbau. Aufgaben und Technik, 4. neubearbeitete Auflage, Berlin/Göttingen/Heidelberg 1959

Neumann, H.-J.: Was ist Bitumen?, in: Bitumen 4/1995

Neumann, H.-J., Rahimian I., Paczynska-Lahme, B.: Zur Strukturalterung von Bitumen, in: Bitumen 2/1992

N. N.: Procédé économique de rénovation des chaussées routières, in: Revue Générale des Routes et Aérodromes 649 (1988)

N. N.: Feste Fahrbahn, System Walter, in: asphalt 29 (1995) 5, S. 16–17

Nolle, B.: Neue Regelwerke für Asphaltbauweisen, in: Straße und Autobahn 60 (2009) 5, S. 287–290

Nüssel, H.: Bitumen. Die Erdöl-Bücherei, Mainz/Heidelberg 1958

Nynas: Sichere Handhabung von Bitumen. Ein praktischer Leitfaden, 2012, abrufbar unter: https://www.nynas.com/globalassets/bitumen-for-paving-applications/germany/sicherheit/sichere-handhabung.pdf [10.02.2017]

Odemark, N.: Investigations as to the Elastic Properties of the Soils and Design of Pavements according to the Theory of Elasticity, Statens Väginstitut, Stockholm, Mitteilung Nr. 77, 1945

Orlamünder, C.: Einfluss der Komponenten von Bitumenemulsionen auf die Verarbeitung und den Endzustand, Studienarbeit, Bauhaus-Universität Weimar 2005

Patzak, Th., Wörner, Th., Westiner, E.: Der Einfluss der feinen Gesteinskörnungen auf das Griffigkeitsverhalten von Asphaltdeckschichten, Dresdner Asphalttage 10./11.12.2009, Professur für Straßenbau der TU Dresden, Tagungsband, Dresden 2009

Petersen, K., Kluge, G.: Verwendung von ausländischen Gesteinsmaterialien in Schleswig-Holstein unter besonderer Berücksichtigung von Aufhellungsgesteinen im Straßenbau, in: Bitumen 5/1978

Pfeiffer, L., Kurze, M., Mathé, G.: Einführung in die Petrologie, Akademie-Verlag, Berlin 1981

Pippich, J.: Einbau und Verdichten, in: asphalt 5/1994

Pohlmann, P.: Simulation von Temperaturverteilungen und thermischen Zugspannungen in Asphaltstraßen, in: Schriftenreihe Straßenwesen 9 (1988)

Pohlmann: Einfluß von Taunus-Quarzit auf das Verformungsverhalten von Walzasphalten im Bereich sommerlicher Gebrauchstemperaturen, in: Schlußbericht Nr. 018/95 der Technischen Fachhochschule Berlin

Prang, R.: Hochverdichtungsbohle der ABG, in: Die Asphaltstraße 8/1989

Radenberg, M.: Innovative Bauweisen in Kommunen, in: Straße und Autobahn 60 (2009) 6, S. 353–357

Renken, P.: Die dynamischen Prüfverfahren zur Ansprache der Gebrauchseigenschaften von Asphalt im europäischen Kontext, in: Straße und Autobahn 56 (2005) 12, S. 700–705

Renken, P.: Walzasphalte mit viskositätsabsenkenden Additiven. Entwicklung und Optimierung der Eignungs- und Kontrollprüfungsverfahren und Bestimmung der Einflüsse auf die performanceorientierten Asphalteigenschaften, in: Schlussbericht zum AIF-Projekt 15589 N des Deutschen Asphaltinstitutes, 2012.

Richter, E.: Zur Verhärtung des Bitumens und deren Auswirkung auf die Lebensdauer von Asphaltbetondeckschichten, in: Bitumen 1/1989

Richter, K.: Farbige Gestaltung von Verkehrsflächen mit Color Asphalt, Studienarbeit, Bauhaus-Universität Weimar 2004

Ripke, O.: Zweischichtiger offenporiger Asphalt in Kompaktbauweise, in: Berichte der Bundesanstalt für Straßenwesen 49 (2007)

Ripke, O.: Lärmtechnisch optimierte Gussasphalte, in: Straße und Autobahn 60 (2009) 10, S. 660–663

Roos, R., Wörner, Th. et al.: Schaffung eines Bewertungshintergrundes zur Prognostizierung der Standfestigkeit von Asphalten mit dem Druck-Schwellversuch. Hauptphase, in: Forschung Straßenbau und Straßenverkehrstechnik 868 (2003)

Schellenberg, K., von der Weppen, W.: Verfahren zur Bestimmung der Homogenitäts-Stabilität von Splittmastixasphalt, in: Bitumen 1/1986

Schellenberg, P., Schellenberg, K.: Die Viskositäten von Bindemittel und Asphaltmörteln im Zugretardationsversuch mit Anwendungsbeispielen, in: Straße und Autobahn 61 (2010) 6, S. 392–397

Schenkmann & Piel: Minderung des thermischen Wirkungsgrades bei vercrackten Rohrheizregistern, Firmenschrift

Schmalz, M., Wörner, Th.: Bestimmung von Materialkennwerten an Bitumen und polymermodifizierten Bitumen (PmB), in: Bitumen 54 (1992) 3, S. 124–126

Schmalz, M., Wörner, Th.: Eigenschaften von Bitumen und polymermodifizierten Bitumen bei tiefen Temperaturen, in: asphalt 6/1996, S. 40–48

Schmitt, E.: Winterdienst auf Drainasphalt, in: asphalt 8/1994

Schmutz, G.: Asphaltmischgut für den Eisenbahnunterbau, in: Bitumen 49 (1990) 4, S. 162–166

Schreiner, H.: Feste Fahrbahn mit Asphalttragschicht am Beispiel des Systems ATD, in: asphalt 8 (1995) 5, S. 7–15

Séché, A., Beecken, G.: Feste Fahrbahnen aus Asphalt für den Eisenbahnoberbau. Weiterentwicklung und neue Anwendungen, in: Bitumen 47 (1988) 2, S. 74–81

Spöth, K.: Gussasphalt – die langzeitbewährte Deckschicht im Asphaltstraßenbau. Vortrag auf dem XI. Internationalen Naturasphalt (Lake Asphalt) Kongreß am 2. November 1995 in Leipzig

Springenschmid, R., Wörner, Th.: Neue Wege mit alten Straßen, in: Sonderreihe Forschung für Bayern 4/1992, S. 28–29

Stock, Ch.: Rancho La Brea. A Record of Pleistocene Life in California, Los Angeles County Museum of Natural History, Scientific Series No. 20, 6th Edition, 6th Printing, 1968

Stütz, M., Wörner, Th.: Optimization of BBR testing for low temperature behaviour, in: Proceedings of the 4th Euroasphalt & Eurobitume Congress in Copenhagen, 2008

Theiner, J.: Fertiger fertigen rationell, in: TIS 36 (1994) 5, S. 18–24

Wallner, B., Wörner, Th.: Vergleich der Verdichtbarkeit von Asphalt anhand der ermittelbaren Eigenschaften von Marshall- und Gyrator-Probekörpern, deutsche Fassung des Vortrages beim „International Workshop on the Use of the Gyrator Shear Compactor“ des LCPC am 12. Dezember 1996 in Nantes

Wallner, B., Wörner, Th.: Erweiterte Prüfungen polymermodifizierter Bitumen, Eurobitumen Workshop, Luxemburg, Mai 1999

Wallner, B., Wörner, Th.: Veränderung der Eigenschaften von Bitumen und polymermodifizierten Bitumen während der letzten Jahre und deren Einfluß auf die Asphaltkonzeption, Eurobitumen Workshop, Luxemburg, Mai 1999

Weber, J.: Deckschichten aus Splittmastixasphalt, in: Die Asphaltstraße 8/1987, S. 170–173

Wehnert, B., Siedeck, P., Schulze, K. H.: Handbuch des Straßenbaus, Band 3: Bemessungsverfahren und besondere Bauweisen, Springer-Verlag, Berlin/Heidelberg/New York 1977

von der Weppen, W.: Straßen und Verkehr 2000, Berlin. Neuerungen auf dem Gebiet des Asphaltstraßenbaues, in: Bitumen 3/1989, S. 122–127

Wernitz, R.: Walzenfibel. Eine Anleitung zum richtigen Walzen, hrsg. v. d. ESSO AG, Hamburg 1996

Westiner, E., Neidinger, S., Wörner, Th., Schellenberg, K.: Sand. Qualitätseigenschaften und Auswirkungen auf Asphalt, in: Gesteinstagung 2007, Schriftenreihe der Arbeitsgruppe „Gesteinskörnungen, Ungebundene Bauweisen", Forschungsgesellschaft für Straßen- und Verkehrswesen, Tagungsband FGSV M 10, Köln 2008

Westiner, E., Neidinger, S., Wörner, Th.: Beurteilung der Festigkeit von Gesteinskörnungen, in: Straße und Autobahn 63 (2012) 7, S. 438–446.

Whiteoak, D.: The Shell Bitumen Handbook, Shell Bitumen U.K., 4th Edition, Chertsey 1990

Wirtschaftsverband Erdöl- und Erdgasgewinnung: Erdgas – Erdöl. Entstehung, Suche, Förderung, Stand: Dezember 2008, abrufbar unter: http://www.bveg.de/Medien/Publikationen/Broschueren/Erdgas-Erdoel [10.02.2017]

Wörner, Th.: Umweltverträglichkeit alternativer Baustoffe im Straßenbau, in: Veröffentlichungen des Instituts für Straßenbau und Eisenbahnwesen der Universität Karlsruhe (TH) 35 (1988)

Wörner, Th.: Ökonomische und ökologische Aspekte bei der Verwendung von Recyclingbaustoffen im Straßenbau, in: Perspektiven 1 (1991) 19, S. 33–37

Wörner, Th.: Umweltverträglichkeit alternativer Baustoffe im Straßenbau, in: Straßen und Verkehr 2000, Internationale Straßen- und Verkehrskonferenz vom 6. bis 9. September 1988 in Berlin, Konferenzbericht, Band 2/2, S. 153–158

Wörner, Th.: Aktuelle Themen aus dem AK 7.3.8 „Laboratoriumstechnik", in: Tagungsband zum Asphaltseminar 2000 in Willingen, Deutscher Asphaltverband, Bonn 2000, S. 221–228

Wörner, Th.: Neue Regelungen für Asphaltbetondichtungen im Wasserbau, in: Bitumen 63 (2001) 1, S. 18–21

Wörner, Th.: Neue Prüfverfahren für Bitumen. Nynas Bitumen-Forum, Weimar, April 2002

Wörner, Th.: Verfahren zur Prognose der Griffigkeit von Baustoffen und Baustoffgemischen, in: Asphaltstraßentagung 2003 in Dresden, Forschungsgesellschaft für Straßen- und Verkehrswesen, Schriftenreihe der Arbeitsgruppe „Asphaltstraßen", Bd. 36, Kirschbaum Verlag, Bonn 2004

Wörner, Th.: Baustoff-Prüfgeräte im Straßenbau. Stand und aktuelle Entwicklungen, in: Straße und Autobahn 57 (2006) 2, S. 105–107

Wörner, Th.: Verfahren zur Konzeption dauerhaft griffiger Oberflächen, Deutscher Straßen- und Verkehrskongress 2006 in Karlsruhe, Forschungsgesellschaft für Straßen- und Verkehrswesen, Kongressband FGSV 001/21, Köln 2007

Wörner, Th.: Die neuen Prüfvorschriften ab 2008 – was ist zu beachten?, in: Tagungsband zum Asphaltseminar 2007 in Willingen, Deutscher Asphaltverband – Deutsches Asphaltinstitut, Bonn 2007

Wörner, Th.: Bewertungshintergrund für Prüfverfahren zur Griffigkeitsprognose, in: Straße und Autobahn 60 (2009) 12, S. 773–778

Wörner, Th.: Erfahrungen mit den neuen Prüfverfahren. Tipps und Neuigkeiten, in: Tagungsband zum Asphaltseminar 2010 in Willingen, Deutscher Asphaltverband, Bonn 2010

Wörner, Th.: Bindemittel – Kommentar, in: Bleßmann, W., Böhm, S., Rosauer, V., Schäfer, V. (Hrsg.): ZTV BEA-StB. Handbuch und Kommentar, Kirschbaum Verlag, Bonn 2010, S. 71–103

Wörner, Th.: Bitumenemulsionen nach den neuen TL BE-StB 07 – Mehr als nur neue Bezeichnungen?, Tagungsband zum Kolloquium „Bauliche Erhaltung von Asphaltbefestigungen", 18. März 2010, Darmstadt (FGSV 002/95), hrsg v. d. Forschungsgesellschaft für Straßen- und Verkehrswesen, Köln 2010

Wörner, Th.: Basis of Evaluation for Methods of Skid Resistance Prediction, in: Paper 275 der Proceedings zum Eurobitume & Euroasphalt Congress 2012 in Istanbul

Wörner, Th.: Ermittlung performancerelevanter Asphaltkennwerte – Zuverlässig Prüfen und Dimensionieren, in: Straße und Autobahn 66 (2015) 4, S. 256–261

Wörner, Th., Böhnisch, S.: Untersuchungen zur Qualifizierung von Geräten zur Prognose von Griffigkeitskennwerten. Vorstudie, FGSV-Nr. 5/2002, Forschungsgesellschaft für Straßen- und Verkehrswesen, Köln 2003

Wörner, Th., Böhnisch, S.: Laborverfahren zur Prognose der Griffigkeit, in: Straße und Autobahn 55 (2004) 6, S. 314–321

Wörner, Th., Böhnisch, S., Schmalz, M., Bösel, P.: Verdichtbarkeit von Asphaltmischgut unter Einsatz des Walzsektor-Verdichters im Laboratorium, in: Berichte der Bundesanstalt für Straßenwesen S 48 (2006)

Wörner, Th., Hase, M., Roos, R.: Performancerelevante Asphalteigenschaften als Grundlage für neue Vertragsbedingungen, in: Straße und Autobahn 67 (2016) 1, S. 26–30

Wörner, Th., Kern, M.: Bewährung speziell konzipierter Asphalte in der Praxis, in: asphalt 32 (1998) 8, S. 14–19

Wörner, Th., Löcherer, L.: Reduzierung des Lösemittelverbrauchs bei der Prüfung von Asphalt im Laboratorium, in: Forschung Straßenbau und Straßenverkehrstechnik 791 (2000)

Wörner, Th., Löcherer, L. et al.: Untersuchung von lösemittelsparenden Verfahren zur Extraktion von Bitumen aus Asphalt im Vergleich zur DIN 1996-6 und Bestimmung der Präzision, in: Forschung Straßenbau und Straßenverkehrstechnik 844 (2002)

Wörner, Th., Metz, G.: Veränderung von PmB nach Alterung mit dem RTFOT- und dem RFT-Verfahren, in: Berichte der Bundesanstalt für Straßenwesen S 42 (2005)

Wörner, Th., Neidinger, S., Westiner, E.: Granulometrische Eigenschaften von feinen Gesteinskörnungen, in: Forschung Straßenbau und Straßenverkehrstechnik 1100 (2013)

Wörner, Th., Neidinger, S., Westiner, E.: Bestimmung der Verfahrenspräzision des Modifizierten Micro-Deval-Verfahrens nach TP Gestein-StB, Teil 5.5.3, in: FGSV-Forschungsprojekt 1/2014

Wörner, Th., Stütz, M., Westiner, E.: Ersatz des Brechsand-/Natursand-Verhältnisses durch den Fließkoeffizienten, in: Forschung Straßenbau und Straßenverkehrstechnik 1009 (2008)

Wörner, Th., Stütz, M., Wallner, B.: Weiterentwicklung der Prüfung des Kälteverhaltens von Straßenbaubitumen und PmB mit dem Bending Beam Rheometer (BBR), in: Forschung Straßenbau und Straßenverkehrstechnik 1017 (2009)

Wörner, Th., Wallner, B., Schwingenschlögl, A.: Beurteilung der asphalttechnologischen Kenngrößen von Gyratorprobekörpern im Hinblick auf die Anforderungen der ZTV Asphalt-StB und der ZTVT-StB, in: Forschung Straßenbau und Straßenverkehrstechnik 871 (2003)

Wörner, Th., Wenzl, P., Schmalz, M., Bösel, P.: Bewertungshintergrund für Verfahren zur Griffigkeitsprognose, in: Schlussbericht zu FE 07.204/2003/EGB im Auftrag des Bundesministeriums für Verkehr, Bau- und Wohnungswesen, Lehrstuhl für Baustoffkunde und Werkstoffprüfung der TU München, April 2008

Wörner, Th., Wenzl, P., Schmalz, M., Bösl, P.: Bewertungshintergrund für Prüfverfahren zur Griffigkeitsprognose, in: Forschung Straßenbau und Straßenverkehrstechnik 1044 (2010)

Wörner, Th., Westiner, E.: Anforderungen und Kriterien für den Einsatz von Hausmüllverbrennungsasche im Straßenbau, in: Tagungsband Seminar „Schlackenaufbereitung, -verwertung und -entsorgung“, München 1995

Wörner, Th., Westiner, E.: Einfluss der Bruchflächigkeit von Edelsplitt auf die Standfestigkeit von Splittmastixasphalt 0/11 S, in: Straße und Autobahn 53 (2002) 7

Wörner, Th., Westiner, E., Böhnisch, S.: Entwicklung eines Prüfverfahrens zur Bestimmung des Polierwiderstandes von Sand, in: Forschung Straßenbau und Straßenverkehrstechnik 943 (2006)

Wörner, Th., Westiner, E., Löcherer L.: Einfluss der Bruchflächigkeit von Edelsplitt auf die Standfestigkeit von Asphalt – ermittelt am Beispiel SMA 0/11 S, in: Forschung Straßenbau und Straßenverkehrstechnik 835 (2002)

Yergin, D.: Der Preis, S. Fischer Verlag, Frankfurt a. M. 1991

Zenke, G.: Stoffbestand und Verhalten von Straßenbaubitumen, in: Bitumen 3/1990, 2/1991 und 4/1991

Zipkes, E.: Straßenbautechnische Zeittafel von 500 v. Chr. bis 2000 n. Chr., in: Bitumen 50 (1988) 4

Inserentenverzeichnis